全国监理工程师职业资格考试
历年真题+考前最后 3 套卷
（土木建筑工程专业全科）

本书编委会　编

中国建筑工业出版社

图书在版编目（CIP）数据

全国监理工程师职业资格考试历年真题+考前最后3套卷. 土木建筑工程专业全科／本书编委会编. — 北京：中国建筑工业出版社，2022.12

ISBN 978-7-112-28239-5

Ⅰ. ①全… Ⅱ. ①本… Ⅲ. ①土木工程-建筑工程-监理工作-资格考试-习题集 Ⅳ. ①TU712.2-44

中国版本图书馆 CIP 数据核字（2022）第 242782 号

为了更好地帮助考生培养"理论联系实际"的能力，同时节省考生本就紧迫的时间，使考生能够集中精力复习，为考试通关打下坚实基础，编者组织相关专家编写了《全国监理工程师职业资格考试历年真题+考前最后3套卷（土木建筑工程专业全科）》，该辅导书包括了土木建筑工程的四个科目，分别是：《建设工程合同管理》《建设工程监理基本理论和相关法规》《建设工程目标控制》《建设工程监理案例分析》。编者紧扣监理工程师职业资格考试的"考试大纲"和"考试教材"，围绕核心知识，寻找命题采分点，分析试题的题型、命题规律和考试重点，精心组织题目。编者经过分析监理工程师职业资格考试最近几年的考题，总结出了命题规律，提炼了考核要点，不仅保留了近年来常考、典型、重点题目，又编写了50%的原创新题，做到了题题经典、题题精练。希望能以此抛砖引玉，引导考生思维。

责任编辑：王华月　王砾瑶　李笑然　边　琨　张　磊
责任校对：孙　莹

全国监理工程师职业资格考试
历年真题+考前最后3套卷
（土木建筑工程专业全科）
本书编委会　编

*

中国建筑工业出版社出版、发行(北京海淀三里河路9号)
各地新华书店、建筑书店经销
北京鸿文瀚海文化传媒有限公司制版
河北鹏润印刷有限公司印刷

*

开本：787毫米×1092毫米　1/16　印张：33¼　字数：808千字
2023年3月第一版　　2023年3月第一次印刷
定价：**84.00**元
ISBN 978-7-112-28239-5
（40664）

前　言

　　监理工程师职业资格考试的重中之重就在于这个"理论联系实际"，并且从近几年的考试动向和考纲变化来看，我们的观点在事实上也得到了验证。

　　所谓"理论联系实际"简言之就是举一反三的能力，要掌握这种能力，前提条件和唯一捷径就是必须充分地把握教材和灵活地运用教材。除此之外，别无他途！具体而言，要做到"理论联系实际"，首先也是最基础的一点就是考生必须抓准知识点，弄懂弄通教材，真正打一场"有准备之仗"；其次也是最重要的一点则是考生必须精心选择题目进行实战演练，在实战演练的过程中加深对教材的理解，做到"知己知彼，百战不殆"，从而决胜考场。

　　为了更好地帮助考生培养这种"理论联系实际"的能力，同时节省考生本就紧迫的时间，使考生能够集中精力复习，为考试通关打下坚实基础，我们组织相关专家编写了《全国监理工程师职业资格考试历年真题+考前最后3套卷（土木建筑工程专业全科）》，该辅导书包括了土木建筑工程的四个科目，分别是：《建设工程监理基本理论和相关法规》《建设工程合同管理》《建设工程目标控制》《建设工程监理案例分析》。

　　本书的学习价值在于：

　　编者紧扣监理工程师职业资格考试的"考试大纲"和"考试教材"，围绕核心知识，寻找命题采分点，分析试题的题型、命题规律和考试重点，精心组织题目。

　　编者经过分析监理工程师职业资格考试最近几年的考题，总结出了命题规律，提炼了考核要点，不仅保留了近年来常考、典型、重点题目，又编写了50%的原创新题，做到了题题经典、题题精练。希望能以此抛砖引玉，引导考生思维。

　　考前最后3套卷中的每套题的题型、题量、分值分布、难易程度均与监理工程师职业资格考试的标准试卷趋于一致，充分重视考查考生运用所学知识分析问题、解决问题的能力，注重了试题的综合性，积极引导考生关注对所学知识做适当的重组和整合，考查对知识体系的整体把握能力，让考生逐步提高"考感"，轻轻松松应对考试。

　　编者精选的考前最后3套卷顺应了监理工程师职业资格考试的命题趋向和变化，帮助考生准确地把握考试命题趋势，抓住考试的核心内容，引导考生进行科学、高效地学习，学会各种类型题目的解题方法，从而提高考生的理解能力和综合运用能力，轻而易举地取得高分。

　　编写组专门为考生提供了考前助考QQ群：590247129（加群密码：助考服务），并配备专门答疑教师为考生解答所有疑难问题。

　　由于编写时间仓促，书中难免出现纰漏，恳请广大考生与相关专业的人员、专家提出宝贵的意见与建议，我们对您表示衷心的感谢。

目　　录

报名考试相关情况说明

一、报考条件

考试科目	报考条件
考全科	凡遵守中华人民共和国宪法、法律、法规，具有良好的业务素质和道德品行，具备下列条件之一者，可以申请参加监理工程师职业资格考试： （1）具有各工程大类专业大学专科学历（或高等职业教育），从事工程施工、监理、设计等业务工作满4年； （2）具有工学、管理科学与工程类专业大学本科学历或学位，从事工程施工、监理、设计等业务工作满3年； （3）具有工学、管理科学与工程一级学科硕士学位或专业学位，从事工程施工、监理、设计等业务工作满2年； （4）具有工学、管理科学与工程一级学科博士学位。 经批准同意开展试点的地区，申请参加监理工程师职业资格考试的，应当具有大学本科及以上学历或学位
免考基础科目	已取得监理工程师一种专业职业资格证书的人员，报名参加其他专业科目考试的，可免考基础科目。考试合格后，核发人力资源社会保障部门统一印制的相应专业考试合格证明。该证明作为注册时增加执业专业类别的依据。 具备以下条件之一的，参加监理工程师职业资格考试可免考基础科目： （1）已取得公路水运工程监理工程师资格证书； （2）已取得水利工程建设监理工程师资格证书

二、考试科目

监理工程师职业资格考试设《建设工程监理基本理论和相关法规》《建设工程合同管理》《建设工程目标控制》《建设工程监理案例分析》4个科目。其中《建设工程监理基本理论和相关法规》《建设工程合同管理》为基础科目，《建设工程目标控制》《建设工程监理案例分析》为专业科目。

监理工程师职业资格考试专业科目分为土木建筑工程、交通运输工程、水利工程3个专业类别，考生在报名时可根据实际工作需要选择。其中，土木建筑工程专业由住房和城乡建设部负责；交通运输工程专业由交通运输部负责；水利工程专业由水利部负责。

三、考试成绩管理

监理工程师职业资格考试成绩实行4年为一个周期的滚动管理办法，在连续的4个考试年度内通过全部考试科目，方可取得监理工程师职业资格证书。

免考基础科目和增加专业类别的人员，专业科目成绩按照2年为一个周期滚动管理。

真题试卷答题方法及评分规则

一、客观题答题方法及评分说明

（1）客观题答题方法

客观题题型包括单项选择题和多项选择题。对于单项选择题来说，备选项有 4 个，选对得分，选错不得分也不扣分，建议考生宁可错选，不可不选。对于多项选择题来说，备选项有 5 个，在没有把握的情况下，建议考生宁可少选，不可多选。

在答题时，可采取下列方法：

1）直接法。这是解常规的客观题所采用的方法，就是考生选择认为一定正确的选项。

2）排除法。如果正确选项不能直接选出，应首先排除明显不全面、不完整或不正确的选项，正确的选项几乎是直接来自考试教材或者法律法规，其余的干扰选项要靠命题者自己去设计，考生要尽可能多排除一些干扰选项，这样就可以提高选择出正确答案的概率。

3）比较法。直接把各备选项加以比较，并分析它们之间的不同点，集中考虑正确答案和错误答案关键所在。仔细考虑各个备选项之间的关系。不要盲目选择那些看起来、读起来很有吸引力的错误选项，要去误求正、去伪存真。

4）推测法。利用上下文推测词义。有些试题要从句子中的结构及语法知识推测入手，配合考生自己平时积累的常识来判断其义，推测出逻辑的条件和结论，以期将正确的选项准确地选出。

（2）客观题评分说明

客观题部分采用机读评卷，必须使用 2B 铅笔在答题卡上作答，考生在答题时要严格按照要求，在有效区域内作答，超出区域作答无效。每个单项选择题只有 1 个最符合题意，就是 4 选 1 项。每个多项选择题有 2 个或 2 个以上符合题意，至少有 1 个错项，就是 5 选 2~4 项，并且错选本题不得分，少选，所选的每个选项得 0.5 分。考生在涂卡时应注意答题卡上的选项是横排还是竖排，不要涂错位置。涂卡应清晰、厚实、完整，保持答题卡干净整洁，涂卡时应完整覆盖且不超出涂卡区域。修改答案时要先用橡皮擦将原涂卡处擦干净，再涂新答案，避免在机读评卷时产生干扰。

二、主观题答题方法及评分说明

（1）主观题答题方法

主观题题型是案例分析题。案例分析题是通过背景资料阐述一个项目在实施过程中所开展的相应工作，根据这些具体的工作下提出若干小问题。

案例分析题的提问方式及作答方法如下：

1）补充内容型。一般应按照教材将背景资料中未给出的内容都回答出来。

2）判断改错型。首先应在背景资料中找出问题并判断是否正确，然后结合教材、相关规范进行改正。需要注意的是，考生在答题时，有时不能按照工作中的实际做法来回答问题，因为根据实际做法作为答题依据得出的答案和标准答案之间存在很大差距，即使答了很多，得分也很低。

3）判断分析型。这类型题不仅要求考生答出分析的结果，还需要通过分析背景资料来找出问题的突破口。需要注意的是，考生在答题时要针对问题作答。

4）图表表达型。结合工程图及相关资料表回答图中构造名称、资料表中缺项内容。需要注意的是，关键词表述要准确，避免画蛇添足。

5）分析计算型。充分利用相关公式、图表和考点的内容，计算题目要求的数据或结果。最好能写出关键的计算步骤，并注意计算结果是否有保留小数点的要求。

6）简单论答型。这类型题主要考查考生记忆能力，一般情节简单、内容覆盖面较小。考生在回答这类型题时要直截了当，有什么答什么，不必展开论述。

7）综合分析型。这类型题比较复杂，内容往往涉及不同的知识点，要求回答的问题较多，难度很大，也是考生容易失分的地方。要求考生具有一定的理论水平和实际经验，对教材知识点要熟练掌握。

（2）主观题评分说明

主观题部分评分是采取网上评分的方法来进行，为了防止出现评卷人的评分宽严度差异对不同考生产生影响，每个评卷人员只评一道题的分数。每份试卷的每道题均由 2 位评卷人员分别独立评分，如果 2 人的评分结果相同或很相近（这种情况比例很大）就按 2 人的平均分为准。如果 2 人的评分差异较大超过 4~5 分（出现这种情况出现的概率很小），就由评分专家再独立评分一次，然后用专家所评的分数和与专家评分接近的那个分数的平均分数为准。

主观题部分评分标准一般以准确性、完整性、分析步骤、计算过程、关键问题的判别方法、概念原理的运用等为判别核心。标准一般按要点给分，只要答出要点基本含义一般就会给分，不恰当的错误语句和文字一般不扣分，要点分值最小一般为 0.5 分。

主观题部分作答时必须使用黑色墨水笔书写作答，不得使用其他颜色的钢笔、铅笔、签字笔和圆珠笔。作答时字迹要工整、版面要清晰。因此书写不能离密封线太近，密封后评卷人不容易看到；书写的字不能太粗太密太乱，最好买支极细笔，字体稍微书写大点、工整点，这样看起来工整、清晰，评卷人也愿意多给分。当本页不够答题要占用其他页时，在下面注明：转第×页；因为每个评卷人仅改一题，若转到另一页评卷人可能就看不到了。

主观题部分作答应避免答非所问，因此考生在考试时要答对得分点，答出一个得分点就给分，说的不完全一致，也会给分，多答不会给分的，只会按点给分。不明确用到什么规范的情况就用"强制性条文"或者"有关法规"代替，在回答问题时，只要有可能，就在答题的内容前加上这样一句话：根据有关法规或根据强制性条文，通常这些是得分点之一。

主观题部分作答应言简意赅，并多使用背景资料中给出的专业术语。考生在考试时应相信第一感觉，往往很多考生在涂改答案过程中，"把原来对的改成错的"这种情形有很多。在确定完全答对时，就不要展开论述，也不要写多余的话，能用尽量少的文字表达出正确的意思就越好，这样评卷人看得舒服，考生自己也能省时间。如果答题时发现错误，不得使用涂改液等修改，应用笔画个框圈起来，打个"×"即可，然后再找一块干净的地方重新书写。

《建设工程监理基本理论和相关法规》

2022 年度试卷及答案解析

2022 年度全国监理工程师职业资格考试试卷

扫码听课

一、单项选择题 (共 50 题，每题 1 分。每题的备选项中，只有 1 个最符合题意)

1. 根据《建设工程监理规范》，下列工作中，属于建设工程监理基本职责的是
（   ）。
    A. 选定工程合同计价方式   B. 明确勘察设计任务
    C. 协调工程建设相关方关系   D. 监督工程保修期质量缺陷修复

2. 根据《建筑法》，监理人员发现设计文件不符合工程质量标准时，正确的做法是
（   ）。
    A. 报告建设单位要求设计单位改正   B. 要求施工单位修改图纸
    C. 要求设计人员改正   D. 报告施工图审查机构要求设计单位改正

3. 根据《建设工程监理范围和规模标准规定》，必须实行监理的工程是（   ）。
    A. 总投资额 2000 万元的供气工程   B. 总投资额 2000 万元的电信枢纽工程
    C. 总投资额 2000 万元的影剧院工程   D. 总投资额 2000 万元的铁路专用线工程

4. 根据《国务院关于投资体制改革的决定》，对于需要政府核准的投资项目，投资决
策阶段需向政府提交的文件是（   ）。
    A. 项目申请报告   B. 项目建议书
    C. 初步设计概算   D. 开工报告

5. 根据《建设工程质量管理条例》，工程监理单位转让工程监理业务的，应责令改正，
没收违法所得，处合同约定的监理酬金（   ）的罚款。
    A. 10% 以上 20% 以下   B. 15% 以上 25% 以下
    C. 20% 以上 30% 以下   D. 25% 以上 50% 以下

6. 根据《必须招标的工程项目规定》，国有资金投资项目，必须进行招标的是（   ）
的项目。
    A. 施工单项合同估算价为 300 万元   B. 设备采购合同结算价为 150 万元
    C. 设计合同估算价为 50 万元   D. 监理合同估算价为 100 万元

7. 工程项目可行性研究应完成的工作内容是（   ）。
    A. 进行项目的经济分析和财务评价   B. 编制工程概算
    C. 提出拟建规模的初步设想   D. 进行环境影响的初步评价

8. 工程项目初步设计提出的总概算超过可行性研究报告确定的总投资（　　）以上时，应重新向原审批单位报批可行性研究报告。

A. 3%　　　　　　　　B. 5%　　　　　　　　C. 10%　　　　　　　　D. 15%

9. 根据《建设工程质量管理条例》，涉及承重结构变动的装修工程，建设单位应当委托（　　）提出设计方案。

A. 装修设计单位　　B. 原设计单位　　　C. 装修施工单位　　D. 工程监理单位

10. 关于全过程工程咨询的说法，正确的是（　　）。

A. 全过程工程咨询侧重于工程建设实施阶段

B. 全过程工程咨询侧重于管理咨询

C. 全过程工程咨询是一种制度

D. 全过程工程咨询是一种智力性服务

11. 采用工程总承包模式的特点是（　　）。

A. 不利于缩短建设工期　　　　　　　　B. 有利于控制工程质量

C. 不便于较早确定工程造价　　　　　　D. 可减轻建设单位合同管理负担

12. 根据《建筑法》，施工许可证申请延期以两次为限，每次不超过（　　）个月。

A. 1　　　　　　　　B. 2　　　　　　　　C. 3　　　　　　　　D. 6

13. 根据《招标投标法》，自招标文件开始发出之日起，至投标人提交投标文件截止之日止，最短不得少于（　　）日。

A. 10　　　　　　　　B. 15　　　　　　　　C. 20　　　　　　　　D. 30

14. 根据《建设工程质量管理条例》，关于最低保修期限的说法，正确的是（　　）。

A. 外墙面防渗漏保修期限为 5 年　　　　B. 给水排水管道保修期限为 3 年

C. 电气管线保修期限为 3 年　　　　　　D. 装修工程保修期限为 1 年

15. 工程监理投标文件的核心内容是（　　）。

A. 针对工程具体情况进行项目特征分析

B. 向建设单位提出附加服务承诺

C. 体现建设单位期望的监理服务费建议书

D. 反映监理单位服务水平的监理大纲

16. 在监理投标文件中展示其在工程设计方面的优势，并承诺提供设计优化服务，是工程监理单位采取的（　　）取胜策略。

A. 信誉　　　　　　B. 口碑　　　　　　C. 附加服务　　　　D. 正常服务

17. 根据《建设工程安全生产管理条例》，工程监理单位未对施工组织设计中的安全技术措施或专项施工方案进行审查的，责令限期改正，逾期未改正的，责令停业整顿，并处（　　）的罚款。

A. 3 万元以上 10 万元以下　　　　　　B. 10 万元以上 20 万元以下

C. 10 万元以上 30 万元以下　　　　　　D. 20 万元以上 30 万元以下

18. 关于有限责任公司的说法，正确的是（　　）。

A. 公司应由 50 个股东出资设立　　　　B. 公司董事会成员为 3~13 人

C. 公司经理由董事长聘任或解聘　　　　D. 公司监事会成员不得少于 5 人

19. 建设工程监理合同文件包括：①专用合同条款；②中标通知书；③监理报酬清单等。仅就上述合同文件而言，正确的优先解释顺序是（　　）。

A. ①-②-③   B. ②-③-①   C. ③-②-①   D. ②-③-①

20. 下列承包模式中，施工、监理合同数量较多的是（   ）。

A. 平行承包模式   B. 施工总承包模式

C. 工程总承包模式   D. EPC 承包模式

21. 根据《建设工程监理规范》，监理员的职责是（   ）。

A. 进行工程计量   B. 进行见证取样

C. 编写监理日志   D. 编写监理月报

22. 关于监理工作中平行检验的说法，正确的是（   ）。

A. 平行检验是项目监理机构对施工单位的自检结果有疑问时进行复检工作

B. 平行检验是依据监理合同对施工进度和分部工程质量进行的检查工作

C. 平行检验是项目监理机构在施工阶段控制工程质量、造价、进度的重要措施

D. 平行检验的结果是工作质量预验收和工程竣工验收的重要依据之一

23. 按照项目监理机构设立步骤，在确定项目监理机构组织形式前应进行的工作是（   ）。

A. 制定监理岗位职责   B. 制定监理考核标准

C. 确定监理工作内容   D. 确定监理工作流程

24. 项目监理机构组织形式中，纵横向协调工作量大，容易产生扯皮现象的是（   ）。

A. 直线制   B. 职能制   C. 直线职能制   D. 矩阵制

25. 根据《建设工程监理规范》，总监理工程师代表可履行的职责是（   ）。

A. 审批监理实施细则   B. 组织审查和处理工程变更

C. 签发工程款支付证书   D. 调解和处理施工合同争议

26. 关于监理规划的说法，正确的是（   ）。

A. 监理规划是建设单位考核监理工作绩效的操作性文件

B. 监理规划应由总监理工程师审核后报送建设单位

C. 监理规划是项目监理机构全面开展监理工作的指导性文件

D. 监理规划应在第一次工地会议召开后 7 d 内，报送建设单位

27. 根据《建设工程监理规范》，监理人员应参加（   ）主持召开的图纸会审会议。

A. 建设单位   B. 施工单位

C. 施工图审查机构   D. 设计单位

28. 根据《建设工程安全生产管理条例》，施工单位应当自施工起重机械和整体提升脚手架、模板等自升式架设设施验收合格之日起（   ）日内，向建设行政主管部门或者其他有关部门登记。

A. 60   B. 30   C. 20   D. 10

29. 建设工程质量、造价、进度三大目标控制措施中，属于组织措施的是（   ）。

A. 改善建设工程目标控制的工作流程

B. 审查论证施工方案中的工艺流程

C. 通过计算实际工程量进行造价偏差分析

D. 协助业主确定工程发承包模式

30. 下列工程质量控制措施中，属于技术措施的是（   ）。

A. 落实质量控制责任   B. 审查施工组织设计

C. 不予计量质量不合格的分项工程   D. 按规定处罚工程质量缺陷责任人

31. 根据《建设工程监理规范》，项目监理机构应签发监理通知单的情形是（   ）。

A. 施工存在重大质量事故隐患的

B. 未经批准擅自施工或拒绝项目监理机构管理的

C. 实际进度严重滞后于计划进度且影响合同工期的

D. 未按审查通过的工程设计文件组织施工的

32. 根据《建设工程监理规范》，不需要建设单位签署审批意见的报审表是（   ）。

A. 分包单位资格报审表   B. 工程开工报审表

C. 工程临时或最终延期报审表   D. 工程复工报审表

33. 应用建筑信息建模（BIM）技术模拟工程实际施工时，应建立（   ）模型。

A. BIM 3D   B. BIM 4D   C. BIM 5D   D. BIM 6D

34. 关于工程质量评估报告的说法，正确的是（   ）。

A. 工程质量评估报告可由总监理工程师代表组织编写

B. 工程质量评估报告应在工程竣工验收合格后由项目监理机构编写

C. 工程质量评估报告应由总监理工程师及监理单位技术负责人审核签认

D. 工程质量评估报告应包括工程进度完成情况和工程质量验收情况

35. 根据项目管理知识体系（PMBOK），组织为实现战略目标，获得收益而以综合协调方式对一组相关项目进行的管理是（   ）。

A. 项目集成管理   B. 项目沟通管理

C. 项目组合管理   D. 项目群管理

36. 工程风险管理中，关于预防损失和减少损失两类措施的说法，正确的是（   ）。

A. 预防损失措施和减少损失措施的作用均在于降低损失发生概率

B. 预防损失措施和减少损失措施的作用均在于降低损失的严重性

C. 预防损失措施的作用在于降低损失发生概率，减少损失措施的作用在于降低损失的严重性

D. 预防损失措施的作用在于降低损失的严重性，减少损失措施的作用在于降低损失发生概率

37. 工程监理单位提供设计阶段相关服务时，对于设计单位提出使用新材料的设计方案时，应审查新材料在相关部门的备案情况，必要时应协助（   ）组织专家进行评审。

A. 设计单位   B. 建设单位   C. 相关部门   D. 审图机构

38. 工程监理与项目管理一体化是指工程监理单位在实施建设工程监理的同时，为（   ）提供项目管理服务。

A. 建设单位   B. 设计单位   C. 项目管理单位   D. 施工总承包单位

39. 按照工程项目管理单位与建设单位的结合方式不同，全过程集成化项目管理服务方式可归纳为（   ）。

A. 独立式、融合式、植入式   B. 直线式、职能式、矩阵式

C. 职能式、融合式、植入式   D. 独立式、直线式、矩阵式

40. 采用非代理型 CM 模式时，保证最大价格（GMP）数额过高会导致的结果是（   ）。

A. CM 单位所承担的风险大，业主所承担的风险小

B. CM 单位所承担的风险小，业主所承担的风险大

C. CM 单位和业主所承担的风险都比较小

D. CM 单位和业主所承担的风险相同

41. Project Controlling 模式与工程项目管理服务的不同点在于（　　）不同。

A. 工作属性　　　　B. 控制目标　　　　C. 控制原理　　　　D. 工作内容

42. 下列行为中，体现工程监理单位科学化实施监理的是（　　）。

A. 配备相应的检测试验设备

B. 以合同为依据调解建设单位与施工单位的争议

C. 实事求是地编写监理日志

D. 按工程量清单进行工程计量

43. 根据《监理工程师职业资格考试实施办法》，已取得监理工程师一种专业职业执业资格证书的人员，报名参加其他专业科目考试的，可免考（　　）。

A. 专业　　　　B. 基础　　　　C. 案例　　　　D. 实务

44. 建设单位应当自发出中标通知书之日起（　　）日内，与中标人签订书面合同。

A. 7　　　　B. 34　　　　C. 28　　　　D. 30

45. 工程监理单位进行投标决策时，先确定投标的各项指标及其权重，再计算各项指标得分并汇总后，由此决定是否投标的方法是（　　）。

A. 决策树法　　　　　　　　　B. 风险评估法

C. 综合评价法　　　　　　　　D. 敏感性分析法

46. 下列监理工作制度中，属于组织协调制度的是（　　）。

A. 原材料及构配件检测制度　　　　B. 工程款支付审核制度

C. 监理人员教育培训制度　　　　　D. 监理工作会议制度

47. 关于建设工程质量、造价、进度三大目标的说法，正确的是（　　）。

A. 建设工程三大目标应以施工技术要求为重点进行论证

B. 分析论证建设工程三大目标通常采用定性分析方法

C. 不同工程的质量、造价、进度三大目标的优先等级应相同

D. 建设工程三大目标应在"质量优、投资少、工期短"之间寻求最佳匹配

48. 关于监理工作中巡视的说法，正确的是（　　）。

A. 巡视检查记录是分部工程验收的主要依据之一

B. 在监理实施细则中应明确巡视要点、巡视频率和措施

C. 巡视是监理人员针对现场施工进度情况进行的检查工作

D. 监理人员在巡视检查时应重点关注工程材料用量是否合理

49. 关于建设工程监理的说法，正确的是（　　）。

A. 行业主管部门规定强制监理的工程范围

B. 工程监理单位应履行建设工程安全生产管理的法定职责

C. 工程监理单位不得与检测机构有隶属关系

D. 工程监理单位代表政府对施工质量实施监理

50. 下列工作中，公开招标和邀请招标的均包含的环节是（　　）。

A. 发布招标公告　　　　　　　B. 发售招标文件

C. 进行资格后审   D. 进行资格预审

二、**多项选择题**（共 30 题，每题 2 分。每题的备选项中，有 2 个或 2 个以上符合题意，至少有 1 个错项。错选，本题不得分；少选，所选的每个选项得 0.5 分）

51. 根据建设项目法人责任制有关规定，项目总经理的职权有（   ）。
   A. 组织编制项目初步设计文件   B. 上报项目初步设计和概算文件
   C. 编制和确定招标方案   D. 组织工程建设实施
   E. 提出项目竣工验收申请报告

52. 根据《建筑法》，申请领取施工许可证应具备的条件有（   ）。
   A. 已经办理建筑工程用地批准手续   B. 有满足施工需要的资金安排
   C. 已经确定建筑施工企业   D. 已经确定工程监理单位
   E. 有保证工程质量和安全的具体措施

53. 根据《建设工程质量管理条例》，建设工程竣工验收应具备的条件有（   ）。
   A. 完成建设工程设计和合同约定的各项内容
   B. 有完整的技术档案和施工管理资料
   C. 有勘察、设计单位分别签署的质量合格文件
   D. 有完整的监理文件资料
   E. 工程竣工预验收合格

54. 根据《生产安全事故报告和调查处理条例》，事故报告应包含的内容有（   ）。
   A. 事故发生单位概况   B. 事故发生的时间、地点
   C. 事故发生的原因和性质   D. 事故已造成的伤亡人数
   E. 已采取的措施

55. 根据《建设工程安全生产管理条例》，施工单位的安全责任有（   ）。
   A. 申领施工许可证时提供安全施工措施资料
   B. 将拆除工程施工组织方案报送有关部门备案
   C. 组织专家对深基坑专项施工方案进行论证
   D. 施工现场临时增建的建筑物应符合安全使用要求
   E. 为施工现场从事危险作业人员办理意外伤害保险

56. 根据《招标投标法实施条例》，可采用邀请招标方式的情形有（   ）。
   A. 技术复杂，有特殊要求，潜在投标人数量较少的
   B. 受自然环境限制，只有少量潜在投标人可选择的
   C. 公开招标方式的费用占项目合同金额比例过大的
   D. 采用不可替代的专利或专有技术的
   E. 采购人依法能够自行建设的

57. 根据《安全生产法》，关于生产经营单位安全生产保障的说法，正确的是（   ）。
   A. 生产经营单位必须依法参加工伤保险
   B. 生产经营单位必须设置安全生产管理机构
   C. 生产经营单位的主要负责人应保证本单位安全生产投入的有效实施
   D. 生产经营单位的主要负责人应组织本单位应急救援演练
   E. 生产经营单位应建立安全风险分级管控制度

58. 工程监理招标方案应包含的内容有（   ）。

A. 招标方式　　　　　B. 监理标段划分　　　C. 投标人须知　　　D. 评标专家名单

E. 招标工作进度

59. 监理工程师的职业道德要求中，"廉洁从业，不谋取不正当利益"的具体行为要求有（　　）。

A. 不为所监理工程指定建筑构配件、设备生产厂家

B. 不收受所监理工程施工单位的任何礼金、有价证券

C. 不同时在两个以上工程监理单位注册和从事监理活动

D. 严格按工程技术标准提供专业化技术服务

E. 保守商业秘密，不泄漏所监理工程各参建方认为需要保密的事项

60. 根据《建设工程监理规范》，专业监理工程师的职责有（　　）。

A. 组织审核分包单位资格　　　　　　B. 负责本专业隐蔽工程和分项工程验收

C. 组织编写监理日志　　　　　　　　D. 参与编写工程质量评估报告

E. 验收分部工程

61. 监理投标文件应包含的内容有（　　）。

A. 投标函　　　　　　　　　　　　　B. 资格审查材料

C. 法定代表人授权委托书　　　　　　D. 监理实施细则

E. 监理报酬清单

62. 根据《建设工程监理规范》，关于工程监理人员的说法，正确的有（　　）。

A. 总监理工程师应由注册监理工程师担任

B. 总监理工程师应由工程监理单位法定代表人书面任命

C. 总监理工程师代表可由具有中级专业技术职称、3 年及以上工程实践经验并经监理业务培训的人员担任

D. 专业监理工程师可由具有中级专业技术职称、2 年及以上工程实践经验的人员担任

E. 监理员可由其具有初级专业技术职称并经监理业务培训的人员担任

63. 根据《建设工程监理规范》，监理工作总结应包含的内容有（　　）。

A. 监理工作职责　　　　　　　　　　B. 监理合同履行情况

C. 监理工作成效　　　　　　　　　　D. 监理工作流程

E. 监理工作中发现的问题及其处理情况

64. 根据《建设工程监理规范》，监理实施细则应包含的内容有（　　）。

A. 工程概况　　　　　　　　　　　　B. 专业工程特点

C. 监理工作依据　　　　　　　　　　D. 监理工作要点

E. 监理工作方法和措施

65. 根据《建设工程监理规范》，总监理工程师应履行的职责有（　　）。

A. 组织编制监理实施细则　　　　　　B. 组织召开监理例会

C. 组织审核竣工结算　　　　　　　　D. 组织工程竣工验收

E. 组织整理监理文件资料

66. 项目监理机构在施工阶段造价控制的工作任务有（　　）。

A. 协助建设单位编制资金使用计划　　B. 进行工程计量和付款控制

C. 确定预防费用索赔的措施　　　　　D. 协助编制最高投标限价

E. 按时返还质量保证金

67. 根据《建设工程监理规范》，项目监理机构处理施工单位费用索赔的主要依据有（   ）。

A. 勘察设计文件
B. 施工合同文件
C. 监理合同文件
D. 监理规划
E. 索赔事件的证据

68. 根据《建设工程安全生产管理条例》，工程监理单位应当及时向有关主管部门报送监理报告的情形有（   ）。

A. 发现存在安全事故隐患时，签发监理通知单后施工单位拒不整改的
B. 发现存在质量事故隐患时，签发监理通知单后施工单位拒不整改的
C. 发现存在重大安全事故隐患时，签发工程暂停令后施工单位也不暂停施工的
D. 发现存在重大质量事故隐患时，签发工程暂停令后施工单位拒不暂停施工的
E. 发现存在未经批准擅自组织施工时，签发监理通知单后施工单位拒不整改的

69. 根据《建设工程监理规范》，总监理工程师在第一次工地会议上应介绍的内容有（   ）。

A. 附加监理工作内容
B. 监理工作目标
C. 监理人员职责分工
D. 监理工作程序
E. 监理工作制度

70. 根据《建设工程监理规范》，应由总监理工程师签字并加盖执业印章的监理文件有（   ）。

A. 工程款支付证书
B. 隐蔽工程报验表
C. 费用索赔报审表
D. 分部工程报验表
E. 工程复工令

71. 根据《建设工程文件归档规范》，可暂由建设单位保管监理文件资料的工程有（   ）。

A. 改建工程
B. 扩建工程
C. 停建工程
D. 缓建工程
E. 维修工程

72. 为应对工程风险，采用非保险转移策略的优点有（   ）。

A. 转移风险一方不需要为风险转移付出任何代价
B. 双方当事人不会因对合同条款理解发生分歧而导致风险转移失效
C. 可以转移某些在保险公司不能投保的潜在损失风险
D. 风险被转移者往往能较好地进行损失控制
E. 风险被转移者不会因为无力承担实际重大损失而导致风险转移失效

73. 国际上的工程咨询公司可为承包商提供的服务内容有（   ）。

A. 合同咨询服务
B. 工程索赔服务
C. 技术咨询服务
D. 工程设计服务
E. 联合承包工程

74. Partnering 模式的主要特征有（   ）。

A. 参与各方出于自愿
B. 高层管理者参与
C. 各方信息有开放性
D. 适宜公开招标
E. 基于信息网络平台

75. 关于 Project Controlling 的说法，正确的有（　　）。

A. Project Controlling 咨询单位实质上是建设工程业主的决策支持机构

B. Project Controlling 咨询单位需要工程参建各方的配合

C. Project Controlling 组织结构与业主方组织结构有明显的区别

D. Project Controlling 模式是适应监理单位高层管理人员决策需要而产生的

E. Project Controlling 模式必须设置多个管理平面

76. 根据《民法典》，关于要约和承诺的说法，正确的有（　　）。

A. 承诺是受要约人同意要约的意思表示

B. 要约以信件作出且未载明日期的，承诺期限自投寄该信件的日期开始计算

C. 承诺不需要通知的，在根据要约的要求作出承诺的行为时生效

D. 承诺的内容应当与要约的内容一致

E. 要约生效的地点为合同成立的地点

77. 根据《招标投标法》，关于招标的说法，正确的有（　　）。

A. 行政机关可以与其他单位合作，共同依法设立招标代理机构

B. 招标人具有编制招标文件和组织评标能力的，可以自行办理招标事宜

C. 招标代理机构应当在招标人委托的范围内办理招标事宜

D. 招标人应当根据招标项目的特点和需要编制招标文件

E. 招标人不得对已发出的招标文件进行修改和补充

78. 根据《民法典》，关于建设工程合同的说法，正确的有（　　）。

A. 建设工程合同包括工程勘察、设计、施工、监理合同

B. 建设工程合同是承包人进行工程建设，发包人支付价款的合同

C. 建设工程施工合同无效，但工程验收合格的，可参照合同关于工程价款的约定折价补偿承包人

D. 承包人将建设工程转包的，发包人可解除合同

E. 在不妨碍承包人正常作业的情况下，发包人可随时检查作业进度

79. 建设工程监理评标时，对投标人着重应考察的内容有（　　）。

A. 类似工程监理业绩和经验　　　　　B. 总监理工程师的综合能力和业绩

C. 监理规划及巡视方案　　　　　　　D. 试验检测仪器设备配备

E. 监理服务费调整系数

80. 下列承包模式中，工程设计能够与施工有效衔接的有（　　）模式。

A. 平行承包　　　　　　　　　　　　B. 施工总承包

C. Partnering　　　　　　　　　　　　D. EPC 承包

E. DB 承包

2022 年度全国监理工程师职业资格考试试卷答案解析

一、单项选择题

1. C；	2. A；	3. C；	4. A；	5. D；
6. D；	7. A；	8. C；	9. B；	10. D；
11. D；	12. C；	13. C；	14. A；	15. D；
16. C；	17. C；	18. B；	19. D；	20. A；
21. B；	22. D；	23. C；	24. D；	25. B；
26. C；	27. A；	28. C；	29. A；	30. B；
31. C；	32. A；	33. B；	34. C；	35. C；
36. C；	37. B；	38. A；	39. A；	40. D；
41. D；	42. A；	43. D；	44. D；	45. C；
46. D；	47. D；	48. B；	49. B；	50. B。

【解析】

1. C。本题考核的是建设工程监理涵义。工程监理单位的基本职责是在建设单位委托授权范围内，通过合同管理和信息管理，以及协调工程建设相关方关系，控制建设工程质量、造价和进度三大目标，即"三控两管一协调"。故本题选 C。

2. A。本题考核的是工程监理的法律地位。工程监理人员发现工程设计不符合建筑工程质量标准或者合同约定的质量要求的，应当报告建设单位要求设计单位改正。

3. C。本题考核的是强制实施监理的工程范围。五类工程必须实行监理，即①国家重点建设工程；②大中型公用事业工程；③成片开发建设的住宅小区工程；④利用外国政府或者国际组织贷款、援助资金的工程；⑤国家规定必须实行监理的其他工程。其中，国家规定必须实行监理的其他工程。是指：

（1）项目总投资额在 3000 万元以上关系社会公共利益、公众安全的下列基础设施项目：

①煤炭、石油、化工、天然气、电力、新能源等项目；②铁路、公路、管道、水运、民航以及其他交通运输业等项目；③邮政、电信枢纽、通信、信息网络等项目；④防洪、灌溉、排涝、发电、引（供）水、滩涂治理、水资源保护、水土保持等水利建设项目；⑤道路、桥梁、地铁和轻轨交通、污水排放及处理、垃圾处理、地下管道、公共停车场等城市基础设施项目；⑥生态环境保护项目；⑦其他基础设施项目。

（2）学校、影剧院、体育场馆项目。

A、B、D 选项描述的基础设施项目的项目投资额需要在 3000 万元以上才必须实施监理，C 选项的影剧院工程没有总投资数额的限制，故 C 选项描述的项目必须实施监理。

4. A。本题考核的是投资决策管理制度。企业投资建设《政府核准的投资项目目录》中的项目时，仅需向政府提交项目申请报告，不再经过批准项目建议书、可行性研究报告和开工报告的程序。

5. D。本题考核的是工程监理单位的法律责任。《建设工程质量管理条例》第六十二条规定，工程监理单位转让工程监理业务的，责令改正，没收违法所得，处合同约定的监理酬金 25% 以上 50% 以下的罚款；可以责令停业整顿，降低资质等级；情节严重的，吊销资质证书。

6. D。本题考核的是必须招标的工程项目。根据《必须招标的工程项目规定》（国家发展改革委令第 16 号），勘察、设计、施工、监理以及与工程建设有关的重要设备、材料等的采购达到下列标准之一的，必须进行招标：

（1）施工单项合同估算价在 400 万元人民币以上。故 A 选项不属于必须招标的项目。

（2）重要设备、材料等货物的采购，单项合同估算价在 200 万元人民币以上。B 选项中，描述的是"结算价"，正确的是"估算价"，且数额也没有超出规定值，故不属于必须招标的项目。

（3）勘察、设计、监理等服务的采购，单项合同估算价在 100 万元人民币以上。C 选项中，描述的合同估算价没有超出规定数额，不属于必须招标的项目。D 选项符合规范规定，故本题选 D。

7. A。本题考核的是项目可行性研究应完成的工作内容。可行性研究应完成以下工作内容：（1）进行市场研究，以解决工程建设的必要性问题。（2）进行工艺技术方案研究，以解决工程建设的技术可行性问题。（3）进行财务和经济分析，以解决工程建设的经济合理性问题。故本题选 A。C、D 选项属于项目建议书的内容，B 选项属于建筑工程设计中初步设计阶段的工作。

8. C。本题考核的是建设实施阶段工作中勘察设计的内容。初步设计不得随意改变被批准的可行性研究报告所确定的建设规模、产品方案、工程标准、建设地址和总投资等控制目标。如果初步设计提出的总概算超过可行性研究报告总投资的 10% 上或其他主要指标需要变更时，应说明原因和计算依据，并重新向原审批单位报批可行性研究报告。

9. B。本题考核的是建筑施工企业的安全生产管理。涉及建筑主体和承重结构变动的装修工程，建设单位应当在施工前委托原设计单位或者具有相应资质条件的设计单位提出设计方案；没有设计方案的，不得施工。

10. D。本题考核的是全过程工程咨询的含义及特点。所谓全过程工程咨询，是指工程咨询方综合运用多学科知识、工程实践经验、现代科学技术和经济管理方法，采用多种服务方式组合，为委托方在项目投资决策、建设实施阶段提供阶段性或整体解决方案的智力性服务活动。故 D 选项正确。全过程工程咨询是一种工程建设组织模式，不是一种制度。故 C 选项错误。全过程工程咨询服务覆盖面广，主要体现在两个方面：一是从服务阶段看，全过程工程咨询覆盖项目投资决策、建设实施（设计、招标、施工）全过程集成化服务。有时还会包括运营维护阶段咨询服务；一是从服务内容看，全过程工程咨询包含技术咨询和管理咨询，而不只是侧重于管理咨询。故 A、B 选项错误。

11. D。本题考核的是工程总承包模式的特点。采用工程总承包模式，建设单位的合同关系简单，组织协调工作量小；由于工程设计与施工由一家承包单位统筹实施，一般能做到工程设计与施工的相互搭接，有利于控制工程进度，可缩短建设周期；也可从价值工程或全寿命期费用角度取得明显的经济效果，有利于工程造价控制。故 A、C 选项错误，D 选项正确。该模式的缺点包括：工程质量标准和功能要求不易做到全面、具体、准确，"他人控制"机制薄弱，使工程质量控制难度加大。故 B 选项错误。

12. C。本题考核的是施工许可证有效期。建设单位应当自领取施工许可证之日起 3 个月内开工。因故不能按期开工的，应当向发证机关申请延期；延期以两次为限，每次不超过 3 个月。既不开工又不申请延期或者超过延期时限的，施工许可证自行废止。

13. C。本题考核的是招标投标文件投递的相关规定。依法必须进行招标的项目，自招标文件开始发出之日起至投标人提交投标文件截止之日止，最短不得少于 20 日。

14. A。本题考核的是建设工程最低保修期限。在正常使用条件下，建设工程最低保修期限为：

（1）基础设施工程、房屋建筑的地基基础工程和主体结构工程，为设计文件规定的该工程合理使用年限。

（2）屋面防水工程、有防水要求的卫生间、房间和外墙面的防渗漏，为 5 年。故 A 选项正确。

（3）供热与供冷系统，为 2 个采暖期、供冷期。

（4）电气管道、给水排水管道、设备安装和装修工程，为 2 年。故 B 选项错误，给水排水管道保修期限为 2 年；C 选项错误，电气管线保修期限为 2 年；D 选项错误，装修工程保修期限为 2 年。

其他工程的保修期限由发包方与承包方约定。

15. D。本题考核的是监理大纲编制。建设工程监理投标文件的核心是反映监理服务水平高低的监理大纲，尤其是针对工程具体情况制定的监理对策，以及向建设单位提出的原则性建议等。

16. C。本题考核的是建设工程监理投标策略。以附加服务取胜：目前，随着建设工程复杂性程度的加大，招标人对于前期配套、设计管理等外延的服务需求越来越强烈，但招标人限于工程概算的限制，没有额外的经费聘请提供此类服务的项目管理单位，如工程监理单位具有工程咨询、工程设计、招标代理、造价咨询及其他相关的资质，可在投标过程中向招标人推介此项优势。

17. C。本题考核的是工程监理单位的法律。《建设工程安全生产管理条例》第五十七条规定，工程监理单位有下列行为之一的，责令限期改正；逾期未改正的，责令停业整顿，并处 10 万元以上 30 万元以下的罚款；情节严重的，降低资质等级，直至吊销资质证书；造成重大安全事故，构成犯罪的，对直接责任人员，依照刑法有关规定追究刑事责任；造成损失的，依法承担赔偿责任：

（1）未对施工组织设计中的安全技术措施或者专项施工方案进行审查的。

（2）发现安全事故隐患未及时要求施工单位整改或者暂时停止施工的。

（3）施工单位拒不整改或者不停止施工，未及时向有关主管部门报告的。

（4）未依照法律、法规和工程建设强制性标准实施监理的。

故 C 选项正确。

18. B。本题考核的是有限责任公司。有限责任公司由 50 个以下股东出资设立。故 A 选项错误。有限责任公司设董事会，其成员为 3~13 人。故 B 选项正确。有限责任公司可以设经理，由董事会决定聘任或者解聘。故 C 选项错误。有限责任公司设监事会，其成员不得少于 3 人。故 D 选项错误。

19. D。本题考核的是合同文件解释顺序。合同协议书与下列文件一起构成合同文件：①中标通知书；②投标函及投标函附录；③专用合同条款；④通用合同条款；⑤委托人要求；⑥监理报酬清单；⑦监理大纲；⑧其他合同文件。上述合同文件互相补充和解释。如果合同文件之间存在矛盾或不一致之处，以上述文件的排列顺序在先者为准。

20. A。本题考核的是建设工程监理委托方式。采用平行承包模式，合同数量多，会造成合同管理困难；工程造价控制难度大。施工总承包模式比平行承包模式的合同数量少，有利于建设单位的合同管理，减少协调工作量，可发挥工程监理单位与施工总承包单位多层次协调的积极性。工程总承包是指建设单位将工程设计、材料设备采购、施工（EPC）或设计、施工（DB）等工作全部发包给一家单位，由该承包单位对工程质量、安全、工期和造价等全面负责的工程建设组织实施方式。按这种模式发包的工程也称"交钥匙工程"。采用工程总承包模式，建设单位的合同关系简单，组织协调工作量小。故本题 A 选项符合题意。

21. B。本题考核的是监理员职责。监理员是在专业监理工程师领导下从事工程检查、材料的见证取样、有关数据复核等具体监理工作的人员。监理员应履行下列职责：（1）检查施工单位投入工程的人力、主要设备的使用及运行状况。（2）进行见证取样。（3）复核工程计量有关数据。（4）检查工序施工结果。（5）发现施工作业中的问题，及时指出并向专业监理工程师报告。B 选项属于监理员职责，A、C、D 选项属于专业监理工程师职责。

22. D。本题考核的是监理工作中平行检验。平行检验是项目监理机构在施工单位自检的同时，按照有关规定、建设工程监理合同约定对同一检验项目进行的检测试验活动。故A、B 选项错误。平行检验是项目监理机构在施工阶段质量控制的重要工作之一，也是工程质量预验收和工程竣工验收的重要依据之一。故 C 选项错误，D 选项正确。

23. C。本题考核的是项目监理机构设立步骤。工程监理单位在组建项目监理机构时，一般按以下步骤进行：（1）确定项目监理机构目标。（2）确定监理工作内容。（3）设计项目监理机构组织结构。（4）制定工作流程和信息流程。

24. D。本题考核的是项目监理机构组织形式。矩阵制组织形式的优点是：加强了各职能部门的横向联系，具有较大的机动性和适应性，将上下左右集权与分权实行最优结合，有利于解决复杂问题，有利于监理人员业务能力的培养。缺点是：纵横向协调工作量大，处理不当会造成扯皮现象，产生矛盾。

25. B。本题考核的是总监理工程师代表职责。总监理工程师代表是经工程监理单位法定代表人同意，由总监理工程师书面授权，代表总监理工程师行使其部分职责和权力的人员。总监理工程师不得将下列工作委托给总监理工程师代表：（1）组织编制监理规划，审批监理实施细则。故 A 选项不属于总监理工程师代表可履行的职责。（2）根据工程进展及监理工作情况调配监理人员。（3）组织审查施工组织设计、（专项）施工方案。（4）签发工程开工令、暂停令和复工令。（5）签发工程款支付证书，组织审核竣工结算。故 C 选项不属于总监理工程师代表可履行的职责。（6）调解建设单位与施工单位的合同争议，处理工程索赔。故 D 选项不属于总监理工程师代表可履行的职责。（7）审查施工单位的竣工申请，组织工程竣工预验收，组织编写工程质量评估报告，参与工程竣工验收。（8）参与或配合工程质量安全事故的调查和处理。排除掉 A、C、D 选项，本题选 B。

26. C。本题考核的是监理规划。监理规划是项目监理机构全面开展建设工程监理工作的指导性文件。故 C 选项正确。监理实施细则是在监理规划的基础上，针对工程项目中某一专业或某一方面监理工作编制的操作性文件。故 A 选项错误。监理单位的技术管理部门是内部审核单位，技术负责人应当签认，同时，还应当按工程监理合同约定提交给建设单位，由建设单位确认。故 B 选项错误。监理规划应在签订建设工程监理合同及收到工程设计文件后由总监理工程师组织编制，并应在召开第一次工地会议 7 d 前报建设单位。故 D 选项错误。

27. A。本题考核的是建设工程监理核心工作。项目监理机构监理人员应熟悉工程设计文件，并参加建设单位主持的图纸会审和设计交底会议。

28. B。本题考核的是《建设工程安全生产管理条例》中施工单位安全责任的规定。施工单位应当自施工起重机械和整体提升脚手架、模板等自升式架设设施验收合格之日起 30 日内，向建设行政主管部门或者其他有关部门登记。登记标志应当置于或者附着于该设备的显著位置。

29. A。本题考核的是建设工程质量、造价、进度三大目标控制措施。组织措施是其他各类措施的前提和保障，包括建立健全实施动态控制的组织机构、规章制度和人员，明确各级目标控制人员的任务和职责分工，改善建设工程目标控制的工作流程；建立建设工程目标控制工作考评机制，加强各单位（部门）之间的沟通协作；加强动态控制过程中的激励措施，调动和发挥员工实现建设工程目标的积极性和创造性等。故 A 选项属于组织措施，B 选项属于技术措施，C 选项属于经济措施，D 选项属于合同措施。

30. B。本题考核的是工程质量控制的具体措施。工程质量控制的具体措施：（1）组织措施：建立健全项目监理机构，完善职责分工，制定有关质量监督制度，落实质量控制责任。（2）技术措施：协助完善质量保证体系；严格事前、事中和事后的质量检查监督。（3）经济措施及合同措施：严格质量检查和验收，符合合同规定质量要求的，拒付工程款；达到建设单位特定质量目标要求的，按合同支付工程质量补偿金或奖金。故 A 选项属于组织措施，B 选项属于技术措施，C 选项属于经济措施，D 选项属于合同措施。

31. C。本题考核的是项目监理机构应签发监理通知单的情形。施工单位有下列行为时，项目监理机构应签发《监理通知单》：（1）施工不符合设计要求、工程建设标准、合同约定。（2）使用不合格的工程材料、构配件和设备。（3）施工存在质量问题或采用不适当的施工工艺，或施工不当造成工程质量不合格。（4）实际进度严重滞后于计划进度且影响合同工期。（5）未按专项施工方案施工。（6）存在安全事故隐患。（7）工程质量、造价、进度等方面的其他违法违规行为。施工单位存在 C 选项描述的情形时，项目监理机构应及时签发监理通知单，故本题选 C。施工单位存在 A、B、D 选项描述的情形时，总监理工程师应及时签发工程暂停令。

32. A。本题考核的是需要建设单位审批同意的表式。下列表式需要建设单位审批同意：（1）施工组织设计或（专项）施工方案报审表（仅对超过一定规模的危险性较大的分部分项工程专项施工方案）。（2）工程开工报审表。（3）工程复工报审表。（4）工程款支付报审表；（5）费用索赔报审表。（6）工程临时或最终延期报审表。分包单位资格报审表：施工单位按施工合同约定选择分包单位时，需要向项目监理机构报送《分包单位资格报审表》及相关证明材料。专业监理工程师对《分包单位资格报审表》提出审查意见后，由总监理工程师审核签认。分包单位资格报审表并不需要建设单位签字。故本题选 A。

33. B。本题考核的是建筑信息建模（BIM）技术特点中的模拟性。在工程施工阶段可根据施工组织设计将 3D 模型加施工进度（4D）模拟实际施工，从而通过确定合理的施工方案指导实际施工，还可进行 5D 模拟，实现造价控制。

34. C。本题考核的是工程质量评估报告。工程竣工预验收合格后，由总监理工程师组织专业监理工程师编制工程质量评估报告编制完成后，由项目总监理工程师及监理单位技术负责人审核签认并加盖监理单位公章后报建设单位。工程质量评估报告应在正式竣工验收前提交给建设单位。故 A、B 选项错误，C 选项正确。工程质量评估报告的主要内容：（1）工程概况。（2）工程参建单位。（3）工程质量验收情况。（4）工程质量事故及其处理情况。（5）竣工资料审查情况。（6）工程质量评估结论。D 选项工程质量评估报告的主要内容不包括工程进度完成情况，故 D 选项错误。

35. D。本题考核的是 PMBOK 总体框架。项目组合管理是指将若干项目或项目群与其他工作组合在一起进行有效管理，以实现组织的战略目标。项目沟通管理是指为确保项目及其利益相关者的信息需求得到满足而进行的必要管理过程。项目集成管理是指在项目管理过程组中识别、定义、组合、统一和协调各类过程和项目管理活动的过程。项目群管理是指组织为实现战略目标、获得收益而以一种综合协调方式对一组相关项目进行的管理。故本题选 D。

36. C。本题考核的是建设工程风险管理。损失控制是一种主动、积极的风险对策。损失控制可分为预防损失和减少损失两个方面。预防损失措施的主要作用在于降低或消除（通常只能做到降低）损失发生的概率，而减少损失措施的作用在于降低损失的严重性或遏制损失的进一步发展，使损失最小化。一般来说，损失控制方案都应当是预防损失措施和减少损失措施的有机结合。故 C 选项正确。

37. B。本题考核的是工程设计"四新"的审查。工程监理单位应审查设计单位提出的新材料、新工艺、新技术、新设备在相关部门的备案情况。必要时应协助建设单位组织专家评审。

38. A。本题考核的是工程监理与项目管理一体化的概念。工程监理与项目管理一体化是指工程监理单位在实施建设工程监理的同时，为建设单位提供项目管理服务。

39. A。本题考核的是全过程集成化项目管理服务方式。目前在我国工程建设实践中，按照工程项目管理单位与建设单位的结合方式不同，全过程集成化项目管理服务可归纳为独立式、融合式和植入式三种模式。

40. B。本题考核的是非代理型 CM 模式。采用非代理型 CM 模式时，业主对工程费用不能直接控制，因而在这方面存在很大风险。为了促使 CM 单位加强费用控制，业主往往要求在 CM 合同中预先确定一个具体数额的保证最大价格（GMP），GMP 包括总的工程费用和 CM 费。而且在合同条款中通常规定，如果实际工程费用加 CM 费超过 GMP，超出部分应由 CM 单位承担；反之，节余部分归业主所有。为提高 CM 单位控制工程费用的积极性，也可在合同中约定，节余部分由业主与 CM 单位按一定比例分成。

如果 GMP 数额过高，就失去了控制工程费用的意义，业主所承担的风险增大；反之，GMP 数额过低，则 CM 单位所承担的风险加大。故本题选 B。

41. D。本题考核的是 Project Controlling 与工程项目管理服务的比较。Project Controlling 与工程项目管理服务的不同之处主要表现在以下几方面：（1）两者地位不同。（2）两者服务时间不尽相同。（3）两者工作内容不同。（4）两者权力不同。A、B、C 选项属于 Project Controlling 与工程项目管理服务的相同点，D 选项属于 Project Controlling 与工程项目管理服务的不同点。

42. A。本题考核的是工程监理企业经营活动准则。科学的手段实施建设工程监理，必须借助于先进的科学仪器才能做好监理工作，如各种检测、试验、化验仪器、摄录像设备及计算机等。故本题选 A。

43. B。本题考核的是监理工程师资格考试科目。已取得监理工程师一种专业职业资格证书的人员，报名参加其他专业科目考试的，可免考基础科目。

44. D。本题考核的是建设工程监理招标程序。招标人与中标人应当自发出中标通知书之日起 30 日内，依据中标通知书、招标文件中的合同构成文件签订建设工程监理合同。

45. C。本题考核的是投标决策定量分析方法。综合评价法：（1）确定影响投标的评价指标。（2）确定各项评价指标权重。（3）各项评价指标评分。（4）计算综合评价总分。（5）决定是否投标。

46. D。本题考核的是监理工作制度。组织协调方法包括：（1）会议协调：监理例会、专题会议等方式。（2）交谈协调：面谈、电话、网络等方式。（3）书面协调：通知书、联系单、月报等方式。（4）访问协调：走访或约见等方式。项目监理机构内部工作制度：（1）项目监理机构工作会议制度，包括监理交底会议、监理例会、监理专题会、监理工作会议等。（2）项目监理机构人员岗位职责制度。（3）对外行文审批制度。（4）监理工作日志制度。（5）监理周报、月报制度。（6）技术、经济资料及档案管理制度。（7）监理人员教育培训制度。（8）监理人员考勤、业绩考核及奖惩制度。

47. D。本题考核的是建设工程质量、造价、进度三大目标。确定建设工程总目标，需要根据建设工程投资方及利益相关者需求，并结合建设工程本身及所处环境特点进行综合论证。故 A 选项错误。在建设工程目标系统中，质量目标通常采用定性分析方法，而造价、进度目标可采用定量分析方法。故 B 选项错误。不同建设工程三大目标可具有不同的优先等级。故 C 选项错误。建设工程三大目标之间密切联系、相互制约，需要应用多目标决策、多级递阶、动态规划等理论统筹考虑、分析论证，努力在"质量优、投资省、工期短"之间寻求最佳匹配。故 D 选项正确。

48. B。本题考核的是建设工程监理主要方式中的巡视。项目监理机构应在监理实施细则中明确巡视要点、巡视频率和措施，并明确巡视检查记录表。故 B 选项正确。监理人员在巡视检查时，应主要关注施工质量、安全生产两方面情况。其中，施工质量方面，需要重点关注的内容包括使用的工程材料、设备和构配件是否已检测合格，施工机具、设备的工作状态等。故 D 选项错误。巡视是监理人员针对现场施工质量和施工单位安全生产管理情况进行的检查工作。故 C 选项错误。监理人员在巡视检查中发现的施工质量、生产安全事故隐患等问题以及采取的相应处理措施、所取得的效果等，应及时、准确地记录在巡视检查记录表中。故 A 选项错误。

49. B。本题考核的是建设工程监理。对于工程监理企业而言，守法就是要依法经营。主要体现在不与被监理工程的施工及材料、构配件和设备供应单位有隶属关系或其他利害关系，不谋取非法利益。故 C 选项错误。

工程监理单位应当依照法律、法规以及有关技术标准、设计文件和建设工程承包合同、代表建设单位对施工质量实施监理，并对施工质量承担监理责任。故 D 选项错误。

建设工程监理基本工作内容包括：工程质量、造价、进度三大目标控制，合同管理和信息管理，组织协调，以及履行建设工程安全生产管理的法定职责。故 B 选项正确。

《建筑法》第三十条规定，国家推行建筑工程监理制度。国务院可以规定实行强制监理的建筑工程的范围。故 A 选项错误。

50. B。本题考核的是建设工程监理招标方式。邀请招标属于有限竞争性招标，建设单位不需要发布招标公告，也不进行资格预审。A、D 是公开招标独有，C 是邀请招标。

二、多项选择题

51. A、C、D；　　　52. A、B、C、E；　　　53. A、B；
54. A、B、D、E；　　55. C、D、E；　　　　56. A、B、C；
57. A、C、E；　　　 58. A、D、E；　　　　59. A、B、C、E；
60. B、C；　　　　　61. A、B、C、E；　　 62. A、B、C、D；
63. B、C、E；　　　 64. B、D、E；　　　　65. B、C、E；
66. B、C；　　　　　67. A、B；　　　　　 68. A、C；
69. A、B、C、D；　　70. A、C、E；　　　　71. C、D；
72. C、D；　　　　　73. A、B、C、D；　　 74. A、B、C；
75. A、B；　　　　　76. A、C、D；　　　　77. C、D；
78. B、C、D、E；　　79. B、D、E；　　　　80. C、D、E。

【解析】

51. A、C、D。本题考核的是项目法人的职权。A、C、D 选项属于项目总经理的职权，B、E 选项属于项目董事会的职权。

52. A、B、C、E。本题考核的是施工许可证的申领。建设单位申请领取施工许可证，应当具备下列条件：

（1）已经办理建筑工程用地批准手续。故 A 选项正确。

（2）依法应当办理建设工程规划许可证的，已经取得建设工程规划许可证。

（3）需要拆迁的，其拆迁进度符合施工要求。

（4）已经确定建筑施工企业。故 C 选项正确。

（5）有满足施工需要的资金安排、施工图纸及技术资料。故 B 选项正确。

（6）有保证工程质量和安全的具体措施。故 E 选项正确。

53. A、B。本题考核的是《建设工程质量管理条例》中建设单位的质量责任和义务。建设工程竣工验收应当具备下列条件：（1）完成建设工程设计和合同约定的各项内容。故 A 选项正确。（2）有完整的技术档案和施工管理资料。故 B 选项正确。（3）有工程使用的主要建筑材料、建筑构配件和设备的进场试验报告。（4）有勘察、设计、施工、工程监理等单位分别签署的质量合格文件。故 C 选项错误。（5）有施工单位签署的工程保修书。D、E 选项内容未提及，故不选。

54. A、B、D、E。本题考核的是事故报告内容。事故报告应当包括下列内容：（1）事故发生单位概况。（2）事故发生的时间、地点以及事故现场情况。（3）事故的简要经过。（4）事故已经造成或者可能造成的伤亡人数（包括下落不明的人数）和初步估计的直接经济损失。（5）已经采取的措施。（6）其他应当报告的情况。故选 A、B、D、E。

55. C、D、E。本题考核的是施工单位的安全责任。施工单位的安全责任：（1）工程承揽。（2）安全生产责任制度。（3）安全生产管理费用。（4）施工现场安全生产管理。（5）安全生产教育培训。（6）安全技术措施和专项施工方案。上述工程中涉及深基坑、地下暗挖工程、高大模板工程的专项施工方案，施工单位还应当组织专家进行论证、审查。（7）施工现场安全防护。（8）施工现场卫生、环境与消防安全管理。施工现场临时搭建的建筑物应当符合安全使用要求。（9）施工机具设备安全管理。（10）意外伤害保险。施工单位应当为施工现场从事危险作业的人员办理意外伤害保险。故 C、D、E 选项属于施工单位的安全责任。A、B 选项属于建设单位的安全责任。

56. A、B、C。本题考核的是可采用邀请招标的项目。国有资金占控股或者主导地位的依法必须进行招标的项目，应当公开招标；但有下列情形之一的，可以邀请招标：①技术复杂、有特殊要求或者受自然环境限制，只有少量潜在投标人可供选择；②采用公开招标方式的费用占项目合同金额的比例过大。故 A、B、C 选项可采用邀请招标方式。D、E 选项可以不进行招标。

57. A、C、E。本题考核的是生产经营单位安全生产保障。生产经营单位的安全生产保障：（1）生产经营单位的主要负责人对本单位安全生产工作的职责：组织制定并实施本单位安全生产规章制度和操作规程；保证本单位安全生产投入的有效实施等。故 C 选项正确。（2）生产经营单位的安全生产管理机构及安全生产管理人员职责：矿山、金属冶炼、建筑施工、运输单位和危险物品的生产、经营、储存、装卸的单位，应当设置安全生产管理机构或者配备专职安全生产管理人员。上述单位以外的其他生产经营单位，从业人员超过 100 人的，应当设置安全生产管理机构或者配备专职安全生产管理人员；从业人员在 100 人以下的，应当配备专职或者兼职的安全生产管理人员。故 B 选项错误。生产经营单位的安全生产管理机构及安全生产管理人员履行的职责包括：组织或参与本单位应急救援演练。故 D 选项错误。（3）安全生产教育和培训。（4）安全风险分级管控及事故隐患排查治理制度。生产经营单位应当建立安全风险分级管控制度按照安全风险分级采取相应的管控措施。故 E 选项正确。（5）生产经营单位投保责任。生产经营单位必须依法参加工伤保险。故 A 选项正确。

58. A、B、E。本题考核的是建设工程招标准备。编制招标方案包括：划分监理标段、选择招标方式、选定合同类型及计价方式、确定投标人资格条件、安排招标工作进度等。

59. A、B、C、E。本题考核的是监理工程师的职业道德。抵制不正之风，廉洁从业，不谋取不正当利益。不为所监理工程指定承包商、建筑构配件、设备、材料生产厂家；不收受施工单位的任何礼金、有价证券等；不转借、出租、伪造、涂改监理证书及其他相关资信证明，不以个人名义承揽监理业务；不同时在两个或两个以上工程监理单位注册和从事监理活动；不在政府部门和施工、材料设备的生产供应等单位兼职。树立良好的职业形象。保守商业秘密，不泄漏所监理工程各方认为需要保密的事项。

60. B、C。本题考核的是专业监理工程师的职责。专业监理工程师应履行下列职责：（1）参与编制监理规划，负责编制监理实施细则。（2）审查施工单位提交的涉及本专业的报审文件，并向总监理工程师报告。（3）参与审核分包单位资格。故 A 选项错误。（4）指导、检查监理员工作，定期向总监理工程师报告本专业监理工作实施情况。（5）检查进场的工程材料、构配件、设备的质量。（6）验收检验批、隐蔽工程、分项工程，参与验收分部工程。故 B 选项正确，E 选项错误。（7）处置发现的质量问题和安全事故隐患。（8）进行工程计量。（9）参与工程变更的审查和处理。（10）组织编写监理日志，参与编写监理月报。故 C 选项正确。（11）收集、汇总、参与整理监理文件资料。（12）参与工程竣工预验收和竣工验收。组织编写工程质量评估报告为总监理工程师的职责，故 D 选项不选。

61. A、B、C、E。本题考核的是监理投标文件应包含的内容。投标文件格式：投标函及投标函附录；法定代表人身份证明；授权委托书；联合体协议书；投标保证金；监理报酬清单；资格审查资料；监理大纲；其他资料。

62. A、B、C、D。本题考核的是工程监理人员。总监理工程师应由注册监理工程师担任。故 A 选项正确。总监理工程师是指由工程监理单位法定表人书面任命，负责履行建设工程监理合同、主持项目监理机构工作的注册监理工程师。故 B 选项正确。总监理工程师代表是指经工程监理单位法定代表人同意，由总监理工程师书面授权，代表总监理工程师行使其部分职责和权力，具有工程类注册执业资格或具有中级及以上专业技术职称、3 年及以上工程实践经验并经监理业务培训的人员。故 C 选项正确。专业监理工程师是指由总监理工程师授权，负责实施某一专业或某一岗位的监理工作有相应监理文件签发权，具有工程类注册执业资格或具有中级及以上专业技术职称、2 年及以上工程实践经验并经监理业务培训川的人员。故 D 选项正确。监理员是指从事具体监理工作，具有中专及以上学历并经过监理业务培训的人员。故 E 选项错误。

63. B、C、E。本题考核的是监理工作总结的内容。监理工作总结应包括以下内容：（1）工程概况。（2）项目监理机构。（3）建设工程监理合同履行情况。（4）监理工作成效。（5）监理工作中发现的问题及其处理情况。（6）说明与建议。

64. B、D、E。本题考核的是监理实施细则主要内容。《建设工程监理规范》明确规定了监理实施细则应包含的内容，即：专业工程特点、监理工作流程、监理工作要点，以及监理工作方法及措施。

65. B、C、E。本题考核的是总监理工程师应履行的职责。B、C、E 选项属于总监理工程师应履行的职责；A 选项表述不正确，正确的是审批监理实施细则；D 选项属于建设单位的职责。

66. B、C。本题考核的是建设工程造价控制任务。项目监理机构在建设工程施工阶段造价控制的主要任务是通过工程计量、工程付款控制、工程变更费用控制、预防并处理好费用索赔、挖掘降低工程造价潜力等使工程实际费用支出不超过计划投资。故本题选 B、C。

67. A、B、E。本题考核的是工程索赔处理。项目监理机构应以法律法规、勘察设计文件、施工合同文件、工程建设标准、索赔事件的证据等为依据处理工程索赔。

68. A、C。本题考核的是安全事故隐患的处理。项目监理机构在实施监理过程中，发现工程存在安全事故隐患时，应签发监理通知单，要求施工单位整改；情况严重时，应签发工程暂停令，并应及时报告建设单位。施工单位拒不整改或不停止施工时，项目监理机构应及时向有关主管部门报送监理报告。

69. A、B、C、D。本题考核的是项目监理机构组织协调方法中的会议协调法。第一次工地会议上，总监理工程师应介绍监理工作的目标、范围和内容、项目监理机构及人员职责分工、监理工作程序、方法和措施等。

70. A、C、E。本题考核的是工程监理基本表式。工程监理基本表式应用。下列表式应由总监理工程师签字并加盖执业印章：

（1）A.0.2 工程开工令。

（2）A.0.5 工程暂停令。

（3）A.0.7 工程复工令。

（4）A.0.8 工程款支付证书。

（5）B.0.1 施工组织设计或（专项）施工方案报审表。

（6）B.0.2 工程开工报审表。

（7）B.0.10 单位工程竣工验收报审表。

（8）B.0.11 工程款支付报审表；

（9）B.0.13 费用索赔报审表；

（10）B.0.14 工程临时或最终延期报审表。

故本题选 A、C、E。

71. C、D。本题考核的是建设工程监理文件资料移交。停建、缓建工程的监理文件资料暂由建设单位保管。故 C、D 选项符合题意。对改建、扩建和维修工程，建设单位应组织工程监理单位据实修改、补充和完善监理文件资料，对改变的部位，应当重新编写，并在工程竣工验收后 3 个月内向城建档案管理部门移交。故 A、B、E 选项不符合题意。

72. C、D。本题考核的是建设工程风险对策。非保险转移一般都要付出一定的代价，有时转移风险的代价可能会超过实际发生的损失，从而对转移者不利。故 A 选项错误。非保险转移的媒介是合同，这就可能因为双方当事人对合同条款的理解发生分歧而导致转移失效。故 B 选项错误。非保险转移的优点主要体现在：一是可以转移某些不可保的潜在损失，如物价上涨、法规变化、设计变更等引起的投资增加；二是被转移者往往能较好地进行损失控制，如施工单位相对于建设单位能更好地把握施工技术风险，专业分包单位相对于总承包单位能更好地完成专业性强的工程内容。故 C、D 选项正确。在某些情况下，可能因被转移者无力承担实际发生的重大损失而导致仍然由转移者来承担损失。故 E 选项错误。

73. A、B、C、D。本题考核的是工程咨询公司的服务对象和内容。工程咨询公司为承包商服务主要有以下几种情况：一是为承包商提供合同咨询和索赔服务。二是为承包商提供技术咨询服务。三是为承包商提供工程设计服务。

74. A、B、C。本题考核的是 Partnering 模式的主要特征。Partnering 模式的主要特征表现在以下几方面：（1）出于自愿。（2）高层管理者参与。（3）Partnering 协议不是法律意义上的合同。（4）信息开放性。

75. A、B。本题考核的是 Project Controlling 模式的内容。Project Controlling 方实质上是建设工程业主的决策支持机构。故 A 选项正确。Project Controlling 咨询单位需要工程参建各方的配合。故 B 选项正确。Project Controlling 方的组织结构与业主项目管理的组织结构有明显的一致性和对应关系。故 C 选项错误。Project Controlling 模式是适应大型建设工程业主高层管理人员决策需要而产生的。故 D 选项错误。根据建设工程的特点和业主方组织结构的具体情况，Project Controlling 模式可分为单平面 Project Controlling 和多平面 Project Controlling 两种类型。故 E 选项错误。

76. A、C、D。本题考核的是要约和承诺的内容。承诺是受要约人同意要约的意思表示。故 A 选项正确。要约以信件或者电报作出的，承诺期限自信件载明的日期或者电报交发之日开始计算，信件未载明日期的，自投寄该信件的邮戳日期开始计算。故 B 选项错误。承诺不需要通知的，根据交易习惯或者要约的要求作出承诺的行为时生效。故 C 选项正确。承诺的内容应当与要约的内容一致。故 D 选项正确。承诺生效的地点为合同成立的地点。故 E 选项错误。

77. B、C、D。本题考核的是《招标投标法》中招标的规定。《招标投标法》第十四条规定，招标代理机构与行政机关和其他国家机关不得存在隶属关系或者其他利益关系。故 A 选项错误。第十二条第二款规定，招标人具有编制招标文件和组织评标能力的，可以自行办理招标事宜。任何单位和个人不得强制其委托招标代理机构办理招标事宜。故 B 选项正确。第十五条规定，招标代理机构应当在招标人委托的范围内办理招标事宜，并遵守本法关于招标人的规定。故 C 选项正确。第十九条第一款规定，招标人应当根据招标项目的特点和需要编制招标文件。招标文件应当包括招标项目的技术要求、对投标人资格审查的标准、投标报价要求和评标标准等所有实质性要求和条件以及拟签订合同的主要条款。故 D 选项正确。第二十三条规定，招标人对已发出的招标文件进行必要的澄清或者修改的，应当在招标文件要求提交投标文件截止时间至少十五日前，以书面形式通知所有招标文件收受人。该澄清或修改的内容为招标文件的组成部分。故 E 选项错误。

78. B、C、D、E。本题考核的是《民法典》第三编合同中建设工程合同的内容。建设工程合同包括工程勘察、设计、施工合同，建设工程监理合同、项目管理服务合同则属于委托合同，故 A 选项错误。建设工程合同是指承包人进行工程建设，发包人支付价款的合同。故 B 选项正确。建设工程施工合同无效，但是建设工程经验收合格的，可以参照合同关于工程价款的约定折价补偿承包人。故 C 选项正确。承包人将建设工程转包、违法分包的，发包人可以解除合同。故 D 选项正确。发包人在不妨碍承包人正常作业的情况下，可以随时对作业进度、质量进行检查。故 E 选项正确。

79. B、D、E。本题考核的是建设工程监理评标内容。工程监理评标办法中，通常会将下列要素作为评标内容：

（1）工程监理单位的基本素质。包括：工程监理单位资质、技术及服务能力、社会信誉和企业诚信度，以及类似工程监理业绩和经验。A 选项属于工程监理评标内容，但不是重点评审内容。

（2）工程监理人员配备。工程监理人员的素质与能力直接影响建设工程监理工作的优劣，进而影响整个工程监理目标的实现。项目监理机构监理人员的数量和素质，特别是总监理工程师的综合能力和业绩是建设工程监理评标需要考虑的重要内容。故 B 选项正确。

（3）建设工程监理大纲。建设工程监理大纲是反映投标人技术、管理和服务综合水平的文件，反映了投标人对工程的分析和理解程度。评标时应重点评审建设工程监理大纲的全面性、针对性和科学性。

（4）试验检测仪器设备及其应用能力。重点评审投标人在投标文件中所列的设备、仪器、工具等能否满足建设工程监理要求。故 D 选项正确。

（5）建设工程监理费用报价。要重点评审监理费用报价水平和构成是否合理、完整，分析说明是否明确，监理服务费用的调整条件和办法是否符合招标文件要求等。故 E 选项正确。

C 选项不属于工程监理评标内容。

80. C、D、E。本题考核的是承包模式。Partnering 模式：工程参建各方之间还是有许多共同利益，通过工程设计单位、施工单位、业主三方的配合，可以降低工程风险，对参建各方均有利。故 C 选项正确。

工程总承包模式：由于工程设计与施工由一家承包单位统筹实施，一般能做到工程设计与施工的相互搭接，有利于控制工程进度，可缩短建设周期。故 D 选项正确。

设计—建造模式，也称为设计—施工模式或单一责任主体模式。在这种模式下，集设计与施工方式于一体，由一个实体按照一份总承包合同承担全部的设计和施工任务，故该模式中设计和施工能有效衔接。故 E 选项正确。

平行承包是指建设单位将建设工程设计、施工及材料设备采购任务经分解后分别发包给若干设计单位、施工单位和材料设备供应单位，并分别与各承包单位签订合同的工程建设组织实施方式。平行承包模式中，各设计单位、各施工单位、各材料设备供应单位之间的关系是平行关系。故 A 选项不符合题意。

施工总承包模式是指建设单位将全部施工任务发包给一家施工单位作为总承包单位，总承包单位可以将其部分任务分包给其他施工单位，形成一个施工总包合同及若干个分包合同的工程建设组织实施方式。故 B 选项不符合题意。

《建设工程监理基本理论和相关法规》

2021 年度试卷及答案解析

2021 年度全国监理工程师职业资格考试试卷

扫码听课

一、单项选择题（共 50 题，每题 1 分。每题的备选项中，只有 1 个最符合题意）

1. 根据《标准监理招标文件》，工程监理单位应在收到工程设计文件后编制监理规划，并在（　　）报委托人。

　　A. 第一次工地会议 7 d 前　　　　　　B. 第一次工地会议 14 d 前

　　C. 收到开始监理通知 7 d 后　　　　　D. 收到开始监理通知 14 d 后

2. 根据《标准监理招标文件》，关于监理合同中按天计算期限的说法，正确的是（　　）。

　　A. 除特别指明外，"天"是指日历天

　　B. 期限计算时应扣除法定公休日

　　C. 期限自指令、通知等发出当日开始计算

　　D. 期限最后一天的截止时间为 18：00

3. 根据《招标投标法实施条例》，依法招标的项目可以不招标的情形是（　　）。

　　A. 技术复杂，只有少量潜在投标人可供选择的

　　B. 受自然环境限制，只有少量潜在投标人可供选择的

　　C. 采购人依法能够自行建设的

　　D. 招标费用占项目合同金额的比例过大的

4. 根据《建设工程安全生产管理条例》，工程监理单位未对施工组织设计中的安全技术措施或者专项施工方案进行审查且逾期未改正的，将被处以（　　）罚款。

　　A. 10 万元以上 20 万元以下　　　　　B. 10 万元以上 30 万元以下

　　C. 20 万元以上 50 万元以下　　　　　D. 30 万元以上 50 万元以下

5. 关于项目法人责任制和项目法人的说法，正确的是（　　）。

　　A. 项目法人对项目建设实施承担责任，对项目生产经营不承担责任

　　B. 项目法人责任制的核心内容是项目法人承担投资风险

　　C. 项目法人须在申报项目可行性研究报告前正式成立

　　D. 新上项目在项目建议书被批准后成立项目法人

6. 根据《必须招标的工程项目规定》，国有资金投资的项目，必须进行招标的是（　　）的项目。

A. 施工单项合同估算价为 300 万元

B. 设计单项合同估算价为 80 万元

C. 监理单项合同估算价为 50 万元

D. 工程设备采购单项合同估算价 200 万元

7. 下列工作内容中，属于工程项目建议书内容的是（   ）。

A. 比选确定设计方案　　　　　　　B. 环境影响的初步评价

C. 经济效益测算分析　　　　　　　D. 技术方案论证

8. 根据《建设工程监理规范》，工程监理单位在工程设计阶段开展相关服务工作时，应完成的报告是（   ）。

A. 设计总体计划报告　　　　　　　B. 设计费结算报告

C. 设计成果评估报告　　　　　　　D. 设计工作报告

9. 根据《标准监理招标文件》，属于监理投标文件内容的是（   ）。

A. 投标人须知　　B. 监理大纲　　C. 合同条款　　D. 监理规划

10. 关于全过程工程咨询的说法，正确的是（   ）。

A. 全过程工程咨询是一项新的制度

B. 全过程工程咨询不包含投资决策综合性咨询

C. 全过程工程咨询包含技术咨询和管理咨询

D. 全过程工程咨询是项目管理的一种新形式

11. 根据《国务院关于投资体制改革的决定》，关于投资决策管理的说法，正确的是（   ）。

A. 采用贷款贴息的政府投资工程需审批开工报告

B. 非政府投资工程需审批可行性研究报告

C. 采用投资补助的政府投资工程需审批工程概算

D. 非政府投资工程不需审批开工报告

12. 根据《建筑法》，建设单位应当自领取施工许可证之日起（   ）个月内开工。因故不能按期开工的，应当向发证机关申请延期。

A. 1　　　　　　　B. 2　　　　　　　C. 3　　　　　　　D. 6

13. 根据《建筑法》，关于建筑安全生产管理的说法，正确的是（   ）。

A. 房屋拆除应当由具备保证安全条件的施工单位承担

B. 需要临时停水、停电的，施工单位应办理申请批准手续

C. 涉及承重结构变动的装修工程，施工单位应事前委托设计单位提出设计方案

D. 施工单位负责收集与施工现场相关的地下管线资料，并对管线采取保护措施

14. 根据《招标投标法》，招标人和中标人应当自中标通知书发出之日起（   ）日内，按照招标文件和中标人的投标文件订立书面合同。

A. 7　　　　　　　B. 10　　　　　　　C. 20　　　　　　　D. 30

15. 根据《建设工程质量管理条例》，建设单位未按照国家规定将竣工验收报告、有关认可文件或准许使用文件报送有关部门备案的，将被处以（   ）的罚款。

A. 10 万元以上 20 万元以下　　　　　B. 10 万元以上 30 万元以下

C. 20 万元以上 30 万元以下　　　　　D. 20 万元以上 50 万元以下

16. 根据《建设工程安全生产管理条例》，属于施工单位安全责任的是（   ）。

A. 拆除工程施工前将拆除施工组织方案报有关部门备案

B. 组织专家对高大模板工程的专项施工方案进行论证、审查

C. 编制工程概算时确定安全施工所需费用

D. 申办施工许可证时提供安全施工措施资料

17. 关于监理有限责任公司设立董事会的说法，正确的是（　　）。

A. 董事会成员为 3~13 人
B. 董事会成员不超过 5 人

C. 董事会成员应在 23 人以下
D. 执行董事不得兼任公司经理

18. 根据《监理工程师职业资格制度规定》，具有各工程大类专业大学专科学历，从事工程监理、施工、设计等业务工作满（　　）年者，可以申请参加监理工程师职业资格考试。

A. 3　　　　　　　B. 4　　　　　　　C. 5　　　　　　　D. 6

19. 根据《监理工程师职业资格考试实施办法》，对于免考基础科目和增加专业类别的人员，专业科目成绩实行（　　）年为一个周期的滚动管理办法。

A. 4　　　　　　　B. 3　　　　　　　C. 2　　　　　　　D. 1

20. 工程监理公开招标的工作包括：①招标准备；②组织资格审查；③召开投标预备会；④发出中标通知书。仅就上述工作而言，正确的工作流程是（　　）。

A. ①-②-③-④　　　B. ①-③-②-④　　　C. ③-①-②-④　　　D. ②-①-③-④

21. 下列工作中，属于评标委员会工作内容的是（　　）。

A. 掌握招标工程的主要特点和需求

B. 编制招标文件及评标办法

C. 编写投标资格预审公告

D. 将招标投标情况书面报告招标投标监督机构

22. 工程监理企业经调查分析决定投标后，首先要明确的内容是（　　）。

A. 投标程序　　　B. 投标目标　　　C. 投标策略　　　D. 投标方式

23. 下列工程监理费用计取方法中，适用于临时性、短期监理（咨询）业务活动的是（　　）。

A. 建设投资百分比法
B. 工程建设强度法

C. 监理（咨询）人员工时法
D. 监理（咨询）服务内容法

24. 根据《标准监理招标文件》，建设工程监理合同履约担保至建设单位签发工程竣工验收证书之日起（　　）后失效。

A. 14 d　　　　　　B. 28 d　　　　　　C. 1 个月　　　　　D. 12 个月

25. 关于建设工程监理合同的说法，正确的是（　　）。

A. 建设工程监理合同是一种建设工程合同

B. 建设工程监理合同分为通用合同条款和专用合同条款两部分

C. 建设工程监理合同双方应是具有法人资格的企事业单位

D. 建设工程监理合同的标的是服务

26. 下列工程类别中，建设单位可以在已选定的多家工程监理单位中确定一家"总监理单位"，负责监理项目总体规划、协调和控制的是（　　）。

A. 交钥匙工程
B. EPC 承包工程

C. 施工总承包工程
D. 平行承包工程

27. 根据《建设工程监理规范》，项目监理机构在施工单位自检的同时，按有关规定、建设工程监理合同约定对同一检验项目进行的检测试验活动称为（　　　）。

A. 见证检验　　　　B. 跟踪检验　　　　C. 平行检验　　　　D. 重新检验

28. 工程监理单位组建项目监理机构的合理步骤是（　　　）。

A. 制定监理工作流程和信息流程→确定工作目标和内容→设计组织结构

B. 确定监理工作目标和内容→设计组织结构→制定工作流程和信息流程

C. 设计监理组织结构→确定工作目标和内容→制定工作流程和信息流程

D. 确定监理工作目标和内容→制定工作流程和信息流程→设计组织结构

29. 下列项目监理机构组织形式中，具有较大的机动性和适应性，能够实现集权和分权最优结合的组织形式是（　　　）。

A. 职能制　　　　B. 直线制　　　　C. 矩阵制　　　　D. 直线职能制

30. 根据《建设工程监理规范》，总监理工程师可以委托总监理工程师代表进行的工作是（　　　）。

A. 根据工程进展及监理工作情况调配监理人员

B. 组织审查施工组织设计、专项施工方案

C. 组织审核工程竣工结算

D. 组织编写监理月报、监理工作总结

31. 根据《标准监理招标文件》，监理服务期限自（　　　）起计算。

A. 开始监理通知中载明的开始监理日期

B. 招标文件中载明的开始监理日期

C. 监理规划中载明的开始监理日期

D. 监理人实际进场日期

32. 根据《建设工程监理规范》，需经建设单位书面同意的情形是（　　　）。

A. 工程监理单位任命总监理工程师　　　B. 工程监理单位调换总监理工程师

C. 工程监理单位调换专业监理工程师　　　D. 总监理工程师调配监理人员

33. 下列监理工作制度中，属于项目监理机构内部工作制度的是（　　　）。

A. 图纸会审制度　　　　　　　　　　　　B. 监理人员业绩考核制度

C. 施工组织设计审批制度　　　　　　　　D. 质量事故报告制度

34. 下列监理组织协调方式中，属于"交谈协调"的是（　　　）方式。

A. 监理通知单　　　　　　　　　　　　　B. 专题会议

C. 工作联系单　　　　　　　　　　　　　D. 微信

35. 关于工程项目质量、造价、进度三大目标的说法，正确的是（　　　）。

A. 项目三大目标之间是对立关系

B. 项目三大目标控制的重点是纠正偏差

C. 不同工程项目的三大目标可具有不同的优先等级

D. "自上而下层层保证"是项目三大目标控制的基础

36. 根据《建设工程监理规范》，总监理工程师应及时签发工程暂停令的情形是（　　　）。

A. 施工单位采用的施工工艺不当造成的工程质量问题的

B. 施工单位未按审查通过的工程设计文件施工的

C. 施工单位施工中存在安全事故隐患的

D. 施工单位未按施工方案施工大幅增加工程费用的

37. 根据《建设工程安全生产管理条例》，对于达到一定规模的危险性较大的分部分项工程，编制的专项施工方案除应附具安全验算结果外，应经（   ）签字后方可实施。

A. 施工单位法定代表人、监理单位法定代表人

B. 施工单位技术负责人、监理单位技术负责人

C. 施工单位技术负责人、总监理工程师

D. 施工项目技术负责人、总监理工程师

38. 监理规划编制的依据是（   ）。

A. 监理合同   B. 专项施工方案

C. 工艺试验成果报告   D. 施工控制测量成果报告

39. 关于见证取样的说法，正确的是（   ）。

A. 见证取样涉及的主要参与方有材料供应方、使用方、检测方和见证方

B. 施工企业内部试验室应逐步转为外控机构，承担见证取样的职责

C. 见证人员应通过检测单位的考核和授权取得"见证员证书"

D. 涉及结构安全的试件，项目监理机构应见证其现场取样、封样、送检工作

40. 根据《建设工程监理规范》，需要建设单位审批的报审（验）表是（   ）。

A. 施工进度计划报审表   B. 工程开工报审表

C. 分部工程报验表   D. 单位工程竣工验收报审表

41. 根据《建设工程监理规范》，项目监理机构发现工程施工存在安全事故隐患并通知施工单位停工整改，施工单位拒不整改（或不停止施工）时，项目监理机构应及时进行的工作是（   ）。

A. 签发监理通知单   B. 报告监理单位

C. 报告建设单位   D. 向有关主管部门报送监理报告

42. 根据《建设工程监理规范》，不需由总监理工程师签认的报审表是（   ）。

A. 分包单位资格报审表   B. 分项工程报验、报审表

C. 施工进度计划报审表   D. 工程临时延期报审表

43. 关于工程档案的说法，正确的是（   ）。

A. 工程档案保管期限分为永久、长期、短期三种

B. 工程档案文件须经项目监理机构审查盖章

C. 永久保管是指工程档案保存到该工程的设计使用年限

D. 应归档的文件必须是纸质文件原件

44. 项目管理知识体系中，为确保项目及其利益相关者的信息需求得到满足而进行的必要管理过程称为（   ）。

A. 项目沟通管理   B. 项目资源管理

C. 项目范围管理   D. 项目利益相关者管理

45. 根据《民法典》合同编，工程设计合同属于（   ）。

A. 委托合同   B. 技术合同

C. 技术开发合同   D. 建设工程合同

46. 根据《建设工程监理规范》，工程监理单位受建设单位委托进行工程勘察管理时，

工程勘察成果评估报告应由（　　）组织编制。

    A. 总监理工程师　　　　　　　　　B. 评估专家组组长

    C. 工程勘察项目负责人　　　　　　D. 建设单位项目负责人

47. 关于工程监理与项目管理一体化的说法，正确的是（　　）。

    A. 工程监理与项目管理一体化是指监理单位提供的建设工程全过程管理服务

    B. 推行工程监理与项目管理一体化是深化项目法人责任制改革的重要举措

    C. 高素质的专业队伍是提供工程监理与项目管理一体化优质服务的基础

    D. 工程监理与项目管理一体化属于国家规定强制实施的一项制度

48. 项目管理组织体系（PMBOK）除将项目管理活动归结为计划、执行、监控和收尾过程组外，尚有（　　）过程组。

    A. 启动　　　　　B. 目标　　　　　C. 范围　　　　　D. 规划

49. 关于代理型 CM 模式的说法，正确的是（　　）。

    A. CM 单位是业主的工程承包单位　　　B. CM 单位对设计单位没有指令权

    C. CM 合同价是 CM 费和工程费用之和　　D. 业主与 CM 单位签订工程承包合同

50. 业主与承包单位签订长期协议，在多个工程项目上持续运用 Partnering 模式产生的结果是（　　）。

    A. 既增加承包单位的经营成本，也增加业主的交易成本

    B. 增加承包单位的经营成本，但能降低业主的交易成本

    C. 降低承包单位的经营成本，但会增加业主的交易成本

    D. 既能降低承包单位的经营成本，也能降低业主的交易成本

二、多项选择题（共 30 题，每题 2 分。每题的备选项中，有 2 个或 2 个以上符合题意，至少有 1 个错项。错选，本题不得分；少选，所选的每个选项得 0.5 分）

51. 根据项目法人责任制有关规定，项目董事会的职权有（　　）。

    A. 上报项目初步设计和概算文件　　　B. 组织工程建设实施

    C. 解决建设过程中出现的重大问题　　D. 负责提出项目竣工验收申请报告

    E. 组织项目后评价

52. 根据《安全生产法》，生产经营单位的主要负责人需要履行的安全生产管理职责有（　　）。

    A. 组织制定本单位安全生产规章制度和操作流程

    B. 保证本单位安全生产投入的有效实施

    C. 统筹使用生产经营资金和安全生产专项资金

    D. 组织生产安全事故调查和处理

    E. 组织制定并实施本单位安全生产教育和培训计划

53. 根据《招标投标法》，关于开标、评标、中标和合同订立的说法，正确的有（　　）。

    A. 开标应当在招标文件确定的提交投标文件截止时间的同一时间公开进行

    B. 评标由招标人依法组建的评标委员会负责

    C. 中标通知书对招标人和中标人具有法律效力

    D. 评标委员会应当提出书面评标报告并确定中标人

    E. 招标人和中标人不得再行订立背离合同实质性内容的其他协议

54. 根据《建设工程质量管理条例》，施工单位的质量责任和义务有（   ）。

A. 工程开工前按规定办理工程质量监督手续

B. 装修工程施工前委托设计单位提出设计方案

C. 需要安装的设备委托设计单位注明生产厂家、规格和型号

D. 总承包单位与分包单位对依法分包的工程质量承担连带责任

E. 隐蔽工程隐蔽前通知建设单位和工程质量监督机构

55. 根据《建设工程质量管理条例》，建设单位有（   ）行为的，将被处以 20 万以上 50 万元以下罚款。

A. 任意压缩合理工期

B. 建设项目必须实行工程监理而未实行

C. 未组织工程竣工验收擅自交付使用

D. 暗示施工单位违反工程建设强制性标准，降低工程质量

E. 工程验收不合格擅自交付使用

56. 根据《生产安全事故报告和调查处理条例》，事故发生单位对生产安全事故负有责任的处罚，正确的有（   ）。

A. 发生轻微事故的，处 1 万元以上 5 万元以下的罚款

B. 发生一般事故的，处 10 万元以上 20 万元以下的罚款

C. 发生较大事故的，处 30 万元以上 100 万元以下的罚款

D. 发生重大事故的，处 50 万元以上 200 万元以下的罚款

E. 发生特别重大事故的，处 200 万元以上 500 万元以下的罚款

57. 根据《建设工程安全生产管理条例》，对于（   ）的行为，责令限期改正，逾期未改正的，责令停业整顿，并处 10 万元以上 30 万元以下的罚款。

A. 监理单位发现安全事故隐患未及时要求施工单位整改或暂时停止

B. 设备出租单位出租未经安全性能检测的机械设备和施工机具及配件

C. 施工单位施工前未对有关安全施工的技术要求做出详细说明

D. 施工单位在施工现场临时搭建的建筑物不符合安全使用要求

E. 施工单位在施工组织设计中未编制安全技术措施或专项施工方案

58. 根据《招标投标法实施条例》，关于招标的说法，正确的有（   ）。

A. 资格预审文件或者招标文件的发售期不得少于 7 日

B. 潜在投标人对招标文件有异议的，应当在投标截止时间 15 日前提出

C. 招标人可以自行决定是否编制标底

D. 招标人不得组织部分潜在投标人踏勘工程现场

E. 招标人应当合理确定提交资格预审申请文件的时间

59. 根据《民法典》合同编，关于合同效力的说法，正确的有（   ）。

A. 因未办理批准手续而影响合同生效的，合同中履行报批义务条款相应失效

B. 超越经营范围订立的合同，不得仅以超越经营范围确认合同无效

C. 因重大过失造成对方财产损失的，合同免责条款无效

D. 造成对方人身损害的，合同免责条款无效

E. 合同被撤销的，合同中有关解决争议方法的条款相应失效

60. 根据《安全生产法》，生产经营单位的安全生产管理人员应履行的职责有（   ）。

A. 组织制定本单位的生产安全事故应急救援预案

B. 建立本单位的安全生产责任制

C. 参与本单位应急救援演练

D. 制止违章指挥，强令违反规程的行为

E. 督促落实本单位重大危险源的安全管理措施

61. 根据《监理工程师职业资格制度规定》，关于监理工程师资格考试的说法，正确的有（　　）。

A. 监理工程师职业资格考试属于水平评价类职业资格考试

B. 监理工程师职业资格考试全国统一考试大纲、统一命题、统一阅卷

C. 已取得监理工程师一种专业职业资格证书的人员，报考其他专业科目的，可以免考基础科目

D. 具有各工程大类专业大学本科学历，从事工程施工业务工作满4年即可报考

E. 具有工学一级学科博士学位，从事工程设计业务工作满1年即可报考

62. 关于注册监理工程师的说法，正确的有（　　）。

A. 国家对监理工程师职业资格实行执业注册管理制度

B. 监理工程师注册是政府对工程监理执业人员实行市场准入控制的有效手段

C. 住房和城乡建设部、交通运输部，水利部按专业类别分别负责监理工程师注册工作

D. 取得监理工程师职业资格证书且从事工程监理工作的人员，方可以注册监理工程师名义执业

E. 取得监理工程师职业资格证书且经注册的人员，方可以注册监理工程师名义执业

63. 关于建设工程监理招标方式的说法，正确的有（　　）。

A. 建设工程监理招标可分为公开招标、邀请招标、委托招标三种方式

B. 公开招标是建设单位以投标邀请书方式邀请工程监理单位参加投标

C. 公开招标属于非限制性竞争招标

D. 邀请招标可进行必要的资格审查

E. 邀请招标能够邀请到有经验和资信可靠的工程监理单位投标

64. 进行监理投标决策定量分析时，利用决策树法确定是否投标的工作内容是（　　）。

A. 确定决策树的方案枝　　　　　　　B. 确定各个评价指标权重

C. 计算损益值　　　　　　　　　　　D. 比较损益期望值的大小

E. 确定是否投标

65. 根据《标准监理招标文件》中的通用合同条款，建设工程监理合同履行过程中，属于监理人违约的情形有（　　）。

A. 转让监理工作的

B. 未报送监理规划并造成工程损失的

C. 未按时向委托人提交监理报酬支付申请的

D. 自行停止履行监理合同的

E. 监理文件不符合有关标准的

66. 关于承包模式的说法，正确的有（　　）。

A. 平行承包模式下，建设单位可以委托几家工程监理单位实施监理

B. 工程总承包模式下，弱化了工程质量"他人控制"机制

C. 施工总承包模式下，需要总监理工程师具备更全面的知识

D. 交钥匙工程，需要建设单位委托一家"总监理单位"

E. 采用施工总承包或工程总承包模式时，建设单位的组织协调工作量小

67. 根据《建设工程监理规范》，关于监理人员基本职责的说法，正确的有（   ）。

A. 专业监理工程师负责编制监理实施细则

B. 专业监理工程师负责审核分包单位资格

C. 监理员负责验收隐蔽工程

D. 总监理工程师签发工程暂停令和复工令

E. 总监理工程师组织验收分部工程

68. 根据《建设工程监理规范》，监理员应履行的职责有（   ）。

A. 验收检验批

B. 检查施工单位投入工程的人力情况

C. 检查施工单位投入工程的主要设备的使用和运行状况

D. 进行工程计量

E. 处置发现的质量问题和安全事故隐患

69. 监理实施细则的编制依据有（   ）。

A. 工程质量评估报告   B. 工程设计文件

C. 建设工程监理规范   D. 监理规划

E. 施工组织设计

70. 根据《建设工程监理规范》，下列监理工作文件中，需要工程监理单位技术负责人审批签字后报送建设单位的有（   ）。

A. 监理规划   B. 旁站方案

C. 第一次工地会议纪要   D. 工程质量评估报告

E. 工程暂停令

71. 项目监理机构施工进度控制的主要工作任务有（   ）。

A. 完善建设工程控制性进度计划   B. 审查施工单位提交的进度计划

C. 编制材料和设备供应进度计划   D. 组织进度协调会议

E. 研究制定预防工期索赔的措施

72. 根据《建设工程监理规范》，项目监理机构批准施工单位工程延期要求应满足的条件有（   ）。

A. 施工单位在施工合同约定期限内提出工程延期要求

B. 施工进度滞后影响到施工合同约定的工期

C. 分包单位施工现场交接滞后

D. 施工单位采购的材料供货延误

E. 因非施工单位运营造成施工进度滞后

73. 根据《建设工程监理规范》，项目监理机构应按有关规定和建设工程监理合同约定，对用于工程的材料进行的工作有（   ）。

A. 采购订货   B. 出厂检验   C. 见证取样   D. 进场复试

E. 平行检验

74. 根据《建设工程监理规范》，项目监理机构应签发监理通知单的情形有（　　）。

A. 施工中使用不合格的工程材料和设备的

B. 实际进度严重滞后于进度计划且影响合同工期的

C. 未按专业施工方案施工或采用不适当施工工艺的

D. 施工存在重大安全事故隐患或发生安全事故的

E. 施工存在重大质量事故隐患或发生质量事故的

75. 根据《建设工程监理规范》，需要由施工项目经理签字并加盖施工单位公章的报审表有（　　）。

A. 工程开工报审表　　　　　　　　　B. 工程复工报审表

C. 工程款支付报审表　　　　　　　　D. 工程临时或最终延期报审表

E. 单位工程竣工验收报审表

76. 根据《建设工程监理规范》，属于设备监造工作的有（　　）。

A. 编制设备制造计划　　　　　　　　B. 编制设备制造方案

C. 审查原材料的质量证明文件　　　　D. 参加设备整机性能检测

E. 参加设备运到现场的交接

77. 下列风险识别方法中，属于专家调查法的有（　　）。

A. 初始清单法　　　B. 流程图法　　　C. 德尔菲法　　　D. 经验数据法

E. 访谈法

78. 根据工程项目管理单位与建设单位的结合方式不同，全过程集成化项目管理服务模式有（　　）。

A. 独立式　　　　　B. 融合式　　　　C. 植入式　　　　D. 复合式

E. 总控式

79. CM模式中采用快速路径法的优越性有（　　）。

A. 可以减少工程变更的数量　　　　　B. 可以将设计工作与施工搭接起来

C. 可以缩短建设周期　　　　　　　　D. 可以减小施工阶段组织协调难度

E. 可以减小施工阶段目标控制的难度

80. Project controlling与工程项目管理服务的共同点有（　　）。

A. 工作属性相同　　　　　　　　　　B. 服务时间相同

C. 控制目标相同　　　　　　　　　　D. 工作内容相同

E. 控制原理相同

2021 年度全国监理工程师职业资格考试试卷答案解析

一、单项选择题

1. A；	2. A；	3. C；	4. B；	5. B；
6. D；	7. B；	8. C；	9. B；	10. C；
11. D；	12. C；	13. A；	14. D；	15. D；
16. B；	17. A；	18. D；	19. C；	20. A；
21. A；	22. B；	23. C；	24. B；	25. D；
26. D；	27. C；	28. C；	29. C；	30. D；
31. A；	32. B；	33. B；	34. D；	35. C；
36. B；	37. C；	38. A；	39. C；	40. D；
41. D；	42. B；	43. A；	44. A；	45. D；
46. A；	47. C；	48. A；	49. B；	50. D。

【解析】

1. A。本题考核的是监理人的主要义务。工程监理单位应在收到工程设计文件后编制监理规划，并在第一次工地会议 7 d 前报委托人。

2. A。本题考核的是监理合同中按天计算期限的规定。根据《标准监理招标文件》的规定，"天"除特别指明外，指日历天。合同中按天计算时间的，开始当天不计入，从次日开始计算。期限最后一天的截止时间为当天 24:00。

3. C。本题考核的是可以不招标的项目。除《招标投标法》规定的可以不进行招标的特殊情况外，有下列情形之一的，可以不进行招标：（1）需要采用不可替代的专利或者专有技术。（2）采购人依法能够自行建设、生产或者提供。（3）已通过招标方式选定的特许经营项目投资人依法能够自行建设、生产或者提供。（4）需要向原中标人采购工程、货物或者服务，否则将影响施工或者功能配套要求。（5）国家规定的其他特殊情形。

4. B。本题考核的是工程监理的法律责任。《建设工程安全生产管理条例》规定，工程监理单位有下列行为之一的，责令限期改正；逾期未改正的，责令停业整顿，并处 10 万元以上 30 万元以下的罚款；情节严重的，降低资质等级，直至吊销资质证书；造成重大安全事故，构成犯罪的，对直接责任人员，依照刑法有关规定追究刑事责任；造成损失的，依法承担赔偿责任：（1）未对施工组织设计中的安全技术措施或者专项施工方案进行审查的。（2）发现安全事故隐患未及时要求施工单位整改或者暂时停止施工的。（3）施工单位拒不整改或者不停止施工，未及时向有关主管部门报告的。（4）未依照法律、法规和工程建设强制性标准实施监理的。

5. B。本题考核的是项目法人责任制。项目法人要对工程项目的建设及建成后的生产经营实行一条龙管理和全面负责，故 A 选项错误。新上项目在项目建议书被批准后，应由项目的投资方派代表组成项目法人筹备组，具体负责项目法人的筹建工作。新上项目在项目可行性研究报告被批准后成立项目法人，故 C、D 选项错误。

6. D。本题考核的是必须招标的单项合同估算价标准。根据《必须招标的工程项目规定》,对于上述规定范围内的项目,其勘察、设计、施工、监理以及与工程建设有关的重要设备、材料等的采购达到下列标准之一的,必须进行招标:(1)施工单项合同估算价在400万元人民币以上。(2)重要设备、材料等货物的采购,单项合同估算价在200万元人民币以上。(3)勘察、设计、监理等服务的采购,单项合同估算价在100万元人民币以上。

7. B。本题考核的是工程项目建议书的内容。项目建议书的内容视工程项目不同而有繁有简,但一般应包括以下几方面内容:(1)项目提出的必要性和依据。(2)产品方案、拟建规模和建设地点的初步设想。(3)资源情况、建设条件、协作关系和设备技术引进国别、厂商的初步分析。(4)投资估算、资金筹措及还贷方案设想。(5)项目进度安排。(6)经济效益和社会效益的初步估计。(7)环境影响的初步评价。

8. C。本题考核的是工程监理单位在工程设计过程中的服务。工程监理单位应审查设计单位提交的设计成果,并提出评估报告。

9. B。本题考核的是监理投标文件的内容。根据《标准监理招标文件》,投标文件应包括下列内容:(1)投标函及投标函附录。(2)法定代表人身份证明或授权委托书。(3)联合体协议书。(4)投标保证金。(5)监理报酬清单。(6)资格审查资料。(7)监理大纲。(8)投标人须知前附表规定的其他资料。

10. C。本题考核的是全过程工程咨询。全过程工程咨询是一种工程建设组织模式,不是一种制度,故A选项错误。全过程工程咨询服务内容包括投资决策综合性咨询和工程建设全过程咨询,故B选项错误。全过程工程咨询包含技术咨询和管理咨询,而不只是侧重于管理咨询,故C选项正确。"全过程工程咨询"要与"项目管理服务"相区别,全过程工程咨询强调技术、经济、管理的综合集成服务,而项目管理服务主要侧重于管理咨询,故D选项错误。

11. D。本题考核的是投资决策管理制度。对于采用投资补助、转贷和贷款贴息方式的政府投资工程,只审批资金申请报告,故A、C选项错误。对于企业不使用政府资金投资建设的工程,政府不再进行投资决策性质的审批,区别不同情况实行核准制或登记备案制。企业投资建设《政府核准的投资项目目录》中的项目时,仅需向政府提交项目申请报告,不再经过批准项目建议书、可行性研究报告和开工报告的程序。对于《政府核准的投资项目目录》以外的企业投资项目,实行备案制。除国家另有规定外,由企业按照属地原则向地方政府投资主管部门备案。故B选项错误、D选项正确。

12. C。本题考核的是施工许可证的有效期。建设单位应当自领取施工许可证之日起3个月内开工。因故不能按期开工的,应当向发证机关申请延期;延期以两次为限,每次不超过3个月。既不开工又不申请延期或者超过延期时限的,施工许可证自行废止。

13. A。本题考核的是建筑安全生产管理。需要临时停水、停电、中断道路交通的,建设单位应当按照国家有关规定办理申请批准手续,故B选项错误。涉及建筑主体和承重结构变动的装修工程,建设单位应当在施工前委托原设计单位或者具有相应资质条件的设计单位提出设计方案,故C选项错误。建设单位应当向建筑施工企业提供与施工现场相关的地下管线资料,建筑施工企业应当采取措施加以保护,故D选项错误。

14. D。本题考核的是招标人与中标人的合同签订。招标人和中标人应当自中标通知书发出之日起30日内,按照招标文件和中标人的投标文件订立书面合同。

15. D。本题考核的是建设单位质量违法行为应承担的法律责任。有下列行为之一的,责令改正，处 20 万元以上 50 万元以下的罚款：（1）迫使承包方以低于成本的价格竞标的；（2）任意压缩合理工期的。（3）明示或者暗示设计单位或者施工单位违反工程建设强制性标准，降低工程质量的。（4）施工图设计文件未经审查或者审查不合格，擅自施工的。（5）建设项目必须实行工程监理而未实行工程监理的。（6）未按照国家规定办理工程质量监督手续的。（7）明示或者暗示施工单位使用不合格的建筑材料、建筑构配件和设备的。（8）未按照国家规定将竣工验收报告、有关认可文件或者准许使用文件报送备案的。

16. B。本题考核的是施工单位的安全责任。施工单位应组织专家对高大模板工程的专项施工方案进行论证、审查。

17. A。本题考核的是有限责任公司的组织机构。有限责任公司设董事会，其成员为 3～13 人。股东人数较少或者规模较小的有限责任公司，可以设一名执行董事，不设董事会。执行董事可以兼任公司经理。

18. D。本题考核的是监理工程师执业资格报考条件。具有各工程大类专业大学专科学历（或高等职业教育），从事工程施工、监理、设计等业务工作满 6 年，可以申请参加监理工程师职业资格考试。

[注：本题答案依据《监理工程师职业资格制度规定》第十条规定作出。但是监理工程师职业资格考试报考条件已被《部分准入类职业资格考试工作年限调整方案》做了调整，调整后监理工程师职业资格考试报考条件如下：

（1）具有各工程大类专业大学专科学历（或高等职业教育），从事工程施工、监理、设计等业务工作满 4 年。

（2）具有工学、管理科学与工程类专业大学本科学历或学位，从事工程施工、监理、设计等业务工作满 3 年。

（3）具有工学、管理科学与工程一级学科硕士学位或专业学位，从事工程施工、监理、设计等业务工作满 2 年。

（4）具有工学、管理科学与工程一级学科博士学位。

经批准同意开展试点的地区，申请参加监理工程师职业资格考试的，应当具有大学本科及以上学历或学位。

因此本题根据《部分准入类职业资格考试工作年限调整方案》去作答，则选 B。]

19. C。本题考核的是监理工程师资格考试科目成绩管理。免考基础科目和增加专业类别的人员，专业科目成绩按照 2 年为一个周期滚动管理。

20. A。本题考核的是建设工程监理招标程序。建设工程监理招标一般包括：招标准备；发出招标公告或投标邀请书；组织资格审查；编制和发售招标文件；组织现场踏勘；召开投标预备会；编制和递交投标文件；开标、评标和定标（招标人应按有关规定在招标投标监督部门指定的媒体或场所公示推荐的中标候选人，并根据相关法律法规和招标文件规定的定标原则和程序确定中标人；向中标人发出中标通知书）；签订建设工程监理合同等环节。

21. A。本题考核的是评标委员会工作内容。选项 A 正确，评标委员会应当熟悉、掌握招标项目的主要特点和需求，认真阅读、研究招标文件及其评标办法，按招标文件规定的评标办法进行评标，编写评标报告，并向招标人推荐中标候选人，或经招标人授权直接确定中标人。

22. B。本题考核的是建设工程监理投标策划。一旦决定投标，首先要明确投标目标，

23. C。本题考核的是建设工程监理费用计取方法。由于建设工程类别、特点及服务内容不同，可采用不同方法计取监理费用。通行的咨询计价方式有：按费率计费、按人工时计费、按服务内容计费。其中，按人工时计费主要适用于临时性、短期咨询业务活动，或者不宜按建设投资百分比等方法计算咨询费的情形。

24. B。本题考核的是履约保函担保期限。建设工程监理合同履约担保自委托人与监理人签订的合同生效之日起，至委托人签发工程竣工验收证书之日起28 d后失效。

25. D。本题考核的是建设工程监理合同。建设工程监理合同是一种委托合同，故 A 选项错误。监理合同条款由通用合同条款和专用合同条款两部分组成，同时还以合同附件格式明确了合同协议书和履约保证金格式，故选项 B 正确。建设工程监理合同当事人双方应是具有民事权力能力和民事行为能力、具有法人资格的企事业单位及其他社会组织，个人在法律允许的范围内也可以成为合同当事人，故 C 选项错误。

26. D。本题考核的是平行承包模式下的工程监理委托方式。平行承包模式下，在某些大、中型建设工程监理实践中，建设单位首先委托一家"总监理单位"，再由建设单位与"总监理单位"共同选择几家工程监理单位分别承担不同施工合同段监理任务；或由建设单位在已选定的几家工程监理单位中确定一家"总监理单位"。

27. C。本题考核的是平行检验的概念。平行检验是项目监理机构在施工单位自检的同时，按照有关规定、建设工程监理合同约定对同一检验项目进行的检测试验活动。

28. B。本题考核的是工程监理单位组建项目监理机构的步骤。工程监理单位在组建项目监理机构时，一般按以下步骤进行：（1）确定项目监理机构目标。（2）确定监理工作内容。（3）设计项目监理机构组织结构。（4）制定工作流程和信息流程。

29. C。本题考核的是矩阵制组织形式的优点。矩阵制组织形式的优点是加强了各职能部门的横向联系，具有较大的机动性和适应性，将上下左右集权与分权实行最优结合，有利于解决复杂问题，有利于监理人员业务能力的培养。

30. D。本题考核的是总监理工程师代表职责。总监理工程师不得将下列工作委托给总监理工程师代表：（1）组织编制监理规划，审批监理实施细则。（2）根据工程进展及监理工作情况调配监理人员。（3）组织审查施工组织设计、（专项）施工方案。（4）签发工程开工令、暂停令和复工令。（5）签发工程款支付证书，组织审核竣工结算。（6）调解建设单位与施工单位的合同争议，处理工程索赔。（7）审查施工单位的竣工申请，组织工程竣工预验收，组织编写工程质量评估报告，参与工程竣工验收。（8）参与或配合工程质量安全事故的调查和处理。选项 A、B、C 属于不得委托总监理工程师代表的职责。

31. A。本题考核的是监理服务期限的起算。监理服务期限自开始监理通知中载明的开始监理日期起计算。

32. B。本题考核的是工程监理单位更换、调整项目监理机构监理人员的相关规定。工程监理单位更换、调整项目监理机构监理人员，应做好交接工作，保持建设工程监理工作的连续性。工程监理单位调换总监理工程师时，应征得建设单位书面同意；调换专业监理工程师时，总监理工程师应书面通知建设单位。

33. B。本题考核的是项目监理机构内部工作制度。项目监理机构内部工作制度包括：（1）项目监理机构工作会议制度，包括监理交底会议、监理例会、监理专题会、监理工作会议等。（2）项目监理机构人员岗位职责制度。（3）对外行文审批制度。（4）监理工作日志制度。（5）监理周报、月报制度。（6）技术、经济资料及档案管理制度。（7）监理人员教育培训制度。（8）监理人员考勤、业绩考核及奖惩制度。

34. D。本题考核的是监理组织协调方式。交谈包括面对面的交谈和电话、微信等形式交谈。

35. C。本题考核的是质量、造价、进度目标控制的关系。三大目标之间的关系包含了对立关系和统一关系，故 A 选项错误。"自上而下层层展开、自下而上层层保证"的目标体系，是建设工程三大目标动态控制奠定基础，故 D 选项错误。选项 B 错误，控制建设工程三大目标，需要综合考虑建设工程项目三大目标之间相互关系，在分析论证基础上明确建设工程项目质量、造价、进度总目标。

36. B。本题考核的是总监理工程师应及时签发工程暂停令的情形。项目监理机构发现下列情况之一时，总监理工程师应及时签发工程暂停令：（1）建设单位要求暂停施工且工程需要暂停施工的。（2）施工单位未经批准擅自施工或拒绝项目监理机构管理的。（3）施工单位未按审查通过的工程设计文件施工的。（4）施工单位违反工程建设强制性标准的。（5）施工存在重大质量、安全事故隐患或发生质量、安全事故的。

37. C。本题考核的是专项施工方案的实施。对于达到一定规模的危险性较大的分部分项工程编制专项施工方案，并附具安全验算结果，经施工单位技术负责人、总监理工程师签字后实施，由专职安全生产管理人员进行现场监督。

38. A。本题考核的是监理规划的编写依据。监理规划的编写依据包括：（1）工程建设法律法规和标准。（2）建设工程外部环境调查研究资料。（3）政府批准的工程建设文件。（4）建设工程监理合同文件。（5）建设工程合同。（6）建设单位要求。（7）工程实施过程中输出的有关工程信息。

39. D。本题考核的是见证取样。见证取样涉及三方行为：施工方，见证方，试验方，故 A 选项错误。建筑企业试验室应逐步转为企业内控机构，故 B 选项错误。见证人员必须取得"见证员证书"，且通过建设单位授权，故 C 选项错误。

40. B。本题考核的是需要建设单位审批同意的表式。下列表式需要建设单位审批同意：（1）施工组织设计或（专项）施工方案报审表（仅对超过一定规模的危险性较大的分部分项工程专项施工方案）。（2）工程开工报审表。（3）工程复工报审表。（4）工程款支付报审表。（5）费用索赔报审表。（6）工程临时或最终延期报审表。

41. D。本题考核的是安全事故隐患的处理。项目监理机构在实施监理过程中，发现工程存在安全事故隐患时，应签发监理通知单，要求施工单位整改；情况严重时，应签发工程暂停令，并应及时报告建设单位。施工单位拒不整改或不停止施工时，项目监理机构应及时向有关主管部门报送监理报告。

42. B。本题考核的是工程监理基本表式及其应用说明。施工进度计划报审表：施工进度计划在专业监理工程师审查的基础上，由总监理工程师审核签认。故排除 C 选项。《工程临时或最终延期报审表》需要由总监理工程师签字、并加盖执业印章。故排除 D 选项。施工单位按施工合同约定选择分包单位时，需要向项目监理机构报送《分包单位资格报审表》及相关证明材料；专业监理工程师对《分包单位资格报审表》提出审查意见后，由总监理工程师审核签认。故排除 A 选项。＿＿报验、报审表主要用于隐蔽工程、检验批、分项工程的报验，也可用于为施工单位提供服务的试验室的报审。专业监理工程师审查合格后予以签认。故本题选 B。

43. A。本题考核的是工程档案。选项 A 正确，工程档案保管期限分为永久保管、长期保管和短期保管。工程档案文件有部分内容不需要项目监理机构审查盖章，故 B 选项错误。永久保管是指工程档案无限期地、尽可能长远地保存下去，故 C 选项错误。归档的文件材料主要包括纸质、电子文档、光盘、磁带、照片及底片、胶片、实物等各种载体形式。归档的文件资料一般应为原件。故 D 选项错误。

44. A。本题考核的是项目沟通管理的概念。项目沟通管理是指为确保项目及其利益相关者的信息需求得到满足而进行的必要管理过程。

45. D。本题考核的是合同的分类。建设工程合同包括工程勘察、设计、施工合同。

46. A。本题考核的是工程勘察评估报告的编制。工程勘察评估报告由总监理工程师组织各专业监理工程师编制，必要时可邀请相关专家参加。

47. C。本题考核的是工程监理与项目管理一体化。工程监理与项目管理一体化是指工程监理单位在实施建设工程监理的同时，为建设单位提供项目管理服务，故 A 选项错误。推行建设工程监理与项目管理一体化，对于深化我国工程建设管理体制和工程项目实施组织方式的改革，促进工程监理企业持续健康发展具有十分重要的意义，故 B 选项错误；选项 C 正确，高素质的专业队伍是提供优质工程监理与项目管理一体化服务的基础。工程监理与项目管理一体化不属于国家规定强制实施的一项制度，故 D 选项错误。工程监理与项目管理一体化模式的实施，需要相关制度和标准加以规范。

48. A。本题考核的是项目管理基本过程组。PMBOK 将项目管理活动归结为五个基本过程组，即：启动、计划、执行、监控和收尾。

49. B。本题考核的是代理型 CM 模式。CM 单位是业主的咨询单位，故 A 选项错误。CM 合同价就是 CM 费，故 C 选项错误。业主与 CM 单位签订咨询服务合同，故 D 选项错误。

50. D。本题考核的是 Partnering 模式组成要素。在多个工程项目上持续运用 Partnering 模式，既有利于对工程项目质量、造价、进度的控制，同时也降低了承包单位的经营成本。对业主而言，可以大大降低"交易成本"缩短建设周期，取得更好的投资效益。

二、多项选择题

51. A、C、D；	52. A、B、E；	53. A、B、C、E；
54. D、E；	55. A、B、D；	56. B、D、E；
57. A、E；	58. C、D、E；	59. B、C、D；
60. C、D、E；	61. C、D；	62. A、B、D；
63. C、D、E；	64. A、C、D、E；	65. A、B、D、E；
66. A、B、E；	67. A、D、E；	68. B、C；
69. B、C、D、E；	70. A、D；	71. A、B、D、E；
72. A、B、E；	73. C、D、E；	74. A、B、C；
75. A、E；	76. C、D、E；	77. C、E；
78. A、B、C；	79. B、C；	80. A、C、E。

【解析】

51. A、C、D。本题考核的是项目董事会的职权。建设项目董事会的职权有：负责筹措建设资金；审核、上报项目初步设计和概算文件；审核、上报年度投资计划并落实年度资金；提出项目开工报告；研究解决建设过程中出现的重大问题；负责提出项目竣工验收申请报告；审定偿还债务计划和生产经营方针，并负责按时偿还债务；聘任或解聘项目总经理，并根据总经理的提名，聘任或解聘其他高级管理人员。

52. A、B、E。本题考核的是生产经营单位主要负责人需履行的安全生产管理职责。《安全生产法》规定，生产经营单位的主要负责人对本单位安全生产工作负有下列职责：（1）建立、健全本单位安全生产责任制。（2）组织制定本单位安全生产规章制度和操作规程。（3）组织制定并实施本单位安全生产教育和培训计划。（4）保证本单位安全生产投入的有效实施。（5）督促、检查本单位的安全生产工作，及时消除生产安全事故隐患。（6）组织制定并实施本单位的生产安全事故应急救援预案。（7）及时、如实报告生产安全事故。

53. A、B、C、E。本题考核的是开标、评标、中标和合同订立的规定。评标委员会完成评标后，应当向招标人提出书面评标报告，并推荐合格的中标候选人，故 D 选项错误。

54. D、E。本题考核的是施工单位的质量责任和义务。施工单位的质量责任和义务：依法承揽工程；对施工质量负责（总承包单位与分包单位对分包工程的质量承担连带责任）；按图施工，遵守标准；防止设计文件和图纸出现差错；质量检验（隐蔽工程在隐蔽前，施工单位应当通知建设单位和建设工程质量监督机构）。

55. A、B、D。本题考核的是建设单位质量违法行为应承担的法律责任。建设单位有下列行为之一的，责令改正，处 20 万元以上 50 万元以下的罚款：（1）迫使承包方以低于成本的价格竞标的。（2）任意压缩合理工期的。（3）明示或者暗示设计单位或者施工单位违反工程建设强制性标准，降低工程质量的。（4）施工图设计文件未经审查或者审查不合格，擅自施工的。（5）建设项目必须实行工程监理而未实行工程监理的。（6）未按照国家规定办理工程质量监督手续的。（7）明示或者暗示施工单位使用不合格的建筑材料、建筑构配件和设备的。（8）未按照国家规定将竣工验收报告、有关认可文件或者准许使用文件报送备案的。

56. B、D、E。本题考核的是生产安全事故发生单位的责任承担。《生产安全事故报告和调查处理条例》规定，事故发生单位对事故发生负有责任的，依据下列规定处以罚款：（1）发生一般事故的，处 10 万元以上 20 万元以下的罚款。（2）发生较大事故的，处 20 万元以上 50 万元以下的罚款。（3）发生重大事故的，处 50 万元以上 200 万元以下的罚款。（4）发生特别重大事故的，处 200 万元以上 500 万元以下的罚款。

57. A、E。本题考核的是相关单位法律责任的承担。设备出租单位出租未经安全性能检测或者经检测不合格的机械设备和施工机具及配件的，责令停业整顿，并处 5 万元以上 10 万元以下的罚款，故 B 选项错误。施工单位施工前未对有关安全施工的技术要求作出详细说明的或者施工现场临时搭建的建筑物不符合安全使用要求的：责令限期改正，逾期未改正的，责令停业整顿，并处 5 万元以上 10 万元以下的罚款，故 C、D 选项错误。

58. C、D、E。本题考核的是招标的相关规定。资格预审文件或者招标文件的发售期不得少于 5 日，故 A 选项错误。潜在投标人或者其他利害关系人对招标文件有异议的，应当在投标截止时间 10 日前提出，故 B 选项错误。

59. B、C、D。本题考核的是合同的效力。未办理批准等手续影响合同生效的，不影响合同中履行报批等义务条款以及相关条款的效力，故 A 选项错误。合同不生效、无效、被撤销或者终止的，不影响合同中有关解决争议方法的条款的效力，故 E 选项错误。

60. C、D、E。本题考核的是生产经营单位的安全生产管理人员职责。《安全生产法》

规定，生产经营单位的安全生产管理机构以及安全生产管理人员履行下列职责：（1）组织或者参与拟订本单位安全生产规章制度、操作规程和生产安全事故应急救援预案。（2）组织或者参与本单位安全生产教育和培训，如实记录安全生产教育和培训情况。（3）督促落实本单位重大危险源的安全管理措施。（4）组织或者参与本单位应急救援演练。（5）检查本单位的安全生产状况，及时排查生产安全事故隐患，提出改进安全生产管理的建议。（6）制止和纠正违章指挥、强令冒险作业、违反操作规程的行为。（7）督促落实本单位安全生产整改措施。选项 AC，属于生产经营单位的主要负责人对本单位安全生产工作的职责。

61. C、D。本题考核的是监理工程师资格考试报考条件。监理工程师职业资格考试属于准入类职业资格考试，故 A 选项错误。监理工程师职业资格考试全国统一大纲、统一命题、统一组织，故 B 选项错误。具有工学、管理科学与工程一级学科博士学位，可直接报考，故 E 选项错误。

［注：本题答案依据《监理工程师职业资格制度规定》规定作出。但是监理工程师职业资格考试报考条件已被《部分准入类职业资格考试工作年限调整方案》做了调整，调整后监理工程师职业资格考试报考条件如下：

（1）具有各工程大类专业大学专科学历（或高等职业教育），从事工程施工、监理、设计等业务工作满 4 年。

（2）具有工学、管理科学与工程类专业大学本科学历或学位，从事工程施工、监理、设计等业务工作满 3 年。

（3）具有工学、管理科学与工程一级学科硕士学位或专业学位，从事工程施工、监理、设计等业务工作满 2 年。

（4）具有工学、管理科学与工程一级学科博士学位。

经批准同意开展试点的地区，申请参加监理工程师职业资格考试的，应当具有大学本科及以上学历或学位。］

62. A、B、C、E。本题考核的是监理工程师注册。国家对监理工程师职业资格实行执业注册管理制度，监理工程师注册是政府对工程监理执业人员实行市场准入控制的有效手段。取得监理工程师职业资格证书且从事工程监理及相关业务活动的人员，经过注册方可以注册监理工程师名义执业。住房和城乡建设部、交通运输部、水利部按专业类别分别负责监理工程师注册及相关工作。

63. C、D、E。本题考核的是建设工程监理招标方式。选项 A 错误，建设工程监理招标可分为公开招标、邀请招标。选项 B 错误，邀请招标是建设单位以投标邀请书方式邀请工程监理单位参加投标。

64. A、C、D、E。本题考核的是决策过程。决策过程包括：（1）先根据已知情况绘制决策树，绘制过程中从右引出若干条直（折）线，形成方案枝。（2）计算期望值，比较损益期望值。（3）确定决策方案。

65. A、B、D、E。本题考核的是监理人违约的情形。在合同履行中发生下列情况之一的，属监理人违约：（1）监理文件不符合规范标准及合同约定。（2）监理人转让监理工作。（3）监理人未按合同约定实施监理并造成工程损失的。（4）监理人无法履行或停止履行合同。（5）监理人不履行合同约定的其他义务。

66. A、B、E。本题考核的是建设工程组织管理模式的类型与特点。工程总承包模式下，需要总监理工程师具备更全面的知识，故 C 选项错误。平行承包工程需要建设单位首先委托一家"总监理单位"，总体负责建设工程总规划和协调控制，再由建设单位与"总监理工程师单位"共同选择几家工程监理单位分别承担不同施工合同段监理任务，故 D 选项错误。

67. A、D、E。本题考核的是监理人员的基本职责。专业监理工程师参与审核分包单位资格，故 B 选项错误。专业监理工程师验收隐蔽工程，故 C 选项错误。

68. B、C。本题考核的是监理员职责。监理员应履行下列职责：（1）检查施工单位投入工程的人力、主要设备的使用及运行状态。（2）进行见证取样。（3）复核工程计量有关数据。（4）检查工序施工结果。（5）发现施工作业中的问题，及时指出并向专业监理工程师报告。

69. B、C、D、E。本题考核的是监理实施细则的编制依据。监理实施细则的编制依据：（1）已批准的建设工程监理规划。（2）与专业工程相关的标准、设计文件和技术资料。（3）施工组织设计、（专项）施工方案。

70. A、D。本题考核的是监理工作文件的审批与报送。监理规划报送前还应由监理单位技术负责人审核签字。工程竣工预验收合格后，由总监理工程师组织专业监理工程师编制工程质量评估报告，编制完成后，由项目总监理工程师及监理单位技术负责人审核签认并加盖监理单位公章后报建设单位。

71. A、B、D、E。本题考核的是项目监理机构施工进度控制的主要工作任务。为完成施工阶段进度控制、任务，项目监理机构需要做好以下工作：完善建设工程控制性进度计划；审查施工单位提交的施工进度计划；协助建设单位编制和实施由建设单位负责供应的材料和设备供应进度计划；组织进度协调会议，协调有关各方关系；跟踪检查实际施工进度；研究制定预防工期索赔的措施，做好工程延期审批工作等。

72. A、B、E。本题考核的是批准工程延期应满足的条件。项目监理机构批准工程延期应同时满足下列条件：（1）施工单位在施工合同约定的期限内提出工程延期。（2）因非施工单位原因造成施工进度滞后。（3）施工进度滞后影响到施工合同约定的工期。

73. C、E。本题考核的是工程质量控制的主要任务。项目监理机构应按有关规定和建设工程监理合同约定，对用于工程的材料进行见证取样、平行检验。

74. A、B、C。本题考核的是项目监理机构应签发监理通知单的情形。施工单位有下列行为时，项目监理机构应签发监理通知单：（1）施工不符合设计要求、工程建设标准、合同约定。（2）使用不合格的工程材料、构配件和设备。（3）施工存在质量问题或采用不适当的施工工艺，或施工不当造成工程质量不合格。（4）实际进度严重滞后于计划进度且影响合同工期。（5）未按专项施工方案施工。（6）存在安全事故隐患。（7）工程质量、造价、进度等方面的其他违法违规行为。

75. A、E。本题考核的是基本表式的应用。工程开工报审表、单位工程竣工验收报审表必须由项目经理签字并加盖施工单位公章。

76. C、D、E。本题考核的是设备监造工作内容。设备监造工作包括：（1）项目监理机构应检查设备制造单位的质量管理体系；审查设备制造单位报送的设备制造生产计划和工艺方案，设备制造的检验计划和检验要求，设备制造的原材料、外购配套件、元器件、标准件，以及坯料的质量证明文件及检验报告等。（2）项目监理机构应对设备制造过程进行监督和检查。（3）项目监理机构应审核设备制造过程的检验结果，并检查和监督设备的装配过程。（4）项目监理机构应参加设备整机性能检测、调试和出厂验收。（5）专业监理工程师应审查设备制造单位报送的设备制造结算文件。（6）项目监理机构应参加设备制造单位按合同约定与接收单位的交接工作。

77. C、E。本题考核的是专家调查法的分类。专家调查法主要包括头脑风暴法、德尔菲法和访谈法。

78. A、B、C。本题考核的是全过程集成化项目管理服务模式的类型。在我国工程建设实践中，按照工程项目管理单位与建设单位的结合方式不同，全过程集成化项目管理服务可归纳为独立式、融合式和植入式三种模式。

79. B、C。本题考核的是快速路径法的特点。采用快速路径法可以将设计工作和施工招标工作与施工搭接起来，整个建设周期是第一阶段设计工作和第一次施工招标工作所需要的时间与整个工程施工所需要的时间之和。与传统模式相比，快速路径法可以缩短建设周期。但实际上，与传统模式相比，快速路径法大大增加了施工阶段组织协调和目标控制的难度。

80. A、C、E。本题考核的是 Project Controlling 与工程项目管理服务的共同点。Project Controlling 与工程项目管理服务具有一些相同点，主要表现在：一是工作属性相同，即都属于工程咨询服务；二是控制目标相同，即都是控制建设工程质量、造价、进度三大目标；三是控制原理相同，即都是采用动态控制、主动控制与被动控制相结合并尽可能采用主动控制。

《建设工程监理基本理论和相关法规》

2020 年度试卷及答案解析

2020 年度全国监理工程师职业资格考试试卷

扫码听课

一、单项选择题（共 50 题，每题 1 分。每题的备选项中，只有 1 个最符合题意）

1. 根据《建筑法》，工程监理人员发现工程设计不符合建筑工程质量标准时，正确的做法是（　　）。

    A. 直接通知设计单位改正
    B. 报告建设单位要求设计单位改正
    C. 根据质量标准直接修改设计
    D. 要求施工单位修改设计后实施

2. 对于实行项目法人责任制的项目，项目董事会的职权是（　　）。

    A. 编制年度投资计划
    B. 确定中标单位
    C. 提出项目开工报告
    D. 组织项目后评价

3. 根据《国务院关于投资体制改革的决定》，采用贷款贴息方式的政府投资工程，政府需要从投资的角度审批（　　）。

    A. 项目建议书
    B. 项目可行性研究报告
    C. 初步设计和概算
    D. 资金申请报告

4. 根据《标准监理招标文件》，总监理工程师授权下属人员履行职责的，应事先将被授权人员的姓名、授权范围书面通知（　　）。

    A. 招标人
    B. 投标人
    C. 委托人和承包人
    D. 监理人

5. 根据《建筑法》，国家推行建筑工程监理制度，（　　）可以规定实行强制监理的建筑工程的范围。

    A. 国务院
    B. 国家建设行政主管部门
    C. 省级人民政府
    D. 行业主管部门

6. 根据《招标投标法实施条例》，关于投标保证金的说法，正确的是（　　）。

    A. 投标保证金有效期应当与投标有效期一致

    B. 投标保证金不得超过招标项目估算价的 5%

    C. 投标保证金应当从投标人的商业账户中转出

    D. 投标保证金应当在书面合同签订后 15 日内退还

7. 根据《招标投标法》，招标人对已发出的招标文件进行必要的澄清时，应在提交投标文件截止时间至少（　　）日前，以书面形式通知所有招标文件收受人。

    A. 5
    B. 10
    C. 15
    D. 20

8. 根据《合同法》，无效合同是指（　　）订立的合同。

A. 因重大误解

B. 代理人超越权限

C. 以合法形式掩盖非法目的

D. 乘人之危

9. 根据《合同法》，当事人订立合同需要经过（　　）的过程。

A. 招标和投标

B. 要约和承诺

C. 评标和中标

D. 签字和盖章

10. 根据《建设工程安全生产管理条例》，工程监理单位应当审查施工组织设计中安全技术措施是否符合（　　）。

A. 适应性要求

B. 经济性要求

C. 施工进度要求

D. 工程建设强制性标准

11. 根据《建设工程质量管理条例》，属于建设单位质量责任和义务的是（　　）。

A. 办理工程质量监督手续

B. 抽样检测现场试块

C. 建立健全教育培训制度

D. 组织竣工预验收

12. 根据《建设工程安全生产管理条例》，属于施工单位安全责任的是（　　）。

A. 申请办理施工许可证

B. 编制安全施工措施费概算

C. 将保证安全的施工措施报有关部门备案

D. 进行定期和专项安全检查

13. 根据《建设工程安全生产管理条例》，施工单位应组织专家论证、审查专项施工方案的工程是（　　）。

A. 起重吊装工程　　B. 脚手架工程　　C. 高大模板工程　　D. 拆除、爆破工程

14. 根据《生产安全事故报告和调查处理条例》，属于重大事故的是（　　）的事故。

A. 造成 3 人死亡，直接经济损失 3000 万元

B. 造成 5 人死亡，直接经济损失 1000 万元

C. 造成 30 人重伤，直接经济损失 3000 万元

D. 造成 10 人重伤，直接经济损失 5000 万元

15. 根据《生产安全事故报告和调查处理条例》，对事故发生负有责任的单位处以 50 万元以上 200 万元以下罚款的事故是（　　）。

A. 特别重大事故　　B. 重大事故　　C. 严重事故　　D. 较大事故

16. 根据《招标投标法实施条例》，招标文件要求中标人提交履约保证金的，履约保证金不得超过中标合同金额的（　　）。

A. 2%

B. 5%

C. 10%

D. 15%

17. 根据《监理工程师职业资格制度规定》，下列申请参加监理工程师职业资格考试的条件，正确的是（　　）。

A. 具有工程类专业大学专科学历，从事工程施工、监理、设计等业务工作满 5 年

B. 具有工程类专业大学本科学历或学位，从事工程施工、监理、设计等业务工作满 4 年

C. 具有工程类一级学科硕士学位或专业学位，从事工程施工、监理、设计等业务工作满 3 年

D. 具有工程类一级学科博士学位，从事工程施工、监理、设计等业务工作满 1 年

18. 关于设立公司制企业的要求，正确的是（   ）。

A. 股份有限公司的章程由股东共同制定

B. 股份有限公司的发起人应在 3 人以上、200 人以下

C. 有限责任公司应由 50 个以下的股东出资设立

D. 有限责任公司的经理经股东会选举产生、由董事长聘任

19. 工程监理企业在核定的资质等级和业务范围内从事监理活动，体现了监理企业从事工程监理活动的（   ）准则。

A. 守法　　　　　　B. 诚信　　　　　　C. 公平　　　　　　D. 科学

20. 根据《监理工程师职业资格制度规定》，监理工程师职业资格考试成绩实行（   ）为一个周期的滚动管理办法。

A. 1 年　　　　　　B. 2 年　　　　　　C. 3 年　　　　　　D. 4 年

21. 通过邀请招标方式确定监理人的，建设单位应进行的工作是（   ）。

A. 发出投标邀请书　　　　　　　　B. 发出招标公告

C. 发售招标方案　　　　　　　　　D. 进行资格预审

22. 属于评标委员会工作内容的是（   ）。

A. 组织现场踏勘　　B. 熟悉招标文件　　C. 编写评标细则　　D. 编写评标方法

23. 工程监理投标工作包括：①购买招标文件；②进行投标决策；③编制投标文件；④递送投标文件并参加开标会。仅就上述工作而言，正确的工作流程是（   ）。

A. ①-②-④-③　　B. ①-③-④-②　　C. ①-②-③-④　　D. ②-①-③-④

24. 关于建设工程监理合同的说法，正确的是（   ）。

A. 工程监理合同属于建设工程合同

B. 工程监理合同当事人双方必须是具有法人资格的企业单位

C. 工程监理合同的标的是服务

D. 工程监理合同履行结果是物质成果

25. 根据《标准监理招标文件》，关于合同附件格式的说法，正确的是（   ）。

A. 合同附件格式包括合同协议书、履约保证金格式和安全、廉政责任书格式

B. 合同协议书是合同组成文件中唯一要求委托人和监理人签字盖章的法律文书

C. 合同附件格式中要求履约保证金采用有条件担保方式

D. 合同附件格式中要求履约担保至委托人签发工程竣工验收证书之日失效

26. 关于建设工程监理委托方式的说法，正确的是（   ）。

A. 建设单位委托一家监理单位有利于工程建设的总体控制与协调

B. 平行承包模式下工程监理委托的方式具有唯一性

C. 采用施工总承包模式发包的工程，可委托一家或几家监理单位实施监理

D. 在监理评标办法中，宜将"经评审的投标价格最低"作为中标条件

27. 建设工程采用平行承包模式的优点是（   ）。

A. 工程建设协调难度小　　　　　　B. 较易控制工程造价

C. 工程招标任务量小　　　　　　　D. 建设周期较短

28. 项目监理机构组织形式中，任何一个下级只能接受唯一上级命令的是（   ）组织形式。

A. 直线制　　　　　　B. 职能制　　　　　　C. 强矩阵制　　　　　　D. 弱矩阵制

29. 在项目监理机构中，负责监理活动决策和管理的是（　　）。

A. 驻地监理工程师　　　　　　　　　B. 总监理工程师代表

C. 总监理工程师　　　　　　　　　　D. 专业监理工程师

30. 项目监理机构组织形式中，有利于解决复杂问题和培养工程监理人员业务能力的是（　　）组织形式。

A. 直线制　　　　B. 职能制　　　　C. 直线职能制　　　　D. 矩阵制

31. 关于监理规划的说法，正确的是（　　）。

A. 监理规划是监理合同组成文件

B. 监理规划的主要内容不包括安全生产管理方面的监理工作

C. 监理规划应由总监理工程师组织编制

D. 监理规划应由监理单位技术负责人组织编写

32. 关于监理实施细则的说法，正确的是（　　）。

A. 监理实施细则应依据监理大纲编制

B. 监理实施细则应由总监理工程师主持编制

C. 监理实施细则应经监理单位技术负责人审批、总监理工程师签发后实施

D. 监理实施细则是针对某一专业或某一方面建设工程监理工作的操作性文件

33. 下列工作制度中，属于项目监理机构内部工作制度的是（　　）。

A. 工程材料检验制度　　　　　　　　B. 施工备忘录签发制度

C. 工程款核查审批制度　　　　　　　D. 监理教育培训制度

34. 项目监理机构发现工程施工存在安全事故隐患的，应当采取的措施是（　　）。

A. 要求承包人整改

B. 要求承包人暂停施工

C. 要求承包人暂停施工并及时报告建设单位

D. 要求承包人暂停施工并及时报告主管部门

35. 下列建设工程质量、造价、进度三大目标之间相互关系中，属于对立关系的是（　　）。

A. 通过加快建设进度，尽早发挥投资效益

B. 通过增加赶工措施费，加快工程建设进度

C. 通过提高功能要求，大幅度提高投资效益

D. 通过控制工程质量，减少返工费用

36. 为了有效控制建设工程项目目标，项目监理机构可采取的技术措施是（　　）。

A. 审查施工方案　　　　　　　　　　B. 编制资金使用计划

C. 明确人员职责分工　　　　　　　　D. 预测未完工程投资

37. 项目监理机构履行建设工程安全生产管理的监理职责时，应进行的工作是（　　）。

A. 组织施工总承包单位和分包单位验收施工起重机械

B. 编制安全生产管理的专项监理规划和监理实施细则

C. 核查相关施工机械和设施的安全许可验收手续

D. 组织编制危险性较大的分部分项工程专项施工方案

38. 工程监理人员在施工现场巡视时，应主要关注（　　）。

A. 施工人员履职情况　　　　　　　　　B. 施工质量和施工进度

C. 施工进度和安全生产　　　　　　　　D. 施工质量和安全生产

39. 根据《建设工程监理规范》，监理实施细则应由（　　）负责编制。

A. 专业监理工程师　　　　　　　　　　B. 总监理工程师

C. 监理员　　　　　　　　　　　　　　D. 监理单位技术负责人

40. 应用建筑信息建模（BIM）技术进行工程造价控制时，需要建立（　　）模型。

A. BIM 6D　　　　B. BIM 5D　　　　C. BIM 4D　　　　D. BIM 3D

41. 根据《建设工程监理规范》，可由专业监理工程师签发的监理文件是（　　）。

A. 工程复工令　　　　　　　　　　　　B. 工程开工令

C. 监理通知单　　　　　　　　　　　　D. 工程款支付证书

42. 根据《建设工程监理规范》，需要由总监理工程师签字并加盖执业印章的监理文件是（　　）。

A. 分部工程报验表　　　　　　　　　　B. 工程原材料报验表

C. 隐蔽工程报验表　　　　　　　　　　D. 费用索赔报审表

43. 根据《标准监理招标文件》通用合同条款，属于监理合同变更的情形是（　　）。

A. 监理范围发生变化　　　　　　　　　B. 监理合理化建议被委托人采纳

C. 监理人未按合同约定实施监理　　　　D. 发包人停止履行监理合同

44. 根据项目管理知识体系（PMBOK），为成功完成项目而确保项目应包括且仅需包括的工作过程称为（　　）。

A. 项目集成管理　　　　　　　　　　　B. 项目范围管理

C. 项目资源管理　　　　　　　　　　　D. 项目风险管理

45. 工程风险管理中，分析与评价工程风险可采用的方法是（　　）。

A. 财务报表法　　　B. 流程图法　　　C. 敏感性分析法　　　D. 经验数据法

46. 根据《建设工程监理规范》，项目监理机构应签发监理通知单的情形是（　　）。

A. 施工单位未经批准擅自施工的

B. 施工单位未按审查通过的工程设计文件施工的

C. 施工存在重大质量、安全事故隐患的

D. 施工单位使用不合格的工程材料、构配件和设备的

47. 实施工程监理与项目管理一体化的前提是（　　）。

A. 工程监理单位人员素质　　　　　　　B. 工程监理单位管理手段先进

C. 施工单位的信任和支持　　　　　　　D. 建设单位的信任和支持

48. 按照国际咨询工程师联合会（FIDIC）的理念，应基于（　　）选择咨询服务。

A. 业绩　　　　B. 质量　　　　C. 道德　　　　D. 职责

49. 与施工总承包相比，非代理型 CM 的特点是（　　）。

A. CM 单位介入工程时间早

B. 业主与施工单位直接签订施工合同

C. CM 合同采用简单的成本加酬金计价方式

D. CM 单位承担工程设计任务

50. 关于 Partnering 协议的说法，正确的是（　　）。

A. Partnering 协议是工程总承包合同的组成部分

B. Partnering 协议是工程设计合同的组成部分

C. Partnering 协议不是法律意义上的合同

D. Partnering 协议是工程咨询合同的组成部分

二、多项选择题 （共 30 题，每题 2 分。每题的备选项中，有 2 个或 2 个以上符合题意，至少有 1 个错项。错选，本题不得分；少选，所选的每个选项得 0.5 分）

51. 根据《必须招标的工程项目规定》，下列使用国有资金的项目中，必须进行招标的有（　　）。

    A. 施工单项合同估算价为 400 万元人民币的项目

    B. 设计单项合同估算价为 150 万元人民币的项目

    C. 监理单项合同估算价为 50 万元人民币的项目

    D. 工程材料采购单项合同估算价为 300 万元人民币的项目

    E. 重要设备采购单项合同估算价为 100 万元人民币的项目

52. 根据《建设工程质量管理条例》，关于施工单位质量责任的说法，正确的有（　　）。

    A. 未经教育培训或考试不合格人员，不得上岗作业

    B. 发现设计文件有差错应及时要求设计单位修改

    C. 按有关要求对建筑材料、构配件进行检验

    D. 涉及结构安全的试块直接取样送检

    E. 隐蔽工程在隐蔽前，应通知建设单位和质量监督机构

53. 根据《建设工程质量管理条例》，工程监理单位有（　　）行为的，责令改正，处 50 万元以上 100 万元以下的罚款，降低资质等级或吊销资质证书；有违法所得的，予以没收；造成损失的，承担连带赔偿责任。

    A. 超越本单位资质等级承揽工程

    B. 允许其他单位或个人以本单位名义承揽工程

    C. 与建设单位或施工单位串通，弄虚作假、降低工程质量

    D. 将不合格的建设工程、建筑材料、建筑构配件和设备按合格签字

    E. 转让工程监理业务

54. 工程监理企业发展为全过程工程咨询企业，需要作出的努力有（　　）。

    A. 加强市场的宣传力度　　　　　　　B. 优化调整企业组织结构

    C. 加大人才培养引进力度　　　　　　D. 创新工程咨询服务模式

    E. 重视知识管理平台建设

55. 根据《安全生产法》，生产经营单位对重大危险源应当登记建档，进行定期（　　），并制定应急预案。

    A. 检测　　　　　　B. 监测　　　　　　C. 评估　　　　　　D. 监控

    E. 报告

56. 根据《建筑法》，关于工程发承包的说法，正确的有（　　）。

    A. 提倡建设工程实行设计—招标—建造模式

    B. 发包单位不得指定承包单位购入用于工程的建筑材料

    C. 联合体各方按联合体协议约定分别承担合同责任

    D. 禁止承包单位将其承包的全部建筑工程转包他人

E. 建筑工程主体结构的施工必须由总承包单位自行完成

57. 根据《建设工程质量管理条例》，施工单位有（　　）行为的，责令改正，处工程合同价款2%以上4%以下的罚款。

A. 将承包的工程转包或违法分包

B. 施工中偷工减料

C. 不按照工程设计图纸或施工技术标准施工

D. 未对涉及安全的试块、试件取样检测

E. 使用不合格的建筑材料

58. 根据《建设工程安全生产管理条例》，关于工程参建各方安全责任的说法，正确的有（　　）。

A. 建设单位应当向施工单位提供施工现场相邻建筑物和构筑物的有关资料

B. 施工单位应当在拆除工程施工前，将相关资料报有关部门备案

C. 设计单位应当对涉及施工安全的重点部位和环节在设计文件中注明，并对防范生产安全事故提出意见

D. 监理单位应当审查专项施工方案是否符合施工组织设计要求

E. 施工单位编制的地下暗挖工程专项施工方案须组织专家论证、审查

59. 根据《合同法》，先履行债务的当事人有确切证据证明对方有（　　）情形的，可以中止履行合同。

A. 资产负债率大幅增加　　　　　　　B. 经营状况严重恶化

C. 转移财产逃避债务　　　　　　　　D. 抽逃资金逃避债务

E. 丧失商业信誉

60. 根据《建设工程监理规范》，关于工程监理人员职责的说法，正确的有（　　）。

A. 总监理工程师应签发工程款支付证书

B. 总监理工程师应组织编写监理月报

C. 总监理工程师应主持安全事故处理

D. 专业监理工程师应处理质量问题和质量事故

E. 总监理工程师应主持审查分包单位资格

61. 关于监理有限责任公司的说法，正确的有（　　）。

A. 股东会是公司的权力机构

B. 设董事会时，其成员数量为2~13人

C. 公司经理对董事会负责，行使公司管理职权

D. 设监事会时，其成员数量为1~3人

E. 公司应有名称和住所

62. 关于工程监理企业遵循"诚信"经营活动准则的说法，正确的有（　　）。

A. 配置先进的科学仪器开展监理工作

B. 诚信原则的主要作用在于指导当事人按合同约定履行义务

C. 应及时处理不诚信、履职不到位的工程监理人员

D. 按有关规定和合同约定进行施工现场检查和工程验收

E. 提高专业技术能力

63. 建设单位在选择监理招标方式时，应重点考虑的因素有（　　）。

A. 有关必须招标项目的法律法规规定　　　B. 工程项目的特点

C. 工程项目的工程量　　　D. 监理单位的选择空间

E. 工程实施的紧迫程度

64. 某工程监理企业采用决策树法对监理投标方案进行定量分析时, 决策树中考虑的因素有 (　　)。

A. 中标概率　　　B. 可能的利润值

C. 损益期望值　　　D. 业主期望值

E. 中标率的最大值

65. 根据《标准监理招标文件》, 监理人违约的情形有 (　　)。

A. 编制的监理文件不符合规范标准及合同约定的

B. 由于疫情暂停项目监理工作的

C. 两次未及时编写监理例会会议纪要的

D. 转让合同内监理业务的

E. 未按建设单位的口头要求开展监理工作的

66. 关于建设工程监理的说法, 正确的有 (　　)。

A. 在签订工程监理合同时应明确总监理工程师

B. 建设单位可委托多家监理单位但必须确定一家监理单位负责总体规划和协调

C. 监理大纲必须由投标人的拟任总监理工程师负责编写

D. 签订监理合同后, 项目监理机构应及时收集工程监理有关资料

E. 工程施工需分包时, 总监理工程师应组织审核分包单位资格

67. 工程监理单位在确定项目监理机构的组织形式和规模时, 应考虑的因素有 (　　)。

A. 监理合同约定的监理范围和内容　　　B. 工程环境

C. 工程项目特点　　　D. 工程技术复杂程度

E. 施工单位资质等级

68. 根据《标准监理招标文件》, 监理人的工作内容有 (　　)。

A. 收到施工组织设计文件后编制监理规划

B. 参加由委托人主持的第一次工地会议

C. 检查施工承包人的试验室

D. 查验施工承包人的施工测量放线成果

E. 核查施工承包人对施工进度计划的调整

69. 根据《标准监理招标文件》通用合同条款, 组成监理合同的文件有 (　　)。

A. 中标通知书　　　B. 委托人要求　　　C. 监理报酬清单　　　D. 合同协议书

E. 监理规划

70. 根据《建设工程监理规范》, 监理规划应包括的内容有 (　　)。

A. 工程概况　　　B. 监理工作内容、范围、目标

C. 工程风险分析与控制　　　D. 工程质量、造价、进度控制和组织协调

E. 工程监理重点、难点分析与建议

71. 项目监理机构在建设工程施工阶段质量控制的任务有 (　　)。

A. 做好施工现场准备工作　　　B. 检查施工机械和机具质量

C. 处置工程质量缺陷　　　　　　　　D. 检查施工过程质量

E. 处理工程质量事故

72. 为了进行科学的信息加工和整理，工程监理人员需要结合工程监理与相关服务工作绘制的流程图有（　　　）。

A. 业务流程图　　　B. 组织流程图　　　C. 资源流程图　　　D. 工艺流程图

E. 数据流程图

73. 根据《建设工程监理规范》，总监理工程师应及时签发工程暂停令的情形有（　　　）。

A. 施工单位未按施工组织设计施工的　　B. 施工单位违反工程建设强制性标准的

C. 施工单位要求暂停施工的　　　　　　D. 施工单位对进场材料未及时报验的

E. 工程施工存在重大质量事故隐患的

74. 根据《建设工程监理规范》，监理实施细则的内容包括（　　　）。

A. 专业工程特点　　　　　　　　　　B. 监理工作要点

C. 监理工作方法和措施　　　　　　　D. 项目主要目标

E. 监理工作制度

75. 根据《建设工程监理规范》，需要经建设单位审批的监理文件资料有（　　　）。

A. 单位工程竣工验收报审表　　　　　B. 工程复工报审表

C. 分部工程报验表　　　　　　　　　D. 工程款支付报审表

E. 工程最终延期报审表

76. 根据《建设工程监理规范》，监理日志应包括的内容有（　　　）。

A. 天气和施工环境情况　　　　　　　B. 当日监理工作情况

C. 当日施工进展情况　　　　　　　　D. 当日存在的问题及处理情况

E. 次日监理工作任务

77. 根据《建设工程监理规范》，项目监理机构在施工现场的巡视工作内容包括（　　　）。

A. 施工现场的作业情况　　　　　　　B. 特种作业人员是否持证上岗

C. 质量和安全管理人员是否在岗　　　D. 关键工序平行检验情况

E. 已完专业工程验收情况

78. 按照工程项目管理单位与建设单位的结合方式不同，全过程集成化项目管理服务模式有（　　　）。

A. 独立式　　　B. 顾问式　　　C. 并行式　　　D. 融合式

E. 植入式

79. 国际工程咨询公司为承包商提供咨询服务时，可提供的服务内容有（　　　）。

A. 工程保险服务　　　　　　　　　　B. 合同咨询和索赔服务

C. 技术咨询服务　　　　　　　　　　D. 工程设计服务

E. 工程勘察服务

80. 成功运用 Partnering 模式所不可缺少的要素有（　　　）。

A. 长期协议　　　B. 信任　　　C. 责任分解　　　D. 合作

E. 共同目标

2020年度全国监理工程师职业资格考试试卷答案解析

一、单项选择题

1. B;	2. C;	3. D;	4. C;	5. A;
6. A;	7. C;	8. C;	9. B;	10. D;
11. A;	12. D;	13. C;	14. D;	15. B;
16. C;	17. B;	18. C;	19. A;	20. D;
21. A;	22. B;	23. D;	24. C;	25. B;
26. A;	27. D;	28. A;	29. C;	30. D;
31. C;	32. D;	33. D;	34. A;	35. B;
36. A;	37. C;	38. D;	39. A;	40. B;
41. C;	42. D;	43. A;	44. B;	45. C;
46. D;	47. D;	48. B;	49. A;	50. C。

【解析】

1. B。本题考核的是工程监理人员的职责。《建筑法》规定，工程监理人员发现工程设计不符合建筑工程质量标准或者合同约定的质量要求的，应当报告建设单位要求设计单位改正。

2. C。本题考核的是项目董事会的职权。建设项目董事会的职权有：负责筹措建设资金；审核、上报项目初步设计和概算文件；审核、上报年度投资计划并落实年度资金；提出项目开工报告；研究解决建设过程中出现的重大问题；负责提出项目竣工验收申请报告；审定偿还债务计划和生产经营方针，并负责按时偿还债务；聘任或解聘项目总经理，并根据总经理的提名，聘任或解聘其他高级管理人员。

3. D。本题考核的是投资决策管理制度。对于采用直接投资和资本金注入方式的政府投资工程，政府需要从投资决策的角度审批项目建议书和可行性研究报告，除特殊情况外，不再审批开工报告，同时还要严格审批其初步设计和概算；对于采用投资补助、转贷和贷款贴息方式的政府投资工程，则只审批资金申请报告。

4. C。本题考核的是工程监理职责。按照专用合同条款约定，总监理工程师可以授权其下属人员履行其某项职责，但事先应将这些人员的姓名和授权范围书面通知委托人和承包人。

5. A。本题考核的是强制实施监理的工程范围。《建筑法》规定，国家推行建筑工程监理制度。国务院可以规定实行强制监理的建筑工程的范围。

6. A。本题考核的是投标保证金。B选项错在"5%"，正确应为"2%"。依法必须进行招标的项目的境内投标单位，以现金或者支票形式提交的投标保证金应当从其基本账户转出，故C选项错误。投标保证金应当自收到投标人书面撤回通知之日起5日内退还，故D选项错误。

7. C。本题考核的是招标文件的澄清或修改。招标人对已发出的招标文件进行必要的澄清或者修改的，应当在招标文件要求提交投标文件截止时间至少 15 日前，以书面形式通知所有招标文件收受人。

8. C。本题考核的是无效合同的情形。有下列情形之一的，合同无效：（1）一方以欺诈、胁迫的手段订立合同，损害国家利益。（2）恶意串通，损害国家、集体或第三人利益。（3）以合法形式掩盖非法目的。（4）损害社会公共利益。（5）违反法律、行政法规的强制性规定。[注：本题答案依据《合同法》（中华人民共和国主席令第 15 号）作出，需要注意的是该法已失效。《民法典》（中华人民共和国主席令第 45 号）现已施行。]

9. B。本题考核的是合同订立程序。当事人订立合同，需要经过要约和承诺两个阶段。[注：本题答案依据《合同法》（中华人民共和国主席令第 15 号）作出，需要注意的是该法已失效。《民法典》（中华人民共和国主席令第 45 号）现已施行。]

10. D。本题考核的是工程监理单位的职责。《建设工程安全生产管理条例》规定，工程监理单位应当审查施工组织设计中的安全技术措施或者专项施工方案是否符合工程建设强制性标准。

11. A。本题考核的是建设单位质量责任和义务。《建设工程质量管理条例》规定，建设单位在领取施工许可证或者开工报告前，应当按照国家有关规定办理工程质量监督手续。

12. D。本题考核的是施工单位的安全责任。施工单位应当建立健全安全生产责任制度，制定安全生产规章制度和操作规程，保证本单位安全生产条件所需资金的投入，对所承担的建设工程进行定期和专项安全检查，并做好安全检查记录。

13. C。本题考核的是专项施工方案的论证、审查。施工单位应当在施工组织设计中编制安全技术措施和施工现场临时用电方案，对下列达到一定规模的危险性较大的分部分项工程编制专项施工方案，并附具安全验算结果，经施工单位技术负责人、总监理工程师签字后实施，由专职安全生产管理人员进行现场监督：①基坑支护与降水工程；②土方开挖工程；③模板工程；④起重吊装工程；⑤脚手架工程；⑥拆除、爆破工程；⑦国务院建设行政主管部门或者其他有关部门规定的其他危险性较大的工程。上述工程中涉及深基坑、地下暗挖工程、高大模板工程的专项施工方案，施工单位还应当组织专家进行论证、审查。

14. D。本题考核的是生产安全事故等级。根据生产安全事故造成的人员伤亡或者直接经济损失，生产安全事故分为：特别重大生产安全事故、重大生产安全事故、较大生产安全事故以及一般生产安全事故。其中，重大生产安全事故是指造成 10 人及以上 30 人以下死亡，或者 50 人及以上 100 人以下重伤，或者 5000 万元及以上 1 亿元以下直接经济损失的事故。

15. B。本题考核的是生产安全事故法律责任的承担。《生产安全事故报告和调查处理条例》第三十七条规定，事故发生单位对事故发生负有责任的，依照下列规定处以罚款：（1）发生一般事故的，处 10 万元以上 20 万元以下的罚款。（2）发生较大事故的，处 20 万元以上50 万元以下的罚款。（3）发生重大事故的，处 50 万元以上 200 万元以下的罚款。（4）发生特别重大事故的，处 200 万元以上 500 万元以下的罚款。

16. C。本题考核的是履约保证金的提交。招标文件要求中标人提交履约保证金的，中标人应当按照招标文件的要求提交。履约保证金不得超过中标合同金额的 10%。

17. B。本题考核的是监理工程师执业资格报考条件。根据《监理工程师职业资格制度规定》，遵守中华人民共和国宪法、法律、法规，具有良好的业务素质和道德品行，具备下列条件之一者，可以申请参加监理工程师职业资格考试：（1）具有各工程大类专业大学专科学历（或高等职业教育），从事工程施工、监理、设计等业务工作满 6 年。（2）具有工学、管理科学与工程类专业大学本科学历或学位，从事工程施工、监理、设计等业务工作满 4 年。（3）具有工学、管理科学与工程一级学科硕士学位或专业学位，从事工程施工、监理、设计等业务工作满 2 年。（4）具有工学、管理科学与工程一级学科博士学位。

[注：本题答案依据《监理工程师职业资格制度规定》第十条规定作出。但是监理工程师职业资格考试条件已被《部分准入类职业资格考试工作年限调整方案》做了调整，调整后监理工程师职业资格考试报考条件如下：

（1）具有各工程大类专业大学专科学历（或高等职业教育），从事工程施工、监理、设计等业务工作满 4 年。

（2）具有工学、管理科学与工程类专业大学本科学历或学位，从事工程施工、监理、设计等业务工作满 3 年。

（3）具有工学、管理科学与工程一级学科硕士学位或专业学位，从事工程施工、监理、设计等业务工作满 2 年。

（4）具有工学、管理科学与工程一级学科博士学位。

经批准同意开展试点的地区，申请参加监理工程师职业资格考试的，应当具有大学本科及以上学历或学位。]

18. C。本题考核的是公司制企业的要求。股份有限公司的章程由发起人制定，故 A 选项错误。股份有限公司的发起人应在 2 人以上、200 人以下，故选项 B 错误。有限责任公司可以设经理，由董事会决定聘任或者解聘，故 D 选项错误。

19. A。本题考核的是工程监理企业经营活动准则。工程监理企业从事工程监理活动，应当遵循"守法、诚信、公平、科学"的准则。对于工程监理企业而言，守法就是要依法经营，主要体现在以下几个方面：（1）自觉遵守相关法律法规及行业自律公约和诚信守则，在核定的资质等级和业务范围内从事监理活动，不得超越资质或挂靠承揽业务。（2）不伪造、涂改、出租、出借、转让、出卖《资质等级证书》及从业人员执业资格证书，不出租、出借企业相关资信证明，不转让监理业务。（3）在监理投标活动中，坚持诚实信用原则，不弄虚作假，不串标、不围标，不低于成本价参与竞争。（4）依法依规签订建设工程监理合同，不签订有损国家、集体或他人利益的虚假合同或附加条款。（5）不与被监理工程的施工及材料、构配件和设备供应单位有隶属关系或其他利害关系，不谋取非法利益。（6）在异地承接监理业务的，自觉遵守工程所在地有关规定，主动向工程所在地建设主管部门备案登记，接受其指导和监督管理。

20. D。本题考核的是监理工程师职业资格考试成绩管理。监理工程师职业资格考试成绩实行 4 年为一个周期的滚动管理办法，在连续的 4 个考试年度内通过全部考试科目，方可取得监理工程师职业资格证书。

21. A。本题考核的是邀请招标。邀请招标是指建设单位以投标邀请书方式邀请特定工程监理单位参加投标，向其发售招标文件，按照招标文件规定的评标方法、标准，从符合投标资格要求的投标人中优选中标人，并与中标人签订建设工程监理合同的过程。

22. B。本题考核的是评标委员会工作内容。评标由招标人依法组建的评标委员会负责。评标委员会应当熟悉、掌握招标项目的主要特点和需求，认真阅读、研究招标文件及其评标办法，按招标文件规定的评标办法进行评标，编写评标报告，并向招标人推荐中标候选人，或经招标人授权直接确定中标人。

23. D。本题考核的是建设工程监理投标工作内容。建设工程监理投标是一项复杂的系统性工作，工程监理单位的投标工作内容及流程包括：投标决策→投标策划→投标文件编制→参加开标及答辩→投标后评估等。解答本题可采用排除法，在题干给出的四个步骤中，"递送投标文件并参加开标会"一定是最后一步，因此可将 A、B 选项排除。在 C、D 选项中，主要是确定步骤①、②哪个在前哪个在后，很明显最先应进行的是投标决策，因此本题的正确答案是 D 项。

24. C。本题考核的是建设工程监理合同。建设工程合同包括工程勘察、设计、施工合同；建设工程监理合同、项目管理服务合同则属于委托合同，故选项 A 错误。建设工程监理合同当事人双方应是具有民事权力能力和民事行为能力、具有法人资格的企事业单位及其他社会组织，个人在法律允许的范围内也可以成为合同当事人，故选项 B 错误。工程监理合同的履行结果并不是物质成果，选项 D 错误。

25. B。本题考核的是合同附件格式。合同附件格式是订立合同时采用的规范化文件，包括合同协议书和履约保证金格式，故选项 A 错误。履约担保采用无条件担保方式，故选项 C 错误。履约担保自委托人与监理人签订的合同生效之日起，至委托人签发工程竣工验收证书之日起 28 d 后失效，故选项 D 错误。

26. A。本题考核的是在建设工程平行承发包模式下，建设工程监理委托方式有以下两种主要形式：建设单位委托一家工程监理单位实施监理；建设单位委托多家工程监理单位实施监理，故选项 B 的表述有误。在建设工程施工总承包模式下，建设单位通常应委托一家工程监理单位实施监理，故选项 C 错误。中标人的投标应能够满足招标文件的实质性要求并且经评审的投标价格最低，但是投标价格不得低于成本，选项 D 缺少限定条件，故不选。

27. D。本题考核的是建设工程采用平行承包模式的优点。采用平行承发包模式，由于各承包单位在其承包范围内同时进行相关工作，有利于缩短工期、控制质量，也有利于建设单位在更广范围内选择施工单位。但该模式的缺点是：合同数量多，会造成合同管理困难；工程造价控制难度大，表现为：（1）工程总价不易确定，影响工程造价控制的实施。（2）工程招标任务量大，需控制多项合同价格，增加了工程造价控制难度。（3）在施工过程中设计变更和修改较多，导致工程造价增加。

28. A。本题考核的是直线制组织形式的特点。直线制组织形式的特点是项目监理机构中任何一个下级只接受唯一上级的命令。

29. C。本题考核的是项目监理机构中的层次。项目监理机构中包括决策层、中间控制层以及操作层。其中的决策层主要是指总监理工程师、总监理工程师代表，根据建设工程监理合同的要求和监理活动内容进行科学化、程序化决策与管理。

30. D。本题考核的是矩阵制组织形式的优点。矩阵制组织形式的优点是加强了各职能部门的横向联系，具有较大的机动性和适应性，将上下左右集权与分权实行最优结合，有利于解决复杂问题，有利于监理人员业务能力的培养。

31. C。本题考核的是监理规划。建设工程监理合同的相关条款和内容是编写监理规划的重要依据，选项 A 错误。安全生产管理的监理工作是监理规划的主要内容之一，故选项 B 错误。监理规划应由总监理工程师组织编制，选项 C 正确、选项 D 错误。

32. D。本题考核的是监理实施细则。监理实施细则编写的依据包括：已批准的建设工程监理规划；与专业工程相关的标准、设计文件和技术资料；施工组织设计、（专项）施工方案，故选项 A 错误。监理实施细则由专业监理工程师编制完成后，需要报总监理工程师批准后方能实施，故选项 B、C 错误。监理实施细则是针对工程具体情况制定出更具实施性和操作性的业务文件，故选项 D 正确。

33. D。本题考核的是项目监理机构内部工作制度。项目监理机构内部工作制度包括：（1）项目监理机构工作会议制度，包括监理交底会议，监理例会、监理专题会，监理工作会议等。（2）项目监理机构人员岗位职责制度。（3）对外行文审批制度。（4）监理工作日志制度。（5）监理周报、月报制度。（6）技术、经济资料及档案管理制度。（7）监理人员教育培训制度。（8）监理人员考勤、业绩考核及奖惩制度。

34. A。本题考核的是安全事故隐患的处理。项目监理机构在实施监理过程中，发现工程存在安全事故隐患时，应签发监理通知单，要求施工单位整改；情况严重时，应签发工程暂停令，并应及时报告建设单位。

35. B。本题考核的是建设工程三大目标之间的对立关系。在通常情况下，如果对工程质量有较高的要求，就需要投入较多的资金和花费较长的建设时间；如果要抢时间、争进度，以极短的时间完成建设工程，势必会增加投资或者使工程质量下降；如果要减少投资、节约费用，势必会考虑降低工程项目的功能要求和质量标准。这些表明，建设工程三大目标之间存在着矛盾和对立的一面。

36. A。本题考核的是三大目标控制措施。为有效地控制建设工程项目目标，应从组织、技术、经济、合同等多方面采取措施。为对建设工程目标实施有效控制，需要对多个可能的建设方案、施工方案等进行技术可行性分析。为此，需要对各种技术数据进行审核、比较，需要对施工组织设计、施工方案等进行审查、论证等。此外，在整个建设工程实施过程中，还需要采用工程网络计划技术、信息化技术等实施动态控制。

37. C。本题考核的是项目监理机构的建设工程安全生产管理的监理职责。项目监理机构的建设工程安全生产管理的监理职责包括以下两个方面：施工单位安全生产管理体系的审查；专项施工方案的监督实施及安全事故隐患的处理。项目监理机构应审查施工单位现场安全生产规章制度的建立和实施情况；审查施工单位安全生产许可证的符合性和有效性；审查施工单位项目经理、专职安全生产管理人员和特种作业人员的资格；核查施工机械和设施的安全许可验收手续。

38. D。本题考核的是工程监理人员在施工现场巡视时的内容。监理人员在巡视检查时，应主要关注施工质量、安全生产两个方面情况。

39. A。本题考核的是监理实施细则的编制主体。监理实施细则由专业监理工程师编制。

40. B。本题考核的是建筑信息建模（BIM）。BIM 具有可视化、协调性、模拟性、优化性、可出图性等特点。应用 BIM 技术，在工程设计阶段可对节能、紧急疏散、日照、热能传导等进行模拟；在工程施工阶段可根据施工组织设计将 3D 模型加施工进度（4D）模拟实际施工，从而通过确定合理的施工方案指导实际施工，还可进行 5D 模拟，实现造价控制；在运营阶段，可对日常紧急情况的处理进行模拟，如地震人员逃生模拟及消防人员疏散模拟等。

41. C。本题考核的是监理通知单的签发。《监理通知单》可由总监理工程师或专业监理工程师签发，对于一般问题可由专业监理工程师签发，对于重大问题应由总监理工程师或经其同意后签发。

42. D。本题考核的是需要由总监理工程师签字并加盖执业印章的表式。下列表式应由总监理工程师签字并加盖执业印章：（1）工程开工令。（2）工程暂停令。（3）工程复工令。（4）工程款支付证书。（5）施工组织设计或（专项）施工方案报审表。（6）工程开工报审表。（7）单位工程竣工验收报审表。（8）工程款支付报审表。（9）费用索赔报审表。（10）工程临时或最终延期报审表。

43. A。本题考核的是合同变更。选项 B 属于工程监理职责。选项 C 属于监理人违约的情形。选项 D 属于委托人违约的情形。

44. B。本题考核的是项目范围管理的概念。项目范围管理是指为成功完成项目而确保项目应包括且仅需包括的工作的过程。

45. C。本题考核的是风险分析与评价的方法。常用的风险分析与评价方法有调查打分法、蒙特卡洛模拟法、计划评审技术法和敏感性分析法等。

46. D。本题考核的是项目监理机构应签发监理通知单的情形。施工单位发生下列情况时，项目监理机构应发出监理通知：（1）施工不符合设计要求、工程建设标准、合同约定。（2）使用不合格的工程材料、构配件和设备。（3）施工存在质量问题或采用不适当的施工工艺，或施工不当造成工程质量不合格。（4）实际进度严重滞后于计划进度且影响合同工期。（5）未按专项施工方案施工。（6）存在安全事故隐患。（7）在工程质量、造价、进度等方面存在违法违规等行为。

47. D。本题考核的是实施工程监理与项目管理一体化的前提。建设单位的信任和支持是顺利推进建设工程监理与项目管理一体化的前提。

48. B。本题考核的是咨询工程师的职业道德。FIDIC 道德准则要求咨询工程师具有正直、公平、诚信、服务等的工作态度和敬业精神，充分体现了 FIDIC 对咨询工程师要求的精髓，主要内容如下：对社会和咨询业的责任、能力、廉洁和正直、公平、对他人公正、反腐败。其中，"对他人公正"要求推动"基于质量选择咨询服务"的理念，即加强按照能力进行选择的观念。

49. A。本题考核的是非代理型 CM 的特点。与施工总承包相比，非代理型 CM 的特点表现在：（1）虽然 CM 单位与各个分包商直接签订合同，但 CM 单位对各分包商的资格预审、招标、议标和签约都对业主公开并必须经过业主的确认才有效。（2）由于 CM 单位介入工程时间较早（一般在设计阶段介入）且不承担设计任务，因此，CM 单位并不向业主直接报出具体数额的价格，而是报 CM 费，至于工程本身的费用则是今后 CM 单位与各分包商、供应商的合同价之和。

50. C。本题考核的是 Partnering 协议。Partnering 协议与工程合同是两个完全不同的文件。在工程合同签订后，工程参建各方经过讨论协商后才会签署 Partnering 协议。该协议并不改变参与各方在有关合同中规定的权利和义务。Partnering 协议主要用来确定参建各方在工程建设过程中的共同目标、任务分工和行为规范，是工作小组的纲领性文件。

二、多项选择题

51. A、B、D；	52. A、C、E；	53. C、D；
54. B、C、D、E；	55. A、C、D；	56. D、E；
57. B、C、E；	58. A、C、E；	59. B、C、D、E；
60. A、B、E；	61. A、C、E；	62. B、C、D；
63. A、B、D、E；	64. A、B、C；	65. A、C、D；

66. A、D、E；	67. A、B、C、D；	68. B、C、D、E；
69. A、B、C、D；	70. A、B、D；	71. B、C、D；
72. A、E；	73. B、E；	74. A、B、C；
75. B、D、E；	76. A、B、C、D；	77. A、B、C；
78. A、D、E；	79. B、C、D；	80. A、B、D、E。

【解析】

51. A、B、D。本题考核的是必须招标的工程项目。必须招标范围内的项目，其勘察、设计、施工、监理以及与工程建设有关的重要设备、材料等的采购达到下列标准之一的，必须进行招标：（1）施工单项合同估算价在 400 万元人民币以上。（2）重要设备、材料等货物的采购，单项合同估算价在 200 万元人民币以上。（3）勘察、设计、监理等服务的采购，单项合同估算价在 100 万元人民币以上；同一项目中可以合并进行的勘察、设计、施工、监理以及与工程建设有关的重要设备、材料等的采购，合同估算价合计达到上述规定标准的，必须进行招标。

52. A、C、E。本题考核的是施工单位的质量责任。施工单位在施工过程中发现设计文件和图纸有差错的，应当及时提出意见和建议，故选项 B 错误。施工人员对涉及结构安全的试块、试件以及有关材料，应当在建设单位或者工程监理单位监督下现场取样，并送具有相应资质等级的质量检测单位进行检测，故选项 D 错误。

53. C、D。本题考核的是工程监理单位的法律责任。《建设工程质量管理条例》规定，工程监理单位有下列行为之一的，责令改正，处 50 万元以上 100 万元以下的罚款，降低资质等级或者吊销资质证书；有违法所得的，予以没收；造成损失的，承担连带赔偿责任：（1）与建设单位或者施工单位串通，弄虚作假、降低工程质量的；（2）将不合格的建设工程、建筑材料、建筑构配件和设备按照合格签字的。

54. B、C、D、E。本题考核的是全过程工程咨询策略。工程监理企业要想发展为全过程工程咨询企业，需要在以下几个方面作出努力：（1）加大人才培养引进力度。（2）优化调整企业组织结构。（3）创新工程咨询服务模式。（4）加强现代信息技术应用。（5）重视知识管理平台建设。

55. A、C、D。本题考核的是重大危险源的登记建档。《安全生产法》规定，生产经营单位对重大危险源应当登记建档，进行定期检测、评估、监控，并制定应急预案，告知从业人员和相关人员在紧急情况下应当采取的应急措施。

56. D、E。本题考核的是工程发承包。提倡对建筑工程实行总承包，故选项 A 错误。按照合同约定，建筑材料、建筑构配件和设备由工程承包单位采购的，发包单位不得指定承包单位购入用于工程的建筑材料、建筑构配件和设备或者指定生产厂、供应商，选项 B 缺少前提条件，故不选。联合体各方对承包合同的履行承担连带责任，故选项 C 错误。

57. B、C、E。本题考核的是施工单位的法律责任。《建设工程质量管理条例》规定，施工单位在施工中偷工减料的，使用不合格的建筑材料、建筑构配件和设备的，或者有不按照工程设计图纸或者施工技术标准施工的其他行为的，责令改正，处工程合同价款 2% 以上 4% 以下的罚款；造成建设工程质量不符合规定的质量标准的，负责返工、修理，并赔偿因此造成的损失；情节严重的，责令停业整顿，降低资质等级或者吊销资质证书。

58. A、C、E。本题考核的是工程参建各方的安全责任。选项 B 错在"施工单位"，正确应为"建设单位"。工程监理单位应当审查施工组织设计中的安全技术措施或者专项施工方案是否符合工程建设强制性标准。因此选项 D 错误。

59. B、C、D、E。本题考核的是债务履行过程中的抗辩权。应当先履行债务的当事人，有确切证据证明对方有下列情形之一的，可以中止履行：（1）经营状况严重恶化。（2）转移财产、抽逃资金，以逃避债务。（3）丧失商业信誉。（4）有丧失或者可能丧失履行债务能力的其他情形。[注：本题答案依据《合同法》（中华人民共和国主席令第 15 号）作出，需要注意的是该法已失效。《民法典》（中华人民共和国主席令第 45 号）现已施行。]

60. A、B、E。本题考核的是工程监理人员的职责。选项 C 的正确表述为：总监理工程师应参与或配合工程质量安全事故的调查和处理。专业监理工程师负责处置发现的质量问题和安全事故隐患，故选项 D 错误。

61. A、C、E。本题考核的是有限责任公司。选项 B 错在"2~13"正确应为"3~13"。有限责任公司设监事会，其成员不得少于 3 人，故选项 D 错误。

62. B、C、D。本题考核的是工程监理企业经营活动准则。工程监理企业从事工程监理活动，应当遵循"守法、诚信、公平、科学"的准则。其中的诚信原则的主要作用在于指导当事人以善意的心态、诚信的态度行使民事权利，承担民事义务，正确地从事民事活动。工程监理企业诚信行为主要体现在以下几方面：（1）建立诚信建设制度，激励诚信，惩戒失信。定期进行诚信建设制度实施情况检查考核，及时处理不诚信和履职不到位人员。（2）依据相关法律法规、建设工程监理规范及合同约定，组建监理机构和派遣监理人员，配备必要的设备设施，开展工程监理工作。（3）不弄虚作假、降低工程质量，不将不合格的建设工程、建筑材料、建筑构配件和设备按照合格签字，不以索、拿、卡、要等手段向建设单位、施工单位谋取不当利益，不以虚假行为损害工程建设各方合法权益。（4）按规定进行检查和验证，按标准进行工程验收，确保工程监理全过程各项资料的真实性、时效性和完整性。（5）加强内部管理，建立企业内部信用管理责任制度，开展廉洁执业教育，及时检查和评估企业信用实施情况，健全服务质量考评体系和信用评价体系，不断提高企业信用管理水平。（6）履行保密义务，不泄漏商业秘密及保密工程的相关情况。（7）不用虚假资料申报各类奖项、荣誉，不参与非法社团组织的各类评奖等活动。（8）积极承担社会责任，践行社会公德，确保监理服务质量，维护国家和公众利益。（9）自觉践行自律公约，接受政府主管部门对监理工作的监督检查。

63. A、B、D、E。本题考核的是建设单位在选择监理招标方式时应重点考虑的因素。建设单位应根据法律法规、工程项目特点、工程监理单位的选择空间及工程实施的急迫程度等因素合理、合规选择招标方式，并按规定程序向招标投标监督管理部门办理相关招标投标手续，接受相应的监督管理。

64. A、B、C。本题考核的是投标决策定量分析方法中的决策树法。决策树分析法是适用于风险型决策分析的一种简便易行的实用方法，其特点是用一种树状图表示决策过程，通过事件出现的概率和损益期望值的计算比较，帮助决策者对行动方案做出抉择。

65. A、C、D。本题考核的是监理人违约的情形。在合同履行中发生下列情况之一的，属监理人违约：（1）监理文件不符合规范标准及合同约定。（2）监理人转让监理工作。（3）监理人未按合同约定实施监理并造成工程损失。（4）监理人无法履行或停止履行合同。（5）监理人不履行合同约定的其他义务。

66. A、D、E。本题考核的是建设工程监理。建设工程监理实施程序中的组建项目监理机构：在签订建设工程监理合同时，该主持人即可作为总监理工程师在工程监理合同中予以明确，故 A 选项正确。建设单位委托多家工程监理单位针对不同施工单位实施监理，需要分别与多家工程监理单位签订建设工程监理合同，并协调各工程监理单位之间的相互协作与配合关系，各家工程监理单位各负其责，无法对建设工程进行总体规划与协调控制，故选项 B 错误。监理大纲的编制人员应当是监理单位经营部门或技术管理部门人员，也应包括拟定的总监理工程师，故 C 选项错误。项目监理机构应及时收集工程监理有关资料是在组建项目监理机构之后，签订监理合同在组建项目监理机构这个程序中进行，故 D 选项正确。施工总承包单位对施工合同承担承包方的最终责任，但分包单位的资格、能力直接影响工程质量、进度等目标的实现，因此，监理工程师必须做好对分包单位资格的审查、确认工作，故 E 选项正确。

67. A、B、C、D。本题考核的是组建项目监理机构应考虑的因素。工程监理单位实施监理时，应在施工现场派驻项目监理机构，项目监理机构的组织形式和规模，可根据建设工程监理合同约定的服务内容、服务期限，以及工程特点、规模、技术复杂程度、环境等因素确定。

68. B、C、D、E。本题考核的是监理人的工作内容。除专用合同条款另有约定外，监理工作内容包括：（1）收到工程设计文件后编制监理规划，并在第一次工地会议 7 d 前报委托人。根据有关规定和监理工作需要，编制监理实施细则。（2）熟悉工程设计文件，并参加由委托人主持的图纸会审和设计交底会议。（3）参加由委托人主持的第一次工地会议；主持监理例会并根据工程需要主持或参加专题会议。（4）审查施工承包人提交的施工组织设计，重点审查其中的质量安全技术措施、专项施工方案与工程建设强制性标准的符合性。（5）检查施工承包人工程质量、安全生产管理制度及组织机构和人员资格。（6）检查施工承包人专职安全生产管理人员的配备情况。（7）审查施工承包人提交的施工进度计划，核查施工承包人对施工进度计划的调整。（8）检查施工承包人的试验室。（9）审核施工分包人资质条件。（10）查验施工承包人的施工测量放线成果。（11）审查工程开工条件，对条件具备的签发开工令。（12）审查施工承包人报送的工程材料、构配件、设备的质量证明资料，抽检进场的工程材料、构配件的质量。（13）审核施工承包人提交的工程款支付申请，签发或出具工程款支付证书，并报委托人审核、批准。（14）在巡视、旁站和检验过程中，发现工程质量、施工安全存在事故隐患的，要求施工承包人整改并报委托人。（15）经委托人同意，签发工程暂停令和复工令。（16）审查施工承包人提交的采用新材料、新工艺、新技术、新设备的论证材料及相关验收标准。（17）验收隐蔽工程、分部分项工程。（18）审查施工承包人提交的工程变更申请，协调处理施工进度调整、费用索赔、合同争议等事项。（19）审查施工承包人提交的竣工验收申请，编写工程质量评估报告。（20）参加工程竣工验收，签署竣工验收意见。（21）审查施工承包人提交的竣工结算申请并报委托人。（22）编制、整理建设工程监理归档文件并报委托人。

69. A、B、C、D。本题考核的是监理合同的文件的组成。合同协议书与下列文件一起构成合同文件：（1）中标通知书。（2）投标函及投标函附录。（3）专用合同条款。（4）通用合同条款。（5）委托人要求。（6）监理报酬清单。（7）监理大纲。（8）其他合同文件。

70. A、B、D。本题考核的是监理规划的内容。《建设工程监理规范》明确规定，监理规划的内容包括：工程概况；监理工作的范围、内容、目标；监理工作依据；监理组织形式、人员配备及进退场计划、监理人员岗位职责；监理工作制度；工程质量控制；工程造价控制；工程进度控制；安全生产管理的监理工作；合同与信息管理；组织协调；监理工作设施。

71. B、C、D。本题考核的是项目监理机构在施工阶段的质量控制任务。为完成施工阶段质量控制任务，项目监理机构需要做好以下工作：协助建设单位做好施工现场准备工作，为施工单位提交合格的施工现场；审查确认施工总包单位及分包单位资格；检查工程材料、构配件、设备质量；检查施工机械和机具质量；审查施工组织设计和施工方案；检查施工单位的现场质量管理体系和管理环境；控制施工工艺过程质量；验收分部分项工程和隐蔽工程；处置工程质量问题、质量缺陷；协助处理工程质量事故；审核工程竣工图，组织工程预验收；参加工程竣工验收等。

72. A、E。本题考核的是建设工程信息的加工和整理。科学的信息加工和整理，需要基于业务流程图和数据流程图，结合建设工程监理与相关服务业务工作绘制业务流程图和数据流程图，不仅是建设工程信息加工和整理的重要基础，而且是优化建设工程监理与相关服务业务处理过程、规范建设工程监理与相关服务行为的重要手段。

73. B、E。本题考核的是总监理工程师应及时签发工程暂停令的情形。项目监理机构发现下列情况之一时，总监理工程师应及时签发工程暂停令：（1）建设单位要求暂停施工且工程需要暂停施工的。（2）施工单位未经批准擅自施工或拒绝项目监理机构管理的。（3）施工单位未按审查通过的工程设计文件施工的。（4）施工单位违反工程建设强制性标准的。（5）施工存在重大质量、安全事故隐患或发生质量、安全事故的。

74. A、B、C。本题考核的是监理实施细则的内容。《建设工程监理规范》明确规定了监理实施细则应包含的内容有：专业工程特点、监理工作流程、监理工作要点，以及监理工作方法及措施。

75. B、D、E。本题考核的是需要建设单位审批同意的表式。下列表式需要建设单位审批同意：（1）施工组织设计或（专项）施工方案报审表（仅对超过一定规模的危险性较大的分部分项工程专项施工方案）。（2）工程开工报审表。（3）工程复工报审表。（4）工程款支付报审表。（5）费用索赔报审表。（6）工程临时或最终延期报审表。

76. A、B、C、D。本题考核的是监理日志的主要内容。监理日志的主要内容包括：（1）天气和施工情况。（2）当日施工进展情况。（3）当日监理工作情况。（4）当日存在的问题及处理情况。（5）其他有关事项。

77. A、B、C。本题考核的是巡视工作内容。监理人员在巡视检查时，应主要关注施工质量、安全生产两方面情况：（1）施工质量方面：①天气情况是否适宜施工作业，如不适宜施工作业，是否已采取相应措施；②施工人员作业情况，是否按照工程设计文件、工程建设标准和批准的施工组织设计（专项）施工方案施工；③使用的工程材料、设备和构配件是否已检测合格；④施工单位主要管理人员到岗履职情况，特别是施工质量管理人员是否到位；⑤施工机具、设备的工作状态；周边环境是否有异常情况等。（2）安全生产方面：①施工单位安全生产管理人员到岗履职情况、特种作业人员持证情况；②施工组织设计中的安全技术措施和专项施工方案落实情况；③安全生产、文明施工制度、措施落实情况；④危险性较大分部分项工程施工情况，重点关注是否按方案施工；⑤大型起重机械和自升式架设设施运行情况；⑥施工临时用电情况；⑦其他安全防护措施是否到位；工人违章情况；⑧施工现场存在的事故隐患，以及按照项目监理机构的指令整改实施情况；⑨项目监理机构签发的工程暂停令执行情况等。

78. A、D、E。本题考核的是全过程集成化管理服务模式。目前在我国工程建设实践中，按照工程项目管理单位与建设单位的结合方式不同，全过程集成化项目管理服务可归纳为独立式、融合式和植入式三种模式。

79. B、C、D。本题考核的是工程咨询公司为承包商提供的服务。工程咨询公司为承包商服务主要有以下几种情况：（1）为承包商提供合同咨询和索赔服务。（2）为承包商提供技术咨询服务。（3）为承包商提供工程设计服务。

80. A、B、D、E。本题考核的是 Partnering 模式的组成要素。成功运作 Partnering 模式所不可缺少的元素包括：长期协议、共享、信任、共同的目标、合作。

《建设工程监理基本理论和相关法规》

考前最后第 1 套卷及答案解析

考前最后第 1 套卷

一、单项选择题 (共 50 题，每题 1 分。每题的备选项中，只有 1 个最符合题意)

1. 根据《建筑法》，建设工程监理定位于 ( )。

A. 建设实施阶段
B. 工程施工阶段
C. 工程勘察设计阶段
D. 项目策划决策阶段

2. 根据《建设工程监理范围和规模标准规定》，下列工程必须实行监理的是 ( )。

A. 总投资额 1500 万元的电影院项目
B. 总投资额 2500 万元的供水项目
C. 总投资额 2800 万元的通信项目
D. 总投资额 1800 万元的地下管道项目

3. 根据《国务院关于投资体制改革的决定》，对于《政府核准的投资项目目录》以外的企业投资项目，实行 ( )。

A. 备案制
B. 审批制
C. 实名制
D. 核准制

4. 下列不属于项目总经理职权的是 ( )。

A. 编制并组织实施项目年度投资计划、用款计划、建设进度计划

B. 审核、上报年度投资计划并落实年度资金

C. 组织编制项目初步设计文件，对项目工艺流程、设备选型、建设标准、总图布置提出意见，提交董事会审查

D. 组织工程设计、施工监理、施工队伍和设备材料采购的招标工作，编制和确定招标方案、标底和评标标准，评选和确定投标、中标单位

5. 根据《招标投标法》，招标人和中标人应当自中标通知书发出之日起 ( ) 日内，按照招标文件和中标人的投标文件订立书面合同。

A. 10
B. 15
C. 20
D. 30

6. 根据《招标投标法》，关于联合投标的说法，正确的是 ( )。

A. 联合体资质等级按联合体各方较高资质确定

B. 联合体各方均应具备承担招标项目的相应能力

C. 联合体各方应当签订共同投标协议

D. 中标的联合体各方应当共同与招标人签订合同

7. 根据《民法典》合同编，关于撤销权的说法，错误的是 ( )。

A. 撤销权的行使范围以债权人的债权为限

B. 债权人行使撤销权的必要费用，由债务人负担

C. 撤销权自债权人知道或者应当知道撤销事由之日起 2 年内行使，自债务人的行为发生之日起 6 年内没有行使撤销权的，该撤销权消灭

D. 债务人影响债权人的债权实现的行为被撤销的，自始没有法律约束力

8. 根据《建设工程质量管理条例》，工程监理单位发现安全事故隐患未及时要求施工单位整改的，逾期未改正的，责令停业整顿，并对监理单位处以（   ）的罚款。

A. 100 万元以上 200 万元以下   B. 30 万元以上 50 万元以下

C. 50 万元以上 100 万元以下   D. 10 万元以上 30 万元以下

9. 根据《建设工程质量管理条例》，下列在建设工程的最低保修期限，保修期限为 2 年的工程是（   ）。

A. 电气管道、设备安装和装修工程

B. 供热与供冷系统

C. 有防水要求的卫生间、房间和外墙面的防渗漏工程

D. 房屋建筑的地基基础工程

10. 由建设工程投资、进度、质量三大目标之间存在对立关系可知，建设工程三大目标应（   ）。

A. 同时达到最优   B. 分别进行分析与论证

C. 作为一个系统统筹考虑   D. 尽可能进行定量的分析

11. 根据《生产安全事故报告和调查处理条例》，关于事故报告内容的说法，错误的是（   ）。

A. 道路交通事故、火灾事故自发生之日起 30 日内，事故造成的伤亡人数发生变化的，应当及时补报

B. 自事故发生之日起 30 日内，事故造成的伤亡人数发生变化的，应当及时补报

C. 事故报告的内容应该记录事故的简要经过

D. 事故报告的内容应该记录事故已经造成或者可能造成的伤亡人数和初步估计的直接经济损失

12. 根据《招标投标法实施条例》，关于投标保证金的说法，正确的是（   ）。

A. 招标人在招标文件中要求投标人提交投标保证金的，投标保证金不得超过招标项目估算价的 2%

B. 依法必须进行招标的项目的境内投标单位，必须以支票的方式进行支付

C. 依法必须进行招标的项目的境内投标单位，可从特殊账户中转出

D. 投标保证金有效期比投标有效期时间要长

13. 对于政府投资工程，项目建议书按要求编制完成后，应根据（   ）报送有关部门审批。

A. 地质条件和水文状况   B. 建设地址和总投资

C. 建设规模和限额划分   D. 产品方案和工程标准

14. 根据《建设工程质量管理条例》，施工单位的质量责任和义务是（   ）。

A. 工程开工前，应按照国家有关规定办理工程质量监督手续

B. 根据勘察成果文件进行建设工程设计

C. 收到建设工程竣工报告后，应当组织有关单位进行竣工验收

D. 隐蔽工程在隐蔽前，应通知建设单位和建设工程质量监督机构

15. 根据《生产安全事故报告和调查处理条例》，某工程发生生产安全事故造成 2 人伤亡、20 人重伤，800 万元直接经济损失，该生产安全事故属于（　　）。

A. 特别重大事故　　B. 重大事故　　　　C. 一般事故　　　　D. 较大事故

16. 建设工程自竣工验收合格之日起即进入（　　）。

A. 工程质量保修期　　　　　　　　　B. 服务期

C. 运营维护期　　　　　　　　　　　D. 试运营期

17. 下列能反映投标人技术、管理和服务综合水平的文件和投标人对工程的分析和理解程度的是（　　）。

A. 建设单位资质文件　　　　　　　　B. 建设工程监理投标申请书

C. 建设工程监理评估报告　　　　　　D. 建设工程监理大纲

18. 下列选项中，关于建设工程监理进行投标决策基本原则的说法，错误的是（　　）。

A. 对于竞争激烈、风险特别大或把握不大的工程项目，应主动放弃投标

B. 一般情况下，工程监理单位应集中优势力量参与一个较大建设工程监理投标

C. 充分考虑国家政策、建设单位信誉、招标条件、资金落实情况，保证中标后工程项目能顺利实施

D. 充分衡量自身人员和技术实力能否满足工程项目要求，且要根据工程施工单位自身实力、经验和外部资源因素来确定是否参与竞标

19. 建设工程监理招标可分为公开招标和邀请招标两种方式。下列关于公开招标描述，错误的是（　　）。

A. 公开招标是建设单位以投标邀请书的方式邀请不特定工程施工单位参加投标

B. 公开招标属于非限制性竞争招标

C. 公开招标可使建设单位有较大的选择范围

D. 公开招标能够大大降低串标、围标、抬标和其他不正当交易的可能性

20. 根据《建设工程安全生产管理条例》，下列达到一定规模的危险性较大的分部分项工程中，需由施工单位组织专家对专项施工方案进行论证、审查的是（　　）。

A. 起重吊装工程　　　　　　　　　　B. 脚手架工程

C. 高大模板工程　　　　　　　　　　D. 拆除、爆破工程

21. 根据《标准监理招标文件》，关于监理人的工作内容的说法，正确的是（　　）。

A. 收到工程设计文件后编制监理规划，并在第一次工地会议 7 d 前报委托人

B. 可以参加工程竣工验收，但是不能签署竣工验收意见

C. 经设计人同意，签发工程暂停令和复工令

D. 审查施工承包人提交的工程设计概算

22. 根据《建设工程安全生产管理条例》，建设单位的安全责任是（　　）。

A. 编制工程概算时，应确定建设工程安全作业环境及安全施工措施所需费用

B. 采用新工艺时，应提出保障施工作业人员安全的措施建议

C. 采用新技术、新工艺时，应对作业人员进行相关的安全生产教育培训

D. 应当考虑施工安全操作和防护的需要

23. 三大目标控制措施中，（　　）措施不仅仅是审核工程量、工程款支付申请及工程

结算报告，还需要编制和实施资金使用计划，对工程变更方案进行技术经济分析等。

A. 组织　　　　　　B. 技术　　　　　　C. 经济　　　　　　D. 合同

24. 下列关于施工总承包模式下建设工程监理委托方式特点的说法，正确的是（　　）。

A. 施工总承包单位的报价较低

B. 施工总承包单位具有控制的积极性，施工分包单位之间也有相互制约的作用，有利于总体进度的协调控制

C. 施工总承包模式比平行承发包模式的合同数量多

D. 建设周期较短

25. 监理任务确定并签订委托监理合同后，工程监理单位首先要做的工作是（　　）。

A. 编制监理大纲　　　　　　　　　　B. 编制监理规划

C. 编制监理实施细则　　　　　　　　D. 组建项目监理机构

26. 关于为了体现权责一致原则应给予总监理工程师充分授权的单位是（　　）。

A. 设计单位　　　B. 监理单位　　　C. 承包单位　　　D. 建设单位

27. 根据《建设工程质量管理条例》，责令工程监理单位停止违法行为，并处合同约定的监理酬金1倍以上2倍以下罚款的情形有（　　）。

A. 超越本单位资质等级承揽工程　　　B. 与施工单位串通降低工程质量

C. 将不合格工程按照合格签字　　　　D. 将所承揽的监理业务转让给其他单位

28. 根据《建设工程监理规范》，总监理工程师应履行的职责是（　　）。

A. 验收检验批、隐蔽工程、分项工程，参与验收分部工程

B. 组织审查和处理工程变更

C. 进行见证取样

D. 检查工序施工结果

29. 监理工程师对质量控制的技术措施是（　　）。

A. 协助完善质量保证体系

B. 完善技术管理目标控制分工，落实技术控制责任

C. 制定有关质量监督制度

D. 达到建设单位特定质量目标要求的，按合同支付工程质量补偿金或奖金

30. 下列监理规划的编制依据中，反映工程特征的是（　　）。

A. 施工合同及其他建设工程合同　　　B. 监理大纲

C. 工程建设程序　　　　　　　　　　D. 监理投标文件

31. 下列制度中，属于项目监理机构现场监理工作制度的是（　　）。

A. 监理人员考勤制度　　　　　　　　B. 对外行文审批制度

C. 监理人员教育培训制度　　　　　　D. 监理工作报告制度

32. 下列建设工程风险事件中，属于技术风险的是（　　）。

A. 施工工艺落后，施工技术和方案不合理

B. 原材料、半成品、成品或设备供货不足或拖延

C. 通货膨胀或紧缩

D. 设计人员、监理人员、施工人员的素质不高

33. 下列工作制度中，仅属于工程施工招标阶段相关服务工作制度的是（　　）。

A. 设计交底制度　　　　　　　　　　B. 合同条件拟订及审核制度

C. 设计变更处理制度　　　　　　　　D. 施工图纸会审制度

34. 对监理规划的审核，其审核内容包括（　　　）。

A. 审查监理制度是否与工程建设参与各方的制度协调一致

B. 审核监理组织机构、建设工程组织管理模式等是否合理

C. 审核监理方案中投资、进度、质量控制点与控制方法是否适应施工组织设计的施工方案

D. 依据监理合同审核监理目标是否符合合同要求和建设单位建设意图

35. 由项目监理机构的专业监理工程师编写，并经总监理工程师批准实施的监理文件是（　　　）。

A. 监理大纲　　　　B. 监理实施细则　　　　C. 监理规划　　　　D. 监理合同

36. 建设工程质量、造价、进度三大目标的优先顺序并非固定不变。有的建设工程工期要求紧迫，有的建设工程资金紧张等，从而决定了三大目标（　　　）。

A. 定性分析与定量分析相结合　　　　B. 质量项目符合工程建设强制性标准

C. 三大目标之间密切联系且相互制约　　D. 在不同建设工程中具有不同的优先等级

37. 下列工作内容中，属于事后计划工作的是（　　　）。

A. 比较实施绩效和预定目标　　　　B. 分析可能产生的偏差

C. 收集项目实施绩效　　　　　　　D. 采取纠偏措施

38. 设计信息分发制度时，不需要考虑的内容是（　　　）。

A. 允许检索的范围，检索的密级划分，密码管理

B. 决定提供信息的介质

C. 决定分发信息的数据结构、类型、精度和格式

D. 决定信息分发的内容、数量、范围、数据来源

39. 建设工程监理实施中有人员需求、检测试验设备需求等，而资源是有限的，因此，内部需求平衡至关重要。协调平衡需求关系需要考虑的环节包括（　　　）。

A. 对建设工程监理检测试验设备的平衡

B. 及时消除工作中的矛盾或冲突

C. 建立信息沟通制度

D. 事先约定各个部门在工作中的相互关系

40. 关于旁站的作用，下列说法正确的是（　　　）。

A. 无法避免其他干扰正常施工的因素发生

B. 是项目监理机构在施工阶段质量控制的重要工作

C. 是工程质量预验收和工程竣工验收的重要依据

D. 旁站是建设工程监理工作中用以监督工程质量的一种手段

41. 项目监理机构对施工单位进行的涉及结构安全的试块、试件及工程材料现场取样、封样、送检工作的监督活动称为（　　　）。

A. 平行检验　　　　B. 旁站　　　　C. 见证取样　　　　D. 巡视

42. 根据《建设工程监理规范》，施工单位未经批准擅自施工的，总监理工程师应（　　　）。

A. 及时签发《工程暂停令》　　　　B. 立即报告建设单位

C. 及时签发《监理通知单》 D. 立即报告政府主管部门

43. 下列监理文件中，（ ）的编制应文字简练、准确、重点突出、内容完整，并在正式竣工验收前提交给建设单位。

A. 监理规划 B. 监理细则

C. 工程质量评估报告 D. 监理月报

44. 根据《建设工程监理规范》，下列监理文件资料中，需要由总监理工程师签字并加盖执业印章的是（ ）。

A. 监理通知单 B. 工程款支付证书

C. 旁站记录 D. 监理报告

45. 项目管理知识体系中，项目进度管理的内容不包括（ ）。

A. 活动时间估算 B. 整体变更控制

C. 活动排序 D. 进度计划

46. 以一定方式中断风险源，使其不发生或不再发展，从而避免可能产生的潜在损失的风险对策是（ ）。

A. 损失控制 B. 风险回避 C. 风险转移 D. 风险自留

47. 对于非施工单位原因造成的工程质量缺陷，应核实施工单位申报的修复工程费用，并应签认工程款支付证书，同时报（ ）。

A. 承包单位 B. 分包单位 C. 建设单位 D. 设计单位

48. 在代理型 CM 模式下，CM 合同价格为（ ）。

A. CM 费+与 CM 单位签订合同的各分包商、供应商合同价

B. CM 费+GMP

C. GMP

D. CM 费

49. 风险管理计划实施后，对风险的发展必然会产生的相应效果是（ ）。

A. 风险控制措施 B. 风险评估工具

C. 风险数据采集 D. 风险跟踪检查

50. Project Controlling 咨询单位直接向（ ）的决策层负责。

A. 设计单位 B. 业主 C. 分包单位 D. 监理单位

二、多项选择题（共 30 题，每题 2 分。每题的备选项中，有 2 个或 2 个以上符合题意，至少有 1 个错项。错选，本题不得分；少选，所选的每个选项得 0.5 分）

51. 关于建设工程监理性质的说法，正确的有（ ）。

A. 服务性 B. 科学性 C. 独立性 D. 公益性

E. 公平性

52. 在项目法人责任制中，项目董事会的职权包括（ ）。

A. 提出项目开工报告

B. 负责生产准备工作和培训有关人员

C. 审核、上报年度投资计划并落实年度资金

D. 组织编制项目初步设计文件

E. 审核、上报项目初步设计和概算文件

53. 为实现工程项目总目标，建设单位可通过签订合同将工程项目有关活动委托给相应

的专业承包单位或专业服务机构，相应的合同有（   ）。

A. 工程勘察合同　　B. 运输合同　　　　C. 工程分包合同　　D. 工程承包合同

E. 工程设计合同

54. 下列合同中，属于委托合同的是（   ）。

A. 行纪合同

B. 工程设计合同

C. 承揽合同

D. 建设工程监理合同

E. 项目管理服务合同

55. 根据《建设工程监理规范》，需要由建设单位代表签字并加盖建设单位公章的报审表有（   ）。

A. 费用索赔报审表

B. 工程复工报审表

C. 分包单位资格报审表

D. 工程最终延期报审表

E. 单位工程竣工验收报审表

56. 根据《建设工程监理规范》，关于工程质量、造价、进度控制及安全生产管理的监理工作的一般规定的说法，正确的是（   ）。

A. 项目监理机构应协调工程建设相关方的关系

B. 工程开工前，项目监理机构监理人员应参加由勘察单位主持召开的第一次工地会议

C. 项目监理机构可根据工程需要，主持或参加专题会议，解决监理工作范围内工程专项问题

D. 项目监理机构应定期召开监理例会，并组织有关单位研究解决与监理相关的问题

E. 项目监理机构监理人员应熟悉工程设计文件，并参加设计单位主持的图纸会审和设计交底会议

57. 根据《生产安全事故报告和调查处理条例》，事故调查报告的内容包括（   ）。

A. 事故发生单位概况

B. 事故发生经过和事故救援情况

C. 事故调查结论

D. 事故发生的原因和事故性质

E. 事故造成的人员伤亡和间接经济损失

58. 在合同履行中发生（   ）的，属委托人违约。

A. 无法履行合同

B. 转让监理工作

C. 停止履行合同

D. 未按合同约定支付监理报酬

E. 未按合同约定实施监理并造成工程损失

59. 当监理工作结束时，项目监理机构应向建设单位和工程监理单位提交监理工作总结。监理工作总结包括（   ）。

A. 监理工作成效

B. 工程概况

C. 工程质量评估结论

D. 项目监理机构

E. 发现的问题及其处理情况

60. 下列属于建设单位的质量责任和义务的是（   ）。

A. 工程发包

B. 施工图设计文件审查

C. 建立质量责任制

D. 组织工程竣工验收

E. 委托工程监理

61. 关于建设工程信息管理的说法，正确的有（   ）。

A. 工程监理人员对于数据和信息的加工要从鉴别开始

B. 信息检索需要建立在一定的综合管理制度上

C. 工程参建各方应分别确定各自的数据存储与编码体系

D. 尽可能以网络数据库形式存储数据，以实现数据共享

E. 需要信息的部门和人员有权在第一时间得到所需要的信息

62. 根据《建设工程监理规范》，项目监理机构签发《监理通知单》的情形有（　　）。

A. 未按审查通过的工程设计文件施工的　　B. 违反工程建设强制性标准的

C. 工程存在安全事故隐患　　　　　　　　D. 未按专项施工方案施工

E. 因施工不当造成工程质量不合格

63. 下列关于建设工程监理文件资料验收的说法，正确的是（　　）。

A. 监理文件资料分类齐全、系统完整

B. 监理文件资料的内容真实，准确反映了工程监理活动和工程实际状况

C. 对国家、省市重点工程项目的预验收和验收，必须有建设行政管理部门参加

D. 要求单位或个人签章的文件，签章手续完备

E. 文件材质、幅面、书写、绘图、用墨、托裱等符合要求

64. 见证取样监理人员应根据见证取样实施细则要求、按程序实施见证取样工作，包括（　　）。

A. 监督施工单位取样人员按随机取样方法和试件制作方法进行取样

B. 对试样进行监护、封样加锁

C. 协助建立见证取样档案

D. 检验委托单签字，并出示"见证员证书"

E. 审查、整理见证取样报告

65. 项目监理机构控制建设工程施工质量的工作任务有（　　）。

A. 检查施工单位现场质量管理体系　　　　B. 严格控制工程变更

C. 控制施工工艺过程质量　　　　　　　　D. 处置工程质量问题和质量缺陷

E. 组织进度协调会议

66. 关于建设工程组织管理基本模式的说法，正确的有（　　）。

A. 项目总承包模式的优点是监理单位的组织协调工作量小

B. 项目总承包模式的缺点是不利于投资控制

C. 平行承包模式的优点是有利于投资控制

D. 项目总承包模式的优点是有利于进度控制

E. 平行承包模式的优点是有利于业主选择承建单位

67. 根据《建设工程监理规范》，监理实施细则应包含的内容有（　　）。

A. 监理实施依据　　B. 监理组织形式　　C. 监理工作流程　　D. 监理工作要点

E. 监理工作方法

68. 在项目监理机构的人员结构中，为了提高（　　），应根据建设工程的特点和建设工程监理工作需要，确定项目监理机构中监理人员的技术职称结构。

A. 可行性　　　　　B. 适应性　　　　　C. 综合性　　　　　D. 经济性

E. 管理效率

69. 监理规划编写依据中，工程实施过程中输出的有关工程信息包括（　　）。

A. 重大工程变更　　　　　　　　　　　　B. 监理与相关服务依据

C. 施工图设计　　　　　　　　　　　　D. 方案设计

E. 工程招标投标情况

70. 监理规划中应明确的工程进度控制措施有（　　　　）。

A. 严格审核施工组织设计　　　　　　　B. 建立多级网络计划体系

C. 建立进度控制协调制度　　　　　　　D. 按施工合同及时支付工程款

E. 对工期提前者实行奖励

71. 工程造价控制工作内容包括（　　　　）。

A. 熟悉施工合同及约定的计价规则，复核、审查施工图预算

B. 建立月完成工程量统计表

C. 检查、复核施工控制测量成果及保护措施

D. 审查施工单位现场的质量保证体系

E. 按程序进行竣工结算款审核、签署竣工结算款支付证书

72. 建设工程系统内的单位，进行建设工程系统内的单位协调重点分析，主要包括（　　　　）。

A. 设计单位　　　　　　　　　　　　　B. 建设行政主管机构

C. 材料和设备供应单位　　　　　　　　D. 资金提供单位

E. 工程毗邻单位

73. 根据有关建设工程档案管理的规定，暂由建设单位保管工程档案的工程有（　　　　）。

A. 维修工程　　　　B. 扩建工程　　　　C. 改建工程　　　　D. 缓建工程

E. 停建工程

74. 监控风险管理计划实施过程的主要内容包括（　　　　）。

A. 评估风险控制措施产生的效果

B. 及时发现和度量新的风险因素

C. 跟踪、控制风险的变化程度

D. 监控潜在风险的发展、监测工程风险发生的征兆

E. 提供启动风险应急计划的时机和依据

75. 根据《建设工程质量管理条例》，未经总监理工程师签字，不得进行的工作包括（　　　　）。

A. 建筑材料、建筑构配件在工程上使用　B. 建设单位拨付工程款

C. 施工单位进行下一道工序的施工　　　D. 设备在工程上安装

E. 建设单位进行竣工验收

76. 根据《建设工程安全生产管理条例》，施工单位对因建设工程施工可能造成损害的毗邻（　　　　），应当采取专项防护措施。

A. 施工现场临时设施　　　　　　　　　B. 建筑物

C. 构筑物　　　　　　　　　　　　　　D. 施工现场道路

E. 地下管线

77. 关于旁站工作内容的说法，正确的有（　　　　）。

A. 发现施工活动已经危及工程质量的，监理人员有权责令施工单位立即整改

B. 发现施工单位有违反工程建设强制性标准行为的，由总监理工程师下达局部暂停施

工指令

C. 旁站记录是监理工程师依法行使有关签字权的重要依据

D. 对于重点控制的关键工序，项目监理机构应制定旁站方案

E. 监理单位应在工程竣工验收后，将旁站资料记录存档

78. 下列关于建设工程监理文件资料组卷要求的说法，正确的有（　　）。

A. 图纸卷厚度应为 60 mm

B. 案卷内应有重份文件作为备份

C. 电子文件立卷时，应建立相应标识关系

D. 文字材料按事项、专业顺序排列

E. 相同专业图纸按图号顺序排列

79. 根据《建设工程监理规范》，专业监理工程师对承包单位的试验室进行考核的内容包括（　　）。

A. 试验室场地大小　　　　　　　　　B. 试验室的资质等级及其试验范围

C. 试验人员资格证书　　　　　　　　D. 试验室管理制度

E. 法定计量部门对试验设备出具的计量检定证明

80. 工程建设参与各方通用的监理工作表格包括（　　）。

A. 工程临时延期申请表　　　　　　　B. 索赔意向通知书

C. 监理工作联系单　　　　　　　　　D. 费用索赔审批表

E. 工程变更单

考前最后第1套卷答案解析

一、单项选择题

1. B;	2. A;	3. A;	4. B;	5. D;
6. A;	7. C;	8. D;	9. A;	10. C;
11. A;	12. A;	13. C;	14. D;	15. D;
16. A;	17. D;	18. D;	19. A;	20. C;
21. A;	22. A;	23. C;	24. B;	25. D;
26. B;	27. A;	28. B;	29. A;	30. A;
31. D;	32. A;	33. D;	34. D;	35. B;
36. D;	37. D;	38. A;	39. A;	40. D;
41. C;	42. A;	43. C;	44. B;	45. B;
46. B;	47. C;	48. D;	49. A;	50. B。

【解析】

1. B。本题考核的是建设工程监理实施范围。建设工程监理定位于工程施工阶段。

2. A。本题考核的是必须实施监理的工程范围。根据《建设工程监理范围和规模标准规定》（建设部令第86号）第七条规定，国家规定必须实行监理的其他工程是指：

（1）项目总投资额在3000万元以上关系社会公共利益、公众安全的下列基础设施项目：

①煤炭、石油、化工、天然气、电力、新能源等项目；

②铁路、公路、管道、水运、民航以及其他交通运输业等项目；

③邮政、电信枢纽、通信、信息网络等项目；

④防洪、灌溉、排涝、发电、引（供）水、滩涂治理、水资源保护、水土保持等水利建设项目；

⑤道路、桥梁、地铁和轻轨交通、污水排放及处理、垃圾处理、地下管道、公共停车场等城市基础设施项目；

⑥生态环境保护项目；

⑦其他基础设施项目。

（2）学校、影剧院、体育场馆项目。

故本题选A。

3. A。本题考核的是投资决策管理制度。对于《政府核准的投资项目目录》以外的企业投资项目，实行备案制。

4. B。本题考核的是项目总经理的职权。A、C、D选项为项目总经理的职权。B选项为项目董事会的职权。

5. D。本题考核的是《招标投标法》的主要内容。招标人和中标人应当自中标通知书发出之日起30日内，按照招标文件和中标人的投标文件订立书面合同。

6. A。本题考核的是联合投标。A选项错误，应该是按照资质等级较低的单位确定资质等级。其余选项说法均正确。

7. C。本题考核的是撤销权消灭的情形。撤销权的行使范围以债权人的债权为限。故 A 选项正确。债权人行使撤销权的必要费用，由债务人负担。故 B 选项正确。撤销权自债权人知道或者应当知道撤销事由之日起 1 年内行使，自债务人的行为发生之日起 5 年内没有行使撤销权的，该撤销权消灭。故 C 选项错误。债务人影响债权人的债权实现的行为被撤销的，自始没有法律约束力。故 D 选项正确。

8. D。本题考核的是工程监理单位的法律责任。根据《建设工程质量管理条例》第五十七条规定，工程监理单位有下列行为之一的，责令限期改正；逾期未改正的，责令停业整顿，并处 10 万元以上 30 万元以下的罚款：

（1）未对施工组织设计中的安全技术措施或者专项施工方案进行审查的。

（2）发现安全事故隐患未及时要求施工单位整改或者暂时停止施工的。

（3）施工单位拒不整改或者不停止施工，未及时向有关主管部门报告的。

（4）未依照法律、法规和工程建设强制性标准实施监理的。

故本题选 D。

9. A。本题考核的是建设工程最低保修期限。在正常使用条件下，建设工程最低保修期限为：

（1）基础设施工程、房屋建筑的地基基础工程和主体结构工程，为设计文件规定的该工程合理使用年限。

（2）屋面防水工程、有防水要求的卫生间、房间和外墙面的防渗漏，为 5 年。

（3）供热与供冷系统、为 2 个采暖期、供冷期。

（4）电气管道、给水排水管道、设备安装和装修工程，为 2 年。故 A 选项正确。

其他工程的保修期限由发包方与承包方约定。

10. C。本题考核的是建设工程三大目标之间的对立关系。确定和控制建设工程三大目标，需要统筹兼顾三大目标之间的密切联系，防止发生盲目追求单一目标而冲击或干扰其他目标，也不可分割三大目标。

11. A。本题考核的是事故报告。道路交通事故、火灾事故自发生之日起 7 日内，事故造成的伤亡人数发生变化的，应当及时补报。故 A 选项错误。其余选项均正确。

12. A。本题考核的是投标保证金。招标人在招标文件中要求投标人提交投标保证金的，投标保证金不得超过招标项目估算价的 2%。故 A 选项正确。投标保证金有效期应当与投标有效期一致。故 D 选项错误。依法必须进行招标的项目的境内投标单位，以现金或者支票形式提交的投标保证金应当从其基本账户转出。招标人不得挪用投标保证金。故 B、C 选项错误。

13. C。本题考核的是编报项目建议书。对于政府投资工程，项目建议书按要求编制完成后，应根据建设规模和限额划分报送有关部门审批。项目建议书经批准后，可进行可行性研究工作，但并不表明项目非上不可，批准的项目建议书不是工程项目的最终决策。

14. D。本题考核的是施工单位的质量责任和义务。A、C 选项属于建设单位的质量责任和义务，D 选项属于施工单位的质量责任和义务，B 选项属于设计单位的质量责任和义务。

15. D。本题考核的是生产安全事故等级。较大生产安全事故，是指造成 3 人及以上 10 人以下死亡，或者 10 人及以上 50 人以下重伤，或者 1000 万元及以上 5000 万元以下直接经济损失的事故。

16. A。本题考核的是建设工程保修期。建设工程自竣工验收合格之日起即进入工程质量保修期（缺陷责任期）。建设工程自办理竣工验收手续后，发现存在工程质量缺陷的，应及时修复，费用由责任方承担。

17. D。本题考核的是签订建设工程监理合同。建设工程监理大纲是反映投标人技术、管理和服务综合水平的文件，反映了投标人对工程的分析和理解程度。

18. D。本题考核的是投标决策原则。为实现最优赢利目标，可以参考如下基本原则进行投标决策：

（1）充分衡量自身人员和技术实力能否满足工程项目要求，且要根据工程监理单位自身实力、经验和外部资源等因素来确定是否参与竞标。故 D 选项错误。

（2）充分考虑国家政策、建设单位信誉、招标条件、资金落实情况等，保证中标后工程项目能顺利实施。故 C 选项正确。

（3）由于工程监理单位普遍存在注册监理工程师稀缺、监理人员数量不足的情况，因此在一般情况下，工程监理单位与其将有限人力资源分散到几个小工程投标中，不如集中优势力量参与一个较大建设工程监理投标。故 B 选项正确。

（4）对于竞争激烈、风险特别大或把握不大的工程项目，应主动放弃投标。故 A 选项正确。

19. A。本题考核的是公开招标。公开招标是指建设单位以招标公告的方式邀请不特定工程监理单位参加投标，向其发售监理招标文件，按照招标文件规定的评标方法、标准，从符合投标资格要求的投标人中优选中标人，并与中标人签订建设工程监理合同的过程。故 A 选项错误。公开招标属于非限制性竞争招标。故 B 选项正确。公开招标可使建设单位有较大的选择范围，可在众多投标人中选择经验丰富、信誉良好、价格合理的工程监理单位，能够大大降低串标、围标、抬标和其他不正当交易的可能性。故 C、D 选项正确。

20. C。本题考核的是施工单位的安全技术措施和专项施工方案。施工单位应当在施工组织设计中编制安全技术措施和施工现场临时用电方案，对下列达到一定规模的危险性较大的分部分项工程编制专项施工方案，并附具安全验算结果，经施工单位技术负责人、总监理工程师签字后实施，由专职安全生产管理人员进行现场监督：（1）基坑支护与降水工程。（2）土方开挖工程。（3）模板工程。（4）起重吊装工程。（5）脚手架工程。（6）拆除、爆破工程。国务院建设行政主管部门或者其他有关部门规定的其他危险性较大的工程。上述工程中涉及深基坑、地下暗挖工程、高大模板工程的专项施工方案，施工单位还应当组织专家进行论证、审查。故本题选 C。

21. A。本题考核的是监理人需要完成的基本工作。收到工程设计文件后编制监理规划，并在第一次工地会议 7 d 前报委托人。故 A 选项正确。参加工程竣工验收，签署竣工验收意见。故 B 选项错误。经委托人同意，签发工程暂停令和复工令。故 C 选项错误。审查施工承包人提交的施工组织设计，重点审查其中的质量安全技术措施、专项施工方案与工程建设强制性标准的符合性。故选项 D 错误。

22. A。本题考核的是建设单位的安全责任。A 选项属于建设单位的安全责任，B、D 选项属于设计单位的安全责任，C 选项属于施工单位的安全责任。

23. C。本题考核的是三大目标控制措施。经济措施不仅是审核工程量、工程款支付申请及工程结算报告，还需要编制和实施资金使用计划，对工程变更方案进行技术经济分析等。而且通过投资偏差分析和未完工程投资预测，可发现一些可能引起未完工程投资增加的潜在问题，从而便于以主动控制为出发点，采取有效措施加以预防。

24. B。本题考核的是施工总承包模式的特点。施工总承包模式的缺点是：建设周期较长；施工总承包单位的报价可能偏高。故 A、D 选项错误。施工总承包模式比平行承发包模式的合同数量少，有利于建设单位的合同管理，减少协调工作量，可发挥工程监理单位与施工总承包单位多层次协调的积极性；施工总承包单位具有控制的积极性，施工分包单位之间也有相互制约的作用，有利于总体进度的协调控制。故 B 选项正确，C 选项错误。

25. D。本题考核的是建设工程监理实施程序。监理任务确定并签订委托监理合同后，工程监理单位首先要做的工作是组建项目监理机构。

26. B。本题考核的是权责一致的原则。工程监理单位应给予总监理工程师充分授权，体现权责一致原则。

27. A。本题考核的是工程监理的法律责任。工程监理单位有下列行为的，责令停止违法行为或改正，处合同约定的监理酬金 1 倍以上 2 倍以下的罚款，可以责令停业整顿，降低资质等级；情节严重的，吊销资质证书：

（1）超越本单位资质等级承揽工程的。

（2）允许其他单位或者个人以本单位名义承揽工程的。

故本题选 A。

28. B。本题考核的是总监理工程师的职责。A 选项属于专业监理工程师职责，B 选项属于总监理工程师的职责，C、D 选项属于监理员职责。

29. A。本题考核的是工程质量控制的具体措施。技术措施：协助完善质量保证体系；严格事前、事中和事后的质量检查监督。故 A 选项属于技术措施。B、C 选项属于组织措施，D 选项属于经济措施及合同措施。

30. A。本题考核的是监理规划的编制依据。A 选项属于反映工程特征的资料，B、D 选项属于反映建设单位对项目监理要求的资料，C 选项属于反映当地工程建设法规及政策方面的资料。

31. D。本题考核的是项目监理机构现场监理工作制度。项目监理机构现场监理工作制度：（1）图纸会审及设计交底制度。（2）施工组织设计审核制度。（3）工程开工、复工审批制度。（4）整改制度，包括签发监理通知单和工程暂停令等。（5）平行检验、见证取样、巡视检查和旁站制度。（6）工程材料、半成品质量检验制度。（7）隐蔽工程验收、分项（部）工程质量验收制度。（8）单位工程验收、单项工程验收制度。（9）监理工作报告制度。（10）安全生产监督检查制度。（11）质量安全事故报告和处理制度。（12）技术经济签证制度。（13）工程变更处理制度。（14）现场协调会及会议纪要签发制度。（15）施工备忘录签发制度。（16）工程款支付审核、签认制度。（17）工程索赔审核、签认制度等。A、B、C 选项属于项目监理机构内部工作制度。

32. A。本题考核的是建设工程风险初始清单，技术风险的内容。建设工程风险初始清单，技术风险的内容见下表。

建设工程风险初始清单

风险因素		典型风险事件
技术风险	设计	设计内容不全、设计缺陷、错误和遗漏，应用规范不恰当，未考虑地质条件，未考虑施工可能性等
	施工	施工工艺落后，施工技术和方案不合理，施工安全措施不当，应用新技术新方案失败，未考虑场地情况等
	其他	工艺设计未达到先进性指标，工艺流程不合理，未考虑操作安全性等

A 选项属于技术风险，B、C、D 选项属于非技术风险。

33. B。本题考核的是相关服务工作制度。施工招标阶段：包括招标管理制度，标底或招标控制价编制及审核制度，合同条件拟订及审核制度，组织招标实务有关规定等。故本题选 B。A、C、D 选项属于项目监理机构现场监理工作制度。

34. D。本题考核的是监理规划的审核。依据监理招标文件和建设工程监理合同，审核是否理解建设单位的工程建设意图，监理范围、监理工作内容是否已包括全部委托的工作任务，监理目标是否与建设工程监理合同要求和建设意图相一致。

35. B。本题考核的是监理实施细则。监理实施细则由专业监理工程师编制完成后，需要报总监理工程师批准后方能实施。

36. D。本题考核的是建设工程总目标的分析论证。建设工程质量、造价、进度三大目标的优先顺序并非固定不变。由于每一建设工程的建设背景、复杂程度、投资方及利益相关者需求等不同。决定了三大目标的重要性顺序不同。有的建设工程工期要求紧迫，有的建设工程资金紧张等，从而决定了三大目标在不同建设工程中具有不同的优先等级。

37. D。本题考核的是建设工程目标动态控制过程的内容。建设工程目标动态控制过程见下图。

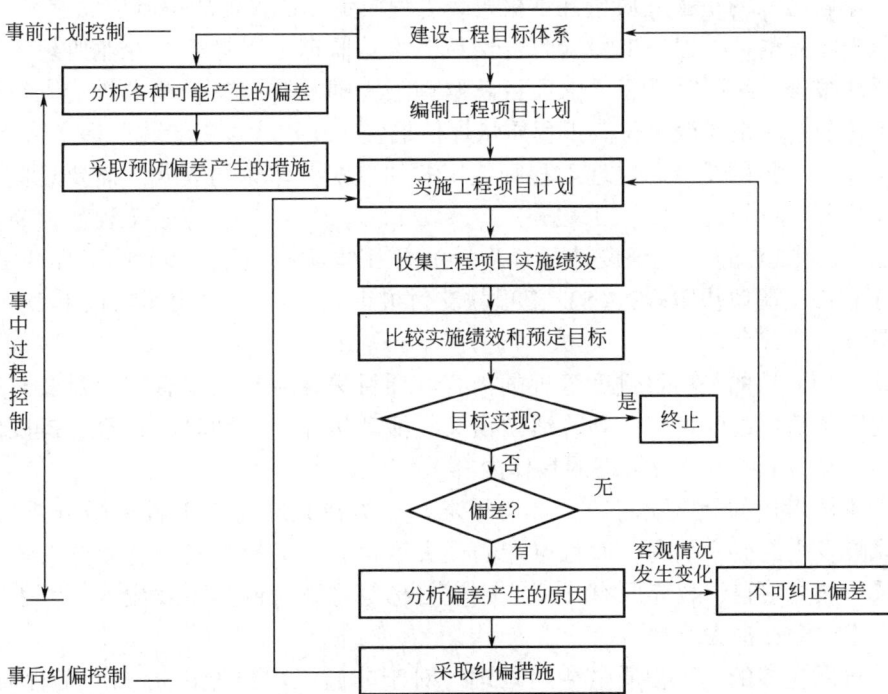

建设工程目标动态控制过程

38. A。本题考核的是设计信息分发制度时需要考虑的内容。设计信息分发制度时需要考虑的内容包括：（1）了解信息使用部门和人员的使用目的、使用周期、使用频率、获得时间及信息的安全要求。（2）决定信息分发的内容、数量、范围、数据来源。（3）决定分发信息的数据结构、类型、精度和格式。（4）决定提供信息的介质。允许检索的范围，检索的密级划分，密码管理等属于设计信息检索时需要考虑的内容。故 A 选项为设计信息检索时需要考虑的内容。

39. A。本题考核的是项目监理机构内部需求关系的协调内容。协调平衡需求关系需要从以下环节考虑：（1）对建设工程监理检测试验设备的平衡。（2）对建设工程监理人员的平衡。B、C、D选项属于项目监理机构内部组织关系的协调内容。

40. D。本题考核的是旁站的作用。旁站是建设工程监理工作中用以监督工程质量的一种手段，可以起到及时发现问题、第一时间采取措施、防止偷工减料、确保施工工艺工序按施工方案进行、避免其他干扰正常施工的因素发生等作用。旁站与监理工作其他方法手段结合使用，成为工程质量控制工作中相当重要和必不可少的工作方式。故 A 选项错误，D 选项正确。B、C 选项属于平行检验的作用。

41. C。本题考核的是见证取样的定义。见证取样是指项目监理机构对施工单位进行的涉及结构安全的试块、试件及工程材料现场取样、封样、送检工作的监督活动。

42. A。本题考核的是签发工程暂停令的情形。项目监理机构发现下列情况之一时，总监理工程师应及时签发《工程暂停令》：（1）建设单位要求暂停施工且工程需要暂停施工的。（2）施工单位未经批准擅自施工或拒绝项目监理机构管理的。（3）施工单位未按审查通过的工程设计文件施工的。（4）施工单位违反工程建设强制性标准的。（5）施工存在重大质量、安全事故隐患或发生质量、安全事故的。

43. C。本题考核的是工程质量评估报告。工程质量评估报告的编制应文字简练、准确、重点突出、内容完整。工程竣工预验收合格后，由总监理工程师组织专业监理工程师编制工程质量评估报告，编制完成后，由项目总监理工程师及监理单位技术负责人审核签认并加盖监理单位公章后报建设单位。工程质量评估报告应在正式竣工验收前提交给建设单位。

44. B。本题考核的是由总监理工程师签字并加盖执业印章的表式。需要总监理工程师签字并加盖执业印章的是：（1）工程开工令。（2）工程暂停令。（3）工程复工令。（4）工程款支付证书。（5）施工组织设计或（专项）施工方案报审表。（6）工程开工报审表。（7）单位工程竣工验收报审表。（8）工程款支付报审表。（9）费用索赔报审表。（10）工程临时或最终延期报审。

45. B。本题考核的是项目进度管理的内容。项目进度管理是指管理项目及时完成的过程。具体内容包括：进度管理计划、活动定义、活动排序、活动时间估算、进度计划和进度控制。B 选项属于项目集成管理的具体内容。

46. B。本题考核的是风险回避。风险回避就是指在完成建设工程风险分析与评价后，如果发现风险发生的概率很高，而且可能的损失也很大，又没有其他有效的对策来降低风险时，应采取放弃项目、放弃原有计划或改变目标等方法，使其不发生或不再发展，从而避免可能产生的潜在损失。

47. C。本题考核的是工程质量缺陷处理。对于非施工单位原因造成的工程质量缺陷，应核实施工单位申报的修复工程费用，并应签认工程款支付证书，同时报建设单位。

48. D。本题考核的是 CM 模式的采用。采用代理型 CM 模式时，业主与 CM 单位签订咨询服务合同，CM 合同价就是 CM 费。

49. A。本题考核的是风险监控。风险管理计划实施后，风险控制措施必然会对风险的发展产生相应的效果。

50. B。本题考核的是 Project Controlling 的地位。Project Controlling 咨询单位直接向业主的决策层负责，相当于业主决策层的智囊，为其提供决策支持，业主不向 Project Controlling 咨询单位在该项目上的具体工作人员下达指令。

二、多项选择题

51. A、B、C、E;	52. A、C、E;	53. A、D、E;
54. D、E;	55. A、B、D;	56. A、C、D;
57. A、B、D;	58. A、C、D;	59. A、B、D、E;
60. A、B、D、E;	61. A、D、E;	62. C、D、E;
63. A、B、E;	64. A、B、C、D;	65. A、C、D;
66. A、D、E;	67. C、D、E;	68. D、E;
69. A、C、E;	70. B、C、E;	71. A、B、E;
72. A、C、D;	73. D、E;	74. A、B、D、E;
75. B、E;	76. B、C、E;	77. C、D、E;
78. C、D、E;	79. B、C、D、E;	80. B、C、E。

【解析】

51. A、B、C、E。本题考核的是建设工程监理的性质。建设工程监理的性质可概括为服务性、科学性、独立性和公平性四个方面。

52. A、C、E。本题考核的是项目董事会的职权。建设项目董事会的职权有：负责筹措建设资金；审核、上报项目初步设计和概算文件；审核、上报年度投资计划并落实年度资金；提出项目开工报告；研究解决建设过程中出现的重大问题；负责提出项目竣工验收申请报告；审定偿还债务计划和生产经营方针，并负责按时偿还债务；聘任或解聘项目总经理，并根据总经理的提名，聘任或解聘其他高级管理人员。故本题选 A、C、E。B、D 选项属于项目总经理的职权。

53. A、D、E。本题考核的是建设单位的主要合同关系。为实现工程项目总目标，建设单位可通过签订合同将工程项目有关活动委托给相应的专业承包单位或专业服务机构，相应的合同有：工程承包（总承包、施工承包）合同、工程勘察合同、工程设计合同、材料设备采购合同、工程咨询（可行性研究、技术咨询、造价咨询）合同、工程监理合同、工程项目管理服务合同、工程保险合同、贷款合同等。故本题选 A、D、E。B、D 选项属于施工单位的主要合同关系。

54. D、E。本题考核的是委托合同。建设工程监理合同、项目管理服务合同则属于委托合同。故本题选 D、E。

55. A、B、D。本题考核的是需要建设单位审批同意的表式。下列报表需要建设单位审批：施工组织设计或（专项）施工方案报审表，工程开工报审表、工程复工报审表、施工进度计划报审表、费用索赔报审表、工程临时或最终延期报审表。故本题选 A、B、D。专业监理工程师对《分包单位资格报审表》提出审查意见后，由总监理工程师审核签认。故 C 选项不选。单位工程竣工验收报审表，必须由项目经理签字并加盖施工单位公章。

56. A、C、D。本题考核的是工程质量、造价、进度控制及安全生产管理的监理工作的一般规定。项目监理机构监理人员应熟悉工程设计文件，并参加建设单位主持的图纸会审和设计交底会议。故 E 选项错误。工程开工前，项目监理机构监理人员应参加由建设单位主持召开的第一次工地会议。故 B 选项错误。项目监理机构应定期召开监理例会，并组织有关单位研究解决与监理相关的问题，故选项 D 正确。项目监理机构可根据工程需要，主持或参加专题会议，解决监理工作范围内工程专项问题。故 C 选项正确。项目监理机构应协调工程建设相关方的关系等。故 A 选项正确。

57. A、B、D。本题考核的是内容事故调查报告。事故调查报告应当包含下列内容：（1）事故发生单位概况。（2）事故发生经过和事故救援情况。（3）事故造成的人员伤亡和直接经济损失。（4）事故发生的原因和事故性质。（5）事故责任的认定及对事故责任者的处理建议。（6）事故防范和整改措施。

58. A、C、D。本题考核的是委托人违约情形。在合同履行中发生下列情况之一的，属委托人违约：（1）委托人未按合同约定支付监理报酬。（2）委托人原因造成监理停止。（3）委托人无法履行或停止履行合同。（4）委托人不履行合同约定的其他义务。因此本题选 A、C、D。B、E 选项属于监理人违约情形。

59. A、B、D、E。本题考核的是监理工作总结的内容。监理工作总结应包括以下内容：（1）工程概况。（2）项目监理机构。（3）建设工程监理合同履行情况。（4）监理工作成效。（5）监理工作中发现的问题及其处理情况。（6）说明与建议。

60. A、B、D、E。本题考核的是建设单位的质量责任和义务。A、B、D、E 选项属于建设单位的质量责任和义务。C 选项属于施工单位的质量责任和义务。

61. A、D、E。本题考核的是建设工程信息管理。工程监理人员对于数据和信息的加工要从鉴别开始。故 A 选项正确。信息的分发要根据需要来进行，信息的检索需要建立在一定的分级管理制度上。故 B 选项错误。信息分发和检索的基本原则是：需要信息的部门和人员，有权在需要的第一时间，方便地得到所需要的信息。故 E 选项正确。工程参建各方要协调统一数据存储方式，数据文件名要规范化，要建立统一的编码体系。故 C 选项错误。尽可能以网络数据库形式存储数据，减少数据冗余，保证数据的唯一性，并实现数据共享。故 D 选项正确。

62. C、D、E。本题考核的是项目监理机构签发监理通知单的情形。施工单位有下列行为时，项目监理机构应签发《监理通知单》：（1）施工不符合设计要求、工程建设标准、合同约定。（2）使用不合格的工程材料、构配件和设备。（3）施工存在质量问题或采用不适当的施工工艺，或施工不当造成工程质量不合格。（4）实际进度严重滞后于计划进度且影响合同工期。（5）未按专项施工方案施工。（6）存在安全事故隐患。（7）工程质量、造价、进度等方面的其他违法违规行为。故本题选 C、D、E。

63. A、B、D、E。本题考核的是建设工程监理文件资料验收。对国家、省市重点工程项目或一些特大型、大型工程项目的预验收和验收，必须有地方城建档案管理部门参加。故 C 选项错误。监理文件资料分类齐全、系统完整。故 A 选项正确。监理文件资料的内容真实、准确反映了工程监理活动和工程实际状况。故 B 选项正确。要求单位或个人签章的文件，签章手续完备。故 D 选项正确。文件材质、幅面、书写、绘图、用墨、托裱等符合要求。故 E 选项正确。

64. A、B、C、D。本题考核的是见证取样监理人员见证取样工作。见证取样监理人员应根据见证取样实施细则要求、按程序实施见证取样工作，包括：在现场进行见证，监督施工单位取样人员按随机取样方法和试件制作方法进行取样；对试样进行监护、封样加锁；在检验委托单签字，并出示"见证员证书"；协助建立包括见证取样送检计划、台账等在内的见证取样档案等。故 A、B、C、D 选项正确。

65. A、C、D。本题考核的是建设工程质量控制任务。为完成施工阶段质量控制任务，项目监理机构需要做好以下工作：检查施工单位的现场质量管理体系和管理环境；控制施工工艺过程质量；验收分部分项工程和隐蔽工程；处置工程质量问题、质量缺陷；协助处理工程质量事故；审核工程竣工图，组织工程预验收；参加工程竣工验收等。故ACD选项属于建设工程质量控制任务，B选项属于建设工程造价控制任务，E选项属于建设工程进度控制任务。

66. A、D、E。本题考核的是建设工程组织管理基本模式。C选项错误，正确的应为：平行承包模式的缺点是投资控制难度大。B选项错误，正确的应为：项目总承包模式的优点是有利于投资控制。

67. C、D、E。本题考核的是监理实施细则的主要内容。《建设工程监理规范》明确规定了监理实施细则应包含的内容，即专业工程特点、监理工作流程、监理工作要点，以及监理工作方法及措施。故本题选C、D、E。

68. D、E。本题考核的是项目监理机构人员配备。项目监理机构的人员结构，为了提高管理效率和经济性，应根据建设工程的特点和建设工程监理工作需要，确定项目监理机构中监理人员的技术职称结构。故本题选D、E。

69. A、C、D、E。本题考核的是监理规划编写依据。工程实施过程中输出的有关工程信息主要包括：方案设计、初步设计、施工图设计、工程实施状况、工程招标投标情况、重大工程变更、外部环境变化等。

70. B、C、E。本题考核的是工程进度控制的具体措施。工程进度控制的具体措施包括：（1）组织措施：落实进度控制的责任，建立进度控制协调制度。（2）技术措施：建立多级网络计划体系，监控施工单位的实施作业计划。（3）经济措施：对工期提前者实行奖励；对应急工程实行较高的计件单价；确保资金的及时供应等。（4）合同措施：按合同要求及时协调有关各方的进度，以确保建设工程的形象进度。A、D选项属于工程造价控制具体措施。

71. A、B、E。本题考核的是工程造价控制工作内容。工程造价控制工作内容：（1）熟悉施工合同及约定的计价规则，复核、审查施工图预算。（2）定期进行工程计量，复核工程进度款申请，签署进度款付款签证。（3）建立月完成工程量统计表，对实际完成量与计划完成量进行比较分析，发现偏差的，应提出调整建议，并报告建设单位。（4）按程序进行竣工结算款审核、签署竣工结算款支付证书。C、D选项属于工程质量控制主要任务内容。

72. A、C、D。本题考核的是与工程建设有关单位的外部协调。进行建设工程系统内的单位协调重点分析，主要包括建设单位、设计单位、施工单位、材料和设备供应单位、资金提供单位等。进行建设工程系统外的单位协调重点分析，主要包括政府建设行政主管机构、政府其他有关部门、工程毗邻单位、社会团体等。

73. D、E。本题考核的是建设工程监理文件资料验收与移交。停建、缓建工程的工程档案，暂由建设单位保管。

74. A、B、D、E。本题考核的是监控风险管理计划实施过程的主要内容。监控风险管理计划实施过程的主要内容包括：（1）评估风险控制措施产生的效果。（2）及时发现和度量新的风险因素。（3）跟踪、评估风险的变化程度。（4）监控潜在风险的发展、监测工程风险发生的征兆。（5）提供启动风险应急计划的时机和依据。

75. B、E。本题考核的是工程监理单位的职责。根据《建设工程质量管理条例》第三十七条规定，工程监理单位应当选派具备相应资格的总监理工程师和监理工程师进驻施现场。未经监理工程师签字，建筑材料、建筑构配件和设备不得在工程上使用或者安装，施工单位不得进行下一道工序的施工。未经总监理工程师签字，建设单位不拨付工程款，不进行竣工验收。

76. B、C、E。本题考核的是施工单位的安全责任。根据《建设工程安全生产管理条例》第三十条规定，施工单位对因建设工程施工可能造成损害的毗邻建筑物、构筑物和地下管线等，应当采取专项防护措施。施工单位应当遵守有关环境保护法律、法规的规定，在施工现场采取措施，防止或者减少粉尘、废气、废水、固体废物、噪声、振动和施工照明对人和环境的危害和污染。在城市市区内的建设工程，施工单位应当对施工现场实行封闭围挡。

77. C、D、E。本题考核的是旁站工作要求。监理人员实施旁站时，发现施工单位有违反工程建设强制性标准行为的，有权责令施工单位立即整改。故 B 选项错误。发现其施工活动已经或者可能危及工程质量的，应当及时向监理工程师或者总监理工程师报告，由总监理工程师下达局部暂停施工指令或者采取其他应急措施。故 A 选项错误。

78. C、D、E。本题考核的是建设工程监理文件资料组卷的要求。选项 A 错误，应该是案卷不宜过厚，图纸卷厚度不宜超过 50 mm。选项 B 错误，应该是案卷内不应有重份文件。

79. B、C、D、E。本题考核的是工程质量控制的规定。《建设工程监理规范》第 5.2.7 条规定，专业监理工程师应检查施工单位为工程提供服务的试验室。试验室的检查应包括下列内容：（1）试验室的资质等级及试验范围。（2）法定计量部门对试验设备出具的计量检定证明。（3）试验室管理制度。（4）试验人员资格证书。

80. B、C、E。本题考核的是工程监理基本表式及其应用说明。C 类表为通用表（共 3 个），即监理工作联系单、工程变更单、索赔意向通知书。

《建设工程监理基本理论和相关法规》
考前最后第2套卷及答案解析

考前最后第2套卷

一、单项选择题 （共 50 题，每题 1 分。每题的备选项中，只有 1 个最符合题意）

1. 建设工程监理的性质可概括为（　　）。
　A. 服务性、科学性、独立性和公正性　　B. 创新性、科学性、独立性和公正性
　C. 服务性、科学性、独立性和公平性　　D. 创新性、科学性、独立性和公平性

2. 对于政府投资项目，下列属于可行性研究应完成的工作是（　　）。
　A. 进行项目进度安排　　　　　　　　　B. 进行产品方案的初步设想
　C. 进行环境影响的初步评价　　　　　　D. 进行财务和经济分析

3. 根据《建设工程质量管理条例》，工程监理单位转让工程监理业务的，按规定责令改正，没收违法所得，并处（　　）的罚款。
　A. 合同约定的监理酬金 25% 以上 50% 以下的罚款
　B. 合同约定的监理酬金 2% 以上 4% 以下的罚款
　C. 50 万元以上 100 万元以下
　D. 30 万元以上 50 万元以下

4. 建设工程实施阶段勘察设计中，初步设计是根据（　　）的要求进行具体实施方案的设计。
　A. 项目建议书　　B. 可行性研究报告　　C. 使用功能　　　D. 批准的投资额

5. 根据《建筑法》，在建的建筑工程因故中止施工的，建设单位应当自中止施工之日起（　　）内，向发证机关报告。
　A. 1 周　　　　　　B. 2 周　　　　　　C. 1 个月　　　　　D. 3 个月

6. 根据《招标投标法》，下列关于招标规定的说法，正确的是（　　）。
　A. 依法必须进行招标的项目，自招标文件开始发出之日起至投标人提交投标文件截止之日止，最短不得少于 10 日
　B. 标底必须公开
　C. 依法必须进行招标的项目，应通过国家指定的报刊、信息网络或媒介发布招标公告
　D. 招标人采用公开招标方式的，对于招标公告可以不发布

7. 合同转让是合同变更的一种特殊形式，债权人可以将合同的权利全部或部分转让给第三人，下面可以转让的情形是（　　）。

A. 债务人主观意愿不同意转让　　　　B. 依照法律规定不得转让

C. 根据合同性质不得转让　　　　D. 按照当事人约定不得转让

8. 根据《民法典》合同编，建设工程主体结构的施工（　　）。

A. 可由总承包单位和分包单位共同完成

B. 可以由分包单位自行完成

C. 必须由总承包单位和分包单位按比例完成

D. 必须由承包人自行完成

9. 根据《建设工程质量管理条例》，正常使用条件下，设备安装工程的最低保修期限为（　　）年。

A. 2　　　　　　　　B. 3　　　　　　　　C. 4　　　　　　　　D. 5

10. 《建设工程安全生产管理条例》规定，工程监理单位和监理工程师应当按照法律、法规和（　　）实施监理，并对建设工程安全生产承担监理责任。

A. 施工合同　　　　　　　　B. 监理大纲

C. 项目管理规范　　　　　　D. 工程建设强制性标准

11. 根据《生产安全事故报告和调查处理条例》，造成直接经济损失 5000 万元，20 人死亡、50 人重伤的安全事故，属于（　　）事故。

A. 重大　　　　B. 特别重大　　　　C. 严重　　　　D. 特别严重

12. 根据《生产安全事故报告和调查处理条例》，在特殊情况下，经负责事故调查的人民政府批准，提交事故调查报告的期限可以适当延长，但延长的期限最长不超过（　　）天。

A. 60　　　　　　　B. 80　　　　　　　C. 90　　　　　　　D. 120

13. 根据《建设工程安全生产管理条例》，工程监理单位的安全生产管理职责是（　　）。

A. 发现存在安全事故隐患时，应要求施工单位暂时停止施工

B. 审查施工组织设计中的安全技术措施或专项施工方案是否符合工程建设强制性标准

C. 发现存在安全事故隐患时，应立即报告建设单位

D. 委派专职安全生产管理人员对安全生产进行现场监督检查

14. 下列合同中，建设工程监理合同属于（　　）。

A. 建设工程合同　　B. 技术合同　　C. 委托合同　　　　D. 承揽合同

15. 根据《生产安全事故报告和调查处理条例》，某企业发生较大事故，按规定该单位事故应由事故发生地（　　）负责调查。

A. 国务院　　　　　　　　B. 省级人民政府

C. 设区的市级人民政府　　D. 县级人民政府

16. 监理工程师执业中，错误的做法是（　　）。

A. 监理工程师必须要从事全过程工程咨询

B. 监理工程师不得同时受聘于两个或两个以上单位执业

C. 在本人执业活动中形成的工程监理文件上签章

D. 不得允许他人以本人名义执业，严禁"证书挂靠"

17. 采用邀请招标方式选择工程监理单位时，建设单位的正确做法是（　　）。

A. 只需发布招标公告，不需要进行资格预审

B. 既不需要发布招标公告，也不进行资格预审

C. 不仅需要发布招标公告，而且需要进行资格预审

D. 不需要发布招标公告，但需要进行资格预审

18. 在投标决策定量分析方法中，作为投标决策依据（　　　）。

A. 综合评价法　　　B. 决策树法　　　C. 综合评估法　　　D. 打分法

19. 建设工程监理大纲的内容包括（　　　）。

A. 监理实施方案　　　　　　　　　　B. 监理企业组织机构

C. 监理工作细则　　　　　　　　　　D. 监理绩效考核标准

20. 若开标后中标人发现自己的报价存在严重的误算和漏算，因而拒绝与业主签订施工合同，这一对策为（　　　）。

A. 风险回避　　　B. 损失控制　　　C. 风险自留　　　D. 风险转移

21. 根据《民法典》合同编，下列关于债权债务终止情形的说法，正确的是（　　　）。

A. 债务人要求债务进行重新划分　　　B. 债务相互抵销

C. 债务人将全部权利转让给第三人　　　D. 债务人将全部债务转让给第三人

22. 下列关于平行承包模式特点的说法，错误的是（　　　）。

A. 合同数量少，合同管理简便

B. 工程总价不易确定，影响工程造价控制的实施

C. 工程招标任务量大，需控制多项合同价格

D. 施工过程中设计变更和修改较多，导致工程造价增加

23. 关于建设工程监理招标程序，编制和发售招标文件下一项工作是（　　　）。

A. 召开投标预备会　　　　　　　　　B. 组织资格审查

C. 编制和递交投标文件　　　　　　　D. 组织现场踏勘

24. 针对下图所示的某保障房项目承发包组织方式，为减少协调工作，建设单位宜委托（　　　）家监理单位。

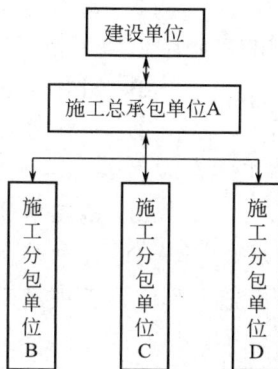

A. 4　　　　　　　B. 3　　　　　　　C. 2　　　　　　　D. 1

25. 建立项目监理机构的基本程序是（　　　）。

A. 任命总监理工程师，编制监理规划，制定工作流程

B. 确定监理机构目标，确定监理工作内容，组织结构设计，制定工作流程和信息流程

C. 签订监理合同，任命总监理工程师，确定监理机构目标，制定工作流程

D. 选择组织结构形式，确定管理层次与跨度，划分监理机构部分，制定考核标准

26. 项目监理机构应参加由建设单位组织的（　　），签署工程监理意见。

A. 隐蔽工程验收　　　　　　　　　　B. 工程竣工验收

C. 分项工程验收　　　　　　　　　　D. 专项工程验收

27. 根据《生产安全事故报告和调查处理条例》，生产安全事故发生后，有关单位和部门应逐级上报事故情况，每级上报的时间不得超过（　　）h。

A. 1　　　　　　　　B. 2　　　　　　　　C. 8　　　　　　　　D. 24

28. 下列关于项目监理机构的矩阵制组织形式特点的说法，正确的是（　　）。

A. 不利于解决复杂问题　　　　　　　B. 加强了各职能部门的横向联系

C. 机动性和适应性的能力弱　　　　　D. 纵横向协调工作量小

29. 根据《建筑法》，关于施工许可证有效期的说法，正确的是（　　）。

A. 建筑工程因故不能按时开工的，施工许可证可以延期，但只能延期 1 次

B. 在建工程因资金问题停止施工的，应于中止施工之日起 1 个月内向发证机关报告

C. 中止施工满 1 年的工程恢复施工，应向发证机关重新申请施工许可证

D. 建筑工程应在领取施工许可证之日起 3 个月后开工

30. 下列关于建设工程监理合同，合同文件解释顺序正确的是（　　）。

A. 中标通知书→投标函及投标函附录→专用合同条款

B. 中标通知书→委托人要求→通用合同条款

C. 投标函及投标函附录→中标通知书→专用合同条款

D. 委托人要求→中标通知书→通用合同条款

31. 下列协调工作中，不属于项目监理机构内部组织关系协调的是（　　）。

A. 及时消除工作中的矛盾或冲突　　　B. 合理安排监理人员的工作

C. 建立信息沟通制度　　　　　　　　D. 事先约定各个部门在工作中的相互关系

32. 项目监理机构应建立的内部工作制度是（　　）。

A. 工程概算审核制度　　　　　　　　B. 监理工作报告制度

C. 施工图纸会审及设计交底制度　　　D. 监理工作日志制度

33. 下列监理工程师对质量控制的措施中，属于技术措施的是（　　）。

A. 落实质量控制责任　　　　　　　　B. 制定质量控制协调程序

C. 完善职责分工　　　　　　　　　　D. 严格进行平行检验

34. 实行施工总承包的，专项施工方案应当由（　　）组织编制。

A. 设计单位　　　　　　　　　　　　B. 监理单位

C. 总承包施工单位　　　　　　　　　D. 分包单位

35. 根据《建设工程监理规范》，施工单位因工程延期提出（　　）时，项目监理机构可按施工合同约定进行处理。

A. 工期索赔　　　B. 工程变更　　　C. 合同解除　　　D. 费用索赔

36. 关于建设工程质量、造价、进度三大目标的说法，正确的是（　　）。

A. 以极短的时间完成建设工程，可顺势减少投资

B. 提高建设工程质量标准会造成投资增加，却能节约后期的运行费

C. 分析建设工程总目标可采用定性分析方法论证

D. 不同建设工程三大目标应具有相同的优先等级

37. 下列控制任务中，不属于建设工程质量控制任务的是（　　）。

A. 进行工程计量   B. 审查施工方案和方法

C. 检查工程材料和设备   D. 进行工程检查和验收

38. 在市场经济体制下组织建设工程实施的基本手段是（　　），同时也是项目监理机构控制建设工程质量、造价、进度三大目标重要手段。

A. 组织协调   B. 合同管理   C. 信息管理   D. 安全生产管理

39. 根据《建设工程监理规范》，下列文件资料中，可作为监理实施细则编制依据的是（　　）。

A. 工程质量评估报告   B.（专项）施工方案

C. 已批准的可行性研究报告   D. 监理月报

40. 监理人员在巡视检查时，在施工质量方面应关注的情况包括（　　）。

A. 安全生产、文明施工制度、措施落实情况

B. 天气情况是否适合施工作业

C. 施工临时用电情况

D. 危险性较大分部分项工程施工情况，重点关注是否按方案施工

41. 根据《建设工程监理规范》，旁站是指项目监理机构对施工现场（　　）进行的监督活动。

A. 关键部位或关键工序施工质量   B. 危险性较大的分部工程施工安全

C. 危险性较大的分部工程施工质量   D. 关键部位或关键工序施工安全

42. 根据《建设工程监理规范》，建设工程监理基本表式分类，A 类表为（　　）。

A. 报验用表   B. 通用表

C. 工程监理单位用表   D. 施工单位报审

43. 根据《建设工程监理规范》，项目监理机构收到经建设单位签署同意支付工程款意见的《工程款支付报审表》后，总监理工程师应向（　　）签发《工程款支付证书》，同时抄报建设单位。

A. 施工单位   B. 材料供应单位   C. 设计单位   D. 分包单位

44. 下列文件资料中，不属于建设工程监理文件资料的是（　　）。

A. 工程质量评估报告   B. 图纸会审会议纪要

C. 设备采购合同   D. 分包单位资格报审会议纪要

45. 建设工程风险识别方法中，不属于专家调查法的是（　　）。

A. 头脑风暴法   B. 德尔菲法   C. 访谈法   D. 经验数据法

46. 下列计划中，属于应急计划的是（　　）。

A. 材料与设备采购调整计划   B. 现场人员安全撤离计划

C. 伤亡人员援救及处理计划   D. 资产和环境损害控制计划

47. 建设单位管理风险必须要从合同管理入手，分析合同管理中的风险分担，在这种情况下，被转移者多数是（　　）。

A. 设计单位   B. 监理单位   C. 施工单位   D. 建设单位

48. 工程监理单位在工程设计阶段为建设单位提供相关服务时，主要服务内容是（　　）。

A. 编制工程设计任务书   B. 编制工程设计方案

C. 报审有关工程设计文件   D. 组织评审工程设计成果

49. 根据《建设工程监理规范》，第一次工地会议纪要由（　　）负责整理，并经与会各方代表会签。

A. 建设单位　　　　B. 施工单位　　　　C. 项目监理机构　　D. 总监理工程师

50. 国际工程实施组织模式中，（　　）的出现反映了工程项目管理专业化发展的一种新趋势，即专业分工的细化。

A. CM 模式

B. Project Controlling 模式

C. Partnering 模式

D. EPC 模式

二、多项选择题（共30题，每题2分。每题的备选项中，有2个或2个以上符合题意，至少有1个错项。错选，本题不得分；少选，所选的每个选项得0.5分）

51. 根据《建筑法》，建设工程监理实施依据包括（　　）。

A. 工程建设标准　　B. 评估报告　　　　C. 合同　　　　　　D. 法律法规

E. 勘察设计文件

52.《建设工程质量管理条例》规定，必须实行监理的工程包括（　　）。

A. 国家重点建设工程

B. 大中型公用事业工程

C. 成片开发建设的住宅小区工程

D. 利用外国政府或者国际组织贷款、援助资金的工程

E. 总投资为2800万元的通信建设工程

53. 项目法人的工作内容包括（　　）。

A. 项目用地预审　　B. 项目资金筹措　　C. 项目环评审查　　D. 项目建设实施

E. 项目债务偿还

54. 监理工程师的职业道德守则包括（　　）。

A. 不以个人名义承揽监理业务

B. 不收受被监理单位的任何礼金

C. 合理降低监理费

D. 通知建设单位在监理工作过程中可能发生的任何潜在的利益冲突

E. 不泄漏监理工程各方认为需要保密的事项

55. 对于大型复杂工程，首先将其按单项工程、单位工程分解，再对各单项工程、单位工程分别从（　　）进行分解，可以较容易地识别出建设工程主要的、常见的风险。

A. 目标维　　　　　B. 时间维　　　　　C. 结构性　　　　　D. 因素维

E. 损失程度维

56. 根据《招标投标法实施条例》规定，符合中标环节规定的有（　　）。

A. 招标人应当自收到异议之日起7日内作出答复

B. 国有资金占控股的招标项目，招标人应当确定排名第一的中标候选人为中标人

C. 中标候选人应当不超过3个，并标明排序

D. 投标人对依法进行招标项目的评标结果有异议的，应当在中标候选人公示期间提出

E. 招标人应当自收到评标报告之日起3日内公示中标候选人，公示期不得少于3日

57. 根据《建设工程监理规范》，下列属于工程勘察设计阶段服务内容的有（　　）。

A. 工程监理单位应对工程质量缺陷原因进行调查，并应与建设单位、施工单位协商确

定责任归属

B. 审查设计单位提出的设计概算、施工图预算

C. 审查设计单位提出的新材料、新工艺、新技术、新设备在相关部门的备案情况

D. 审查设计单位提交的设计成果

E. 审核设计单位提交的设计费用支付申请

58. 下列关于股份有限公司设立条件的叙述，正确的是（　　）。

A. 全部发起人须在中国境内有住所

B. 发起人符合法定人数

C. 有公司名称，建立符合股份有限公司要求的组织机构

D. 有公司住所

E. 股份发行、筹办事项符合法律规定

59. 根据《建设工程安全生产管理条例》，施工单位的安全责任包括（　　）。

A. 应当在施工现场入口处、临时用电设施，应设置明显的安全警示标志

B. 对违章指挥、违章操作应当及时向项目负责人报告

C. 意外伤害保险期限自建设工程开工之日起至竣工验收合格为止

D. 对特殊结构的建设工程，应在设计中提出保障施工作业人员安全的措施建议

E. 安装、拆卸施工机械设施，由专业技术人员现场监督

60. 诚信是企业（　　）的集中体现。

A. 经营理念　　　　B. 经营责任　　　　C. 经营效益　　　　D. 经营方式

E. 经营文化

61. 建设单位应根据（　　）等因素合理选择招标方式，并按规定程序向招标投标监督管理部门办理相关招标投标手续，接受相应的监督管理。

A. 勘察设计文件　　　　　　　　　B. 法律法规

C. 工程监理单位的选择空间　　　　D. 工程项目特点

E. 工程实施的急迫程度

62. 工程监理信息系统应具有（　　）基本功能。

A. 信息管理　　　B. 动态控制　　　C. 决策支持　　　D. 协同工作

E. 信号传递

63. 关于提供附加服务的监理投标策略，适用于（　　）的工程。

A. 建设单位对工期因素比较敏感　　　B. 招标人组织结构不完善

C. 有重大影响力　　　　　　　　　　D. 工程项目前期建设较为复杂

E. 专业人才和经验不足

64. 项目监理机构的组织结构设计工作内容包括（　　）。

A. 确定项目监理机构目标　　　　　　B. 选择组织结构形式

C. 设置项目监理机构部门　　　　　　D. 制定岗位职责和考核标准

E. 制定工作流程和信息流程

65. 根据《建设工程质量管理条例》，工程监理单位的质量责任和义务有（　　）。

A. 依法取得相应等级资质证书，并在其资质等级许可范围内承担工程监理业务

B. 与被监理工程的施工承包单位不得有隶属关系或其他利害关系

C. 按照施工组织设计要求，采取旁站、巡视和平行检验等形式实施监理

D. 未经监理工程师签字，建筑材料、建筑构配件和设备不得在工程上使用或安装

E. 未经监理工程师签字，建设单位不拨付工程款，不进行竣工验收

66. 建设工程监理工作完成后，项目监理机构一般应向建设单位提交（　　）资料。

A. 各类签证　　　　B. 勘察设计文件　　　C. 工程建设标准　　　D. 监理指令性文件

E. 工程变更资料

67. 实施建设工程监理和编制监理规划共同的依据有（　　）。

A. 施工组织设计　　　　　　　　　　B. 工程建设法律法规

C. 工程建设文件　　　　　　　　　　D.（专项）施工方案

E. 监理合同

68. 常用的项目监理机构组织形式有（　　）。

A. 职能制　　　　　B. 直线职能制　　　C. 核准制　　　D. 直线制

E. 矩阵制

69. 根据《标准监理招标文件》，监理人需要完成的基本工作内容有（　　）。

A. 主持工程竣工验收　　　　　　　　B. 编制工程竣工结算报告

C. 检查施工承包人的试验室　　　　　D. 验收隐蔽工程、分部分项工程

E. 主持召开第一次工地会议

70. 根据《建设工程监理规范》规定，下列不属于监理规划内容的是（　　）。

A. 生产方式的监理工作　　　　　　　B. 人员配备及进退场计划

C. 监理与相关服务依据　　　　　　　D. 施工人员岗位调动计划

E. 组织协调

71. 下列关于工程质量控制措施的说法，正确的有（　　）。

A. 按合同条款支付工程款，防止过早、过量地支付

B. 对原设计提出合理化建议并被采用，由此产生的投资节约按合同规定予以奖励

C. 及时进行计划费用与实际费用的分析比较

D. 严格事前、事中和事后的质量检查监督

E. 协助完善质量保证体系

72. 计划性风险自留是（　　）选择，是风险管理人员在经过正确的风险识别和风险评价后制定的风险对策。

A. 主动的　　　　　B. 有意识的　　　　C. 有计划的　　　　D. 被动的

E. 无意识的

73. 审核监理规划时，重点审核的内容有（　　）。

A. 监理组织形式和管理模式是否合理

B. 监理工作计划是否符合工程建设强制性标准

C. 监理工作制度是否健全完善

D. 监理工作内容是否已包括监理合同委托的全部工作任务

E. 监理设施是否满足监理工作需要

74. 国际工程中，工程咨询公司主要为业主提供（　　）服务。

A. 技术咨询　　　　　　　　　　　　B. 材料设备采购

C. 合同咨询和索赔　　　　　　　　　D. 生产准备、调试验收

E. 工程招标

75. 建设工程实施过程中采用 BIM 技术的目标有 (　　)。

A. 实现建设工程可视化展示　　　　　B. 提升建设工程项目管理质量

C. 加强建设工程全生产管理　　　　　D. 控制建设工程造价

E. 缩短建设工程施工周期

76. 根据《建设工程监理规范》，总监理工程师签认《工程开工报审表》应满足的条件有 (　　)。

A. 设计交底和图纸会审已完成

B. 施工组织设计已经编制完成

C. 施工许可证已经办理

D. 进场道路及水、电、通信等已满足开工要求

E. 管理及施工人员已到位

77. 下列工作内容中，属于建设工程监理文件资料管理的有 (　　)。

A. 收发文与登记　　B. 文件组卷归档　　C. 文件传阅　　　　D. 文件分类存放

E. 文件起草与修改

78. 下列属于 CM 模式适用的情形是 (　　)。

A. 设计变更可能性较大的建设工程

B. 业主长期有投资活动的建设工程

C. 时间因素最为重要的建设工程

D. 不宜采用公开招标或邀请招标的建设工程

E. 因总的范围和规模不确定而无法准确确定造价的建设工程

79. 项目管理知识体系中，项目费用管理的内容包括 (　　)。

A. 费用控制　　　　　　　　　　　　B. 活动时间估算

C. 预算确定　　　　　　　　　　　　D. 工作分解结构 (WBS) 创建

E. 费用估算

80. 建设工程信息管理系统可以为项目监理机构提供的支持是 (　　)。

A. 实现监理信息的及时收集和可靠存储

B. 实现监理信息收集的标准化、专业化

C. 提供预测、决策所需要的信息及分析模型

D. 提供建设工程目标动态控制的分析报告

E. 提供解决建设工程监理问题的多个备选方案

考前最后第 2 套卷答案解析

一、单项选择题

1. C;	2. D;	3. A;	4. B;	5. C;
6. C;	7. D;	8. D;	9. A;	10. D;
11. A;	12. A;	13. B;	14. C;	15. C;
16. A;	17. B;	18. A;	19. A;	20. A;
21. B;	22. A;	23. D;	24. D;	25. B;
26. B;	27. B;	28. C;	29. D;	30. A;
31. B;	32. D;	33. D;	34. C;	35. D;
36. B;	37. A;	38. B;	39. B;	40. B;
41. A;	42. C;	43. A;	44. C;	45. D;
46. A;	47. C;	48. D;	49. C;	50. B。

【解析】

1. C。本题考核的是建设工程监理的性质。建设工程监理的性质可概括为服务性、科学性、独立性和公平性4个方面。

2. D。本题考核的是可行性研究的工作内容。可行性研究应完成以下工作内容：（1）进行市场研究。（2）进行工艺技术方案研究。（3）进行财务和经济分析。A、B、C选项是项目建议书的内容。

3. A。本题考核的是工程监理单位的法律责任。根据《建设工程质量管理条例》第六十二条规定，违反本条例规定，承包单位将承包的工程转包或者违法分包的，责令改正，没收违法所得，对勘察、设计单位处合同约定的勘察费、设计费25%以上50%以下的罚款；对施工单位处工程合同价款0.5%以上1%以下的罚款；可以责令停业整顿，降低资质等级；情节严重的，吊销资质证书。

工程监理单位转让工程监理业务的，责令改正，没收违法所得，处合同约定的监理酬金25%以上50%以下的罚款；可以责令停业整顿，降低资质等级；情节严重的，吊销资质证书。故本题选A。

4. B。本题考核的是建设实施阶段勘察设计中初步设计的工作内容。初步设计是根据可行性研究报告的要求进行具体实施方案设计，目的是阐明在指定的地点、时间和投资控制数额内，拟建项目在技术上的可行性和经济上的合理性，并通过对建设工程所作出的基本技术经济规定，编制工程总概算。

5. C。本题考核的是施工许可证的有效期。在建的建筑工程因故中止施工的，建设单位应当自中止施工之日起1个月内，向发证机关报告，并按照规定做好建筑工程的维护管理工作。

6. C。本题考核的是《招标投标法》主要内容中招标的主要内容。依法必须进行招标的项目，自招标文件开始发出之日起至投标人提交投标文件截止之日止，最短不得少于20

日。故 A 选项错误。依法必须进行招标的项目，应当通过国家指定的报刊、信息网络或者媒介发布招标公告。故 C 选项正确。招标人设有标底的，标底必须保密。故选项 B 错误。招标人采用公开招标方式的，应当发布招标公告。故选项 D 错误。

7. D。本题考核的是债权转让。根据《民法典》合同编第五百四十五条规定，债权人可以将债权的全部或者部分转让给第三人。但有下列情形之一的除外：（1）根据债权性质不得转让。（2）按照当事人约定不得转让。（3）依照法律规定不得转让。当事人约定非金钱债权不得转让的，不得对抗善意第三人。当事人约定金钱债权不得转让的，不得对抗第三人。

8. D。本题考核的是建设工程合同的有关规定。建设工程主体结构的施工必须由承包人自行完成。

9. A。本题考核的是建设工程最低保修期限。在正常使用条件下，建设工程最低保修期限：（1）基础设施工程、房屋建筑的地基基础工程和主体结构工程，为设计文件规定的该工程合理使用年限。（2）屋面防水工程、有防水要求的卫生间、房间和外墙面的防渗漏，为 5 年。（3）供热与供冷系统，为 2 个采暖期、供冷期。（4）电气管道、给排水管道、设备安装和装修工程，为 2 年。

10. D。本题考核的是建设单位的安全责任。《建设工程安全生产管理条例》规定，工程监理单位和监理工程师应当按照法律、法规和工程建设强制性标准实施监理，并对建设工程安全生产承担监理责任。

11. A。本题考核的是生产安全事故等级的划分。重大生产安全事故，是指造成 10 人及以上 30 人以下死亡，或者 50 人及以上 100 人以下重伤，或者 5000 万元及以上 1 亿元以下直接经济损失的事故。且"以上"包括本数，"以下"不包括本数。故选项 B 正确。

12. A。本题考核的是事故调查报告。特殊情况下，经负责事故调查的人民政府批准，提交事故调查报告的期限可以适当延长，但延长的期限最长不超过 60 日。

13. B。本题考核的是明确了工程监理单位的安全生产管理职责。《建设工程安全生产管理条例》第十四条规定，工程监理单位应当审查施工组织设计中的安全技术措施或者专项施工方案是否符合工程建设强制性标准。故 B 选项正确。

工程监理单位在实施监理过程中，发现存在安全事故隐患的，应当要求施工单位整改；情况严重的，应当要求施工单位暂时停止施工，并及时报告建设单位。施工单位拒不整改或者不停止施工的，工程监理单位应当及时向有关主管部门报告。故 A、C 选项错误。

工程监理单位和监理工程师应当按照法律、法规和工程建设强制性标准实施监理，并对建设工程安全生产承担监理责任。

第二十三条规定，施工单位应当设立安全生产管理机构，配备专职安全生产管理人员。专职安全生产管理人员负责对安全生产进行现场监督检查。故 D 选项错误。

14. C。本题考核的是委托合同的内容。建设工程监理合同、项目管理服务合同属于委托合同。

15. C。本题考核的是事故调查处理。特别重大生产安全事故由国务院或者国务院授权有关部门组织事故调查组进行调查。重大事故、较大事故、一般事故分别由事故发生地省级人民政府、设区的市级人民政府、县级人民政府负责调查。

16. A。本题考核的是监理工程师执业。监理工程师可以从事建设工程监理、全过程工程咨询及工程建设某一阶段或某一专项工程咨询，以及国务院有关部门规定的其他业务。

故 A 选项错误。监理工程师不得同时受聘于两个或两个以上单位执业，不得允许他人以本人名义执业，严禁"证书挂靠"。故 B、D 选项正确。监理工程师依据职责开展工作，在本人执业活动中形成的工程监理文件上签章，并承担相应责任。故 C 选项正确。

17. B。本题考核的是邀请招标。邀请招标属于有限竞争性招标，也称为选择性招标。采用邀请招标方式，建设单位不需要发布招标公告，也不进行资格预审（但可组织必要的资格审查），使招标程序得到简化。

18. A。本题考核的是综合评价法。综合评价法是指决策者决定是否参加某建设工程监理投标时，将影响其投标决策的主客观因素用某些具体指标表示出来，并定量地进行综合评价，以此作为投标决策依据。

19. A。本题考核的是建设工程监理大纲的内容。监理大纲一般应包括以下主要内容：工程概述；监理依据和监理工作内容；建设工程监理实施方案；建设工程监理难点、重点及合理化建议。

20. A。本题考核的是风险回避。风险回避是指在完成建设工程风险分析与评价后。如果发现风险发生的概率很高，而且可能的损失也很大，又没有其他有效的对策来降低风险时，应采取放弃项目、放弃原有计划或改变目标等方法，使其不发生或不再发展；从而避免可能产生的潜在损失。

21. B。本题考核的是债权债务终止的内容。有下列情形之一的，债权债务终止：债务已经履行；债务相互抵销；债务人依法将标的物提存；债权人免除债务；债权债务同归于一人；法律规定或者当事人约定终止的其他情形。

22. A。本题考核的是平行承包模式的特点。平行承包模式的特点是：合同数量多，会造成合同管理困难。故 A 选项错误。工程造价控制难度大，表现为：一是工程总价不易确定，影响工程造价控制的实施。故 B 选项正确。二是工程招标任务量大，需控制多项合同价格，增加了工程造价控制难度。故 C 选项正确。三是在施工过程中设计变更和修改较多，导致工程造价增加。故 D 选项正确。

23. D。本题考核的是建设工程监理招标程序。建设工程监理招标一般包括：招标准备；发出招标公告或投标邀请书；组织资格审查；编制和发售招标文件；组织现场踏勘；召开投标预备会；编制和递交投标文件；开标、评标和定标；签订建设工程监理合同等环节。

24. D。本题考核的是施工总承包模式。施工总承包模式是指建设单位将全部施工任务发包给一家施工单位作为总承包单位，总承包单位可以将其部分任务分包给其他施工单位，形成一个施工总包合同及若干个分包合同的工程建设组织实施方式，如下图所示。

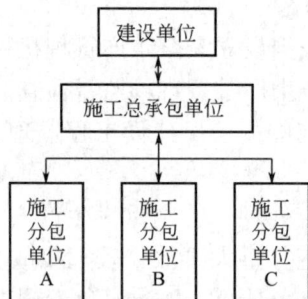

```
                  ┌──────────┐
                  │ 建设单位 │
                  └────┬─────┘
                       ↕
              ┌────────────────┐
              │ 施工总承包单位 │
              └────────┬───────┘
           ┌───────────┼───────────┐
           ↕           ↕           ↕
      ┌────────┐  ┌────────┐  ┌────────┐
      │施工    │  │施工    │  │施工    │
      │分包    │  │分包    │  │分包    │
      │单位    │  │单位    │  │单位    │
      │ A      │  │ B      │  │ C      │
      └────────┘  └────────┘  └────────┘
```

建设工程施工总承包模式

在施工总承包模式下，建设单位宜委托一家工程监理单位实施监理。

25. B。本题考核的是组建项目监理机构步骤。监理单位在组建项目监理机构时，一般按以下步骤进行：（1）确定项目监理机构目标。（2）确定监理工作内容。（3）设计项目监理机构组织结构。（4）制定工作流程和信息流程。

26. B。本题考核的是建设工程监理实施程序。项目监理机构应参加由建设单位组织的工程竣工验收，签署工程监理意见。

27. B。本题考核的是事故报告程序。安全生产监督管理部门和负有安全生产监督管理职责的有关部门逐级上报事故情况，每级上报的时间不得超过 2 h。

28. B。本题考核的是矩阵制组织形式的特点。矩阵制组织形式的优点是加强了各职能部门的横向联系，具有较大的机动性和适应性，将上下左右集权与分权实行最优结合，有利于解决复杂问题，有利于监理人员业务能力的培养。缺点是纵横向协调工作量大，处理不当会造成扯皮现象，产生矛盾。故 B 选项正确，A、C、D 选项错误。

29. B。本题考核的是施工许可证有效期。建设单位应当自领取施工许可证之日起 3 个月内开工。故 D 选项错误。因故不能按期开工的，应当向发证机关申请延期；延期以两次为限，每次不超过 3 个月。故 A 选项错误。中止施工满 1 年的工程恢复施工前，建设单位应当报发证机关核验施工许可证。故 C 选项错误。在建的建筑工程因故中止施工的，建设单位应当自中止施工之日起 1 个月内，向发证机关报告，并按照规定做好建筑工程的维护管理工作。故 B 选项正确。

30. A。本题考核的是合同文件解释顺序。合同协议书与下列文件一起构成合同文件：（1）中标通知书。（2）投标函及投标函附录。（3）专用合同条款。（4）通用合同条款。（5）委托人要求。（6）监理报酬清单。（7）监理大纲。（8）其他合同文件。上述合同文件互相补充和解释。如果合同文件之间存在矛盾或不一致之处，以上述文件的排列顺序在先者为准。

31. B。本题考核的是项目监理机构内部组织关系的协调。项目监理机构内部组织关系的协调可从以下几方面进行：（1）在目标分解的基础上设置组织机构。（2）明确规定每个部门的目标、职责和权限。（3）事先约定各个部门在工作中的相互关系。（4）建立信息沟通制度。（5）及时消除工作中的矛盾或冲突。

32. D。本题考核的是项目监理机构内部工作制度。D 选项属于项目监理机构内部工作制度。B、C 选项属于项目监理机构现场监理工作制度，A 选项属于设计阶段相关服务工作制度。

33. D。本题考核的是监理工作措施。A、C 属于质量控制的组织措施的内容；B 属于组织协调的措施中协调工作程序的内容；D 为质量控制的技术措施，严格进行平行检验体现在对事中进行平行检查监督。

34. C。本题考核的是专项施工方案编制的要求。实行施工总承包的，专项施工方案应当由总承包施工单位组织编制，其中，起重机械安装拆卸工程、深基坑工程、附着式升降脚手架等专业工程实行分包的，其专项施工方案可由专业分包单位组织编制。

35. D。本题考核的是工程索赔处理。项目监理机构应按规定的工程延期审批程序和施工合同约定的时效期限审批施工单位提出的工程延期申请。施工单位因工程延期提出费用索赔时，项目监理机构可按施工合同约定进行处理。

36. B。本题考核的是建设工程三大目标控制的要求。如果要抢时间、争进度，以极短的时间完成建设工程，势必会增加投资或者使工程质量下降。故 A 选项错误。采用定性分析与定量分析相结合的方法综合论证建设工程三大目标。故 C 选项错误。不同建设工程三大目标可具有不同的优先等级。故 D 选项错误。适当提高建设工程功能要求和质量标准，虽然会造成一次性投资的增加和建设工期的延长，但能够节约工程项目动用后的运行费和维修费、从而获得更好的投资效益。故 B 选项正确。

37. A。本题考核的是建设工程质量控制任务。A 选项属于建设工程造价控制任务。

38. B。本题考核的是合同管理的内容。合同管理是在市场经济体制下组织建设工程实施的基本手段，也是项目监理机构控制建设工程质量、造价、进度三大目标的重要手段。

39. B。本题考核的是监理实施细则编写依据。《建设工程监理规范》规定了监理实施细则编写的依据：（1）已批准的建设工程监理规划。（2）与专业工程相关的标准、设计文件和技术资料。（3）施工组织设计、（专项）施工方案。

40. B。本题考核的是监理人员在巡视检查时，在施工质量方面应关注的情况。监理人员在巡视检查时，在施工质量方面应关注的情况包括：（1）天气情况是否适合施工作业，如不适合，是否已采取相应措施。（2）施工人员作业情况，是否按照工程设计文件、工程建设标准和批准的施工组织设计（专项）施工方案施工。（3）使用的工程材料、设备和构配件是否已检测合格等。因此本题选 B。A、C、D 选项属于监理人员巡视时在安全生产方面关注的内容。

41. A。本题考核的是旁站。旁站是指项目监理机构对工程的关键部位或关键工序的施工质量进行的监督活动。关键部位、关键工序应根据工程类别、特点及有关规定确定。

42. C。本题考核的是建设工程监理基本表式。根据《建设工程监理规范》，建设工程监理基本表式分为三大类，即：A 类表：工程监理单位用表；B 类表：施工单位报审、报验用表；C 类表：通用表。

43. A。本题考核的是工程监理单位用表。项目监理机构收到经建设单位签署同意支付工程款意见的《工程款支付报审表》后，总监理工程师应向施工单位签发《工程款支付证书》，同时抄报建设单位。

44. C。本题考核的是建设工程监理主要文件资料。建设工程监理主要文件资料包括：（1）勘察设计文件、建设工程监理合同及其他合同文件。（2）监理规划、监理实施细则。（3）设计交底和图纸会审会议纪要。（4）施工组织设计、（专项）施工方案、施工进度计划报审文件资料。（5）分包单位资格报审会议纪要。（6）施工控制测量成果报验文件资料。（7）总监理工程师任命书，工程开工令、暂停令、复工令、开工或复工报审文件资料。（8）工程材料、构配件、设备报验文件资料。（9）见证取样和平行检验文件资料。（10）工程质量检验报验资料及工程有关验收资料。（11）工程变更、费用索赔及工程延期文件资料。（12）工程计量、工程款支付文件资料。（13）监理通知单、工程联系单与监理报告。（14）第一次工地会议、监理例会、专题会议等会议纪要。（15）监理月报、监理日志、旁站记录。（16）工程质量或安全生产事故处理文件资料。（17）工程质量评估报告及竣工验收文件资料。（18）监理工作总结。A、B、D 选项均属于建设工程监理文件资料，故本题选 C。

45. D。本题考核的是建设工程风险识别方法。识别建设工程风险的方法有专家调查法、财务报表法、流程图法、初始清单法、经验数据法、风险调查法等。专家调查法主要包括头脑风暴法、德尔菲法和访谈法。D 选项不属于专家调查法。

46. A。本题考核的是应急计划应包括的内容。应急计划应包括的内容有：调整整个建设工程实施进度计划、材料与设备的采购计划、供应计划；全面审查可使用的资金情况；准备保险索赔依据；确定保险索赔的额度；起草保险索赔报告；必要时需调整筹资计划等。B、C、D都不是应急计划的内容。

47. C。本题考核的是风险转移中非保险转移的内容。建设单位将合同责任和风险转移给对方当事人。建设单位管理风险必须要从合同管理入手，分析合同管理中的风险分担。在这种情况下，被转移者多数是施工单位。

48. D。本题考核的是工程监理单位在工程设计阶段的服务。包括：（1）工程设计进度计划审查。（2）工程设计过程控制。（3）工程设计成果审查。（4）工程设计"四新"的审查。（5）程设计概算、施工图预算的审查。

49. C。本题考核的是第一次工地会议。《建设工程监理规范》第5.1.3条规定，工程开工前，监理人员应参加由建设单位主持召开的第一次工地会议，会议纪要应由项目监理机构负责整理，与会各方代表应会签。

50. B。本题考核的是 Project Controlling 模式的出现。Project Controlling 模式的出现反映了工程项目管理专业化发展的一种新趋势，即专业分工的细化。

二、多项选择题

51. A、C、D、E；　52. A、B、C、D；　53. B、D、E；
54. A、B、E；　55. A、B、D；　56. B、C、D、E；
57. B、C、D、E；　58. B、C、D、E；　59. A、C；
60. A、D、E；　61. B、D、E；　62. A、B、C、D；
63. B、D、E；　64. B、C、D；　65. A、B、D；
66. A、D、E；　67. B、E；　68. A、B、D；
69. C、D；　70. A、C、D；　71. D、E；
72. A、B、C；　73. A、C；　74. B、D、E；
75. A、B、D、E；　76. A、D、E；　77. A、B、C、D；
78. A、C、E；　79. A、C、E；　80. C、D、E。

【解析】

51. A、C、D、E。本题考核的是建设工程监理的实施依据。建设工程监理实施依据包括法律法规、工程建设标准、勘察设计文件及合同。

52. A、B、C、D。本题考核的是强制实施监理的工程范围。根据《建设工程质量管理条例》规定，对于国家重点建设工程、大中型公用事业工程、成片开发建设的住宅小区工程、利用外国政府或者国际组织贷款、援助资金的工程、国家规定必须实行监理的其他工程，必须实行监理。故 A、B、C、D 选项描述的工程为必须实行监理的工程。

根据《建设工程监理范围和规模标准规定》，国家规定必须实行监理的其他工程：项目总投资额在3000万元以上关系社会公共利益、公众安全的下列基础设施项目：（1）煤炭、石油、化工、天然气、电力、新能源等项目。（2）铁路、公路、管道、水运、民航以及其他交通运输业等项目。（3）邮政、电信枢纽、通信、信息网络等项目。（4）防洪、灌溉、排涝、发电、引（供）水、滩涂治理、水资源保护、水土保持等水利建设项目。（5）道路、桥梁、地铁和轻轨交通、污水排放及处理、垃圾处理、地下管道、公共停车场等城市基础设施项目。（6）生态环境保护项目。（7）其他基础设施项目。E 选项的项目总投资额没有达到规定数值，因此 E 选项不属于必须实行监理的工程。

53. B、D、E。本题考核的是项目法人责任制。为了建立投资约束机制，规范建设单位的行为，建设工程应当按照政企分开的原则组建项目法人，实行项目法人责任制，即由项目法人对项目的策划、资金筹措、建设实施、生产经营、债务偿还和资产的保值增值，实行全过程负责的制度。

54. A、B、E。本题考核的是监理工程师的职业道德。包括：（1）维护形象，保守秘密抵制不正之风，廉洁从业，不谋取不正当利益。不为所监理工程指定承包商、建筑构配件、设备、材料生产厂家；不收受施工单位的任何礼金、有价证券等；不转借、出租、伪造、涂改监理证书及其他相关资信证明，不以个人名义承揽监理业务；不同时在两个或两个以上工程监理单位注册和从事监理活动；不在政府部门和施工、材料设备的生产供应等单位兼职。树立良好的职业形象。保守商业秘密。不泄漏所监理工程各方认为需要保密的事项。因此 A、B、E 选项正确。（2）加强学习，提升能力。积极参加专业培训，努力学习专业技术和工程监理知识，不断提高业务能力和监理水平。（3）严格监理，优质服务。执行有关工程建设法律、法规、标准和制度，履行工程监理合同规定的义务，提供专业化服务。保障工程质量和投资效益，改进服务措施，维护业主权益和公共利益。

55. A、B、D。本题考核的是初始清单法。对于大型复杂工程，首先将其按单项工程、单位工程分解，再对各单项工程、单位工程分别从时间维、目标维和因素维进行分解，可以较容易地识别出建设工程主要的、常见的风险。

56. B、C、D、E。本题考核的是中标内容。招标人应当自收到异议之日起 3 日内作出答复。故 A 选项错误。国有资金占控股或者主导地位的依法必须进行招标的项目，招标人应当确定排名第一的中标候选人为中标人。故 B 选项正确。中标候选人应当不超过 3 个，并标明排序。故 C 选项正确。投标人或者其他利害关系人对依法必须进行招标的项目的评标结果有异议的，应当在中标候选人公示期间提出。故 D 选项正确。依法必须进行招标的项目，招标人应当自收到评标报告之日起 3 日内公示中标候选人，公示期不得少于 3 日。故 E 选项正确。

57. B、C、D、E。本题考核的是工程勘察设计阶段服务。工程勘察设计阶段服务内容包括：协助建设单位选择勘察设计单位并签订工程勘察设计合同；审查勘察单位提交的勘察方案；检查勘察现场及室内试验主要岗位操作人员的资格、所使用设备、仪器计量的检定情况；检查勘察进度计划执行情况；审核勘察单位提交的勘察费用支付申请；审查勘察单位提交的勘察成果报告；参与勘察成果验收；审查各专业、各阶段设计进度计划；检查设计进度计划执行情况；审核设计单位提交的设计费用支付申请；审查设计单位提交的设计成果；审查设计单位提出的新材料、新工艺、新技术、新设备在相关部门的备案情况；审查设计单位提出的设计概算、施工图预算；协助建设单位组织专家评审设计成果；协助建设单位报审有关工程设计文件；协调处理勘察设计延期、费用索赔等事宜。故本题选 B、C、D、E。选项 A 属于工程保修阶段服务的内容。

58. B、C、D、E。本题考核的是股份有限公司设立条件。设立股份有限公司，应当有 2 人以上、200 人以下为发起人，其中须有半数以上的发起人在中国境内有住所。设立股份有限公司，应当具备下列条件：（1）发起人符合法定人数。（2）有符合公司章程规定的全体发起人认购的股本总额或者募集的实收股本总额。（3）股份发行、筹办事项符合法律规定。

（4）发起人制订公司章程，采用募集方式设立的经创立大会通过。（5）有公司名称，建立符合股份有限公司要求的组织机构。（6）有公司住所。故 B、C、D、E 选项正确，A 选项错误。

59. A、C。本题考核的是施工单位的安全责任。对违章指挥、违章操作应当立即制止。故 B 选项错误。D 选项属于设计单位的安全责任，E 选项属于施工机械设施安装单位的安全责任。

60. A、B、E。本题考核的是工程监理企业经营活动准则。企业诚信的实质是解决经济活动中经济主体之间的利益关系。它是企业经营理念、经营责任和经营文化的集中体现。

61. B、C、D、E。本题考核的是建设工程监理招标方式。建设单位应根据法律法规、工程项目特点、工程监理单位的选择空间及工程实施的急迫程度等因素合理选择招标方式，并按规定程序向招标投标监督管理部门办理相关招标投标手续，接受相应的监督管理。

62. A、B、C、D。本题考核的是工程监理信息系统的基本功能。工程监理信息系统基本功能包括：（1）信息管理。（2）动态控制。（3）决策支持。（4）协同工作。

63. B、D、E。本题考核的是选择有针对性的监理投标策略。以附加服务取胜的策略：此策略适用于工程项目前期建设较为复杂，招标人组织结构不完善，专业人才和经验不足的工程。

64. B、C、D。本题考核的是项目监理机构的组织结构设计内容。项目监理机构的组织结构设计内容包括：选择组织结构形式；确定管理层次和管理跨度；设置项目监理机构部门；制定岗位职责和考核标准；选派监理人员。

65. A、B、D。本题考核的是工程监理单位的质量责任和义务。E 选项错误，正确的表述是：未经总监理工程师签字，建设单位不拨付工程款，不进行竣工验收。C 选项错误，正确的表述是：按照工程监理规范的要求，采取旁站、巡视和平行检验等形式实施监理。其余选项均正确。

66. A、D、E。本题考核的是提交建设工程监理文件资料的内容。建设工程监理工作完成后，项目监理机构一般应向建设单位提交：工程变更资料、监理指令性文件、各类签证等文件资料。

67. B、E。本题考核的是实施建设工程监理和编制监理规划共同的依据。实施建设工程监理的主要依据：法律法规及工程建设标准；建设工程勘察设计文件；建设工程监理合同及其他合同文件。编制监理规划的依据有：工程建设法律法规和标准；建设工程外部环境调查研究资料；政府批准的工程建设文件；建设工程监理合同文件；建设工程合同；建设单位的合理要求；工程实施过程中输出的有关工程信息。A、D 选项为监理实施细则编写依据。

68. A、B、D、E。本题考核的是常用的项目监理机构组织形式。常用的项目监理机构组织形式有：直线制、职能制、直线职能制、矩阵制等。

69. C、D。本题考核的是监理人要完成的基本工作。监理人需要完成的基本工作如下：（1）收到工程设计文件后编制监理规划，并在第一次工地会议 7 d 前报委托人。根据有关规定和监理工作需要，编制监理实施细则。（2）熟悉工程设计文件，并参加由委托人主持的图纸会审和设计交底会议。（3）参加由委托人主持的第一次工地会议。主持监理例会并根据工程需要主持或参加专题会议。（4）审查施工承包人提交的施工组织设计，重点审查其中的质量安全技术措施、专项施工方案与工程建设强制性标准的符合性。（5）检查施承包人工程质量、安全生产管理制度及组织机构和人员资格。（6）检查施工承包人专职安全生产管理人员的配备情况。（7）审查施工承包人提交的施工进度计划，核查施工承包人对施工进度计划的调整。（8）检查施工承包人的试验室。（9）审核施工分包人资质条件。（10）查验施工承包人的施工测量放线成果。（11）审查工程开工条件，对条件具备的签发开工令。（12）审查施工承包人报送的工程材料、构配件、设备的质量证明资料，抽检进场的工程材料、构配件的质量。（13）审核施工承包人提交的工程款支付申请，签发或出具工程款支付证书，并报委托人审核、批准。（14）在巡视、旁站和检验过程中，发现工程质量、施工安全存在事故隐患的，要求施工承包人整改并报委托人。（15）经委托人同意，签发工程暂停令和复工令。（16）审查施工承包人提交的采用新材料、新工艺、新技术、新设备的论证材料及相关验收标准。（17）验收隐蔽工程、分部分项工程。（18）审查施工承包人提交的工程变更申请，协调处理施工进度调整、费用索赔、合同争议等事项。（19）审查施工承包人提交的竣工验收申请，编写工程质量评估报告。（20）参加工程竣工验收，签署竣工验收意见。（21）审查施工承包人提交的竣工结算申请并报委托人。（22）编制、整理建设工程监理归档文件并报委托人。故本题选 C、D。

70. A、C、D。本题考核的是监理规划的内容。监理规划的内容包括：工程概况；监理工作的范围、内容、目标；监理工作依据；监理组织形式、人员配备及进退场计划、监理人员岗位职责；监理工作制度；工程质量控制；工程造价控制；工程进度控制；安全生产管理的监理工作；合同与信息管理；组织协调；监理工作设施。B、E 选项为监理规划内容。

71. D、E。本题考核的是工程质量控制的具体措施。工程质量控制的具体措施包括：（1）组织措施：建立健全项目监理机构，完善职责分工，制定有关质量监督制度，落实质量控制责任。（2）技术措施：协助完善质量保证体系；严格事前、事中和事后的质量检查监督。（3）经济措施及合同措施：严格质量检查和验收，不符合合同规定质量要求的，拒付工程款；达到建设单位特定质量目标要求的，按合同支付工程质量补偿金或奖金。故 D、E 选项为工程质量控制措施，A、B、C 选项为工程造价控制具体措施。

72. A、B、C。本题考核的是计划性风险自留。计划性风险自留是主动的、有意识的、有计划的选择，是风险管理人员在经过正确的风险识别和风险评价后制定的风险对策。

73. A、C。本题考核的是监理规划的审核内容。包括：（1）工作计划的审核：在工程进展中各个阶段的工作实施计划是否合理、可行；审查其在每个阶段中如何控制建设工程目标以及组织协调方法。故 B 选项错误。（2）监理范围、工作内容及监理目标的审核：依据监理招标文件和建设工程监理合同，审核是否理解建设单位的工程建设意图，监理范围、监理工作内容是否已包括全部委托的工作任务，监理目标是否与建设工程监理合同要求和建设意图相一致。故 D 选项错误。E 选项不属于监理规划的审核。（3）项目监理机构的审核：组织机构方面，组织形式、管理模式等是否合理，是否已结合工程实施特点，是否能够与建设单位的组织关系和施工单位的组织关系相协调等。故 A 选项正确。（4）监理工作制度的审核：主要审查项目监理机构内、外工作制度是否健全、有效。故 C 选项正确。

74. B、D、E。本题考核的是工程咨询公司的服务对象和内容。工程咨询公司工程建设全过程服务的内容包括可行性研究（投资机会研究、初步可行性研究、详细可行性研究）、工程设计（概念设计、基本设计、详细设计）、工程招标（编制招标文件、评标、合同谈判）、材料设备采购、施工管理（监理）、生产准备、调试验收、后评价等一系列工作。故

B、D、E 选项均为工程咨询公司为业主提供的服务。

工程咨询公司为承包商服务主要有以下几种情况：一是为承包商提供合同咨询和索赔服务。二是为承包商提供技术咨询服务。三是为承包商提供工程设计服务。故 A、C 选项为工程咨询公司为承包商提供的服务。

75. A、B、D、E。本题考核的是 BIM 在工程项目管理中的应用。建设工程监理过程中应用 BIM 技术的目标：可视化展示；提高工程设计和项目管理质量；控制工程造价；缩短工程施工周期。

76. A、D、E。本题考核的是《工程开工报审表》的签发条件。单位工程具备下列开工条件时，施工单位需要向项目监理机构报送《工程开工报审表》：（1）设计交底和图纸会审已完成。（2）施工组织设计已由总监理工程师签认。（3）施工单位现场质量、安全生产管理体系已建立，管理及施工人员已到位，施工机械具备使用条件，主要工程材料已落实。（4）进场道路及水、电、通信等已满足开工要求。

77. A、B、C、D。本题考核的是建设工程监理文件资料管理。建设工程监理文件资料的管理要求体现在建设工程监理文件资料管理全过程，包括：监理文件资料收发文与登记、传阅、分类存放、组卷归档、验收与移交等。

78. A、C、E。本题考核的是 CM 模式适用情形。CM 模式适用情形包括：设计变更可能性较大的建设工程；时间因素最为重要的建设工程；因总的范围和规模不确定而无法准确确定造价的建设工程。B、D 选项为 Partnering 模式适用情况。

79. A、C、E。本题考核的是项目费用管理的内容。项目费用管理是指为了在批准的预算内完成项目所需进行的管理过程。具体内容包括：费用管理计划、费用估算、预算确定和费用控制。B 选项为项目进度管理的内容，D 选项为项目范围管理的内容。

80. C、D、E。本题考核的是工程监理信息系统的基本功能。基本功能包括：为工程监理单位及项目监理机构提供标准化、结构化的数据；提供预测、决策所需要的信息及分析模型；提供建设工程目标动态控制的分析报告；提供解决建设工程监理问题的多个备选方案。

《建设工程监理基本理论和相关法规》

考前最后第 3 套卷及答案解析

考前最后第 3 套卷

一、单项选择题（共 50 题，每题 1 分。每题的备选项中，只有 1 个最符合题意）

1. 工程监理单位在委托监理的工程中拥有一定的管理权限，能够开展管理活动，这是（　　）。

A. 建设单位授权的结果
B. 监理单位服务性的体现
C. 政府部门监督管理的需要
D. 施工单位提升管理的需要

2. 根据《建设工程质量管理条例》规定，关于必须实行监理工程的说法，正确的是（　　）。

A. 为了保证住宅质量，对高层住宅及地基、结构复杂的多层住宅应当实行监理
B. 项目的总投资额在 500 万元以上的供水、供电、市政工程项目必须实行监理
C. 建筑面积为 4 万 m² 的住宅建设项目必须实行监理
D. 总投资额为 1 亿元的皮革厂改建项目必须实行监理

3. 政府投资项目决策前，需由咨询机构对项目进行评估论证，特别重大的项目还应实行专家（　　）制度。

A. 决策　　　　　B. 验收　　　　　C. 审定　　　　　D. 评议

4. 根据《建设工程质量管理条例》，工程监理单位与施工单位串通，弄虚作假，降低工程质量的，按规定对监理单位的处理是（　　）。

A. 责令改正，处合同约定的监理酬金 25% 以上 50% 以下的罚款
B. 责令停业整顿，吊销资质证书
C. 责令改正，处 30 万元以上 50 万元以下的罚款
D. 责令改正，处 50 万元以上 100 万元以下的罚款

5. 根据《招标投标法实施条例》，潜在投标人对招标文件有异议的，应当在投标截止时间（　　）日前提出。

A. 2　　　　　　B. 3　　　　　　C. 5　　　　　　D. 10

6. 根据《招标投标法》，关于评标委员会组成的说法，错误的是（　　）。

A. 一般招标项目可以采取随机抽取方式，特殊招标项目可以由招标人直接确定
B. 评标委员会的专家成员应当从国务院有关部门提供的专家名册或者招标代理机构的专家库内的相关专业的专家名单中确定

C. 依法必须进行招标的项目，其评标委员会由招标人的代表和有关技术、经济方面的专家组成，成员人数为 3 人以上单数

D. 技术、经济方面的专家不得少于成员总数的 2/3

7. 关于建设程序中各阶段工作的说法，错误的是（　　）。

A. 施工安装活动应按照工程设计要求、施工合同及施工组织设计，在保证工程质量、工期、成本及安全、环保等目标的前提下进行

B. 工程开始拆除旧建筑物和搭建临时建筑物时即可算作工程的正式开工

C. 生产准备阶段是由建设阶段转入生产经营阶段的重要衔接阶段

D. 竣工验收是考核建设成果、检验设计和施工质量的关键步骤

8. 关于建设工程三大目标之间对立关系的说法，正确的是（　　）。

A. 提高项目功能，可能减少费用运行

B. 缩短建设工期，可能使工程质量提高

C. 节约工程费用，可能提高项目质量标准

D. 减少工程投资，可能会降低项目功能

9. 根据《建设工程监理规范》规定，关于项目监理机构人员的说法，错误的是（　　）。

A. 总监理工程师应由注册监理工程师担任

B. 经建设单位书面同意后，一名注册监理工程师最多可同时担任 4 项建设工程监理合同的总监理工程师

C. 总监理工程师代表可以由具有工程类执业资格的人员担任

D. 专业监理工程师可以由具有中级及以上专业技术职称、2 年及以上工程实践经验并经监理业务培训的人员担任

10. 根据《建设工程安全生产管理条例》，施工单位的（　　）应当由取得相应执业资格的人员担任，根据工程的特点组织制定安全施工措施，消除安全事故隐患，及时、如实报告生产安全事故。

A. 专职安全生产管理人员　　　　　　　B. 项目负责人

C. 技术负责人　　　　　　　　　　　　D. 施工管理负责人

11. 根据《建筑法》，下列关于建筑施工企业的安全生产管理的说法，正确的是（　　）。

A. 建筑施工企业应当依法为职工参加工伤保险缴纳工伤保险费，要求企业为从事危险作业的职工办理意外伤害保险，支付保险费

B. 实行施工总承包的，施工现场安全由分包单位负责

C. 房屋拆除由具备保证安全条件的建筑施工单位承担，总监理工程师对安全负责

D. 建筑施工企业应当建立健全劳动安全生产教育培训制度，加强对职工安全生产的教育培训；未经安全生产教育培训的人员，不得上岗作业

12. 根据《招标投标法实施条例》，关于规范招标投标活动中的投诉与处理的说法，错误的是（　　）。

A. 投标人认为招标投标活动不符合法律、行政法规规定的，可以自知道之日起 7 个工作日内向有关行政监督部门投诉

B. 投诉应当有明确的请求和必要的证明材料

C. 行政监督部门处理投诉，有权查阅、复制有关文件、资料，调查有关情况，相关单

位和人员应当予以配合

D. 行政监督部门应当自收到投诉之日起 3 个工作日内决定是否受理投诉，并自受理投诉之日起 30 个工作日内作出书面处理决定

13. 下列工作内容中，属于施工图审查机构审查内容的是（   ）。

A. 地基基础和主体结构的合理性

B. 施工用水、电、通信、道路等接通工作

C. 是否符合招标企业的建设要求

D. 施工图纸上是否有注册执业人员的签字

14. 根据《建筑法》，建筑施工企业管理施工现场安全时，分包单位向（   ）负责。

A. 总承包单位   B. 建设单位

C. 总承包单位的项目经理   D. 分包单位的项目经理

15. 根据《招标投标法实施条例》，招标人最迟应在书面合同签订后（   ）日内向中标人和未中标的投标人退还投标保证金及银行同期存款利息。

A. 3   B. 5   C. 10   D. 15

16. 下列项目监理机构内部协调工作中，属于内部组织关系协调的是（   ）。

A. 信息沟通上要建立制度   B. 工作分工上要职责分明

C. 矛盾调解上要恰到好处   D. 成绩评价上要实事求是

17. 根据《建设工程监理规范》，总监理工程师代表可由具有中级以上专业技术职称、（   ）年及以上工程实践经验并经监理业务培训的人员担任。

A. 1   B. 2   C. 3   D. 5

18. 监理工作规范化、制度化、科学化要求监理规划在编写时（   ）。

A. 基本构成内容应当力求统一   B. 应把握工程项目运行脉搏

C. 经审核批准后方可实施   D. 内容应具有针对性、指导性和可操作性

19. 下列文件中，（   ）必须对招标文件作出实质性响应，而且其内容尽可能与建设单位的意图或要求相符合。

A. 工程监理投标文件   B. 工程监理规划

C. 工程监理细则   D. 工程监理合同

20. 建设工程监理合同履行中，符合专用合同条款约定的开始监理条件的，委托人应提前（   ）d 向监理人发出开始监理通知。

A. 7   B. 14   C. 24   D. 28

21. 工程监理企业组织形式中，由（   ）决定聘任或者解聘有限责任公司的经理。

A. 股东会   B. 董事会   C. 监事会   D. 项目监理机构

22. 根据《建设工程监理规范》，项目监理机构应由（   ）审查设备制造单位报送的设备制造结算文件。

A. 监理员   B. 总监理工程师代表

C. 专业监理工程师   D. 总监理工程师

23. 在建设工程监理实施程序中，不能体现建设工程监理工作的规范化的是（   ）。

A. 职责分工的严密性   B. 工作目标的确定性

C. 工作的时序性   D. 指导文件的专业性

24. 关于工程总承包模式下建设工程监理委托方式特点的说法，错误的是（   ）。

A. 合同条款不易准确确定，容易造成合同争议

B. 可以从价值工程或全寿命期费用角度取得明显的经济效果，有利于工程造价控制

C. 建设单位的合同关系复杂，组织协调工作量大

D. 由于工程设计与施工由一个承包单位统筹实施，一般能做到工程设计与施工的相互搭接，有利于控制工程进度，可缩短建设周期

25. 项目监理机构应收集工程监理有关资料，作为开展监理工作的依据。下列属于反映工程项目特征资料的是（   ）。

A. 进口设备及材料的到货口岸、运输方式

B. 勘察设计单位状况，土建、安装施工单位状况

C. 交通运输有关的可提供的能力、时间及价格等的资料

D. 批准的工程项目可行性研究报告或设计任务书

26. 根据《建设工程质量管理条例》，在正常使用条件下，房间和外墙面的防水工程的最低保修期限为（   ）年。

A. 1   B. 2   C. 3   D. 5

27. 在项目监理机构内设立一些职能部门，将相应的监理职责和权力交给职能部门，各职能部门在其职能范围内有权直接发布指令指挥下级的项目监理机构组织形式的是（   ）。

A. 矩阵制组织形式   B. 直线制组织形式

C. 职能制组织形式   D. 直线职能制组织形式

28. 下列不属于专业监理工程师职责的是（   ）。

A. 处置发现的质量问题和安全事故隐患

B. 检查工序施工结果

C. 验收检验批、隐蔽工程、分项工程，参与验收分部工程

D. 参与工程竣工预验收和竣工验收

29. 关于建设工程风险初始清单的说法，正确的是（   ）。

A. 建设工程风险初始清单的风险因素分为：人为因素和自然因素两种

B. 初始清单法是指有关人员利用所掌握的丰富知识设计而成的初始风险清单表，按照科学化、合理化的要求去识别风险

C. 风险识别的主观性，可能导致风险识别的随意性，其结果缺乏规范性

D. 初始清单法的缺点是耗费时间和精力少，风险识别工作的效率高

30. 对监理规划的编制应把握工程项目运行脉搏的要求是指（   ）。

A. 监理规划的内容应随工程进展不断地补充、完善

B. 监理规划的内容应当具有可操作性

C. 监理规划的内容构成应当力求统一

D. 监理规划的编制应充分考虑其时效性

31. 为使监理工作得到有关各方的理解与支持，编写监理规划时应充分听取（   ）的意见。

A. 监理单位   B. 施工单位

C. 建设单位   D. 工程建设协会的专家

32. 下列关于三大目标控制措施的说法，正确的是（   ）。

A. 组织措施是控制建设工程目标的重要措施

B. 加强合同管理是其他各类措施的前提和保障

C. 审核工程量、工程款支付申请及工程结算报告属于技术措施

D. 动态跟踪合同执行情况及处理好工程索赔等，是控制建设工程目标的重要合同措施

33. 对于超过一定规模的危险性较大的分部分项工程的专项施工方案，需要有（　　）组织召开专家论证会。

A. 建设单位　　　　B. 监理单位　　　　C. 施工单位　　　　D. 分包单位

34. 下列工程造价控制工作中，属于项目监理机构在施工阶段控制工程造价的工作内容是（　　）。

A. 审查工程预算　　　　　　　　　B. 定期进行工程计量

C. 进行建设方案比选　　　　　　　D. 进行投资方案论证

35. 根据《招标投标法》，招标人存在下列（　　）情形的，责令改正，可以处 1 万元以上 5 万元以下的罚款。

A. 招标人与投标人串标

B. 接受应当拒收的投标文件

C. 对潜在投标人实行歧视待遇

D. 向他人透露已获取招标文件的潜在投标人的名称

36. 在建设工程目标体系构建后，建设工程监理工作的关键在于（　　）。

A. 进度控制　　　　B. 质量控制　　　　C. 造价控制　　　　D. 动态控制

37. 下列监理文件中，需要由总监理工程师组织编制，并审核签字的是（　　）。

A. 监理规划　　　　B. 监理细则　　　　C. 监理日志　　　　D. 监理月报

38. 设计信息检索时，需要考虑的内容不包括（　　）。

A. 检索的信息能否及时、快速地提供，实现的手段

B. 所检索信息的输出形式，能否根据关键词实现智能检索

C. 允许检索的范围，检索的密级划分，密码管理

D. 了解信息使用部门和人员的使用目的、使用周期、使用频率、获得时间及信息的安全要求

39. 关于第一次工地会议的说法，正确的是（　　）。

A. 第一次工地会议应由总监理工程师组织召开

B. 第一次工地会议应在总监理工程师下达开工令后召开

C. 第一次工地会议的会议纪要由建设单位负责整理

D. 第一次工地会议总监理工程师应介绍监理工作程序等相关内容

40. 施工现场质量管理检查记录、检验批、分项工程、分部（子分部）工程、单位（子单位）工程等的验收结论由（　　）填写。

A. 监理单位　　　　B. 施工单位　　　　C. 承包单位　　　　D. 分包单位

41. 为保证试件能代表母体的质量状况和取样的真实，制止出具只对试件（来样）负责的检测报告，保证建设工程质量检测工作的（　　），以确保建设工程质量。

A. 严谨性、综合性、合理性　　　　B. 科学性、独立性、服务性

C. 科学性、公正性、准确性　　　　D. 针对性、实质性、全面性

42. 根据《建设工程监理规范》，工程监理单位调换专业监理工程师时，总监理工程师

应（　　）。

  A. 征得质量监督机构书面同意　 B. 征得建设单位书面同意

  C. 书面通知施工单位　 D. 书面通知建设单位

43. 对于监理例会上意见不一致的重大问题，应（　　）。

  A. 不形成会议纪要

  B. 不记入会议纪要

  C. 将各方主要观点记入会议纪要中的"其他事项"

  D. 将各方主要观点记入会议纪要中的"会议主要内容"

44. 根据《建设工程监理规范》规定，关于项目监理机构文件资料监理职责的说法，错误的是（　　）。

  A. 应建立和完善监理文件资料管理制度，宜设专人管理监理文件资料

  B. 应及时收集、整理、编制、传递监理文件资料

  C. 应及时整理、分类汇总监理文件资料，并按分项工程组卷存放

  D. 应根据工程特点和有关规定保存监理档案，并向有关单位、部门移交

45. 在建设工程的风险中，按照风险来源进行划分不包括（　　）。

  A. 经济风险　 B. 政治风险　 C. 局部风险　 D. 法律风险

46. 最常见、最简单且易于应用的风险评价方法是（　　）。

  A. 调查打分法　 B. 蒙特卡洛模拟法　 C. 德尔菲法　 D. 计划评审技术法

47. 在项目管理知识体系中，属于项目质量管理的是（　　）。

  A. 采购实施　 B. 质量控制　 C. 沟通管理计划　 D. 识别风险

48. 关于见证取样的说法，错误的是（　　）。

  A. 见证取样涉及的三方行为是指施工方、见证方和试验方

  B. 计量认证分为国家级、省级和县级三个等级

  C. 检测单位接受检验任务时，须有送检单位的检验委托单

  D. 检测单位应在检验报告上加盖"见证检验"印章

49. 根据《建设工程安全生产管理条例》，监理单位存在下列（　　）行为的，责令改正，处 10 万元以上 30 万元以下的罚款。

  A. 未对施工组织设计中的安全技术措施进行审查的

  B. 与施工单位串通弄虚作假，降低工程质量的

  C. 将不合格的建筑材料按合格签字的

  D. 与建筑构配件供应单位有隶属关系的

50. Project Controlling 模式往往是与建设工程组织管理模式中的多种模式同时并存，且对其他模式没有任何（　　）。

  A. 独立性、服务性　 B. 可行性、必要性

  C. 选择性、排他性　 D. 强制性、选择性

二、多项选择题（共 30 题，每题 2 分。每题的备选项中，有 2 个或 2 个以上符合题意，至少有 1 个错项。错选，本题不得分；少选，所选的每个选项得 0.5 分）

51. 下列工作中，属于建设准备工作的有（　　）。

  A. 准备必要的施工图纸　 B. 办理施工许可手续

  C. 组建生产管理机构　 D. 办理工程质量监督手续

E. 审查施工图设计文件

52. 下列属于项目董事会职权的有（　　）。

A. 编制并组织实施归还贷款和其他债务计划

B. 编制项目财务预算、决算

C. 组织工程建设实施，负责控制工程投资、工期和质量

D. 负责提出项目竣工验收申请报告

E. 研究解决建设过程中出现的重大问题

53. 根据《建筑法》，申请领取施工许可证应具备的条件有（　　）。

A. 已办理建筑工程用地批准手续　　　　B. 已确定建筑施工企业

C. 已确定工程监理单位　　　　　　　　D. 有满足施工需要的资金安排

E. 有保证工程质量和安全的具体措施

54. 根据《民法典》合同编，当事人订立合同，可以采用书面形式、口头形式或者其他形式。下列合同中，应当采用书面形式的合同的是（　　）。

A. 建设工程监理合同　　　　　　　　　B. 仓储合同

C. 居间合同　　　　　　　　　　　　　D. 项目管理服务合同

E. 建设工程合同

55. 根据《招标投标法》，关于招标文件与资格审查的规定的说法，正确的有（　　）。

A. 编制依法必须进行招标的项目的资格预审文件和招标文件，应当使用国务院发展改革部门会同有关行政监督部门制定的标准文本

B. 招标人应当按照资格预审公告、招标公告或者投标邀请书规定的时间、地点发售资格预审文件或者招标文件

C. 招标人发售资格预审文件、招标文件收取的费用应当限于补偿印刷、邮寄的成本支出，不得以营利为目的

D. 指定媒介发布依法必须进行招标的项目的境内资格预审公告、招标公告，不得收取费用

E. 资格预审文件或者招标文件的发售期不得少于 3 日

56. 施工阶段建设工程造价控制的主要任务是通过（　　）来努力实现实际发生的费用不超过计划投资。

A. 控制工程付款　　　　　　　　　　　B. 协调各有关单位关系

C. 控制工程变更费用　　　　　　　　　D. 预防及处理费用索赔

E. 挖掘降低工程造价潜力

57. 下列建设工程风险事件中，属于技术风险的有（　　）。

A. 设计规范应用不当　　　　　　　　　B. 施工方案不合理

C. 合同条款有遗漏　　　　　　　　　　D. 施工设备供应不足

E. 施工安全措施不当

58. 总监理工程师的（　　）是建设工程监理评标需要考虑的重要内容。

A. 综合能力　　　B. 年龄　　　　　　C. 业绩　　　　　　D. 数量

E. 素质

59. 工程监理企业要做到公平，必须做到（　　）。

A. 要提高综合分析判断问题的能力　　B. 要熟悉工程设计文件

C. 要坚持实事求是　　　　　　　　　　　　D. 要提高专业技术能力

E. 要具有良好的职业道德

60. FIDIC 的道德准则要求咨询工程师具有（　　）等工作态度和敬业精神，充分体现了 FIDIC 对咨询工程师要求的精髓。

A. 科学　　　　　　　B. 公平　　　　　　　C. 正直　　　　　　　D. 诚信

E. 服务

61. 风险监控目的是（　　）进而考虑是否需要调整风险管理计划以及是否启动相应的应急措施等。

A. 考察各种风险控制措施产生的实际效果

B. 转移建设工程所有风险

C. 降低风险的不确定性

D. 确定风险减少的程度

E. 监视风险的变化情况

62. 项目总承包模式的优点之一是有利于造价控制，主要表现在（　　）。

A. 承包范围大，竞争不激烈

B. 可以提高项目的经济性

C. 合同总价较低

D. 从价值工程角度可以取得明显的经济效果

E. 从全寿命费用的角度可以取得明显的经济效果

63. 下列关于工程质量评估报告的描述，正确的是（　　）。

A. 工程竣工预验收合格后，由总监理工程师组织项目资料员编制工程质量评估报告

B. 工程质量评估报告的编制应文字简练、准确、重点突出、内容完整

C. 工程质量评估报告包含工程参建单位、工程概况等主要内容

D. 工程质量评估报告应在正式竣工验收前提交给建设单位

E. 工程质量评估报告编制完成后，由项目总监理工程师及监理单位技术负责人审核签认并加盖监理单位公章后报建设单位

64. 工程监理单位对工程勘察方案审查的内容有（　　）。

A. 勘察工作内容是否与勘察合同及设计要求相符

B. 勘察点布置是否合理

C. 现场勘察组织及人员安排是否合理

D. 勘察进度计划是否满足工程总进度计划要求

E. 试样的数量和质量是否符合规范要求

65. 工程监理单位在参与建设工程监理投标、承接建设工程监理任务时，应根据（　　），可选派符合总监理工程师任职资格要求的人员主持该项工作。

A. 建设工程性质　　B. 进度　　　　　　C. 建设工程规模　　D. 设计

E. 建设单位对建设工程监理的要求

66. 采用综合评估法进行建设工程监理评标的优点有（　　）。

A. 可减少评标过程中的相互干扰　　　　　B. 可增强评标的科学性

C. 可增强评标委员之间的深入交流　　　　D. 可集中体现各个评标委员的意见

E. 可增强评标的公正性

67. 工程监理单位编制投标文件应遵循的原则有（　　）。

A. 明确监理任务分工　　　　　　　B. 响应监理招标文件要求

C. 调查研究竞争对手投标策略　　　D. 深入领会招标文件意图

E. 投标文件要内容详细、层次分明

68. 影响项目监理机构监理工作效率的主要因素有（　　）。

A. 对工程的熟悉程度　　　　　　　B. 工程规模的大小

C. 工程复杂程度　　　　　　　　　D. 管理水平

E. 监理设备手段

69. 下列总监理工程师职责中，可以委托给总监理工程师代表的有（　　）。

A. 组织审核分包单位资格　　　　　B. 组织审查专项施工方案

C. 组织工程竣工预验收　　　　　　D. 组织审查和处理工程变更

E. 组织整理监理文件资料

70. 建设工程项目立项阶段，需要建立的制度包括（　　）。

A. 监理人员教育培训制度　　　　　B. 工程估算审核制度

C. 技术、经济资料及档案管理制度　D. 可行性研究报告评审制度

E. 监理周报、月报制度

71. 关于项目监理机构巡视的说法，正确的有（　　）。

A. 总监理工程师应根据施工组织设计对监理人员进行巡视交底

B. 总监理工程师进行巡视交底时应明确巡视检查要点、巡视频率

C. 总监理工程师进行巡视交底时应对采用巡视检查记录表提出明确要求

D. 总监理工程师应检查监理人员的巡视工作成果

E. 监理人员的巡视检查应主要关注施工质量和安全生产

72. 根据《建设工程监理规范》，监理工作流程是结合工程相应专业制定的具有（　　）的流程图。

A. 可实施性　　　B. 可操作性　　　C. 针对性　　　D. 综合性

E. 指导性

73. 建筑信息建模（BIM）技术的基本特点有（　　）。

A. 协调性　　　　B. 优化性　　　　C. 模拟性　　　D. 经济性

E. 可出图性

74. 见证取样的检验报告应满足的基本要求有（　　）。

A. 试验报告应手工书写　　　　　　B. 试验报告采用统一用表

C. 试验报告签名一定要手签　　　　D. 应有"见证检验"专用章

E. 注明取样人的姓名

75. 项目监理机构与政府部门的协调主要包括的有（　　）。

A. 现场环境污染防治得到环保部门认可

B. 协助设计单位在征地、拆迁、移民方面的工作争取得到政府有关部门的支持

C. 现场消防设施的配置得到消防部门检查认可

D. 与工程质量监督机构的交流和协调

E. 建设工程合同备案

76. 根据《建设工程监理规范》，应由总监理工程师签字并加盖执业印章的是（　　）。

A. 费用索赔报审表   B. 工程复工令

C. 工程开工报审表   D. 工程临时或最终延期报审表

E. 工程开工令

77. 建设工程监理文件资料的管理要求体现在建设工程监理文件资料管理全过程。下列关于建设工程监理文件资料收文与登记的说法，正确的是（　　　）。

A. 项目监理机构所有收文应在收文登记表上按监理信息分类分别进行登记

B. 相互对照的不同类型的监理文件资料，可以直接存放

C. 可以盖章和打印代替手写签认

D. 工程照片及声像资料，应注明拍摄日期及所反映的工程部位等摘要信息

E. 应将设计单位的技术核定单复印件公布在项目监理机构专栏中

78. 建设工程风险对策包括风险回避、损失控制、风险转移和风险自留。下列关于损失控制的说法，正确的是（　　　）。

A. 损失控制是一种主动、积极的风险对策

B. 损失控制措施的最终确定，需要综合考虑其效果和相应的代价

C. 损失控制方案应当是消除损失措施和减少损失措施的有机结合

D. 减少损失措施的作用在于降低损失的严重性或遏制损失的进一步发展

E. 制定损失控制措施必须考虑其付出的代价，包括费用和时间两个方面的代价

79. 项目管理知识体系中的项目风险管理的内容包括（　　　）。

A. 风险定性分析   B. 风险管理计划

C. 估算活动所需资源   D. 风险应对计划

E. 进度计划

80. 下列内容中，属于工程设计评估报告内容的有（　　　）。

A. 设计任务书的完成情况   B. 各专业计划的衔接情况

C. 出图节点与总体计划的符合情况   D. 有关部门审查意见的落实情况

E. 设计深度与设计标准的符合情况

考前最后第3套卷答案解析

一、单项选择题

1. A;	2. A;	3. D;	4. D;	5. D;
6. C;	7. B;	8. D;	9. B;	10. B;
11. D;	12. A;	13. D;	14. A;	15. B;
16. A;	17. C;	18. D;	19. A;	20. A;
21. B;	22. C;	23. D;	24. C;	25. D;
26. D;	27. C;	28. B;	29. C;	30. A;
31. C;	32. D;	33. C;	34. B;	35. C;
36. D;	37. D;	38. D;	39. D;	40. A;
41. C;	42. D;	43. C;	44. C;	45. C;
46. A;	47. B;	48. B;	49. A;	50. C。

【解析】

1. A。本题考核的是建设工程监理涵义。工程监理单位在委托监理的工程中拥有一定管理权限，是建设单位授权的结果。

2. A。本题考核的是强制实施监理的工程范围。《建筑法》第三十条规定，国家推行建筑工程监理制度。国务院可以规定实行强制监理的建筑工程的范围。

《建设工程质量管理条例》第十二条规定，五类工程必须实行监理，即：（1）国家重点建设工程。（2）大中型公用事业工程。（3）成片开发建设的住宅小区工程。（4）利用外国政府或者国际组织贷款、援助资金的工程。（5）国家规定必须实行监理的其他工程。《建设工程监理范围和规模标准规定》又进一步细化了必须实行监理的工程范围和规模标准：（1）国家重点建设工程，是指对国民经济和社会发展有重大影响的骨干项目。（2）大中型公用事业工程，是指项目总投资额在3000万元以上的下列工程项目。（3）成片开发建设的住宅小区工程，建筑面积在5万 m^2 以上的住宅建设工程必须实行监理；5万 m^2 以下的住宅建设工程，可以实行监理，具体范围和规模标准，由省、自治区、直辖市人民政府建设行政主管部门规定。为了保证住宅质量，对高层住宅及地基、结构复杂的多层住宅应当实行监理。（4）利用外国政府或者国际组织贷款、援助资金的工程。（5）国家规定必须实行监理的其他工程。D选项虽然总投资额为1亿元，但皮革厂改建项目不属于国家重点建设工程和大中型公用事业工程，所以不属于必须实行监理的工程项目。

3. D。本题考核的是项目投资决策审批制度。政府投资项目一般都要经过符合资质要求的咨询中介机构的评估论证，特别重大的项目还应实行专家评议制度。国家将逐步实行政府投资工程公示制度，以广泛听取各方面的意见和建议。

4. D。本题考核的是工程监理单位的法律责任。根据《建设工程质量管理条例》第六十七条规定，工程监理单位有下列行为之一的，责令改正，处50万元以上100万元以下的罚款，降低资质等级或者吊销资质证书；有违法所得的，予以没收；造成损失的，承担连带赔偿责任：（1）与建设单位或者施工单位串通，弄虚作假、降低工程质量的。（2）将不合格的建设工程、建筑材料、建筑构配件和设备按照合格签字的。

5.D。本题考核的是对招标文件质疑的处理。潜在投标人或者其他利害关系人对资格预审文件有异议的，应当在提交资格预审申请文件截止时间2日前提出；对招标文件有异议的，应当在投标截止时间10日前提出。

6.C。本题考核的是评标委员会的组成。评标委员会的组成，依法必须进行招标的项目，其评标委员会由招标人的代表和有关技术、经济等方面的专家组成，成员人数为5人以上单数。故C选项错误。其中，技术、经济等方面的专家不得少于成员总数的2/3。故D选项正确。评标委员会的专家成员应当从国务院有关部门或者省、自治区、直辖市人民政府有关部门提供的专家名册或者招标代理机构的专家库内的相关专业的专家名单中确定。故B选项正确。一般招标项目可以采取随机抽取方式，特殊招标项目可以由招标人直接确定。故A选项正确。

7.B。本题考核的是建设程序中各阶段工作。按照规定，工程新开工时间是指建设工程设计文件中规定的任何一项永久性工程第一次正式破土开槽的开始日期。工程地质勘察、平整场地、旧建筑物拆除、临时建筑、施工用临时道路和水、电等工程开始施工的日期不能算作正式开工日期。故B选项错误。生产准备是衔接建设和生产的桥梁，是工程项目建设转入生产经营的必要条件。故C选项正确。工程竣工验收是投资成果转入生产或使用的标志，也是全面考核工程建设成果、检验设计和施工质量的关键步骤。故D选项正确。施工安装活动应按照工程设计要求、施工合同及施工组织设计，在保证工程质量、工期、成本及安全、环保等目标的前提下进行。故A选项正确。

8.D。本题考核的是建设工程三大目标之间对立关系。三大目标之间的对立关系：在通常情况下，如果对工程质量有较高的要求，就需要投入较多的资金和花费较长的建设时间；如果要抢时间、争进度，以极短的时间完成建设工程，势必会增加投资或者使工程质量下降；如果要减少投资、节约费用，势必会考虑降低工程项目的功能要求和质量标准。这些表明，建设工程三大目标之间存在着矛盾和对立的一面。故A、B、C选项错误，D选项正确。

9.B。本题考核的是项目监理机构人员。一名注册监理工程师可担任一项建设工程监理合同的总监理工程师。当需要同时担任多项建设工程监理合同的总监理工程师时，应经建设单位书面同意，且最多不得超过3项。故B选项错误。其余选项均正确。

10.B。本题考核的是施工单位的安全生产责任制度。施工单位的项目负责人应当由取得相应执业资格的人员担任，对建设工程项目的安全施工负责，落实安全生产责任制度、安全生产规章制度和操作规程，确保安全生产费用的有效使用，并根据工程的特点组织制定安全施工措施，消除安全事故隐患，及时、如实报告生产安全事故。

11.D。本题考核的是建筑施工企业的安全生产管理。建筑施工企业应当依法为职工参加工伤保险缴纳工伤保险费。鼓励企业为从事危险作业的职工办理意外伤害保险，支付保险费。故A选项错误。施工现场安全由建筑施工企业负责。实行施工总承包的，由总承包单位负责。分包单位向总承包单位负责，服从总承包单位对施工现场的安全生产管理。故B选项错误。房屋拆除应当由具备保证安全条件的建筑施工单位承担，由建筑施工单位负责人对安全负责。故C选项错误。建筑施工企业应当建立健全劳动安全生产教育培训制度，加强对职工安全生产的教育培训；未经安全生产教育培训的人员，不得上岗作业。故D选项正确。

12. A。本题考核的是招标投标活动中投诉与处理的内容。投标人或者其他利害关系人认为招标投标活动不符合法律、行政法规规定的，可以自知道或者应当知道之日起 10 日内向有关行政监督部门投诉。故 A 选项错误。投诉应当有明确的请求和必要的证明材料。故 B 选项正确。行政监督部门处理投诉，有权查阅、复制有关文件、资料，调查有关情况，相关单位和人员应当予以配合。必要时，行政监督部门可以责令暂停招标投标活动。故 C 选项正确。行政监督部门应当自收到投诉之日起 3 个工作日内决定是否受理投诉，并自受理投诉之日起 30 个工作日内作出书面处理决定；需要检验、检测、鉴定、专家评审的，所需时间不计算在内。故 D 选项正确。

13. D。本题考核的是施工图设计文件的审查。施工图审查机构对施工图审查的内容包括：（1）是否符合工程建设强制性标准。（2）地基基础和主体结构的安全性。（3）消防安全性。（4）人防工程（不含人防指挥工程）防护安全性。（5）是否符合民用建筑节能强制性标准，对执行绿色建筑标准的项目，还应当审查是否符合绿色建筑标准。（6）勘察设计企业和注册执业人员以及相关人员是否按规定在施工图上加盖相应的图章和签字。（7）法律、法规、规章规定必须审查的其他内容。故 D 选项为施工图审查机构审查内容。

14. A。本题考核的是施工现场安全管理。施工现场安全由建筑施工企业负责。实行施工总承包的，由总承包单位负责。分包单位向总承包单位负责，服从总承包单位对施工现场的安全生产管理。

15. B。本题考核的是投标保证金的退还。招标人最迟应当在书面合同签订后 5 日内向中标人和未中标的投标人退还投标保证金及银行同期存款利息。

16. A。本题考核的是项目监理机构内部组织关系的协调。项目监理机构内部组织关系的协调可从以下几个方面进行：（1）在目标分解的基础上设置组织机构，根据工程对象及委托监理合同所规定的工作内容，设置配套的管理部门。（2）明确规定每个部门的目标、职责和权限，最好以规章制度的形式作出明文规定。（3）事先约定各个部门在工作中的相互关系。（4）建立信息沟通制度。（5）及时消除工作中的矛盾或冲突。

17. C。本题考核的是总监理工程师代表。监理工程师代表：经工程监理单位法定代表人同意，由总监理工程师书面授权。代表总监理工程师行使其部分职责和权力，具有工程类注册执业资格或具有中级及以上专业技术职称、3 年及以上工程实践经验并经监理业务培训的人员。

18. D。本题考核的是监理规划编写要求。监理规划在总体内容组成上应力求做到统一，这是监理工作规范化、制度化、科学化的要求。

19. A。本题考核的是建设工程监理招标文件。建设工程监理投标文件必须对招标文件作出实质性响应，而且其内容尽可能与建设单位的意图或要求相符合。

20. A。本题考核的是委托人的主要义务。符合专用合同条款约定的开始监理条件的，委托人应提前 7 d 向监理人发出开始监理通知。监理服务期限自开始监理通知中载明的开始监理日期起计算。

21. B。本题考核的是工程监理企业组织形式。有限责任公司可以设经理，由董事会决定聘任或者解聘。经理对董事会负责，行使公司管理职权。

22. C。本题考核的是设备监造。专业监理工程师应审查设备制造单位报送的设备制造结算文件。

23. D。本题考核的是建设工程监理工作的规范化体现。建设工程监理工作的规范化体现在以下几个方面：（1）工作的时序性。（2）职责分工的严密性。（3）工作目标的确定性。

24. C。本题考核的是工程总承包模式的特点。采用工程总承包模式，建设单位的合同关系简单，组织协调工作量小。由于工程设计与施工由一个承包单位统筹实施，一般能做到工程设计与施工的相互搭接，有利于控制工程进度，可缩短建设周期。可以从价值工程或全寿命期费用角度取得明显的经济效果，有利于工程造价控制。故 B、D 选项正确。

工程总承包模式的缺点是：合同条款不易准确确定，容易造成合同争议等。建设单位的合同关系简单，组织协调工作量小。故 A 选项正确，C 选项错误。

25. D。本题考核的是反映工程项目特征的有关资料。反映工程项目特征的有关资料主要包括：工程项目的批文，规划部门关于规划红线范围和设计条件的通知，土地管理部门关于准予用地的批文，批准的工程项目可行性研究报告或设计任务书，工程项目地形图，工程勘察成果文件，工程设计图纸及有关说明等。故 D 选项为反映工程项目特征资料。

26. D。本题考核的是建设工程最低保修期限。在正常使用条件下，建设工程最低保修期限为：（1）基础设施工程、房屋建筑的地基基础工程和主体结构工程，为设计文件规定的该工程合理使用年限。（2）屋面防水工程、有防水要求的卫生间、房间和外墙面的防渗漏，为 5 年。（3）供热与供冷系统，为 2 个供暖期、供冷期。（4）电气管道、给水排水管道、设备安装和装修工程，为 2 年。

27. C。本题考核的是职能制组织形式。职能制组织形式是在项目监理机构内设立一些职能部门，将相应的监理职责和权力交给职能部门，各职能部门在其职能范围内有权直接发布指令指挥下级。

28. B。本题考核的是专业监理工程师职责。专业监理工程师应履行下列职责：（1）参与编制监理规划，负责编制监理实施细则。（2）审查施工单位提交的涉及本专业的报审文件，并向总监理工程师报告。（3）参与审核分包单位资格。（4）指导、检查监理员工作、定期向总监理工程师报告本专业监理工作实施情况。（5）检查进场的工程材料、构配件、设备的质量。（6）验收检验批、隐蔽工程、分项工程，参与验收分部工程。（7）处置发现的质量问题和安全事故隐患。（8）进行工程计量。（9）参与工程变更的审查和处理。（10）组织编写监理日志、参与编写监理月报。（11）收集、汇总、参与整理监理文件资料。（12）参与工程竣工预验收和竣工验收。B 选项属于监理员的职责。

29. C。本题考核的是建设工程风险初始清单。初始清单法是指有关人员利用所掌握的丰富知识设计而成的初始风险清单表，尽可能详细地列举建设工程所有的风险类别，按照系统化、规范化地要求去识别风险。故 B 选项错误。建设工程风险初始清单的风险因素分为技术风险和非技术风险。故 A 选项错误。如果对每一个建设工程风险的识别都从头做起，至少有以下三方面缺陷：一是耗费时间和精力多，风险识别工作的效率低；二是由于风险识别的主观性，可能导致风险识别的随意性，其结果缺乏规范性；三是风险识别成果资料不便积累，对今后的风险识别工作缺乏指导作用。因此，为了避免以上缺陷，有必要建立建设工程风险初始清单，故 C 选项正确，D 选项错误。

30. A。本题考核的是为监理规划编写要求。监理规划要把握工程项目运行脉搏，是指其可能随着工程进展进行不断地补充、修改和完善。

31. C。本题考核的是监理规划编写要求。监理规划的编写还应听取建设单位的意见，以便能最大限度满足其合理要求，使监理工作得到有关各方的理解和支持，为进一步做好监理服务奠定基础。

32. D。本题考核的是三大目标控制措施。加强合同管理是控制建设工程目标的重要措施，组织措施是其他各类措施的前提和保障，故选项 A、B 错误。通过选择合理的承发包模式和合同计价方式，选定满意的施工单位及材料设备供应单位，拟订完善的合同条款，并动态跟踪合同执行情况及处理好工程索赔等，是控制建设工程目标的重要合同措施。故 D 选项正确。经济措施不仅是审核工程量、工程款支付申请及工程结算报告，还需要编制和实施资金使用计划，对工程变更方案进行技术经济分析等，故选项 C 错误。

33. C。本题考核的是安全生产管理的监理工作。对于超过一定规模的危险性较大的分部分项工程专项方案应当由施工单位组织召开专家论证会。

34. B。本题考核的是工程造价控制工作内容。工程造价控制工作内容：（1）熟悉施工合同及约定的计价规则，复核、审查施工图预算。（2）定期进行工程计量，复核工程进度款申请，签署进度款付款签证。（3）建立月完成工程量统计表，对实际完成量与计划完成量进行比较分析，发现偏差的，应提出调整建议，并报告建设单位；（4）按程序进行竣工结算款审核，签署竣工结算款支付证书。

35. C。本题考核的是招标人的违法行为。根据《招标投标法》第五十一条，招标人以不合理的条件限制或者排斥潜在投标人的，对潜在投标人实行歧视待遇的，强制要求投标人组成联合体共同投标的，或者限制投标人之间竞争的，责令改正，可以处一万元以上五万元以下的罚款。

36. D。本题考核的是建设工程监理工作的关键。建设工程目标体系构建后，建设工程监理工作的关键在于动态控制。

37. D。本题考核的是监理文件的要求。总监理工程师应组织编制监理规划，监理规划报送前还应由监理单位技术负责人审核签字。监理实施细则可随工程进展编制，但应在相应工程开始由专业监理工程师编制完成，并经总监理工程师审批后实施。监理月报由总监理工程师组织编写、签认后报送建设单位和本监理单位。

38. D。本题考核的是设计信息检索时需要考虑的内容。设计信息检索时需要考虑的内容包括：（1）允许检索的范围，检索的密级划分，密码管理等。（2）检索的信息能否及时、快速地提供，实现的手段。（3）所检索信息的输出形式，能否根据关键词实现智能检索等。D 选项属于设计信息分发制度时需要考虑的内容。

39. D。本题考核的是第一次工地会议。第一次工地会议上，总监理工程师应介绍监理工作的目标、范围和内容、项目监理机构及人员职责分工、监理工作程序、方法和措施等。故 D 选项正确。选项 A 错误：第一次工地会议应由建设单位主持，监理单位、总承包单位授权代表参加。选项 B 错误：第一次工地会议是建设工程尚未全面展开、总监理工程师下达开工令前召开。选项 C 错误：第一次工地会议的会议纪要由项目监理机构负责整理。

40. A。本题考核的是平行检验的作用。施工现场质量管理检查记录、检验批、分项工程、分部（子分部）工程、单位（子单位）工程等的验收记录（检查评定结果）由施工单位填写，验收结论由监理（建设）单位填写。

41. C。本题考核的是见证取样程序。为保证试件能代表母体的质量状况和取样的真实，制止出具只对试件（来样）负责的检测报告，保证建设工程质量检测工作的科学性、公正性和准确性，以确保建设工程质量。

42. D。本题考核的是项目监理机构的设立。工程监理单位调换总监理工程师，应征得建设单位书面同意；调换专业监理工程师时，总监理工程师应书面通知建设单位。

43. C。本题考核的是监理例会会议纪要的内容。例会上意见不一致的重大问题，应将各方的主要观点，特别是相互对立的意见记入"其他事项"中。

44. C。本题考核的是项目监理机构文件资料监理职责。根据《建设工程监理规范》，项目监理机构文件资料管理的基本职责如下：（1）应建立和完善监理文件资料管理制度，宜设专人管理监理文件资料。故 A 选项正确。（2）应及时、准确、完整地收集、整理、编制、传递监理文件资料，宜采用信息技术进行监理文件资料管理。故 B 选项正确。（3）应及时整理、分类汇总监理文件资料，并按规定组卷，形成监理档案。故 C 选项错误。（4）应根据工程特点和有关规定，保存监理档案，并应向有关单位、部门移交需要存档的监理文件资料。故 D 选项正确。

45. C。本题考核的是建设工程风险的划分。建设工程的风险按照风险来源进行划分，风险因素包括：自然风险、社会风险、经济风险、法律风险和政治风险。建设工程的风险按风险影响范围划分，可分为：局部风险和总体风险。

46. A。本题考核的是风险评价方法。调查打分法是一种最常见、最简单且易于应用的风险评价方法。

47. B。本题考核的是项目管理知识领域中项目质量管理的内容。项目质量管理是指为满足项目利益相关者目标而开展的计划、管理和控制活动。具体内容包括：质量管理计划、质量管理和质量控制。

48. B。本题考核的是见证取样的程序。见证取样涉及三方行为，包括施工方、见证方、试验方。故 A 选项正确。在送检时，检测单位在接受委托检验任务时，须由送检单位填写委托单，见证人员应出示"见证员证书"，并在检验委托单上签名。故 C 选项正确。检测单位应在检验报告上加盖"见证检验"章。故 D 选项正确。B 选项错误：计量认证分为两级实施：一级为国家级；一级为省级。

49. A。本题考核的是监理单位的违法行为。工程监理单位有下列行为之一的，责令限期改正；逾期未改正的，责令停业整顿，并处 10 万元以上 30 万元以下的罚款：（1）未对施工组织设计中的安全技术措施或者专项施工方案进行审查的。（2）发现安全事故隐患未及时要求施工单位整改或者暂时停止施工的。（3）施工单位拒不整改或者不停止施工，未及时向有关主管部门报告的。（4）未依照法律、法规和工程建设强制性标准实施监理的。选项 B、C 应处 50 万元以上 100 万元以下的罚款。选项 D 应处 5 万元以上 10 万元以下的罚款。

50. C。本题考核的是 Project Controlling 模式的性质。Project Controlling 模式往往是与建设工程组织管理模式中的多种模式同时并存，且对其他模式没有任何"选择性"和"排他性"。

二、多项选择题

51. A、B、D；　　52. D、E；　　53. A、B、D、E；
54. A、D、E；　　55. A、B、C、D；　　56. A、C、D、E；
57. A、B、E；　　58. A、C；　　59. A、C、D、E；
60. B、C、D、E；　　61. A、D、E；　　62. B、D、E；
63. B、C、D、E；　　64. A、B、C、D；　　65. A、C、E；

66. A、B、E;	67. B、D、E;	68. C、D、E;
69. A、D、E;	70. B、D;	71. B、C、D、E;
72. A、B;	73. A、B、C、E;	74. B、C、D;
75. A、C、D、E;	76. B、D、E;	77. A、D、E;
78. A、B、D、E;	79. A、B、D;	80. A、D、E。

【解析】

51. A、B、D。本题考核的是工程建设程序。建设准备工作内容包括：征地、拆迁和场地平整；完成施工用水、电、通信、道路等接通工作；组织招标选择工程监理单位、施工单位及设备、材料供应商；准备必要的施工图纸；办理工程质量监督和施工许可手续。C选项属于生产准备工作，E选项属于勘察设计工作。

52. D、E。本题考核的是项目董事会的职权。建设项目董事会的职权有：负责筹措建设资金；审核、上报项目初步设计和概算文件；审核、上报年度投资计划并落实年度资金；提出项目开工报告；研究解决建设过程中出现的重大问题；负责提出项目竣工验收申请报告；审定偿还债务计划和生产经营方针，并负责按时偿还债务；聘任或解聘项目总经理，并根据总经理的提名，聘任或解聘其他高级管理人员。A、B、C选项属于项目总经理的职权。

53. A、B、D、E。本题考核的是建设单位申请领取施工许可证的条件。建设单位申请领取施工许可证，应当具备下列条件：（1）已经办理建筑工程用地批准手续。（2）依法应当办理建设工程规划许可证的，已经取得建设工程规划许可证。（3）需要拆迁的，其拆迁进度符合施工要求。（4）已经确定建筑施工企业。（5）有满足施工需要的资金安排、施工图纸及技术资料。（6）有保证工程质量和安全的具体措施。

54. A、D、E。本题考核的是合同形式。建设工程合同、建设工程监理合同、项目管理服务合同应当采用书面形式。

55. A、B、C、D。本题考核的是招标文件与资格审查的规定。编制依法必须进行招标的项目的资格预审文件和招标文件，应当使用国务院发展改革部门会同有关行政监督部门制定的标准文本。故A选择正确。招标人应当按照资格预审公告、招标公告或者投标邀请书规定的时间、地点发售资格预审文件或者招标文件。故B选择正确。招标人发售资格预审文件、招标文件收取的费用应当限于补偿印刷、邮寄的成本支出，不得以营利为目的。故C选择正确。指定媒介发布依法必须进行招标的项目的境内资格预审公告、招标公告，不得收取费用。故D选择正确。资格预审文件或者招标文件的发售期不得少于5日。故E选项错误。

56. A、C、D、E。本题考核的是建设工程造价控制的主要任务。项目监理机构在建设工程施工阶段造价控制的主要任务是通过工程计量、工程付款控制、工程变更费用控制、预防并处理好费用索赔、挖掘降低工程造价潜力等使工程实际费用支出不超过计划投资。故本题选A、C、D、E。

57. A、B、E。本题考核的是建设工程风险初始清单的具体内容。选项C、D属于非技术风险。

58. A、C。本题考核的是工程监理人员配备。项目监理机构监理人员的数量和素质，特别是总监理工程师的综合能力和业绩是建设工程监理评标需要考虑的重要内容。

59. A、C、D、E。本题考核的是工程监理企业经营活动准则。工程监理企业要做到公平，必须做到：（1）要具有良好的职业道德。（2）要坚持实事求是。（3）要熟悉建设工程合同有关条款。（4）要提高专业技术能力。（5）要提高综合分析判断问题的能力。

60. B、C、D、E。本题考核的是 FIDIC 的道德准则。FIDIC 的道德准则要求咨询工程师具有正直、公平、诚信、服务等工作态度和敬业精神，充分体现了 FIDIC 对咨询工程师要求的精髓。

61. A、D、E。本题考核的是风险监控。风险监控是指跟踪已识别的风险和识别新的风险，保证风险计划的执行，并评估风险对策与措施的有效性。其目的是考察各种风险控制措施产生的实际效果、确定风险减少的程度、监视风险的变化情况，进而考虑是否需要调整风险管理计划以及是否启动相应的应急措施等。

62. B、D、E。本题考核的是工程总承包模式的优点。采用工程总承包模式，建设单位的合同关系简单，组织协调工作量小；由于工程设计与施工由一家承包单位统筹实施，一般能做到工程设计与施工的相互搭接，有利于控制工程进度，可缩短建设周期；也可从价值工程或全寿命期费用角度取得明显的经济效益，有利于工程造价控制。

63. B、C、D、E。本题考核的是工程质量评估报告。选项 A 错误，正确的表述为：工程竣工预验收合格后，由总监理工程师组织专业监理工程师编制工程质量评估报告。

64. A、B、C、D。本题考核的是工程勘察方案的审查内容。工程监理单位应重点审查以下内容：（1）勘察技术方案中工作内容与勘察合同及设计要求是否相符，是否有漏项或冗余。故 A 选项正确。（2）勘察点的布置是否合理，其数量、深度是否满足规范和设计要求。故 B 选项正确。（3）各类相应的工程地质勘察手段、方法和程序是否合理，是否符合有关规范的要求。故 E 选项错误。（4）勘察重点是否符合勘察项目特点，技术与质量保证措施是否还需要细化，以确保勘察成果的有效性。（5）勘察方案中配备的勘察设备是否满足本工程勘察技术要求。（6）勘察单位现场勘察组织及人员安排是否合理，是否与勘察进度计划相匹配。故 C 选项正确。（7）勘察进度计划是否满足工程总进度计划。故 D 选项正确。

65. A、C、E。本题考核的是组建项目监理机构。工程监理单位在参与建设工程监理投标、承接建设工程监理任务时，应根据建设工程规模、性质、建设单位对建设工程监理的要求，可选派符合总监理工程师任职资格要求的人员主持该项工作。

66. A、B、E。本题考核的是采用综合评估法进行建设工程监理评标的优点。综合评估法是我国各地广泛采用的评标方法，其特点是量化所有评标指标，由评标委员会专家分别打分，减少了评标过程中的相互干扰，增强了评标的科学性和公正性。

67. B、D、E。本题考核的是工程监理单位编制投标文件的原则。工程监理单位编制投标文件的原则包括：（1）响应招标文件、保证不被废标。（2）认真研究招标文件，深入领会招标文件意图。（3）投标文件要内容详细、层次分明、重点突出。

68. C、D、E。本题考核的是工程监理单位的业务水平。每个工程监理单位的业务水平和对某类工程的熟悉程度不完全相同，在监理人员素质、管理水平和监理设备手段等方面也存在差异，这都会直接影响到监理效率的高低。

69. A、D、E。本题考核的是总监理工程师代表职责。总监理工程师不得将下列工作委托给总监理工程师代表：（1）组织编制监理规划，审批监理实施细则。（2）根据工程进展及监理工作情况调配监理人员。（3）组织审查施工组织设计、（专项）施工方案。（4）签发工程开工令、暂停令和复工令。（5）签发工程款支付证书，组织审核竣工结算。（6）调解建设单位与施工单位的合同争议，处理工程索赔。（7）审查施工单位的竣工申请，组织工程竣工预验收，组织编写工程质量评估报告，参与工程竣工验收。（8）参与或配合工程质量安全事故的调查和处理。B、C选项为总监理工程师不得委托总监理工程师代表的工作，A、D、E选项为总监理工程师可以委托给总监理工程师代表的职责。

70. B、D。本题考核的是建设工程项目立项阶段，需要建立的制度。建设工程项目立项阶段，需要建立的制度包括：可行性研究报告评审制度、工程估算审核制度等。

71. B、C、D、E。本题考核的是项目监理机构巡视的要求。总监理工程师应根据经审核批准的监理规划和监理实施细则对现场监理人员进行交底，明确巡视检查要点、巡视频率和采取措施及采用的巡视检查记录表；合理安排监理人员进行巡视检查工作；督促监理人员按照监理规划及监理实施细则的要求开展现场巡视检查工作；总监理工程师应检查监理人员巡视的工作成果等。监理人员在巡视检查时，应主要关注施工质量、安全生产两个方面情况。A选项错误，正确的表述是：总监理工程师应根据经审核批准的监理规划和监理实施细则对现场监理人员进行交底。

72. A、B。本题考核的是监理工作流程。监理工作流程是结合工程相应专业制定的具有可操作性和可实施性的流程图。

73. A、B、C、E。本题考核的是建筑信息建模（BIM）技术的特点。BIM具有可视化、协调性、模拟性、优化性、可出图性等特点。

74. B、C、D。本题考核的是见证取样的检验报告的要求。对检验报告要求：应打印；应采用统一用表；个人签名要手签；应盖有统一格式的"见证检验"专用章；要注明检验人姓名。

75. A、C、D、E。本题考核的是项目监理机构与政府部门及其他单位的协调。与政府部门的协调的内容包括：与工程质量监督机构的交流和协调；建设工程合同备案；协助建设单位在征地、拆迁、移民等方面的工作争取得到政府有关部门的支持；现场消防设施的配置得到消防部门检查认可；现场环境污染防治得到环保部门认可等。

76. B、D、E。本题考核的是总监理工程师签字并加盖执业印章的表式。下列表式应由总监理工程师签字并加盖执业印章：（1）工程开工令。（2）工程暂停令。（3）工程复工令。（4）工程款支付证书。（5）施工组织设计或（专项）施工方案报审表。（6）工程开工报审表。（7）单位工程竣工验收报审表。（8）工程款支付报审表。（9）费用索赔报审表。（10）工程临时或最终延期报审表。费用索赔报审表和工程开工报审表需要建设单位审批同意，A、C故选项错误。

77. A、D、E。本题考核的是建设工程监理文件资料收文与登记。当不同类型的监理文件资料之间存在相互对照或追溯关系（如监理通知与监理通知回复单）时，在分类存放的情况下，应在文件和记录上注明相关文件资料的编号和存放处。故B选项错误。项目监理机构文件资料管理人员应检查监理文件资料的各项内容填写和记录是否真实完整，签字认可人员应为符合相关规定的责任人员，并且不得以盖章和打印代替手写签认。故C选项错误。

78. A、B、D、E。本题考核的是损失控制。损失控制是一种主动、积极的风险对策。故A选项正确。损失控制可分为预防损失和减少损失两个方面。预防损失措施的主要作用在于降低或消除（通常只能做到降低）损失发生的概率，而减少损失措施的作用在于降低损失的严重性或遏制损失的进一步发展，使损失最小化。故D选项正确。一般来说，损失控制方案都应当是预防损失措施和减少损失措施的有机结合。故 C 选项错误。损失控制措施的最终确定，需要综合考虑其效果和相应的代价。故 B 选项正确。制定损失控制措施必须考虑其付出的代价，包括费用和时间两个方面。故 E 选项正确。

79. A、B、D。本题考核的是项目风险管理的内容。项目风险管理的内容包括：风险管理计划、识别风险、风险定性分析、风险定量分析、风险应对计划、风险对策实施和风险监测。

80. A、D、E。本题考核的是工程设计评估报告内容。工程监理单位应审查设计单位提交的设计成果，并提出评估报告。评估报告应包括下列主要内容：

（1）设计工作概况。

（2）设计深度、与设计标准的符合情况。

（3）设计任务书的完成情况。

（4）有关部门审查意见的落实情况。

（5）存在的问题及建议。

《建设工程合同管理》

2022年度试卷及答案解析

2022年度全国监理工程师职业资格考试试卷

扫码听课

一、单项选择题（共50题，每题1分。每题的备选项中，只有1个最符合题意）

1. 根据《民法典》合同编，当事人在保证合同中对保证方式没有约定或约定不明确的，保证人按照（　　）方式承担保证责任。

   A. 连带责任　　　　B. 仲裁协议约定　　C. 一般保证　　　　D. 当事人诉讼请求

2. 根据《招标投标法实施条例》，要求投标人提交投标保证金的，投标保证金数额不得超过招标项目估算价的（　　）。

   A. 2%　　　　　　　B. 3%　　　　　　　C. 5%　　　　　　　D. 10%

3. 关于施工预付款保函的说法，正确的是（　　）。

   A. 预付款保函应由招标人委托第三方开具

   B. 预付款保函应在签订施工合同前出具

   C. 预付款保函金额应与预付款金额相同

   D. 预付款保函应在整个施工期内有效

4. 根据《标准设计招标文件》，属于设计招标文件中"发包人要求"内容的是（　　）。

   A. 设计文件审查要求　　　　　　　B. 适用规范标准

   C. 设计工作计划　　　　　　　　　D. 设计方案说明

5. 根据《标准勘察招标文件》，属于"勘察服务"内容的是（　　）。

   A. 进行技术交底　　B. 提供施工配合　　C. 评估工程条件　　D. 参加竣工验收

6. 根据《标准勘察招标文件》中的通用合同条款，勘察人按合同约定制订勘察纲要，进行测绘、勘探、取样和试验，分析和评估地址特征，编制勘察报告等工作属于（　　）。

   A. 地址开发服务　　B. 勘察服务　　　　C. 设计服务　　　　D. 测量测绘服务

7. 根据《标准勘察招标文件》，属于"勘察纲要"内容的是（　　）。

   A. 勘察安全保证措施　　　　　　　B. 勘察成果文件

   C. 勘察人资质文件　　　　　　　　D. 勘察分包合同

8. 根据《标准勘察招标文件》，评标委员会成员对需要共同认定的事项存在争议的，评标结论应当（　　）作出。

   A. 征询招标人意见后　　　　　　　B. 根据评标委员会负责人意见

C. 由招标管理机构　　　　　　　　　　D. 按照少数服从多数原则

9. 某工程施工招标时，评标委员会成员拟由 9 人组成，根据《招标投标法》，其中技术、经济等方面的专家应不少于（　　）人。

A. 4　　　　　　　B. 5　　　　　　　C. 6　　　　　　　D. 7

10. 某施工项目，单位甲和单位乙组成联合体投标，其中单位甲投入编制投标文件人手多，单位乙承担投标施工项目工作量大，则该联合体投标后，其履约担保应由（　　）递交。

A. 单位甲　　　　　　　　　　　　　　B. 单位乙

C. 单位甲乙共同　　　　　　　　　　　D. 联合体牵头单位

11. 某政府投资项目，采用公开招标方式选择施工承包商，招标文件规定的开标日为 2021 年 6 月 1 日，投标有效期至 2021 年 8 月 30 日止。该项目如期开标并于 2021 年 6 月 7 日完成评标，6 月 11 日向中标人发出中标通知书，则招标人与中标人最迟应在 2021 年（　　）订立书面合同。

A. 6 月 27 日　　　B. 7 月 11 日　　　C. 8 月 1 日　　　D. 8 月 30 日

12. 施工招标中，对投标申请人资格预审可采用的方法是（　　）。

A. 合格制和淘汰制　　　　　　　　　　B. 有限数量制和淘汰制

C. 资质合格制和有限数量制　　　　　　D. 合格制和有限数量制

13. 某大型复杂工程，施工技术要求高，对性能有特殊要求，则施工招标适宜采用的评标方法是（　　）。

A. 综合评估法　　　B. 综合评标价法　　　C. 最低评标价法　　　D. 最低投标价法

14. 工程施工评标中，有两家不同报价的投标单位综合评分相等时，根据《标准施工招标文件》，应将（　　）排名靠前。

A. 投标报价低的单位　　　　　　　　　B. 资质等级高的单位

C. 施工组织设计得分高的单位　　　　　D. 对招标人提出较多优惠条件的单位

15. 某工程施工投标文件中承诺的投标有效期短于招标文件规定的时间，则对该投标人的正确处理方式是（　　）。

A. 没收该投标人的投标保证金　　　　　B. 否决该投标人的投标

C. 要求该投标人延长投标有效期　　　　D. 由招标人与该投标人协商补救办法

16. 招标人按照投标人须知前附表要求，对于符合招标文件规定的未中标人的设计成果给予补偿后，关于该设计成果使用的说法，正确的是（　　）。

A. 招标人应保护未中标人知识产权且不得使用其设计成果

B. 招标人有权免费使用未中标人的设计成果

C. 应由中标人与未中标人协商使用其设计成果的许可和费用

D. 中标人应邀请未中标人加入其设计团队并使用未中标人的设计成果

17. 施工单位采购大宗建筑材料，与材料供货商签订的合同属于（　　）合同。

A. 委托　　　　　B. 承揽　　　　　C. 买卖　　　　　D. 建设工程

18. 业主招标采购工程建设所需货物时，对于投标截止时间前已进口的货物，国内供货方的报价应是（　　）。

A. 仓库交货价　　　B. 出厂价　　　C. 船上交货价　　　D. 离岸价

19. 业主从国外采购建设工程所需设备时，招标文件中要求报指定目的港价的。国外供货方在投标时应报（　　）价。

A. FCA   B. CIP   C. FOB   D. CIF

20. 根据《标准材料采购招标文件》，在初步评审材料采购投标文件时，属于资格评审内容的是（   ）。

A. 投标文件格式要求   B. 财务要求

C. 投标有效期要求   D. 质量要求

21. 采用综合评估法对机电产品采购进行评标时，每一位评标委员会成员对评价因素响应值的评价结果称为（   ）。

A. 加权评价值   B. 最高评价值   C. 独立评价值   D. 最低评价值

22. 根据《标准勘察招标文件》中的通用合同条款，合同文件优先解释顺序正确的是（   ）。

A. 专用合同条款—勘察费用清单—发包人要求—勘察纲要

B. 发包人要求—勘察费用清单—勘察纲要—专用合同条款

C. 专用合同条款—发包人要求—勘察纲要—勘察费用清单

D. 专用合同条款—发包人要求—勘察费用清单—勘察纲要

23. 根据《标准勘察招标文件》中的通用合同条款，勘探场地临时设施的搭设、维护、管理和拆除的责任和义务应由（   ）承担。

A. 发包人   B. 勘察人

C. 发包人和勘察人共同   D. 勘察人和设计人共同

24. 根据《标准勘察招标文件》中的通用合同条款，因勘察人使用的勘察设备不足以满足合同约定的勘察成果质量要求，发包人要求勘察人更换勘察设备，勘察人及时进行了更换，由此增加的费用由（   ）承担。

A. 发包人   B. 勘察人

C. 设备供应商   D. 发包人和勘察人共同

25. 根据《标准设计招标文件》中的通用合同条款，设计合同履行过程中发生不可抗力事件，对不可抗力事件引起的后果及其损失，承担的主体是（   ）。

A. 发包人   B. 设计人   C. 发包人和设计人   D. 项目业主

26. 某工程因原设计的基础处理强夯作业影响邻近工地的居民生活，为此通过设计变更对基础进行处理，该变更增加的合同价格应由（   ）承担。

A. 发包人   B. 承包人   C. 设计人   D. 承包人和发包人共同

27. 根据《标准设计招标文件》中的通用合同条款，设计合同履行过程中，发包人根据用户需求，增加了设备运行的工况条件，设计人为满足新增的设备运行工况，修改设计方案，并完成了相应设计变更工作。由此导致了设计人费用增加，修改增加的设计费用应由（   ）承担。

A. 设计人   B. 提出增加设备运行工况的用户

C. 设计人和发包人共同   D. 发包人

28. 根据《标准设计招标文件》中的通用合同条款，为保证工程质量和施工安全，提出相关措施建议的内容包括（   ）。

A. 设计人员现场服务的安全保护措施

B. 监理人现场人员的安全保护措施

C. 预防生产事故和保护施工作业人员的安全措施

D. 业主方工程施工的安全生产方案

29. 根据《标准施工招标文件》中的通用合同条款，关于监理人职责和权利的说法正确的是（　　）。

A. 监理人在施工合同履行过程中行使任何权利前均需经发包人批准

B. 监理人有权变更施工合同约定的承包人的义务

C. 监理人无权免除施工合同约定的发包人和承包人的责任

D. 监理人对工程材料检验合格则视为其批准，可减轻承包人的责任和义务

30. 根据《标准施工招标文件》中的通用合同条款，合同中的"图纸"应包括（　　）。

A. 招标图纸

B. 施工图

C. 招标图纸和施工图

D. 承包人依据施工图提供的加工图

31. 根据《标准施工招标文件》中的通用合同条款，在工程整个施工期间应为其现场雇用的全部人员投保人身意外伤害险并缴纳保险费的投保人是（　　）。

A. 发包人和设计人

B. 承包人和分包人

C. 发包人和监理人

D. 发包人和承包人

32. 根据《建设工程安全生产管理条例》，承包人需要编制专项施工方案并经专家论证的工程是（　　）。

A. 高空作业工程

B. 深水作业工程

C. 大爆破工程

D. 地下暗挖工程

33. 某工程施工合同约定，土方填筑作业每一层必须经监理人检验。承包人以工期紧为由，未通知监理人到场检查，自行检验后进行了填筑作业。监理人指示承包人按填筑层厚逐层揭开检验，经随机抽检，填筑质量符合合同要求，由此增加的费用和工期延误由（　　）承担。

A. 发包人

B. 承包人

C. 发包人和承包人共同

D. 承包人和监理人共同

34. 根据《标准施工招标文件》中的通用合同条款，合同协议书中写明的合同总金额应包括的金额是（　　）。

A. 暂列金额和暂估价

B. 变更的价款调整

C. 索赔补偿金额

D. 保修期的保修费用

35. 根据《标准施工招标文件》中的通用合同条款，采用计日工计价的工作应从（　　）中支付。

A. 暂估价　　　　B. 暂列金额　　　　C. 单价措施项目费　D. 总价措施项目费

36. 根据《标准施工招标文件》中的通用合同条款，关于总价支付项目工程计量的说法，正确的是（　　）。

A. 监理人按已完成的工作量按日计量

B. 监理人按已批准承包人的支付分解报告作为计量周期

C. 总价子目表中标明用于结算的工程量，通常应现场计量

D. 总价子目的计量与支付以总价为基础，考虑市场价格浮动的调整

37. 根据《标准施工招标文件》中的通用合同条款，承包人可按合同约定在（　　）后向监理人提交最终结清申请单。

A. 签发缺陷责任期终止证书　　　　B. 缺陷责任期终止

C. 签发工程接收证书　　　　D. 签发保修责任证书

38. 设计施工总承包模式与施工承包模式相比，主要优点是有利于（　　）。

A. 业主选用指定的分包商　　　　B. 吸引更多的投标人竞标

C. 发包人对承包人的监督和检查　　　　D. 减少承包人的索赔

39. 根据《标准设计施工总承包招标文件》，总监理工程师超过（　　）d 不能履行职责的，应委派代表在许可范围内代行其职责。

A. 2　　　　B. 3　　　　C. 5　　　　D. 7

40. 根据《标准设计施工总承包招标文件》，合同文件包括：①承包人建议书；②中标通知书；③合同协议书。仅就上述组成文件而言，正确的优先解释顺序为（　　）。

A. ①—②—③　　　B. ③—①—②　　　C. ①—③—②　　　D. ③—②—①

41. 根据《标准设计施工总承包招标文件》，在工程竣工试验的第二阶段，发包人应提出对（　　）的要求。

A. 单车试验　　　B. 功能性试验　　　C. 联动试车　　　D. 性能测试

42. 根据《标准设计施工总承包招标文件》，承包人应保证其履约担保在（　　）前一直有效。

A. 承包人提出工程竣工验收申请　　　　B. 发包人颁发工程接收证书

C. 承包人提出工程竣工计算申请　　　　D. 发包人颁发工程缺陷责任终止证书

43. 根据《标准设计施工总承包招标文件》，自监理人收到承包人的设计文件之日起，对设计文件的审查期限不应超过（　　）d。

A. 21　　　　B. 28　　　　C. 42　　　　D. 56

44. 根据《标准材料采购招标文件》，除专用合同条款另有约定外，材料采购合同生效后，买方应在约定时间内向卖方支付签约合同价的（　　）作为预付款。

A. 30%　　　　B. 20%　　　　C. 15%　　　　D. 10%

45. 根据《标准材料采购招标文件》，合同材料交付前，卖方应对其进行全面检验，并在交付合同材料时向买方提交合同材料的质量证明文件是（　　）。

A. 质量检测报告　　　　B. 产品核验清单

C. 第三方检测证明　　　　D. 质量合格证书

46. 根据《标准设备采购招标文件》中的通用合同条款，除专用合同条款另有约定外，买方应向卖方支付合同价格的（　　）作为验收款。

A. 25%　　　　B. 30%　　　　C. 40%　　　　D. 60%

47. 根据《标准设备采购招标文件》中的通用合同条款，除专用合同条款另有约定外，合同设备的开箱检验应在（　　）进行。

A. 卖方仓库　　　B. 第三方检测地　　　C. 施工场地　　　D. 第三方物流公司

48. 根据 FIDIC《施工合同条件》，合同争端可按照规定，由争端避免/裁决委员会（DAAB）裁决。关于 DAAB 人员任命和酬金的说法，正确的是（　　）。

A. 由业主任命、承包商承担酬金　　　B. 合同双方联合任命、业主承担酬金

C. 合同双方联合任命、承包商承担酬金　D. 合同双方联合任命、分摊酬金

49. 根据 FIDIC《设计采购施工（EPC）/交钥匙合同条件》，承包商应在开工日期后（　　）d 内向业主提交一份进度计划。

A. 21　　　　　　B. 28　　　　　　C. 42　　　　　　D. 56

50. 采用集成项目交付（IPD）模式时，工程参建各方需要在（　　）阶段共同确定项目目标成本。

A. 标准设计　　　　B. 策划　　　　C. 详细设计　　　　D. 施工

二、多项选择题（共30题，每题2分，每题的备选项中，有2个或2个以上符合题意，至少有1个错项。选错，本题不得分；少选，所选的每个选项得0.5分）

51. 我国工程建设领域推行标准招标合同文件，当事人选用标准合同文本将有利于（　　）。

A. 降低合同价格　　　　　　　　　B. 避免条款缺项漏项

C. 提高交易效率　　　　　　　　　D. 审计监督合同

E. 条款符合法规要求

52. 委托代理采用书面形式授权的，授权委托书应当载明的内容有（　　）。

A. 代理事项　　　　　　　　　　　B. 代理权限

C. 代理人姓名或名称　　　　　　　D. 代理费用

E. 代理期限

53. 某工程投保建筑工程一切险，保险人负责赔偿损失的有（　　）。

A. 设备锈蚀造成的损失　　　　　　B. 盘点时发现的材料短缺

C. 水灾造成的损失　　　　　　　　D. 原材料缺陷造成的损失

E. 雷电造成的损失

54. 工程设计招标与施工招标相比，主要特征有（　　）。

A. 设计工作无具体量化的工作量，灵活性较大

B. 设计方案对工程项目投资更具全局性影响

C. 招标人可以给予未中标的有效投标人费用补偿

D. 招标工作量大、要求评标专家人数多

E. 可允许投标人提供备选投标方案

55. 公开招标与邀请招标相比，主要特点有（　　）。

A. 有利于公平竞争　　　　　　　　B. 有利于缩短招标时间

C. 资格预审工作量大　　　　　　　D. 以招标公告形式告知潜在投标人

E. 有利于节省招标费用

56. 根据《标准施工招标文件》，关于招标阶段组织现场踏勘的说法，正确的有（　　）。

A. 招标人应鼓励投标人自主完成现场踏勘

B. 投标人应自行承担踏勘现场所发生的费用

C. 招标人应为任何原因导致投标人踏勘现场中所发生的人员伤亡负责

D. 招标人踏勘现场时可以介绍工地情况，供投标人参考

E. 招标人应在投标截止时间15日前组织现场踏勘

57. 根据《标准施工招标文件》，工程施工招标的开标记录表应记录的内容有（　　）。

A. 投标人资质　　B. 投标保证金　　C. 履约保证金　　D. 投标报价

E. 质量目标

58. 关于施工招标中对将投标申请人资格预审申请文件澄清和说明的说法，正确的有

（　　　）。

 A. 对资格预审申请文件要求澄清和说明的通知应发给所有申请人

 B. 申请人的澄清不得改变资格预审申请文件的实质性内容

 C. 申请人的澄清和说明内容属于资格预审申请文件的组成部分

 D. 招标人和审查委员会应拒绝申请人主动提出的澄清和说明

 E. 申请人可以主动提出资格预审申请文件的澄清或说明

59. 根据《标准施工招标文件》，关于投标报价算术错误处理的说法，正确的有（　　　）。

 A. 投标文件中大写金额与小写金额不一致的，以大写金额为准

 B. 依据单价计算结果与总价金额不一致的，以总价金额为准

 C. 评标委员会对发现算术错误的报价可直接修正，并对投标人有约束力

 D. 投标文件中发现报价金额小数点有明显错误的，应予否决投标

 E. 投标人不接受对其投标报价的算术错误进行修正的，应予否决投标

60. 根据《机电产品国际标准招标文件（试行）》，投标分项报价表应包括的内容有（　　　）。

 A. 专用工具   B. 主要功能   C. 技术服务   D. 标准附件

 E. 备品备件

61. 根据《标准材料采购招标文件》，材料采购招标文件应包括的内容有（　　　）。

 A. 招标人身份证明   B. 投标人须知

 C. 评标办法   D. 投标文件格式

 E. 评标委员会组成人员

62. 采用以设备寿命期成本为基础的评标价法进行设备采购评标时，需要以贴现值计算的费用有（　　　）。

 A. 估算寿命期内所需备件费用   B. 估算寿命期内维修费用

 C. 估算寿命期残值   D. 估算寿命期内所需燃料消耗费

 E. 估算寿命期内所需更新费用

63. 根据《标准勘察招标文件》中的通用合同条款，勘察人应履行的安全职责有（　　　）。

 A. 编制安全措施计划   B. 审批安全施工操作规程

 C. 制定施工安全操作规程   D. 制定应对灾害的紧急预案

 E. 编制专项勘察方案

64. 根据《标准勘察招标文件》中的通用合同条款，勘察人有权要求发包人延长勘察周期和增加勘察费用的情形有（　　　）。

 A. 勘察人原因在施工场地造成第三方财产损失并导致勘察周期延长和费用增加

 B. 由于出现专用合同条款规定的异常恶劣气候条件导致勘察周期延长和费用增加

 C. 由于出现专用合同条款规定的不利物质条件导致勘察周期延长和费用增加

 D. 采取有效措施保护勘察中发现的地下文物导致勘察周期延长和费用增加

 E. 当地居民采取阻工方式要求增加征地补偿款导致勘察周期延长和费用增加

65. 根据《标准设计招标文件》中的通用合同条款，除专用合同条款另有约定外，工程设计依据有（　　　）。

 A. 项目建议书   B. 与工程有关的规范、标准、规程

C. 工程基础资料　　　　　　　　　D. 适用的法律、法规及部门规章

E. 工程勘察文件

66. 根据《标准设计招标文件》中的通用合同条款，设计合同的合同价格应包括的费用内容有（　　）。

A. 征地补偿费用　　　　　　　　　B. 青苗和园林绿化补偿费用

C. 设计、评估、审查工作费用　　　D. 踏勘现场工作费用

E. 施工配合费用

67. 根据《标准施工招标文件》，合同附件格式有（　　）。

A. 通用合同条款格式　　　　　　　B. 专用合同条款格式

C. 合同协议书格式　　　　　　　　D. 履约担保格式

E. 预付款担保格式

68. 根据《标准施工招标文件》中的通用合同条款，工程发生暂停施工时，不给予承包人费用和工期补偿的情形有（　　）。

A. 承包人施工机械故障维修引起暂停施工

B. 承包人违反安全管理规定造成安全事故引起暂停施工

C. 发包人采购的材料未能按时到货停工待料引起暂停施工

D. 承包人为提高施工效率优化施工方案引起暂停施工

E. 由于工程交叉施工，监理人从整体协调指示承包人暂停施工

69. 根据《标准施工招标文件》中的通用合同条款，工程提前竣工时，发包人与承包人签署的提前竣工协议应包括的内容有（　　）。

A. 承包人修订的进度计划和赶工措施　　B. 发包人提出的工期提前的要求

C. 承包人提出的工期变更索赔申请　　　D. 发包人提供的条件和追加的合同价款

E. 提前竣工给发包人带来效益应给承包人的奖励

70. 根据《标准施工招标文件》中的通用合同条款，可列入施工进度付款申请单的内容有（　　）。

A. 按合同约定截至本次付款周期末已实施工程的价款

B. 按合同约定应增加的变更金额

C. 按合同约定已确认质量不符合要求项的工程价款

D. 按合同约定应支付的预付款和扣还预付款

E. 按合同约定应扣减的质量保证金

71. 根据《标准施工招标文件》中的通用合同条款，施工合同履行期间，属于变更范围的有（　　）。

A. 承包人投入施工设备的数量超过投标文件承诺的数量

B. 为完成工程需要追加的额外工作

C. 改变合同中任何一项工作的施工时间

D. 改变合同中任何一项工作的质量特性

E. 承包人在合同中的某项工作转由发包人自行实施

72. 根据《标准施工招标文件》中的通用合同条款，属于不可抗力的情形（　　）。

A. 政策和法律调整　B. 海啸　　　　C. 瘟疫　　　　　D. 骚乱

E. 地震

73. 根据《标准设计施工总承包招标文件》中的通用合同条款，可以由当事人在两种可供选择的条款中进行选择的情形有（　　）。

A. 发包人是否提供竣工后试验所必需的燃料和材料

B. 计日工费和暂估价是否包括在合同价格中

C. 办理取得出入施工场地的道路通行权

D. 发包人要求中的错误导致承包人受到损失

E. 发包人是否提供施工设备和临时工程

74. 根据《标准设计施工总承包招标文件》，发包人、承包人或监理人需要在 7 d 内完成相应工作的情形有（　　）。

A. 监理人获得发包人同意后向承包人发出开始工作通知

B. 监理人收到承包人报送的进度款支付分解报告给予批复

C. 发包人收到承包人提出遵守新规定的建议后发出指示

D. 监理人收到承包人进度付款申请单后进行审核

E. 承包人在发出索赔意向通知书后向监理人正式递交索赔通知书

75. 根据《标准设计施工总承包招标文件》，承包人可获得工期、费用和利润补偿的情形有（　　）。

A. 发包人违约解除合同　　　　　　　　B. 不可抗力发生后的工程照管

C. 不可预见物质条件　　　　　　　　　D. 发包人原因影响设计进度

E. 监理人指示延误或错误

76. 建设工程材料设备采购合同的属性有（　　）。

A. 主合同　　　　　　　　　　　　　　B. 从合同

C. 双务、有偿合同　　　　　　　　　　D. 诺成合同

E. 委托合同

77. 根据《标准设备采购招标文件》，组成设备采购的合同的文件有（　　）。

A. 分项报价表　　　B. 招标文件　　　C. 供货要求　　　D. 技术服务计划

E. 商务和技术偏差表

78. 根据《标准设备采购招标文件》中的通用合同条款，设备采购支付的合同价款有（　　）。

A. 预付款　　　　　B. 交货款　　　　C. 监造款　　　　D. 验收款

E. 结清款

79. 根据 FIDIC《施工合同条件》，工程师受业主委托进行合同管理时，应履行的工作职责和义务有（　　）。

A. 确认工程变更和合同价款支付　　　　B. 提前将其参加试验的意向通知承包商

C. 解除任何一方依照合同应具有的职责　D. 向其助手指派任务和委托部分权力

E. 随时进行工程计量

80. 根据英国工程施工合同（ECC）条件，属于次要选项条款的有（　　）。

A. 测试和缺陷　　　B. 保留金　　　　C. 争端和合同终止　D. 所有权

E. 工期延误赔偿费

2022 年度全国监理工程师职业资格考试试卷答案解析

一、单项选择题

1. C;	2. A;	3. C;	4. B;	5. C;
6. B;	7. A;	8. D;	9. C;	10. D;
11. B;	12. D;	13. A;	14. A;	15. B;
16. B;	17. C;	18. A;	19. D;	20. B;
21. C;	22. D;	23. B;	24. D;	25. C;
26. A;	27. D;	28. C;	29. C;	30. B;
31. D;	32. D;	33. B;	34. A;	35. B;
36. B;	37. A;	38. D;	39. A;	40. D;
41. C;	42. B;	43. A;	44. D;	45. D;
46. A;	47. C;	48. D;	49. B;	50. A。

【解析】

1. C。本题考核的是保证的方式。保证的方式包括一般保证和连带责任保证。当事人在保证合同中对保证方式没有约定或者约定不明确的，按照一般保证承担保证责任。

2. A。本题考核的是投标保证金的数额。投标人应提交规定金额的投标保证金，并作为其投标书的一部分，数额不得超过招标项目估算价的 2%。

3. C。本题考核的是施工预付款保函。预付款担保是指承包人与发包人签订合同后，承包人正确、合理使用发包人支付的预付款的担保。建设工程合同签订以后，发包人给承包人一定比例的预付款，但需由承包人的开户银行向发包人出具预付款担保，金额应当与预付款金额相同。预付款在工程的进展过程中每次结算工程款（中间支付）分次返还时，经发包人出具相应文件后，担保金额也应当随之减少。

4. B。本题考核的是勘察设计招标文件的发包人要求。发包人要求通常包括但不限于以下内容：（1）勘察或设计要求；（2）适用规范标准；（3）成果文件要求；（4）发包人财产清单；（5）发包人提供的便利条件；（6）勘察人或设计人员需要自备的工作条件；（7）发包人的其他要求。

5. C。本题考核的是工程勘察服务的内容。"勘察服务"包括：制订勘察纲要、进行测绘、勘探、取样和试验等，查明、分析和评估地质特征和工程条件，编制勘察报告和提供发包人委托的其他服务。

6. B。本题考核的是工程勘察服务的内容。"勘察服务"包括：制订勘察纲要、进行测绘、勘探、取样和试验等，查明、分析和评估地质特征和工程条件，编制勘察报告和提供发包人委托的其他服务。

7. A。本题考核的是对勘察纲要或设计方案内容的要求。国家发展和改革委员会等九部委《标准勘察招标文件》和《标准设计招标文件》规定，勘察纲要或设计方案应包括下列内容：（1）勘察设计工程概况；（2）勘察设计范围及内容；（3）勘察设计依据及工作目标；（4）勘察设计机构设置及岗位职责；（5）勘察设计说明，勘察、设计方案；（6）拟投入的勘察设计人员；（7）勘察设备（适用于勘察投标）；（8）勘察设计质量、进度、保密等保证措施；（9）勘察设计安全保证措施；（10）勘察设计工作重点和难点分析；（11）对本工程勘察设计的合理化建议等。

8. D。本题考核的是勘察招标的详细评审。评标委员会成员对需要共同认定的事项存在争议的，应当按照少数服从多数的原则作出结论。持不同意见的评标委员会成员应当在评标报告上签署不同意见及理由，否则视为同意评标报告。

9. C。本题考核的是评标委员会的组成。评标委员会由招标人或其委托的招标代理机构熟悉相关业务的代表，以及有关技术、经济等方面的专家组成，成员人数为五人以上单数，其中技术、经济等方面的专家不得少于成员总数的三分之二。

10. D。本题考核的是履约担保。联合体中标的，其履约担保由牵头人递交，并应符合招标文件规定的金额、担保形式和招标文件规定的履约担保格式要求。

11. B。本题考核的是施工合同订立。招标人和中标人应当在投标有效期内以及中标通知书发出之日起 30 日之内，根据招标文件和中标人的投标文件订立书面合同。

12. D。本题考核的是施工招标资格审查办法。对投标申请人的资格审查办法包括：合格制与有限数量制。

13. A。本题考核的是施工评标办法。综合评估法一般适用于招标人对招标项目的技术、性能有专门要求的招标项目。

14. A。本题考核的是评标方法之一综合评估法。评标委员会对满足招标文件实质性要求的投标文件，按照评标办法中表所列的分值构成与评分标准规定的评分标准进行打分，并按得分由高到低顺序推荐中标候选人，或根据招标人授权直接确定中标人，但投标报价低于其成本的除外。综合评分相等时，以投标报价低的优先；投标报价也相等的，由招标人自行确定。

15. B。本题考核的是投标响应性要求。选项 B 属于投标文件没有对招标文件的实质性要求和条件作出响应的情况。评标委员会应当否决其投标。

16. B。本题考核的是设计成果补偿。设计成果补偿：招标人对符合招标文件规定的未中标人的设计成果进行补偿的，按投标人须知前附表规定给予补偿，并有权免费使用未中标人设计成果等。

17. C。本题考核的是材料设备采购方式。建设工程项目所需材料设备的采购，按标的物的特点可以分为买卖合同和加工承揽合同两大类。采购大宗建筑材料或通用型批量生产的中小型设备属于买卖合同。

18. A。本题考核的是从中国关境内提供的货物报价方式。对投标截止时间前已经进口的货物，可报仓库交货价，除应包括要向中国政府缴纳的增值税和其他税，还应包括货物在从关境外进口时已交纳或应交纳的全部关税、增值税和其他税。

19. D。本题考核的是从中国关境外提供的货物报价方式。更多情况下，可要求国外供货方（卖方）报 CIF（指定目的港）价（即 Cost, Insurance and Freight, 成本、保险费和海运费），卖方负责办理租船订舱，并承担将货物装上船之前的一切费用，以及海运费和从转运港运至目的港的保险费。

20. B。本题考核的是材料采购的初步评审内容。资格评审主要审查营业执照和组织机构代码证、资质要求、财务要求、业绩要求、信誉要求等是否符合规定。选项 A 属于形式评审的内容。选项 C、D 属于响应性评审的内容。

21. C。本题考核的是设备采购的评标。每个评标委员会成员对评价因素响应值的评价结果称为独立评价值，评标委员会对评价因素响应值的评价结果形成评价值。

22. D。本题考核的是建设工程勘察合同文件的优先解释顺序。组成合同的各项文件应互相解释，互为说明。除专用合同条款另有约定外，解释合同文件的优先顺序如下：（1）合同协议书；（2）中标通知书；（3）投标函及投标函附录；（4）专用合同条款；（5）通用合同条款；（6）发包人要求；（7）勘察费用清单；（8）勘察纲要；（9）其他合同文件。

23. B。本题考核的是勘察人的一般义务。勘察人应按合同约定提供勘察文件，以及为完成勘察服务所需的劳务、材料、勘察设备、实验设施等，并应自行承担勘探场地临时设施的搭设、维护、管理和拆除。

24. B。本题考核的是勘察人违约的责任承担。合同履行中发生下列情况之一的，属勘察人违约：（1）勘察文件不符合法律以及合同约定；（2）勘察人转包、违法分包或者未经发包人同意擅自分包；（3）勘察人未按合同计划完成勘察，从而造成工程损失；（4）勘察人无法履行或停止履行合同；（5）勘察人不履行合同约定的其他义务。勘察人应当承担由于违约所造成的费用增加、周期延误和发包人损失等。

25. C。本题考核的是《标准设计招标文件》中不可抗力事件引起的后果及其损失的承担。不可抗力引起的后果及其损失，应由设计合同当事人依据法律规定各自承担。

26. A。本题考核的是发包人原因导致的设计变更。此处的设计变更，发包人应当承担由于此所造成的合同价格增加。

27. D。本题考核的是发包人要求的设计变更。发包人临时增加设备运行的工况条件，导致修改设计方案，属于合同变更，发包人应当承担由此所造成的费用增加。

28. C。本题考核的是建设工程设计合同履行管理。设计文件必须保证工程质量和施工安全等方面的要求，按照有关法律法规规定在设计文件中提出保障施工作业人员安全和预防生产安全事故的措施建议。

29. C。本题考核的是施工合同监理人的指示。监理人在发包人授权范围内独立处理合同履行过程中的有关事项，行使通用条款规定的，以及具体施工合同专用条款中说明的权力。故选项 A 错误。监理人无权免除或变更合同约定的发包人和承包人权利、义务和责任。故选项 C 正确。由于监理人不是合同当事人，因此合同约定应由承包人承担的义务和责任，不因监理人对承包人提交文件的审查或批准，对工程、材料和设备的检查和检验，以及为实施监理做出的指示等职务行为而减轻或解除。故选项 B、D 错误。

30. B。本题考核的是订立施工合同时需要明确的内容。标准施工合同适用于发包人提供设计图纸，承包人负责施工的建设项目。由于初步设计完成后即可进行招标，因此订立合同时必须明确约定发包人陆续提供施工图纸的期限和数量。

31. D。本题考核的是施工合同中人员工伤事故保险和人身意外伤害保险。发包人和承包人应按照相关法律规定为履行合同的本方人员缴纳工伤保险费，并分别为自己现场项目管理机构的所有人员投保人身意外伤害保险。

32. D。本题考核的是编制施工组织设计。按照《建设工程安全生产管理条例》规定，在施工组织设计中应针对深基坑工程、地下暗挖工程、高大模板工程、高空作业工程、深水作业工程、大爆破工程的施工编制专项施工方案。对于前 3 项危险性较大的分部分项工程的专项施工，还需经 5 人以上专家论证方案的安全性和可靠性。

33. B。本题考核的是隐蔽工程的检验。承包人未通知监理人到场检查，私自将工程隐蔽部位覆盖，监理人有权指示承包人钻孔探测或揭开检查，由此增加的费用和（或）工期延误由承包人承担。

34. A。本题考核的是施工合同的签约合同价。签约合同价指签订合同时合同协议书中写明的，包括了暂列金额、暂估价的合同总金额，即中标价。

35. B。本题考核的是施工合同的暂列金额。暂列金额指已标价工程量清单中所列的一笔款项，用于在签订协议书时尚未确定或不预见变更的施工及其所需材料、工程设备、服务等的金额，包括以计日工方式支付的款项。

36. B。本题考核的是施工合同的工程量计量。单价子目已完成工程量按月计量，总价子目的计量周期按已批准承包人的支付分解报告确定。故选项 A 错误，选项 B 正确。除变更外，总价子目表中标明的工程量是用于结算的工程量，通常不进行现场计量，只进行图纸计量。故选项 C 错误。总价子目的计量和支付应以总价为基础，不考虑市场价格浮动的调整，故选项 D 错误。

37. A。本题考核的是施工合同最终结清申请单的提交时限。缺陷责任期终止证书签发后，发包人与承包人进行合同付款的最终结清。

38. D。本题考核的是设计施工总承包合同方式的优点。设计施工总承包合同方式的优点：（1）单一的合同责任；（2）固定工期、固定费用；（3）可以缩短建设周期；（4）减少设计变更；（5）减少承包人的索赔。

39. A。本题考核的是设计施工总承包合同监理人职责。总监理工程师超过 2 d 不能履行职责的，应委派代表代行其职责，并通知承包人。

40. D。本题考核的是设计施工总承包合同文件的组成及其优先解释顺序。在标准总承包合同的通用条款中规定，履行合同过程中，构成对发包人和承包人有约束力合同的组成文件包括：（1）合同协议书；（2）中标通知书；（3）投标函及投标函附录；（4）专用条款；（5）通用合同条款；（6）发包人要求；（7）承包人建议书；（8）价格清单；（9）其他合同文件——经合同当事人双方确认构成合同文件的其他文件。合同的各文件中出现含义或内容的矛盾时，如果专用条款没有另行的约定，以上合同文件序号为优先解释的顺序。

41. C。本题考核的是设计施工总承包工程竣工试验各阶段的要求。竣工试验：（1）第一阶段，如对单车试验等的要求，包括试验前准备；（2）第二阶段，如对联动试车、投料试车等的要求，包括人员、设备、材料、燃料、电力、消耗品、工具等必要条件；（3）第三阶段，如对性能测试及其他竣工试验的要求，包括产能指标、产品质量标准、运营指标、环保指标等。

42. B。本题考核的是设计施工总承包履约担保的有效期。承包人应保证其履约担保在发包人颁发工程接收证书前一直有效。

43. A。本题考核的是设计施工总承包发包人审查的期限。为了不影响后续工作，自监理人收到承包人的设计文件之日起，对承包人的设计文件审查期限不超过 21 d。

44. D。本题考核的是材料采购合同的预付款。预付款：合同生效后，买方在收到卖方开具的注明应付预付款金额的财务收据正本一份并经审核无误后 28 日内，向卖方支付签约合同价的 10% 作为预付款。

45. D。本题考核的是材料交付前卖方的检验。合同材料交付前，卖方应对其进行全面检验，并在交付合同材料时向买方提交合同材料的质量合格证书。

46. A。本题考核的是设备采购合同的验收款。验收款：买方在收到卖方提交的买卖双方签署的合同设备验收证书或已生效的验收款支付函正本一份并经审核无误后 28 日内，向卖方支付合同价格的 25%。

47. C。本题考核的是设备的开箱检验。除专用合同条款另有约定外，合同设备的开箱检验应在施工场地进行。

48. D。本题考核的是争端避免/裁决委员会的任命。DAAB 成员与业主、承包商及工程师没有利害关系，由业主、承包商双方联合任命、分摊酬金，成为真正意义上的第三方，鼓励 DAAB 成员在日常非正式地参与处理合同双方潜在问题及分歧，及早化解争端。

49. B。本题考核的是设计采购施工（EPC）/交钥匙合同进度计划的提交。银皮书规定，承包商应在开工日期后 28 d 内向业主提交一份进度计划。

50. A。本题考核的是 IPD 模式实施过程各阶段的任务。标准设计阶段的任务：确定各阶段工作任务，参与各方共同制定项目定义，确定项目目标成本，开始执行目标标准修正案。

二、多项选择题

51. B、C、D、E；	52. A、B、C、E；	53. C、E；
54. A、C；	55. A、C、D；	56. B、D；
57. B、D、E；	58. B、C、D；	59. A、E；
60. A、C、D、E；	61. B、C、D；	62. A、B、C、D；
63. A、C、D；	64. B、C、E；	65. B、C、D；
66. C、D、E；	67. C、D、E；	68. A、B、D；
69. A、D、E；	70. A、E；	71. B、C、D；
72. B、C、D、E；	73. B、C、D、E；	74. A、B、C、D；
75. B、D、E；	76. C、D、E；	77. A、D、E；
78. A、B、D、E；	79. A、D；	80. B、E。

【解析】

51. B、C、D、E。本题考核的是参考选用标准示范文本的作用。在招标采购和缔约过程中，应考虑选用适合工程项目需要的标准招标文件及合同示范文本。通过参考选用标准示范文本，作用在于：（1）有利于当事人了解并遵守有关法律法规，确保建设工程招标和合同文件中的各项内容符合法律法规的要求；（2）可以帮助当事人正确拟定招标和合同文件条款，保证各项内容的完整性和准确性，避免缺款漏项，防止出现显失公平的条款，保证交易安全；（3）有助于降低交易成本，提高交易效率，降低合同条款协商和谈判缔约工作的复杂性；（4）有利于当事人履行合同的规范和顺畅；（5）有利于审计机构、相关行政管理部门对合同的审计和监督；（6）有助于仲裁机构或人民法院裁判纠纷，最大限度维护当事人的合法权益。

52. A、B、C、E。本题考核的是授权委托书应当载明的内容。授权委托书应当载明代理人的姓名或者名称、代理事项、权限和期间，并由被代理人签名或者盖章。

53. C、E。本题考核的是建筑工程一切险的保险责任。保险人对下列原因造成的损失和费用负责赔偿：（1）自然灾害，指地震、海啸、雷电、飓风、台风、龙卷风、风暴、暴雨、洪水、水灾、冻灾、冰雹、地崩、山崩、雪崩、火山爆发、地面下陷下沉及其他人力不可抗拒的破坏力强大的自然现象；（2）意外事故，指不可预料的以及被保险人无法控制并造成物质损失或人身伤亡的突发性事件，包括火灾和爆炸。选项 A、B、D 属于除外责任的情形。

54. A、C。本题考核的是工程设计招标的主要特征。在招标条件上，勘察设计招标通常只能向潜在投标人提供项目概况、功能要求等工程前期的初步性基础资料，更多还要依赖投标单位专业设计人员发挥技术专长和创造力，提供智力成果；且无具体量化的工作量，灵活性较大。而施工招标一般都有明确而具体的要求，投标人可以按招标文件中提供的设计图纸和工程量清单编制响应明确的投标方案，灵活性较小。故选项 A 正确。在投标经济补偿上，不同于施工和材料设备采购招标，设计招标可以根据具体情况，确定投标经济补偿费标准和奖励办法，对未能中标的有效投标人给予费用补偿、对选为优秀设计方案的投标人给予奖励。故选项 C 正确。

55. A、C、D。本题考核的是公开招标的主要特点。公开招标是招标人通过国家指定的报刊、信息网络或者其他媒体发布招标公告，邀请不特定的法人或者组织投标。公开招标的优点是：所有符合条件的有兴趣的单位均可以参加投标，能体现出公开、公平、公正的招标原则，有利于实现充分竞争。其缺点是：招标人事先难以预计有哪些投标人、投标人的数量有多少；招标人可能不熟悉某些投标人的情况；招标人所期待的投标人可能并未参加投标等。另外由于申请投标人较多，一般要设置资格预审程序，而且评标的工作量也较大，所需招标时间长，费用高。

56. B、D。本题考核的是施工招标阶段组织现场踏勘。招标人在投标人须知说明的时间统一组织投标人进行施工现场踏勘。故选项 A 错误。投标人承担自己踏勘现场发生的费用。故选项 B 正确。除招标人的原因外，投标人自行负责在踏勘现场中所发生的人员伤亡和财产损失。故选项 C 错误。招标人在踏勘现场中介绍的工程场地和相关的周边环境情况，供投标人在编制投标文件时参考，招标人不对投标人据此做出的判断和决策负责。故选项 D 正确。组织投标人踏勘现场的时间一般应在投标截止时间 15 日前及投标预备会召开前进行。故选项 E 不严谨。

57. B、D、E。本题考核的是工程施工招标的开标程序。按照宣布的开标顺序当众开标，公布投标人名称、标段名称、投标保证金的递交情况、投标报价、质量目标、工期及其他内容，并记录在案。

58. B、C、D。本题考核的是施工招标资格预审申请文件的澄清和说明。在审查过程中，审查委员会可以用书面形式要求申请人对所提交的资格预审申请文件中不明确的内容进行必要的澄清或说明。申请人的澄清或说明应采用书面形式，并不得改变资格预审申请文件的实质性内容。申请人的澄清和说明内容属于资格预审申请文件的组成部分。招标人和审查委员会不接受申请人主动提出的澄清或说明。故选项 B、C、D 正确。

59. A、E。本题考核的是施工投标报价算术错误的处理。投标报价有算术错误的，评标委员会按以下原则对投标报价进行修正，修正的价格经投标人书面确认后具有约束力。投标人不接受修正价格的，应当否决该投标人的投标。（1）投标文件中的大写金额与小写金额不一致的，以大写金额为准；（2）总价金额与依据单价计算出的结果不一致的，以单价金额为准修正总价，但单价金额小数点有明显错误的除外。

60. A、C、D、E。本题考核的是大中型机电设备招标分项报价。投标分项报价表中供货分项类别的具体内容包括：（1）主机和标准附件；（2）备品备件；（3）专用工具；（4）安装、调试、检验；（5）培训；（6）技术服务；（7）其他。

61．B、C、D。本题考核的是材料采购招标文件的内容。招标人应根据所采购材料的特点和需要编制招标文件，国家发展和改革委员会等九部委联合印发的《标准材料采购招标文件》规定，材料采购招标文件的内容包括：（1）招标公告或投标邀请书；（2）投标人须知；（3）评标办法；（4）合同条款及格式；（5）供货要求；（6）投标文件格式；（7）投标人须知前附表规定的其他资料。

62．A、B、C、D。本题考核的是以设备寿命周期成本为基础的评标价法。这些以贴现值计算的费用包括：（1）估算寿命期内所需的燃料消耗费；（2）估算寿命期内所需备件及维修费用；（3）估算寿命期残值。

63．A、C、D。本题考核的是勘察人应履行的安全职责。勘察人应按合同约定履行安全职责，执行发包人有关安全工作的指示，并在专用合同条款约定的期限内，按合同约定的安全工作内容，编制安全措施计划报送发包人批准。故选项A正确。勘察人应当严格执行操作规程，采取有效措施保证道路、桥梁、交通安全设施、建构筑物、地下管线、架空线和其他周边设施等安全正常地运行。勘察人应当按照法律、法规和工程建设强制性标准进行勘察，加强勘察作业安全管理，特别加强易燃、易爆材料、火工器材、有毒与腐蚀性材料和其他危险品的管理。勘察人应严格按照国家安全标准制定施工安全操作规程，配备必要的安全生产和劳动保护设施，加强对勘察人员的安全教育，并且发放安全工作手册和劳动保护用具。故选项C正确。勘察人应按发包人的指示制定应对灾害的紧急预案，报送发包人批准。故选项D正确。

64．B、C、D、E。本题考核的是《标准勘察招标文件》的通用合同条款。由于勘察人原因造成周期延误，勘察人应支付逾期违约金。故选项A排除。由于出现专用合同条款规定的异常恶劣气候条件、不利物质条件等因素导致周期延误的，勘察人有权要求发包人延长周期和（或）增加费用。故选项B、C正确。勘察人发现地下文物或化石时，应按规定及时报告发包人和文物部门，并采取有效措施进行保护；勘察人有权要求发包人延长周期和（或）增加费用。故选项D正确。第三人原因造成的费用增加和（或）周期延误的，由发包人承担。故选项E正确。

65．B、C、D。本题考核的是工程设计的依据。除专用合同条款另有约定外，工程的设计依据如下：（1）适用的法律、行政法规及部门规章；（2）与工程有关的规范、标准、规程；（3）工程基础资料及其他文件；（4）本设计服务合同及补充合同；（5）本工程勘察文件和施工需求；（6）合同履行中与设计服务有关的来往函件（7）其他设计依据。选项E在于未强调是否为本工程勘察文件，故不选。

66．C、E。本题考核的是设计合同的合同价格。除专用合同条款另有约定外，合同价格应当包括收集资料，踏勘现场，进行设计、评估、审查等，编制设计文件，施工配合等全部费用和国家规定的增值税税金。

67．C、D、E。本题考核的是标准施工合同的组成。标准施工合同中给出的合同附件格式，是订立合同时采用的规范化文件，包括合同协议书、履约担保和预付款担保三个文件。

68．A、B、D。本题考核的是暂停施工的责任。通用条款规定，承包人责任引起的暂停施工，增加的费用和工期由承包人承担；发包人暂停施工的责任，承包人有权要求发包人延长工期和（或）增加费用，并支付合理利润。

69. A、D、E。本题考核的是发包人与承包人签署的提前竣工协议应包括的内容。如果发包人根据实际情况向承包人提出提前竣工要求，由于涉及合同约定的变更，应与承包人通过协商达成提前竣工协议作为合同文件的组成部分。协议的内容应包括：承包人修订进度计划及为保证工程质量和安全采取的赶工措施；发包人应提供的条件；所需追加的合同价款；提前竣工给发包人带来效益应给承包人的奖励等。专用条款使用说明中建议，奖励金额可为发包人实际效益的20%。

70. A、E。本题考核的是工程进度款的支付。承包人应在每个付款周期末，按监理人批准的格式和专用条款约定的份数，向监理人提交进度付款申请单，并附相应的支持性证明文件。通用条款中要求进度付款申请单的内容包括：（1）截至本次付款周期末已实施工程的价款；（2）变更金额；（3）索赔金额；（4）本次应支付的预付款和扣减的返还预付款；（5）本次扣减的质量保证金；（6）根据合同应增加和扣减的其他金额。

71. B、C、D。本题考核的是标准施工合同通用条款规定的变更范围。标准施工合同通用条款规定的变更范围包括：

（1）取消合同中任何一项工作，但被取消的工作不能转由发包人或其他人实施；

（2）改变合同中任何一项工作的质量或其他特性；

（3）改变合同工程的基线、标高、位置或尺寸；

（4）改变合同中任何一项工作的施工时间或改变已批准的施工工艺或顺序；

（5）为完成工程需要追加的额外工作。

72. B、C、D、E。本题考核的是工程施工中不可抗力的情形。不可抗力是指承包人和发包人在订立合同时不可预见，在工程施工过程中不可避免发生并不能克服的自然灾害和社会性突发事件，如：地震、海啸、瘟疫、水灾、骚乱、暴动、战争和专用合同条款约定的其他情形。

73. B、C、D、E。本题考核的是订立设计施工总承包合同时需要明确的内容。竣工后试验所必需的电力、设备、燃料、仪器、劳力、材料等由发包人提供。故选项A排除。通用条款中对承包人在投标阶段，按照发包人在价格清单中给出的计日工和暂估价的报价均属于暂列金额内支出项目。通用条款内分别列出两种可选用的条款。一种是计日工费和暂估价均已包括在合同价格内。实施过程中不再另行考虑；另一种是实际发生的费用另行补偿的方式。订立合同时应明确本合同采用哪个条款的规定。故选项B正确。通用条款对道路通行权和场外设施做出了两种可选用的约定形式。故选项C正确。对于发包人要求中的错误导致承包人受到损失的后果责任，通用条款给出了两种供选择的条款。故选项D正确。发包人是否负责提供施工设备和临时工程，在通用条款中也给出两种不同的供选择条款。故选项E正确。

74. A、B、C、D。本题考核的是设计施工总承包合同的履行。符合专用条款约定的开始工作条件时，监理人获得发包人同意后应提前7 d向承包人发出开始工作通知。故选项A正确。承包人应当在收到经监理人批复的合同进度计划后7 d内，将支付分解报告以及形成支付分解报告的支持性资料报监理人审批。故选项B正确。发包人应在收到建议后7 d内发出是否遵守新规定的指示。故选项C正确。监理人应在收到承包人提交的工程量报表后的7 d内进行复核。故选项D正确。承包人应在发出索赔意向通知书后28 d内，向监理人正式递交索赔通知书。故选项E错误。

75. B、D、E。本题考核的是设计施工总承包合同的索赔。选项 A 只补偿费用和利润。选项 C 只补偿工期和费用。选项 B、D、E 可获得工期、费用和利润补偿。

76. C、D。本题考核的是材料设备采购合同的属性。建设工程材料设备采购合同属于买卖合同具有买卖合同的一般特点：（1）出卖人与买受人订立买卖合同，是以转移财产所有权为目的。（2）买卖合同的买受人取得财产所有权，必须支付相应的价款；出卖人转移财产所有权，必须以买受人支付价款为对价。（3）买卖合同是双务、有偿合同。（4）买卖合同是诺成合同。

77. A、D、E。本题考核的是设备采购合同文件的组成。设备采购的合同的文件：（1）合同协议书；（2）中标通知书；（3）投标函；（4）商务和技术偏差表；（5）专用合同条款；（6）通用合同条款；（7）供货要求；（8）分项报价表；（9）中标设备技术性能指标的详细描述；（10）技术服务和质保期服务计划；（11）其他合同文件。除专用合同条款另有约定外，上述顺序即为设备采购合同解释合同文件的优先顺序。

78. A、B、E。本题考核的是设备采购合同价款的支付。除专用合同条款另有约定外，买方应通过以下方式和比例向卖方支付合同价款：预付款、交货款、验收款、结清款。

79. A、D。本题考核的是《施工合同条件》中各方责任和义务。工程师的主要责任和义务：执行业主委托的施工项目质量、进度、费用、安全、环境等目标监控和日常管理工作，包括协调、联系、指示、批准和决定等；确定确认合同款支付、工程变更、试验、验收等专业事项等；工程师还可以向助手指派任务和委托部分权力，但工程师无权修改合同，无权解除任何一方依照合同具有的职责、义务或责任。

80. B、E。本题考核的是 ECC 合同内容的组成。在主要选项条款之后，ECC 还提供了十多项可供选择的次要选项条款，包括履约保证；母公司担保；支付承包商预付款；多种货币；区段竣工；承包商对其设计所承担的责任只限运用合理的技术和精心设计；通货膨胀引起的价格调整；保留金；提前竣工奖金；工期延误赔偿费；功能欠佳赔偿费；法律的变化等。选项 A、C、D 为核心条款。

《建设工程合同管理》

2021 年度试卷及答案解析

2021 年度全国监理工程师职业资格考试试卷

扫码听课

一、单项选择题（共 50 题，每题 1 分。每题的备选项中，只有 1 个最符合题意）

1. 保证合同中，债务人与保证人对保证期间没有约定或者约定不明确的，保证期间为主债务履行期届满之日起（　　）个月。

A. 1　　　　　　　B. 3　　　　　　　C. 6　　　　　　　D. 12

2. 建设工程招标投标过程中，投标保证金将被没收的情形是（　　）。

A. 投标人的投标报价明显低于其实际成本

B. 投标人的资格文件中有虚假材料并导致废标

C. 投标人在投标有效期内要求撤销其投标文件

D. 投标人向招标人提出修改招标文件的要求

3. 安装工程一切险通常应以（　　）为保险期限。

A. 整个工期　　　　　　　　　　B. 设备生产至安装完成期间

C. 工程全寿命期　　　　　　　　D. 施工安装合同有限期

4. 根据《标准勘察招标文件》，属于勘察招标文件内容的是（　　）。

A. 勘察机构设置　　　　　　　　B. 勘察工作难点分析

C. 发包人要求　　　　　　　　　D. 勘察工作具体措施

5. 根据《标准设计招标文件》，除投标人须知前附表另有规定外，投标有效期为（　　）日。

A. 30　　　　　　　B. 60　　　　　　　C. 90　　　　　　　D. 120

6. 根据《标准设计招标文件》，工程设计投标文件在初步评审阶段的评审内容是（　　）。

A. 形式评审、设计方案评审、报价评审

B. 形式评审、资格评审、响应性评审

C. 资格评审、响应性评审、设计方案评审

D. 资格评审、报价评审、设计方案评审

7. 根据《标准设计招标文件》，工程设计评标中发现有两家投标单位的综合评分相等时，应将（　　）的优先排序。

A. 设计方案得分高　　　　　　　B. 设计资质等级高

C. 投标报价低   D. 项目负责人业绩优

8. 根据《标准施工招标文件》，投标预备会应在投标截止时间（   ）日前召开。

A. 5   B. 7   C. 10   D. 15

9. 对于技术复杂、专业性强的招标项目，从专家库中随机抽取的评标专家难以保证胜任评标工作的，可以由（   ）直接确定评标专家。

A. 招标投标监督机构   B. 上级主管部门

C. 招标代理机构   D. 招标人

10. 根据《标准施工招标文件》，施工评标办法应在（   ）中明确规定。

A. 招标文件   B. 招标公告   C. 资格预审文件   D. 资格预审公告

11. 关于施工投标人资格预审和资格后审的说法，正确的是（   ）。

A. 资格预审适用于邀请招标方式   B. 资格后审适用于投标人数量较多的情形

C. 鼓励同时采用资格预审和资格后审   D. 资格预审与资格后审的审查内容一致

12. 对于具有通用技术和性能标准、大多数施工单位均能承担的施工项目，宜采用的评标方法是（   ）。

A. 经评审的最低投标价法   B. 有限数量评审法

C. 最低投标价法   D. 综合评估法

13. 采用综合评估法评标时，应根据投标人报价和（   ）计算投标报价偏差率。

A. 投标限价   B. 评标基准价   C. 最低评标价   D. 投标平均价

14. 工程施工评标中，投标人竞标报价是否低于其成本，应当由（   ）认定。

A. 招标人   B. 评标委员会

C. 招标投标监督机构   D. 市场监督管理机构

15. 根据《标准设计施工总承包招标文件》中的投标人须知，投标人项目组织机构中应具有工程设计类注册执业资格的人员是指（   ）。

A. 设计负责人   B. 设计专业负责人

C. 项目经理   D. 项目技术负责人

16. 根据《标准设计施工总承包招标文件》，投标人在投标文件中提出采用专利技术的，专利技术使用费的报价和评审正确的是（   ）。

A. 在投标报价外单列，单独进行投标报价评审

B. 包含在投标报价中，综合进行投标报价评审

C. 不进行报价，由评标委员会评估

D. 不计入报价，中标后单独报价评审

17. 直接订购方式适用于采购（   ）的设备。

A. 贵重   B. 进口   C. 交货周期短   D. 单一来源

18. 为充分发挥投标人设备制造和安装的综合实力，采用合并招标方式采购设备和安装工程时，可按照（   ）来确定招标类型。

A. 设备生产周期   B. 安装工程实施周期

C. 设备安装条件   D. 各部分所占费用比例

19. 业主从国外采购建设工程所需设备时，招标文件中要求报装运港船上交货价的，国外供货方在投标时应报（   ）价。

A. FOB   B. CIF   C. FCA   D. CIP

20. 根据《标准材料采购招标文件》，初步评审材料采购投标文件时，属于响应性评审内容的是（　　）。

A. 业绩要求　　　B. 联合体协议书　　　C. 交货期　　　D. 投标人名称

21. 采用综合评估法进行机电产品采购评标时，投标文件对评价因素的最优响应值称为（　　）。

A. 独立评价值　　　B. 加权评价值　　　C. 综合评价值　　　D. 基准评价值

22. 建筑工程勘察合同中的勘察人是具有相应勘察资质的（　　）。

A. 特别法人　　　B. 企业法人　　　C. 非法人组织　　　D. 非营利法人

23. 根据《标准勘察招标文件》中的通用合同条款，勘察人应对勘察方法的（　　）完全负责。

A. 完备性、可靠性、先进性
B. 完备性、正确性、经济性
C. 适用性、先进性、经济性
D. 正确性、适用性、可靠性

24. 根据《标准勘察招标文件》中的通用合同条款，对勘察人正式提交的实验报告格式要求是（　　）。

A. 加盖试验室公章并由试验负责人签字确认
B. 加盖试验室公章并由项目负责人签字确认
C. 加盖 CMA 章并由项目负责人签字确认
D. 加盖 CMA 章并由试验负责人签字确认

25. 根据《标准设计招标文件》中的通用合同条款，工程设计应执行的规范、标准和发包人要求之间对同一内容的描述不一致时，应以（　　）为准。

A. 描述更为严格的内容
B. 规范标准描述的内容
C. 发包人要求所描述的内容
D. 行业惯例遵循的内容

26. 根据《标准设计招标文件》中的通用合同条款，因设计人未能按合同计划提供图纸，导致施工承包人不能按监理人批准的进度计划施工而造成损失的，该损失最终应由（　　）承担。

A. 发包人　　　B. 施工承包人　　　C. 设计人　　　D. 监理人

27. 根据《标准设计招标文件》中的通用合同条款，设计人更换项目负责人应履行的程序是（　　）。

A. 事先征得发包人同意，并在更换 14 d 前将姓名及详细资料提交发包人
B. 事先征得发包人同意，并在更换的项目负责人到岗前 1 d 将资料提交发包人
C. 事先口头通知发包人，并在更换的项目负责人到岗时向发包人提交书面材料
D. 更换 14 d 前将姓名及详细资料提交监理人，监理人在 7 d 内做出答复

28. 根据《标准设计招标文件》中的通用合同条款，除专用合同条款另有约定外，发包人对设计文件的审查期限，自设计文件接收之日起不应超过（　　）日。

A. 14　　　B. 21　　　C. 28　　　D. 30

29. 根据《标准施工招标文件》中的通用合同条款，施工合同履约担保期限应自（　　）之日起。

A. 招标人发出中标通知书
B. 发承包双方签订合同
C. 中标人接到中标通知书
D. 监理人发出开工通知

30. 根据《标准施工招标文件》中的通用合同条款，属于发包人义务的是（　　）。

A. 组织设计交底   B. 编制施工环保措施计划

C. 审批施工组织设计   D. 组织论证专项施工方案

31. 根据《标准施工招标文件》中的通用合同条款，关于变更意向书及变更指示发出主体的说法，正确的是（　　）。

A. 可以由发包人发出   B. 只能由监理人发出

C. 可以由承包人发出   D. 只能由发包人发出

32. 某工程，变更增加项目的工作内容为压实度 0.98 的土方填筑，合同已标价工程量清单中有压实度 0.92 的土方填筑项目。根据《标准施工招标文件》，该变更项目的估价原则为（　　）。

A. 直接采用工程量清单中压实度 0.92 的土方填筑项目单价

B. 按照成本加利润的原则，由监理人商定或确定

C. 参照压实度 0.92 的土方填筑项目单价，由监理人在合理范围内商定或确定

D. 由承包人与发包人按施工预算价格协商确定

33. 根据《标准施工招标文件》中的通用合同条款，价格调整公式中的定值权重为 0.2 时，可调因子的变值权重之和为（　　）。

A. 0.8   B. 1.0   C. 1.2   D. 1.8

34. 根据《标准施工招标文件》中的通用合同条款，工程接收证书颁发后，承包人按监理人指示完成施工场地内残留垃圾清除工作的费用应由（　　）承担。

A. 发包人   B. 监理人

C. 发包人和承包人共同   D. 承包人

35. 根据《标准施工招标文件》中的通用合同条款，监理人收到承包人提交进度付款申请单后的处理程序为（　　）。

A. 监理人核查→发包人确认→发包人出具经监理人签认的进度付款证书

B. 监理人核查→发包人审查同意→监理人出具经发包人签认的进度付款证书

C. 监理人核查→发包人审查同意→监理人出具经承包人签认的进度付款证书

D. 监理人核查→承包人签认→发包人出具进度付款证书

36. 根据《标准施工合同文件》中的通用合同条款，承包人应在施工过程中负责管理施工控制网点，并在（　　）后将其移交发包人。

A. 工程缺陷责任期届满   B. 工程竣工

C. 工程竣工后验收合格   D. 工程最终结算

37. 根据《标准施工招标文件》中的通用合同条款，因不可抗力导致工期延长，监理人按发包人要求指令承包人采取赶工措施发生的合理赶工费用应由（　　）承担。

A. 发包人   B. 承包人

C. 发包人和监理人共同   D. 参与验收的各方共同

38. 某工程完成竣工验收后，建设单位发现有一处防火门的开启方向不符合设计要求，则整改该问题所产生的费用应由（　　）承担。

A. 发包人   B. 承包人

C. 发包人和监理人共同   D. 参与验收的各方共同

39. 根据《标准设计施工总承包招标文件》，监理人更换总监理工程师时，应提前（　　）d 通知承包人。

A. 7   B. 14   C. 21   D. 28

40. 根据《标准设计施工总承包招标文件》，组成合同的文件有：①发包人要求；②价格清单；③通用合同条款。仅就上述合同文件而言，正确的优先解释顺序是（   ）。

A. ①-②-③   B. ③-②-①   C. ③-①-②   D. ②-③-①

41. 根据《标准设计施工总承包招标文件》，承包人文件中最主要的文件是（   ）。

A. 设计文件   B. 施工组织设计   C. 价格清单   D. 承包人建议书

42. 根据《标准设计施工总承包招标文件》，因发包人原因造成监理人未能在合同签订之日起（   ）d 内发出开始工作通知，承包人有权提出价格调整或解除合同。

A. 30   B. 60   C. 90   D. 120

43. 根据《标准设计施工总承包招标文件》，发包人与承包人在履行合同中发生争议，经争议评审组评审但当事人不接受评审意见而提交仲裁的，应在仲裁结束前暂按（   ）执行。

A. 争议评审组的评审意见   B. 发包人的意见

C. 承包人的意见   D. 总监理工程师的确定

44. 根据《标准材料采购招标文件》，全部合同材料质量保证期届满后，买方应在规定时间内向卖方支付合同价格（   ）的结清款。

A. 10%   B. 5%   C. 3%   D. 2%

45. 根据《标准材料采购招标文件》，合同材料的所有权和风险自（   ）时由卖方转移到买方。

A. 交付   B. 核验   C. 清点   D. 签约

46. 根据《标准设备采购招标文件》，除专用合同条款另有约定外，卖方按合同约定交付全部合同设备后，买方应向卖方支付合同价格的（   ）作为交货款。

A. 40%   B. 50%   C. 60%   D. 70%

47. 根据《标准设备采购招标文件》，对于专用合同条款约定的超大超重设备，卖方应在设备包装箱两侧标注（   ），以便装卸和搬运。

A. 起吊点和平衡点   B. 平衡点和支点

C. 支点和重心   D. 重心和起吊点

48. 根据 FIDIC《施工合同条件》承包商应从开工之日起，承担工程照管责任，直到（   ）之日止。

A. 承包商提交工程竣工验收申请   B. 业主颁发工程接收证书

C. 承包商提交工程竣工结算申请   D. 业主颁发工程缺陷责任证书

49. 根据 FIDIC《设计采购施工（EPC）/交钥匙工程合同条件》，优先解释顺序仅次于合同协议书和合同条件的合同文件是（   ）。

A. 投标书   B. 工程量清单   C. 业主要求   D. 设计标准

50. 根据英国工程施工合同（ECC）条件，属于 ECC 核心条款的是（   ）。

A. 履约保证   B. 承包商预付款

C. 区段竣工   D. 测试和缺陷

二、多项选择题（共 30 题，每题 2 分，每题的备选项中，有 2 个或 2 个以上符合题意，至少有 1 个错项。选错，本题不得分；少选，所选的每个选项得 0.5 分）

51. 与单价合同相比，固定总价合同的特点有（   ）。

A. 适用于地下条件复杂的工程   B. 适用于时间特别紧迫的工程

C. 业主控制投资的难度大   D. 承包商承担价格变化的风险较大

E. 对承包商准确预估工程量的要求高

52. 合同法律关系的构成要素有（   ）。

A. 目标   B. 主体   C. 客体   D. 内容

E. 性质

53. 关于抵押权的说法，正确的是（   ）。

A. 以动产抵押的，抵押权在主债务履行时生效

B. 以建设用地使用权抵押的，该土地上建筑物一并抵押

C. 以正在建造的建筑物抵押的，应办理在建工程抵押登记

D. 设立抵押权，当事人应采用书面形式订立抵押合同

E. 使用权不明的财产不得抵押

54. 投保建设工程一切险的工程，保险人对（   ）造成的损失不予赔偿。

A. 地面下陷   B. 设计错误   C. 维修保养   D. 正常检修

E. 气温变化

55. 依法必须进行勘察设计招标的项目，在招标时应具备的条件有（   ）。

A. 招标人已经依法成立   B. 已确定勘察设计单位初选名单

C. 勘察设计资金来源已经落实   D. 必需的勘察设计基础资料已收集完成

E. 已组织投标申请人踏勘现场

56. 招标人向建设行政主管部门办理招标申请手续时，招标备案文件中应说明的内容有（   ）。

A. 招标工作范围   B. 计划工期

C. 对投标人的资质要求   D. 招标费用预算

E. 评标办法

57. 关于施工招标中开标工作的说法，正确的有（   ）。

A. 开标时应宣布投标人名称   B. 开标时宣布各投标人报价

C. 设有标底的，开标时应公布标底   D. 开标时应对投标报价进行排序

E. 开标时应宣布评标委员会成员选取办法

58. 根据《标准施工招标文件》，招标人需重新招标的情形有（   ）

A. 招标人在投标截止日前对招标文件内容做出修改

B. 至投标截止时间共有 2 家单位投标

C. 开标时发现所有投标人报价均高于标底

D. 评标委员会成员中有投标人的近亲

E. 所有投标人的投标经评标委员会评审后均被否决

59. 工程施工投标资格预审公告包括的内容有（   ）。

A. 招标条件   B. 项目概况与招标范围

C. 资格预审方法   D. 申请人资格要求

E. 投标保证金要求

60. 根据《标准施工招标文件》，采用经评审的最低投标价法评标时，初步评审的标准有（   ）。

A. 资格评审标准   B. 形式评审标准

C. 施工组织设计评审标准   D. 付款条件评审标准

E. 项目管理机构评审标准

61. 根据《标准材料采购招标文件》，投标函中的分项报价表应包括的内容有（   ）。

A. 规格   B. 单位   C. 性能   D. 数量

E. 总价

62. 根据《标准材料采购招标文件》，材料采购投标文件中应包括的内容有（   ）。

A. 商务和技术偏差表   B. 技术支持资料

C. 投标材料质量标准   D. 合同条款修改建议

E. 资格审查资料

63. 采用综合评估法进行机电产品采购评标时，可作为一级评价因素的有（   ）。

A. 产地   B. 包装   C. 技术   D. 服务

E. 商务

64. 根据《标准勘察招标文件》中的通用合同条款，除专用合同条款另有约定外，勘察合同价中应包括的费用有（   ）。

A. 进行测绘、取样、试验、评估的费用

B. 占地及青苗、园林绿化补偿费用

C. 发包人要求勘察人外出考察的费用

D. 因勘察人原因需要对工程进行补充勘察的费用

E. 不可抗力导致勘察人勘察设备损坏的修复费用

65. 根据《标准勘察招标文件》中的通用合同条款，属于勘察合同变更情形的有（   ）。

A. 勘察范围发生变化   B. 对工程同一部位进行再次勘察

C. 暂停勘察及恢复勘察   D. 发包人原因引起的勘察周期延误

E. 勘察成果未达到合同约定的深度要求

66. 根据《标准设计招标文件》中的通用合同条款，由发包人承担设计服务期延误责任的情形有（   ）。

A. 发包人未按合同约定期限及时答复设计事项

B. 发包人未按合同约定及时支付设计费用

C. 设计人原因导致设计文件未能按期提交

D. 行政管理部门审查图纸时间延长

E. 勘察人提供的勘察成果滞后

67. 根据《标准设计招标文件》中的通用合同条款，设计人应在工程施工期间提供的设计配合服务工作有（   ）。

A. 审查勘察作业安全措施计划   B. 进行设计技术交底

C. 参与施工过程及工程竣工验收   D. 参与工程试运行

E. 配合施工单位编制施工方案

68. 根据《标准施工招标文件》中的通用合同条款，监理人受发包人委托管理施工合同履行的权力有（   ）。

A. 在发包人授权范围内发出监理人指示

B. 根据合同约定向承包人发出变更指示

C. 根据工程实际情况免除合同约定的承包人部分义务

D. 与施工合同当事人商定变更工程价款

E. 检查工程实体、材料和设备质量

69. 根据《标准施工招标文件》中的通用合同条款，属于施工期间"不利物质条件"的有（　　）。

A. 不可预见的自然物质条件　　　　B. 不可预见的非自然物质障碍

C. 突发性重大疫情　　　　　　　　D. 恶劣的气候条件

E. 不可预见的污染物

70. 根据《标准施工招标文件》中的通用合同条款，对于发包人负责提供的材料和工程设备，承包人应完成的工作内容有（　　）。

A. 提交材料和工程设备的质量证明文件

B. 根据合同计划安排向监理人报送要求发包人交货的日期计划

C. 会同监理人在约定的时间和交货地点共同进行验收

D. 运输、保管材料和工程设备

E. 支付材料和工程设备合同价款

71. 根据《标准施工招标文件》中的通用合同条款，由承包人承担增加的费用和工期延误的情形（　　）。

A. 由于承包人原因为安全保障所必需的暂停施工

B. 承包人负责采购、运输的材料未能按期运到工地

C. 因不可抗力事件导致承包人暂停施工

D. 因不利物质条件导致承包人暂停施工

E. 发包人负责采购的工程设备未能按期运到工地

72. 根据《标准施工招标文件》中的通用合同条款，施工合同履行期间，属于变更范围的有（　　）。

A. 承包人投入施工设备的数量超过了投标文件承诺的数量

B. 为完成工程需要追加的额外工作

C. 改变合同中任何一项工作的施工时间

D. 改变合同中任何一项工作的质量特性

E. 承包人在合同中的某项工作转由发包人自行实施

73. 根据《标准施工招标文件》中的通用合同条款，质量保证金的计算基数应包括（　　）。

A. 付款周期末已实施工程的价款金额

B. 工程预付款的支付金额

C. 工程预付款的扣回金额

D. 按合同约定价格调整的金额

E. 按合同约定经监理人核实的计日工金额

74. 根据《标准设计施工总承包招标文件》，合同双方需在专用合同条款中约定承包人向监理人提供的设计文件的（　　）。

A. 内容　　　　　B. 格式　　　　　C. 数量　　　　　D. 地点

E. 时间

75. 根据《标准设计施工总承包招标文件》，合同双方应在专用合同条款中约定设计和工程保险的（　　）。

A. 投保时间　　　B. 投保险种　　　C. 保险范围　　　D. 保险期限

E. 投保对象

76. 根据《标准设计施工总承包招标文件》，合同履行过程中发生（　　）情形的，承包人仅可获得工期、费用补偿，而不能获得利润补偿。

A. 争议评审组对监理人确定的修改　　　B. 异常恶劣的气候条件

C. 基准资料有误　　　D. 发包人原因造成质量不合格

E. 行政审批延误

77. 建设工程材料采购合同条款主要涉及的内容有（　　）。

A. 材料生产制造　　　B. 材料交接程序　　　C. 质量检验方式　　　D. 材料质量要求

E. 合同价款支付

78. 根据《标准设备采购招标文件》中的通用合同条款，设备采购合同履行过程中，卖方未能按时交付合同设备的，应向买方支付迟延交付违约金。除专用合同条款另有约定外，迟延交付违约金的计算方法有（　　）。

A. 迟交 2 周的，每周迟延交付违约金是迟交合同设备价格的 0.5%

B. 迟交 3 周的，每周迟延交付违约金是迟交合同设备价格的 0.5%

C. 迟交 4 周的，每周迟延交付违约金是迟交合同设备价格的 1%

D. 迟交 6 周的，每周迟延交付违约金是迟交合同设备价格的 1.5%

E. 迟交 8 周的，每周迟延交付违约金是迟交合同设备价格的 2%

79. 根据 FIDIC《设计采购施工（EPC）/交钥匙工程合同条件》，承包商应履行的合同义务有（　　）。

A. 向业主提供工程设计标准　　　B. 向业主提交月进度报告

C. 向业主提供临时操作与维护手册　　　D. 向工程师报批所有分包商

E. 对业主人员进行操作与维修培训

80. 关于 CM 合同模式的说法，正确的有（　　）。

A. 风险型 CM 合同采用成本加酬金的计价方式

B. 代理型 CM 承包商负责工程分包的发包

C. CM 合同属于管理承包合同

D. 代理型 CM 承包商不承担工程实施风险

E. 风险型 CM 承包商只负责施工阶段的组织管理工作

2021 年度全国监理工程师职业资格考试试卷答案解析

一、单项选择题

1. C;	2. C;	3. A;	4. C;	5. C;
6. B;	7. C;	8. D;	9. D;	10. A;
11. D;	12. A;	13. B;	14. B;	15. A;
16. B;	17. D;	18. D;	19. A;	20. C;
21. D;	22. B;	23. D;	24. C;	25. A;
26. C;	27. A;	28. A;	29. B;	30. A;
31. B;	32. C;	33. A;	34. D;	35. B;
36. B;	37. A;	38. B;	39. B;	40. C;
41. A;	42. C;	43. D;	44. B;	45. A;
46. C;	47. D;	48. B;	49. C;	50. D。

【解析】

1. C。本题考核的是保证责任。当事人对保证担保的范围没有约定或者约定不明确的，保证人应当对全部债务承担责任。一般保证的保证人未约定保证期间的，保证期间为主债务履行期届满之日起 6 个月。

2. C。本题考核的是施工投标保证。下列任何情况发生时，投标保证金将被没收：一是投标人在投标函格式中规定的投标有效期内撤回其投标；二是中标人在规定期限内无正当理由未能根据规定签订合同，或根据规定接受对错误的修正；三是中标人根据规定未能提交履约保证金；四是投标人采用不正当的手段骗取中标。

3. A。本题考核的是保险期限。安装工程一切险的保险期限，通常应以整个工期为保险期限。一般是从被保险项目被卸至施工地点时起生效到工程预计竣工验收交付使用之日止。如验收完毕先于保险单列明的终止日，则验收完毕时保险期也终止。

4. C。本题考核的是勘察设计招标文件的内容。勘察设计招标文件应当包括下列内容：（1）招标公告或投标邀请书；（2）投标人须知；（3）评标办法；（4）合同条款及格式；（5）发包人要求；（6）投标文件格式；（7）投标人须知前附表规定的其他资料。

5. C。本题考核的是对投标文件内容的要求。投标文件应当对招标文件有关勘察设计服务期限、发包人要求、招标范围、投标有效期等实质性内容作出响应。除投标人须知前附表另有规定外，投标有效期为 90 日。

6. B。本题考核的是评审程序及方法。依据国家发展和改革委员会等九部委《标准勘察招标文件》和《标准设计招标文件》，在初步评审阶段，应进行形式评审、资格评审和响应性评审。

7. C。本题考核的是详细评审。应按得分由高到低的顺序推荐中标候选人，或根据招标人授权直接确定中标人。如综合评分相等时，以投标报价低的优先；投标报价也相等的，以勘察纲要或设计方案得分高的优先；如果勘察纲要或设计方案得分也相等，则按照评标办法前附表的规定确定中标候选人顺序。

8. D。本题考核的是投标预备会。考虑到投标预备会后需要将招标文件的澄清、补充和修改书面通知所有潜在投标人，组织投标预备会的时间一般应在投标截止时间15日以前进行。

9. D。本题考核的是组建评标委员会。一般项目，可以采取随机抽取的方式；技术复杂、专业性强或者国家有特殊要求的招标项目，采取随机抽取方式确定的专家难以保证胜任的，可以由招标人直接确定。

10. A。本题考核的是编制招标文件。施工招标文件包括下列内容：（1）招标公告或投标邀请书；（2）投标人须知；（3）评标办法；（4）合同条款及格式；（5）工程量清单；（6）图纸；（7）技术标准和要求；（8）投标文件格式；（9）投标人须知前附表规定的其他材料。此外，招标人对招标文件的澄清、修改，也构成招标文件的组成部分。

11. D。本题考核的是资格后审。资格预审和资格后审不同时使用，二者审查的时间是不同的，审查的内容是一致的。一般情况下，资格预审比较适合于具有单件性特点，且技术难度较大或投标文件编制费用较高，或潜在投标人数量较多的招标项目；资格后审适合于潜在投标人数量不多的通用性、标准化项目。通常情况下，资格预审多用于公开招标，资格后审多用于邀请招标。

12. A。本题考核的是最低评标价法。最低评标价法一般适用于具有通用技术、性能标准或者招标人对其技术、性能标准没有特殊要求的招标项目。经评审的最低投标价法简称最低评标价法。

13. B。本题考核的是投标报价的偏差率计算。公式：偏差率＝100%×（投标人报价－评标基准价）/评标基准价。

14. B。本题考核的是投标的否决。评标委员会发现投标人的报价明显低于其他投标报价，使得其投标报价可能低于其个别成本的，应当要求该投标人作出书面说明并提供相应的证明材料，投标人不能合理说明或者不能提供相应证明材料的，评标委员会应当认定该投标人以低于成本报价竞标，并否决其投标。

15. A。本题考核的是编制招标文件。投标人资格要求：项目经理应当具备工程设计类或者工程施工类注册执业资格，设计负责人应当具备工程设计类注册执业资格。

16. B。本题考核的是知识产权。承包人在投标文件中采用专利技术的，专利技术的使用费包含在投标报价内。

17. D。本题考核的是材料设备采购方式及其特点。直接订购方式多适用于零星采购、应急采购，或只能从一家供应厂商获得，或必须由原供货商提供产品或向原供货商补订的采购。该方式达成交易快，有利于及早交货，但采购来源单一，缺少对价格的比选，适用的条件较为特殊。

18. D。本题考核的是材料设备采购招标内容特点。如果采用合并招标，可以按照各部分所占的费用比例来确定具体招标类型，通常设备占费用比例大的，可按设备招标，安装工程占费用比例大的，则可按安装工程招标。

19. A。本题考核的是报FOB价或FCA价。招标文件可要求国外供货方（卖方）报FOB价（装运港船上交货），卖方在装运港将货物装上买方指定的船只，即完成交货，卖方负责办理包括将货物在指定的装船港装上船之前的一切运输事项及运输费用，费用包含在报价中。

20. C。本题考核的是初步评审。响应性评审主要审查投标报价、投标内容、交货期、质量要求、投标有效期、投标保证金、权利义务、投标材料及相关服务等是否符合规定。

21. D。本题考核的是价格因素及评价值。最优的评价因素响应值得最高评价值，该最高评价值称为基准评价值，其余的评价因素响应值将依据其优劣程度获得相应的评价值。

22. B。本题考核的是建设工程勘察合同的内容和合同当事人。依据我国法律规定，作为承包人的勘察单位必须具备法人资格，任何其他组织和个人均不能成为承包人。

23. D。本题考核的是勘察作业要求。勘察人对于勘察方法的正确性、适用性和可靠性完全负责。

24. D。本题考核的是勘察作业要求。试验报告的格式应当符合 CMA 计量认证体系要求，加盖 CMA 章并由试验负责人签字确认；试验负责人应当通过计量认证考核，并由项目负责人授权许可。

25. A。本题考核的是发包人的管理。设计人应按照法律规定，以及国家、行业和地方的规范和标准完成设计工作，并应符合发包人要求。各项规范、标准和发包人要求之间如对同一内容的描述不一致时，应以描述更为严格的内容为准。

26. C。本题考核的是设计人违约。合同履行中发生下列情况之一的，属设计人违约：（1）设计文件不符合法律以及合同约定；（2）设计人转包、违法分包或者未经发包人同意擅自分包；（3）设计人未按合同计划完成设计，从而造成工程损失；（4）设计人无法履行或停止履行合同；（5）设计人不履行合同约定的其他义务。设计人发生违约情况时，发包人可向设计人发出整改通知，要求其在限定期限内纠正；逾期仍不纠正的，发包人有权解除合同并向设计人发出解除合同通知。设计人应当承担由于违约所造成的费用增加、周期延误和发包人损失等。

27. A。本题考核的是项目负责人。设计人应按合同协议书的约定指派项目负责人，并在约定的期限内到职。设计人更换项目负责人应事先征得发包人同意，并应在更换 14 d 前将拟更换的项目负责人的姓名和详细资料提交发包人。项目负责人 2 d 内不能履行职责的，应事先征得发包人同意，并委派代表代行其职责。

28. A。本题考核的是发包人审查设计文件。除专用合同条款另有约定外，发包人对于设计文件的审查期限，自文件接收之日起不应超过 14 d。

29. B。本题考核的是履约担保。担保期限自发包人和承包人签订合同之日起，至签发工程移交证书日止。

30. A。本题考核的是发包人义务。发包人的义务包括：提供施工场地、组织设计交底、约定开工时间。

31. B。本题考核的是与承包人协商后确定的变更。（1）监理人首先向承包人发出变更意向书，说明变更的具体内容、完成变更的时间要求等，并附必要的图纸和相关资料。（2）承包人收到监理人的变更意向书后，如果同意实施变更，则向监理人提出书面变更建议。建议书的内容包括拟实施变更工作的计划、措施、竣工时间等内容的实施方案以及费用和（或）工期要求。若承包人收到监理人的变更意向书后认为难以实施此项变更，也应立即通知监理人，说明原因并附详细依据。如不具备实施变更项目的施工资质、无相应的施工机具等原因或其他理由。（3）监理人审查承包人的建议书。如果承包人根据变更意向书要求提交的变更实施方案可行并经发包人同意后，监理人发出变更指示。如果承包人不同意变更，监理人与承包人和发包人协商后确定撤销、改变或不改变变更意向书。

32. C。本题考核的是变更估价。变更的估价原则：（1）已标价工程量清单中有适用于变更工作的子目，采用该子目的单价计算变更费用；（2）已标价工程量清单中无适用于变更工作的子目，但有类似子目，可在合理范围内参照类似子目的单价，由监理人商定或确定变更工作的单价；（3）已标价工程量清单中无适用或类似子目的单价，可按照成本加利润的原则，由监理人商定或确定变更工作的单价。

33. A。本题考核的是调价公式。施工过程中每次支付工程进度款时，用该公式综合计算本期内因市场价格浮动应增加或减少的价格调整值。

$$\Delta P = P_1 \left[A + (B_1 \times F_{t1}/F_{01} + B_2 \times F_{t2}/F_{02} + B_3 \times F_{t3}/F_{03} + \cdots + B_n \times F_{tn}/F_{0n}) - 1 \right]$$

34. D。本题考核的是竣工清场。承包人的清场义务工程接收证书颁发后，承包人应对施工场地进行清理，直至监理人检验合格为止。（1）施工场地内残留的垃圾已全部清除出场；（2）临时工程已拆除，场地已按合同要求进行清理、平整或复原；（3）按合同约定应撤离的承包人设备和剩余的材料，包括废弃的施工设备和材料，已按计划撤离施工场地；（4）工程建筑物周边及其附近道路、河道的施工堆积物，已按监理人指示全部清理；（5）监理人指示的其他场地清理工作已全部完成。

35. B。本题考核的是进度款支付证书。经发包人审查同意后，由监理人向承包人出具经发包人签认的进度付款证书。

36. B。本题考核的是施工控制网。承包人在施工过程中负责管理施工控制网点，对丢失或损坏的施工控制网点应及时修复，并在工程竣工后将施工控制网点移交发包人。

37. A。本题考核的是不可抗力造成的损失。不能按期竣工的，应合理延长工期，承包人不需支付逾期竣工违约金。发包人要求赶工的，承包人应采取赶工措施，赶工费用由发包人承担。

38. B。本题考核的是承包人违约。承包人违约的情形：（1）承包人的设计、承包人文件、实施和竣工的工程不符合法律以及合同约定；（2）承包人违反禁止转包的合同约定，私自将合同的全部或部分权利转让给其他人，或私自将合同的全部或部分义务转移给其他人；（3）承包人违反对设施和材料的管理约定，未经监理人批准，私自将已按合同约定进入施工场地的施工设备、临时设施或材料撤离施工场地；（4）承包人违反合同约定使用了不合格材料或工程设备，工程质量达不到标准要求，又拒绝清除不合格工程；（5）承包人未能按合同进度计划及时完成合同约定的工作，造成工期延误；（6）由于承包人原因未能通过竣工试验或竣工后试验的；（7）承包人在缺陷责任期内，未能对工程接收证书所列的缺陷清单的内容或缺陷责任期内发生的缺陷进行修复，而又拒绝按监理人指示再进行修补；（8）承包人无法继续履行或明确表示不履行或实质上已停止履行合同；（9）承包人不按合同约定履行义务的其他情况。

39. B。本题考核的是监理人职责。发包人应在发出开始工作通知前将总监理工程师的任命通知承包人。总监理工程师更换时，应提前14 d通知承包人。

40. C。本题考核的是合同文件的组成。在标准总承包合同的通用条款中规定，履行合同过程中，构成对发包人和承包人有约束力合同的组成文件包括：（1）合同协议书；（2）中标通知书；（3）投标函及投标函附录；（4）专用条款；（5）通用合同条款；（6）发包人要求；（7）承包人建议书；（8）价格清单；（9）其他合同文件——经合同当事人双方确认构成合同文件的其他文件。

41. A。本题考核的是承包人文件。承包人文件中最主要的是设计文件，需在专用条款约定承包人向监理人陆续提供文件的内容、数量和时间。

42. C。本题考核的是开始工作。因发包人原因造成监理人未能在合同签订之日起 90 d 内发出开始工作通知，承包人有权提出价格调整要求，或者解除合同。发包人应当承担由此增加的费用和（或）工期延误，并向承包人支付合理利润。

43. D。本题考核的是合同的争议评审。发包人或承包人不接受评审意见，并要求提交仲裁或提起诉讼的，应在收到评审意见后的 14 d 内将仲裁或起诉意向书面通知另一方，并抄送监理人，但在仲裁或诉讼结束前应暂按总监理工程师的确定执行。

44. B。本题考核的是合同价款的支付。全部合同材料质量保证期届满后，买方在收到卖方提交的由买方签署的质量保证期届满证书并经审核无误后 28 日内，向卖方支付合同价格 5% 的结清款。

45. A。本题考核的是交付。合同材料的所有权和风险自交付时起由卖方转移至买方，合同材料交付给买方之前包括运输在内的所有风险均由卖方承担。

46. C。本题考核的是合同价款的支付。卖方按合同约定交付全部合同设备后，买方在收到卖方提交的下列全部单据并经审核无误后 28 日内，向卖方支付合同价格的 60%：（1）卖方出具的交货清单正本一份；（2）买方签署的收货清单正本一份；（3）制造商出具的出厂质量合格证正本一份；（4）合同价格 100% 金额的增值税发票正本一份。

47. D。本题考核的是标记。对于专用合同条款约定的超大超重件，卖方应在包装箱两侧标注"重心"和"起吊点"以便装卸和搬运。

48. B。本题考核的是工程照管责任。承包商应从开工日期起，承担照管工程、货物、承包商文件的工程照管责任，直到颁发工程接收证书之日止，这时工程照管责任应移交给业主。

49. C。本题考核的是合同组成文件。银皮书合同文件的组成及其优先次序是：（1）合同协议书；（2）专用合同条件；（3）通用合同条件；（4）业主要求；（5）明细表；（6）投标书；（7）联合体保证（如投标人为联合体）；（8）其他组成合同的文件。

50. D。本题考核的是 ECC 合同的内容组成。核心条款是施工合同的主要共性条款，包括总则；承包商的主要责任；工期；测试和缺陷；付款；补偿事件；所有权；风险和保险；争端和合同终止等 9 条，构成了施工合同的基本构架，适用于施工承包、设计施工总承包和交钥匙工程承包等不同模式。

二、多项选择题

51. D、E；　　　　　52. B、C、D；　　　　　53. B、C、D、E；
54. B、C、D、E；　　55. A、C、D；　　　　　56. A、B、C；
57. A、B、C；　　　　58. B、E；　　　　　　59. A、B、C、D；
60. A、B、C、E；　　　61. B、D、E；　　　　　62. B、C、E；
63. C、D、E；　　　　64. A、B；　　　　　　65. A、D；
66. A、B、D、E；　　　67. B、C、D；　　　　　68. A、B、D、E；
69. A、B、E；　　　　70. B、C；　　　　　　71. A、B；
72. B、C、D；　　　　73. A、E；　　　　　　74. A、C、E；
75. B、C、D；　　　　76. A、B、E；　　　　　77. B、C、D、E；
78. A、B；　　　　　79. B、C、E；　　　　　80. A、C、D。

【解析】

51. D、E。本题考核的是合理选择适合建设工程特点的合同计价方式。采用固定总价合同，承包商几乎承担了工作量及价格变动的全部风险，如项目漏报、工作量计算错误、费用价格上涨等，因此，承包商在报价时应对价格变动因素以及不可预见因素做充分的估计。通过把风险分配给承包商，业主承担的风险较小。

52. B、C、D。本题考核的是合同法律关系的概念。合同法律关系包括合同法律关系主体、合同法律关系客体、合同法律关系内容三个要素。

53. B、C、D、E。本题考核的是抵押物。当事人以生产设备、原材料、半成品、产品，交通运输工具，或者正在建造的船舶、航空器抵押的，抵押权自抵押合同生效时设立，故选项A错误。

54. B、C、D、E。本题考核的是工程建设涉及的主要险种。保险人对下列各项原因造成的损失不负责任赔偿：（1）设计错误引起的损失或费用。（2）自然磨损、内在或潜在缺陷、物质本身变化、自燃、自热、氧化、锈蚀、漏、鼠咬、虫蛀、大气（气候或气温）变化、正常水位变化或其他渐变原因造成的保险财产自身的损失和费用。（3）因原材料缺陷或工艺不善引起的保险财产本身的损失以及为换置、修理或矫正这些缺点错误所支付的费用。（4）非外力引起的机械或电气装置的本身损失，或施工用机具、设备、机械装置失灵造成的本身的损失。（5）维修保养或正常检修的费用。（6）档案、文件、账簿、票据、现金、各种有价证券、图表资料及包装物料的损失。（7）盘点时发现的短缺等。

55. A、C、D。本题考核的是工程勘察设计招标应具备的条件。工程勘察设计招标应具备的条件：根据现行规定，依法必须进行勘察设计招标的工程建设项目，在招标时应当具备下列条件：（1）招标人已经依法成立；（2）按照国家有关规定需要履行项目审批、核准或备案手续的，已经审批、核准或备案；（3）勘察设计有相应资金或者资金来源已经落实；（4）所必需的勘察设计基础资料已经收集完成；（5）法律法规规定的其他条件。

56. A、B、C。本题考核的是招标备案。招标备案文件应说明：招标工作范围；招标方式；计划工期；对投标人的资质要求；招标项目的前期准备工作的完成情况；自行招标还是委托代理招标等内容。

57. A、B、C。本题考核的是开标。主持人按下列程序进行开标：（1）宣布开标纪律；（2）公布在投标截止时间前递交投标文件的投标人名称，并点名确认投标人是否派人到场；（3）宣布开标人、唱标人、记录人、监标人等有关人员姓名；（4）检查投标文件的密封情况；（5）确定并宣布投标文件开标顺序；（6）设有标底的，公布标底；（7）按照宣布的开标顺序当众开标，公布投标人名称、标段名称、投标保证金的递交情况、投标报价、质量目标、工期及其他内容，并记录在案；（8）投标人代表、招标人代表、监标人、记录人等有关人员在开标记录上签字确认；（9）开标结束。

58. B、E。本题考核的是重新招标和不再招标。有下列情形之一的，招标人在分析招标失败的原因并采取相应措施后，应当依法重新招标：（1）投标截止时间止，投标人少于3个的；（2）经评标委员会评审后否决所有投标的。

59. A、B、C、D。本题考核的是资格预审公告。资格预审公告包括招标条件、项目概况与招标范围、申请人资格要求、资格预审方法、资格预审文件的获取、资格预审申请文件的递交、发布公告的媒介和联系方式等公告内容。

60. A、B、C、E。本题考核的是最低评标价法。根据《标准施工招标文件》的规定，投标初步评审为形式评审、资格评审、响应性评审、施工组织设计和项目管理机构评审标准四个方面。

61．B、D、E。本题考核的是分项报价内容。分项报价表的内容包括：（1）分项名称；（2）单位；（3）数量；（4）单价（元）；（5）总价（元）；（6）合计报价。

62．A、B、C、E。本题考核的是材料采购招标文件的编制。根据国家发展和改革委员会等九部委《标准材料采购招标文件》，材料采购投标文件应包括下列内容：（1）投标函及投标函附录；（2）法定代表人身份证明或授权委托书；（3）联合体协议书；（4）投标保证金；（5）商务和技术偏差表；（6）分项报价表；（7）资格审查资料；（8）投标材料质量标准；（9）技术支持资料；（10）相关服务计划；（11）投标人须知前附表规定的其他资料。

63．C、D、E。本题考核的是价格因素及评价值。将对招标项目的评价因素分成价格、商务、技术、服务等一级评价因素，并可再将一级评价因素细分为若干二级评价因素。

64．A、B。本题考核的是合同价格与支付。除专用合同条款另有约定外，合同价格应当包括收集资料，踏勘现场，制订纲要，进行测绘、勘探、取样、试验、测试、分析、评估、配合审查等，编制勘察文件，设计施工配合，青苗和园林绿化补偿，占地补偿，扰民及民扰，占道施工，安全防护、文明施工、环境保护，进城务工人员工伤保险等全部费用和国家规定的增值税税金。发包人要求勘察人进行外出考察、试验检测、专项咨询或专家评审时，相应费用不含在合同价格之中，由发包人另行支付。

65．A、D。本题考核的是建设工程勘察设计招标。合同履行中发生下列情形，属于勘察合同变更：（1）勘察范围发生变化；（2）除不可抗力外，非勘察人的原因引起的周期延误；（3）非勘察人的原因，对工程同一部分重复进行勘察；（4）非勘察人的原因，对工程暂停勘察及恢复勘察。

66．A、B、D、E。本题考核的是建设工程设计合同履行管理。合同履行中发生下列情况之一的，属发包人违约：（1）发包人未按合同约定支付设计费用；（2）发包人原因造成设计停止；（3）发包人无法履行或停止履行合同；（4）发包人不履行合同约定的其他义务。行政管理部门和勘察人相对于设计合同而言，属于第三方，第三方的责任由发包人承担。

67．B、C、D。本题考核的是工程勘察设计招标主要工作内容。"设计服务"包括：编制设计文件和设计概算、预算、提供技术交底、施工配合、参加竣工验收或发包人委托的其他服务。

68．A、B、D、E。本题考核的是施工合同监理人管理职责。受发包人委托对施工合同的履行进行管理：（1）在发包人授权范围内，负责发出指示、检查施工质量、控制进度等现场管理工作。（2）在发包人授权范围内独立处理合同履行过程中的有关事项，行使通用条款规定的，以及具体施工合同专用条款中说明的权力。（3）承包人收到监理人发出的任何指示，视为已得到发包人的批准，应遵照执行。（4）在合同规定的权限范围内，独立处理或决定有关事项，如单价的合理调整、变更估价、索赔等。

69．A、B、E。本题考核的是不利物质条件的影响。不利物质条件指承包人在施工场地遇到的不可预见的自然物质条件、非自然的物质障碍和污染物，包括地下和水文条件，但不包括气候条件。

70．B、C。本题考核的是对发包人提供的材料和工程设备管理。选项 A 属于发包人应完成的工作，故选项 A 错误。发包人提供的材料和工程设备验收后，由承包人负责接收、保管和施工现场内的二次搬运所发生的费用，故选项 D、E 错误。

71. A、B。本题考核的是暂停施工。选项 C 属于发包人的责任，故选项 C 错误。如果监理人没有发出指示，承包人因采取合理措施而增加的费用和工期延误，仍由发包人承担，故选项 D 错误。选项 E 属于发包人责任，故选项 E 错误。

72. B、C、D。本题考核的是变更的范围和内容。标准施工合同通用条款规定的变更范围包括：（1）取消合同中任何一项工作，但被取消的工作不能转由发包人或其他人实施；（2）改变合同中任何一项工作的质量或其他特性；（3）改变合同工程的基线、标高、位置或尺寸；（4）改变合同中任何一项工作的施工时间或改变已批准的施工工艺或顺序；（5）为完成工程需要追加的额外工作。

73. A、E。本题考核的是费用和利润。质量保证金从第一次支付工程进度款时开始起扣，从承包人本期应获得的工程进度付款中，扣除预付款的支付、扣回以及因物价浮动对合同价格的调整三项金额后的款额为基数，按专用条款约定的比例扣留本期的质量保证金。累计扣留达到约定的总额为止。

74. A、C、E。本题考核的是订立合同时需要明确的内容。承包人文件中最主要的是设计文件，需在专用条款约定承包人向监理人陆续提供文件的内容、数量和时间。

75. B、C、D。本题考核的是投保的险种。承包人按照专用条款的约定向双方同意的保险人投保建设工程设计责任险、建筑工程一切险或安装工程一切险。具体的投保险种、保险范围、保险金额、保险费率、保险期限等有关内容应当在专用条款中明确约定。

76. A、B、E。本题考核的是涉及承包人索赔的条款。基准资料有误、发包人原因造成质量不合格，可以获得工期、费用、利润补偿。故选项 C、D 错误。

77. B、C、D、E。本题考核的是材料设备采购合同的特点。建筑材料采购合同的条款一般限于物资交货阶段，主要涉及交接程序、检验方式、质量要求和合同价款的支付等。

78. A、B。本题考核的是卖方迟延交付的违约金。除专用合同条款另有约定外，迟延交付违约金的计算方法如下：（1）从迟交的第一周到第四周，每周迟延交付违约金为迟交合同设备价格的 0.5%；（2）从迟交的第五周到第八周，每周迟延交付违约金为迟交合同设备价格的 1%；（3）从迟交第九周起，每周迟延交付违约金为迟交合同设备价格的 1.5%，在计算迟延交付违约金时，迟交不足一周的按一周计算。

79. B、C、E。本题考核的是承包商的主要责任和义务。按照合同进行设计、实施和完成工程，并修补工程中的缺陷；工程完工后应满足合同规定的预期目标；应提供合同规定的生产设备和承包商文件，以及设计、施工、竣工和修补缺陷所需的人员、物资和服务；为工程的完备性、稳定性和安全性承担责任并保护环境；提供履约担保证；负责核实和解释现场数据；遵守安全程序；建立质量保证体系；编制提交月进度报告；办理工程保险；负责承包商设备；负责现场保安；照管工程和货物；编制和提交竣工文件；对业主人员进行工程操作和维修培训等。在竣工试验开始前，承包商还应该向业主提供临时的操作和维护手册。

80. A、C、D。本题考核的是 AIA 系列合同条件。对于代理型 CM 模式，CM 承包商只为业主对设计和施工阶段的有关问题提供咨询服务，不负责工程分包的发包，故选项 B 错误。风险型 CM 承包商的工作内容包括施工前阶段的咨询服务和施工阶段的组织管理工作。故选项 E 错误。

《建设工程合同管理》

2020 年度试卷及答案解析

2020 年度全国监理工程师职业资格考试试卷

扫码听课

一、单项选择题（共 50 题，每题 1 分。每题的备选项中，只有 1 个最符合题意）

1. 大中型建设工程设计变更超过原设计标准或者批准标准时，正确的处理方式（   ）。

A. 业主根据变更重新与承包商签订合同

B. 承包商与设计人协商变更事项并报监理人批准

C. 业主按照规定程序办理变更审批手续

D. 设计人决定按变更后的标准或规模进行设计

2. 下列合同计价方式中，在工程施工中"量"和"价"方面的风险分配对合同双方均显公平的是（   ）。

A. 单价合同　　　　B. 固定总价合同　　C. 可调总价合同　　D. 成本加酬金合同

3. 建设单位与银行签订贷款抵押合同时，不得用于抵押的财产是（   ）。

A. 建设用地使用权　　　　　　　　B. 正在建造的建筑物

C. 土地所有权　　　　　　　　　　D. 正在使用的交通工具

4. 定金的数额可由合同当事人约定，但不得超过主合同标的额的（   ）。

A. 20%　　　　　　　B. 30%　　　　　　　C. 40%　　　　　　　D. 50%

5. 关于施工企业意外伤害保险的说法，正确的是（   ）。

A. 施工企业必须为全体职工办理意外伤害保险

B. 团体意外伤害保险责任是指伤残保险责任

C. 年龄 18~60 周岁的施工人员均可作为被保险人

D. 工程停工期间保险人不承担保险责任

6. 工程勘察设计招标时，联合体投标人资质等级的确定原则是（   ）。

A. 由多家单位组成的联合体，按资质等级较低的单位确定

B. 由多家单位组成的联合体，按资质等级较高的单位确定

C. 由同一专业的单位组成的联合体，按资质等级较低的单位确定

D. 由同一专业的单位组成的联合体，按资质等级较高的单位确定

7. 在工程勘察设计招标投标过程中，应没收投标保证金的情形是（   ）。

A. 投标人在评标期间向外界透露投标报价信息

B. 投标人提交的投标保证金数额低于招标文件的规定

C. 投标人在投标截止后致函提出技术澄清说明

D. 投标人中标后未按招标文件要求提交履约保证金

8. 关于工程勘察设计开标评标的说法，正确的是（ ）。

A. 投标人在开标现场对开标提出的异议，招标人有权不予答复

B. 评标委员会由招标人代表和有关专家组成，应为 5 人以上单数

C. 开标应在招标文件确定的提交投标文件截止时间后的 3 日内进行

D. 投标报价偏差率的计算方法应由评标委员会成员在评标时确定

9. 某工程，施工招标文件规定的评标方法为最低评标价法。现有三家单位投标，甲投标报价 6050 万元，评标价 6000 万元；乙投标报价 6200 万元，评标价 5950 万元；丙投标报价 5950 万元，评标价 6050 万元，则中标单位及签约合同价分别为（ ）。

A. 乙，5950 万元　　B. 乙，6200 万元　　C. 丙，5950 万元　　D. 丙，6050 万元

10. 某工程，施工招标时设有标底，则编制标底依据的文件有（ ）。

A. 工程量清单

B. 承包人的施工方案

C. 发包人要求的项目功能文件

D. 发包人提供的设计任务书

11. 根据《标准施工招标文件》中的通用合同条款，施工合同签订前，中标人应按招标文件规定向招标人提交的凭证是（ ）。

A. 投标保证金凭证

B. 预付款担保凭证

C. 履约担保凭证

D. 质量管理体系认证文件

12. 资格预审时，对投标人资格审查采用打分量化的方法是（ ）。

A. 有限数量制法　　B. 合格制法　　C. 标准化法　　D. 综合记分法

13. 招标人组织施工现场踏勘后，需要对招标文件进行澄清修改的，招标人应在招标文件要求提交投标文件的截止时间至少（ ）日前，以书面形式通知所有招标文件收受人。

A. 2　　　　　　B. 5　　　　　　C. 10　　　　　　D. 15

14. 根据《标准设计施工总承包招标文件》，投标人须知中对投标人有关设计工作的要求是（ ）。

A. 质量标准和设计文件审批程序

B. 质量标准、设计业绩和人员资格

C. 设计文件审批和设计变更程序

D. 设计业绩、人员资格和设计变更程序

15. 与直接询价方式选择材料供应商相比，采用招标方式选择材料供应商的特点是（ ）。

A. 交易成本低

B. 采购工作量小

C. 采购工作周期长

D. 便于磋商价格

16. 采购境外货物时，由卖方负责办理租船订舱，并承担货物装船之前的一切费用，以及海运费和从转运港运至目的港的保险费的报价是（ ）。

A. FOB 价　　　　B. CIF 价　　　　C. EXW 价　　　　D. FCA 价

17. 关于投标限价的说法，正确的是（ ）。

A. 招标文件中可设置最低投标限价的具体金额

B. 招标文件中应规定投标价低于最高投标限价的幅度

C. 投标人的投标价超出最高投标限价时，应增加其评标价格

D. 招标人可在招标文件中仅规定最高投标限价的计算方法

18. 根据《标准设计招标文件》中的通用合同条款，下列工程勘察合同组成文件中，优先解释顺序排在中标通知书之前的是（　　　）。

A. 合同协议书　　　B. 专用合同条款　　　C. 勘察费用清单　　　D. 通用合同条款

19. 根据《标准勘察招标文件》中的通用合同条款，发包人应向勘察人提供的文件资料是（　　　）。

A. 施工测量放线成果　　　　　　　　B. 岩土工程钻探方案

C. 标志桩定位报告　　　　　　　　　D. 建筑总平面布置图

20. 根据《标准勘察招标文件》中的通用合同条款，勘察费用实行（　　　）制度。

A. 发包人签证　　　B. 勘察人签证　　　C. 监理人签证　　　D. 监理人核查

21. 根据《标准设计招标文件》中的通用合同条款，发包人代表授权发包人其他人员负责其指派的工作时，应将被授权人员的姓名和（　　　）通知设计人。

A. 职业资格　　　B. 授权范围　　　C. 技术职称　　　D. 授权时间

22. 根据《标准施工招标文件》中的通用合同条款，负有投保义务的一方当事人未按合同约定办理保险，导致受益人未能得到保险人赔偿的，损失赔偿应由（　　　）承担。

A. 发包人　　　　　　　　　　　　　B. 承包人

C. 受益人　　　　　　　　　　　　　D. 负有投保义务的当事人

23. 根据《标准施工招标文件》中的通用合同条款，采用公式法调整工程价款时，合同约定变更范围和内容导致调整公式中的权重不合理时，由监理人与（　　　）协商后进行调整。

A. 发包人和分包人　　　　　　　　　B. 承包人和分包人

C. 承包人和发包人　　　　　　　　　D. 分包人和造价管理部门

24. 根据《标准施工招标文件》，合同文件的优先解释顺序是（　　　）。

A. 技术标准和要求—图纸—已标价工程量清单—投标函及其附录

B. 投标函及其附录—已标价工程量清单—技术标准和要求—图纸

C. 技术标准和要求—投标函及其附录—图纸—已标价工程量清单

D. 投标函及其附录—技术标准和要求—图纸—已标价工程量清单

25. 根据《标准施工招标资格预审文件和标准施工招标文件暂行规定》，各行业编制本行业标准施工招标文件时应遵循的原则是（　　　）。

A. 结合行业特点，编制本行业的"通用合同条款"

B. "专用合同条款"对"通用合同条款"的补充、细化，不得与"通用合同条款"相抵触

C. 对"通用合同条款"和"专用合同条款"应不加修改地引用

D. 对"通用合同条款"的修改，须征得行业主管部门的同意

26.《简明标准施工招标文件》的适用对象是（　　　）。

A. 设计和施工由同一承包人承担的工程　　B. 总投资为 9000 万元的非政府投资工程

C. 工期为 10 个月的小型工程　　　　　　D. 工期紧、技术难度大的工程

27. 根据《标准施工招标文件》中的通用合同条款，在暂停施工期间，负责施工现场保护和安全保障的主体是（　　　）。

A. 发包人　　　B. 监理人　　　C. 承包人　　　D. 监理人和承包人

28. 根据《标准施工招标文件》，关于缺陷责任期的说法，正确的是（　　　）。

A. 缺陷责任期应从工程接收证书写明的竣工日开始起算

B. 缺陷责任期内出现的工程缺陷由发包人负责修复

C. 缺陷责任期内发生的修复费用由承包人承担

D. 缺陷责任期最长不得超过1年

29. 根据《标准施工招标文件》中的通用合同条款，监理人征得发包人同意后，应提前（ ）日向承包人发出开工通知。

A. 7   B. 10   C. 14   D. 15

30. 根据《标准施工招标文件》中的通用合同条款，关于监理人对承包人的材料、设备和工程的质量试验和检验的说法，正确的是（ ）。

A. 承包人按合同约定进行材料、设备和工程的试验和检验，均须由监理人组织

B. 监理人未按合同约定派员参加试验和检验的，承包人应重新组织试验和检验

C. 监理人对承包人的试验和检验结果有疑问，要求承包人重新试验和检验的，须经发包人同意

D. 监理人提出的重新试验和检验证明材料、设备和工程的质量不符合合同要求的，由此造成的费用增加和工期延误由承包人承担

31. 根据《标准施工招标文件》中的通用合同条款，发包人负责提供的材料和工程设备经验收后，接收保管和施工现场内二次搬运所发生的费用由（ ）承担。

A. 发包人   B. 承包人

C. 发包人和承包人   D. 发包人和材料设备供应商

32. 根据《标准施工招标文件》中的通用合同条款，发包人根据实际情况向承包人提出提前竣工要求的，应在提前竣工协议中明确的内容是（ ）。

A. 承包人修订的进度计划和赶工措施，发包人提供的条件和追加的合同价款

B. 发包人提出的赶工要求和追加合同价款，承包人要求的奖励办法

C. 发包人修订的进度计划和奖励办法，承包人提出的赶工措施和追加的费用

D. 承包人修订的进度计划和施工条件要求，发包人的工期要求和追加的合同价款

33. 根据《标准施工招标文件》中的通用合同条款，承包人的施工安全责任是（ ）。

A. 执行监理人编制的施工安全措施计划

B. 要求发包人提供劳动保护用具

C. 制定安全操作规程

D. 承担施工现场所有人员工伤事故的赔偿责任

34. 根据《标准施工招标文件》，关于进度款支付证书的说法，正确的是（ ）。

A. 进度款支付证书应由监理人审查承包人进度付款申请单后签发

B. 监理人出具进度款支付证书视为监理人已批准承包人完成该部分工作

C. 进度款支付证书应经发包人审查同意并签认后由监理人出具

D. 进度款支付证书一经签发监理人无权修改

35. 《标准施工招标文件》通用合同条款规定的"费用"是指（ ）。

A. 施工合同履行中发生的不计利润的合理开支

B. 施工合同履行中由发包人支付给承包人的全部款项

C. 发包人对承包人履行合同支付的结算价款

D. 承包人完成工程所支出的实际成本

36. 根据《标准施工招标文件》，关于暂估价的说法，正确的是（   ）。

A. 暂估价是指签约合同价之外用于支付部分材料设备的费用或专业工程价款

B. 暂估价是指施工合同履行中可能发生的工程费用

C. 暂估价是指发包人在工程量清单中写明支付但暂时不能确定价格的工程款项

D. 暂估价内的工程材料设备或专业工程施工均须由承包人负责提供

37. 根据《标准设计施工总承包招标文件》，关于工程分包的说法，正确的是（   ）。

A. 承包人经发包人同意，可将全部施工分包给第三人

B. 承包人的分包合同，应由分包人向监理人提交副本备案

C. 承包人征得发包人同意，可将部分工程分包给有资质的分包人

D. 发包人、监理人和承包人共同对分包人进行分包管理

38. 建设工程采用设计施工总承包模式的特点是（   ）。

A. 不利于承包人的工程变更　　　　　B. 建设周期不易把控

C. 设计和施工责任划分不清　　　　　D. 影响工程设计方案的比选范围和充分竞争

39. 根据《标准设计施工总承包招标文件》，关于采用专利技术的说法，正确的是
（   ）。

A. 承包人采用专利技术的费用应包含在投标报价中

B. 承包人采用专利技术的费用应由发包人另行补偿

C. 承包人因侵犯专利权引起的责任由合同双方共同承担

D. 承包人因侵犯专利权引起的责任由发包人承担

40. 根据《标准设计施工总承包招标文件》中的通用合同条款，自监理人收到承包人
的设计文件之日起，对承包人设计文件的审查期限应不超过（   ）日。

A. 7　　　　　　　　B. 14　　　　　　　　C. 21　　　　　　　　D. 28

41. 根据《标准设备采购招标文件》，买卖双方可约定合同设备的所有权和风险转移的
界面为（   ）。

A. 装在设备制造厂的运输工具上　　　B. 施工场地设备安装部位

C. 运至施工场地运输工具的车面上　　D. 施工场地的安装作业面

42. 根据《标准设备采购招标文件》，由于买方原因，合同约定的设备在三次考核中均
未能达到技术性能考核指标，买卖双方应签署的文件是（   ）。

A. 设备质量合格证　　　　　　　　　B. 验收款支付函

C. 进度款支付函　　　　　　　　　　D. 设备验收证书

43. 根据《标准设备采购招标文件》中的通用合同条款，合同约定设备在出厂前买方
参与交货前检验，卖方在设备已包装完毕准备启运前通知买方的，监理人的正确做法是
（   ）。

A. 同意卖方启运，改为设备安装前检验

B. 停止启运，按合同约定进行交货前检验

C. 停止启运，卖方自行检验后再包装启运

D. 同意启运，视为卖方违约并扣合同价 1.5% 的违约金

44. 根据《标准材料采购招标文件》中的通用合同条款，合同约定的材料运输至施工
场地卸货交付后，该材料的照管责任及风险应由（   ）承担。

A. 卖方　　　　　　B. 买方　　　　　　C. 卖方和买方　　　　D. 材料生产厂家

45. 根据《标准材料采购招标文件》中通用合同条款，合同约定的材料经验收合格，买卖双方应签署的文件是（　　）。

A. 质量合格证　　B. 进度款支付证　　C. 验收证书　　　　D. 验收款支付证

46. 根据《标准材料采购招标文件》中通用合同条款，因卖方未能按时支付合同约定的材料时，每延迟交货 1 d，应向买方支付延迟交付材料金额（　　）的违约金。

A. 0.08%　　　　B. 0.5%　　　　　C. 0.8%　　　　　D. 1.0%

47. 根据 FIDIC《施工合同条件》，属于工程师职责和权力的是（　　）。

A. 提供履约担保证书
B. 及时提供设计图纸
C. 给予承包商现场进入权
D. 接收并处理索赔报告

48. 根据 FIDIC《施工合同条件》，承包商向工程师发出申请工程接收证书通知的时间应在承包商认为工程即将竣工并做好接收准备日期前不少于（　　）日。

A. 14　　　　　　B. 21　　　　　　C. 28　　　　　　D. 30

49. 根据 FIDIC《设计采购施工（EPC）/交钥匙工程合同条件》，合同文件的优先解释顺序是（　　）。

A. 通用合同条件—专用合同条件—投标书—业主要求
B. 专用合同条件—通用合同条件—业主要求—投标书
C. 通用合同条件—专用合同条件—业主要求—投标书
D. 专用合同条件—通用合同条件—投标书—业主要求

50. 根据美国建筑师学会（AIA）发布的 IPD（集成项目交付）合同，关于争端和索赔的说法，正确的是（　　）。

A. 争端应提交与合同各方没有任何利害关系的争端裁决委员会裁决
B. 争端应提交业主委托任命的代表业主进行合同管理的工程师裁决
C. 合同各方应通过合同中约定的早期警告和补偿事件机制处理索赔
D. 合同各方应放弃除故意违约等情形外的对合同任何一方的索赔

二、多项选择题（共 30 题，每题 2 分。每题的备选项中，有 2 个或 2 个以上符合题意，至少有 1 个错项。错选，本题不得分；少选，所选的每个选项得 0.5 分）

51. 建设工程合同相关各方编制的合同实施计划应包括的内容有（　　）。

A. 合同文本比选
B. 合同实施总体安排
C. 合同分解与管理策划
D. 合同实施保证体系的建立
E. 合同索赔结果分析

52. 合同法律关系的客体包括（　　）。

A. 当事人　　B. 物　　　　C. 行为　　　　D. 权力
E. 智力成果

53. 某工程投保安装工程一切险，保险人负责赔偿的损失有（　　）。

A. 超负荷原因造成的设备损失
B. 地面下陷造成的损失
C. 维修保养的费用支出
D. 机械装置失灵造成的本体损失
E. 水灾造成的设备损失

54. 与公开招标相比，邀请招标的特点有（　　）。

A. 以投标邀请书的形式邀请投标人　　B. 邀请投标人的数量须在 5 家以上

C. 招标人对潜在投标人能力较为了解　　D. 适合于投标资质要求高的重大工程

E. 招标投标周期缩短且评标工作量小

55. 根据《工程建设项目勘察设计招标投标办法》，工程勘察设计可以不进行招标的情形有（　　）。

A. 建设单位依法能够自行勘察设计

B. 能满足技术条件的勘察设计单位少于 3 家

C. 抢险救灾情况紧急不适宜进行招标

D. 项目投资大、工期长，能胜任的勘察设计单位较少

E. 建设单位已有长期合作的勘察设计单位

56. 根据《标准施工招标文件》，组成施工招标文件的有（　　）。

A. 投标人须知　　　　　　　　　　　B. 发包人要求

C. 图纸及工程量清单　　　　　　　　D. 合同条款及格式

E. 技术标准和要求

57. 根据《标准施工招标文件》，施工评标中，对施工组织设计和项目管理机构的评审内容包括（　　）。

A. 施工方案与技术措施　　　　　　　B. 质量、安全、环境保护管理体系与措施

C. 工程进度计划、资源配置计划　　　D. 技术负责人及主要管理人员配置

E. 工程投资绩效评审方案

58. 根据《标准施工招标文件》，对潜在投标人进行资格评审的内容包括（　　）。

A. 资质等级和营业执照　　　　　　　B. 企业信誉及类似工程业绩

C. 工程量清单　　　　　　　　　　　D. 投标保证金

E. 项目经理资格

59. 根据《标准施工招标文件》，评标委员会对投标报价进行的响应性评审内容有（　　）。

A. 投标文件格式　　　　　　　　　　B. 投标有效期

C. 投标保证金　　　　　　　　　　　D. 已标价工程量清单

E. 安全生产许可证

60. 根据《标准材料采购招标文件》，建设工程材料供货要求中应写明卖方提供的相关服务有（　　）。

A. 为买方检验材料提供技术指导　　　B. 为买方检验材料提供检测仪器设备

C. 为买方使用供货材料提供培训　　　D. 为买方购买的材料进行投保

E. 可根据买方要求派遣技术人员到施工现场提供服务

61. 根据《标准材料采购招标文件》，评标时进行初步评审的内容包括（　　）。

A. 形式评审　　B. 资格评审　　　C. 评标办法评审　　D. 响应性评审

E. 投标价格评审

62. 关于工程成套设备采购招标中对投标人要求的说法，正确的有（　　）。

A. 投标人须具有与所供应工程成套设备相关的特定专利

B. 投标生产厂家须具有制造同类型设备的经验和制造能力

C. 投标人可以是生产厂家，也可以是工程成套设备公司

D. 一个生产厂家对同一型号的设备仅能委托一个代理商投标

E. 工程成套设备公司投标须提供生产厂家的正式授权书

63. 根据《标准设计招标文件》中的通用合同条款，属于发包人违约的情形有（   ）。

A. 因发生不可抗力事件导致设计工作严重受阻

B. 设计人在合同约定的时间内未能获得发包人按合同约定应支付的设计费用

C. 发包人未按合同约定对设计人提出的确认事项进行答复导致设计滞后

D. 设计文件标注的质量标准不符合工程建设强制性标准规定

E. 设计人所提供设计文件的设计深度不符合设计合同约定

64. 根据《标准勘察招标文件》和《标准设计招标文件》中的通用合同条款，勘察和设计合同价格应包括的内容有（   ）。

A. 收集资料、踏勘现场并进行勘察设计工作的费用

B. 工程施工期间配合及现场服务的费用

C. 工程勘察和设计服务应缴纳的增值税税金

D. 发包人要求勘察人和设计人进行专项试验检测的费用

E. 发包人未按期支付费用导致的逾期付款违约金

65. 根据《标准施工招标文件》中的通用合同条款，承包人按合同约定应履行的职责有（   ）。

A. 按工作内容和施工进度要求，编制施工组织设计和施工进度计划

B. 负责办理施工场地临时道路占用的许可手续

C. 测设施工控制网并报监理人审批

D. 负责在施工现场建立完善的工程质量管理体系

E. 对深基坑工程和地下暗挖工程编制专项施工方案

66. 根据《标准施工招标文件》中的通用合同条款，投保建筑工程一切险时，需要在专用合同条款中约定的内容有（   ）。

A. 投保人　　　　　　B. 投保内容　　　　　　C. 保险金额　　　　　　D. 保险费率

E. 保险期限

67. 根据《标准施工招标文件》中的通用合同条款，关于预付款担保金额的说法，正确的有（   ）。

A. 承包人提交的担保金额应与收到的合同约定的预付款金额保持一致

B. 发包人从工程进度款中已扣除部分预付款后，担保金额可相应递减

C. 担保金额在发包人未扣除全部预付款前应高于合同约定的预付款金额

D. 担保金额不应低于预付款金额减去已向承包人签发的进度款支付证书中扣除的金额

E. 担保金额必须保持与剩余预付款额相同

68. 根据《标准施工招标文件》中的通用合同条款，关于监理人指示的说法，正确的有（   ）。

A. 监理人指示错误给承包人造成的损失应由发包人承担赔偿责任

B. 监理人根据工程情况变化可以指示免除承包人的部分合同责任

C. 监理人未按合同约定发出的指示延误导致承包人增加的施工成本应由发包人承担

D. 监理人根据工程设计变更指示可以改变承包人的有关合同义务

E. 监理人对承包人施工进度计划变更的批准应视为免除承包人工期延误的责任

69. 根据《标准施工招标文件》中的通用合同条款，施工中因（　　）引起的暂停施工，承包人有权要求延长工期、增加费用和支付合理利润。

A. 发包人负责提供的设备未按时到位

B. 发包人委托的设计人提供的设计文件错误

C. 发生不可抗力

D. 承包人原因进行施工方案调整

E. 承包人施工机械故障

70. 根据《标准施工招标文件》中的通用合同条款，发包人仅限于给予承包人费用补偿的情形有（　　）。

A. 法规变化引起的价格调整　　　　B. 监理人的指示错误

C. 因不可抗力停工期间的工程照管　　D. 发包人提供图纸延误

E. 重新检验隐蔽工程质量

71. 根据《标准施工招标文件》中的通用合同条款，承包人施工项目部人员管理的主要措施有（　　）。

A. 在施工现场设立专门的质量检验机构　B. 施工人员的质量教育和技术培训

C. 严格执行规范和操作规程　　　　　D. 现场施工人员的职称和职业资格审查

E. 定期考核施工人员的劳动技能

72. 根据《标准设计施工总承包招标文件》中的通用合同条款，承包人有权提出工期、费用和利润三项索赔的情形有（　　）。

A. 不可预见的物质条件　　　　　　B. 发包人原因导致工期延误

C. 监理人的指示错误　　　　　　　D. 发包人提供的材料延误

E. 异常恶劣的气候条件

73. 根据《标准设计施工总承包招标文件》中的通用合同条款，关于竣工验收的说法，正确的有（　　）。

A. 承包人应提前 14 d 将申请竣工试验通知送达发包人

B. 承包人应在申请竣工试验前提交运行操作和维修手册

C. 承包人应在竣工试验通过时将工程移交给发包人组织试运行

D. 工程经验收合格，监理人经发包人同意后签发工程接收证书

E. 工程接收证书上注明的实际竣工日期为提交竣工验收申请报告的日期

74. 根据《标准材料采购招标文件》中的通用合同条款，卖方按照合同约定的进度交付合同约定的材料并提供相关服务后，买方在支付进度款前需收到卖方提交的单据有（　　）。

A. 卖方出具的交货清单正本一份

B. 买方签署的收货清单正本一份

C. 制造商出具的出厂质量合格证正本一份

D. 合格价格 100% 金额的增值税发票正本一份

E. 保险公司出具的履约保函正本一份

75. 根据《标准设备采购招标文件》中的通用合同条款，卖方交付合同约定的全部设备后，买方在支付合同价款前需收到卖方提交的单据有（　　）。

A. 卖方出具的交货清单正本一份

B. 买方签署的收货清单正本一份

C. 制造商出具的设备出厂质量合格证正本一份

D. 合同价格100%金额的增值税发票正本一份

E. 监造人员出具的合同设备监造确认书一份

76. 根据《标准材料采购招标文件》中的通用合同条款，材料采购支付的合同价款有（　　）。

A. 预付款　　　　　B. 交货款　　　　　C. 进度款　　　　　D. 验收款

E. 结清款

77. 根据《标准勘察招标文件》中的通用合同条款，勘察人应履行的安全职责有（　　）。

A. 发生事故的，勘察人应立即通知发包人

B. 按合同要求制定勘察工作临时占地方案

C. 按合同约定编制安全措施计划和灾害应急预案

D. 严格按国家安全标准制定施工安全操作规程

E. 配置必要的救助物资和器材

78. FIDIC《设计采购施工（EPC）/交钥匙工程合同条件》的特征有（　　）。

A. 招标文件应提供详细的施工图纸

B. 承包商应负责建成设施的长期商业运营

C. 业主承担全部"不可预见的困难"风险

D. 采用总价合同计价模式

E. 业主委派"业主代表"负责管理合同

79. 根据FIDIC《设计采购施工（EPC）/交钥匙工程合同条件》，承包商在开工后向业主提交的进度计划中所包括的内容有（　　）。

A. 保证进度计划如期实现承诺书　　　B. 工程各主要阶段的预期安排

C. 各项重要校验工作的顺序安排　　　D. 各项重要试验的时间安排

E. 计划采取的赶工方案及措施

80. 英国土木工程师学会发布的工程施工合同（ECC）的基本组成内容有（　　）。

A. 核心条款　　　　　　　　　　　B. 索赔条款

C. 主要选项条款　　　　　　　　　D. 次要选项条款

E. 裁决协议条款

2020 年度全国监理工程师职业资格考试试卷答案解析

一、单项选择题

1. C;	2. A;	3. C;	4. A;	5. D;
6. C;	7. D;	8. B;	9. B;	10. A;
11. C;	12. A;	13. D;	14. B;	15. C;
16. B;	17. D;	18. A;	19. D;	20. A;
21. B;	22. D;	23. C;	24. D;	25. B;
26. C;	27. C;	28. A;	29. A;	30. D;
31. B;	32. A;	33. C;	34. C;	35. A;
36. C;	37. C;	38. D;	39. A;	40. C;
41. C;	42. B;	43. B;	44. B;	45. C;
46. A;	47. D;	48. A;	49. B;	50. D。

【解析】

1. C。本题考核的是灵活规范应对处理合同变更问题。变更超过原设计标准或者批准规模时，应由当事方按照规定程序办理变更审批手续。

2. A。本题考核的是单价合同。由于单价合同是根据工程量实际发生的多少而支付相应的工程款，发生的多则多支付，发生的少则少支付，这使得在施工工程"价"和"量"方面的风险分配对合同双方均显公平。

3. C。本题考核的是抵押物。下列财产可以作为抵押物：

（1）建筑物和其他土地附着物；

（2）建设用地使用权；

（3）海域使用权；

（4）生产设备、原材料、半成品、产品；

（5）正在建造的建筑物、船舶、航空器；

（6）交通运输工具；

（7）法律、行政法规未禁止抵押的其他财产。

故选项 A、B、D 排除。

4. A。本题考核的是定金。定金的数额由当事人约定，但不得超过主合同标的额的 20%。

5. D。本题考核的是施工企业意外伤害险。《建筑法》规定，鼓励建筑施工企业为从事危险作业的职工办理意外伤害保险，支付保险费。故选项 A 表述过于绝对。团体意外伤害保险合同的保险责任一般包括身故保险责任和伤残保险责任。故选项 B 排除。凡年满 16 周岁（含 16 周岁，下同）至 65 周岁、能够正常工作或劳动、从事建筑管理或作业、并与施工企业建立劳动关系的人员均可作为被保险人。故选项 C 排除。工程停工期间，保险责任中止，保险人不承担保险责任。故选项 D 正确。

6. C。本题考核的是联合体资质等级。由同一专业的单位组成的联合体，按照资质等级较低的单位确定资质等级。

7. D。本题考核的是没收投标保证金的情形。下列任何情况发生时，投标保证金将被没收：一是投标人在投标函格式中规定的投标有效期内撤回其投标；二是中标人在规定期限内无正当理由未能根据规定签订合同，或根据规定接受对错误的修正；三是中标人根据规定未能提交履约保证金；四是投标人采用不正当的手段骗取中标。

8. B。本题考核的是工程勘察设计开标和评标。投标人对开标有异议的，应当在开标现场提出，招标人应当场作出答复，并制作记录。故选项 A 错误。工程勘察、设计评标由评标委员会负责，评标委员会由招标人代表和有关专家组成。评标委员会人数为 5 人以上单数。故选项 B 正确。工程勘察、设计招标的开标应当在招标文件确定的提交投标文件截止时间的同一时间公开进行。故选项 C 错误。应在招标文件中提前说明，故选项 D 错误。

9. B。本题考核的是最低投标价法评标。评标价最低的投标人为中标人，中标价格为投标人的投标报价。故选项 B 正确。

10. A。本题考核的是编制标底依据的文件。工程量清单是载明建设工程分部分项工程项目、措施项目、其他项目的名称和相应数量以及规费、税金项目等内容的明细清单。标底是由招标人组织专门人员为准备招标的工程计算出的一个合理的基本价格。

11. C。本题考核的是履约担保。在签订合同前，中标人应按招标文件中规定的金额、担保形式和履约担保格式向招标人提交履约担保。

12. A。本题考核的是有限数量制法。有限数量制法：审查委员会依据资格预审文件中审查办法（有限数量制度）规定的审查标准和程序，对通过初步审查和详细审查的资格预审申请文件进行量化打分，按得分由高到低的顺序确定通过资格预审的申请人。

13. D。本题考核的是组织现场踏勘的相关要点。踏勘现场后涉及对招标文件进行澄清修改的，招标人应当在招标文件要求提交投标文件的截止时间至少 15 日前以书面形式通知所有招标文件收受人。

14. B。本题考核的是投标人须知中对投标人有关设计工作的要求。与标准施工招标文件相比较，投标人须知在设计方面提出了有关设计工作方面的要求：（1）质量标准：包括设计要求的质量标准；（2）投标人资格要求；（3）设计成果补偿。

15. C。本题考核的是材料设备采购招标的特点。招标投标则是大宗及重要建筑材料和设备采购的最主要方式，该方式有利于规范买卖双方的交易行为、扩大比选范围、实现公开公平竞争，但程序复杂、工作量大、周期长，适合于较为充分竞争的市场环境。

16. B。本题考核的是报 CIF 价。更多情况下，可要求国外供货方（卖方）报 CIF（指定目的港）价，卖方负责办理租船订舱，并承担将货物装上船之前的一切费用，以及海运费和从转运港运至目的港的保险费。

17. D。本题考核的是投标限价。如设置最高投标限价，招标文件中应明确最高投标限价金额或最高投标限价的计算方法。若投标人的投标价格超出最高投标限价，其投标将被否决。

18. A。本题考核的是工程勘察合同组成文件的优先解释顺序。除专用合同条款另有约定外，勘察合同解释合同文件的优先顺序如下：（1）合同协议书；（2）中标通知书；（3）投标函及投标函附录；（4）专用合同条款；（5）通用合同条款；（6）发包人要求；（7）勘察费用清单；（8）勘察纲要；（9）其他合同文件。

19. D。本题考核的是发包人应向勘察人提供的文件资料。发包人应及时向勘察人提供下列文件资料，并对其准确性、可靠性负责，通常包括：

（1）本工程的批准文件（复印件），以及用地（附红线范围）、施工、勘察许可等批件（复印件）。

（2）工程勘察任务委托书、技术要求和工作范围的地形图、建筑总平面布置图。

（3）勘察工作范围已有的技术资料及工程所需的坐标与标高资料。

（4）勘察工作范围地下已有埋藏物的资料（如电力、电信电缆、各种管道、人防设施、洞室等）及具体位置分布图。

（5）其他必要相关资料。

20. A。本题考核的是合同价格。勘察费用实行发包人签证制度。

21. B。本题考核的是发包人的管理。发包人代表可以授权发包人的其他人员负责执行其指派的一项或多项工作。发包人代表应将被授权人员的姓名及其授权范围通知设计人。

22. D。本题考核的是未按约定投保的补偿。当负有投保义务的一方当事人未按合同约定办理某项保险，导致受益人未能得到保险人的赔偿，原应从该项保险得到的保险赔偿应由负有投保义务的一方当事人支付。

23. C。本题考核的是调价公式的应用原则。在调价公式的应用中，由于变更导致合同中调价公式约定的权重变得不合理时，由监理人与承包人和发包人协商后进行调整。

24. D。本题考核的是合同文件的优先解释顺序。标准施工合同的通用条款中规定，合同的组成文件包括：

（1）合同协议书；

（2）中标通知书；

（3）投标函及投标函附录；

（4）专用合同条款；

（5）通用合同条款；

（6）技术标准和要求；

（7）图纸；

（8）已标价的工程量清单；

（9）其他合同文件——经合同当事人双方确认构成合同的其他文件。

组成合同的各文件中出现含义或内容的矛盾时，如果专用条款没有另行的约定，以上合同文件序号为优先解释的顺序。

25. B。本题考核的是各行业编制本行业标准施工招标文件时应遵循的原则。按照九部委联合颁布的《标准施工招标资格预审文件和标准施工招标文件暂行规定》要求，各行业编制的标准施工合同应不加修改地引用《标准施工招标文件》中的"通用合同条款"，即标准施工合同和简明施工合同的通用条款广泛适用于各类建设工程。各行业编制的标准施工招标文件中的"专用合同条款"可结合施工项目的具体特点，对标准的"通用合同条款"进行补充、细化。除"通用合同条款"明确"专用合同条款"可做出不同约定外，补充和细化的内容不得与"通用合同条款"的规定相抵触，否则抵触内容无效。

26. C。本题考核的是《简明标准施工招标文件》的适用范围。《简明标准施工招标文件》适用于依法必须进行招标的工程建设项目，工期不超过12个月、技术相对简单且设计和施工不是由同一承包人承担的小型项目。

27. C。本题考核的是暂停施工。暂停施工期间由承包人负责妥善保护工程并提供安全保障。

28. A。本题考核的是缺陷责任期。选项 A 表述正确。缺陷责任期内工程运行期间出现的工程缺陷，承包人应负责修复，直到检验合格为止。故选项 B 错误。修复费用以缺陷原因的责任划分，经查验属于发包人原因造成的缺陷，承包人修复后可获得查验、修复的费用及合理利润。如果承包人不能在合理时间内修复缺陷，发包人可以自行修复或委托其他人修复，修复费用由缺陷原因的责任方承担。故选项 C 错误。影响工程正常运行的有缺陷工程或部位，在修复检验合格日前已经过的时间归于无效，重新计算缺陷责任期，但包括延长时间在内的缺陷责任期最长时间不得超过 2 年。故选项 D 错误。

29. A。本题考核的是发出开工通知的时间。监理人征得发包人同意后，应在开工日期 7 d 前向承包人发出开工通知，合同工期自开工通知中载明的开工日起计算。

30. D。本题考核的是监理人的质量检查和试验。监理人对承包人的试验和检验结果有疑问，或为查清承包人试验和检验成果的可靠性要求承包人重新试验和检验时，由监理人与承包人共同进行。重新试验和检验的结果证明该项材料、工程设备或工程的质量不符合合同要求，由此增加的费用和（或）工期延误由承包人承担。故选项 D 正确。

31. B。本题考核的是对发包人提供的材料和工程设备管理。发包人提供的材料和工程设备验收后，由承包人负责接收、保管和施工现场内的二次搬运所发生的费用。

32. A。本题考核的是发包人要求提前竣工。如果发包人根据实际情况向承包人提出提前竣工要求，由于涉及合同约定的变更，应与承包人通过协商达成提前竣工协议作为合同文件的组成部分。协议的内容应包括：承包人修订进度计划及为保证工程质量和安全采取的赶工措施；发包人应提供的条件；所需追加的合同价款；提前竣工给发包人带来效益应给承包人的奖励等。

33. C。本题考核的是承包人的施工安全责任。承包人应按合同约定的安全工作内容，编制施工安全措施计划报送监理人审批。故选项 A 错误。承包人应严格按照国家安全标准制定施工安全操作规程，配备必要的安全生产和劳动保护设施，加强对承包人人员的安全教育，并发放安全工作手册和劳动保护用具。故选项 B 错误，选项 C 正确。承包人对其履行合同所雇佣的全部人员，包括分包人人员的工伤事故承担责任，但由于发包人原因造成承包人人员的工伤事故，应由发包人承担责任。故选项 D 表述过于绝对。

34. C。本题考核的是进度款支付证书。经发包人审查同意后，由监理人向承包人出具经发包人签认的进度付款证书。故选项 A 错误，选项 C 正确。监理人出具的进度付款证书，不应视为监理人已同意、批准或接受了承包人完成的该部分工作，在对以往历次已签发的进度付款证书进行汇总和复核中发现错、漏或重复的，监理人有权予以修正，承包人也有权提出修正申请。故选项 B、D 错误。

35. A。本题考核的是费用的定义。通用条款内对费用的定义为，履行合同所发生的或将要发生的不计利润的所有合理开支，包括管理费和应分摊的其他费用。

36. C。本题考核的是暂估价。暂估价指发包人在工程量清单中给出的，用于支付必然发生但暂时不能确定价格的材料、设备以及专业工程的金额。

37. C。本题考核的是工程分包。承包人不得将其承包的全部工程转包给第三人，也不得将其承包的全部工程肢解后以分包的名义分别转包给第三人。故选项 A 错误。发包人同意分包的工作，承包人应向发包人和监理人提交分包合同副本。故选项 B 错误。

38. D。本题考核的是设计施工总承包模式的特点。设计施工总承包合同方式的优点：（1）单一的合同责任，发包人与承包人签订总承包合同后，合同责任明确；（2）固定工期、固定费用；（3）可以缩短建设周期；（4）减少设计变更；（5）减少承包人的索赔。故选项 A、B、C 错误。

39. A。本题考核的是采用专利技术的要点。承包人在投标文件中采用专利技术的，专利技术的使用费包含在投标报价内。故选项 A 正确，选项 B 错误。承包人在进行设计，以及使用任何材料、承包人设备、工程设备或采用施工工艺时，因侵犯专利权或其他知识产权所引起的责任，由承包人自行承担。

40. C。本题考核的是发包人审查。为了不影响后续工作，自监理人收到承包人的设计文件之日起，对承包人的设计文件审查期限不超过 21 d。

41. C。本题考核的是合同设备的交付。除专用合同条款另有约定外，卖方应根据合同约定的交付时间和批次在施工场地车面上将合同设备交付给买方。合同设备的所有权和风险自交付时起由卖方转移至买方。

42. B。本题考核的是设备的验收。如由于买方原因合同设备在三次考核中均未能达到技术性能考核指标，买卖双方应在考核结束后 7 日内或专用合同条款另行约定的时间内签署验收款支付函。

43. B。本题考核的是交货前检验。除专用合同条款和（或）供货要求等合同文件另有约定外，卖方应提前 7 日将需要买方代表检验事项通知买方；如买方代表未按通知出席，不影响合同设备的检验。若卖方未依照合同约定提前通知买方而自行检验，则买方有权要求卖方暂停发货并重新进行检验。

44. B。本题考核的是材料采购的交付。除专用合同条款另有约定外，卖方应根据合同约定的交付时间和批次在施工场地卸货后将合同材料交付给买方。合同材料的所有权和风险自交付时起由卖方转移至买方。

45. C。本题考核的是材料检验合格。合同材料经检验合格，买卖双方应签署合同材料验收证书一式二份，双方各持一份。

46. A。本题考核的是卖方迟延交货违约金。卖方未能按时交付合同材料的，应向买方支付迟延交货违约金。除专用合同条款另有约定外，迟延交付违约金计算方法如下：延迟交付违约金 = 延迟交付材料金额 ×0.08％× 延迟交货天数。

47. D。本题考核的是《施工合同条件》中各方责任和义务。选项 A 属于承包商的主要责任和义务。选项 B、C 属于业主的主要责任和义务。

48. A。本题考核的是工程和分项工程的接收。承包商可在其认为工程即将竣工并做好接收准备的日期前不少于 14 d，向工程师发出申请接收证书的通知。

49. B。本题考核的是《设计采购施工（EPC）交钥匙工程合同条件》合同文件的优先解释顺序。《设计采购施工（EPC）交钥匙工程合同条件》合同文件的组成及其优先次序是：

（1）合同协议书；

（2）专用合同条件；

（3）通用合同条件；

（4）业主要求；

（5）明细表；

（6）投标书；

（7）联合体保证（如投标人为联合体）；

（8）其他组成合同的文件。

50. D。本题考核的是 IPD 合同模式。IPD 合同在索赔方面，参与各方应放弃任何对其他参与方的索赔（故意违约等情形除外）。在争端处理方面，IPD 合同模式下任何一方提出的争议应提交到由业主、设计单位、承包商等参与方的高层代表和项目中立人所组成的争议处理委员会协商解决。故选项 D 当选。

二、多项选择题

51. B、C、D；	52. B、C、E；	53. B、E；
54. A、C、E；	55. A、B、C；	56. A、C、D、E；
57. A、B、C、D；	58. B、D、E；	59. B、C、D；
60. A、C；	61. A、B、D；	62. C、D、E；
63. B、C；	64. A、B、C；	65. A、C、D、E；
66. B、C、D、E；	67. A、B；	68. A、C；
69. A、B；	70. A、C；	71. A、B、C、E；
72. B、C、D；	73. B、D、E；	74. A、B、C、D；
75. A、B、C、D；	76. A、C、E；	77. C、D、E；
78. D、E；	79. B、C、D；	80. A、C、D。

【解析】

51. B、C、D。本题考核的是合同实施计划的内容。合同实施计划是保证合同履行的重要手段，合同相关各方应根据合同编制合同实施计划。合同实施计划应包括：（1）合同实施总体安排；（2）合同分解与管理策划；（3）合同实施保证体系的建立。

52. B、C、E。本题考核的是合同法律关系的客体。合同法律关系客体，是指参加合同法律关系的主体享有的权利和承担的义务所共同指向的对象。合同法律关系的客体主要包括物、行为、智力成果。

53. B、E。本题考核的是安装工程一切险的责任范围及除外责任。选项 B、E 属于安装工程一切险的责任范围。选项 A、C、D 的情形属于安装工程一切险的除外责任。

54. A、C、E。本题考核的是邀请招标的特点。邀请招标是招标人以投标邀请书的方式，邀请 3 个以上具有相应资质、具备承担招标项目勘察设计能力的、资信良好的特定法人或组织投标。故选项 A 正确，选项 B 错误。邀请招标的优点是：招标人对所有发出投标邀请书的投标单位的信用和能力均予信任；投标人及投标人的数量事先可以确定；缩短了招标投标周期；评标工作量小。由于对投标人以往的业绩和履约能力比较了解，减少了合同履行过程中承包方违约的风险。故选项 C、E 当选。选项 D 的重大工程通常应为公开招标。

55. A、B、C。本题考核的是可以不进行招标的情形。根据《工程建设项目勘察设计招标投标办法》，按照国家规定需要履行项目审批、核准手续的依法必须进行招标的项目，有下列情形之一的，经项目审批、核准部门审批、核准，项目的勘察设计可以不进行招标：

（1）涉及国家安全、国家秘密、抢险救灾或者属于利用扶贫资金实行以工代赈、需要使用进城务工人员等特殊情况，不适宜进行招标；

（2）主要工艺、技术采用不可替代的专利或者专有技术，或者其建筑艺术造型有特殊要求；

（3）采购人依法能够自行勘察、设计；

（4）已通过招标方式选定的特许经营项目投资人依法能够自行勘察、设计；

（5）技术复杂或专业性强，能够满足条件的勘察设计单位少于3家，不能形成有效竞争；

（6）已建成项目需要改、扩建或者技术改造，由其他单位进行设计影响项目功能配套性；

（7）国家规定其他特殊情形。

56. A、C、D、E。本题考核的是标准施工招标文件的组成。《标准施工招标文件》包括封面格式和四卷八章内容，其中，第一卷包括第一章至第五章，涉及招标公告（投标邀请书）、投标人须知、评标办法、合同条款及格式、工程量清单等内容；第二卷由第六章图纸组成；第三卷由第七章技术标准和要求组成；第四卷由第八章投标文件格式组成。

57. A、B、C、D。本题考核的是施工组织设计和项目管理机构评审标准。施工组织设计和项目管理机构评审的因素一般包括施工方案与技术措施、质量管理体系与措施、安全管理体系与措施、环境保护管理体系与措施、工程进度计划与措施、资源配备计划、技术负责人、其他主要成员、施工设备、试验和检测仪器设备等。

58. A、B、E。本题考核的是资格评审的内容。资格评审因素和评审标准主要包括：审查投标人营业执照和组织机构代码证；资质要求；财务要求；业绩要求；信誉要求；项目负责人；其他主要人员；其他要求；联合体投标人；不存在禁止投标的情形等各项内容是否符合投标人须知的规定。

59. B、C、D。本题考核的是响应性评审标准。根据《标准施工招标文件》，响应性评审的因素一般包括投标内容、工期、工程质量、投标有效期、投标保证金、权利义务、已标价工程量清单、技术标准和要求等。

60. A、C。本题考核的是材料采购的供货要求。相关服务要求，应在招标文件中写明要求供货方提供的与供货材料有关的辅助服务，如：为买方检验、使用和修补材料提供技术指导、培训、协助等。

61. A、B、D。本题考核的是材料采购的初步评审。根据国家发展和改革委员会等九部委《标准材料采购招标文件》，初步评审包括形式评审、资格评审和响应性评审。

62. C、D、E。本题考核的是设备招标及报价注意事项。（1）对工程成套设备的供应，投标人可以是生产厂家，也可以是工程公司或贸易公司，为了保证设备供应并按期交货，如工程公司或贸易公司为投标人，必须提供生产厂家同意其在本次投标中提供该货物的正式授权书，一个生产厂家对同一品牌同一型号的材料和设备，仅能委托一个代理商参加投标。（2）对大型设备采购招标，由于产品设计和制造的难度及复杂性，对生产厂家应有较高的资质和能力条件的要求，须具有相应的制造能力，尤其是制作同类型产品的经验，以确保标的物能够保质保量、按期交货。

63. B、C。本题考核的是发包人违约的情形。根据《标准设计招标文件》中的通用合同条款，合同履行中发生下列情况之一的，属发包人违约：

（1）发包人未按合同约定支付设计费用；

（2）发包人原因造成设计停止；

（3）发包人无法履行或停止履行合同；

（4）发包人不履行合同约定的其他义务。

64. A、B、C。本题考核的是勘察和设计合同价格应包括的内容。根据《标准勘察招标文件》，除专用合同条款另有约定外，合同价格应当包括收集资料，踏勘现场，制订纲要，进行测绘、勘探、取样、试验、测试、分析、评估、配合审查等，编制勘察文件，设计施工配合，青苗和园林绿化补偿，占地补偿，扰民及民扰，占道施工，安全防护、文明施工、环境保护，进城务工人员工伤保险等全部费用和国家规定的增值税税金。根据《标准设计招标文件》，除专用合同条款另有约定外，合同价格应当包括收集资料，踏勘现场，进行设计、评估、审查等，编制设计文件，施工配合等全部费用和国家规定的增值税税金。发包人要求勘察人进行外出考察、试验检测、专项咨询或专家评审时，相应费用不含在合同价格之中，由发包人另行支付。故选项 D 排除。选项 E 错误较为明显。

65. A、C、D、E。本题考核的是承包人的职责。选项 A、C、D、E 均属于承包人的义务。选项 B 属于发包人的义务。

66. B、C、D、E。本题考核的是建筑工程一切险的内容。标准施工合同和简明施工合同的通用条款中考虑到承包人是工程施工的最直接责任人，因此均规定由承包人负责投保"建筑工程一切险""安装工程一切险"和"第三者责任保险"并承担办理保险的费用。具体的投保内容、保险金额、保险费率、保险期限等有关内容在专用条款中约定。

67. A、B。本题考核的是预付款担保金额。标准施工合同规定的预付款担保采用银行保函形式。担保金额尽管在预付款担保书内填写的数额与合同约定的预付款数额一致，但与履约担保不同，当发包人在工程进度款支付中已扣除部分预付款后，担保金额相应递减。保函格式中明确说明："本保函的担保金额，在任何时候不应超过预付款金额减去发包人按合同约定在向承包人签发的进度付款证书中扣除的金额"。即保持担保金额与剩余预付款的金额相等原则。选项 E 过于绝对。

68. A、C。本题考核的是监理人的指示。监理人给承包人发出的指示，承包人应遵照执行。如果监理人的指示错误或失误给承包人造成损失，则由发包人负责赔偿。通用条款明确规定：

（1）监理人未能按合同约定发出指示、指示延误或指示错误而导致承包人施工成本增加和（或）工期延误，由发包人承担赔偿责任。

（2）监理人无权免除或变更合同约定的发包人和承包人权利、义务和责任。

69. A、B。本题考核的是发包人责任的暂停施工。发包人承担合同履行的风险较大，造成暂停施工的原因可能来自于未能履行合同的行为责任，也可能源于自身无法控制但应承担风险的责任。大体可以分为以下几类原因致使施工暂停：

（1）发包人未履行合同规定的义务。此类原因较为复杂，包括自身未能尽到管理责任，如发包人采购的材料未能按时到货致使停工待料等；也可能源于第三者责任原因，如施工过程中出现设计缺陷导致停工等待变更的图纸等。

（2）不可抗力。

（3）协调管理原因。

（4）行政管理部门的指令。

但是注意不可抗力通常得不到利润的补偿。

70. A、C。本题考核的是标准施工合同中应给承包人补偿的条款。根据《标准施工招标文件》中的通用合同条款，选项 A、C 仅补偿费用不补偿工期和利润。监理人的指示错误、发包人提供图纸延误和重新检验隐蔽工程质量合格的，工期、费用和利润均可得到补偿。

71. A、B、C、E。本题考核的是承包人施工项目部的人员管理。（1）质量检查制度：承包人应在施工场地设置专门的质量检查机构，配备专职质量检查人员，建立完善的质量检查制度。（2）规范施工作业的操作程序：承包人应加强对施工人员的质量教育和技术培训，定期考核施工人员的劳动技能，严格执行规范和操作规程。（3）撤换不称职的人员：当监理人要求撤换不能胜任本职工作、行为不端或玩忽职守的承包人项目经理和其他人员时，承包人应予以撤换。

72. B、C、D。本题考核的是设计施工总承包合同通用条款中，可以给承包人补偿的条款。根据《标准设计施工总承包招标文件》中的通用合同条款，承包人有权提出工期、费用和利润三项索赔的情形包括发包人原因导致工期延误；监理人的指示错误；发包人提供的材料延误等。不可预见的物质条件和异常恶劣的气候条件只能索赔工期和费用，不包括利润，故选项 A、E 不选。

73. B、D、E。本题考核的是竣工验收。承包人应提前 21 d 将申请竣工试验的通知送达监理人。故选项 A 错误。竣工试验通过后，承包人应按合同约定进行工程及工程设备试运行。故选项 C 错误。

74. A、B、C、D。本题考核的是合同价款的支付——进度款。卖方按照合同约定的进度交付合同材料并提供相关服务后，买方在收到卖方提交的下列单据并经审核无误后 28 日内，应向卖方支付进度款，进度款支付至该批次合同材料的合同价格的 95%：（1）卖方出具的交货清单正本一份；（2）买方签署的收货清单正本一份；（3）制造商出具的出厂质量合格证正本一份；（4）合同材料验收证书或进度款支付函正本一份；（5）合同价格 100% 金额的增值税发票正本一份。

75. A、B、C、D。本题考核的是合同价款的支付——交货款。卖方按合同约定交付全部合同设备后，买方在收到卖方提交的下列全部单据并经审核无误后 28 日内，向卖方支付合同价格的 60%：（1）卖方出具的交货清单正本一份；（2）买方签署的收货清单正本一份；（3）制造商出具的出厂质量合格证正本一份；（4）合同价格 100% 金额的增值税发票正本一份。

76. A、C、E。本题考核的是合同价款的支付。除专用合同条款另有约定外，买方应通过以下方式和比例向卖方支付合同价款：预付款、进度款、结清款。

77. C、D、E。本题考核的是勘察人应履行的安全职责。勘察人应按合同约定履行安全职责，执行发包人有关安全工作的指示，并在专用合同条款约定的期限内，按合同约定的安全工作内容，编制安全措施计划报送发包人批准。勘察人应按发包人的指示制定应对灾害的紧急预案，报送发包人批准。勘察人还应按预案做好安全检查，配置必要的救助物资和器材，切实保护好有关人员的人身和财产安全。选项 A 属于事故处理要求的要求。选项 B 属于临时占地的要求。

78. D、E。本题考核的是 FIDIC《设计采购施工（EPC）/交钥匙工程合同条件》的特征。FIDIC 颁布的《设计采购施工（EPC）/交钥匙工程合同条件》（又称"银皮书"），适用于设计—采购—施工总承包模式，也称作交钥匙工程，该模式下业主只选定一个承包商，由承包商根据合同要求，承担建设项目的设计、采购、施工及试运行，向业主交付一个建成完好的工程设施并保证正常投入运营。选项 A、B 错误。业主选择 EPC 合同多有如下考虑：期望工程总造价固定、不超过投资限额，项目风险大部分由承包商承担。选项 C 错误、选项 D 正确。根据合同，业主应任命一名"业主代表"，代表业主进行日常管理工作。故选项 E 正确。

79. B、C、D。本题考核的是根据 FIDIC《设计采购施工（EPC）/交钥匙工程合同条件》承包商进度计划的内容。进度计划应包括承包商计划实施工程的工作顺序，包括工程各主要阶段的预期时间安排、各项检验和试验的顺序和时间安排。

80. A、C、D。本题考核的是工程施工合同（ECC）的基本组成内容。工程施工合同（ECC）的组成内容主要包括：核心条款、主要选项条款、次要选项条款。

《建设工程合同管理》
考前最后第1套卷及答案解析

考前最后第1套卷

扫码听课

一、单项选择题（共50题，每题1分。每题的备选项中，只有1个最符合题意）

1. 关于建设工程合同计价方式的说法中，错误的是（　　）。

A. 单价合同的特点是单价优先

B. 总价合同多适用于在发包时施工工程内容和工程量尚不能明确确定的情况

C. 采用成本加酬金合同，承包商利润有保证

D. 采用固定总价合同，承包商几乎承担了工作量及价格变动的全部风险

2. 关于正确处理合同履行中索赔的表述，正确的是（　　）。

A. 索赔只能应依据合同约定提出

B. 索赔报告应说明索赔理由，提出索赔金额及工期

C. 索赔证据包括当事人陈述、书证、物证、视听资料、电子数据、代理人意见等形式

D. 申请人提供且经代理人确认的索赔证据均能作为认定事实的依据

3. 下列代理行为中，不属于委托代理的是（　　）。

A. 招标代理　　　　B. 采购代理　　　　C. 诉讼代理　　　　D. 指定代理

4. 关于担保概念的表述中，不正确的是（　　）。

A. 担保通常由当事人双方订立担保合同

B. 主合同无效，并不影响担保合同的效力

C. 担保活动应当遵循平等、自愿、公平、诚实信用的原则

D. 担保是指当事人根据法律规定或者双方约定，为促使债务人履行债务实现债权人权利的法律制度

5. 依据《民法典》的规定，定金的数额由当事人约定，但不得超过主合同标的额的（　　）。

A. 5%　　　　　　B. 10%　　　　　　C. 15%　　　　　　D. 20%

6. 在施工招标投标中，下列投标人的行为不构成没收投标保证金的情形是（　　）。

A. 投标文件没有按要求密封

B. 中标人不接受根据规定对投标文件错误的修正

C. 中标人无正当理由拒绝订立合同

D. 投标人在投标有效期内撤销投标

7. 关于抵押概念的表述中，不正确的是（　　）。

A. 债务人不履行债务时，债权人有权依照法律规定以抵押物折价或者从变卖抵押物的价款中优先受偿

B. 债务人或者第三人称为抵押人

C. 抵押是指债务人或者第三人向债权人以转移占有的方式提供一定的财产作为抵押物，用以担保债务履行的担保方式

D. 债权人称为抵押权人

8. 项目实施过程中发生下列情况时，发包人可以凭施工履约保证索取保证金的有（　　）。

A. 中标人在签订合同时向招标人提出附加条件

B. 因宏观经济形势变化，发包人要求推迟完工时间

C. 发生不可抗力导致合同无法履行

D. 承包人破产、倒闭使合同不能履行

9. 保险制度上的危险是一种损失发生的不确定性，其表现不包括（　　）。

A. 发生与否的不确定性　　　　　　　　B. 赔偿额上限的不确定性

C. 发生后果的不确定性　　　　　　　　D. 发生时间的不确定性

10. 施工企业购买材料设备之后由保管人进行储存，存货人未按合同约定向保管人支付仓储费时，保管人有权扣留足以清偿其所欠仓储费的货物。保管人行使的权利是（　　）。

A. 抵押权　　　　B. 质权　　　　C. 留置权　　　　D. 用益物权

11. 建筑工程一切险的除外责任包括（　　）。

A. 非外力引起的机械或电气装置的本身损失

B. 地震造成的工程损坏

C. 暴雨引起地面下陷

D. 雷电引起火灾

12. 关于最低评标价法中初步评审与详细评审的表述，正确的是（　　）。

A. 投标文件中的大写金额与小写金额不一致的，以小写金额为准

B. 总价金额与依据单价计算出的结果不一致的，除总价小数点有明显错误的以外，以总价金额为准

C. 当投标人资格预审申请文件的内容发生任何变化时，评标委员会应依据评标办法中规定的标准对其更新资料进行评审

D. 评标委员会发现投标人的报价明显低于其他投标报价，或者在设有标底时明显低于标底，使得其投标报价可能低于其成本的，应当要求该投标人做出书面说明并提供相应的证明材料

13. 某工程施工项目招标，采用经评审的最低投标价法评标，工期12个月以内每提前1个月可给建设单位带来收益50万元。某投标人报价2000万元，工期11个月，仅考虑工期因素，该投标人的合同价格和评标价格分别是（　　）。

A. 2000万元，2000万元　　　　　　　B. 2000万元，1950万元

C. 1950万元，2000万元　　　　　　　D. 1950万元，1950万元

14. 招标人和中标人应当在投标有效期内以及中标通知书发出之日起（　　）日之内，根据招标文件和中标人的投标文件订立书面合同。

2

A. 15   B. 30   C. 45   D. 60

15. 关于工程设备招标及报价注意事项的说法，错误的是（   ）。

A. 对工程成套设备的供应，投标人可以是生产厂家，也可以是工程公司或贸易公司

B. 一个生产厂家对同一品牌同一型号的材料和设备，仅能委托一个代理商参加投标

C. 与通用材料的采购相比较，大型成套设备采购买卖双方权利和义务关系涉及的内容多、期限较长

D. 报价分析主要考虑设备本体和辅助设备的费用即可，大件运输、安装、调试的费用则可以忽略

16. 根据《标准勘察招标文件》，发包人代表应在临时书面指示发出后（   ）内发出书面确认函，逾期未发出书面确认函的，该临时书面指示应被视为发包人的正式指示。

A. 24 h   B. 48 h   C. 72 h   D. 96 h

17. 根据《标准施工合同》，关于监理人对质量检验和试验的说法，正确的是（   ）。

A. 监理人收到承包人共同检验的通知，未按时参加检验，承包人单独检验，该检验结果无效

B. 监理人对承包人的检验结果有疑问，要求承包人重新检验时，由监理人和第三方检测机构共同进行

C. 监理人对承包人已覆盖的隐蔽工程部分质量有疑问时，有权要求承包人对已覆盖的部位进行揭开重新检验

D. 重新检验结果证明质量符合合同要求的，因此增加的费用由承包人和监理人承担

18. 施工阶段承包人遇到不利物质条件时，应采取适应不利物质条件的合理措施继续施工，并通知监理人。监理人没有发出指示，承包人因采取合理措施而（   ）。

A. 增加的费用和工期延误，由发包人承担

B. 增加的费用和工期延误，由承包人承担

C. 增加的费用由发包人承担，工期不予顺延

D. 增加的费用由承包人承担，工期给予顺延

19. 根据《标准勘察招标文件》，关于勘察要求的说法中，错误的是（   ）。

A. 各项规范、标准和发包人要求之间如对同一内容的描述不一致时，应以描述更为严格的内容为准

B. 取样后的样品搬运之前，宜用数码相机进行现场拍照

C. 勘察人的试验室应当通过行业管理部门认可的 CMA 计量认证，具有相应的资格证书、试验人员和试验条件，否则应当委托第三方试验室进行室内试验

D. 除专用合同条款另有约定外，监理人应在开始勘察前 7 日内，向勘察人提供测量基准点、水准点和书面资料等

20. 根据《标准勘察招标文件》，勘察人应按合同约定履行安全职责，执行发包人有关安全工作的指示，并在专用合同条款约定的期限内，按合同约定的安全工作内容，编制安全措施计划报送（   ）批准。

A. 发包人   B. 监理人

C. 勘察单位负责人   D. 发包人和监理人共同

21. 设计人应按发包人批准或专用合同条款约定的格式及份数，向发包人提交中期支付申请，并附相应的支持性证明文件。发包人应在收到中期支付申请后的（   ）d 内，将

应付款项支付给设计人。

 A. 7   B. 14   C. 21   D. 28

22. 下列评审工作中，不属于初步评审阶段工作内容的是（ ）。

 A. 形式评审   B. 资格评审

 C. 响应性评审   D. 施工方案合理性评审

23. 缺陷责任期满，包括延长的期限终止后（ ）d 内，由监理人向承包人出具经发包人签认的缺陷责任期终止证书，并退还剩余的质量保证金。

 A. 56   B. 14   C. 28   D. 42

24. 根据《标准施工合同》，如果专用条款没有另行的约定，下列合同文件中优先解释顺序正确的一组是（ ）。

 A. 合同协议书→通用合同条款→专用合同条款→中标通知书

 B. 中标通知书→投标函及投标函附录→专用合同条款→已标价的工程量清单

 C. 中标通知书→投标函及投标函附录→通用合同条款→专用合同条款

 D. 合同协议书→专用合同条款→图纸→投标函及投标函附录

25. 根据《简明施工合同》，适用于工期在 12 个月内的中小工程施工，通常由（ ）负责材料和设备的供应。

 A. 发包人   B. 监理工程师   C. 承包人   D. 分包人

26. 根据《标准施工合同》，建筑工程一切险的被保险人不包括（ ）。

 A. 业主或工程所有人   B. 承包商或者分包商

 C. 设备供应商   D. 技术顾问

27. 建设工程勘察合同中，发包人通常可能是工程建设项目的（ ）。

 A. 建设单位或者工程设计单位   B. 监理单位或者设计单位

 C. 监理单位或者工程总承包单位 D. 建设单位或者工程总承包单位

28. 关于投标人资格审查的说法，正确的是（ ）。

 A. 工程设计行业资质只设甲级

 B. 取得工程设计行业资质的企业，可以承接各行业的建设工程设计业务

 C. 判定投标人是否具备承担发包任务的能力，需审查人员的技术力量

 D. 通过投标人报送的近 6 个月完成工程项目业绩表，评定他的设计能力与水平

29. 除合同另有约定外，承包人（ ）取得指示。

 A. 从总监理工程师和施工单位项目负责人处

 B. 只从总监理工程师或被授权的监理人员处

 C. 从施工单位项目负责人处

 D. 只从发包人处

30. 监理人未能按合同约定发出指示、指示延误或指示错误而导致承包人施工成本增加和（或）工期延误，由（ ）承担赔偿责任。

 A. 承包人   B. 发包人

 C. 监理人   D. 发包人与承包人共同

31. 关于施工合同中缺陷责任期的表述，不正确的是（ ）。

 A. 缺陷责任期从工程接收证书中写明的竣工日开始起算

 B. 缺陷责任期一般为 1 年

C. 包括延长时间在内的缺陷责任期最长时间不得超过 18 个月

D. 影响工程正常运行的有缺陷工程或部位，在修复检验合格日前已经过的时间归于无效，重新计算缺陷责任期

32. 根据《标准施工合同》，发包人在收到承包人竣工验收申请报告（　　）d 后未进行验收，视为验收合格。

　　A. 14　　　　　　　　B. 28　　　　　　　　C. 42　　　　　　　　D. 56

33. 关于工程设计招标评标原则的表述中，不正确的是（　　）。

　　A. 评标时更注重追求投标价的高低

　　B. 评标时评标委员更多关注于所提供方案的技术先进性

　　C. 评标时评标委员更多关注于所达到的技术指标、方案的合理性

　　D. 评标时评标委员更多关注于对工程项目投资效应的影响等方面的因素

34. 根据《标准施工合同》和《简明施工合同》，投保建筑工程一切险和安装工程一切险的正确做法是（　　）。

　　A. 承包人负责投保，并承担办理保险的费用

　　B. 发包人负责投保，并承担办理保险的费用

　　C. 承包人负责投保，发包人承担办理保险的费用

　　D. 发包人负责投保，承包人承担办理保险的费用

35. 关于施工阶段因承包人违约解除合同的表述中，不正确的是（　　）。

　　A. 合同解除后，发包人可派员进驻施工场地，另行组织人员或委托其他承包人施工

　　B. 发包人因继续完成该工程的需要，有权扣留使用承包人在现场的材料、设备和临时设施

　　C. 发包人的扣留行为不免除承包人应承担的违约责任

　　D. 发包人的扣留行为导致发包人根据合同约定享有的索赔权利丧失

36. 除了专用条款约定由发包人负责试运行的情况外，（　　）应负责提供试运行所需的人员、器材和必要的条件，并承担全部试运行费用。

　　A. 分包人　　　　　B. 承包人　　　　　C. 监理人　　　　　D. 设计人

37. 关于竣工阶段的缺陷责任期的说法，不正确的是（　　）。

　　A. 缺陷责任期自实际竣工日期起计算

　　B. 在全部工程竣工验收前，已经发包人提前验收的单位工程，其缺陷责任期的起算日期相应提前

　　C. 对于工程主要部位承包人责任的缺陷工程修复后，缺陷责任期相应延长

　　D. 任何一项缺陷或损坏修复后，经检查证明其影响了工程或工程设备的使用性能，承包人重新进行合同约定的试验和试运行的全部费用应由发包方承担

38. 根据《设计施工总承包合同》，关于分包工程的说法，正确的是（　　）。

　　A. 分包工作需要征得监理人同意

　　B. 分包人资质能力的材料应经发包人审查

　　C. 发包人同意分包的工作，承包人应向发包人和监理人提交分包合同副本

　　D. 承包人可以将部分设计的关键性工作分包给资质合格的第三人

39. 根据《标准设计施工总承包招标文件》，关于保险责任的说法，正确的是（　　）。

　　A. 由发包人投保建设工程设计责任险、建筑工程一切险或安装工程一切险

B. 承包人按照专用条款约定投保第三者责任险的担保期限，应保证颁发缺陷责任期终止证书前一直有效

C. 承包人、分包人和发包人均应投保工伤保险，监理人则无需投保工伤保险

D. 承包人需要变动保险合同条款时，应事先征得监理人同意，并通知发包人

40. 根据《标准设计施工总承包招标文件》，因承包人违约解除合同的，发包人有权要求承包人将其为实施合同而签订的材料和设备的订货协议或任何服务协议利益转让给发包人，并在承包人收到解除合同通知后的（　　）d内，依法办理转让手续。

A. 56　　　　　　　B. 14　　　　　　　C. 21　　　　　　　D. 28

41. 虽然项目总承包模式设计和施工过程中，发包人也聘请监理人（或发包人代表），但由于设计方案和质量标准均出自（　　），监理人对项目实施的监督力度比发包人委托设计再由承包人施工的管理模式，对设计的细节和施工过程的控制能力降低。

A. 监理人　　　　　B. 勘察人　　　　　C. 承包人　　　　　D. 发包人

42. 设计施工总承包合同订立时，无条件补偿条款规定承包人复核时未发现发包人要求的错误，实施过程中因该错误导致承包人增加了费用和（或）工期延误，发包人应（　　）。

A. 仅承担由此增加的费用

B. 仅承担由此增加的工期延误

C. 承担由此增加的费用和（或）顺延合同工期

D. 承担由此增加的费用和（或）工期延误，并向承包人支付合理利润

43. 设计施工总承包合同中，因承包人未按合同约定办理设计和工程保险、第三者责任保险，导致发包人受到保险范围内事件影响的损害而又不能得到保险人的赔偿时，原应从该项保险得到的保险赔偿金由（　　）承担。

A. 承包人　　　　　　　　　　　　　B. 发包人

C. 承包人与发包人共同　　　　　　　D. 监理人

44. 根据《机电产品采购国际竞争性招标文件》，合同专用条款与技术规格中约定有附加服务，卖方可能被要求提供的服务有（　　）。

A. 监督所供货物的现场制作和试运行

B. 提供货物组装和维修所需的费用

C. 在卖方厂家就所供货物的组装、运行对买方人员进行培训

D. 无期限对所供货物实施运行维护或修理

45. 关于建设工程材料设备采购合同的说法中，错误的是（　　）。

A. 建设工程材料设备采购合同属于买卖合同

B. 建设工程材料设备采购合同以转移财产所有权为目的

C. 建设工程材料设备采购是双务、有偿合同

D. 建设工程材料设备采购是实践合同，以实物交付为成立要件

46. 设计施工阶段总承包合同履行过程中，在对以往历次已签发的进度付款证书进行汇总和复核中发现错、漏或重复情况时，（　　）。

A. 承包人可以自行修正

B. 承包人无权提出修正申请

C. 监理人与承包人均有权进行修正

D. 监理人有权予以修正，承包人也有权提出修正申请

47. 关于材料采购合同分期交付买卖的表述中，不正确的是（　　）。

A. 分期交付买卖是指购买的标的物要分批交付

B. 由于工程建设的工期较长，这种交付方式很常见

C. 买受人如果就其中一批标的物解除，该批标的物与其他各批标的物相互依存的，则不得就已经交付和未交付的各批标的物解除

D. 出卖人分批交付标的物的，出卖人对其中一批标的物不交付或者交付不符合约定，致使该批标的物不能实现合同目的的，买受人可以就该批标的物解除

48. 根据 FIDIC《施工合同条件》，关于工程计量和估价的说法中，错误的是（　　）。

A. 对永久工程每项工程应以实际完成的净值计算，需要考虑膨胀、收缩或浪费

B. 永久工程每项工程计量方法应按合同数据表中规定的方法，若无规定，则按符合工程量表或其他适用的明细表中的规定

C. 工程师应根据计量出的每项工作的工程量乘以相应费率或价格进行估价，如合同中无某项内容，应取类似工作的费率或价格

D. 如果承包商在被要求对测量记录进行审查后 14 d 内未向工程师发出不同意的通知，则视为记录准确予以认可

49. 根据 NEC《工程施工合同》，对于签订合同时标价已经确定的合同属于（　　）。

A. 目标合同　　　　B. 标价合同　　　　C. 管理合同　　　　D. 成本补偿合同

50. 美国 AIA 合同文本中，B 系列代表（　　）。

A. 业主与建筑师之间合同的文本

B. 建筑师行业的有关文件

C. 建筑师与专业咨询机构之间合同的文本

D. 业主与施工承包商、CM 承包商、供应商之间的合同

二、多项选择题（共 30 题，每题 2 分。每题的备选项中，有 2 个或 2 个以上符合题意，至少有 1 个错项。错选，本题不得分；少选，所选的每个选项得 0.5 分）

51. 根据自然人的年龄和精神健康状况，可以将自然人分为（　　）。

A. 高等民事行为能力人　　　　　　B. 中等民事行为能力人

C. 限制民事行为能力人　　　　　　D. 完全民事行为能力人

E. 无民事行为能力人

52. 合同法律关系的客体中，属于物的有（　　）。

A. 建筑材料　　　B. 建筑设备　　　C. 建筑物　　　D. 工程设计

E. 专利权

53. 关于评标委员会的表述中，符合《招标投标法》规定的有（　　）。

A. 评标委员会成员名单一般应于开标后确定

B. 评标委员会成员人数为 3 人以上单数

C. 评标委员会成员中技术、经济等方面的专家不得少于成员总数的 2/3

D. 一般项目，评标委员会的专家应当从评标专家库内相关专业的专家名单中随机抽取

E. 评标委员会由招标人或其委托的招标代理机构熟悉相关业务的代表，以及有关技术、经济等方面的专家组成

54. 关于质押担保方式的说法，正确的有（　　）。

A. 应收账款可以质押　　　　　B. 质押中的质物需转移占有

C. 股权不可质押　　　　　　　D. 建设用地使用权不可质押

E. 土地所有权可以质押

55. 关于施工预付款担保的表述中，正确的是（　　）。

A. 预付款担保是指承包人与发包人签订合同后，承包人正确、合理使用发包人支付的预付款的担保

B. 建设工程合同签订以后，发包人给承包人一定比例的预付款，但需由承包人的开户银行向发包人出具预付款担保，金额应当与预付款金额相同

C. 预付款担保的主要作用是保证发包人能够按合同规定进行竣工验收

D. 预付款担保的主要形式为银行保函

E. 如果承包人中途毁约，中止工程，使发包人不能在规定期限内从应付工程款中扣除全部预付款，则发包人作为保函的受益人有权凭预付款担保向银行索赔该保函的担保金额作为补偿

56. 依据《民法典》，关于保证责任的表述中，正确的是（　　）。

A. 保证合同生效后，保证人就应当在合同规定的保证范围和保证期间承担保证责任

B. 保证担保的范围包括主债权及利息、违约金、损害赔偿金及实现债权的费用

C. 保证期间债权人与债务人协议变更主合同或者债权人许可债务人转让债务的，无需取得保证人的书面同意

D. 一般保证的保证人未约定保证期间的，保证期间为主债务履行期届满之日起 9 个月

E. 当事人对保证担保的范围没有约定或者约定不明确的，保证人应当对全部债务承担责任

57. 关于人身保险合同的表述中，正确的有（　　）。

A. 人身保险合同是以人的寿命和身体为保险标的的保险合同

B. 投保人应向保险人如实申报被保险人的年龄、身体状况

C. 投保人于合同成立后，只能向保险人一次性支付全部保险费

D. 人身保险的受益人只能由被保险人进行指定

E. 保险人对人身保险的保险费，可以用诉讼方式要求投保人支付

58. 根据《标准施工招标文件》，施工招标文件的主要内容包括（　　）。

A. 招标公告或投标邀请书　　　　B. 评标委员会成员

C. 资格预审公告　　　　　　　　D. 工程量清单

E. 招标人对招标文件的澄清、修改

59. 投标人资格审查办法可以采用合格制或有限数量制中的一种，其中，合格制的特点包括（　　）。

A. 比较公平、公正

B. 有利于招标人获得最优方案

C. 通过资格预审的申请人不超过资格预审须知说明的数量

D. 可能会出现人数多，增加招标成本

E. 方便对预审申请文件进行量化打分

60. 工程设计资质的种类中，（　　）设甲级、乙级。

A. 工程设计行业资质　　　　　　B. 工程设计专业资质

C. 工程设计综合资质   D. 工程设计专项资质

E. 工程设计通用资质

61. 根据《标准材料采购招标文件》，关于材料采购评标的说法，正确的是（   ）。

A. 材料采购的评标通常可选择综合评估法或最低评标价法

B. 采用综合评估法的，符合招标文件要求且得分最高的投标人推荐为中标候选人

C. 最低评标价法是以投标价为基础，将评审各要素按预定方法换算成相应价格值，增加或减少到报价上形成评标价

D. 最低评标价法在投标价之外还需考虑的因素通常包括运输费用、交货期、付款条件、零配件、售后服务、产品性能、生产能力等

E. 最低评标价法适用于技术简单或技术规格、性能、制作工艺要求统一的货物采购的评标，但不适用于机组、车辆等大型设备采购的评标

62. 建设工程设计合同文件包括（   ）。

A. 中标通知书   B. 投标函和投标函附录

C. 专用合同条款   D. 设计方案

E. 已标价工程量清单

63. 关于工程设计合同附件格式的说法，正确的是（   ）。

A. 设计合同文本合同附件格式包括合同协议书和履约保证金格式

B. 除法律另有规定或合同另有约定外，发包人和设计人的法定代表人在合同协议书上签字后，合同即生效

C. 履约保证金格式要求，如采用银行保函，应当提供无条件的、不可撤销担保

D. 在本担保有效期内，如果设计人不履行合同约定的义务或其履行不符合合同的约定，担保人在收到发包人以书面形式提出的在担保金额内的赔偿要求后，在 14 日内无条件支付

E. 履约保证金采用银行保函的，发包人和设计人变更合同时，无论担保人是否收到该变更，担保人承担担保规定的义务不变

64. 根据《标准施工合同》，关于暂估价的说法，正确的有（   ）。

A. 专业工程施工的价格由监理人进行估价确定

B. 暂估价是签约合同价的组成部分

C. 暂估价中涉及的专业工程一定会实施

D. 暂估价金额需要在合同履行阶段最终确定

E. 暂估价中涉及的专业工程施工不需要进行招标

65. 取得工程勘察劳务资质的企业，可以承接（   ）等工程勘察劳务业务。

A. 岩土工程治理   B. 工程钻探

C. 凿井   D. 各等级的工程勘察业务

E. 各专业（海洋工程勘察除外）的工程勘察业务

66. 根据《标准施工合同》，下列关于物价浮动合同价格调整相关事项的说法中，正确的有（   ）。

A. 通用条款规定的基准日期指投标截止时间前 28 d 的日期

B. 承包人以基准日期前的市场价格编制工程报价，长期合同中调价公式中的可调因素价格指数来源于编制工程报价当日的市场价格

C. 基准日期后，因法律法规、规范标准等的变化，导致承包人在合同履行中所需要的工程成本发生约定以外的增减时，相应调整合同价款

D. 合同履行期间市场价格浮动对施工成本造成的影响是否允许调整合同价格，要视合同工期的长短来决定

E. 标准施工合同通用条款规定用公式法调价，调整价格的方法不仅适用于工程量清单中按单价支付部分的工程款，且总价支付部分也应考虑物价浮动对合同价格的调整

67. 关于建设工程施工合同中工程保险和第三者责任保险的表述，正确的有（　　　）。

A. 《标准施工合同》和《简明施工合同》的通用条款中均规定由发包人负责投保"建筑工程一切险""安装工程一切险"和"第三者责任保险"，并承担办理保险的费用

B. 承包人应在专用合同条款约定的期限内向发包人提交各项保险生效的证据和保险单副本，保险单必须与专用合同条款约定的条件一致

C. 承包人需要变动保险合同条款时，自行变更后直接通知监理人即可

D. 保险人做出保险责任变动的，承包人应在收到保险人通知后立即通知勘察人和监理人

E. 无论是由承包人还是发包人办理工程险和第三者责任保险，均必须以发包人和承包人的共同名义投保

68. 施工准备阶段，监理人对承包人报送的（　　　）进行认真的审查，批准或要求承包人对不满足合同要求的部分进行修改。

A. 地下管线和地下设施的相关资料　　　　B. 设计文件

C. 施工组织设计　　　　D. 质量管理体系

E. 环境保护措施

69. 通用条款中明确规定，由于发包人原因导致的延误，承包人有权获得工期顺延和（或）费用加利润补偿的情况包括（　　　）。

A. 减少合同工作内容

B. 提供图纸延误

C. 因发包人原因导致的暂停施工

D. 未按合同约定及时支付预付款、进度款

E. 改变合同中任何一项工作的质量要求或其他特性

70. 施工阶段承包人提出索赔要求包括（　　　）。

A. 承包人根据合同认为有权得到追加付款和（或）延长工期时，应按规定程序向发包人提出索赔

B. 承包人应在引起索赔事件发生后的 56 d 内，向监理人递交索赔意向通知书，并说明发生索赔事件的事由

C. 在索赔事件影响结束后的 56 d 内，承包人应向监理人递交最终索赔通知书

D. 承包人应在发出索赔意向通知书后 28 d 内，向监理人递交正式的索赔通知书

E. 对于具有持续影响的索赔事件，承包人应按合理时间间隔陆续递交延续的索赔通知，说明连续影响的实际情况和记录，列出累计的追加付款金额和（或）工期延长天数

71. 工程接收证书颁发后，承包人的下列场地清理行为符合监理人检验合格要求的有（　　　）。

A. 监理人指示的其他场地清理工作已全部完成

B. 施工场地内残留的垃圾已大部分清除出场

C. 临时工程已拆除，场地已按合同要求进行清理、平整或复原

D. 工程建筑物周边及其附近道路、河道的施工堆积物，已按监理人指示全部清理

E. 除废弃的材料外，按合同约定应撤离的承包人设备和剩余的材料已按计划撤离施工场地

72. 根据《标准设计施工总承包招标文件》中的《合同条款及格式》，发包人应投保的保险包括（　　）。

A. 第三者责任保险　　　　　　　　B. 现场人员工伤保险

C. 设计和工程保险　　　　　　　　D. 现场人员人身意外伤害保险

E. 建筑工程一切险

73. 根据《设计施工总承包合同》通用条款，发包人应对承包人工期、费用和利润均进行补偿的是原因包括（　　）。

A. 监理人的指示延误、错误

B. 异常恶劣的气候条件

C. 缺陷责任期内非承包人原因缺陷的修复

D. 重新试验表明材料、设备、工程质量合格

E. 发包人提前接收区段对承包人施工的影响

74. 设计施工总承包合同订立时需要明确的内容有（　　）。

A. 承包人文件

B. 施工现场范围和施工临时占地

C. 发包人要求中出现错误或违法情况的责任承担

D. 履约担保

E. 材料和工程设备

75. 根据《标准设计施工总承包合同》，承包人在复核"发包人要求"时，无论发现与否，由于资料错误而导致承包人费用增加，由发包人承担责任的有（　　）。

A. 引用的原始数据和资料错误　　　B. 对工程的功能要求错误

C. 对工程进度的要求不合理　　　　D. 试验和检验标准不准确

E. 对项目生产工艺的要求错误

76. 建筑材料采购合同的条款一般限于物资交货阶段，主要涉及（　　）。

A. 运输方式　　　B. 交接程序　　　C. 检验方式　　　D. 质量要求

E. 合同价款的支付

77. 关于承包人提交最终结清申请单的说法，正确的是（　　）。

A. 承包人按通用合同条款约定的份数和期限向监理人提交最终结清申请单

B. 质量保证金不足以抵减发包人损失时，承包人应承担剩余部分的赔偿

C. 承包人对最终结清申请单内容有异议时，有权要求发包人进行修正

D. 修正后的最终结清申请单需由承包人向发包人提交

E. 监理人未在约定时间内核查及提出意见，视为同意承包人提交的最终结清单申请

78. 关于《设计采购施工（EPC）/交钥匙合同条件》及各方责任和义务的说法，正确的是（　　）。

A. 与 FIDIC《施工合同条件》相同，银皮书中也有"工程师"这一角色

B. 银皮书中，由业主方委派"工程师"代替业主负责工程管理工作，实现合同目标

C. 在工程款支付上，银皮书规定由业主根据承包商的报表直接支付，而没有工程师开具支付证书这个中间环节

D. 在银皮书中，合同的当事方是业主和承包商

E. 该模式尤其适于提供设备、工厂或类似设施，或基础设施工程及 BOT 等类型项目

79. 工程施工合同（ECC）的组成内容中，核心条款包括（   ）。

A. 承包商的主要责任
B. 测试和缺陷

C. 支付承包商预付款
D. 多种货币

E. 补偿事件

80. 根据 FIDIC《施工合同条件》，关于工程接收的说法中，正确的有（   ）。

A. 承包商可在其认为工程即将竣工并做好接收准备的日期前不少于 28 d，向工程师发出申请接收证书的通知

B. 工程师在收到承包商申请通知后 14 d 内，应向承包商颁发接收证书

C. 在业主的自主决定下，工程师可为永久工程的任何部分颁发接收证书

D. 除非且直至工程师已颁发了该部分工程的接收证书，业主不得使用该部分工程

E. 如果在接收证书颁发前业主确实使用了工程的任何部分，则该使用的部分应视为自开始使用之日起已被业主接收

考前最后第1套卷答案解析

一、单项选择题

1. B;	2. B;	3. D;	4. B;	5. D;
6. A;	7. C;	8. D;	9. B;	10. C;
11. A;	12. D;	13. B;	14. B;	15. D;
16. A;	17. C;	18. A;	19. D;	20. A;
21. D;	22. D;	23. B;	24. B;	25. A;
26. C;	27. D;	28. C;	29. B;	30. B;
31. C;	32. D;	33. A;	34. A;	35. D;
36. B;	37. D;	38. C;	39. B;	40. B;
41. C;	42. D;	43. A;	44. C;	45. D;
46. D;	47. C;	48. A;	49. B;	50. A。

【解析】

1. B。本题考核的是建设工程合同的计价方式。单价合同的特点是单价优先，多适用于在发包时施工工程内容和工程量尚不能明确确定的情况，发包单位可以在设计工作尚未完成、工程量清单尚未确定、工作内容无需完整详尽约定的情况下就开始施工招标，投标人只需对所列工程内容报出单价，从而缩短招标投标时间，利于尽早开工。故选项 B 错误。

2. B。本题考核的是正确处理合同履行中索赔的要点。索赔应依据合同约定提出。合同没有约定或者约定不明时，按照法律法规规定提出。故选项 A 错误。索赔证据包括当事人陈述、书证、物证、视听资料、电子数据、证人证言、鉴定意见、勘验笔录等证据形式。代理人意见是干扰选项，故选项 C 错误。经查证属实的证据才能作为认定事实的依据。故选项 D 错误。

3. D。本题考核的是委托代理。委托代理是基于被代理人对代理人的委托授权行为而产生的代理，因此又称为意定代理。

4. B。本题考核的是担保的概念。担保是指当事人根据法律规定或者双方约定，为促使债务人履行债务实现债权人权利的法律制度。担保通常由当事人双方订立担保合同。担保合同是被担保合同的从合同，被担保合同是主合同，主合同无效，从合同也无效。担保活动应当遵循平等、自愿、公平、诚实信用的原则。

5. D。本题考核的是定金的额度限制。定金的数额由当事人约定，但不得超过主合同标的额的 20%。

6. A。本题考核的是投标保证金的没收。下列任何情况发生时，投标保证金将被没收：

（1）投标人在投标函格式中规定的投标有效期内撤回其投标；

（2）中标人在规定期限内无正当理由未能根据规定签订合同，或根据规定接受对错误的修正；

（3）中标人根据规定未能提交履约保证金；

（4）投标人采用不正当的手段骗取中标。

7. C。本题考核的是抵押的概念。抵押是指债务人或者第三人向债权人以不转移占有的方式提供一定的财产作为抵押物，用以担保债务履行的担保方式。债务人不履行债务时，债权人有权依照法律规定以抵押物折价或者从变卖抵押物的价款中优先受偿。其中债务人或者第三人称为抵押人，债权人称为抵押权人，提供担保的财产为抵押物。

8. D。本题考核的是施工合同的履约保证。若发生下列情况，发包人有权凭履约保证向银行或者担保公司索取保证金作为赔偿：（1）施工过程中，承包人中途毁约，或任意中断工程，或不按规定施工；（2）承包人破产，倒闭。

9. B。本题考核的是保险。保险制度上的危险是一种损失发生的不确定性，其表现为：（1）发生与否的不确定性；（2）发生时间的不确定性；（3）发生后果的不确定性。

10. C。本题考核的是留置。留置是指债务人不履行到期债务时，债权人对已经合法占有的债务人的动产，可以留置不返还占有，并有权就该动产折价或以拍卖、变卖所得的价款优先受偿。

11. A。本题考核的是建筑工程一切险的除外责任。保险人对下列各项原因造成的损失不负责赔偿：（1）设计错误引起的损失和费用；（2）自然磨损、内在或潜在缺陷、物质本身变化、自燃、自热、氧化、锈蚀、渗漏、鼠咬、虫蛀、大气（气候或气温）变化、正常水位变化或其他渐变原因造成的保险财产自身的损失和费用；（3）因原材料缺陷或工艺不善引起的保险财产本身的损失以及为换置、修理或矫正这些缺点错误所支付的费用；（4）非外力引起的机械或电气装置的本身损失，或施工用机具、设备、机械装置失灵造成的本身损失；（5）维修保养或正常检修的费用；（6）档案、文件、账簿、票据、现金、各种有价证券、图表资料及包装物料的损失；（7）盘点时发现的短缺；（8）领有公共运输行驶执照的，或已由其他保险予以保障的车辆、船舶和飞机的损失；（9）除非另有约定，在保险工程开始以前已经存在或形成的位于工地范围内或其周围的属于被保险人的财产的损失；（10）除非另有约定，在保险期限终止以前，保险财产中已由工程所有人签发完工验收证书或验收合格或实际占有或使用或接受的部分。选项 B、C、D 属于保险人负责赔偿的责任范围。

12. D。本题考核的是最低评标价法的初步评审与详细评审。投标文件中的大写金额与小写金额不一致的，以大写金额为准。故选项 A 错误。总价金额与依据单价计算出的结果不一致的，以单价金额为准修正总价，但单价金额小数点有明显错误的除外。故选项 B 错误。当投标人资格预审申请文件的内容发生重大变化时，评标委员会依据评标办法中规定的标准对其更新资料进行评审。选项 C 表述过于绝对，要注意"重大变化"是限制。

13. B。本题考核的是合同价格和评标价格。合同价格是投标人报价 2000 万元。评标价格是 2000−50＝1950 万元。

14. B。本题考核的是合同订立。招标人和中标人应当在投标有效期内以及中标通知书发出之日起 30 日之内，根据招标文件和中标人的投标文件订立书面合同。

15. D。本题考核的是设备招标及报价注意事项。报价分析不仅要考虑设备本体和辅助设备的费用，也要考虑大件运输、安装、调试、专用工具等的费用。

16. A。本题考核的是发包人的指示。发包人代表应在临时书面指示发出后 24 h 内发出书面确认函，逾期未发出书面确认函的，该临时书面指示应被视为发包人的正式指示。

17. C。本题考核的是监理人的质量检验和试验。收到承包人共同检验的通知后，监理人既未发出变更检验时间的通知，又未按时参加，承包人为了不延误施工可以单独进行检查和试验，将记录送交监理人后可继续施工。此次检查或试验视为监理人在场情况下进行，监理人应签字确认。故选项 A 表述错误。选项 B 中的正确表述应为"由监理人与承包人共同进行"并非选项中所说的第三方检测机构。经检验证明工程质量符合合同要求，由发包人承担由此增加的费用和（或）工期延误，并支付承包人合理利润。故选项 D 表述错误。

18. A。本题考核的是不利物质条件的影响。施工阶段承包人遇到不利物质条件时，应采取适应不利物质条件的合理措施继续施工，并通知监理人。监理人应当及时发出指示，构成变更的，按变更对待。监理人没有发出指示，承包人因采取合理措施而增加的费用和工期延误，仍由发包人承担。

19. D。本题考核的是勘察作业要求。根据《标准勘察招标文件》，除专用合同条款另有约定外，发包人应在开始勘察前 7 日内，向勘察人提供测量基准点、水准点和书面资料等。故选项 D 错误。

20. A。本题考核的是安全作业要求。根据《标准勘察招标文件》，勘察人应按合同约定履行安全职责，执行发包人有关安全工作的指示，并在专用合同条款约定的期限内，按合同约定的安全工作内容，编制安全措施计划报送发包人批准。

21. D。本题考核的是中期支付。设计人应按发包人批准或专用合同条款约定的格式及份数，向发包人提交中期支付申请，并附相应的支持性证明文件。发包人应在收到中期支付申请后的 28 d 内，将应付款项支付给设计人。

22. D。本题考核的是初步评审的内容。初步评审分为形式评审、资格评审、响应性评审、施工组织设计和项目管理机构评审 4 个方面。

23. B。本题考核的是监理人颁发缺陷责任终止证书。缺陷责任期满，包括延长的期限终止后 14 d 内，由监理人向承包人出具经发包人签认的缺陷责任终止证书，并退还剩余的质量保证金。

24. B。本题考核的是合同文件的优先解释次序。标准施工合同的通用条款中规定，合同的组成文件包括：

（1）合同协议书；

（2）中标通知书；

（3）投标函及投标函附录；

（4）专用合同条款；

（5）通用合同条款；

（6）技术标准和要求；

（7）图纸；

（8）已标价的工程量清单；

（9）其他合同文件——经合同当事人双方确认构成合同的其他文件。

组成合同的各文件中出现含义或内容的矛盾时，如果专用条款没有另行的约定，以上合同文件序号为优先解释的顺序。

25. A。本题考核的是《简明施工合同》。由于《简明施工合同》适用于工期在 12 个月内的中小工程施工，是对《标准施工合同》简化的文本，通常由发包人负责材料和设备的供应，承包人仅承担施工义务，因此合同条款较少。

26. C。本题考核的是工程一切险的被保险人。建筑工程一切险的被保险人范围较宽，所有在工程进行期间，对该项工程承担一定风险的有关各方（即具有可保利益的各方），均可作为被保险人。被保险人具体包括：（1）业主或工程所有人；（2）承包商或者分包商；（3）技术顾问，包括业主聘用的建筑师、工程师及其他专业顾问。

27. D。本题考核的是建设工程勘察合同当事人。建设工程勘察合同当事人包括发包人和勘察人。发包人通常可能是工程建设项目的建设单位或者工程总承包单位。

28. C。本题考核是投标人的资格审查。工程设计行业资质、工程设计专业资质、工程设计专项资质设甲级、乙级；故选项 A 错误。取得工程设计行业资质的企业，可以承接相应行业相应等级的工程设计业务及本行业范围内同级别的相应专业、专项（设计施工一体化资质除外）工程设计业务；故选项 B 错误。同类工程的勘察设计经验是非常重要的考察内容，招标文件通常会要求投标人报送最近几年完成的工程项目业绩表，通过考察以往完成的项目评定其勘察设计能力与水平。故选项 D 错误。

29. B。本题考核的是监理人在施工合同履行管理中的地位。除合同另有约定外，承包人只从总监理工程师或被授权的监理人员处取得指示。

30. B。本题考核的是监理人的指示。监理人未能按合同约定发出指示、指示延误或指示错误而导致承包人施工成本增加和（或）工期延误，由发包人承担赔偿责任。

31. C。本题考核的是施工合同中的缺陷责任期。缺陷责任期从工程接收证书中写明的竣工日开始起算，期限视具体工程的性质和使用条件的不同在专用条款内约定（一般为 1 年）。影响工程正常运行的有缺陷工程或部位，在修复检验合格日前已经过的时间归于无效，重新计算缺陷责任期，但包括延长时间在内的缺陷责任期最长时间不得超过 2 年。

32. D。本题考核的是延误进行竣工验收。发包人在收到承包人竣工验收申请报告 56 d 后未进行验收，视为验收合格。

33. A。本题考核的是工程勘察设计招标特征。在评标原则上，设计招标在评标时，评标专家更加注重所提供设计的技术先进性、所达到的技术指标、方案的合理性，以及对工程项目投资效果的影响等方面的因素，并以此做出综合判断，招标人乐于接受的是物有所值的合理报价，而不是过于追求低报价。

34. A。本题考核的是办理保险的责任。《标准施工合同》和《简明施工合同》的通用条款中考虑到承包人是工程施工的最直接责任人，因此均规定由承包人负责投保"建筑工程一切险""安装工程一切险"和"第三者责任保险"，并承担办理保险的费用。

35. D。本题考核的是施工阶段因承包人违约解除合同。施工阶段因承包人违约合同解除后，发包人可派员进驻施工场地，另行组织人员或委托其他承包人施工。发包人因继续完成该工程的需要，有权扣留使用承包人在现场的材料、设备和临时设施。这种扣留不是没收，只是为了后续工程能够尽快顺利开始。发包人的扣留行为不免除承包人应承担的违约责任，也不影响发包人根据合同约定享有的索赔权利。

36. B。本题考核的是施工期运行。除了专用条款约定由发包人负责试运行的情况外，承包人应负责提供试运行所需的人员、器材和必要的条件，并承担全部试运行费用。

37. D。本题考核的是竣工阶段的缺陷责任期。缺陷责任期自实际竣工日期起计算。在全部工程竣工验收前，已经发包人提前验收的单位工程，其缺陷责任期的起算日期相应提前。工程移交发包人运行后，缺陷责任期内出现的工程质量缺陷可能是承包人的施工质量原因，也可能属于非承包人应负责的原因导致。应由监理人与发包人和承包人共同查明原因，分清责任。对于工程主要部位承包人责任的缺陷工程修复后，缺陷责任期相应延长。任何一项缺陷或损坏修复后，经检查证明其影响了工程或工程设备的使用性能，承包人应重新进行合同约定的试验和试运行，试验和试运行的全部费用应由责任方承担。

38. C。本题考核的是分包工程的规定。分包工作需要征得发包人同意。故选项 A 错误。分包人资质能力的材料应经监理人审查。故选项 B 错误。承包人不得将设计和施工的主体、关键性工作的施工分包给第三人。故选项 D 错误。

39. B。本题考核的是保险责任。承包人按照专用条款的约定向双方同意的保险人投保建设工程设计责任险、建筑工程一切险或安装工程一切险。故选项 A 错误。承包人、分包人、发包人和监理人均应投保工伤保险。故选项 C 错误。承包人需要变动保险合同条款时，应事先征得发包人同意，并通知监理人。故选项 D 错误。

40. B。本题考核的是协议利益的转让。因承包人违约解除合同的，发包人有权要求承包人将其为实施合同而签订的材料和设备的订货协议或任何服务协议利益转让给发包人，并在承包人收到解除合同通知后的 14 d 内，依法办理转让手续。

41. C。本题考核的是总承包方式的缺点。虽然设计和施工过程中，发包人也聘请监理人（或发包人代表），但由于设计方案和质量标准均出自承包人，监理人对项目实施的监督力度比发包人委托设计再由承包人施工的管理模式，对设计的细节和施工过程的控制能力降低。

42. D。本题考核的是发包人要求错误的无条件补偿条款。设计施工总承包合同订立时，承包人复核时未发现发包人要求的错误，实施过程中因该错误导致承包人增加了费用和（或）工期延误，发包人应承担由此增加的费用和（或）工期延误，并向承包人支付合理利润。

43. A。本题考核的是未按约定投保的补救。因承包人未按合同约定办理设计和工程保险、第三者责任保险，导致发包人受到保险范围内事件影响的损害而又不能得到保险人的赔偿时，原应从该项保险得到的保险赔偿金由承包人承担。

44. C。本题考核的是伴随服务。合同专用条款与技术规格中约定有附加服务，卖方可能被要求提供下列中的任一项服务或所有的服务：（1）实施或监督所供货物的现场组装和试运行；（2）提供货物组装和维修所需的工具；（3）为所供货物的每一适当的单台设备提供详细的操作和维护手册；（4）在双方商定的一定期限内对所供货物实施运行或监督或维护或修理，但该服务并不能免除卖方在合同保证期内所承担的义务；（5）在卖方厂家和在项目现场就所供货物的组装、试运行、运行、维护和修理对买方人员进行培训。

45. D。本题考核的是建设工程材料设备采购合同。建设工程材料设备采购合同属于买卖合同，具有买卖合同的一般特点。

（1）出卖人与买受人订立买卖合同，是以转移财产所有权为目的。

（2）买卖合同的买受人取得财产所有权，必须支付相应的价款；出卖人转移财产所有权，必须以买受人支付价款为对价。

（3）买卖合同是双务、有偿合同。

（4）买卖合同是诺成合同。除了法律有特殊规定的情况外，当事人之间意思表示一致，买卖合同即可成立，并不以实物的交付为合同成立的条件。

46. D。本题考核的是工程进度付款的修正。在对以往历次已签发的进度付款证书进行汇总和复核中发现错、漏或重复情况时，监理人有权予以修正，承包人也有权提出修正申请。

47. C。本题考核的是分期交付买卖。分期交付买卖是指购买的标的物要分批交付。由于工程建设的工期较长，这种交付方式很常见。出卖人分批交付标的物的，出卖人对其中一批标的物不交付或者交付不符合约定，致使该批标的物不能实现合同目的的，买受人可以就该批标的物解除。出卖人不交付其中一批标的物或者交付不符合约定，致使今后其他各批标的物的交付不能实现合同目的，买受人可以就该批以及今后其他各批标的物解除。买受人如果就其中一批标的物解除，该批标的物与其他各批标的物相互依存的，可以就已经交付和未交付的各批标的物解除。

48. A。本题考核的是根据 FIDIC《施工合同条件》的工程计量和估价。对永久工程每项工程应以实际完成的净值计算，不考虑膨胀、收缩或浪费。故选项 A 错误。

49. B。本题考核的是标价合同。标价合同适用于在签订合同时价格已经确定的合同。

50. A。本题考核的是 AIA 系列合同条件。AIA 针对不同项目管理模式和合同各方关系颁布了多个系列的合同和文件，可供使用者根据需要选择。B 系列：业主与建筑师之间的标准合同文件。

二、多项选择题

51. C、D、E；	52. A、B、C；	53. C、D、E；
54. A、B、D；	55. A、B、D、E；	56. A、B、E；
57. A、B；	58. A、D、E；	59. A、B；
60. A、B、D；	61. A、B、C、D；	62. A、B、C、D；
63. A、C、E；	64. A、B、C、D；	65. A、B、C、D；
66. A、C、D；	67. B、E；	68. C、D、E；
69. B、C、D、E；	70. A、D、E；	71. A、C、D；
72. B、D；	73. A、D、E；	74. A、B、C、E；
75. A、B、D、E；	76. B、C、D、E；	77. B、E；
78. C、D、E；	79. A、B；	80. C、D、E。

【解析】

51. C、D、E。本题考核的是自然人的民事行为能力。民事行为能力是民事主体通过自己的行为取得民事权利和履行民事义务的资格。根据自然人的年龄和精神健康状况，可以将自然人分为完全民事行为能力人、限制民事行为能力人和无民事行为能力人。

52. A、B、C。本题考核的是合同法律关系的客体。合同法律关系的客体主要包括物、行为、智力成果。法律意义上的物是指可为人们控制并具有经济价值的生产资料和消费资料，可以分为动产和不动产、流通物与限制流通物、特定物与种类物等。如建筑材料、建筑设备、建筑物等都可能成为合同法律关系的客体。

53. C、D、E。本题考核的是评标委员会的组成。评标委员会成员名单一般应于开标前确定。评标委员会由招标人或其委托的招标代理机构熟悉相关业务的代表，以及有关技术、经济等方面的专家组成，成员人数为 5 人以上单数，其中技术、经济等方面的专家不得少于成员总数的 2/3。评标委员会的专家成员应当从依法组建的专家库，采取随机抽取或者直接确定的方式确定评标专家。一般项目，可以采取随机抽取的方式；技术复杂、专业性强或者国家有特殊要求的招标项目，采取随机抽取方式确定的专家难以保证胜任的，可以由招标人直接确定。

54. A、B、D。本题考核的是质押担保。质押是指债务人或者第三人将其动产或权利移交债权人占有，用以担保债权履行的担保。本题考核的是可以质押的权利。权利质押一般是将权利凭证交付质押人的担保。可以质押的权利包括：（1）汇票、支票、本票；（2）债券、存款单；（3）仓单、提单；（4）可以转让的基金份额、股权；（5）可以转让的注册商标专用权、专利权、著作权等知识产权中的财产权；（6）应收账款；（7）法律、行政法规规定可以出质的其他财产权利。

55. A、B、D、E。本题考核的是施工预付款担保。预付款担保是指承包人与发包人签订合同后，承包人正确、合理使用发包人支付的预付款的担保。建设工程合同签订以后，发包人给承包人一定比例的预付款，但需由承包人的开户银行向发包人出具预付款担保，金额应当与预付款金额相同。预付款担保的主要作用是保证承包人能够按合同规定进行施工，偿还发包人已支付的全部预付金额。预付款担保的主要形式为银行保函。如果承包人中途毁约，中止工程，使发包人不能在规定期限内从应付工程款中扣除全部预付款，则发包人作为保函的受益人有权凭预付款担保向银行索赔该保函的担保金额作为补偿。

56. A、B、E。本题考核的是保证责任。保证合同生效后，保证人就应当在合同规定的保证范围和保证期间承担保证责任。保证担保的范围包括主债权及利息、违约金、损害赔偿金及实现债权的费用。保证期间债权人与债务人协议变更主合同或者债权人许可债务人转让债务的，应当取得保证人的书面同意，否则保证人不再承担保证责任。故选项 C 错误。一般保证的保证人未约定保证期间的，保证期间为主债务履行期届满之日起 6 个月。故选项 D 错误。当事人对保证担保的范围没有约定或者约定不明确的，保证人应当对全部债务承担责任。

57. A、B。本题考核的是人身保险合同。投保人于合同成立后，可以向保险人一次支付全部保险费，也可以按照合同规定分期支付保险费。故选项 C 错误。人身保险的受益人由被保险人或者投保人指定。故选项 D 错误。保险人对人身保险的保险费，不得用诉讼方式要求投保人支付。故选项 E 错误。

58. A、D、E。本题考核的是施工招标文件包括的内容。施工招标文件包括下列内容：（1）招标公告或投标邀请书；（2）投标人须知；（3）评标办法；（4）合同条款及格式；（5）工程量清单；（6）图纸；（7）技术标准和要求；（8）投标文件格式；（9）投标人须知前附表规定的其他材料。此外，招标人对招标文件的澄清、修改，也构成招标文件的组成部分。

59. A、B、D。本题考核的是合格制的特点。凡符合资格预审文件规定的初步审查标准和详细审查标准的申请人均通过资格预审，取得投标人资格。合格制比较公平公正，有利于招标人获得最优方案；但可能会出现人数多，增加招标成本。

60. A、B、D。本题考核的是工程设计资质的种类。工程设计行业资质、工程设计专业资质、工程设计专项资质设甲级、乙级。

61. A、B、C、D。本题考核的是材料采购的评标。最低评标价法适用于技术简单或技术规格、性能、制作工艺要求统一的货物采购的评标，也适用于机组、车辆等大型设备采购的评标。故选项 E 错误。

62. A、B、C、D。本题考核的是建设工程设计合同文件。建设工程设计合同文件（或称合同）指合同协议书、中标通知书、投标函和投标函附录、专用合同条款、通用合同条款、发包人要求、设计费用清单、设计方案，以及其他构成合同组成部分的文件。

63. A、C、E。本题考核的是工程设计合同附件格式。

除法律另有规定或合同另有约定外，发包人和设计人的法定代表人或其委托代理人在合同协议书上签字并盖单位章后，合同生效。故选项 B 错误。在本担保有效期内，如果设计人不履行合同约定的义务或其履行不符合合同的约定，担保人在收到发包人以书面形式提出的在担保金额内的赔偿要求后，在 7 日内无条件支付。故选项 D 错误。履约保证金采用银行保函的，发包人和设计人变更合同时，无论担保人是否收到该变更，担保人承担担保规定的义务不变。

64. A、B、C、D。本题考核的是暂估价。暂估价内的工程材料、设备或专业工程施工，属于依法必须招标的项目；故选项 E 错误。

65. A、B、C。本题考核的是建设工程勘察资质的业务范围。取得工程勘察综合资质的企业，可以承接各专业（海洋工程勘察除外）、各等级工程勘察业务；取得工程勘察专业资质的企业，可以承接相应等级相应专业的工程勘察业务；取得工程勘察劳务资质的企业，可以承接岩土工程治理、工程钻探、凿井等工程勘察劳务业务。

66. A、C、D。本题考核的是物价浮动的合同价格调整。承包人以基准日期前的市场价格编制工程报价，长期合同中调价公式中的可调因素价格指数来源于基准日的价格。故选项 B 错误。标准施工合同通用条款规定用公式法调价，但调整价格的方法仅适用于工程量清单中按单价支付部分的工程款，总价支付部分不考虑物价浮动对合同价格的调整。故选项 E 错误。

67. B、E。本题考核的是建设工程施工合同中的工程保险和第三者责任保险。《标准施工合同》和《简明施工合同》的通用条款中考虑到承包人是工程施工的最直接责任人，因此均规定由承包人负责投保"建筑工程一切险""安装工程一切险"和"第三者责任保险"，并承担办理保险的费用。故选项 A 错误。承包人应在专用合同条款约定的期限内向发包人提交各项保险生效的证据和保险单副本，保险单必须与专用合同条款约定的条件一致。承包人需要变动保险合同条款时，应事先征得发包人同意，并通知监理人。故选项 C 错误。保险人做出保险责任变动的，承包人应在收到保险人通知后立即通知发包人和监理人。故选项 D 错误。无论是由承包人还是发包人办理工程险和第三者责任保险，均必须以发包人和承包人的共同名义投保，以保障双方均有出现保险范围内的损失时，可从保险公司获得赔偿。

68. C、D、E。本题考核的是施工准备阶段合同管理中的监理人职责。施工准备阶段，监理人对承包人报送的施工组织设计、质量管理体系、环境保护措施进行认真的审查，批准或要求承包人对不满足合同要求的部分进行修改。

69. B、C、D、E。本题考核的是发包人原因延长合同工期。通用条款中明确规定，由于发包人原因导致的延误，承包人有权获得工期顺延和（或）费用加利润补偿的情况包括：（1）增加合同工作内容；（2）改变合同中任何一项工作的质量要求或其他特性；（3）发包人迟延提供材料、工程设备或变更交货地点；（4）因发包人原因导致的暂停施工；（5）提供图纸延误；（6）未按合同约定及时支付预付款、进度款；（7）发包人造成工期延误的其他原因。

70. A、D、E。本题考核的是承包人提出索赔要求。承包人应在引起索赔事件发生后的 28 d 内，向监理人递交索赔意向通知书，并说明发生索赔事件的事由。故选项 B 错误。承包人应在发出索赔意向通知书后 28 d 内，向监理人递交正式的索赔通知书，详细说明索赔理由以及要求追加的付款金额和（或）延长的工期，并附必要的记录和证明材料。对于具有持续影响的索赔事件，承包人应按合理时间间隔陆续递交延续的索赔通知，说明连续影响的实际情况和记录，列出累计的追加付款金额和（或）工期延长天数。在索赔事件影响结束后的28 d内，承包人应向监理人递交最终索赔通知书，说明最终要求索赔的追加付款金额和延长的工期，并附必要的记录和证明材料。故选项C错误。

71. A、C、D。本题考核的是承包人的清场义务。工程接收证书颁发后，承包人应对施工场地进行清理，直至监理人检验合格为止。（1）施工场地内残留的垃圾已全部清除出场；（2）临时工程已拆除，场地已按合同要求进行清理、平整或复原；（3）按合同约定应撤离的承包人设备和剩余的材料，包括废弃的施工设备和材料，已按计划撤离施工场地；（4）工程建筑物周边及其附近道路、河道的施工堆积物，已按监理人指示全部清理；（5）监理人指示的其他场地清理工作已全部完成。

72. B、D。本题考核的是保险责任。根据《标准设计施工总承包招标文件》中的《合同条款及格式》，发包人应为其现场机构雇佣的全部人员投保工伤保险和人身意外伤害保险，并要求监理人也进行此项保险。故选项B、D正确。选项A、C、E为承包人应办理的保险。

73. A、D、E。本题考核的是《设计施工总承包合同》中涉及承包人索赔的条款。异常恶劣的气候条件仅补偿工期和费用，不补偿利润。缺陷责任期内非承包人原因缺陷的修复仅补偿费用和利润，不补偿工期。

74. A、B、C、E。本题考核的是设计施工总承包合同订立时需要明确的内容。设计施工总承包合同订立时需要明确的内容：（1）承包人文件；（2）施工现场范围和施工临时占地；（3）发包人提供的文件；（4）发包人要求中出现错误或违法情况的责任承担；（5）材料和工程设备；（6）发包人提供的施工设备和临时工程；（7）区段工程；（8）暂列金额；（9）不可预见物质条件；（10）竣工后试验。

75. A、B、D、E。本题考核的是发包人要求中的错误。无论承包人复核时发现与否，由于以下资料的错误，导致承包人增加费用和（或）延误的工期，均由发包人承担，并向承包人支付合理利润：

（1）发包人要求中引用的原始数据和资料；

（2）对工程或其任何部分的功能要求；

（3）对工程的工艺安排或要求；

（4）试验和检验标准；

（5）除合同另有约定外，承包人无法核实的数据和资料。

76. B、C、D、E。本题考核的是材料设备采购合同的内容。建筑材料采购合同的条款一般限于物资交货阶段，主要涉及交接程序、检验方式、质量要求和合同价款的支付等。

77. B、E。本题考核的是承包人提交最终结清申请单的要求。承包人按专用合同条款约定的份数和期限向监理人提交最终结清申请单，故选项A错误。发包人对最终结清申请单内容有异议时，有权要求承包人进行修正和提供补充资料。承包人再向监理人提交修正后的最终结清申请单；故选项C、D错误。

78. C、D、E。本题考核的是《设计采购施工（EPC）/交钥匙合同条件》及各方责任和义务。与FIDIC《施工合同条件》不同，银皮书中没有"工程师"这一角色，故选项A错误。银皮书中，由业主方委派"业主代表"代替业主负责工程管理工作，实现合同目标。

故选项 B 错误。

79. A、B、E。本题考核的是工程施工合同（ECC）组成内容中的核心条款。核心条款是施工合同的主要共性条款，包括总则、承包商的主要责任、工期、测试和缺陷、付款、补偿事件、所有权、风险和保险、争端和合同终止等 9 条。选项 C、D 属于次要选项条款。

80. C、D、E。本题考核的是 FIDIC《施工合同条件》模式下的工程接收。承包商可在其认为工程即将竣工并做好接收准备的日期前不少于 14 d，向工程师发出申请接收证书的通知。工程师在收到承包商申请通知后 28 d 内，应向承包商颁发接收证书。故选项 A、B 错误。

《建设工程合同管理》

考前最后第 2 套卷及答案解析

考前最后第 2 套卷

一、单项选择题（共 50 题，每题 1 分。每题的备选项中，只有 1 个最符合题意）

1. 在招标采购和缔约过程中，应考虑选用适合工程项目需要的标准招标文件及合同示范文本，关于其作用的表述，不正确的是（　　）。

A. 可以保证各项内容的完整性和安全性，避免合同风险

B. 有助于降低交易成本，提高交易效率

C. 有助于仲裁机构或人民法院裁判纠纷，最大限度维护当事人的合法权益

D. 有助于降低合同条款协商和谈判缔约工作的复杂性

2. 施工项目经理是施工企业的代理人，这种代理属于（　　）。

A. 法定代理　　　　B. 表见代理　　　　C. 委托代理　　　　D. 职务代理

3. 关于代理法律特征的表述中，不正确的是（　　）。

A. 代理人必须在代理权限范围内实施代理行为

B. 代理人以代理人的名义实施代理行为

C. 被代理人对代理行为承担民事责任

D. 代理人在被代理人的授权范围内独立地表现自己的意志

4. 根据《民法典》的规定，（　　）是指保证人和债权人约定，当债务人不履行债务时，保证人按照约定履行债务或者承担责任的行为。

A. 抵押　　　　　　B. 质押　　　　　　C. 保证　　　　　　D. 定金

5. 下列权利中，不得进行质押的是（　　）。

A. 债券、存款单　　　　　　　　　B. 土地使用权

C. 仓单、提单　　　　　　　　　　D. 可以转让的注册商标专用权

6. 履约担保金可用保兑支票、银行汇票或现金支票，一般情况下额度为合同价格的（　　）。

A. 2%　　　　　　B. 10%　　　　　　C. 20%　　　　　　D. 30%

7. 下列属于建筑工程一切险中意外事故的是（　　）。

A. 风暴、暴雨　　B. 山崩、雪崩　　C. 台风、龙卷风　　D. 火灾和爆炸

8. 最高额抵押权设立前已经存在的债权，（　　）。

A. 可以直接转入最高额抵押担保的债权范围，事后通知当事人即可

B. 经当事人同意，可以转入最高额抵押担保的债权范围

C. 应当直接转入最高额抵押担保的债权范围

D. 不得转入最高额抵押担保的债权范围

9. 《招标投标法实施条例》规定，投标保证金有效期应当与投标有效期一致，投标有效期从（　　）之日起算。

A. 发售招标文件　　　　　　　　　B. 发出中标通知书

C. 提交投标文件的截止　　　　　　D. 评标结束

10. 建设工程招标程序中，投标保函在评标结束之后应退还给承包商的情形是（　　）。

A. 中标人无正当理由未根据规定接受对错误的修正

B. 投标人采用不正当的手段骗取中标

C. 中标的投标人在签订合同时，向业主提交履约担保

D. 投标人在投标函中规定的投标有效期内撤销其投标

11. 开标过程中，检查投标文件的密封情况的下一程序是（　　）。

A. 宣布开标人、唱标人、记录人、监标人等有关人员姓名

B. 确定并宣布投标文件开标顺序

C. 投标人代表、招标人代表、监标人、记录人等有关人员在开标记录上签字确认

D. 公布在投标截止时间前递交投标文件的投标人名称，并点名确认投标人是否派人到场

12. 招标人应当按照资格预审公告规定的时间、地点发售资格预审文件。给潜在投标人准备资格预审文件的时间应不少于（　　）日。

A. 2　　　　　　　B. 5　　　　　　　C. 3　　　　　　　D. 7

13. 关于工程施工招标中，开标与评标的表述，错误的是（　　）。

A. 《标准施工招标文件》规定，评标办法分为经评审的最低投标价法和综合评估法

B. 开标时，由投标人或者其推选的代表检查投标文件的密封情况，也可以由招标人委托的公证机构检查并公证等

C. 评标由招标人依法组建的评标委员会负责

D. 招标人及其招标代理机构应按招标文件规定的时间、地点主持开标，邀请不少于三分之二的投标人的法定代表人或其委托的代理人参加

14. 对投标截止时间前已经进口的货物，可报（　　），除应包括要向中国政府缴纳的增值税和其他税，还应包括货物在从关境外进口时已交纳或应交纳的全部关税、增值税和其他税。

A. 出厂价　　　　　　　　　　　　B. 仓库交货价

C. 施工现场交货价　　　　　　　　D. FOB 价

15. 《招标投标法》规定，招标人应当确定投标人编制投标文件所需的合理时间。依法必须进行招标的货物，自招标文件开始发出之日起至投标人提交投标文件截止之日止，最短不得少于（　　）日。

A. 5　　　　　　　B. 10　　　　　　C. 15　　　　　　D. 20

16. 设备采购合同履行中，根据合同规定卖方承担与供货有关的辅助服务，如运输、保险、安装、调试、提供技术援助、培训和合同中规定卖方应承担的义务称为（　　）。

A. 附加服务　　　　B. 额外服务　　　　C. 伴随服务　　　　D. 增值服务

17. 根据《机电产品国际招标标准招标文件（试行）》，（   ）的适用面广，可用于技术含量高、工艺或技术方案复杂的大型或成套设备等招标项目。

A. 综合评估法　　　　　　　　　　B. 经评审的最低投标价法

C. 设计费必选法　　　　　　　　　　D. 最低投标价法

18. 根据工程性质和技术特点，工程设计资质的种类中，建筑工程（   ）可以设丁级。

A. 行业资质　　　　B. 专业资质　　　　C. 综合资质　　　　D. 专项资质

19. 依据《招标投标法实施条例》，设计招标文件一经发出后，需要进行必要的澄清或者修改时，应当在提交投标文件截止日期（   ）日前，书面通知所有招标文件收受人。

A. 5　　　　　　　　B. 10　　　　　　　　C. 15　　　　　　　　D. 20

20. 工程勘察劳务资质（   ）。

A. 只设甲级　　　　　　　　　　　　B. 设甲级、乙级

C. 设甲级、乙级和丙级　　　　　　　D. 不分等级

21. 建设工程设计合同价格与支付的说法中，错误的是（   ）。

A. 本合同的价款确定方式、调整方式和风险范围划分，在专用合同条款中约定

B. 设计费用实行发包人签证制度

C. 发包人要求设计人进行外出考察、试验检测、专项咨询或专家评审时，相应费用包含在合同价格之中

D. 发包人应在收到定金或预付款支付申请后 28 d 内，将定金或预付款支付给设计人

22. 根据《标准施工招标文件》中的通用合同条款，承包人依据监理人提供的测量基准点、基准线和水准点及其书面资料，根据国家测绘基准、测绘系统和工程测量技术规范以及合同中对工程精度的要求，测设施工控制网，并将施工控制网点的资料报送（   ）审批。

A. 设计单位主要负责人　　　　　　　B. 勘察单位主要负责人

C. 发包人　　　　　　　　　　　　　D. 监理人

23. 根据《标准施工招标文件》，如果承包人根据变更意向书要求提交的变更实施方案可行并经发包人同意后，监理人发出变更指示。如果承包人不同意变更，（   ）协商后确定撤销、改变或不改变变更意向书。

A. 监理人和发包人　　　　　　　　　B. 监理人与承包人和发包人

C. 监理人和承包人　　　　　　　　　D. 承包人和发包人

24. 根据《标准施工合同》，合同附件格式包括（   ）。

A. 工程设备表　　　　　　　　　　　B. 合同协议书

C. 项目经理任命书　　　　　　　　　D. 建筑材料表

25. 有关工程保险的说法中，错误的是（   ）。

A. 建筑工程一切险往往还加保第三者责任险

B. 在特殊情况下，赔偿金额可以超过保险单明细表中对应列明的每次事故赔偿限额

C. 建筑工程一切险的保险责任自保险工程在工地动工或用于保险工程的材料、设备运抵工地之时起始

D. 建筑工程一切险的被保险人可以是承包商或分包商

26. 关于大型工程设备采购招标中报价计算错误的修正，说法不正确的是（   ）。

A. 若单价计算的结果与总价不一致，以单价为准修改总价

B. 若用文字表示的数值与用数字表示的数值不一致，以文字表示的数值为准

C. 如果投标人不接受对单价计算错误的更正，其投标将被拒绝

D. 评标委员会改正后请投标人签字确认，但不得作为投标书组成部分

27. 工程设计招标文件中，（　　）是招标人向潜在投标人发出的邀约邀请文件，是告知投标人招标项目内容、范围、数量与招标要求、投标资格要求、招标程序规则、投标文件编制与递交要求、评标标准与方法、合同条款与技术标准等招标投标活动主体必须掌握的信息和遵守的依据。

A. 招标文件　　　　B. 投标书　　　　C. 中标通知书　　　　D. 合同协议书

28. 关于材料设备采购批次标包划分的表述中，不正确的是（　　）。

A. 考虑建设资金的到位计划和周转计划

B. 合理进行分批次采购招标

C. 投标人可以仅对一个标包中的某几项进行投标

D. 应考虑市场供应情况、市场价格变动趋势

29. 根据《标准施工合同》，下列关于监理人的说法，错误的是（　　）。

A. 监理人是受委托人的委托，对建设工程勘察、设计或施工等阶段进行质量控制、进度控制、投资控制、合同管理、信息管理、组织协调和安全监理的法人或其他组织

B. 监理人属于发包人一方的人员，但又不同于发包人的雇员

C. 监理人一切行为均应遵照发包人的指示

D. 监理人以保障工程按期、按质、按量完成发包人的最大利益为管理目标

30. 下列不属于施工合同中监理人职责的是（　　）。

A. 独立处理或决定有关事项，如签订分包合同、变更估价、索赔等

B. 在发包人授权范围内，负责发出指示、检查施工质量、控制进度等现场管理工作

C. 承包人收到监理人发出的任何指示，视为已得到发包人的批准，应遵照执行

D. 在发包人授权范围内独立处理合同履行过程中的有关事项，行使通用条款规定的，以及具体施工合同专用条款中说明的权力

31. 根据《标准施工合同》，关于工程保险和第三者责任保险的表述中，错误的是（　　）。

A. 如果投保工程一切险的保险金额少于工程实际价值，工程受到保险事件的损害时，不能从保险公司获得实际损失的全额赔偿，则损失赔偿的不足部分按合同相应条款的约定，由该事件的风险责任方负责补偿

B. 无论是由承包人还是发包人办理工程险和第三者责任保险，均必须以发包人的名义投保

C. 如果负有投保义务的一方当事人未按合同约定办理保险，或未能使保险持续有效，另一方当事人可代为办理，所需费用由对方当事人承担

D. 当负有投保义务的一方当事人未按合同约定办理某项保险，导致受益人未能得到保险人的赔偿，原应从该项保险得到的保险赔偿应由负有投保义务的一方当事人支付

32. 施工准备阶段监理人征得发包人同意后，应在开工日期（　　）d 前向承包人发出开工通知，合同工期自开工通知中载明的开工日起计算。

A. 3　　　　　　　　B. 5　　　　　　　　C. 7　　　　　　　　D. 10

33. 根据《标准施工合同》，不属于施工合同履行中"不利物质条件"的是（　　）。

A. 不利地质条件

B. 不利气候条件

C. 有毒作业环境

D. 不利水文条件

34. 施工阶段承包人收到监理人按合同约定发出的图纸和文件，经检查认为其中存在属于变更范围的情形，如提高了工程质量标准、增加工作内容、工程的位置或尺寸发生变化等，可向（　　）变更建议。

A. 设计人提出书面

B. 监理人提出书面

C. 监理人提出口头

D. 设计人提出口头

35. 施工阶段因承包人违约解除合同，发包人有权要求承包人将其为实施合同而签订的材料和设备的订货合同或任何服务协议转让给发包人，并在解除合同后的（　　）d内，依法办理转让手续。

A. 7

B. 14

C. 21

D. 28

36. 关于签发竣工付款证书的表述中，不正确的是（　　）。

A. 监理人在收到承包人提交的竣工付款申请单后的 14 d 内完成核查

B. 监理人将核定的合同价格和结算尾款金额提交发包人审核并抄送承包人

C. 发包人应在收到后 14 d 内审核完毕，由监理人向承包人出具经发包人签认的竣工付款证书

D. 监理人未在约定时间内核查，又未提出具体意见的，视为承包人提交的竣工付款申请单未经监理人核查同意

37. 关于结清单生效的表述中，不正确的是（　　）。

A. 承包人收到发包人最终支付款后结清单生效

B. 结清单生效即表明合同终止

C. 结清单生效后承包人仍拥有索赔的权利

D. 如果发包人未按时支付结清款，承包人仍可就此事项进行索赔

38. 关于设计施工总承包合同文件的表述，正确的是（　　）。

A. 设计施工总承包合同规定，发包人要求文件应说明工程范围、时间要求、技术要求以及竣工试验等 11 个方面的内容

B. 承包人建议书应包括承包人的工程设计方案和设备方案的说明、工程报价清单、对发包人要求中的错误说明等内容

C. 价格清单是指承包人按发包人的设计图纸概算量，填入单价后计算的合同价格清单

D. 承包人在投标文件中采用专利技术的，专利技术的使用费不包含在投标报价内

39. 根据《标准设计施工总承包招标文件》，监理人和承包人应共同查清工程缺陷或损坏的原因，（　　）。

A. 属于承包人原因造成的，应由发包人承担修复和查验的费用

B. 属于发包人原因造成的，发包人应承担修复和查验的费用，但不支付承包人任何利润

C. 属于发包人原因造成的，发包人应承担修复和查验的费用，并支付承包人合理利润

D. 不论何方原因造成的，均应由承包人承担修复和查验的费用

40. 依据《设计施工总承包合同》，关于监理人职责的说法，错误的是（　　）。

A. 监理人受发包人委托，享有合同约定的权利，其所发出的任何指示应视为已得到发

包人的批准

B. 发包人应在发出开始工作通知前将总监理工程师的任命通知承包人

C. 总监理工程师更换时，应提前7d通知承包人

D. 总监理工程师超过2d不能履行职责的，应委派代表代行其职责，并通知承包人

41. 下列表述中，不符合对联合体承包人规定的是（　　）。

A. 总承包合同的承包人可以是独立承包人，也可以是联合体

B. 对于联合体的承包人，合同履行过程中发包人和监理人仅与联合体牵头人或联合体授权的代表联系

C. 履行合同过程中，未经监理人同意，承包人不得擅自修改联合体协议

D. 履行合同过程中，未经发包人同意，承包人不得擅自改变联合体的组成

42. 设计施工总承包合同订立时，承包人文件中最主要的是（　　），需在专用条款约定承包人向监理人陆续提供文件的内容、数量和时间。

A. 承包人建议书　　B. 设计文件　　C. 价格清单　　D. 投标函

43. 设计施工总承包合同承包人需要变动保险合同条款时，应（　　）。

A. 将变动结果及时通知发包人　　B. 事先征得发包人与监理人的同意

C. 事先征得发包人同意，并通知监理人　　D. 事先征得监理人同意，并通知发包人

44. 建设工程采用设计施工总承包合同方式的优点是（　　）。

A. 固定工期、固定费用　　B. 发包人便于控制实施过程

C. 承包人承担的风险小　　D. 容易获得最优设计方案

45. 除专用合同条款另有约定外，如由于买方原因在最后一批合同设备交货后（　　）个月内未能开始考核，则买卖双方应在上述期限届满后7日内或专用合同条款另行约定的时间内签署验收款支付函。

A. 3　　　　　　B. 6　　　　　　C. 2　　　　　　D. 1

46. 设计施工阶段总承包合同的发包人应提前（　　）d将竣工后试验的日期通知承包人。

A. 7　　　　　　B. 14　　　　　　C. 21　　　　　　D. 28

47. 根据FIDIC《施工合同条件》，工程师应提前至少（　　）h将其参加试验的意向通知承包商。如果工程师未在商定的时间和地点参加试验，除非工程师另有指令，承包商可自行进行试验，并视为是在工程师在场的情况下进行的。

A. 24　　　　　　B. 48　　　　　　C. 72　　　　　　D. 96

48. 根据FIDIC《施工合同条件》，下列关于工程师地位的说法，正确的是（　　）。

A. 工程师的权利并不来自于雇主　　B. 为业主开展项目日常管理工作

C. 工程师不属于雇主人员　　D. 工程师应当尽力帮助承包商解决问题

49. 风险型CM的合同计价方式是（　　）。

A. 采用固定总价的计价方式，CM承包商可赚取总包与分包合同的差价

B. 采用固定总价的计价方式，CM承包商不赚取总包与分包合同的差价

C. 采用成本加酬金的计价方式，CM承包商可赚取总包与分包合同的差价

D. 采用成本加酬金的计价方式，CM承包商不赚取总包与分包合同的差价

50. AIA针对不同项目管理模式和合同各方关系颁布了多个系列的合同和文件，可供使用者根据需要选择，其中，建筑师与专业咨询人员之间的标准合同文件为（　　）系列。

A. A   B. B   C. C   D. D

二、多项选择题（共30题，每题2分。每题的备选项中，有2个或2个以上符合题意，至少有1个错项。错选，本题不得分；少选，所选的每个选项得0.5分）

51. 能够引起合同法律关系产生、变更和消灭的法律事实有（   ）。
A. 合同当事人违约   B. 季节性雨期影响施工
C. 法院判决   D. 仲裁机构裁定
E. 台风影响施工安全

52. 下列合同法律关系的客体中，属于智力成果的有（   ）。
A. 专利权   B. 工程设计   C. 土方开挖   D. 借款合同
E. 绑扎钢筋

53. 依据《民法典》的规定，下列财产可以作为抵押物的有（   ）。
A. 土地所有权   B. 交通运输工具
C. 建筑物和其他土地附着物   D. 生产设备、原材料、半成品、产品
E. 海域使用权

54. 依据《民法典》的规定，关于定金的表述中，正确的有（   ）。
A. 收受定金的一方不履行约定债务的，致使不能实现合同目的应当双倍返还定金
B. 定金的数额由当事人约定，但不得超过主合同标的额的15%
C. 定金合同可以采用书面或口头形式，并在合同中约定交付定金的期限
D. 定金合同从约定交付定金之日生效
E. 给付定金的一方不履行债务的，致使不能实现合同目的无权要求返还定金

55. 有关代理关系的表述中，说法正确的是（   ）。
A. 代理人经有关的第三人同意后可以适当变更或扩大代理权限
B. 以代理权产生的依据不同，可将代理分为委托代理、法定代理
C. 代理人辞去委托时，给善意第三人造成损失，应由被代理人负赔偿责任
D. 招标代理机构从事的代理行为，其法律责任由发包人承担
E. 法定代理是指根据法律的直接规定而产生的代理

56. 关于抵押权的实现，说法正确的是（   ）。
A. 抵押财产折价或者变卖的，应当参照市场价格
B. 同一财产向两个以上债权人抵押的，对于拍卖、变卖抵押财产所得的价款，抵押权已经登记的，按照登记的时间先后确定清偿顺序
C. 同一财产向两个以上债权人抵押的，对于拍卖、变卖抵押财产所得的价款，抵押权未登记的，按照债权比例清偿
D. 抵押财产转让的价款超过债权数额的部分归抵押权人所有
E. 债务人不履行到期债务的，抵押权人可以与抵押人协议以抵押财产折价或者以拍卖、变卖该抵押财产所得的价款优先受偿

57. 依据《招标投标法》的规定，招标人在分析招标失败的原因并采取相应措施后，应当依法重新招标的情形包括（   ）。
A. 经评标委员会评审后否决部分投标的   B. 投标截止时间止，投标人为5个的
C. 投标截止时间止，投标人为1个的   D. 投标截止时间止，投标人为2个的
E. 经评标委员会评审后否决所有投标的

58. 根据《标准施工招标文件》的规定，初步评审的形式评审内容包括（　　）。

A. 投标人名称　　　　　　　　　　B. 投标函签字盖章

C. 投标文件格式　　　　　　　　　D. 联合体协议书

E. 投标报价的多样性

59. 施工评标中，综合评估法分为（　　）。

A. 详细评审因素和项目负责人评分标准　B. 资格评审因素和评审标准

C. 响应性评审因素和评审标准　　　　D. 施工组织设计评分因素和评分标准

E. 形式评审因素和评审标准

60. 根据建设部颁布的《建设工程勘察设计资质管理规定》的规定，工程设计资质分为（　　）。

A. 工程设计通用资质　　　　　　　B. 工程设计综合资质

C. 工程设计行业资质　　　　　　　D. 工程设计专项资质

E. 工程设计专业资质

61. 除专用合同条款另有约定外，工程的勘察依据包括（　　）。

A. 与工程有关的规范、标准、规程　B. 本工程设计和施工需求

C. 适用的法律、行政法规及部门规章　D. 工程基础资料及其他文件

E. 合同履行中与设计服务有关的来往函件

62. 关于机电设备招标范围的表述中，正确的有（　　）。

A. 采购标的包括设备和伴随服务

B. 卖方不得将为履行要求的伴随服务的报价包括在合同价中

C. 伴随服务的内容包括实施所供货物的现场组装和试运行

D. 伴随服务的内容包括提供货物组装和维修所需的工具

E. 伴随服务的内容包括为所供货物的每一适当的单台设备提供详细的操作和维护手册

63. 根据《标准施工合同》，下列不属于承包人的施工安全责任有（　　）。

A. 编制施工安全措施计划

B. 制定施工安全操作规程

C. 配备必要的安全生产和劳动保护设施

D. 赔偿施工现场所有人员工伤事故损失

E. 赔偿工程对土地占有所造成的第三者财产损失

64. 依据《建设工程勘察设计资质管理规定》，工程勘察资质分为（　　）。

A. 工程勘察综合资质　　　　　　　B. 工程勘察专业资质

C. 工程勘察劳务资质　　　　　　　D. 工程勘察专项资质

E. 工程勘察单项资质

65. 承包人收到监理人按合同约定发出的图纸和文件，经检查认为其中存在（　　）的情形，向监理人提出书面变更建议后，监理人发出变更指示的，构成承包人要求的变更。

A. 缩短工期　　　　　　　　　　　B. 降低合同价格

C. 提高了工程质量标准　　　　　　D. 增加工作内容

E. 工程的位置发生变化

66. 根据《标准施工合同》，关于"暂列金额"的说法，正确的有（　　）。

A. 暂列金额用于在签订协议书时尚未确定或不可预见变更的施工及其所需材料、工程

设备、服务等的金额，包括以计日工方式支付的款项

B. 暂列金额指招标投标阶段已经确定价格，监理人在合同履行阶段根据工程实际情况指示承包人完成相关工作后给予支付的款项

C. 签约合同价内约定的暂列金额可能全部使用或部分使用，因此承包人不一定能够全部获得支付

D. 暂列金额是在招标投标阶段暂时不能合理确定价格，但合同履行阶段必然发生，发包人一定予以支付的款项

E. 暂列金额指发包人在工程量清单中给出的，用于支付必然发生但暂时不能确定价格的材料、设备以及专业工程的金额

67. 根据《标准施工合同》的要求，关于履约担保的表述中，正确的有（　　）。

A. 担保期限自发包人和承包人签订合同之日起，至签发工程移交证书日止

B. 没有采用国际招标工程或使用世界银行贷款建设工程的担保期限至缺陷责任期满止的规定，即担保人对承包人保修期内履行合同义务的行为承担担保责任

C. 采用无条件担保方式，即持有履约保函的发包人认为承包人有严重违约情况时，即可凭保函向担保人要求予以赔偿

D. 无条件担保不利于当出现承包人严重违约情况，由于解决合同争议而影响后续工程的施工

E. 采用无条件担保方式的唯一要求是需承包人确认

68. 工程移交发包人运行后，缺陷责任期内出现的工程质量缺陷可能是承包人的施工质量原因，也可能属于非承包人应负责的原因导致。应由（　　）共同查明原因，分清责任。

A. 设计人　　　　　B. 监理人　　　　　C. 发包人　　　　　D. 勘察人

E. 承包人

69. 根据《标准施工招标文件》，施工准备阶段承包人的义务包括（　　）。

A. 编制施工实施计划　　　　　　B. 现场查勘

C. 提出开工申请　　　　　　　　D. 提供施工场地

E. 组织设计交底

70. 下列因不可抗力造成损失的分承担原则符合《标准施工合同》通用条款规定的有（　　）。

A. 永久工程包括已运至施工场地的材料和工程设备的损害，以及因工程损害造成的第三者人员伤亡和财产损失由发包人承担

B. 承包人设备的损坏由承包人承担

C. 发包人和承包人各自承担其人员伤亡和其他财产损失及其相关费用

D. 停工损失由承包人承担，但停工期间应监理人要求照管工程和清理、修复工程的金额由发包人承担

E. 不能按期竣工的，应合理延长工期，承包人需支付逾期竣工违约金

71. 施工阶段发包人违约的情况包括（　　）。

A. 发包人原因造成停工的持续时间超过 28 d

B. 发包人拖延、拒绝批准付款申请和支付凭证，导致付款延误

C. 发包人无法继续履行或明确表示不履行或实质上已停止履行合同

D. 监理人无正当理由没有在约定期限内发出复工指示，导致承包人无法复工

E. 发包人未能按合同约定支付预付款或合同价款

72. 根据《标准施工招标文件》的通用合同条款，仅给承包人工期和费用补偿的情形有（ ）。

A. 发包人提供图纸延误

B. 施工场地发现文物、化石

C. 不可抗力不能按期竣工

D. 不利的物质条件

E. 附加浮动引起的价格调整

73. 为了保证工程项目完满实现发包人预期的建设目标，《设计施工总承包合同》通用条款中对工程分包做的规定有（ ）。

A. 发包人同意分包的工作，承包人应向发包人和监理人提交分包合同副本

B. 分包工作需要征得监理人同意

C. 承包人不得将设计和施工的主体、关键性工作的施工分包给第三人

D. 承包人不得将其承包的全部工程转包给第三人，也不得将其承包的全部工程肢解后以分包的名义分别转包给第三人

E. 分包人的资格能力应与其分包工作的标准和规模相适应，其资质能力的材料应经监理人审查

74. 在设计施工阶段总承包合同履行过程中，发包人对（ ）以及其他与建设工程有关的原始资料，承担原始资料错误造成的全部责任。

A. 提供的气象和水文观测资料

B. 提供的相邻建筑物和构筑物、地下工程的有关资料

C. 设计文件的质量

D. 设计进度管理文件

E. 提供的施工场地及毗邻区域内的供水、排水、供电、供气、供热、通信、广播电视等地下管线位置的资料

75. 某单位采用试用买卖方式签订了设备采购合同，关于采购方式及合同的说法，正确的有（ ）。

A. 属于非即时买卖合同

B. 试用期内可以拒绝购买

C. 试用的前提是支付价款或提供担保

D. 试用期只能由法律规定，当事人不能约定

E. 试用期届满，采购人对是否购买未作表示的，视为购买

76. 关于建设工程材料设备采购合同当事人的表述中，正确的有（ ）。

A. 永久工程的大型设备一般情况下由发包人采购

B. 施工中使用的建筑材料采购责任，按照施工合同专用条款的约定执行

C. 采购合同的出卖人即供货人，只能是生产厂家

D. 采购合同的出卖人即供货人，只能是从事物资流转业务的供应商

E. 建设工程材料设备采购合同的买受人即采购人，可以是发包人，也可能是承包人

77. 建设工程材料设备采购合同的一般特点有（ ）。

A. 以转移财产所有权为目的

B. 以实物的交付为合同成立的条件

C. 以买受人支付价款为对价

D. 合同双方互负一定义务

E. 当事人之间意思表示一致

78. 《施工合同条件》是 FIDIC 系列合同条件中最具代表性的文本。在《施工合同条件》模式下，项目主要参与方包括业主、承包商和工程师，其中业主的主要责任和义务表现在（   ）。

A. 对所有现场作业和施工方法的完备性、稳定性和安全性负责

B. 做好项目资金安排

C. 向承包商及时提供信息、指示、同意、批准及发出通知

D. 提供工程执行和竣工所需的各类计划、实施情况、意见和通知

E. 办理工程保险

79. 下列属于英国 ECC 施工合同文本的次要选项条款的有（   ）。

A. 工期延误赔偿费   B. 测设和缺陷

C. 提前竣工奖金   D. 承包商的主要责任

E. 履约保证

80. CM 承包商的酬金约定通常可采用（   ）的方式。

A. 固定酬金

B. 按总包合同价的百分比取费

C. 按分包合同价的百分比取费

D. 按总包合同实际发生工程费用的百分比取费

E. 按分包合同实际发生工程费用的百分比取费

考前最后第2套卷答案解析

一、单项选择题

1. A;	2. C;	3. B;	4. C;	5. B;
6. B;	7. D;	8. B;	9. C;	10. C;
11. B;	12. B;	13. D;	14. B;	15. D;
16. C;	17. A;	18. B;	19. C;	20. D;
21. C;	22. D;	23. B;	24. B;	25. B;
26. D;	27. A;	28. C;	29. C;	30. A;
31. B;	32. C;	33. B;	34. B;	35. B;
36. D;	37. C;	38. A;	39. C;	40. C;
41. C;	42. B;	43. C;	44. A;	45. B;
46. C;	47. C;	48. B;	49. D;	50. C。

【解析】

1. A。本题考核的是参考选用标准示范文本的作用。在招标采购和缔约过程中，应考虑选用适合工程项目需要的标准招标文件及合同示范文本。通过参考选用标准示范文本，作用在于：（1）有利于当事人了解并遵守有关法律法规，确保建设工程招标和合同文件中的各项内容符合法律法规的要求；（2）可以帮助当事人正确拟定招标和合同文件条款，保证各项内容的完整性和准确性，避免缺款漏项，防止出现显失公平的条款，保证交易安全；（3）有助于降低交易成本，提高交易效率，降低合同条款协商和谈判缔约工作的复杂性；（4）有利于当事人履行合同的规范和顺畅；（5）有利于审计机构、相关行政管理部门对合同的审计和监督；（6）有助于仲裁机构或人民法院裁判纠纷，最大限度维护当事人的合法权益。

2. C。本题考核的是委托代理。在工程建设中涉及的代理主要是委托代理，如项目经理作为施工企业的代理人、总监理工程师作为监理单位的代理人等，当然，授权行为是由单位的法定代表人代表单位完成的。

3. B。本题考核的是代理具有的特征。代理具有以下特征：（1）代理人必须在代理权限范围内实施代理行为；（2）代理人以被代理人的名义实施代理行为；（3）代理人在被代理人的授权范围内独立地表现自己的意志；（4）被代理人对代理行为承担民事责任。

4. C。本题考核的是保证。保证是指保证人和债权人约定，当债务人不履行债务时，保证人按照约定履行债务或者承担责任的行为。

5. B。本题考核的是可以质押的权利。权利质押一般是将权利凭证交付质押人的担保。可以质押的权利包括：（1）汇票、支票、本票；（2）债券、存款单；（3）仓单、提单；（4）可以转让的基金份额、股权；（5）可以转让的注册商标专用权、专利权、著作权等知识产权中的财产权；（6）应收账款；（7）法律、行政法规规定可以出质的其他财产权利。

6. B。本题考核的是履约担保金。履约担保金可用保兑支票、银行汇票或现金支票，一般情况下额度为合同价格的 10%。

7. D。本题考核的是建筑工程一切险的责任范围。保险人对下列原因造成的损失和费用负责赔偿：（1）自然灾害，指地震、海啸、雷电、飓风、台风、龙卷风、风暴、暴雨、洪水、水灾、冻灾、冰雹、地崩、山崩、雪崩、火山爆发、地面下陷下沉及其他人力不可抗拒的破坏力强大的自然现象；（2）意外事故，指不可预料的以及被保险人无法控制并造成物质损失或人身伤亡的突发性事件，包括火灾和爆炸。

8. B。本题考核的是最高额抵押权。最高额抵押权设立前已经存在的债权，经当事人同意，可以转入最高额抵押担保的债权范围。

9. C。本题考核的是投标保证金有效期。投标保证金有效期应当与投标有效期一致，投标有效期从提交投标文件的截止之日起算。

10. C。本题考核的是退还投标保函的要求。投标保函或者保证书在评标结束之后应退还给承包商，一般有两种情况：一是未中标的投标人可向招标人索回投标保函或者保证书，以便向银行或者担保公司办理注销或使押金解冻；二是中标的投标人在签订合同时，向业主提交履约担保，招标人应该退回投标保函或者保证书。

11. B。本题考核的是开标的程序。主持人按下列程序进行开标：（1）宣布开标纪律；（2）公布在投标截止时间前递交投标文件的投标人名称，并点名确认投标人是否派人到场；（3）宣布开标人、唱标人、记录人、监标人等有关人员姓名；（4）检查投标文件的密封情况；（5）确定并宣布投标文件开标顺序；（6）设有标底的，公布标底；（7）按照宣布的开标顺序当众开标，公布投标人名称、标段名称、投标保证金的递交情况、投标报价、质量目标、工期及其他内容，并记录在案；（8）投标人代表、招标人代表、监标人、记录人等有关人员在开标记录上签字确认；（9）开标结束。

12. B。本题考核的是发售资格预审文件。招标人应当按照资格预审公告规定的时间、地点发售资格预审文件。给潜在投标人准备资格预审文件的时间应不少于 5 日。申请人对资格预审文件有异议，应当在递交资格预审申请文件截止时间 2 日前向招标人提出。招标人应当自收到异议之日起 3 日内做出答复。

13. D。本题考核的是开标与评标。招标人及其招标代理机构应按招标文件规定的时间、地点主持开标，邀请所有投标人的法定代表人或其委托的代理人参加。

14. B。本题考核的是从中国关境内提供的货物的报价方式。对投标截止时间前已经进口的货物，可报仓库交货价，除应包括要向中国政府缴纳的增值税和其他税，还应包括货物在从关境外进口时已交纳或应交纳的全部关税、增值税和其他税。

15. D。本题考核的是投标人编制投标文件所需的合理时间。《招标投标法》规定，招标人应当确定投标人编制投标文件所需的合理时间。依法必须进行招标的货物，自招标文件开始发出之日起至投标人提交投标文件截止之日止，最短不得少于 20 日。

16. C。本题考核的是伴随服务。根据商务部印发的《机电产品国际招标标准招标文件（试行）》的规定，机电设备招标的范围除了交付约定的机组设备外，还包括"伴随服务"，即根据合同规定卖方承担与供货有关的辅助服务，如运输、保险、安装、调试、提供技术援助、培训和合同中规定卖方应承担的义务。

17. A。本题考核的是设备采购的评标方法。根据《机电产品国际招标标准招标文件（试行）》，在招标文件中可规定采用综合评估法进行评标，该方法适用面广，可用于技术含量高、工艺或技术方案复杂的大型或成套设备等招标项目。

18. B。本题考核的是对投标人的资格审查。根据工程性质和技术特点，个别行业、专业、专项资质可以设丙级，建筑工程专业资质可以设丁级。

19. C。本题考核的是组织现场踏勘。踏勘现场后涉及对招标文件进行澄清修改的，招标人应当在招标文件要求提交投标文件的截止时间至少15日前以书面形式通知所有招标文件收受人。

20. D。本题考核的是工程勘察资质的分级。工程勘察劳务资质不分等级。

21. C。本题考核的是建设工程设计合同价格与支付。发包人要求设计人进行外出考察、试验检测、专项咨询或专家评审时，相应费用不含在合同价格之中，由发包人另行支付。

22. D。本题考核的是施工控制网。根据《标准施工招标文件》中的通用合同条款，承包人依据监理人提供的测量基准点、基准线和水准点及其书面资料，根据国家测绘基准、测绘系统和工程测量技术规范以及合同中对工程精度的要求，测设施工控制网，并将施工控制网点的资料报送监理人审批。

23. B。本题考核的是监理人指示变更。根据《标准施工招标文件》，如果承包人根据变更意向书要求提交的变更实施方案可行并经发包人同意后，监理人发出变更指示。如果承包人不同意变更，监理人与承包人和发包人协商后确定撤销、改变或不改变变更意向书。

24. B。本题考核的是合同附件格式。《标准施工合同》中给出的合同附件格式，是订立合同时采用的规范化文件，包括合同协议书、履约担保和预付款担保三个文件。

25. B。本题考核的是工程保险。保险人对每次事故引起的赔偿金额以法院或政府有关部门根据现行法律裁定的应由被保险人偿付的金额为准，但在任何情况下，均不得超过保险单明细表中对应列明的每次事故赔偿限额。在保险期限内，保险人经济赔偿的最高赔偿责任不得超过本保险单明细表中列明的累计赔偿限额。

26. D。本题考核的是大型工程设备采购招标过程中初步评审报价计算错误的修正。若单价计算的结果与总价不一致，以单价为准修改总价；若用文字表示的数值与用数字表示的数值不一致，以文字表示的数值为准。评标委员会改正后请投标人签字确认，作为投标书的有效组成部分。如果投标人不接受对其错误的更正，其投标将被拒绝。

27. A。本题考核的是设计要求文件。招标文件是招标人向潜在投标人发出的邀约邀请文件，是告知投标人招标项目内容、范围、数量与招标要求、投标资格要求、招标程序规则、投标文件编制与递交要求、评标标准与方法、合同条款与技术标准等招标投标活动主体必须掌握的信息和遵守的依据。

28. C。本题考核的是材料设备采购批次标包划分特点。项目建设需要大量建筑材料和设备，应综合考虑工程实际需要的时间、市场供应情况、市场价格变动趋势、建设资金到位和周转计划，合理安排分阶段分批次采购招标工作。投标人可以投一个或其中的几个标包，但不能仅对一个标包中的某几项进行投标。

29. C。本题考核的是施工合同监理人。九部委标准招标文件和《建设工程监理规范》GB/T 50319—2013中对监理人的定义是："受委托人的委托，依照法律、规范标准和监理合同等，对建设工程勘察、设计或施工等阶段进行质量控制、进度控制、投资控制、合同管理、信息管理、组织协调和安全监理的法人或其他组织。"既属于发包人一方的人员，但又不同于发包人的雇员，即不是一切行为均遵照发包人的指示，而是在授权范围内独立工作，以保障工程按期、按质、按量完成发包人的最大利益为管理目标，依据合同条款的约定，公平合理地处理合同履行过程中的有关管理事项。

30. A。本题考核的是施工合同中监理人的职责。受发包人委托对施工合同的履行进行管理体现在：（1）在发包人授权范围内，负责发出指示、检查施工质量、控制进度等现场管理工作；（2）在发包人授权范围内独立处理合同履行过程中的有关事项，行使通用条款规定的，以及具体施工合同专用条款中说明的权力；（3）承包人收到监理人发出的任何指示，视为已得到发包人的批准，应遵照执行；（4）在合同规定的权限范围内，独立处理或决定有关事项，如单价的合理调整、变更估价、索赔等。

31. B。本题考核的是工程保险和第三者责任保险。无论是由承包人还是发包人办理工程险和第三者责任保险，均必须以发包人和承包人的共同名义投保。故选项 B 错误。

32. C。本题考核的是发出开工通知的时间。监理人征得发包人同意后，应在开工日期 7 d 前向承包人发出开工通知，合同工期自开工通知中载明的开工日起计算。

33. B。本题考核的是不利物质条件。不利物质条件属于发包人应承担的风险，指承包人在施工场地遇到的不可预见的自然物质条件、非自然的物质障碍和污染物，包括地下和水文条件，但不包括气候条件。

34. B。本题考核的是承包人要求的变更。承包人收到监理人按合同约定发出的图纸和文件，经检查认为其中存在属于变更范围的情形，如提高了工程质量标准、增加工作内容、工程的位置或尺寸发生变化等，可向监理人提出书面变更建议。

35. B。本题考核的是因承包人违约解除合同。因承包人违约解除合同，发包人有权要求承包人将其为实施合同而签订的材料和设备的订货合同或任何服务协议转让给发包人，并在解除合同后的 14 d 内，依法办理转让手续。

36. D。本题考核的是签发竣工付款证书。监理人在收到承包人提交的竣工付款申请单后的 14 d 内完成核查，将核定的合同价格和结算尾款金额提交发包人审核并抄送承包人。发包人应在收到后 14 d 内审核完毕，由监理人向承包人出具经发包人签认的竣工付款证书。监理人未在约定时间内核查，又未提出具体意见的，视为承包人提交的竣工付款申请单已经监理人核查同意。

37. C。本题考核的是结清单的生效。承包人收到发包人最终支付款后结清单生效。结清单生效即表明合同终止，承包人不再拥有索赔的权利。如果发包人未按时支付结清款，承包人仍可就此事项进行索赔。

38. A。本题考核的是设计施工总承包合同文件的含义及内容。承包人建议书应包括承包人的工程设计方案和设备方案的说明；分包方案；对发包人要求中的错误说明等内容。故选项 B 错误。价格清单是指承包人完成所提投标方案计算的设计、施工、竣工、试运行、缺陷责任期各阶段的计划费用，清单价格费用的总和为签约合同价。故选项 C 错误。承包人在投标文件中采用专利技术的，专利技术的使用费包含在投标报价内。故选项 D 错误。

39. C。本题考核的是工程缺陷的责任。根据《标准设计施工总承包招标文件》，监理人和承包人应共同查清工程缺陷或损坏的原因，属于承包人原因造成的，应由承包人承担修复和查验的费用；属于发包人原因造成的，发包人应承担修复和查验的费用，并支付承包人合理利润。

40. C。本题考核的是监理人职责。总监理工程师更换时，应提前 14 d 通知承包人。故选项 C 错误。

41. C。本题考核的是对联合体承包人的规定。总承包合同的承包人可以是独立承包人，也可以是联合体。对于联合体的承包人，合同履行过程中发包人和监理人仅与联合体牵头人或联合体授权的代表联系，由其负责组织和协调联合体各成员全面履行合同。由于联合体的组成和内部分工是评标中很重要的评审内容，联合体协议经发包人确认后已作为合同附件，因此通用条款规定，履行合同过程中，未经发包人同意，承包人不得擅自改变联合体的组成和修改联合体协议。

42. B。本题考核的是承包人文件。设计施工总承包合同订立时，承包人文件中最主要的是设计文件，需在专用条款约定承包人向监理人陆续提供文件的内容、数量和时间。

43. C。本题考核的是设计施工总承包保险合同条款的变动。承包人需要变动保险合同条款时，应事先征得发包人同意，并通知监理人。对于保险人做出的变动，承包人应在收到保险人通知后立即通知发包人和监理人。

44. A。本题考核的是建设项目总承包的特点。总承包方式的优点：（1）单一的合同责任；（2）固定工期、固定费用；（3）可以缩短建设周期；（4）减少设计变更；（5）减少承包人的索赔。

45. B。本题考核的是合同设备的验收。除专用合同条款另有约定外，如由于买方原因在最后一批合同设备交货后 6 个月内未能开始考核，则买卖双方应在上述期限届满后 7 日内或专用合同条款另行约定的时间内签署验收款支付函。

46. C。本题考核的是承包人进行竣工试验。发包人应提前 21 d 将竣工后试验的日期通知承包人。

47. C。本题考核的是 FIDIC《施工合同条件》模式下的承包商试验。根据 FIDIC《施工合同条件》，工程师应提前至少 72 h 将其参加试验的意向通知承包商。如果工程师未在商定的时间和地点参加试验，除非工程师另有指令，承包商可自行进行试验，并视为是在工程师在场的情况下进行的。

48. B。本题考核的是工程师的地位。在《施工合同条件》模式下，项目主要参与方为业主、承包商和工程师。工程师受业主委托授权为业主开展项目日常管理工作，相当于国内的监理工程师；工程师属于业主方人员，应履行合同中赋予的职责，行使合同中明确规定的或必然隐含的赋予的权力，但应保持公平的态度处理施工过程中的问题。

49. D。本题考核的是风险型 CM 的合同计价方式。风险型 CM 合同采用成本加酬金的计价方式，成本部分由业主承担，CM 承包商获取约定的酬金。CM 承包商签订的每一个分包合同均对业主公开，业主按分包合同约定的价格支付，CM 承包商不赚取总包与分包合同的差价。

50. C。本题考核的是 AIA 系列合同条件。AIA 针对不同项目管理模式和合同各方关系颁布了多个系列的合同和文件，可供使用者根据需要选择，具体如下：

A 系列：业主与施工承包商、CM 承包商、供应商，以及总承包商与分包商之间的标准合同文件；

B 系列：业主与建筑师之间的标准合同文件；

C 系列：建筑师与专业咨询人员之间的标准合同文件；

D 系列：建筑师行业内部使用的文件；

E 系列：合同和办公管理中使用的文件；

F 系列：财务管理报表；

G 系列：建筑师企业与项目管理中使用的文件。

二、多项选择题

51. A、C、D；　　　　52. A、B；　　　　53. B、C、D、E；

54. A、E；　　　　　55. B、D、E；　　　56. A、B、C、E；

57. C、D、E；　　　　58. A、B、C、D；　　59. B、C、D、E；

60. B、C、D、E；　　　61. A、B、C、D；　　62. A、C、D、E；

63. D、E；　　　　　　64. A、B、C；　　　65. C、D、E；

66. A、B、C；　　　　67. A、C；　　　　68. B、D、E；

69. A、B、C；　　　　70. A、B、C、D；　　71. B、D、E；

72. B、D；　　　　　　73. A、C、D、E；　　74. A、B、E；

75. A、B、E；　　　　76. A、B、E；　　　77. A、C、D、E；

78. B、C；　　　　　　79. A、C、E　　　　80. A、C、E。

【解析】

51. A、C、D。本题考核的是法律事实。法律事实包括行为和事件：（1）行为是指法律关系主体有意识的活动，能够引起法律关系发生、变更和消灭的行为，包括作为和不作为两种表现形式。选项 A、C、D 属于行为。（2）事件是指不以合同法律关系主体的主观意志为转移而发生的，能够引起合同法律关系产生、变更、消灭的客观现象。选项 B、E 属于事件。

52. A、B。本题考核的是合同法律关系的客体。合同法律关系的客体主要包括物、行为、智力成果。智力成果是通过人的智力活动所创造出的精神成果，包括知识产权、技术秘密及在特定情况下的公知技术。如专利权、工程设计等，都有可能成为合同法律关系的客体。

53. B、C、D、E。本题考核的是可以作为抵押物的财产。下列财产可以作为抵押物：（1）建筑物和其他土地附着物；（2）建设用地使用权；（3）海域使用权；（4）生产设备、原材料、半成品、产品；（5）正在建造的建筑物、船舶、航空器；（6）交通运输工具；（7）法律、行政法规未禁止抵押的其他财产。

54. A、E。本题考核的是定金。定金的数额由当事人约定，但不得超过主合同标的额的 20%。定金合同要采用书面形式，并在合同中约定交付定金的期限，定金合同从实际交付定金之日生效。债务人履行债务后，定金应当抵作价款或者收回。给付定金的一方不履行约定债务的，无权要求返还定金；收受定金的一方不履行约定债务的，应当双倍返还定金。

55. B、D、E。本题考核的是代理关系。无论代理权的产生是基于何种法律事实，代理人都不得擅自变更或扩大代理权限，代理人超越代理权限的行为不属于代理行为，被代理人对此不承担责任。因此选项 A 的说法错误。代理人有权随时辞去所受委托，但代理人辞去委托时，不能给被代理人和善意第三人造成损失，否则应负赔偿责任。故选项 C 的说法错误。

56. A、B、C、E。本题考核的是抵押权的实现。抵押财产转让的价款超过债权数额的部分归抵押人所有，不足部分由债务人清偿。故选项 D 错误。此处要注意抵押人与抵押权人的不同。

57. C、D、E。本题考核的是应当重新招标的情形。有下列情形之一的，招标人在分析招标失败的原因并采取相应措施后，应当依法重新招标：

（1）投标截止时间止，投标人少于 3 个的；

（2）经评标委员会评审后否决所有投标。

58. A、B、C、D。本题考核的是初步评审中形式评审的内容。初步评审的形式评审内容包括：投标人名称、投标函签字盖章、投标文件格式、联合体协议书等。

59. B、C、D、E。本题考核的是施工评标中的综合评估法。施工评标中，综合评估法分为形式评审因素和评审标准、资格评审因素和评审标准、响应性评审因素和评审标准、施工组织设计评分因素和评分标准、项目管理机构评分因素和评分标准、投标报价评分因素和评分标准、其他因素评分标准。

60. B、C、D、E。本题考核的是设计单位资质类别。工程设计资质分为工程设计综合资质、工程设计行业资质、工程设计专业资质和工程设计专项资质四类。

61. A、B、C、D。本题考核的是工程的勘察依据。除专用合同条款另有约定外，工程的勘察依据如下：（1）适用的法律、行政法规及部门规章；（2）与工程有关的规范、标准、规程；（3）工程基础资料及其他文件；（4）本勘察服务合同及补充合同；（5）本工程设计和施工需求；（6）合同履行中与勘察服务有关的来往函件；（7）其他勘察依据。

62. A、C、D、E。本题考核的是机电设备招标的范围。采购标的包括设备和伴随服务。机电设备招标的范围，除了交付约定的机组设备外，还包括伴随服务。伴随服务的内容一般包括：（1）实施或监督所供货物的现场组装和试运行；（2）提供货物组装和维修所需的工具；（3）为所供货物的每一适当的单台设备提供详细的操作和维护手册；（4）在双方商定的一定期限内对所供货物实施运行或监督或维护或修理，但该服务并不能免除卖方在合同保证期内所承担的义务；（5）在卖方厂家和/或在项目现场就所供货物的组装、试运行、运行、维护和/或修理对买方人员进行培训。卖方应提供合同专用条款/技术规格中规定的所有服务，可规定将为履行要求的伴随服务的报价或双方商定的费用包括在合同价中。

63. D、E。本题考核的是承包人的施工安全责任。承包人对其履行合同所雇佣的全部人员，包括分包人人员的工伤事故承担责任，但由于发包人原因造成承包人人员的工伤事故，应由发包人承担责任。由于承包人原因在施工场地内及其毗邻地带造成的第三者人员伤亡和财产损失，由承包人负责赔偿。故选项 D、E 表述不严谨。

64. A、B、C。本题考核的是工程勘察资质的分类。依据《建设工程勘察设计资质管理规定》，工程勘察资质分为工程勘察综合资质、工程勘察专业资质和工程勘察劳务资质。

65. C、D、E。本题考核的是承包人要求的变更。承包人收到监理人按合同约定发出的图纸和文件，经检查认为其中存在属于变更范围的情形，如提高了工程质量标准、增加工作内容、工程的位置或尺寸发生变化等，可向监理人提出书面变更建议。

66. A、B、C。本题考核的是暂列金额。暂估价是在招标投标阶段暂时不能合理确定价格，但合同履行阶段必然发生，发包人一定予以支付的款项。故选项 D 为干扰选项。暂估价指发包人在工程量清单中给出的，用于支付必然发生但暂时不能确定价格的材料、设备以及专业工程的金额。故选项 E 为干扰选项。

67. A、C。本题考核的是履约担保。《标准施工合同》要求履约担保采用保函的形式，给出的履约保函标准格式主要表现为以下两个方面的特点：（1）担保期限。担保期限自发包人和承包人签订合同之日起，至签发工程移交证书日止。没有采用国际招标工程或使用世界银行贷款建设工程的担保期限至缺陷责任期满止的规定，即担保人对承包人保修期内履行合同义务的行为不承担担保责任。（2）担保方式。采用无条件担保方式，即持有履约保函的发包人认为承包人有严重违约情况时，即可凭保函向担保人要求予以赔偿，不需承包人确认。无条件担保有利于当出现承包人严重违约情况，由于解决合同争议而影响后续工程的施工。

68. B、C、E。本题考核的是缺陷责任。工程移交发包人运行后，缺陷责任期内出现的工程质量缺陷可能是承包人的施工质量原因，也可能属于非承包人应负责的原因导致。应由监理人与发包人和承包人共同查明原因，分清责任。

69. A、B、C。本题考核的是承包人的义务。承包人的义务：现场查勘；编制施工实施计划；施工现场内的交通道路和临时工程；施工控制网；提出开工申请。选项 D、E 属于发包人的义务。

70. A、B、C、D。本题考核的是不可抗力造成损失的承担。《标准施工合同》通用条款规定，不可抗力造成的损失由发包人和承包人分别承担：（1）永久工程，包括已运至施工场地的材料和工程设备的损害，以及因工程损害造成的第三者人员伤亡和财产损失由发包人承担；（2）承包人设备的损坏由承包人承担；（3）发包人和承包人各自承担其人员伤亡和其他财产损失及其相关费用；（4）停工损失由承包人承担，但停工期间应监理人要求照管工程和清理、修复工程的金额由发包人承担；（5）不能按期竣工的，应合理延长工期，承包人不需支付逾期竣工违约金。发包人要求赶工的，承包人应采取赶工措施，赶工费用由发包人承担。

71. B、C、D、E。本题考核的是施工阶段发包人违约的情况。施工阶段发包人违约的情况包括：（1）发包人未能按合同约定支付预付款或合同价款，或拖延、拒绝批准付款申请和支付凭证，导致付款延误；（2）发包人原因造成停工的持续时间超过 56 d；（3）监理人无正当理由没有在约定期限内发出复工指示，导致承包人无法复工；（4）发包人无法继续履行或明确表示不履行或实质上已停止履行合同；（5）发包人不履行合同约定的其他义务。

72. B、D。本题考核的是可以给承包人补偿的条款。选项 A 可得到工期、费用和利润的补偿。选项 C 只能得到工期补偿。选项 E 只能得到费用补偿。

73. A、C、D、E。本题考核的是对分包工程的规定。为了保证工程项目完满实现发包人预期的建设目标，《设计施工总承包合同》通用条款中对工程分包做了如下规定：（1）承包人不得将其承包的全部工程转包给第三人，也不得将其承包的全部工程肢解后以分包的名义分别转包给第三人；（2）分包工作需要征得发包人同意；（3）承包人不得将设计和施工的主体、关键性工作的施工分包给第三人；（4）分包人的资格能力应与其分包工作的标准和规模相适应，其资质能力的材料应经监理人审查；（5）发包人同意分包的工作，承包人应向发包人和监理人提交分包合同副本。

74. A、B、E。本题考核的是发包人的责任。发包人对提供的施工场地及毗邻区域内的供水、排水、供电、供气、供热、通信、广播电视等地下管线位置的资料；气象和水文观测资料；相邻建筑物和构筑物、地下工程的有关资料，以及其他与建设工程有关的原始资料，承担原始资料错误造成的全部责任。

75. A、B、E。本题考核的是试用买卖。试用买卖属于非即时买卖，是指出卖人允许买受人试验其标的物、买受人认可后再支付价款的交易。试用买卖的当事人可以约定标的物的试用期间，试用买卖的买受人在试用期内可以购买标的物，也可以拒绝购买。试用期间届满，买受人对是否购买标的物未作表示的，视为购买。

76. A、B、E。本题考核的是建设工程材料设备采购合同的当事人。建设工程材料设备采购合同的买受人即采购人，可以是发包人，也可能是承包人，依据合同的承包方式来确定。永久工程的大型设备一般情况下由发包人采购。施工中使用的建筑材料采购责任，按照施工合同专用条款的约定执行。采购合同的出卖人即供货人，可以是生产厂家，也可以是从事物资流转业务的供应商。

77. A、C、D、E。本题考核的是建设工程材料设备采购合同的特点。（1）出卖人与买受人订立买卖合同，是以转移财产所有权为目的。（2）出卖人转移财产所有权，必须以买受人支付价款为对价。（3）双务有偿是指合同双方互负一定义务。（4）除了法律有特殊规定的情况外，当事人之间意思表示一致，买卖合同即可成立，并不以实物的交付为合同成立的条件。

78. B、C。本题考核的是《施工合同条件》模式下，业主的主要责任和义务。《施工合同条件》模式下，业主的主要责任和义务包括：委托任命工程师代表业主进行合同管理；承担大部分或全部设计工作并及时向承包商提供设计图纸；给予承包商现场占有权；向承包商及时提供信息、指示、同意、批准及发出通知；避免可能干扰或阻碍工程进展的行为；提供业主方应提供的保障、物资；在必要时指定专业分包商和供应商；做好项目资金安排；在承包商完成相应工作时按时支付工程款；协助承包商申办工程所在国法律要求的相关许可等。选项 A、D、E 属于承包商的主要责任和义务。

79. A、C、E。本题考核的是 ECC 合同的内容组成。在主要选项条款之后，ECC 还提供了十多项可供选择的次要选项条款，包括履约保证；母公司担保；支付承包商预付款；多种货币；区段竣工；承包商对其设计所承担的责任只限运用合理的技术和精心设计；通货膨胀引起的价格调整；保留金；提前竣工奖金；工期延误赔偿费；功能欠佳赔偿费；法律的变化等。

80. A、C、E。本题考核的是 CM 承包商的酬金约定方式。CM 承包商的酬金约定通常可选用以下方式：固定酬金；按分包合同价的百分比取费；按分包合同实际发生工程费用的百分比取费。

《建设工程合同管理》

考前最后第3套卷及答案解析

考前最后第3套卷

扫码听课

一、**单项选择题**（共50题，每题1分。每题的备选项中，只有1个最符合题意）

1. 下列组织或机构中，能作为保证人的是（　　）。

A. 综合医院　　　　　　　　　　B. 以公益为目的的非营利法

C. 国家机关　　　　　　　　　　D. 普通公民

2. 关于合同法律关系主体中自然人的表述，不正确的是（　　）。

A. 自然人的民事权利能力始于出生，终于死亡

B. 自然人是指基于出生而成为民事法律关系主体的有生命的人

C. 18周岁以上的成年人均为完全民事行为能力人

D. 作为合同法律关系主体的自然人必须具备相应的民事权利能力和民事行为能力

3. 工程监理单位授权总监理工程师组织完成监理任务而产生的代理属于（　　）。

A. 法定代理　　　　B. 委托代理　　　　C. 延伸代理　　　　D. 指定代理

4. 关于质押的表述中，不正确的是（　　）。

A. 质押后，当债务人不能履行债务时，债权人依法有权就该动产或权利优先得到清偿

B. 质权以转移占有为特征

C. 出质人只能是债务人

D. 债权人为质权人，移交的动产或权利为质物

5. 关于施工投标保证的表述中，符合《招标投标法实施条例》规定的是（　　）。

A. 招标人可以在招标文件中要求投标人提交投标保证金

B. 投标保证金除现金外，只能是银行出具的银行保函或现金支票

C. 投标人应提交规定金额的投标保证金，并作为其投标书的一部分，数额不得超过招标项目估算价的20%

D. 投标保证金应当由投标人在提交投标文件前3d递交给招标人

6. 能够引起合同法律关系产生、变更和消灭的法律事实不包括（　　）。

A. 仲裁机构裁决　　　　　　　　B. 地震或台风

C. 合同一方当事人违约　　　　　D. 物价正常波动

7. 关于建设工程未经竣工验收，建设单位擅自使用后，又以使用部分质量不符合约定为由主张权利的说法，正确的是（　　）。

A. 建设单位以装饰工程质量不符合约定主张保修的，应予支持

B. 凡不符合合同约定或者验收规范的工程质量问题，施工企业均应当承担民事责任

C. 施工企业的保修责任可以全部免除

D. 施工企业应当在工程的合理使用寿命内对地基基础和主体结构质量承担民事责任

8. 下列不属于承担民事责任方式的是（　　　）。

A. 继续履行　　　　　B. 返还财产　　　　　C. 恢复原状　　　　　D. 支付定金或罚金

9. 某施工企业从银行借款1200万元，以房产作抵押。施工企业经营不善导致亏损无力还贷，除本金外，施工企业还欠银行利息300万元，违约金200万元。银行经诉讼后抵押房产被拍卖，得款2500万元。银行诉讼及申请拍卖费用80万元，则拍卖得款的分配应为（　　　）。

A. 2500万元全部归银行所有　　　　　B. 返还施工企业720万元

C. 返还施工企业800万元　　　　　D. 返还施工企业1000万元

10. 在（　　　）上，勘察设计是工程建设项目前期最为重要的工作内容，设计阶段是决定建设项目性能、优化和控制工程质量及工程造价最关键、最有利的阶段，设计成果将对工程建设和项目交付使用后的综合效益起重要作用。

A. 招标标的物特征　　　　　B. 招标工作性质

C. 开标形式　　　　　D. 投标书编制要求

11. 根据《工程建设项目勘察设计招标投标办法》，按照国家规定需要履行项目审批、核准手续的依法必须进行招标的项目，有（　　　）情形，经项目审批、核准部门审批、核准，项目的勘察设计可以不进行招标。

A. 采用公开招标方式的费用占项目合同金额的比例过大的

B. 技术复杂、有特殊要求或者受自然环境限制，只有少量潜在投标人可供选择的

C. 技术复杂或专业性强，能够满足条件的勘察设计单位仅有5家的

D. 属于利用扶贫资金实行以工代赈、需要使用进城务工人员等特殊情况的

12. 关于综合评估价法的表述，错误的是（　　　）。

A. 综合评估法一般适用于招标人对招标项目的技术、性能有专门要求的招标项目

B. 综合评分相等时，以投标报价低的优先；投标报价也相等的，由招标人自行确定

C. 综合评估法与最低评标价法之间的区别主要在于最低评标价法需要在评审的基础上按照一定的标准进行分值或货币量化

D. 综合评估法是综合衡量价格、商务、技术等各项因素对招标文件的满足程度，按照统一的标准（分值或货币）量化后进行比较的方法

13. 工程投标时，投标保证金对投标人具有约束力的期限是（　　　）。

A. 投标截止日起，至招标人中标人签订合同日止

B. 投标截止日起，至招标人确定中标人日止

C. 申请资格预审日起，至开标日止

D. 购买招标文件日起，至开标日止

14. 某施工项目招标，采用经评审的最低投标价法评标，评标排名前2位的投标人为甲、乙。甲的投标报价为6000万元，评标价为5900万元。乙的投标报价为6050万元，评标价为5850万元，则中标人和中标价格分别为（　　　）。

A. 甲，5900万元　　　B. 甲，6000万元　　　C. 乙，5850万元　　　D. 乙，6050万元

15. 关于施工招标采用综合评估法，投标报价有算术错误的说法，不正确的是（ ）。

　　A. 投标报价有算术错误的，评标委员会可以按相关原则对投标报价进行修正

　　B. 投标文件中的大写金额与小写金额不一致的，以大写金额为准

　　C. 总价金额与依据单价计算出的结果不一致的，以总价金额为准

　　D. 总价金额与依据单价计算出的结果不一致的，以单价金额为准修正总价，但单价金额小数点有明显错误的除外

16. 《招标投标法实施条例》规定，招标文件要求中标人提交履约保证金的，履约保证金不得超过中标合同金额的（ ）。

　　A. 5%　　　　　　　B. 10%　　　　　　　C. 15%　　　　　　　D. 20%

17. 根据《招标投标法实施条例》，对于属于依法必须公开招标范围内的项目，可以采取邀请招标的情形是（ ）。

　　A. 工期较长的

　　B. 实施工程总承包的

　　C. 采用公开招标方式的费用占项目合同金额的比例较大的

　　D. 需要采用两阶段招标的

18. 取得工程设计（ ）的企业，可以承接各行业、各等级的建设工程设计业务。

　　A. 行业资质　　　B. 专业资质　　　C. 综合资质　　　D. 专项资质

19. 建设工程勘察合同履行过程中，未经（ ）批准，监理人无权修改合同。

　　A. 发包人　　　　　　　　　　B. 承包人

　　C. 设计单位负责人　　　　　　D. 发包人和承包人协商

20. 建设工程勘察合同的项目负责人指派与职责的说法，错误的是（ ）。

　　A. 勘察人应按合同协议书的约定指派项目负责人，并在约定的期限内到职

　　B. 勘察人更换项目负责人应事先征得发包人同意

　　C. 项目负责人2 d内不能履行职责的，应事先征得发包人同意，并委派代表代行其职责

　　D. 项目负责人在情况紧急且无法与发包人取得联系时，可采取保证工程和人员生命财产安全的紧急措施，并在采取措施后48 h内向发包人提交书面报告

21. 关于设计文件要求的说法，错误的是（ ）。

　　A. 设计文件的编制应符合法律法规、规范标准的强制性规定和发包人要求

　　B. 设计文件应保证工程的合理使用寿命年限，并在设计文件中予以注明

　　C. 设计文件必须保证成本最低和施工安全方面的要求

　　D. 按照有关法律法规规定，在设计文件中提出保障施工作业人员安全和预防生产安全事故的措施建议

22. 适用于工期在（ ）以内的简明施工合同的通用条款没有调价条款，承包人在投标报价中合理考虑市场价格变化对施工成本的影响，合同履行期间不考虑市场价格变化调整合同价款。

　　A. 12 个月　　　　B. 18 个月　　　　C. 24 个月　　　　D. 36 个月

23. 《标准施工合同》通用条款规定的"基准日期"是指（ ）。

　　A. 投标截止日　　　　　　　　B. 开标之日

　　C. 中标通知书发出之日　　　　D. 投标截止日前28 d

24. 根据《标准施工合同》，投保工程一切险的保险金额不足以赔偿实际损失时，差额部分应由（　　）进行补偿。

    A. 发包人   B. 承包人

    C. 造价咨询机构   D. 合同条款确定的该风险责任人

25. 施工合同履行期间市场价格浮动对施工成本造成影响时，是否允许调整合同价格要视（　　）来决定。

    A. 材料价格浮动幅度   B. 劳动力价格浮动幅度

    C. 合同工期长短   D. 合同计价方式

26. 建设工程勘察合同的承包方须持有工商行政管理部门核发的企业法人营业执照，并且必须在其核准的经营范围内从事建设活动。超越其经营范围订立的建设工程勘察合同为（　　）。

    A. 有效合同   B. 无效合同   C. 可变更合同   D. 效力待定合同

27. 根据《标准施工合同》，施工准备阶段设计交底应由（　　）组织。

    A. 设计人   B. 监理人   C. 发包人   D. 总承包人

28. 根据《标准施工合同》，承包人未通知监理人到场检查，私自将工程隐蔽部位覆盖的，监理人有权指示承包人钻孔探测或揭开检查，由此增加的费用和（或）工期延误由（　　）承担。

    A. 发包人   B. 承包人

    C. 监理人和承包人共同   D. 监理人

29. 根据《标准施工合同》，关于暂估价的表述中，错误的是（　　）。

    A. 暂估价指发包人在工程量清单中给出的，用于支付必然发生但暂时不能确定价格的材料、设备以及专业工程的金额

    B. 暂估价是签约合同价的组成部分

    C. 暂估价金额需要在合同履行阶段最终确定

    D. 与工程量清单中所列暂估价的金额差以及相应的税金等其他费用不再列入合同价格

30. 预付款担保金额尽管在预付款担保书内填写的数额与合同约定的预付款数额一致，但与履约担保不同，当发包人在工程进度款支付中已扣除部分预付款后，（　　）。

    A. 担保金额效力不变更

    B. 预付款担保效力终止

    C. 担保人对承包人保修期内履行合同义务的行为不再承担担保责任

    D. 担保金额相应递减

31. 根据《标准施工合同》，关于市场物价浮动对合同价格影响的说法，错误的有（　　）。

    A. 工期12个月以上的施工合同，应设有调价条款

    B. 发包人和承包人共同分担市场价格变化风险

    C. 总价支付部分不考虑物价浮动对合同价格的调整

    D. 调整价格的方法适用于工程量清单中所有工程款

32. 承包人施工期从监理人发出的开工通知中写明的开工日起算，至工程接收证书中写明的实际竣工日止的时间称为（　　）。

    A. 施工期   B. 合同工期   C. 缺陷责任期   D. 保修期

33. 根据《标准施工招标文件》的施工合同文本通用合同条款，支付管理中的"合同价格"是指（ ）。

   A. 协议书中的签约合同价格

   B. 承包人最终完成全部施工和保修义务后应得的全部合同价款

   C. 中标通知书中的中标价格

   D. 承包人的投标报价

34. 承包人应按合同约定的安全工作内容，编制施工安全措施计划报送（ ）审批，按其的指示制定应对灾害的紧急预案。

   A. 监理人   B. 发包人   C. 勘察人   D. 设计人

35. 施工阶段监理人应在收到索赔通知书或有关索赔的进一步证明材料后的（ ）d内，将索赔处理结果答复承包人。

   A. 21   B. 28   C. 42   D. 56

36. 根据《标准施工招标文件》的施工合同文本通用合同条款，无论是由承包人还是发包人办理工程险和第三者责任保险，均必须以（ ）投保，以保障出现损失时，可从保险公司获得赔偿。

   A. 发包人名义

   B. 承包人名义

   C. 发包人和承包人的共同名义

   D. 承包人和保证人的共同名义

37. 根据《标准设计施工总承包合同》，工程实施中应给予承包人延长工期、增加费用并支付合理利润的情形是（ ）。

   A. 发包人违约解除合同

   B. 不可预见的物质条件

   C. 监理人的指示错误

   D. 发包人提供的材料提前交货

38. 根据《标准设计施工总承包招标文件》中的《合同条款及格式》，在合同履行过程中，承包人提出合理化建议时，下列处理程序正确的是（ ）。

   A. 监理人发出变更意向书→承包人同意变更→监理人按要求提交实施方案→发包人同意实施方案→监理人发出变更指示

   B. 承包人向监理人提出→监理人与发包人协商→监理人向承包人发出变更指示

   C. 承包人收到监理人按合同约定发给的文件→向监理人提出书面变更建议→监理人与发包人共同研究→确认存在变更→收到建议后的 14 d 内做出变更指示

   D. 承包人收到监理人按合同约定发给的文件→向监理人提出书面变更建议→监理人与发包人共同研究→不同意作为变更→书面答复承包人

39. 根据《标准设计施工总承包招标文件》，关于承包人的索赔程序的说法，错误的是（ ）。

   A. 承包人应在知道或应当知道索赔事件发生后 28 d 内，向监理人递交索赔意向通知书

   B. 承包人未在知道或应当知道索赔事件发生后 28 d 内发出索赔意向通知书的，工期不予顺延，但承包人可以获得合理的追加付款

   C. 承包人应在发出索赔意向通知书后 28 d 内，向监理人正式递交索赔通知书

   D. 承包人按竣工结算条款的约定接受了竣工付款证书后，应被认为已无权再提出在合同工程接收证书颁发前所发生的任何索赔

40. 根据《标准设计施工总承包招标文件》，监理人发出整改通知（ ）d 后，承包人仍不纠正违约行为的，发包人有权解除合同并向承包人发出解除合同通知。

A. 7   B. 14   C. 28   D. 56

41. 建设项目设计施工总承包方式的优点是（   ）。

A. 可缩短建设周期   B. 可降低工程成本

C. 可优化设计方案   D. 可加大监理人监督力度

42. 关于工程设计管理的说法，正确的是（   ）。

A. 承包人完成设计工作所遵守的规定，应采用发包人要求和承包人建议书

B. 设计的实际进度滞后时，承包人需提交减少投入资源并加快进度的计划

C. 承包人根据监理人的说明修改设计文件，审查期限重新起算

D. 发包人在设计文件审查同意后 10 d 内，向政府有关部门报送

43. 符合《标准设计施工总承包招标文件》专用条款约定的开始工作条件时，监理人获得发包人同意后应提前（   ）d 向承包人发出开始工作通知。

A. 7   B. 14   C. 21   D. 28

44. 在设计施工阶段不论何种原因造成工程的实际进度与合同进度计划不符时，承包人可以在专用条款约定的期限内向监理人提交修订合同进度计划的申请报告，并附有关措施和相关资料，报（   ）批准。

A. 发包人

B. 监理人

C. 本级建设行政主管部门   D. 发包人与监理人共同

45. 根据《标准设备采购招标文件》，下列组成设备采购的合同的文件中，解释顺序最优的是（   ）。

A. 专用合同条款   B. 投标函

C. 商务和技术偏差表   D. 供货要求

46. 卖方按合同约定交付全部合同设备后，买方在收到卖方提交的相关全部单据并经审核无误后 28 日内，向卖方支付合同价格的（   ）。

A. 10%   B. 25%   C. 60%   D. 5%

47. 关于材料采购合同货样买卖的表述中，不正确的是（   ）。

A. 货样买卖是指当事人双方按照货样或样本所显示的质量进行交易

B. 凭样品买卖的当事人应当封存样品，并可以对样品质量予以说明

C. 出卖人交付的标的物应当与样品及其说明的质量相同

D. 凭样品买卖的买受人不知道样品有隐蔽瑕疵的，即使交付的标的物与样品相同，出卖人交付的标的物质量仍然应当符合同种物的最高标准

48. 根据 FIDIC《施工合同条件》，工程师在收到承包商索赔报告或证明资料后（   ）d 内，或在工程师可能建议并经承包商认可的其他期限内，做出回应。

A. 14   B. 28   C. 42   D. 84

49. 根据《工程施工合同（ECC）》，关于早期警告和补偿事件的说法中，错误的是（   ）。

A. 早期警告程序是 ECC 共同预警的最重要的机制

B. 项目经理和承包商都可要求对方出席早期警告会议，每一方都可在对方同意后要求其他人员出席该会议

C. 项目经理应在早期警告会议上对所研究的建议和做出的决定记录在案，并将记录发给承包商

D. ECC条款中的补偿事件计价原则：若变更由业主提供的工程信息，则该补偿事件的影响按对业主最有利的解释进行计价

50. 关于CM合同模式的说法中，错误的是（　　　）。

A. CM模式尤其适用于实施周期长、工期要求紧的大型复杂工程

B. 与传统总分包模式下施工总承包商对分包合同的管理不同，CM合同属于管理承包合同

C. 对于代理型CM模式，CM承包商只为业主对设计和施工阶段的有关问题提供咨询服务，不负责工程分包的发包，与分包单位的合同由业主直接签订，CM承包商不承担项目实施的风险

D. CM承包商赚取总包与分包合同之间的差价

二、多项选择题（共30题，每题2分。每题的备选项中，有2个或2个以上符合题意，至少有1个错项。错选，本题不得分；少选，所选的每个选项得0.5分）

51. 合同法律关系的要素包括（　　　）。

A. 客体　　　　　B. 主体　　　　　C. 内容　　　　　D. 事件

E. 法律事实

52. 委托代理关系可因（　　　）而终止。

A. 代理期间届满或者代理事项完成

B. 被代理人取消委托或代理人辞去委托

C. 代理人死亡或代理人丧失民事行为能力

D. 作为被代理人或者代理人的法人终止

E. 被代理人取得或者恢复民事行为能力

53. 保证合同的主要内容包括（　　　）。

A. 保证的方式　　　　　　　　　B. 债务人履行债务的方式

C. 保证的期间　　　　　　　　　D. 保证的范围

E. 债务人履行债务的期限

54. 建筑工程一切险的保险人对（　　　）造成的损失不负责赔偿。

A. 设计错误引起的损失和费用

B. 维修保养或正常检修的费用

C. 盘点时发现的短缺

D. 外力引起的机械或电气装置的本身损失

E. 领有公共运输行驶执照的，或已由其他保险予以保障的车辆、船舶和飞机的损失

55. 依据《标准勘察招标文件》，工程勘察服务包括（　　　）。

A. 提供技术交底　　　　　　　　B. 制定勘察纲要

C. 进行测绘、勘探、取样和试验等　　D. 编制设计文件和设计概算、预算

E. 查明、分析和评估地质特征和工程条件

56. 缺陷责任期内承包人不能在合理时间内修复的缺陷，（　　　）。

A. 发包人只能自行修复，修复费用由承包方承担

B. 发包人可自行修复或委托其他人修复，所需费用和利润由承包方承担

C. 发包人只能自行修复，所需费用和利润按缺陷原因的责任方承担

D. 发包人可自行修复，修复费用由缺陷原因的责任方承担

E. 发包人可委托其他人修复，修复费用由缺陷原因的责任方承担

57. 评标委员会成员应当回避的情形有（　　）。

A. 投标人主要负责人的同乡

B. 投标人的近亲属

C. 项目主管部门或者行政监督部门的人员

D. 与投标人有经济利益关系，可能影响对投标公正评审的

E. 曾因在招标、评标以及其他与招标投标有关活动中从事违法行为而受过行政处罚或刑事处罚的

58. 施工组织设计和项目管理机构评审内容包括（　　）。

A. 施工方案与技术措施　　　　　　B. 已标价工程量清单

C. 环境保护管理体系与措施　　　　D. 质量管理体系与措施

E. 工程进度计划与措施

59. 采用最低评标价法进行评标的评标报告应当如实记载的内容包括（　　）。

A. 评标委员会成员名单　　　　　　B. 开标记录

C. 符合要求的投标一览表　　　　　D. 评标方法或者评标因素一览表

E. 投标保函

60. 根据《标准施工招标文件》，关于建设工程施工评标的说法，正确的有（　　）。

A. 初步评审有不符合评审标准的，在进行详细评审后再处理

B. 招标文件没有说明的评标标准和方法不得作为评标依据

C. 初步评审检查投标书是否对招标文件做出实质性响应

D. 评标委员会不得主动提出对投标文件澄清或补正要求

E. 评标过程可分为初步评审和详细评审两个阶段

61. 对建设工程设备招标，招标人编制技术性能指标应注意的方面包括（　　）。

A. 技术性能指标是评价投标文件技术响应性的标准

B. 技术性能指标可以要求或标明某一特定的专利技术、商标、名称、设计、原产地或供应者等

C. 技术性能指标不得含有倾向或者排斥潜在投标人的其他内容

D. 技术性能指标应具有适当的广泛性

E. 招标文件中规定的工艺、材料和设备的标准应有限制性

62. 建设工程设计合同发包人的义务包括（　　）。

A. 发出开始设计通知　　　　　　　B. 支付合同价款

C. 办理证件和批件　　　　　　　　D. 完成全部设计工作

E. 提供设计资料

63. 根据《标准设计招标文件》中的通用合同条款，属于设计人违约的情形有（　　）。

A. 设计人在合同约定的时间内未能获得发包人按合同约定应支付的设计费用

B. 发包人无法履行或停止履行合同

C. 设计人转包、违法分包或者未经发包人同意擅自分包

D. 设计人无法履行或停止履行合同

E. 设计人未按合同计划完成设计，从而造成工程损失

64. 根据《标准施工合同》，关于监理人职责的说法，正确的是（　　）。

A. 按专用条款约定的时间向承包人无条件发出开工通知

B. 在开工日期15日前向承包人发出开工通知

C. 批准或要求修改承包人报送的施工进度计划

D. 组织编制施工"合同进度计划"

E. 如果发包人开工前的配合工作已完成且约定的开工日期已届至，但承包人的开工准备还不满足开工条件，监理人仍应按时发出开工的指示，合同工期不予顺延

65. 根据《标准施工合同》，关于监理人质量检验和试验的说法中，正确的有（　　）。

A. 收到承包人共同检验的通知后，监理人既未发出变更检验时间的通知，又未按时参加，承包人为了不延误施工可以单独进行检查和试验，将记录送交监理人后可继续施工

B. 监理人对已覆盖的隐蔽工程部位质量有疑问时，可要求承包人对已覆盖的部位进行钻孔探测或揭开重新检验

C. 隐蔽工程重新检验的，由此增加的费用和（或）工期延误均应由承包人承担

D. 监理人应与承包人共同进行材料、设备的试验和工程隐蔽前的检验

E. 监理人对承包人的试验和检验结果有疑问，或为查清承包人试验和检验成果的可靠性要求承包人重新试验和检验时，应由监理人、承包人和第三方机构共同进行

66. 根据《标准施工合同》，工程施工中承包人有权得到费用和工期补偿，但无利润补偿的情形有（　　）。

A. 文物、化石　　　　　　　　　　B. 不利的物质条件

C. 基准资料的错误　　　　　　　　D. 增加合同工作内容

E. 隐蔽工程重新检验质量合格

67. 根据《标准施工合同》，承包人在施工准备阶段的主要义务包括（　　）。

A. 编制施工环保措施计划，报送监理人审批

B. 现场查勘，编制施工实施计划

C. 自行收集施工场地范围内地下管线和地下设施等有关资料

D. 施工前期准备工作满足开工条件后，向监理人提交工程开工报审表

E. 依据监理人提供的测量基准点、基准线和水准点及其书面资料，根据国家测绘基准、测绘系统和工程测量技术规范以及合同中对工程精度的要求，测设施工控制网

68. 《标准施工合同》通用条款规定的合同组成文件包括（　　）。

A. 已标价的工程量清单　　　　　　B. 中标通知书

C. 招标文件　　　　　　　　　　　D. 合同协议书

E. 投标函及投标函附录

69. 根据《标准设计施工总承包合同》，承包人建议书应包括的内容有（　　）。

A. 工程施工方案　　B. 工程设计方案　　C. 工程分包方案　　D. 工程报价清单

E. 工程质量标准

70. 《标准施工合同》中，承包人可以获得工期补偿的情形包括（　　）。

A. 不可抗力停工期间的照管和后续清理　B. 因发包人违约承包人暂停施工

C. 增加合同工作内容　　　　　　　　　D. 发包人原因导致工程质量缺陷

E. 未按合同约定及时支付预付款、进度款

71. 当工程具备（　　）条件时，承包人可向监理人报送竣工验收申请报告。

A. 监理人要求提交的竣工验收合格证明

B. 监理人要求在竣工验收前应完成的其他工作

C. 已按合同约定的内容和份数备齐了符合要求的竣工资料

D. 已按监理人的要求编制了在缺陷责任期内完成的尾工（甩项）工程和缺陷修补工作清单以及相应施工计划

E. 监理人要求提交的竣工验收资料清单

72. 缺陷责任期内最终结清的程序包括（   ）。

A. 承包人提交最终结清申请单　　　　B. 签发最终结清证书

C. 竣工验收　　　　　　　　　　　　D. 结清单生效

E. 最终支付

73. 设计施工总承包合同订立文件中发包人要求的工程范围包括（   ）。

A. 竣工验收工及程款的结算工作　　　B. 发包人的配合工作

C. 工作界区说明　　　　　　　　　　D. 临时工程的设计与施工范围

E. 永久工程的设计、采购、施工范围

74. 根据《标准施工招标文件》关于监理人指示的说法，正确的是（   ）。

A. 发布指示前与当事人双方协商，尽量达成一致

B. 监理人的指示有权变更合同约定的发包人义务

C. 监理人的指示无权免除合同约定的承包人义务

D. 监理人的指示无权变更合同约定的承包人权利

E. 监理人的指示有权变更合同约定的发包人权利

75. 设计施工总承包合同通用条款规定，承包人进度付款申请单的内容应包括（   ）。

A. 当期索赔应增加和扣减的金额，以及截至当期期末累计索赔金额

B. 当期根据支付分解表应支付金额，以及截至当期期末累计应支付金额

C. 当期应支付的预付款和扣减的返还预付款金额，以及截至当期期末累计返还预付款金额

D. 当期应增加的质量保证金金额总额，以及截至当期期末累计扣减的质量保证金金额

E. 当期应支付进度款的金额总额，以及截至当期期末累计应支付金额总额和已支付的进度付款金额总额

76. 设计施工阶段总承包合同履行过程中，承包人可以同时获得工期、费用与利润补偿的情形包括（   ）。

A. 未能按时提供文件　　　　　　　　B. 发包人要求提前交货

C. 发包人原因指示的暂停工作　　　　D. 发包人提供的材料、设备不符合要求

E. 重新试验表明材料、设备、工程质量合格

77. 关于合同设备包装和标记的说法中，正确的有（   ）。

A. 每个独立包装箱内应附价格清单、质量合格证、装配图、说明书

B. 包装应采取防潮、防晒、防锈、防腐蚀、防振动及防止其他损坏的必要保护措施

C. 除专用合同条款另有约定外，卖方应在每一包装箱相邻的四个侧面以不可擦除的、明显的方式标记必要的装运信息和标记

D. 根据合同设备的特点和运输、保管的不同要求，卖方应在包装箱上清楚地标注"小

心，轻放""此端朝上，请勿倒置""保持干燥"等字样

E. 对于专用合同条款约定的超大超重件，卖方应在包装箱一侧标注"重心"和"起吊点"

78. 根据《标准施工招标文件》的施工合同文本通用合同条款，关于"费用"和"利润"的说法，正确的是（   ）。

A. 施工阶段处理变更或索赔时，确定应给承包人补偿的款额

B. 预见发包人无法合理预见和克服的情况，应补偿承包人费用和利润

C. 发包人应予控制而未做好的情况，应补偿费用和合理利润

D. 在专用条款内具体约定利润占费用的百分比

E. 按照合同责任应由承包人承担的开支

79. 由（   ）共同签署一份合同（AIAC191），形成多方合同型 IPD 模式。

A. 业主   B. 设计单位

C. 监理单位   D. 承包商（还可包括供应商、分包商）

E. 勘察单位

80. 美国建筑师学会（AIA）合同文本中，在约定保证工程最大费用（GMP）后，实施工程中可以与业主协商调整 GMP 的情况是（   ）。

A. 发生设计变更或补充图纸

B. 业主要求变更材料、设备的标准、数量和质量

C. 工程实际总费用超过 GMP 时

D. 业主签约交由 CM 承包商管理的施工承包商

E. 业主指定分包商与 CM 承包商签约的合同价大于 GMP 中的相应金额

考前最后第3套卷答案解析

一、单项选择题

1. D;	2. C;	3. B;	4. C;	5. A;
6. D;	7. D;	8. D;	9. B;	10. A;
11. D;	12. C;	13. A;	14. D;	15. C;
16. B;	17. C;	18. C;	19. A;	20. D;
21. C;	22. A;	23. D;	24. D;	25. C;
26. B;	27. C;	28. B;	29. D;	30. D;
31. D;	32. A;	33. B;	34. A;	35. B;
36. C;	37. C;	38. B;	39. B;	40. C;
41. A;	42. C;	43. A;	44. B;	45. B;
46. C;	47. D;	48. C;	49. D;	50. D。

【解析】

1. D。本题考核的是保证人的资格。机关法人不得为保证人，但是经国务院批准为使用外国政府或者国际经济组织贷款进行转贷的除外。以公益为目的的非营利法人、非法人组织不得为保证人。

2. C。本题考核的是自然人。自然人是指基于出生而成为民事法律关系主体的有生命的人。作为合同法律关系主体的自然人必须具备相应的民事权利能力和民事行为能力。自然人从出生时起到死亡时止，具有民事权利能力，依法享有民事权利，承担民事义务。根据自然人的年龄和精神健康状况，可以将自然人分为完全民事行为能力人、限制民事行为能力人和无民事行为能力人。不能辨认自己行为的成年人为无民事行为能力人，由其法定代理人代理实施民事法律行为。故选项 C 错误。

3. B。本题考核的是委托代理。委托代理是基于被代理人对代理人的委托授权行为而产生的代理。在工程建设中涉及的代理主要是委托代理，如项目经理作为施工企业的代理人、总监理工程师作为监理单位的代理人等。

4. C。本题考核的是质押的概念。质押是指债务人或者第三人将其动产或权利移交债权人占有，用以担保债权履行的担保。质押后，当债务人不履行到期债务，或者发生当事人约定的实现质权的情形时，债权人依法有权就该动产或财产权利折价或以拍卖、变卖所得的价款优先得到清偿。债务人或者第三人为出质人，债权人为质权人。移交的动产或权利为质物。质权是一种约定的担保物权，以转移占有为特征。

5. A。本题考核的是施工投标保证。招标人可以在招标文件中要求投标人提交投标保证金。投标保证金除现金外，可以是银行出具的银行保函、保兑支票、银行汇票或现金支票。故选项 B 错误。投标人应提交规定金额的投标保证金，并作为其投标书的一部分，数额不得超过招标项目估算价的2%。故选项 C 错误。投标保证金是指在招标投标活动中，投标人随投标文件一同递交给招标人的一定形式、一定金额的投标责任担保。故选项 D 错误。

6. D。本题考核的是能够引起合同法律关系产生、变更和消灭的法律事实。行政行为和发生法律效力的法院判决、裁定以及仲裁机构发生法律效力的裁决等，也是一种法律事实，也能引起法律关系的发生、变更、消灭。故选项 A 属于法律事实。能够引起合同法律关系产生、变更和消灭的客观现象和事实，就是法律事实。法律事实包括行为和事件。选项 B 属于自然事件。选项 C 属于行为。

7. D。本题考核的是施工合同中未经竣工验收擅自使用的责任。建设工程未经竣工验收，发包人擅自使用后，又以使用部分质量不符合约定为由主张权利的，不予支持；但是承包人应当在建设工程的合理使用寿命内对地基基础工程和主体结构质量承担民事责任。

8. D。本题考核的是承担民事责任的方式。承担民事责任的方式主要有：（1）停止侵害；（2）排除妨碍；（3）消除危险；（4）返还财产；（5）恢复原状；（6）修理、重作、更换；（7）继续履行；（8）赔偿损失；（9）支付违约金；（10）消除影响、恢复名誉；（11）赔礼道歉。承担民事责任的方式，可以单独适用，也可以合并适用。

9. B。本题考核的是抵押担保的范围及抵押权的实现。抵押担保的范围包括主债权及利息、违约金、损害赔偿金和实现抵押权的费用。抵押物折价或者拍卖、变卖后，其价款超过债权数额的部分归抵押人所有，不足部分由债务人清偿。2500−（1200+300+200+80）=720 万元。

10. A。本题考核的是工程勘察设计招标特征。在招标标的物特征上，勘察设计是工程建设项目前期最为重要的工作内容，设计阶段是决定建设项目性能、优化和控制工程质量及工程造价最关键、最有利的阶段，设计成果将对工程建设和项目交付使用后的综合效益起重要作用。

11. D。本题考核的是可以不进行招标的情形与邀请招标的情形。《工程建设项目勘察设计招标投标办法》，按照国家规定需要履行项目审批、核准手续的依法必须进行招标的项目，有下列情形之一的，经项目审批、核准部门审批、核准，项目的勘察设计可以不进行招标：（1）涉及国家安全、国家秘密、抢险救灾或者属于利用扶贫资金实行以工代赈、需要使用进城务工人员等特殊情况，不适宜进行招标；（2）主要工艺、技术采用不可替代的专利或者专有技术，或者其建筑艺术造型有特殊要求；（3）采购人依法能够自行勘察、设计；（4）已通过招标方式选定的特许经营项目投资人依法能够自行勘察、设计；（5）技术复杂或专业性强，能够满足条件的勘察设计单位少于 3 家，不能形成有效竞争；（6）已建成项目需要改、扩建或者技术改造，由其他单位进行设计影响项目功能配套性；（7）国家规定其他特殊情形。

12. C。本题考核的是综合评估价法。综合评估法与最低评标价法之间的区别主要在于综合评估法需要在评审的基础上按照一定的标准进行分值或货币量化。

13. A。本题考核的是投标保证金的有效期。投标保证金有效期应当与投标有效期一致，投标有效期从提交投标文件的截止之日起算。投标保函或者保证书在评标结束之后应退还给承包商，一般有两种情况：（1）未中标的投标人可向招标人索回投标保函或者保证书，以便向银行或者担保公司办理注销或使押金解冻；（2）中标的投标人在签订合同时，向业主提交履约担保，招标人即可退回投标保函或者保证书。

14. D。本题考核的是最低投标价法评标。评标价最低的投标人为中标人，中标价格为投标人的投标报价。

15. C。本题考核的是采用综合评估法报价的计算错误。投标报价有算术错误的，评标委员会按以下原则对投标报价进行修正，修正的价格经投标人书面确认后具有约束力。投标人不接受修正价格的，应当否决该投标人的投标。投标文件中的大写金额与小写金额不一致的，以大写金额为准。总价金额与依据单价计算出的结果不一致的，以单价金额为准修正总价，但单价金额小数点有明显错误的除外。

16. B。本题考核的是投标保证金。《招标投标法实施条例》规定，招标文件要求中标人提交履约保证金的，履约保证金不得超过中标合同金额的10%。

17. C。本题考核的是邀请招标。根据《招标投标法实施条例》，国有资金占控股或者主导地位的依法必须进行招标的项目，应当公开招标；但有下列情形之一的，可以邀请招标：

（1）技术复杂、有特殊要求或者受自然环境限制，只有少量潜在投标人可供选择；

（2）采用公开招标方式的费用占项目合同金额的比例过大。

18. C。本题考核的是工程设计资质的审查。取得工程设计综合资质的企业，可以承接各行业、各等级的建设工程设计业务；取得工程设计行业资质的企业，可以承接相应行业相应等级的工程设计业务及本行业范围内同级别的相应专业、专项（设计施工一体化资质除外）工程设计业务；取得工程设计专业资质的企业，可以承接本专业相应等级的专业工程设计业务及同级别的相应专项工程设计业务（设计施工一体化资质除外）；取得工程设计专项资质的企业，可以承接本专项相应等级的专项工程设计业务。

19. A。本题考核的是建设工程勘察合同发包人管理。未经发包人批准，监理人无权修改合同。

20. D。本题考核的是建设工程勘察合同的项目负责人。项目负责人在情况紧急且无法与发包人取得联系时，可采取保证工程和人员生命财产安全的紧急措施，并在采取措施后24 h内向发包人提交书面报告。故选项D错误。

21. C。本题考核的是设计文件要求。设计文件必须保证工程质量和施工安全等方面的要求，按照有关法律法规规定，在设计文件中提出保障施工作业人员安全和预防生产安全事故的措施建议。故选项C错误。

22. A。本题考核的是物价浮动的合同价格调整。适用于工期在12个月以内的简明施工合同的通用条款没有调价条款，承包人在投标报价中合理考虑市场价格变化对施工成本的影响，合同履行期间不考虑市场价格变化调整合同价款。

23. D。本题考核的是基准日期。通用条款规定的基准日期指投标截止时间前28 d的日期。

24. D。本题考核的是明确保险责任。如果投保工程一切险的保险金额少于工程实际价值，工程受到保险事件的损害时，不能从保险公司获得实际损失的全额赔偿，则损失赔偿的不足部分按合同相应条款的约定，由该事件的风险责任方负责补偿。

25. C。本题考核的是施工合同的调价条款。合同履行期间市场价格浮动对施工成本造成的影响是否允许调整合同价格，要视合同工期的长短来决定。

26. B。本题考核的是建设工程勘察合同的承包方应具备的条件。建设工程勘察合同的承包方须持有工商行政管理部门核发的企业法人营业执照，并且必须在其核准的经营范围内从事建设活动。超越其经营范围订立的建设工程勘察合同为无效合同。因为建设工程勘察业务需要专门的技术和设备，只有取得相应资质的企业才能经营。

27. C。本题考核的是组织设计交底。发包人应根据合同进度计划，组织设计单位向承包人和监理人对提供的施工图纸和设计文件进行交底，以便承包人制定施工方案和编制施工组织设计。

28. B。本题考核的是施工部位的检查。承包人未通知监理人到场检查，私自将工程隐蔽部位覆盖，监理人有权指示承包人钻孔探测或揭开检查，由此增加的费用和（或）工期延误由承包人承担。

29. D。本题考核的是暂估价。与工程量清单中所列暂估价的金额差以及相应的税金等其他费用列入合同价格。

30. D。本题考核的是预付款担保。预付款担保金额尽管在预付款担保书内填写的数额与合同约定的预付款数额一致，但与履约担保不同，当发包人在工程进度款支付中已扣除部分预付款后，担保金额相应递减。

31. D。本题考核的是调价条款。工期 12 个月以上的施工合同，由于承包人在投标阶段不可能合理预测一年以后的市场价格变化，因此应设有调价条款，由发包人和承包人共同分担市场价格变化的风险。《标准施工合同》通用条款规定用公式法调价，但调整价格的方法仅适用于工程量清单中按单价支付部分的工程款，总价支付部分不考虑物价浮动对合同价格的调整。

32. A。本题考核的是施工期。承包人施工期从监理人发出的开工通知中写明的开工日起算，至工程接收证书中写明的实际竣工日止。以此期限与合同工期比较，判定是提前竣工还是延误竣工。

33. B。本题考核的是合同价格。合同价格指承包人按合同约定完成了包括缺陷责任期内的全部承包工作后，发包人应付给承包人的金额。

34. A。本题考核的是承包人的施工安全责任。承包人应按合同约定的安全工作内容，编制施工安全措施计划报送监理人审批，按监理人的指示制定应对灾害的紧急预案，报送监理人审批。

35. C。本题考核的是监理人处理索赔。监理人应在收到索赔通知书或有关索赔的进一步证明材料后的 42 d 内，将索赔处理结果答复承包人。

36. C。本题考核的是发包人办理保险。无论是由承包人还是发包人办理工程险和第三者责任保险，均必须以发包人和承包人的共同名义投保，以保障双方均有出现保险范围内的损失时，可从保险公司获得赔偿。

37. C。本题考核的是涉及承包人索赔的条款。根据《标准施工合同中应给承包人补偿的条款》，监理人的指示延误或错误指示可补偿内容为工期、费用和利润，选项 A 可补偿内容为费用和利润，选项 B 可补偿内容为工期和费用，选项 D 可补偿的内容为费用。

38. B。本题考核的是合同变更的管理。合同履行过程中的变更，可能涉及发包人要求变更、监理人发给承包人文件中的内容构成变更和发包人接受承包人提出的合理化建议三种情况。选项 A 的程序属于监理人指示的变更程序。选项 C、D 属于监理人发出文件的内容构成变更的程序。

39. B。本题考核的是承包人的索赔程序。承包人未在知道或应当知道索赔事件发生后 28 d 内发出索赔意向通知书的，工期不予顺延，且承包人无权获得追加付款。

40. C。本题考核的是因承包人违约解除合同。监理人发出整改通知 28 d 后，承包人仍不纠正违约行为的，发包人有权解除合同并向承包人发出解除合同通知。承包人收到发包人解除合同通知后 14 d 内，承包人应撤离现场，发包人派员进驻施工场地完成现场交接手续，发包人有权另行组织人员或委托其他承包人。

41. A。本题考核的是设计施工总承包合同方式的优点。总承包方式的优点包括：（1）单一的合同责任；（2）固定工期、固定费用；（3）可以缩短建设周期；（4）减少设计变更；（5）减少承包人的索赔。

42. C。本题考核的是设计施工总承包合同履行的设计管理。承包人完成设计工作所应遵守的法律规定，以及国家、行业和地方规范和标准，均应采用基准日适用的版本；故选项 A 错误。设计的实际进度滞后计划进度时，发包人或监理人有权要求承包人提交修正的进度计划、增加投入资源并加快设计进度；故选项 B 错误。设计文件需政府有关部门审查或批准的工程，发包人应在审查同意承包人的设计文件后 7 d 内，向政府有关部门报送设计文件，承包人予以协助；故选项 D 错误。

43. A。本题考核的是开始工作。符合《标准设计施工总承包招标文件》专用条款约定的开始工作条件时，监理人获得发包人同意后应提前 7 d 向承包人发出开始工作通知。

44. B。本题考核的是设计施工阶段的进度管理。不论何种原因造成工程的实际进度与合同进度计划不符时，承包人可以在专用条款约定的期限内向监理人提交修订合同进度计划的申请报告，并附有关措施和相关资料，报监理人批准。

45. B。本题考核的是设备采购合同文件的组成及其解释顺序。除专用合同条款另有约定外，设备采购合同解释合同文件的优先顺序如下：（1）合同协议书；（2）中标通知书；（3）投标函；（4）商务和技术偏差表；（5）专用合同条款；（6）通用合同条款；（7）供货要求；（8）分项报价表；（9）中标设备技术性能指标的详细描述；（10）技术服务和质保期服务计划；（11）其他合同文件。

46. C。本题考核的是合同价款的支付。卖方按合同约定交付全部合同设备后，买方在收到卖方提交的相关全部单据并经审核无误后 28 日内，向卖方支付合同价格的 60%。10% 为预付款的百分比。25% 为验收款的百分比。5% 是对结清款比例的考核。

47. D。本题考核的是货样买卖。货样买卖是指当事人双方按照货样或样本所显示的质量进行交易。凭样品买卖的当事人应当封存样品，并可以对样品质量予以说明。出卖人交付的标的物应当与样品及其说明的质量相同。凭样品买卖的买受人不知道样品有隐蔽瑕疵的，即使交付的标的物与样品相同，出卖人交付的标的物质量仍然应当符合同种物的通常标准。

48. C。本题考核的是承包商的索赔。根据 FIDIC《施工合同条件》，工程师在收到承包商索赔报告或证明资料后 42 d 内，或在工程师可能建议并经承包商认可的其他期限内，做出回应。

49. D。本题考核的是早期警告和补偿事件。ECC 条款中的补偿事件计价原则：若变更由业主提供的工程信息，则该补偿事件的影响按对承包商最有利的解释进行计价；若变更由承包商提供的工程信息，则按对业主最有利的解释计价。

50. D。本题考核的是 CM 合同模式。CM 承包商签订的每一个分包合同均对业主公开，业主可以参与分包合同的谈判，业主按分包合同约定的价格支付，CM 承包商不赚取总包与分包合同之间的差价。故选项 D 错误。

二、多项选择题

51. A、B、C；   52. A、B、C、D；   53. A、C、D、E；

54. A、B、C、E；   55. B、C、E；   56. D、E；

57. B、C、D、E；   58. A、C、D、E；   59. A、B、C、D；

60. B、C、E；	61. A、C、D；	62. A、B、C、E；
63. C、D、E；	64. C、E；	65. A、B、D；
66. A、B；	67. A、B、D、E；	68. A、B、D、E；
69. B、C；	70. B、C、D、E；	71. B、C、D、E；
72. A、B、D、E；	73. B、C、D、E；	74. A、C、D；
75. A、C、E；	76. A、C、E；	77. B、C、D；
78. A、C、D、E；	79. A、B、D；	80. A、B、D、E。

【解析】

51. A、B、C。本题考核的是合同法律关系的构成。合同法律关系包括合同法律关系主体、合同法律关系客体、合同法律关系内容三个要素。

52. A、B、C、D。本题考核的是委托代理关系终止的原因。委托代理关系可因下列原因终止：（1）代理期间届满或者代理事务完成；（2）被代理人取消委托或代理人辞去委托；（3）代理人丧失民事行为能力；（4）代理人或者被代理人死亡；（5）作为代理人或者被代理人的法人、非法人组织终止。

53. A、C、D、E。本题考核的是保证合同的内容。保证合同应包括以下内容：（1）被保证的主债权种类、数额；（2）债务人履行债务的期限；（3）保证的方式；（4）保证担保的范围；（5）保证的期间；（6）双方认为需要约定的其他事项。

54. A、B、C、E。本题考核的是建筑工程一切险的除外责任。保险人对下列各项原因造成的损失不负责赔偿：（1）设计错误引起的损失和费用；（2）自然磨损、内在或潜在缺陷、物质本身变化、自燃、自热、氧化、锈蚀、渗漏、鼠咬、虫蛀、大气（气候或气温）变化、正常水位变化或其他渐变原因造成的保险财产自身的损失和费用；（3）因原材料缺陷或工艺不善引起的保险财产本身的损失以及为换置、修理或矫正这些缺点错误所支付的费用；（4）非外力引起的机械或电气装置的本身损失，或施工用机具、设备、机械装置失灵造成的本身损失；（5）维修保养或正常检修的费用；（6）档案、文件、账簿、票据、现金、各种有价证券、图表资料及包装物料的损失；（7）盘点时发现的短缺；（8）领有公共运输行驶执照的，或已由其他保险予以保障的车辆、船舶和飞机的损失；（9）除非另有约定，在保险工程开始以前已经存在或形成的位于工地范围内或其周围的属于被保险人的财产的损失；（10）除非另有约定，在本保险单保险期限终止以前，保险财产中已由工程所有人签发完工验收证书或验收合格或实际占有或使用或接受的部分。

55. B、C、E。本题考核的是工程勘察设计服务要求。"勘察服务"包括：制定勘察纲要、进行测绘、勘探、取样和试验等，查明、分析和评估地质特征和工程条件，编制勘察报告和提供发包人委托的其他服务。"设计服务"包括：编制设计文件和设计概算、预算、提供技术交底、施工配合、参加竣工验收或发包人委托的其他服务。

56. D、E。本题考核的是缺陷责任期的管理。承包人不能在合理时间内修复的缺陷，发包人可自行修复或委托其他人修复，修复费用由缺陷原因的责任方承担。

57. B、C、D、E。本题考核的是评标委员会成员的回避。评标委员会成员有下列情形之一的，应当回避：（1）投标人或者投标人主要负责人的近亲属；（2）项目主管部门或者行政监督部门的人员；（3）与投标人有经济利益关系，可能影响投标公正评审的；（4）曾因在招标、评标以及其他与招标投标有关活动中从事违法行为而受过行政处罚或刑事处罚的。

58. A、C、D、E。本题考核的是施工组织设计和项目管理机构评审的内容。施工组织设计和项目管理机构评审的内容包括：施工方案与技术措施、质量管理体系与措施、安全管理体系与措施、环境保护管理体系与措施、工程进度计划与措施、资源配备计划、技术负责人、其他主要人员、施工设备、试验和检测仪器设备等。

59. A、B、C、D。本题考核的是评标报告应当如实记载的内容。评标委员会完成评标后，应当向招标人提交书面评标报告。评标报告应当如实记载以下内容：基本情况和数据表；评标委员会成员名单；开标记录；符合要求的投标一览表；否决投标的情况说明；评标标准、评标方法或者评标因素一览表；经评审的价格一览表；经评审的投标人排序；推荐的中标候选人名单或根据招标人授权确定的中标人名单，签订合同前要处理的事宜；以及需要澄清、说明、补正事项纪要。

60. B、C、E。本题考核的是建设工程施工评标。在评标过程中，评标委员会可以书面形式要求投标人对所提交投标文件中不明确的内容进行书面澄清或说明，或者对细微偏差进行补正；故选项 D 错误。初步评审有一项不符合评审标准，作废标处理，不再进行详细评审，故选项 A 错误。

61. A、C、D。本题考核的是招标人编制技术性能指标的注意事项。对建设工程设备招标，招标人编制技术性能指标应注意如下方面：（1）技术性能指标是评价投标文件技术响应性的标准；（2）技术性能指标应具有适当的广泛性；（3）招标文件中规定的工艺、材料和设备的标准不得有限制性，应尽可能地采用国家标准；（4）技术性能指标不得要求或标明某一特定的专利技术、商标、名称、设计、原产地或供应者等，不得含有倾向或者排斥潜在投标人的其他内容；（5）招标文件应对合同设备在考核中应达到的技术性能考核指标进行规定，并可根据合同设备的实际情况，规定可以接受的合同设备的最低技术性能考核指标。

62. A、B、C、E。本题考核的是建设工程设计合同发包人的义务。建设工程设计合同发包人的义务包括：遵守法律；发出开始设计通知；办理证件和批件；支付合同价款；提供设计资料；其他义务。

63. C、D、E。本题考核的是设计人违约的情形。合同履行中发生下列情况之一的，属设计人违约：（1）设计文件不符合法律以及合同约定；（2）设计人转包、违法分包或者未经发包人同意擅自分包；（3）设计人未按合同计划完成设计，从而造成工程损失；（4）设计人无法履行或停止履行合同；（5）设计人不履行合同约定的其他义务。

64. C、E。本题考核的是监理人的职责。当发包人的开工前期工作已完成且临近约定的开工日期时，应委托监理人按专用条款约定的时间向承包人发出开工通知。此处的通知并非无条件的。故选项 A 表述错误。监理人征得发包人同意后，应在开工日期 7 d 前向承包人发出开工通知。故选项 B 中的"15 日"错误。经监理人批准的施工进度计划称为"合同进度计划"，并不需要监理人组织编制。故选项 D 表述错误。

65. A、B、D。本题考核的是监理人的质量检查和试验。监理人对已覆盖的隐蔽工程部位质量有疑问时，可要求承包人对已覆盖的部位进行钻孔探测或揭开重新检验，承包人应遵照执行，并在检验后重新覆盖恢复原状。经检验证明工程质量符合合同要求，由发包人承担由此增加的费用和（或）工期延误，并支付承包人合理利润；经检验证明工程质量不符合合同要求，由此增加的费用和（或）工期延误由承包人承担。故选项 C 表述错误。监理人对承包人的试验和检验结果有疑问，或为查清承包人试验和检验成果的可靠性要求承包人重新试验和检验时，由监理人与承包人共同进行。故选项 E 错误。

66. A、B。本题考核的是标准施工合同中应给承包人补偿的条款。选项C、D、E的工期、利润和费用均可以得到补偿。

67. A、B、D、E。本题考核的是承包人的义务。选项C属于发包人的义务。

68. A、B、D、E。本题考核的是标准施工合同文件的组成。标准施工合同的通用条款中规定，合同的组成文件包括：（1）合同协议书；（2）中标通知书；（3）投标函及投标函附录；（4）专用合同条款；（5）通用合同条款；（6）技术标准和要求；（7）图纸；（8）已标价的工程量清单；（9）其他合同文件——经合同当事人双方确认构成合同的其他文件。

69. B、C。本题考核的是承包人建议书的内容。承包人建议书是对"发包人要求"的响应文件，包括承包人的工程设计方案和设备方案的说明；分包方案；对发包人要求中的错误说明等内容。

70. B、C、D、E。本题考核的是承包人可以获得工期补偿的情形。不可抗力停工期间的照管和后续清理，只能获得费用补偿，无法获得工期和利润补偿，B、C、D、E四个选项均可以获得工期、费用和利润的补偿。

71. B、C、D、E。本题考核的是承包人提交竣工验收申请报告的条件。当工程具备以下条件时，承包人可向监理人报送竣工验收申请报告：（1）除监理人同意列入缺陷责任期内完成的尾工（甩项）工程和缺陷修补工作外，承包人的施工已完成合同范围内的全部单位工程以及有关工作，包括合同要求的试验、试运行以及检验和验收均已完成，并符合合同要求；（2）已按合同约定的内容和份数备齐了符合要求的竣工资料；（3）已按监理人的要求编制了在缺陷责任期内完成的尾工（甩项）工程和缺陷修补工作清单以及相应施工计划；（4）监理人要求在竣工验收前应完成的其他工作；（5）监理人要求提交的竣工验收资料清单。

72. A、B、D、E。本题考核的是缺陷责任期内最终结清的程序。缺陷责任期内最终结清的程序：承包人提交最终结清申请单→签发最终结清证书→最终支付→结清单生效。

73. B、C、D、E。本题考核的是设计施工总承包合同订立文件中发包人要求的工程范围。设计施工总承包合同订立文件中发包人要求的工程范围包括：（1）承包工作：永久工程的设计、采购、施工范围；临时工程的设计与施工范围；竣工验收工作范围；技术服务工作范围；培训工作范围和保修工作范围。（2）工作界区说明。（3）发包人的配合工作：提供的现场条件（施工用电、用水和施工排水）；提供的技术文件（发包人的需求任务书和已完成的设计文件）。

74. A、C、D。本题考核的是监理人的指示。总监理工程师在协调处理合同履行过程中的有关事项时，应首先与合同当事人协商，尽量达成一致。监理人给承包人发出的指示，承包人应遵照执行。监理人无权免除或变更合同约定的发包人和承包人权利、义务和责任。

75. A、B、C、E。本题考核的是承包人进度付款申请单的内容。设计施工总承包合同通用条款规定，承包人进度付款申请应包括下列内容：（1）当期应支付进度款的金额总额，以及截至当期期末累计应支付金额总额和已支付的进度付款金额总额；（2）当期根据支付分解表应支付金额，以及截至当期期末累计应支付金额；（3）当期根据专用条款约定，计量的已实施工程应支付金额，以及截至当期期末累计应支付金额；（4）当期变更应增加和扣减的金额，以及截至当期期末累计变更金额；（5）当期索赔应增加和扣减的金额，以及截至当期期末累计索赔金额；（6）当期应支付的预付款和扣减的返还预付款金额，以及截至当期期末累计返还预付款金额；（7）当期应扣减的质量保证金金额，以及截至当期期末累计扣减的质量保证金金额；（8）当期应增加和扣减的其他金额，以及截至当期期末累计增加和扣减的金额。

76. A、C、E。本题考核的是承包人可以同时获得工期、费用与利润补偿的情形。未能按时提供文件的，可以获得工期、费用和利润的补偿。发包人原因指示的暂停工作，可以获得工期、费用和利润的补偿。重新试验表明材料、设备、工程质量合格可以获得工期、费用和利润的补偿。发包人要求提前交货仅可获得费用的补偿。发包人提供的材料、设备不符合要求可以获得工期和费用的补偿。

77. B、C、D。本题考核的是合同设备的包装和标记。每个独立包装箱内应附装箱清单、质量合格证、装配图、说明书、操作指南等资料。故选项 A 错误。对于专用合同条款约定的超大超重件，卖方应在包装箱两侧标注"重心"和"起吊点"以便装卸和搬运。故选项 E 错误。

78. A、C、D、E。本题考核的是工程款支付管理中费用和利润。导致承包人增加开支的事件如果属于发包人也无法合理预见和克服的情况，应补偿费用但不计利润；故选项 B 错误。

79. A、B、D。本题考核的是 IPD 模式。由业主、设计单位、承包商（还可包括供应商、分包商）共同签署一份合同（AIAC191），形成多方合同型 IPD 模式。

80. A、B、D、E。本题考核的是保证工程最大费用（GMP）的限定。约定 GMP 后，在实施过程中发生与 CM 承包商确定 GMP 时不一致使得工程费用增加的情况，CM 承包商可以与业主协商调整 GMP。可能的情况如：发生设计变更或补充图纸；业主要求变更材料和设备的标准、种类、数量和质量；业主签约交由 CM 承包商管理的施工承包商或业主指定分包商与 CM 承包商签约的合同价大于 GMP 中的相应金额等。

《建设工程目标控制》（土木建筑工程）

2022 年度试卷及答案解析

2022 年度全国监理工程师职业资格考试试卷

一、单项选择题（共 80 题，每题 1 分。每题的备选项中，只有 1 个最符合题意）

1. 建设工程在竣工验收时达到规定的指标，且在规定的使用期内保持正常功能，体现的是建设工程质量的（　　）特性。

　　A. 耐久性　　　　　B. 安全性　　　　　C. 可靠性　　　　　D. 经济性

2. 根据《建设工程质量管理条例》，建设工程自竣工验收合格之日起 15 日内，（　　）应将竣工验收报告和相关文件报有关行政主管部门备案。

　　A. 施工单位　　　　B. 检测单位　　　　C. 监理单位　　　　D. 建设单位

3. 建设单位应自领取施工许可证之日起（　　）内开工，否则应向发证机构申请延期。

　　A. 3 个月　　　　　B. 6 个月　　　　　C. 9 个月　　　　　D. 1 年

4. 根据《建设工程质量检测管理办法》，检测机构完成检测业务后出具的检测报告，经确认后由（　　）归档。

　　A. 建设单位　　　　B. 监理单位　　　　C. 施工单位　　　　D. 材料供应单位

5. 根据 ISO 质量管理体系中的质量管理原则，建立清晰与开放的沟通渠道，是（　　）的基本内容。

　　A. 过程方法　　　　B. 持续改进　　　　C. 循证决策　　　　D. 关系管理

6. 建立监理单位质量管理体系时，明确工程建设相关方要求属于（　　）方面的工作。

　　A. 确定质量方针、目标　　　　　　　　B. 过程适用性评价

　　C. 确定体系覆盖范围　　　　　　　　　D. 组织结构调整方案

7. 与"卓越绩效"模式相比，ISO 9000 质量管理体系的导向是（　　）。

　　A. 成熟度评价　　B. 标准化管理　　C. 全过程控制　　D. 战略管理

8. 将样本总体中的抽样单元按某种次序排列，在规定范围内随机抽取一组初始单元，然后按一套规则确定其他样本单元的抽样方法称为（　　）。

　　A. 简单随机抽样　　B. 系统随机抽样　　C. 分层随机抽样　　D. 多阶段抽样

9. 正常情况下，混凝土强度检测数据服从（　　）分布。

　　A. 三角形　　　　　B. 梯形　　　　　　C. 正态　　　　　　D. 随机

10. 工程质量统计分析方法中,将收集到的产品质量数据进行分组整理,通过绘制频数分布图形,用以分析判断产品质量波动情况和实际生产过程能力的方法称为（   ）。

A. 排列图法　　　B. 因果分析图法　　　C. 相关图法　　　D. 直方图法

11. 用非标准试件 200 mm×200 mm×200 mm 检测强度等级<C60 的混凝土构件时,测得的强度值尺寸换算系数为（   ）。

A. 1.05　　　　　B. 1.10　　　　　C. 0.95　　　　　D. 0.90

12. 在地质条件相近、桩型和施工条件相同的情形下,采用单桩高应变动测法检测桩基础时,检测数量不宜少于总桩数的（   ）,且不应少于 5 根。

A. 1%　　　　　B. 2%　　　　　C. 3%　　　　　D. 5%

13. 根据《建筑砂浆基本性能试验方法标准》JGJ/T 70-2009,同一验收批砌筑砂浆试块强度平均值应不小于设计强度等级值的（   ）倍。

A. 1.05　　　　　B. 1.10　　　　　C. 1.15　　　　　D. 1.20

14. 工程勘察单位应履行的勘察后期服务职责是（   ）。

A. 审查施工设计图纸　　　　　　　　B. 配合桩基工程施工

C. 签署工程保修书　　　　　　　　　D. 参与工程质量事故分析

15. 主要设备和材料明细表要满足订货要求,这是对（   ）的深度要求。

A. 施工图设计　　　B. 施工组织设计　　　C. 初步设计　　　D. 方案设计

16. 建设单位委托专业设计单位进行二次深化设计绘制的图纸,应由（   ）审核签认。

A. 建设单位　　　B. 监理单位　　　C. 原设计单位　　　D. 勘察单位

17. 工程施工质量验收的最小单位是（   ）。

A. 单位工程　　　B. 分部工程　　　C. 检验批　　　D. 分项工程

18. 装配式混凝土结构连接部位浇筑混凝土之前应进行的工作是（   ）。

A. 施工方案论证　　　B. 隐蔽工程验收　　　C. 施工工艺试验　　　D. 平行检验

19. 监理人员参加施工图设计交底会,有利于（   ）。

A. 了解工程材料的来源有无保证　　　B. 掌握关键工程部位的质量要求

C. 了解建设单位的建设意图　　　　　D. 了解设计方法

20. 总监理工程师组织专业监理工程师对施工方案内容进行审查时,应重点审查（   ）。

A. 施工方案编制人资格是否符合要求　　B. 施工方案是否有针对性和可操作性

C. 施工方案审批人资格是否符合要求　　D. 工程概况是否全面

21. 关于见证取样及相关人员的说法,正确的是（   ）。

A. 现场取样应依据经过批准的施工组织设计进行

B. 负责取样的施工人员和负责见证取样的监理人员在该质量监督机构备案

C. 取样完成后,负责见证取样的监理人员应将试样封装,并进行标识、封志和签字

D. 见证取样人员应具有材料、试验等方面的专业知识,并经培训考核合格

22. 钢结构工程一级焊缝应按照其数量（   ）的比例进行探伤检测。

A. 100%　　　　　B. 90%　　　　　C. 70%　　　　　D. 50%

23. 某混凝土工程总高度为 80 m,拟采用滑模技术施工,根据《危险性较大的分部分项工程安全管理规定》,施工单位编制的专项施工方案的正确处理方式是（   ）。

A. 报送项目监理机构审批同意后方可实施

B. 经施工单位技术负责人审核和总监理工程师审查后，组织专家论证

C. 组织专家论证通过后，报送项目监理机构审查

D. 经总监理工程师审查同意后，报送监理单位技术负责人审批

24. 根据《建设工程监理规范》GB/T 50319-2013，工程竣工预验收应由（ ）组织实施。

A. 建设单位项目负责人　　　　　　B. 总监理工程师

C. 总监理工程师代表　　　　　　　D. 施工单位项目经理

25. 轨道交通建设项目的工程验收在（ ）进行。

A. 所有单位工程验收后，试运营之前　　B. 所有单位工程验收后，试运行之前

C. 所有专项验收后，试运营之前　　　　D. 所有专项验收后，试运行之前

26. 根据《建设工程质量保证金管理办法》，质量保证金预留总额不得高于工程价款结算总额的（ ）。

A.5%　　　　　　B.4%　　　　　　C.3%　　　　　　D.2%

27. 建设工程施工过程中，分项工程验收应由（ ）组织。

A. 设计单位专业工程师　　　　　　B. 监理员

C. 专业监理工程师　　　　　　　　D. 建设单位代表

28. 房屋建筑内装修饰面材料的样板应经过（ ）和项目监理机构共同确认。

A. 设计单位　　　B. 建设单位　　　C. 装修单位　　　D. 施工总承包单位

29. 某工程施工过程中发生质量事故，造成 3 人死亡，6000 万元直接经济损失，则该质量事故等级属于（ ）。

A. 一般事故　　　B. 较大事故　　　C. 重大事故　　　D. 特别重大事故

30. 建设工程发生施工质量事故后，施工单位应提交质量事故调查报告，其中在质量事故发展情况中应明确的内容是（ ）。

A. 事故范围是否继续扩大　　　　　B. 是否发生直接经济损失

C. 应急措施是否直接有效　　　　　D. 是否发生人员伤亡

31. 质量事故处理完毕，施工单位提交复工报审表后，项目监理机构的正确做法是（ ）。

A. 提交质量事故调查报告

B. 签发复工令

C. 审查复工报审表，符合要求后报建设单位

D. 继续进行观测

32. 设备制造过程中，项目监理机构控制设备装备质量的工作内容是（ ）。

A. 复核设备制造图纸　　　　　　　B. 检查零部件定位质量

C. 审查设备制造分包单位资格　　　D. 审查零部件运输方案

33. 某项目的建筑安装工程费 3000 万元，设备及工器具购置费 2000 万元，工程建设其他费用 1000 万元，建设期利息 500 万元，基本预备费 300 万元，则该项目的静态投资额为（ ）万元。

A.5800　　　　　　B.6300　　　　　　C.6500　　　　　　D.6800

34. 下列建设工程投资控制措施中，属于技术措施的是（ ）。

A. 明确各管理部门投资控制职责　　　B. 安排专人负责投资控制

C. 组织设计方案评审和优化　　　　　D. 在合同中订立成本节超奖罚条款

35. 下列费用中，属于建筑安装工程费中人工费的是（　　）。

A. 职工福利费　　　B. 高空作业津贴　　　C. 养老保险费　　　D. 工伤保险费

36. 施工企业按照有关标准规定，对建筑及材料、构件和建筑安装物进行一般鉴定、检查所发生的费用属于建筑安装工程费中的（　　）。

A. 材料费　　　　　B. 规费　　　　　C. 企业管理费　　　D. 仪器仪表使用费

37. 某项目分部分项工程费 3000 万元，措施项目费 90 万元，其中安全文明施工费 60 万元，其他项目费 80 万元，规费 40.5 万元，以上费用均不含增值税进项税额。则该项目的增值税销项税额为（　　）万元。

A. 96.315　　　　　B. 283.545　　　　C. 288.945　　　　D. 321.050

38. 某进口设备按人民币计算，离岸价为 100 万元，到岸价为 112 万元，增值税税率为 13%，进口关税税率为 5%。则该进口设备的关税为（　　）万元。

A. 5.000　　　　　B. 5.600　　　　C. 5.650　　　　D. 6.328

39. 基础设施领域项目通过发行权益型、股权类金融工具筹措的资本金，不得超过项目资本金总额的（　　）。

A. 20%　　　　　B. 30%　　　　C. 40%　　　　D. 50%

40. 对于核心边界条件和技术经济参数明确、完整、符合国家法律法规和政府采购政策，且采购中不做更改的 PPP 项目，适宜采用的采购方式是（　　）。

A. 公开招标　　　B. 竞争性谈判　　　C. 竞争性磋商　　　D. 单一来源采购

41. 下列可行性研究内容中，属于市场预测分析的是（　　）。

A. 主要投入物供应现状

B. 工艺技术和主要设备方案

C. 项目组织机构和人力资源配置

D. 项目资金来源及使用条件

42. 连续三年年初购买 10 万元理财产品，第三年年末一次性兑付本息。该理财产品年利率为 3.5%，按年复利计息，则第 3 年年末累计可兑付本息为（　　）万元。

A. 30.70　　　　　B. 31.05　　　　C. 31.06　　　　D. 32.15

43. 某生产性项目正常生产年份应收账款、预付账款、存货、现金的平均占用额度分别为 100 万元、80 万元、300 万元和 50 万元，应付账款、预收账款的平均余额分别为 90 万元和 120 万元，则该项目估算的流动资金为（　　）万元。

A. 270　　　　　B. 320　　　　C. 410　　　　D. 480

44. 具有常规现金流量的项目，折现率为 9% 时，项目财务净现值为 120 万元；折现率为 11% 时，项目财务净现值为 -230 万元。若基准收益率为 10%，则关于该项目财务分析指标及可行性的说法，正确的是（　　）。

A. $IRR>10\%$，$NPV<0$，项目不可行　　　B. $IRR>10\%$，$NPV\geq0$，项目可行

C. $IRR<10\%$，$NPV<0$，项目不可行　　　D. $IRR<10\%$，$NPV\geq0$，项目可行

45. 对民用建筑设计方案进行绿色设计评审的主要内容是（　　）。

A. 绿地率是否符合控制性规划的要求

B. 建筑物使用空间的自然采光、通风、日照是否符合规定

C. 施工阶段扬尘和对绿地的破坏程度

D. 项目寿命期内建造和使用对资源和环境的影响

46. 某项目有甲、乙、丙、丁四个设计方案，均能满足建设目标要求，经综合评估，各方案功能综合得分及造价见下表。根据价值系数，应选择（　　）为实施方案。

	甲	乙	丙	丁
综合得分	33	33	35	32
造价（元/m²）	3050	3000	3300	2950

A. 甲　　　　　　　B. 乙　　　　　　　C. 丙　　　　　　　D. 丁

47. 关于政府投资项目设计概算批准后是否允许调整的说法，正确的是（　　）。

A. 一般不得调整，确需调整的，须另行单独立项

B. 一般不得调整，需要增加投资的，由项目单位自筹

C. 一般不得调整，需调整时，须说明理由并向原批准部门备案

D. 一般不得调整，需调整时，须经原批准部门同意并重新审批

48. 在审查施工图预算时，除审查工程量计算的准确性外，对预算工程量审查的重点是（　　）。

A. 编制施工图预算所依据设计文件的完整性

B. 工程量计算人员是否具备造价工程师资格

C. 预算工程量是否超过概算工程量

D. 工程量计算规则与计算规范规则或定额规则的一致性

49. 某项目投标人认为招标文件中所列措施项目不全时，其投标报价的正确做法是（　　）。

A. 根据企业自身特点对措施项目进行调整并报价

B. 向招标人提出质疑并根据招标人的答复报价

C. 按招标文件中所列项目报价，并准备在施工中发生缺项措施项目时提出索赔

D. 按招标文件中所列项目报价，并准备在施工中发生缺项措施项目时提出变更

50. 施工过程中，由于涉及变更导致某分项工程实际施工的特征与招标工程量清单中的项目特征描述不一致时，该分项工程应按（　　）结算价款。

A. 招标工程量清单中的工程量和投标文件中的综合单价

B. 实际施工的工程量和投标文件中的综合单价

C. 招标工程量清单中的工程量和发承包双方重新确定的综合单价

D. 实际施工的工程量和发承包双方重新确定的综合单价

51. 对于采用成本加奖罚计价方式的合同，在合同订立阶段发承包双方不需要确定的是（　　）。

A. 预期成本　　　B. 限额成本　　　C. 固定酬金　　　D. 奖罚计算办法

52. 根据《建设工程工程量清单计价规范》GB 50500-2013，当承包人投标报价中材料单价高于基准单价，施工期间材料单价涨幅以（　　）为基础超过合同约定的风险幅度值时，其超过部分按实调整。

A. 定额单价　　　B. 投标报价　　　C. 基准单价　　　D. 投标控制价

53. 混凝土构筑物体积的计量一般采用的方法是（　　）。

A. 均摊法　　　B. 估价法　　　C. 断面法　　　D. 图纸法

54. 2021 年 9 月实际完成的某土方工程，按基准日期的价格计算的已完成工程量的金额

为 1000 万元，该工程的定值权重为 0.2；除人工费价格指数增长 10%外，各可调因子均未发生变化；人工费占可调值部分的 40%。按价格调整公式计算，该土方工程需调整的价款为（　　）万元。

A. 32　　　　　　　　B. 40　　　　　　　　C. 80　　　　　　　　D. 100

55. 在施工过程中，遇到有经验的承包人无法合理预见的地质条件变化，导致费用增加，如工期延误时，监理人处理承包人索赔的正确做法是（　　）。

A. 可批复增加的费用和延误的工期，不批复利润补偿

B. 可批复增加的费用，不批复延误的工期和利润补偿

C. 可批复增加的工期，不批复增加的费用和利润补偿

D. 可批复增加的费用、延误的工期和利润补偿

56. 某地下工程，计划到 11 月份累计开挖土方 2 万 m^3，预算单价 95 元/m^3，经确认，到 11 月份实际累计开挖土方 2.5 万 m^3，实际单价 90 元/m^3，该工程此时的进度绩效指数为（　　）。

A. 0.80　　　　　　　B. 0.95　　　　　　　C. 1.06　　　　　　　D. 1.25

57. 建立工程进度报告制度及进度信息沟通网络，属于工程进度控制的（　　）措施。

A. 组织　　　　　　　B. 经济　　　　　　　C. 技术　　　　　　　D. 合同

58. 监理工程师在工程设计准备阶段进度控制的任务是（　　）。

A. 编制详细的出图计划　　　　　　　　B. 编制施工总进度计划

C. 调查分析施工现场条件　　　　　　　D. 审查设计工作进度计划

59. 工程进度计划体系中，根据初步设计中确定的建设工期和工艺流程，具体安排单位工程开工日期和竣工日期的计划是（　　）。

A. 工程项目进度平衡计划　　　　　　　B. 年度竣工投产交付使用计划

C. 年度建设资金平衡计划　　　　　　　D. 工程项目总进度计划

60. 建设工程组织流水施工时，某施工过程在单位时间内完成的工程量称为（　　）。

A. 流水节拍　　　　B. 流水强度　　　　C. 流水步距　　　　D. 流水定额

61. 下列流水施工参数中，用来表达流水施工在时间安排上所处状态的参数是（　　）。

A. 流水强度和流水段数　　　　　　　　B. 流水段数和流水步距

C. 流水步距和流水节拍　　　　　　　　D. 流水节拍和流水强度

62. 某工程有 4 个施工过程，分 5 个施工段组织固定节拍流水施工，流水节拍为 3 d。其中，第 2 个施工过程与第 3 个施工过程之间有 2 d 的工艺间歇，则该工程流水施工工期为（　　）d。

A. 24　　　　　　　　B. 26　　　　　　　　C. 27　　　　　　　　D. 29

63. 建设工程组织加快的成倍节拍流水施工时，所具有的特点是（　　）。

A. 专业工作队数等于施工过程数　　　　B. 相邻施工过程的流水节拍相等

C. 相邻施工段之间可能有空闲时间　　　D. 各专业工作队能够在施工段上连续作业

64. 工程网络计划中，工作之间因资源调配需要而确定的先后顺序关系属于（　　）关系。

A. 组织　　　　　　　B. 搭接　　　　　　　C. 工艺　　　　　　　D. 平行

65. 某工程双代号网络计划如下图所示，工作 D 的最早开始时间和最迟开始时间分别是（　　）。

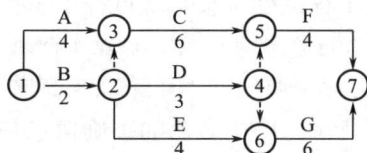

A. 2 和 5　　　　　B. 4 和 5　　　　　C. 2 和 7　　　　　D. 4 和 7

66. 某工程双代号网络计划如下图所示，工作 E 的自由时差和总时差分别是（　　）。

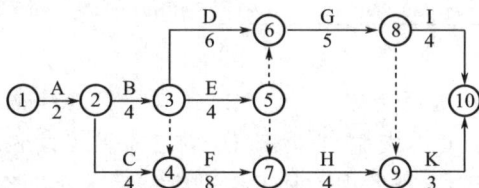

A. 1 和 2　　　　　B. 2 和 2　　　　　C. 3 和 4　　　　　D. 4 和 4

67. 某工程单代号网络计划如下图所示，箭线上的数值为相邻工作之间的时间间隔，则关键线路是（　　）。

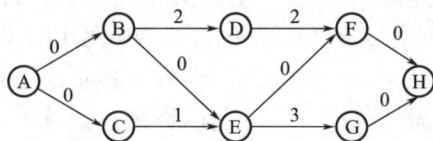

A. A→B→D→F→H
C. A→B→E→F→H
B. A→C→E→F→H
D. A→B→E→G→H

68. 某工程双代号时标网络计划如下图所示，图中表明的正确信息是（　　）。

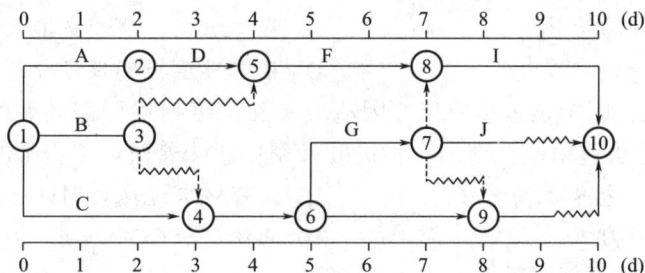

A. 工作 B 的自由时差为 1 d
C. 工作 G 的总时差为 1 d
B. 工作 C 的自由时差为 1 d
D. 工作 H 的总时差为零

69. 工程网络计划优化的目的是寻求（　　）。

A. 最短工期条件下费用最少的计划安排

B. 工程总成本最低时的工期安排

C. 资源需用量最小时的工期安排

D. 工期固定前提下资源需用量最少的计划安排

70. 单代号搭接网络计划中，关键线路是指（　　）的线路。

A. 自始至终由关键节点组成
B. 自始至终由关键工作组成
C. 相邻两项工作之间时间间隔为零
D. 相邻两项工作之间时距为零

71. 下列工作中，属于建设工程进度调整系统过程中工作内容的是（　　）。

A. 分析实际进度偏差对总工期的影响　　B. 整理实际进度数据

C. 实际进度与计划进度的对比分析　　D. 采集实际进度数据

72. 某工程横道计划如下图所示，图中表明的正确信息是（　　）。

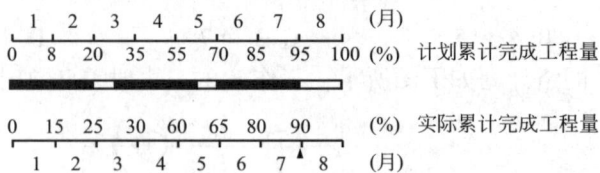

A. 第 2 个月连续施工，进度超前　　B. 第 3 个月连续施工，进度拖后

C. 第 5 个月中断施工，进度超前　　D. 前 2 个月连续施工，进度超前

73. 工程进度计划实施中检查发现，某工作进度拖后 5 d，该工作总时差和自由时差分别是 6 d 和 2 d，则该工作实际进度偏差对总工期及后续工作的影响是（　　）。

A. 影响总工期，但不影响后续工作　　B. 不影响总工期，但影响后续工作

C. 既不影响总工期，也不影响后续工作　　D. 影响总工期，也影响后续工作

74. 工程网络计划实施过程中，当某项工作实际进度拖后而影响工程总工期时，在不改变工作逻辑关系的前提下，可通过（　　）的方法有效缩短工期。

A. 缩短某些工作持续时间　　B. 组织搭接或平行作业

C. 减少某些工作机动时间　　D. 分段组织流水施工

75. 监理工程师在设计阶段进度控制的工作内容是（　　）。

A. 确定规划设计条件　　B. 编制设计总进度计划

C. 审查设计单位提交的进度计划　　D. 填写设计进度表

76. 监理工程师编制的施工进度控制工作细则应包含的内容是（　　）。

A. 施工资源需求分布图　　B. 施工组织总设计安排

C. 施工主导作业流程安排　　D. 施工进度控制目标分解图

77. 工程施工中，因施工承包单位原因造成实际进度拖后而需要调整施工进度计划时，监理工程师批准施工承包单位调整的施工进度计划，意味着监理工程师的行为是（　　）。

A. 解除了施工承包单位的责任　　B. 认可施工进度计划的合理性

C. 批准了工程延期　　D. 同意延长合同工期

78. 调整施工进度计划可采取的组织措施是（　　）。

A. 增加工作面　　B. 改善劳动条件

C. 改进施工工艺　　D. 调整施工方法

79. 监理工程师对工程延误应采用的处理方式是（　　）。

A. 及时下达工程开工令　　B. 妥善处理工期索赔事件

C. 拒绝签署付款凭证　　D. 及时审批施工进度计划

80. 编制建设工程物资供应计划时，首先应考虑的是（　　）的平衡。

A. 数量　　　　B. 时间　　　　C. 产销　　　　D. 供需

二、多项选择题（共 2 个或 2 个以上符合题意，至少有 1 个错项。选错，本题不得分；少选，所选的每个选项得 0.5 分）

81. 政府主管部门在履行工程质量监督检查职责时，具有的权力有（　　）。

A. 要求被检查单位提供有关工程质量文件和资料

B. 要求被检查单位采用指定的品牌材料

C. 进入被检查单位施工现场进行检查

D. 发现并责令改正影响工程质量的问题

E. 拒绝工程竣工验收报告和相关文件的备案

82. 关于建设工程质量保修的说法，正确的有（　　）。

A. 房屋建筑工程保修期从工程竣工验收合格之日起计算

B. 施工单位接到保修通知后，在工程质量保修书约定的时间内予以保修

C. 保修费用由施工单位承担

D. 屋面防水工程最低保修期限为 5 年

E. 工程质量缺陷造成使用人财产损失，由施工单位承担款项

83. 项目质量控制系统运行中，监理工作的主要手段有（　　）。

A. 编制监理规划和监理实施细则 　　　B. 签发监理指令

C. 组织召开设计交底会议 　　　　　　D. 旁站与巡视

E. 平行检验与见证取样

84. 卓越绩效模式中，在关注组织如何做正确的事时，需要强调的组成要素有（　　）。

A. 领导作用 　　　B. 战略 　　　C. 资源 　　　D. 过程管理

E. 以顾客和市场为中心

85. 采用控制图进行工程质量分析时，表明工程质量属于正常情形的有（　　）。

A. 质量点在控制界限内的排列呈周期性变化

B. 连续 25 点以上处于控制界限内

C. 连续 7 点以上呈上升排列

D. 连续 35 点中有 1 点超出控制界限

E. 连续 100 点中有不多于 2 点超出控制界限

86. 项目监理机构对进场用于工程的钢材，应查验的质量证明文件有（　　）。

A. 使用说明 　　　B. 产品出厂合格证 　　C. 出厂检验报告 　　　D. 进场复验报告

E. 生产许可证

87. 抗震用钢筋应进行延性检验，检验合格应满足的要求有（　　）。

A. 抗拉强度实测值与抗拉强度标准值的比值不小于 1.15

B. 抗拉强度实测值与屈服强度实测值的比值不小于 1.25

C. 抗拉强度实测值与屈服强度标准值的比值不大于 1.30

D. 最大力下总压缩率不大于 9%

E. 最大力下总伸长率不小于 9%

88. 项目监理机构提交的初步设计评估报告中，应对（　　）做出评审意见。

A. 设计深度满足要求情况 　　　　　B. 设计标准的符合情况

C. 设计任务书完成情况 　　　　　　D. 能否照图施工的情况

E. 有关部门审查意见的落实情况

89. 总监理工程师组织监理人员参加图纸会审的目的有（　　）。

A. 了解设计意图 　　　　　　　　　B. 发现图纸中的差错

C. 检查设计深度是否达到要求　　　　　D. 熟悉设计文件对主要工程材料的要求

E. 审查消防设计是否符合设计规范要求

90. 关于施工组织设计报审的说法，正确的有（　　　）。

A. 施工单位的技术负责人应审查并签认

B. 总监理工程师应及时组织各专业监理工程师审查

C. 专业监理工程师应签署意见

D. 总监理工程师签署意见后应报建设单位审批

E. 总监理工程师签署意见之前应征求监理单位技术负责人意见

91. 项目监理机构应对装配式建筑工程施工作业实施旁站的有（　　　）。

A. 构件吊装施工　　　　　　　　　　　B. 钢筋浆锚搭接灌浆作业

C. 预制构件的模板安装　　　　　　　　D. 预制构件装车运输

E. 预制构件的养护

92. 深基坑工程事故应急抢险结束后，建设单位应当组织（　　　）制定工程恢复方案。

A. 设计单位　　　B. 勘察单位　　　C. 检测单位　　　D. 监理单位

E. 施工单位

93. 分项工程可按（　　　）进行划分。

A. 材料　　　　　B. 使用功能　　　C. 主要工种　　　D. 设备类别

E. 施工工艺

94. 质量评估报告应由（　　　）审核签字后报建设单位。

A. 总监理工程师　　　　　　　　　　　B. 总监理工程师代表

C. 监理单位技术负责人　　　　　　　　D. 监理单位法定代表人

E. 监理单位质量部经理

95. 单位工程安全和功能检验资料核查及主要功能抽查记录表中所包含的安全和功能检查项目有（　　　）。

A. 通风、空调系统试运行记录　　　　　B. 绝缘电阻测试记录

C. 排水干管通球试验记录　　　　　　　D. 各结构层梁、板、柱静载试验报告

E. 建筑物沉降观测记录

96. 建设工程施工事故发生后，施工单位提交的质量事故调查报告应包括的内容有（　　　）。

A. 事故发生的简要经过　　　　　　　　B. 事故原因的初步判断

C. 事故责任范围的初步界定　　　　　　D. 事故主要责任者情况

E. 事故等级的初步推定

97. 项目监理机构在施工阶段进行投资控制的主要工作有（　　　）。

A. 组织专家对设计成果进行评审　　　　B. 审查施工图预算

C. 进行工程计量和付款签证　　　　　　D. 审查工程结算报告及保修费用

E. 处理工程变更费用和索赔费用

98. 下列费用中，属于建筑安装工程安全文明施工费的有（　　　）。

A. 环境保护费　　　　　　　　　　　　B. 医疗保险费

C. 施工单位临时设施费　　　　　　　　D. 建筑工人实名制管理费

E. 已完工程及设备保护费

99. 下列费用中，属于建筑安装工程企业管理费的有（   ）。

A. 职工教育经费 B. 社会保险费

C. 特殊地区施工津贴 D. 劳动保护费

E. 夏季防暑降温费

100. 进行 PPP 项目物有所值定性评价时，可采用的基本评价指标有（   ）。

A. 项目规模大小 B. 全生命周期整合程度

C. 潜在竞争程度 D. 可融资性

E. 行业示范性

101. 某项目建设期 2 年，计算期 8 年，总投资为 1100 万元，全部为自有资金投入，计算期现金流量见下表，基准收益率 5%。关于该项目财务分析的说法，正确的有（   ）。

年份	1	2	3	4	5	6	7	8
净现金流量（万元）	-400	-700	100	200	200	200	200	200

A. 运营期第 3 年的资本金净利润率为 18.2%

B. 项目总投资收益率高于资本金净利润率

C. 项目静态投资回收期为 8 年

D. 项目内部收益率小于 5%

E. 项目财务净现值小于 0

102. 项目经济分析可采用的参数和指标有（   ）。

A. 社会折现率 B. 经济净现值 C. 投资收益率 D. 经济效益费用比

E. 累计净现金流量

103. 编制单位工程概算的正确做法有（   ）。

A. 在单位工程概算中列入相应的基本预备费和涨价预备费

B. 单位工程概算按构成单位工程的主要分部分项工程编制

C. 建筑工程工程量根据施工图及工程量计算规则计算

D. 建筑工程概算费用内容及组成按照《建筑安装工程费用项目组成》确定

E. 设备及安装工程概算分别采用"设备购置费概算表"和"安装工程概算表"编制

104. 采用工程量清单计价招标的工程，招标工程量清单中可以提出暂估价的有（   ）。

A. 地基与基础工程 B. 专业工程

C. 规费 D. 工程材料

E. 工程设备

105. 选择施工合同计价方式应考虑的因素有（   ）。

A. 承包人的资质等级和管理水平 B. 项目监理机构人数和人员资格

C. 招标时设计文件已达到的深度 D. 项目本身的复杂程度

E. 工程施工的难易程度和进度要求

106. 根据《标准施工招标文件》中的通用合同条款，承包人可向发包人索赔工期和费用，但不可要求利润补偿的情形有（   ）。

A. 发包人原因造成工期延误 B. 法律变化引起的价格调整

C. 施工过程中承包人遇到不利物质条件 D. 发包人要求承包人提前竣工

E. 施工过程中遇到不可抗力影响

107. 下列产生投资偏差的原因中，属于业主原因的有（   ）。

A. 材料代用　　　　B. 基础处理　　　　C. 未及时提供场地　D. 施工方案不当

E. 增加工程内容

108. 承包人在每个计量周期向发包人提交的已完工程进度款支付申请应包括的内容有（   ）。

A. 签约合同价　　　　　　　　　　　B. 累计已完成的合同价款

C. 本周期合计完成的合同价款　　　　D. 本周期合计应扣减的金额

E. 本周期实际应支付的合同价款

109. 建设工程项目总进度纲要的内容包括（   ）。

A. 总进度规划　　　　　　　　　　　B. 总进度目标实现的条件

C. 项目实施的总体部署　　　　　　　D. 项目总体结构分析

E. 总进度目标体系编码

110. 与依次施工、平行施工方式相比，流水施工方式的特点有（   ）。

A. 施工现场组织管理简单

B. 有利于实现专业化施工

C. 相邻专业工作队的开工时间能最大限度地搭接

D. 单位时间内投入的资源量较为均衡

E. 施工工期最短

111. 建设工程组织非节奏流水施工的特点有（   ）。

A. 流水步距等于流水节拍的最大公约数　B. 各施工段的流水节拍不全相等

C. 专业工作队数等于施工过程数　　　　D. 相邻施工过程的流水步距相等

E. 有的施工段之间可能有空闲时间

112. 某工程双代号网络计划如下图所示，图中出现的错误有（   ）。

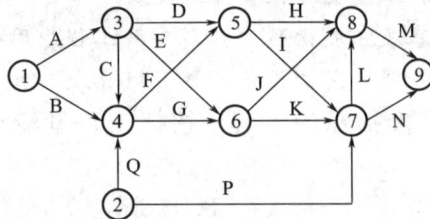

A. 节点编号有误　　B. 多个起点节点　　C. 多个终点节点　　D. 箭线交叉表达有误

E. 存在循环回路

113. 双代号网络计划的计算工期等于计划工期时，关于关键节点和关键工作的说法，正确的有（   ）。

A. 关键工作两端节点必为关键节点

B. 两端为关键节点的工作必为关键工作

C. 完成节点为关键节点的工作必为关键工作

D. 两端为关键节点的工作的总时差等于自由时差

E. 开始节点为关键节点的工作必为关键工作

114. 工程网络计划中，关键线路是指（   ）。

A. 双代号时标网络计划中无波形线　　　B. 单代号网络计划中时间间隔均为零

C. 双代号网络计划中由关键节点组成　　D. 单代号网络计划中由关键工作组成

E. 双代号时代网络计划中无虚箭线

115. 工程网络计划工期优化中，应选择（　　）的关键工作作为压缩对象。

A. 资源强度最小　　　　　　　　　　B. 所需资源种类最少

C. 有充足的备用资源　　　　　　　　D. 缩短持续时间所需增加费用最少

E. 缩短持续时间对质量和安全影响不大

116. 建设工程实际进度与计划进度比较方法中，只能从工程整体进度角度比较分析实际进度与计划进度的方法有（　　）。

A. S 曲线比较法　　B. 前锋线比较法　　C. 横道图比较法　　D. 香蕉曲线比较法

E. 列表比较法

117. 某工程进度计划执行到第 4 月底和第 8 月底的前锋线如下图所示，图中表明的正确信息有（　　）。

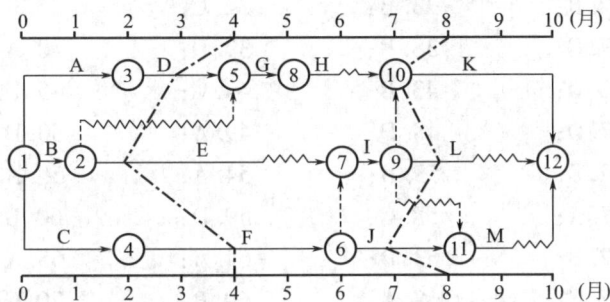

A. 工作 D 在第 4 月底检查时拖后 1 个月，影响工期 1 个月

B. 工作 E 在第 4 月底检查时拖后 2 个月，不影响工期

C. 工作 F 在第 4 月底检查时进度正常，不影响工期

D. 工作 K 在第 8 月底检查时拖后 1 个月，影响工期 1 个月

E. 工作 J 在第 8 月底检查时拖后 1 个月，影响工期 1 个月

118. 监理工程师控制工程施工进度的工作内容有（　　）。

A. 监督施工进度计划的实施　　　　　B. 编制单位工程施工进度计划

C. 向业主提供工程进度报告　　　　　D. 编制施工索赔报告

E. 组织施工现场协调会

119. 施工进度计划检查内容中，用来决定是否需要进行计划优化的因素有（　　）。

A. 主要工种的工人是否满足连续、均衡施工要求

B. 主要施工机具的使用是否均衡和充分

C. 主要材料的利用是否均衡和充分

D. 技术间歇是否科学合理

E. 施工顺序是否科学合理

120. 监理工程师控制物资供应进度的工作内容有（　　）。

A. 进行物资供应决策　　　　　　　　B. 参与投标文件的技术评价

C. 主持召开物资供应单位协商会议　　D. 签订物资供应合同

E. 审核和控制物资供应计划

2022 年度全国监理工程师职业资格考试试卷答案解析

一、单项选择题

1. C;	2. D;	3. A;	4. C;	5. D;
6. C;	7. B;	8. B;	9. C;	10. D;
11. A;	12. D;	13. B;	14. D;	15. C;
16. C;	17. C;	18. B;	19. B;	20. B;
21. D;	22. A;	23. B;	24. B;	25. B;
26. C;	27. C;	28. B;	29. C;	30. A;
31. C;	32. B;	33. D;	34. B;	35. B;
36. C;	37. C;	38. B;	39. D;	40. A;
41. A;	42. D;	43. B;	44. C;	45. D;
46. B;	47. D;	48. D;	49. A;	50. D;
51. B;	52. B;	53. D;	54. C;	55. B;
56. D;	57. A;	58. C;	59. D;	60. B;
61. C;	62. B;	63. D;	64. A;	65. A;
66. B;	67. C;	68. A;	69. B;	70. C;
71. A;	72. D;	73. B;	74. C;	75. C;
76. D;	77. B;	78. A;	79. C;	80. A。

【解析】

1. C。本题考核的是建设工程质量特性。可靠性，是指工程在规定的时间和规定的条件下完成规定功能的能力。工程不仅要求在交工验收时要达到规定的指标，而且在一定的使用时期内要保持应有的正常功能。

2. D。本题考核的是工程质量监督。建设单位应当自工程竣工验收合格之日起 15 日内，依照规定向工程所在地的县级以上地方人民政府建设主管部门备案。

3. A。本题考核的是建筑工程施工许可。建设单位应当自领取施工许可证之日起 3 个月内开工。因故不能按期开工的，应当向发证机构申请延期；延期以两次为限，每次不超过 3 个月。

4. C。本题考核的是工程质量检测单位的质量责任和义务。完成检测业务后，工程质量检测单位应当及时出具检测报告。检测报告经检测人员签字、检测机构法定代表人或者其授权的签字人签署，并加盖检测机构公章或者检测专用章后方可生效。检测报告经建设单位或者工程监理单位确认后，由施工单位归档。

5. D。本题考核的是关系管理的基本内容。关系管理的基本内容包括：（1）权衡短期利益与长期效益，确立相关方的关系；（2）识别和建设好关键相关方关系；（3）与关键相关方共享专有技术和资源；（4）建立清晰与开放的沟通渠道；（5）开展与相关方的联合改进活动。

6. C。本题考核的是质量管理体系的范围界定。质量管理体系的范围界定应包含下列内容：（1）覆盖的产品或服务；（2）主要过程；（3）地点范围；（4）相关方要求。

7. B。本题考核的是《卓越绩效评价准则》与 ISO 9000 的不同点。ISO 9000 是标准化导向，作为一个质量标准系列，企业可根据这些标准确定和建设自身所需要的有效且合适的质量管理体系。"卓越绩效"模式是战略导向，条款的内容围绕组织战略目标的实现。

8. B。本题考核的是抽样检验方法。系统随机抽样是将总体中的抽样单元按某种次序排列，在规定的范围内随机抽取一个或一组初始单元，然后按一套规则确定其他样本单元的抽样方法。

9. C。本题考核的是质量数据分布的规律性。实践中只要是受许多起微小作用的因素影响的质量数据，都可认为是近似服从正态分布的，如构件的几何尺寸、混凝土强度等。

10. D。本题考核的是直方图的概念。直方图法即频数分布直方图法，它是将收集到的质量数据进行分组整理，绘制成频数分布直方图，用以描述质量分布状态的一种分析方法，所以又称质量分布图法。通过直方图的观察与分析，可了解产品质量的波动情况，掌握质量特性的分布规律，以便对质量状况进行分析判断。同时可通过质量数据特征值的计算，估算施工生产过程总体的不合格品率，评价过程能力等。

11. A。本题考核的是普通混凝土力学性能试验—换算系数的确定。混凝土强度等级＜C60 时，用非标准试件测得的强度值均应乘以尺寸换算系数，其值对 200mm×200mm×200mm 的试件为 1.05。

12. D。本题考核的是桩基承载力试验方法。单桩动测试验方法包括高应变动测法和低应变动测法。高应变动测法的检测数量：在地质条件相近、桩型和施工条件相同时，不宜少于总桩数 5%，且不应少于 5 根。

13. B。本题考核的是砂浆力学强度检验试验方法与要求。砌筑砂浆强度试验采用立方体抗压强度试验方法，且砌筑砂浆试块强度验收的合格标准应符合下列规定：（1）同一验收批砂浆试块强度平均值应大于或等于设计强度等级值的 1.10 倍；（2）同一验收批砂浆试块抗压强度的最小一组平均值应大于或等于设计强度等级值的 85%。

14. D。本题考核的是工程勘察企业的质量工作。工程勘察企业应履行的质量工作包括：（1）健全勘察质量管理体系和质量责任制度。（2）有权拒绝用户提出的违反国家有关规定的不合理要求，有权提出保证工程勘察质量所必需的现场工作条件和合理工期。（3）参与施工验槽，及时解决工程设计和施工中与勘察工作有关的问题。（4）参与建设工程质量事故的分析，并对因勘察原因造成的质量事故，提出相应的技术处理方案。（5）项目负责人、审核人、审定人及有关技术人员应当具有相应的技术职称或者注册资格。项目负责人应当组织有关人员做好现场踏勘、调查，按照要求编写《勘察纲要》，并对勘察过程中各项作业资料验收和签字。（6）企业的法定代表人、项目负责人、审核人、审定人等相关人员，应当在勘察文件上签字或者盖章，并对勘察质量负责。（7）工程勘察工作的原始记录应当在勘察过程中及时整理、核对，确保取样、记录的真实和准确，严禁离开现场追记或者补记。

15. C。本题考核的是初步设计的深度要求。初步设计的深度应满足下列基本要求：（1）通过多方案比较：在充分论证经济效益、社会效益、环境效益的基础上，择优推荐设计方案。（2）项目单项工程齐全，有详尽的主要工程量清单，工程量误差应在允许范围以内。（3）主要设备和材料明细表，要满足订货要求。（4）项目总概算应控制在可行性研究报告估算投资额的±10%以内。（5）满足施工图设计的要求。（6）满足土地征用、工程总承包招标、建设准备和生产准备等工作的要求。（7）满足经核准的可行性研究报告所确定的主要设计原则和方案。

16. C。本题考核的是施工图设计的协调管理。对于二次深化设计，应组织深化设计单位与原设计单位充分协商沟通，出具深化设计图纸，由原设计单位审核会签，以确认深化设计符合总体设计要求，并对相关的配套专业设计能否满足深化图纸的要求予以确认。

17. C。本题考核的是检验批质量验收。检验批是工程施工质量验收的最小单位。

18. B。本题考核的是隐蔽工程质量验收。对于装配式混凝土结构连接部位及叠合构件浇筑混凝土之前，应进行隐蔽工程验收。

19. B。本题考核的是设计交底。施工图设计交底有利于进一步贯彻设计意图和修改图纸中的错、漏、碰、缺；帮助施工单位和监理单位加深对施工图设计文件的理解、掌握关键工程部位的质量要求，确保工程质量。

20. B。本题考核的是施工方案审查重点。应重点审查施工方案是否具有针对性、指导性、可操作性；现场施工管理机构是否建立了完善的质量保证体系，是否明确工程质量要求及标准，是否健全了质量保证体系组织机构及岗位职责，是否配备了相应的质量管理人员；是否建立了各项质量管理制度和质量管理程序等；施工质量保证措施是否符合现行的规范、标准等，特别是与工程建设强制性标准的符合性。

21. D。本题考核的是见证取样的规定。质量检测试样的取样应当严格执行有关工程建设标准和国家有关规定，在建设单位或者工程监理单位监督下现场取样。故选项 A 错误。项目监理机构要将选定的试验室报送负责本项目的质量监督机构备案，同时要将项目监理机构中负责见证取样的监理人员在该质量监督机构备案。故选项 B 错误。完成取样后，施工单位取样人员应在试样或其包装上做出标识、封志。故选项 C 错误。负责见证取样的监理人员要具有材料、试验等方面的专业知识，并经培训考核合格且要取得见证人员培训合格证书。故选项 D 正确。

22. A。本题考核的是探伤检测的规定。一、二级焊缝应进行焊缝内部缺陷检验。一、二级焊缝应采用超声波探伤进行内部缺陷检验，超声波探伤不能对缺陷做出判断时，应采用射线探伤，其内部缺陷分级及探伤方法应符合相应标准要求；一级探伤比例为 100%，二级探伤比例为 20%。

23. B。本题考核的是专项施工方案的论证审查。专项施工方案应当由施工单位技术负责人审核签字、加盖单位公章，并由总监理工程师审查签字、加盖执业印章后方可实施。滑膜技术施工属于超过一定规模的危险性较大的分部分项工程范围。对于超过一定规模的危大工程，施工单位应当组织召开专家论证会对专项施工方案进行论证。实行施工总承包的，由施工总承包单位组织召开专家论证会。

24. B。本题考核的是工程竣工预验收的组织实施。工程竣工预验收由总监理工程师组织，各专业监理工程师参加，施工单位项目经理、项目技术负责人等参加，其他各单位人员可不参加。

25. B。本题考核的是轨道交通建设项目的工程验收。项目工程验收是指各项单位工程验收后、试运行之前，确认建设项目工程是否达到设计文件及标准要求，是否满足城市轨道交通试运行要求的验收。

26. C。本题考核的是质量保证金的预留比例。根据《建设工程质量保证金管理办法》的相关规定，发包人应按照合同约定方式预留保证金，保证金总预留比例不得高于工程价款结算总额的 3%。

27. C。本题考核的是分项工程验收。分项工程应由专业监理工程师组织施工单位项目专业技术负责人等进行验收。

28. B。本题考核的是必须设立样板的项目。下列项目必须设立样板：（1）材料、设备的型号、订货必须验收样板，并经建设单位和项目监理机构确认。（2）现场成品、半成品加工前，必须先做样板，根据样板质量的标准进行后续大批量的加工和验收。（3）结构施工时每道工序的第一板块，应作为样板，并经过项目监理机构、设计代表和施工项目部的三方验收后，方可大面积施工。（4）在装修工程开始前，要先做出样板间，样板间应达到竣工验收的标准，并经建设单位、项目监理机构、设计代表和施工项目部四方验收合格后，方可正式施工。

29. C。本题考核的是质量事故等级。工程质量事故分为 4 个等级：（1）特别重大事故，是指造成 30 人以上死亡，或者 100 人以上重伤，或者 1 亿元以上直接经济损失的事故。（2）重大事故，是指造成 10 人以上 30 人以下死亡，或者 50 人以上 100 人以下重伤，或者 5000 万元以上 1 亿元以下直接经济损失的事故。（3）较大事故，是指造成 3 人以上 10 人以下死亡，或者 10 人以上 50 人以下重伤，或者 1000 万元以上 5000 万元以下直接经济损失的事故。（4）一般事故，是指造成 3 人以下死亡，或者 10 人以下重伤，或者 100 万元以上 1000 万元以下直接经济损失的事故。该等级划分所称的"以上"包括本数，所称的"以下"不包括本数。本题中，造成 3 人死亡属于较大事故，造成 6000 万元直接经济损失属于重大事故，所以该质量事故等级为重大事故。

30. A。本题考核的是施工单位的质量事故调查报告。质量事故发生后，施工单位有责任就所发生的质量事故进行周密的调查、研究，掌握情况，并在此基础上写出调查报告，提交项目监理机构和建设单位。在调查报告中首先就与质量事故有关的实际情况做详尽的说明，其内容应包括：（1）质量事故发生的时间、地点、工程部位及工程情况。（2）质量事故发生的简要经过，造成工程损失状况、伤亡人数和直接经济损失的初步估计。（3）质量事故发展的情况（其范围是否继续扩大，程度是否已经稳定，是否已采取应急措施等）。（4）事故原因的初步判断。（5）质量事故调查中收集的有关数据和资料。（6）涉及人员和主要责任者的情况。

31. C。本题考核的是工程复工令的签发。质量事故处理完毕后，具备工程复工条件时，施工单位提出复工申请，项目监理机构应审查施工单位报送的工程复工报审表及有关资料，符合要求后，总监理工程师签署审核意见报建设单位批准后，签发工程复工令。

32. B。本题考核的是设备制造过程的质量控制。项目监理机构在设备制造过程中的监督和检验工作包括以下内容：（1）对加工作业条件的控制；（2）对工序产品的检查与控制；（3）对不合格零件的处置；（4）对设计变更的处理；（5）对零件、半成品、制成品的保护。选项 A、C 属于设备制造前的质量控制。选项 D 属于设备运输与交接的质量控制。

33. B。本题考核的是静态投资的计算。固定资产投资可分为静态投资部分和动态投资部分。静态投资部分由建筑安装工程费、设备及工器具购置费、工程建设其他费和基本预备费构成。动态投资部分，是指在建设期内，因建设期利息和国家新批准的税费、汇率、利率变动以及建设期价格变动引起的固定资产投资增加额，包括涨价预备费和建设期利息。所以该项目静态投资 = 3000+2000+1000+300 = 6300 万元。

34. C。本题考核的是建设工程投资控制措施。技术措施：（1）对设计变更进行技术经济比较，严格控制设计变更。（2）继续寻找通过设计挖潜节约投资的可能性。（3）审核承包人编制的施工组织设计，对主要施工方案进行技术经济分析。选项 A、B 属于组织措施；

选项 C 属于技术措施；选项 D 属于经济措施。

35. B。本题考核的是人工费的组成。人工费是指按工资总额构成规定，支付给从事建筑安装工程施工的生产工人和附属生产单位工人的各项费用。内容包括：（1）计时工资或计件工资。（2）奖金。（3）津贴补贴。是指为了补偿职工特殊或额外的劳动消耗和因其他特殊原因支付给个人的津贴，以及为了保证职工工资水平不受物价影响支付给个人的物价补贴。如流动施工津贴、特殊地区施工津贴、高温（寒）作业临时津贴、高空津贴等。（4）加班加点工资。（5）特殊情况下支付的工资。

36. C。本题考核的是企业管理费的组成。企业管理费的内容之一是检验试验费。检验试验费是指施工企业按照有关标准规定，对建筑以及材料、构件和建筑安装物进行一般鉴定、检查所发生的费用，包括自设试验室进行试验所耗用的材料等费用。

37. C。本题考核的是增值税销项税额的计算。增值税销项税额＝税前造价×9%。税前造价为人工费、材料费、施工机具使用费、企业管理费、利润和规费之和，各费用项目均不包含增值税可抵扣进项税额的价格计算。增值税销项税额＝（3000+90+80+40.5）×9%＝288.945 万元。

38. B。本题考核的是进口设备关税的计算。进口关税＝到岸价×人民币外汇牌价×进口关税率＝112×5%＝5.600 万元。

39. D。本题考核的是项目资本金的比例。基础设施领域和其他国家鼓励发展的行业项目，可通过发行权益型、股权类金融工具筹措资本金，但不得超过项目资本金总额的 50%。地方政府可统筹使用财政资金筹集项目资本金。

40. A。本题考核的是社会资本采购方式。公开招标主要适用于核心边界条件和技术经济参数明确、完整、符合国家法律法规和政府采购政策，且采购中不作更改的项目。

41. A。本题考核的是市场预测分析的内容。市场预测分析的内容包括：（1）产品（服务）市场分析。（2）主要投入物市场预测：①主要投入物供应现状；②主要投入物供需平衡预测。（3）市场竞争力分析。（4）营销策略。（5）主要投入物与产出物价格预测。（6）市场风险分析。

42. D。本题考核的是资金时间价值的计算。等额资金终值计算公式为：$F=A\dfrac{(1+i)^n-1}{i}$，第 3 年年末累计可兑付本息＝10×[（1+3.5%）^{3}−1]÷3.5%×（1+3.5%）＝32.15 万元。

43. B。本题考核的是流动资金的估算。流动资金＝流动资产−流动负债＝（应收账款+预付账款+存货+现金）−（应付账款+预收账款）＝（100+80+300+50）−（90+120）＝320 万元。

44. C。本题考核的是财务分析指标的计算。IRR 的范围在 9%~11% 之间，可把曲线近似为一条直线，可得出：（IRR−9%）/120＝（11%−IRR）/230，则 IRR＝9.6857%。如下图所示，当基准收益率为 10% 时，净现值小于 0，即项目不可行。

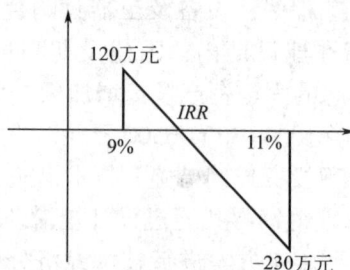

45. D。本题考核的是绿色设计评审的主要内容。"绿色"就是要推行绿色设计。绿色设计是指在项目整个寿命周期内，要充分考虑对资源和环境的影响，在充分考虑项目的功能、质量、建设周期和成本的同时，更要优化各种相关因素，着重考虑产品环境属性（可拆卸性、可回收性、可维护性、可重复利用性等）并将其作为设计目标，使项目建设和运行过程中对环境的总体负影响减到最小。

46. B。本题考核的是价值工程的应用。本题的计算过程如下：

综合得分总和 = 33+33+35+32 = 133

总造价 = 3050+3000+3300+2950 = 12300

价值系数 = 功能系数/成本系数，则：

甲的价值系数 = （33/133）÷（3050/12300）= 1.001

乙的价值系数 = （33/133）÷（3000/12300）= 1.017

丙的价值系数 = （35/133）÷（3300/12300）= 0.981

丁的价值系数 = （32/133）÷（2950/12300）= 1.003

乙的价值系数最大，应选择方案乙。

47. D。本题考核的是设计概算调整的规定。设计概算投资一般应控制在立项批准的投资控制额以内；如果设计概算值超过控制额，必须修改设计或重新立项审批；设计概算批准后，一般不得调整；如需修改或调整时，须经原批准部门同意，并重新审批。

48. D。本题考核的是施工图预算的审查内容。施工图预算审查的内容：（1）审查施工图预算的编制是否符合现行国家、行业、地方政府有关法律、法规和规定要求。（2）审查工程量计算的准确性、工程量计算规则与计价规范规则或定额规则的一致性。工程量是确定建筑安装工程造价的决定因素，是预算审查的重要内容。（3）审查在施工图预算的编制过程中，各种计价依据使用是否恰当，各项费率计取是否正确；审查依据主要有施工图设计资料、有关定额、施工组织设计、有关造价文件规定和技术规范、规程等。（4）审查各种要素市场价格选用、应计取的费用是否合理。（5）审查施工图预算是否超过概算以及进行偏差分析。

49. A。本题考核的是投标报价的审核内容。招标人提出的措施项目清单是根据一般情况确定的，由于各投标人拥有的施工装备、技术水平和采用的施工方法有所差异，投标人投标时应根据自身编制的投标施工组织设计（或施工方案）确定措施项目及报价，投标人根据投标施工组织设计（或施工方案）调整和确定的措施项目应通过评标委员会的评审。

50. D。本题考核的是投标报价的审核内容。若在施工中施工图纸或设计变更导致项目特征与招标工程量清单项目特征描述不一致时，发承包双方应按实际施工的项目特征依据合同约定重新确定综合单价。

51. B。本题考核的是成本加奖罚计价合同方式。采用成本加奖罚合同，在签订合同时双方事先约定该工程的预期成本和固定酬金，以及实际发生的成本与预期成本比较后的奖罚计算办法。

52. B。本题考核的是采用价格信息进行价格调整的规定。当承包人投标报价中材料单价低于基准单价：施工期间材料单价涨幅以基准单价为基础超过合同约定的风险幅度值时，或材料单价跌幅以投标报价为基础超过合同约定的风险幅度值时，其超过部分按实调整。当承包人投标报价中材料单价高于基准单价：施工期间材料单价跌幅以基准单价为基础超过合同约定的风险幅度值时，材料单价涨幅以投标报价为基础超过合同约定的风险幅度值时，其超过部分按实调整。

53. D。本题考核的是工程计量的方法。均摊法是对清单中某些项目的合同价款，按合同工期平均计量。如：为保养测量设备，保养气象记录设备，维护工地清洁和整洁等。估价法，就是按合同文件的规定，根据监理工程师估算的已完成的工程价值支付。如为监理工程师提供测量设备、天气记录设备、通信设备等项目。断面法主要用于取土坑或填筑路堤土方的计量。图纸法是在工程量清单中，许多项目都采取按照设计图纸所示的尺寸进行计量。如混凝土构筑物的体积、钻孔桩的桩长等。

54. A。本题考核的是采用价格指数进行价格调整。价格调整公式为：

$$\Delta P = P_0 \left[A + \left(B_1 \times \frac{F_{t1}}{F_{01}} + B_2 \times \frac{F_{t2}}{F_{02}} + B_3 \times \frac{F_{t3}}{F_{03}} + \cdots + B_n \times \frac{F_{tn}}{F_{0n}} \right) - 1 \right]$$

本题的计算过程为：$1000 \times [0.2 + 0.8 \times 40\% \times (1 + 10\%) + 0.8 \times 60\% \times 1 - 1] = 32$ 万元。

55. A。本题考核的是地质条件变化引起的索赔。如果监理工程师认为这类障碍或条件是一个有经验的承包人无法合理预见到的，在与发包人和承包人适当协商以后，应给予承包人延长工期和费用补偿的权利，但不包括利润。

56. D。本题考核的是进度绩效指数的计算。进度绩效指数（SPI）＝已完工作预算投资（$BCWP$）/计划工作预算投资（$BCWS$）＝$(2.5 \times 95)/(2 \times 95) = 1.25$。

57. A。本题考核的是进度控制的措施。进度控制的组织措施主要包括：（1）建立进度控制目标体系，明确建设工程现场监理组织机构中进度控制人员及其职责分工；（2）建立工程进度报告制度及进度信息沟通网络；（3）建立进度计划审核制度和进度计划实施中的检查分析制度；（4）建立进度协调会议制度，包括协调会议举行的时间、地点，协调会议的参加人员等；（5）建立图纸审查、工程变更和设计变更管理制度。

58. C。本题考核的是设计准备阶段进度控制的任务。设计准备阶段进度控制的任务：（1）收集有关工期的信息，进行工期目标和进度控制决策。（2）编制工程项目总进度计划。（3）编制设计准备阶段详细工作计划，并控制其执行。（4）进行环境及施工现场条件的调查和分析。

59. D。本题考核的是工程进度计划体系。工程项目总进度计划是根据初步设计中确定的建设工期和工艺流程，具体安排单位工程的开工日期和竣工日期。

60. B。本题考核的是流水施工参数的概念。流水节拍是指在组织流水施工时，某个专业工作队在一个施工段上的施工时间。流水强度是指流水施工的某施工过程（专业工作队）在单位时间内所完成的工程量，也称为流水能力或生产能力。流水步距是指组织流水施工时，相邻两个施工过程（或专业工作队）相继开始施工的最小间隔时间。选项 D 不属于流水施工参数。

61. C。本题考核的是流水施工参数。时间参数是表达流水施工在时间安排上所处状态的参数，主要包括流水节拍、流水步距和流水施工工期等。

62. B。本题考核的是流水施工工期的计算。有间歇时间的固定节拍流水施工工期＝$(m+n-1)t + \sum G + \sum Z$，则该工程流水施工工期＝$(5+4-1) \times 3 + 2 = 26$ d。

63. D。本题考核的是加快的成倍节拍流水施工的特点。加快的成倍节拍流水施工的特点如下：（1）同一施工过程在其各个施工段上的流水节拍均相等；不同施工过程的流水节拍不等，但其值为倍数关系。（2）相邻专业工作队的流水步距相等，等于流水节拍的最大公约数（K）。（3）专业工作队数大于施工过程数，即有的施工过程只成立一个专业工作队，而对于流水节拍大的施工过程，可按其倍数增加相应专业工作队数目。（4）各个专业工作队在施工段上能够连续作业，施工段之间没有空闲时间。

64. A。本题考核的是工艺关系与组织关系。工作之间由于组织安排需要或资源（劳动力、原材料、施工机具等）调配需要而规定的先后顺序关系称为组织关系。生产性工作之间由工艺过程决定的、非生产性工作之间由工作程序决定的先后顺序关系称为工艺关系。

65. A。本题考核的是双代号网络计划时间参数的计算。本题关键线路是 A→C→F，总工期是 14 d，工作 B 结束后就可以进行工作 D，所以工作 D 的最早开始时间是第 2 天结束，也就是第 3 天开始。最迟开始时间等于工作的最迟完成时间减工作的持续时间；最迟完成时间等于其紧后工作最迟开始时间的最小值。工作 D 的紧后工作包括工作 F、G，则其最迟完成时间＝min｛（14-4），（14-6）｝=8，所以工作 D 的最迟开始时间=8-3=5。

66. B。本题考核的是双代号网络计划时间参数的计算。对于有紧后工作的工作，其自由时差等于本工作之紧后工作最早开始时间减本工作最早完成时间所得之差的最小值。工作的总时差等于该工作最迟完成时间与最早完成时间之差，或该工作最迟开始时间与最早开始时间之差。则工作 E 的自由时差＝min｛12-10，14-10｝=2；工作 E 的最迟开始时间＝12-4=8，总时差=8-(2+4)=2。

67. C。本题考核的是单代号网络计划中关键线路的确定。总时差最小的工作为关键工作。将这些关键工作相连，并保证相邻两项关键工作之间的时间间隔为零而构成的线路就是关键线路。

68. A。本题考核的是双代号时标网络计划时间参数的计算。本题关键线路是 A→D→F→I 和 C→E→G→I，工作 B 的自由时差为 1 d，故选项 A 正确，工作 C 为关键工作，自由时差为 0，故选项 B 错误。工作 G 在关键线路上，总时差为 0，故选项 C 错误。工作 H 的总时差是 1 d，故选项 D 错误。

69. B。本题考核的是网络计划的优化。网络计划的优化可分为工期优化、费用优化和资源优化三种：（1）工期优化，是指网络计划的计算工期不满足要求工期时，通过压缩关键工作的持续时间以满足要求工期目标的过程。（2）费用优化又称工期成本优化，是指寻求工程总成本最低时的工期安排，或按要求工期寻求最低成本的计划安排的过程。（3）资源优化的目的是通过改变工作的开始时间和完成时间，使资源按照时间的分布符合优化目标。网络计划的资源优化分为两种：①"资源有限，工期最短"的优化：通过调整计划安排，在满足资源限制条件下，使工期延长最少的过程。②"工期固定，资源均衡"的优化：通过调整计划安排，在工期保持不变的条件下，使资源需用量尽可能均衡的过程。

70. C。本题考核的是单代号搭接网络计划关键线路的确定。从搭接网络计划的终点节点开始，逆着箭线方向依次找出相邻两项工作之间时间间隔为零的线路就是关键线路。

71. A。本题考核的是进度调整的系统过程。进度调整的系统过程：（1）分析进度偏差产生的原因。（2）分析进度偏差对后续工作和总工期的影响。（3）确定后续工作和总工期的限制条件。（4）采取措施调整进度计划。（5）实施调整后的进度计划。

72. D。本题考核的是横道图比较法的应用。选项 A 错误，第 2 个月连续施工，进度拖后。计划进度：20%-8%=12%；实际进度：25%-15%=10%。选项 B 错误，第 3 个月中断施工，进度拖后。计划进度：35%-20%=15%；实际进度：30%-25%=5%。选项 C 错误，第 5 个月中断施工，进度拖后。计划进度：70%-55%=15%；实际进度：65%-60%=5%。选项 D 正确，前 2 个月连续施工，进度超前。计划进度 20%，实际进度 25%。

73. B。本题考核的是分析进度偏差对后续工作及总工期的影响。工作的总时差是指在不影响总工期的前提下，本工作可以利用的机动时间。进度拖后 5 d，未超过总时差 6 d，因此不影响总工期。工作的自由时差是指在不影响其紧后工作最开始时间的前提下，本工作可以利用的机动时间。进度拖后 5 d，超过自由时差 2 d，因此影响后续工作。

74. A。本题考核的是进度计划的调整方法。缩短某些工作的持续时间是不改变工程项目中各项工作之间的逻辑关系，而通过采取增加资源投入、提高劳动效率等措施来缩短某些工作的持续时间，使工程进度加快，以保证按计划工期完成该工程项目。

75. C。本题考核的是设计阶段监理单位的进度监控。由建设单位持建设项目的批准文件和确定的建设用地通知书，向城市规划管理部门申请确定拟建项目的规划设计条件。故选项 A 错误。对于设计进度应实施动态控制。在设计工作开始之前，首先应由监理工程师审查设计单位所编制的进度计划的合理性和可行性。故选项 B 错误、选项 C 正确。在设计进度控制中，监理工程师要对设计单位填写的设计图纸进度表进行核查分析，并提出自己的见解。从而将各设计阶段的每一张图纸（包括其相应的设计文件）的进度都纳入监控之中。故选项 D 错误。

76. D。本题考核的是施工进度控制工作细则的内容。施工进度控制工作细则的主要内容包括：（1）施工进度控制目标分解图。（2）施工进度控制的主要工作内容和深度。（3）进度控制人员的职责分工。（4）与进度控制有关各项工作的时间安排及工作流程。（5）进度控制的方法（包括进度检查周期、数据采集方式进度报表格式、统计分析方法等）。（6）进度控制的具体措施（包括组织措施、技术措施、经济措施及合同措施等）。（7）施工进度控制目标实现的风险分析。（8）尚待解决的有关问题。

77. B。本题考核的是工程延期的申报与审批。监理工程师对修改后的施工进度计划的确认，并不是对工程延期的批准，他只是要求承包单位在合理的状态下施工。因此，监理工程师对进度计划的确认，并不能解除承包单位应负的一切责任，承包单位需要承担赶工的全部额外开支和误期损失赔偿。

78. A。本题考核的是调整施工进度计划的措施。组织措施包括：（1）增加工作面，组织更多的施工队伍。（2）增加每天的施工时间（如采用三班制等）。（3）增加劳动力和施工机械的数量。选项 B 属于其他配套措施；选项 C、D 属于技术措施。

79. C。本题考核的是工程延误的处理。如果由于承包单位自身的原因造成工期拖延，而承包单位又未按照监理工程师的指令改变延期状态时，通常可以采用下列手段进行处理：（1）拒绝签署付款凭证。（2）误期损失赔偿。（3）取消承包资格。

80. A。本题考核的是物资供应计划的编制。供应计划的编制过程也是一个平衡过程，包括数量、时间的平衡。在实际工作中，首先考虑的是数量的平衡，因为计划期的需用量还不是申请量或采购量，也不是实际需用量，还必须扣除库存量，考虑为保证下一期施工所必需的储备量。

二、多项选择题

81. A、C、D；	82. A、B、D；	83. B、D、E；
84. A、B、E；	85. B、D、E；	86. B、C、D；
87. B、E；	88. A、B、C；	89. A、B；
90. B、C、D；	91. A、B；	92. A、B、D、E；

93. A、C、D、E;　　94. A、C;　　95. A、B、C、E;

96. A、B;　　97. C、E;　　98. A、C、D;

99. A、D、E;　　100. B、C、D;　　101. B、C、D、E;

102. A、B;　　103. B、D;　　104. B、D、E;

105. C、D、E;　　106. C、E;　　107. C、E;

108. B、C、D;　　109. A、B、C;　　110. B、C、D;

111. B、C、E;　　112. B、D;　　113. A、D;

114. A、B;　　115. C、D、E;　　116. A、D;

117. C、D;　　118. A、C、E;　　119. D、E;

120. B、C、E。

【解析】

81. A、C、D。本题考核的是工程质量监督。县级以上人民政府建设行政主管部门和其他有关部门履行监督检查职责时，有权采取下列措施：（1）要求被检查的单位提供有关工程质量的文件和资料；故选项A正确。（2）进入被检查单位的施工现场进行检查；故选项C正确。（3）发现有影响工程质量的问题时，责令改正；故选项D正确。

82. A、B、D。本题考核的是建设工程质量保修。选项A，房屋建筑工程保修期从工程竣工验收合格之日起计算。选项B，施工单位接到保修通知后，应当到现场核查情况，在保修书约定的时间内予以保修。选项C，保修费用由质量缺陷的责任方承担。选项D，屋面防水工程、有防水要求的卫生间、房间和外墙面的防渗漏，为5年。选项E，在保修期内，因房屋建筑工程质量缺陷造成房屋所有人、使用人或者第三方人身、财产损害的，房屋所有人、使用人或者第三方可以向建设单位提出赔偿要求。

83. B、D、E。本题考核的是监理工作的主要手段。监理工作中的主要手段为：（1）监理指令；（2）旁站；（3）巡视；（4）平行检验和见证取样。

84. A、B、E。本题考核的是卓越绩效模式标准框架中的逻辑关系。"领导作用""战略"与"以顾客和市场为中心"构成了"领导作用"三角，强调高层领导在组织所处的特定环境中，通过制定以顾客和市场为中心的战略，为组织谋划长远未来，关注的是组织如何做正确的事，是驱动力。

85. B、D、E。本题考核的是控制图的观察与分析。当控制图同时满足以下两个条件：一是质量点几乎全部落在控制界限之内；一是控制界限内的质量点排列没有缺陷。我们就可以认为生产过程基本上处于稳定状态。（1）质量点几乎全部落在控制界线内，是指应符合下述三个要求：①连续25点以上处于控制界限内；故选项B正确；②连续35点中仅有1点超出控制界限；故选项D正确；③连续100点中不多于2点超出控制界限；故选项E正确。（2）质量点排列没有缺陷，是指质量点的排列是随机的，而没有出现异常现象。这里的异常现象是指质量点排列出现了"链""多次同侧""趋势或倾向""周期性变动""接近控制界限"等情况。故选项A、C错误。

86. B、C、D。本题考核的是钢筋、钢丝及钢绞线检验内容。钢材进场时，应按国家现行标准的规定抽取试件做力学性能和重量偏差检验，检验结果应符合相应钢材试验标准的规定。检验内容：产品出厂合格证、出厂检验报告、进场复验报告。

87. B、E。本题考核的是钢筋进场检查。抗拉强度实测值与屈服强度实测值的比值不应小于1.25；屈服强度实测值与屈服强度标准值的比值不应大于1.30；最大力下总伸长率不应小于 9%。

88. A、B、C。本题考核的是初步设计评估报告的内容。初步设计评估报告应包括下列主要内容：（1）设计工作概况。（2）设计深度、与设计标准的符合情况。（3）设计任务书的完成情况。（4）有关部门审查意见的落实情况。（5）存在的问题及建议。

89. A、B。本题考核的是图纸会审与设计交底。图纸会审是建设单位、监理单位、施工单位等相关单位，在收到施工图审查机构审查合格的施工图设计文件后，在设计交底前进行的全面细致的熟悉和审查施工图纸的活动。总监理工程师组织监理人员熟悉工程设计文件是项目监理机构实施事前质量控制的一项重要工作。其目的：一是通过熟悉工程设计文件，了解设计意图和工程设计特点、工程关键部位的质量要求；二是发现图纸差错，将图纸中的质量隐患消灭在萌芽之中。

90. B、C、D。本题考核的是施工组织设计报审。施工组织设计的报审应遵循下列程序及要求：（1）施工单位编制的施工组织设计经施工单位技术负责人审核签认后，与施工组织设计报审表一并报送项目监理机构。故选项 A 错误。（2）总监理工程师应及时组织专业监理工程师进行审查，需要修改的，由总监理工程师签发书面意见退回修改；符合要求的，由总监理工程师签认。故选项 B 正确。（3）已签认的施工组织设计由项目监理机构报送建设单位。故选项 D 正确。（4）施工组织设计在实施过程中，施工单位如需做较大的变更，项目监理机构应按程序重新审查。施工组织设计审查监理工作要点：总监理工程师应在约定的时间内，组织各专业监理工程师进行审查，专业监理工程师在报审表上签署审查意见后，总监理工程师审核批准。故选项 C 正确、选项 E 错误。

91. A、B。本题考核的是装配式建筑 PC 构件施工质量控制。构件（外挂板、外墙板、内墙板、隔墙板、预制柱、叠合梁、叠合板、楼梯）吊装时，项目监理机构应对吊装施工进行旁站监理。PC 构件灌浆时，项目监理机构应对钢筋套筒灌浆连接、钢筋浆锚搭接灌浆作业实施旁站监理。楼板面测量放线时，项目监理机构应进行旁站，并对放样的细部尺寸构件安装标高进行测量放线。

92. A、B、D、E。本题考核的是现场安全管理。危大工程应急抢险结束后，建设单位应当组织勘察、设计、施工、监理等单位制定工程恢复方案，并对应急抢险工作进行后评估。

93. A、C、D、E。本题考核的是分项工程的划分。分项工程可按主要工种、材料、施工工艺、设备类别进行划分。

94. A、C。本题考核的是单位工程质量验收。项目监理机构应编写工程质量评估报告，并应经总监理工程师和监理单位技术负责人审核签字后报建设单位。

95. A、B、C、E。本题考核的是单位工程安全和功能检验资料核查及主要功能抽查记录。选项 A 属于通风与空调项目的检查项目；选项 B 属于建筑电气项目的检查项目；选项 C 属于给水排水与供暖项目的检查项目；选项 E 属于建筑与结构项目的检查项目。

96. A、B。本题考核的是质量事故调查报告的内容。质量事故书面报告应包括如下内容：（1）工程及各参建单位名称。（2）质量事故发生的时间、地点、工程部位。（3）事故发生的简要经过、造成工程损伤状况、伤亡人数和直接经济损失的初步估计。（4）事故发生原因的初步判断。（5）事故发生后采取的措施及处理方案。（6）事故处理的过程及结果。

97. C、E。本题考核的是施工阶段投资控制的主要工作。施工阶段投资控制的主要工作：（1）进行工程计量和付款签证。（2）对完成工程量进行偏差分析。（3）审核竣工结算款。（4）处理施工单位提出的工程变更费用。（5）处理费用索赔。

98. A、C、D。本题考核的是安全文明施工费的内容。安全文明施工费：（1）环境保护费。（2）文明施工费。（3）安全施工费。（4）临时设施费，指的是施工单位临时设施费。（5）建筑工人实名制管理费。

99. A、D、E。本题考核的是企业管理费的内容。企业管理费是指建筑安装企业组织施工生产和经营管理所需的费用。内容包括：（1）管理人员工资。（2）办公费。（3）差旅交通费。（4）固定资产使用费。（5）工具用具使用费。（6）劳动保险和职工福利费：是指由企业支付的职工退职金、按规定支付给离休干部的经费，集体福利费、夏季防暑降温、冬季取暖补贴、上下班交通补贴等。（7）劳动保护费。（8）检验试验费。（9）工会经费。（10）职工教育经费。（11）财产保险费。（12）财务费。（13）税金。（14）城市维护建设税。（15）教育费附加。（16）地方教育附加。（17）其他。选项 B 属于规费；选项 C 属于人工费。

100. B、C、D。本题考核的是物有所值定性评价。物有所值定性评价指标包括全生命周期整合程度、风险识别与分配、绩效导向与鼓励创新、潜在竞争程度、政府机构能力、可融资性六项基本评价指标，以及根据具体情况设置的补充指标。补充评价指标主要是六项基本评价指标未涵盖的其他影响因素，包括项目规模大小、预期使用寿命长短、主要固定资产种类、全生命周期成本测算准确性、运营收入增长潜力、行业示范性等。

101. B、C、E。本题考核的是财务分析指标的计算。根据题意无法得知净利润为多少，故选项 A 错误。总投资为 1100 万元，全部为自有资金投入，因此资本金＝总投资，显然项目总投资收益率高于资本金净利润率，故选项 B 正确。第 8 年的累计净现金流量＝$-400-700+100+200+200+200+200+200=0$，因此项目静态投资回收期为 8 年，故选项 C 正确。净现值＝$-400\times(1+5\%)^{-1}-700\times(1+5\%)^{-2}+100\times(1+5\%)^{-3}+200\times(1+5\%)^{-4}+200\times(1+5\%)^{-5}+200\times(1+5\%)^{-6}+200\times(1+5\%)^{-7}+200\times(1+5\%)^{-8}=-181.50$ 万元，小于 0，故选项 E 正确。当基准收益率为 5% 时，净现值小于零，显然当净现值为 0 时对应的收益率小于 5%，即项目内部收益率小于 5%，故选项 D 正确。

102. A、B。本题考核的是经济分析采用的参数和指标。经济分析采用的参数和指标包括：净收益、经济净现值、社会折现率等。选项 C 属于财务分析的主要指标；选项 D 属于经济费用和效益分析常用指标。选项 E 不属于参数和指标。

103. B、D。本题考核的是单位工程概算的编制。建设工程总概算由单项工程综合概算、工程建设其他费用概算、预备费、建设期利息及经营性项目铺底流动资金组成。单项工程综合概算又包括各单位建筑工程概算和设备及安装工程概算。故选项 A 错误。建筑工程概算费用内容及组成按照《建筑安装工程费用项目组成》确定，按构成单位工程的主要分部分项工程编制，根据初步设计工程量按工程所在省、市、自治区颁发的概算定额（指标）或行业概算定额（指标），以及工程费用定额、造价指数计算。故选项 B、D 正确，选项 C 错误。设备及安装工程概算采用"设备及安装工程概算表"形式，按构成单位工程的主要分部分项工程编制，根据初步设计工程量按工程所在省、市、自治区颁发的概算定额（指标）或行业概算定额（指标），以及工程费用定额、造价指数计算。故选项 E 错误。

104. B、D、E。本题考核的是其他项目清单的编制。暂估价包括材料暂估价、工程设备暂估价和专业工程暂估价。暂估价中的材料、工程设备暂估单价应根据工程造价信息或参照市场价格估算，列出明细表；专业工程暂估价应分不同专业，按有关计价规定估算，列出明细表。

105. C、D、E。本题考核的是影响合同价格方式选择的因素。影响合同价格方式选择的因素：（1）项目的复杂程度。（2）工程设计工作的深度。（3）工程施工的难易程度。（4）工程进度要求的紧迫程度。

106. C、E。本题考核的是《标准施工招标文件》中承包人索赔可引用的条款。选项A，可索赔工期、费用和利润；选项B只能索赔费用；选项C只可索赔工期和费用；选项D只可索赔费用和利润；选项E只可索赔工期和费用。

107. C、E。本题考核的是投资偏差产生原因。业主原因包括：增加内容；投资规划不当；组织不落实；建设手续不全；协调不佳；未及时提供场地等。选项A、D属于施工原因。选项B属于客观原因。

108. B、C、D。本题考核的是已完工程进度款支付申请的内容。已完工程进度支付申请应包括下列内容：（1）累计已完成的合同价款。（2）累计已实际支付的合同价款。（3）本周期合计完成的合同价款：①本周期已完成单价项目的金额；②本周期应支付的总价项目的金额；③本周期已完成的计日工价款；④本周期应支付的安全文明施工费；⑤本周期应增加的金额。（4）本周期合计应扣减的金额：①本周期应扣回的预付款；②本周期应扣减的金额。（5）本周期实际应支付的合同价款。

109. A、B、C。本题考核的是总进度纲要的内容。总进度纲要的主要内容包括：（1）项目实施的总体部署。（2）总进度规划。（3）各子系统进度规划。（4）确定里程碑事件的计划进度目标。（5）总进度目标实现的条件和应采取的措施等。

110. B、C、D。本题考核的是流水施工方式的特点。流水施工方式具有以下特点：（1）尽可能地利用工作面进行施工，工期比较短。（2）各工作队实现了专业化施工，有利于提高技术水平和劳动生产率。（3）专业工作队能够连续施工，同时能使相邻专业队的开工时间最大限度地搭接。（4）单位时间内投入的劳动力、施工机具材料等资源量较为均衡，有利于资源、供应的组织。（5）为施工现场的文明施工和科学管理创造了有利条件。依次施工组织管理比较简单；平行施工工期最短。

111. B、C、E。本题考核的是非节奏流水施工的特点。非节奏流水施工具有以下特点：（1）各施工过程在各施工段的流水节拍不全相等。（2）相邻施工过程的流水步距不尽相等。（3）专业工作队数等于施工过程数。（4）各专业工作队能够在施工段上连续作业，有的施工段之间可能有空闲时间。故选项B、C、E正确，选项D错误。选项A错误，加快的成倍节拍流水施工中，流水步距等于流水节拍的最大公约数。

112. B、D。本题考核的是双代号网络计划的绘图规则。存在①、②两个起点节点；③→⑥、④→⑤、⑤→⑦、⑥→⑧箭线交叉表达有误。

113. A、D。本题考核的是关键节点和关键工作。关键工作两端的节点必为关键节点，但两端为关键节点的工作不一定是关键工作，故选项A正确，选项B错误。完成节点为关键节点的工作不一定为关键工作，故选项C错误。以关键节点为完成节点的工作，其总时差等于自由时差，因此两端为关键节点的工作的总时差等于自由时差，故选项D正确。开始节点为关键节点的工作不一定为关键工作，故选项E错误。

114. A、B。本题考核的是关键线路的判断。双代号时标网络计划中，凡自始至终不出现波形线的线路即为关键线路，故选项A正确，选项E错误。从单代号网络计划的终点节点开始，逆着箭线方向依次找出相邻两项工作之间时间间隔为零的线路就是关键线路，故选项 B 正确。双代号网络计划中由关键节点组成的线路不一定是关键线路，故选项 C 错误。单代号网络计划中由关键工作组成的线路不一定是关键线路，故选项 D 错误。

115. C、D、E。本题考核的是工期优化。选择压缩对象时宜在关键工作中考虑下列因素：（1）缩短持续时间对质量和安全影响不大的工作。（2）有充足备用资源的工作。（3）缩短持续时间所需增加的费用最少的工作。

116. A、D。本题考核的是建设工程实际进度与计划进度比较方法。选项 A、D 只能从工程整体进度角度比较分析实际进度与计划进度。选项 C 错误，横道图比较法主要用于工程项目中某些工作实际进度与计划进度的比较。选项 B 错误，前锋线比较法既适用于工作实际进度与计划进度之间的局部比较，又可用来分析和预测工程项目整体进度状况。选项 E 错误，是记录检查日期应该进行的工作名称及其已经作业的时间，然后列表计算有关时间参数，并根据工作总时差进行实际进度与计划进度比较的方法。

117. C、D。本题考核的是前锋线比较法的应用。工作 D 在第 4 月底检查时拖后 1 个月，但是有 1 个月的总时差，不影响工期，故选项 A 错误。工作 E 在第 4 月底检查时拖后 2 个月，总工期为 1 个月，影响工期 1 个月，故选项 B 错误。工作 F 在第 4 月底检查时进度正常，不影响工期，故选项 C 正确。工作 K 在第 8 月底检查时拖后 1 个月，为关键工作，所以影响工期 1 个月，故选项 D 正确。工作 J 在第 8 月底检查时拖后 1 个月，总时差为 1 个月，不影响工期，故选项 E 错误。

118. A、C、E。本题考核的是监理工程师控制工程施工进度的工作内容。建设工程施工进度控制工作内容包括：（1）编制施工进度控制工作细则。（2）编制或审核施工进度计划。（3）按年、季月编制工程综合计划。（4）下达工程开工令。（5）协助承包单位实施进度计划。（6）监督施工进度计划的实施。（7）组织现场协调会。（8）签发工程进度款支付凭证。（9）审批工程延期。（10）向业主提供进度报告。（11）督促承包单位整理技术资料。（12）签署工程竣工报验单，提交质量评估报告。（13）整理工程进度资料。（14）工程移交。

119. D、E。本题考核的是施工进度计划的检查与调整。当施工进度计划初始方案编制好后，需要对其进行检查与调整，进度计划检查的主要内容包括：（1）各工作项目的施工顺序、平行搭接和技术间歇是否合理。（2）总工期是否满足合同规定。（3）主要工种的工人是否能满足连续、均衡施工的要求。（4）主要机具、材料等的利用是否均衡和充分。在上述四个方面中，首要的是前两方面的检查，如果不满足要求，必须进行调整。只有在前两个方面均达到要求的前提下，才能进行后两个方面的检查与调整。前者是解决可行与否的问题，而后者则是优化的问题。

120. B、C、E。本题考核的是监理工程师控制物资供应进度的工作内容。监理工程师控制物资供应进度的工作内容：（1）协助业主进行物资供应的决策：①根据设计图纸和进度计划确定物资供应要求；②提出物资供应分包方式及分包合同清单，并获得业主认可；③与业主协商提出对物资供应单位的要求以及在财务方面应负的责任。（2）组织物资供应招标工作：①组织编制物资供应招标文件；②受理物资供应单位的投标文件（对投标文件进行技术评价，对投标文件进行商务评价）；③推荐物资供应单位及进行有关工作：向业主推荐优选的物资供应单位；主持召开物资供应单位的协商会议；帮助业主拟定并认真履行物资供应合同。（3）编制、审核和控制物资供应计划：①编制物资供应计划；②审核物资供应计划；③监督检查订货情况，协助办理有关事宜；④控制物资供应计划的实施。

《建设工程目标控制》（土木建筑工程）

2021 年度试卷及答案解析

2021 年度全国监理工程师职业资格考试试卷

扫码听课

一、单项选择题（共 80 题，每题 1 分。每题的备选项中，只有 1 个最符合题意）

1. 建设工程规定合理使用寿命期，体现了建设工程质量的（　　）特性。

　　A. 适用性　　　　　　B. 耐久性　　　　　　C. 安全性　　　　　　D. 经济性

2. 通过对人的素质和行为控制，以工作质量保证工程质量的做法，体现了坚持（　　）的质量控制原则。

　　A. 质量第一　　　　　B. 预防为主　　　　　C. 以人为核心　　　　D. 以合同为依据

3. 建设工程发生质量事故后，有关单位应在（　　）h 内向当地建设行政主管部门和其他有关部门报告。

　　A. 1　　　　　　　　　B. 2　　　　　　　　　C. 24　　　　　　　　　D. 48

4. 下列工作中，施工单位不得擅自开展的是（　　）。

　　A. 对已完成的分项工程进行自检　　　　B. 对预拌混凝土进行检验

　　C. 对分包工程质量进行检查　　　　　　D. 修改工程设计，纠正设计图纸差错

5. 重点管理能改进组织关键活动的各种因素，是 ISO 质量管理体系的质量管理原则中（　　）的基本内容。

　　A. 以顾客为关注焦点　　　　　　　　　B. 领导作用

　　C. 全员参与　　　　　　　　　　　　　D. 过程方法

6. 监理单位质量管理体系运行中，定期召开监理例会体现了（　　）的要求。

　　A. 文件标识与控制　　　　　　　　　　B. 产品质量追踪检查

　　C. 物资管理　　　　　　　　　　　　　D. 内部审核

7. 根据《卓越绩效评价准则》，采用卓越绩效模式的驱动力来自（　　）。

　　A. 标准化导向　　　B. 市场竞争　　　C. 市场准入　　　D. 符合性评审

8. 在工程质量统计分析中，用来描述数据离散趋势的特征值是（　　）。

　　A. 平均数与标准偏差　　　　　　　　　B. 中位数与变异系数

　　C. 标准偏差与变异系数　　　　　　　　D. 中位数与标准偏差

9. 根据《建筑工程施工质量验收统一标准》GB 50300-2013，对于主控项目合格质量水平的错判概率 α 和漏判概率 β，正确的取值范围是（　　）。

　　A. α 和 β 均不宜超过 5%　　　　　　B. α 不宜超过 5%，β 不宜超过 10%

C. α 不宜超过 3%，β 不宜超过 5%　　　　D. α 不宜超过 3%，β 不宜超过 10%

10. 工程质量统计分析相关图中，散布点形成由左至右向下分布的较分散的直线带时，表明反映产品质量特征的变量之间存在（　　）关系。

A. 不相关　　　　B. 正相关　　　　C. 弱正相关　　　　D. 弱负相关

11. 一组混凝土立方体抗压强度试件测量值分别为 42.3 MPa、47.6 MPa、54.9 MPa 时，该组试件的试验结果是（　　）。

A. 47.6 MPa　　　　B. 48.3 MPa　　　　C. 51.3 MPa　　　　D. 无效

12. 进行桩基工程单桩静承载力试验时，在同一条件下试桩数不宜少于总桩数的（　　），并不应少于 3 根。

A. 1%　　　　B. 2%　　　　C. 3%　　　　D. 5%

13. 进行工程质量统计分析时，因分组组数不当绘制的直方图可能会形成（　　）直方图。

A. 折齿型　　　　B. 孤岛型　　　　C. 双峰型　　　　D. 绝壁型

14. 提供工程地质条件各项技术参数并满足施工图设计要求，是（　　）勘察阶段的主要任务。

A. 可行性研究　　　　B. 选址　　　　C. 初步　　　　D. 详细

15. 为解决重大技术问题，在（　　）之后可增加技术设计。

A. 方案设计　　　　B. 初步设计　　　　C. 扩初设计　　　　D. 施工图设计

16. 项目监理机构实施设计阶段相关服务时，属于施工图设计协调管理工作的是（　　）。

A. 协助审查施工图是否符合工程建设强制性标准

B. 协助审查施工图中的消防安全性

C. 协助建设单位建立设计过程的联席会议制度

D. 协助建设单位评审施工图预算

17. 项目监理机构对施工方案的审查内容是（　　）。

A. 施工总平面布置　　　　　　　　B. 计算书及相关图纸

C. 资金、劳动力等资源供应计划　　　　D. 施工预算

18. 关于见证取样工作的说法，正确的是（　　）。

A. 见证取样项目和数量应按施工单位编制的检测试验计划执行

B. 选定的检测机构应在工程质量监督机构备案

C. 施工单位取样人员不能由专职质检人员担任

D. 负责见证取样的监理人员应有资格证书

19. 项目监理机构实施平行检验的项目、数量、频率和费用应按（　　）执行。

A. 相关法规　　　　　　　　　　B. 质量检测管理办法

C. 合同约定　　　　　　　　　　D. 施工方案

20. 根据《工程质量安全手册（试行）》，关于混凝土分项工程施工的说法，正确的是（　　）。

A. 泵送混凝土的坍落度小于 14 cm 时，可以少量加水

B. 楼板后浇带的模板支撑体系应按规定单独设置

C. 混凝土应在终凝时间内浇筑完毕

D. 混凝土振捣棒每次插入振动的时间不少于 15s

21. 根据《工程质量安全手册（试行）》，高处作业吊篮内作业人员不应超过（　　）。

A. 1 人

B. 2 人

C. 3 人

D. 专项施工方案所确定的人数

22. 根据《危险性较大的分部分项工程安全管理规定》，施工单位应编制专项施工方案，并组织专家论证的是（　　）工程。

A. 开挖深度为 4.5 m 的基坑

B. 45 m 高的脚手架

C. 悬挂高度为 100 m 的高处作业吊篮

D. 20 m 高的悬挑脚手架

23. 关于项目监理机构对检验批验收的说法，正确的是（　　）。

A. 检验批施工完成后就可以验收

B. 检验批应在隐蔽工程隐蔽后验收

C. 检验批应在分项工程验收后验收

D. 检验批在施工单位自检合格并报验后可以验收

24. 项目监理机构应在（　　）后编制工程质量评估报告。

A. 单位工程完工

B. 竣工验收交付使用

C. 竣工预验收合格

D. 竣工验收

25. 为了确认建设项目是否达到设计目标及标准要求，城市轨道交通建设工程竣工验收应在（　　）后进行。

A. 试运行三个月，并通过全部专项验收

B. 试运行三个月，并通过主要专项验收

C. 试运营三个月，并通过全部单位工程验收

D. 试运营三个月，并通过全部专项验收

26. 工程质量保证金是用以保证（　　）内施工单位对工程缺陷进行维修的资金。

A. 工程投入使用 3 年

B. 工程投入使用 5 年

C. 施工合同约定的缺陷责任期

D. 设计使用年限

27. 分项工程质量合格的条件是（　　）。

A. 主控项目全部合格，一般项目合格率为 80%

B. 主控项目全部合格，一般项目经抽样检验合格

C. 所含的检验批质量均验收合格，且其验收资料齐全完整

D. 所含的检验批质量均验收合格，且其观感质量符合要求

28. 根据《建筑施工特种作业人员管理规定》，必须持证上岗的工种是（　　）。

A. 混凝土工

B. 木工

C. 建筑架子工

D. 在吊篮上作业的抹灰工

29. 施工中出现需要加固的质量缺陷时，项目监理机构应审查施工单位提交的（　　）。

A. 按设计规范编制的加固处理方案

B. 经该项目设计单位认可的加固处理方案

C. 经有相应设计资质的设计单位认可的加固处理方案

D. 经建设单位认为的加固处理方案

30. 工程质量事故发生后，总监理工程师应采取的做法是（　　）。

A. 立即组织抢险

B. 立即征得建设单位同意后签发工程暂停令

C. 立即进行事故调查

D. 立即要求施工单位查清原因和责任人

31. 某工程的混凝土构件尺寸偏差不符合验收规范要求，经原设计单位验算，得出的结论是该构件能够满足结构安全和使用功能要求，则该混凝土构件的处理方式是（ ）。

A. 返工处理　　B. 不做处理　　C. 试验检测　　D. 限制使用

32. 项目监理机构在设备监造过程中的质量控制工作是（ ）。

A. 审查工艺方案　　　　　　　B. 检查生产人员上岗资格

C. 控制加工作业条件　　　　　D. 检查设备出厂包装质量

33. 某生产性项目的建设投资 2000 万元，建设期利息 300 万元，流动资金 500 万元，则该项目的固定资产投资为（ ）万元。

A. 2000　　B. 2300　　C. 2500　　D. 2800

34. 选择建设工程设计方案和进行初步设计时，应以（ ）作为投资控制的目标。

A. 投资估算　　B. 设计概算　　C. 施工图预算　　D. 施工预算

35. 按费用构成要素划分，下列费用中，属于建筑安装工程费用中企业管理费的是（ ）。

A. 工伤保险费　　B. 养老保险费　　C. 劳动保护费　　D. 流动施工津贴

36. 某材料的出厂价 2500 元/t，运杂费 80 元/t，运输损耗率 1%，采购保管费率 2%，则该材料的（预算）单价为（ ）元/t。

A. 2575.50　　B. 2655.50　　C. 2657.40　　D. 2657.92

37. 某进口设备，按人民币计算的离岸价格 210 万元，国外运费 5 万元，国外运输保险费 0.9 万元。进口关税税率 10%，增值税税率 13%，不征收消费税，则该进口设备应纳增值税税额为（ ）万元。

A. 27.300　　B. 28.067　　C. 30.797　　D. 30.874

38. 某新建项目，建设期 2 年，计划银行贷款 3000 万元，第一年贷款 1800 万元，第二年贷款 1200 万元，年利率 5%。则该项目估算的建设期利息为（ ）万元。

A. 90.00　　B. 167.25　　C. 240.00　　D. 244.50

39. 除国家对采用高新技术成果有特别规定外，固定资产投资项目资本金中以工业产权、非专利技术作价出资的比例不得超过该项目资本金总额的（ ）。

A. 10%　　B. 15%　　C. 20%　　D. 50%

40. 下列评价指标中，属于 PPP 物有所值定性评价的基本评价指标是（ ）。

A. 可融资性　　　　　　　　　B. 项目规模大小

C. 运营收入增长潜力　　　　　D. 行业示范性

41. 下列可行性研究内容中，属于建设方案研究与比选的是（ ）。

A. 产品价格现状及预测　　　　B. 筹资方案与资金使用计划

C. 产品竞争力优劣势分析　　　D. 产品方案与建设规模

42. 某项两年期借款，年利率为 6%，按月复利计息，每季度结息一次，则该项借款的季度实际利率为（ ）。

A. 1.508%　　B. 1.534%　　C. 1.542%　　D. 1.589%

43. 采用生产能力指数法估算某拟建项目的建设投资，拟建项目规模为已建类似项目规模的 5 倍，且是靠增加相同规格设备数量达到的，则生产能力指数的合理取值范围是（　　）。

  A. 0.2~0.5   B. 0.6~0.7   C. 0.8~0.9   D. 1.1~1.5

44. 某项目建设投资 1200 万元，建设期贷款利息 100 万元，铺底流动资金 90 万元，铺底流动资金为全部流动资金的 30%，项目正常生产年份税前利润 260 万元，年利息 20 万元，则该项目的总投资收益率为（　　）。

  A. 16.25%   B. 17.50%   C. 20.00%   D. 20.14%

45. 民用建筑设计方案经济性评价追求的目标是（　　）。

  A. 规模一定的条件下，工程造价/投资最低

  B. 单位面积使用阶段能耗最低，节能效果好

  C. 满足结构安全的前提下，主要建筑材料消耗最少

  D. 全寿命周期的高性价比

46. 某项目建筑安装工程目标造价 2000 元/m²，项目四个功能区重要性采用 0—1 评分法，评分结果见下表，则该项目建筑安装工程在节能方面的投入宜为（　　）元/m²。

功能区	安全	适用	节能	美观
安全	×	0	1	1
适用	1	×	1	1
节能	0	0	×	1
美观	0	0	0	×

  A. 340   B. 400   C. 600   D. 660

47. 关于设计概算编制的说法，正确的是（　　）。

  A. 应按编制时项目所在地的价格水平编制，不考虑后续价格变动

  B. 应按编制时项目所在地的价格水平编制，不考虑施工条件影响

  C. 应按编制时项目所在地的价格水平编制，还应按项目合理工期预测建设期价格水平

  D. 应按编制时项目所在地的价格水平编制，不考虑建设项目的实际投资

48. 采用定额单价法编制施工图预算时，若某分项工程的主要材料品种与预算单价或单位估价表中规定材料不一致，则正确的做法是（　　）。

  A. 按实际使用材料价格换算预算单价，再套用换算后的单价

  B. 直接套用预算单价，再根据材料价差调整工程费用

  C. 改用实物量法编制施工图预算

  D. 改用工程量清单单价法编制施工图预算

49. 招标工程量清单的准确性和完整性应由（　　）负责。

  A. 招标人和施工图审查机构共同   B. 招标代理机构

  C. 招标人   D. 招标人和投标人共同

50. 招标投标过程中，出现招标工程量清单项目特征描述与设计图纸不符时，投标人的正确做法是（　　）。

  A. 以设计图纸的要求为准进行报价并加备注

  B. 根据设计单位确认的项目特征报价

  C. 以招标工程量清单的项目特征描述和设计图纸分别报价

D. 以招标工程量清单的项目特征描述为准进行报价

51. 总价施工合同履行过程中，承包人发现某分项工程在招标文件给出的工程量表中被遗漏，则处理该分项工程价款的方式是（ 　）。

A. 由发承包双方按单价合同计价方式协商确定结算价

B. 由发承包双方另行订立补充协议确定计价方式和价款

C. 由发承包双方协商确定一个总价并调整原合同价

D. 视为已包含在合同总价中，因而不单独进行结算

52. 根据《建设工程施工合同（示范文本）》GF-2017-0201，除专用合同条款另有约定外，按月计量支付的单价合同，监理人应在收到承包人提交的工程量报告后（ 　）d内完成审核并报送发包人。

A. 5　　　　　　　B. 7　　　　　　　C. 10　　　　　　　D. 14

53. 工程量清单中，钻孔桩的桩长一般采用的计量方法是（ 　）。

A. 均摊法　　　　B. 估价法　　　　C. 断面法　　　　D. 图纸法

54. 某工程原定 2019 年 6 月 30 日竣工，因承包人原因，工程延至 2019 年 10 月 30 日竣工，但在 2019 年 7 月因法律法规的变化导致工程造价增加 200 万元，则该工程合同价款的正确处理方法是（ 　）。

A. 不予调增　　　B. 调增 100 万元　　　C. 调增 150 万元　　　D. 调增 200 万元

55. 2019 年 11 月实际完成的某土方工程，按基准日期价格计算的已完成工程的金额为 1000 万元，该工程定值权重 0.2。各可调因子的价格指数除人工费增长 20% 外，其他均增长了 10%，人工费占可调值部分的 50%。按价格调整公式计算，该土方工程需调整的价款为（ 　）万元。

A. 80　　　　　　B. 120　　　　　　C. 130　　　　　　D. 150

56. 某地下工程，计划到 5 月份累计开挖土方 1.2 万 m^3，预算单价为 90 元/m^3。经确认，到 5 月份实际累计开挖土方 1 万 m^3，实际单价为 95 元/m^3，该工程此时的投资偏差为（ 　）万元。

A. -18　　　　　　B. -5　　　　　　C. 5　　　　　　D. 18

57. 下列影响工程进度的因素中，属于组织管理因素的是（ 　）。

A. 资金不到位　　　　　　　　　　B. 计划安排不周密

C. 外单位临近工程施工干扰　　　　D. 业主使用要求改变

58. 监理工程师控制工程进度应采取的技术措施是（ 　）。

A. 编制进度控制工作细则　　　　　B. 建立工程进度报告制度

C. 建立进度协调工作制度　　　　　D. 加强工程进度风险管理

59. 工程施工阶段进度控制的任务是（ 　）。

A. 调查分析环境及施工现场条件　　B. 编制详细的设计出图计划

C. 进行工期目标和进度控制决策　　D. 编制施工总进度计划

60. 建设单位计划系统中，用来明确各种设计文件交付日期、主要设备交货日期、施工单位进场日期、水电及道路接通日期等的计划表是（ 　）。

A. 施工总进度计划表　　　　　　　B. 投资计划年度平衡表

C. 工程项目进度平衡表　　　　　　D. 工程建设总进度计划表

61. 建设工程采用平行施工方式的特点是（ 　）。

A. 充分利用工作面进行施工　　　　　B. 施工现场组织管理简单

C. 专业工作队能够连续施工　　　　　D. 有利于实现专业化施工

62. 下列流水施工参数中，用来表达流水施工在空间布置上开展状态的参数是（　　）。

A. 施工过程和流水强度　　　　　B. 流水强度和工作面

C. 流水段和施工过程　　　　　　D. 工作面和流水段

63. 某工程有 3 个施工过程，分 3 个施工段组织固定节拍流水施工，流水节拍为 2 d。各施工过程之间存在 2 d 的工艺间歇时间，则流水施工工期为（　　）d。

A. 10　　　　　　B. 12　　　　　　C. 14　　　　　　D. 16

64. 某工程合同工期为 13 个月，绘制的工程网络计划计算工期为 10 个月。经综合分析确定的计划工期为 11 个月，则工程网络计划中关键工作的总时差是（　　）个月。

A. 0　　　　　　B. 1　　　　　　C. 2　　　　　　D. 3

65. 某工程双代号网络计划如下图所示，工作 E 最早完成时间和最迟完成时间分别是（　　）。

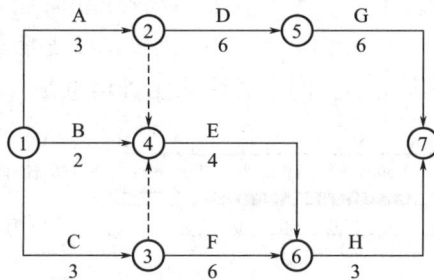

A. 6 和 8　　　　　B. 6 和 12　　　　　C. 7 和 8　　　　　D. 7 和 12

66. 某工程双代号网络计划如下图所示，工作 G 的自由时差和总时差分别是（　　）。

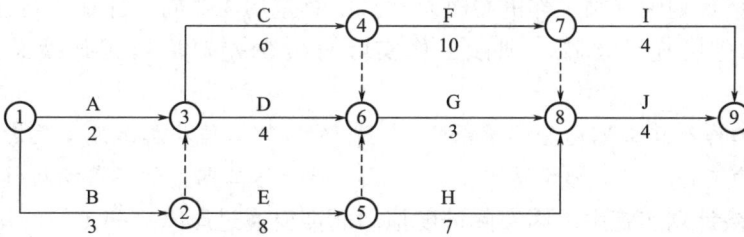

A. 0 和 4　　　　　B. 4 和 4　　　　　C. 5 和 5　　　　　D. 5 和 6

67. 某工程双代号时标网络计划如下图所示，图中表明的正确信息是（　　）。

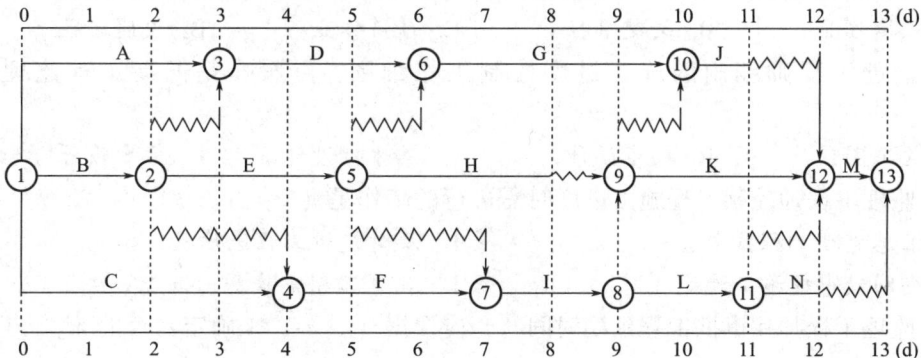

A. 工作 D 的自由时差为 1 d
B. 工作 E 的总时差等于自由时差
C. 工作 F 的总时差为 1 d
D. 工作 H 的总时差为 1 d

68. 某工程单代号网络计划中，工作 E 的最早完成时间和最迟完成时间分别是 6 和 8，紧后工作 F 的最早开始时间和最迟开始时间分别是 7 和 10，工作 E 和 F 之间的时间间隔是（　　）。

A. 1　　　　　　B. 2　　　　　　C. 3　　　　　　D. 4

69. 双代号时标网络计划中，波形线表示（　　）。

A. 工作的总时差
B. 工作与其紧后工作之间的时间间隔
C. 工作的自由时差
D. 工作与其紧后工作之间的时距

70. 工程网络计划工期优化的基本方法是通过（　　）来达到优化目标。

A. 组织关键工作流水作业
B. 组织关键工作平行作业
C. 压缩关键工作的持续时间
D. 压缩非关键工作的持续时间

71. 下列工作中，属于建设工程进度监测系统过程中工作内容的是（　　）。

A. 分析进度偏差产生的原因
B. 分析进度偏差对工期的影响
C. 确定工期的限制条件
D. 比较实际进度与计划进度

72. 某工程横道计划如下图所示，图中表明的正确信息是（　　）。

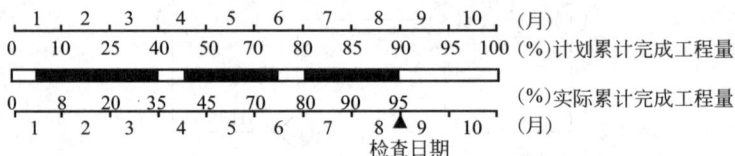

```
  1   2   3   4   5   6   7   8   9   10  (月)
0  10  25  40  50  70  80  85  90  95  100 (%)计划累计完成工程量
  ████  ██  ████████  ██  ████
0   8  20  35  45  70  80  90  95        (%)实际累计完成工程量
  1   2   3   4   5   6   7   8▲ 9   10  (月)
                            检查日期
```

A. 截至检查日期，进度超前
B. 前 3 个月连续施工，进度正常
C. 第 4 个月中断施工，进度拖后
D. 前 6 个月连续施工，进度正常

73. 工程网络计划中，某工作的总时差和自由时差均为 2 周。计划实施过程中经检查发现，该工作实际进度拖后 1 周。则该工作实际进度偏差对后续工作及总工期的影响是（　　）。

A. 对后续工作及总工期均有影响
B. 对后续工作及总工期均无影响
C. 影响后续工作，但不影响总工期
D. 影响总工期，但不影响后续工作

74. 工程网络计划实施中，因实际进度拖后而需要通过压缩某些工作的持续时间来调整计划时，应选择（　　）的工作压缩其持续时间。

A. 持续时间最长　　B. 自由时差最小　　C. 总时差最小　　D. 时间间隔最大

75. 建筑工程管理（CM）方法是指工程实施采用（　　）的生产组织方式。

A. 敏捷作业　　　　B. 关键路径　　　　C. 精益作业　　　　D. 快速路径

76. 监理工程师编制的施工进度控制工作细则，可看作是开展工程监理工作的（　　）。

A. 施工图设计　　　B. 初步设计　　　　C. 总体性设计　　　D. 方案设计

77. 监理工程师控制工程施工进度时需进行的工作是（　　）。

A. 汇总整理工程技术资料
B. 及时支付工程进度款
C. 编制或审核施工进度计划
D. 编制工期索赔意向报告

78. 监理工程师在审批工程延期时间时，应根据（　　）来确定是否批准。

A. 工程延误时间 B. 合同规定

C. 承包单位赶工费用 D. 建设单位要求

79. 为了达到调整施工进度计划的目的，可采用的技术措施是（   ）。

A. 采用更先进的施工机械 B. 增加工作面

C. 实施强有力的调度 D. 增加施工队伍

80. 监理工程师在协助业主进行物资供应决策时，应进行的工作是（   ）。

A. 编制物资供应招标文件 B. 提出物资供应分包方式

C. 确定物资供应单位 D. 签订物资供应合同

二、多项选择题（共40题，每题2分。每题的备选项中，有2个或2个以上符合题意，至少有1个错项。选错，本题不得分；少选，所选的每个选项得0.5分）

81. 根据《房屋建筑和市政基础设施工程质量监督管理规定》，建设行政主管部门对工程实体质量监督的内容有（   ）。

A. 抽查施工单位完成施工质量的行为

B. 抽查涉及工程主体结构安全的工程实体质量

C. 抽查涉及主要使用功能的工程实体质量

D. 抽查主要建筑材料和建筑构配件的质量

E. 对工程竣工验收进行监督

82. 建设工程保修期内出现的质量问题，不属于施工单位保修责任的有（   ）。

A. 建设单位负责采购的给排水管道破裂

B. 分包单位完成的屋面防水工程出现渗漏

C. 建设单位使用不当造成的质量缺陷

D. 运输公司货车撞裂建筑墙体

E. 不可抗力造成的质量缺陷

83. ISO 质量管理体系中，领导作用的基本内容有（   ）。

A. 确定质量方针、目标 B. 形成内部环境

C. 识别相关方关系 D. 建立 PDCA 循环

E. 建立管理评审机制

84. 在卓越绩效模式中，为了实现质量对组织绩效的增值作用，需要关注的要素有（   ）。

A. 标准化导向 B. 符合性评审

C. 质量管理与质量经营的系统融合 D. 促进组织效率最大化

E. 促进顾客价值最大化

85. 采用排列图法分析工程质量影响因素时，可将影响因素分为（   ）。

A. 偶然因素 B. 主要因素 C. 系统因素 D. 次要因素

E. 一般因素

86. 进行砌体结构实体质量检测时，需要进行的强度检测有（   ）。

A. 砌筑块材强度 B. 砌筑砂浆强度 C. 砌体结构变形 D. 砌块材料强度

E. 砌体强度

87. 钢结构工程的焊缝质量无损检测，应满足的要求有（   ）。

A. 一级焊缝应 100%检验

B. 特殊焊缝应进行不小于 85% 比例的抽验

C. 四级焊缝应进行不小于 60% 比例的抽验

D. 二级焊缝应进行不小于 20% 比例的抽验

E. 一般情况下，三级焊缝可不进行抽验

88. 初步设计阶段，项目监理机构开展质量管理相关服务的工作内容有（　　）。

A. 协助起草设计任务书　　　　　　　B. 协助组织专项技术论证

C. 协助组织设计成果审查　　　　　　D. 协助项目设计报审

E. 协助起草设计文件

89. 工程质量事故处理方案的辅助决策方法有（　　）。

A. 试验验证法　　B. 定期观测法　　C. 专家论证法　　　D. 头脑风暴法

E. 线性规划法

90. 项目监理机构对施工组织设计的审查内容有（　　）。

A. 施工总平面布置　　　　　　　　　B. 施工进度安排

C. 施工方案　　　　　　　　　　　　D. 生产安全事故应急预案

E. 分包单位的类似工程业绩

91. 项目监理机构对混凝土预制构件型式检验报告的审核内容有（　　）。

A. 运输路线　　B. 外观质量　　C. 尺寸偏差　　D. 卸车条件

E. 混凝土抗压强度

92. 对危险性较大的分部分项工程资料，项目监理机构应纳入档案管理的有（　　）。

A. 专项施工方案审查文件　　　　　　B. 监理实施细则

C. 专项巡视检查资料　　　　　　　　D. 工程验收及整改资料

E. 工程技术交底记录

93. 当分部工程较大或较复杂时，可按（　　）将分部工程划分为若干子分部工程。

A. 材料种类　　B. 施工特点　　C. 工程部位　　D. 专业系统

E. 质量要求

94. 总监理工程师组织主体结构分部工程验收时，应参加验收的人员有（　　）。

A. 设计单位项目负责人　　　　　　　B. 勘察单位项目负责人

C. 施工单位技术、质量部门负责人　　D. 施工单位项目负责人

E. 建设单位项目负责人

95. 单位工程竣工验收时需要核查的安全和功能检验资料中，属于"建筑与结构"部分的项目有（　　）。

A. 桩基承载力检验报告　　　　　　　B. 节能保温测试记录

C. 给水管道通水试验记录　　　　　　D. 沉降观测测量记录

E. 混凝土强度试验报告

96. 监理单位向建设单位提交的质量事故处理报告中应包括的内容有（　　）。

A. 质量事故的工程部位　　　　　　　B. 事故发生的原因

C. 事故的责任人及其责任　　　　　　D. 事故处理的过程

E. 事故处理的结果

97. 项目监理机构处理施工单位提出的工程变更费用时，正确的做法有（　　）。

A. 自主评估工程变更费用

B. 组织建设单位、施工单位协商确定工程变更费用

C. 根据工程变更引起的费用和工期变化变更施工合同

D. 变更实施前，与建设单位、施工单位协商确定工程变更的计价原则、方法

E. 建设单位与施工单位未能就工程变更费用达成协议时，自主确定一个价格作为最终结算的依据

98. 下列费用中，属于建筑安装工程措施项目费的有（　　　）。

A. 建筑工人实名制管理费　　　　　B. 大型机械进出场及安拆费

C. 建筑材料鉴定、检查费　　　　　D. 工程定位复测费

E. 施工单位临时设施费

99. 下列费用中，属于引进技术和进口设备其他费的有（　　　）。

A. 单台设备调试费用　　　　　　　B. 进口设备检验鉴定费

C. 设备无负荷联动试运转费　　　　D. 国外工程技术人员来华费用

E. 生产职工培训费用

100. 相比其他债务资金筹措渠道与方式，债券筹资的优点有（　　　）。

A. 保障股东控制权　　　　　　　　B. 发挥财务杠杆作用

C. 便于调整资本结构　　　　　　　D. 经营灵活性高

E. 筹资成本较低

101. 某具有常规现金流量的投资项目，建设期 2 年，计算期 12 年，总投资 1800 万元，投产后净现金流量见下表。项目基准收益率为 8%，基准动态投资回收期为 7 年，财务净现值为 150 万元，关于该项目财务分析的说法，正确的有（　　　）。

年份	3	4	5	6	7	…	12
净现金流量（万元）	200	400	400	400	400	…	…

A. 项目内部收益率小于 8%

B. 项目静态投资回收期为 7 年

C. 用动态投资回收期评价，项目不可行

D. 计算期第 5 年投资利润率为 22.2%

E. 项目动态投资回收期小于 12 年

102. 关于项目财务分析和经济分析关系的说法，正确的有（　　　）。

A. 财务分析的数据资料是经济分析的基础

B. 两种分析所站立场和角度相同

C. 两种分析的内容和方法相同

D. 两种分析的依据和分析结论时效性不同

E. 两种分析计量费用和效益的价格尺度不同

103. 政府投资项目概算批准后，允许调整概算的情形有（　　　）。

A. 原设计范围内提高建设标准引起的费用增加

B. 超出原设计范围的重大变更

C. 建设单位提出设计变更引起的费用增加

D. 设计文件重大差错引起的工程费用增加

E. 超出涨价预备费的国家重大政策性调整

104. 采用工程量清单计价的招标工程，投标人必须按招标文件中提供的数据或政府主管部门规定的标准计算报价的有（　　）。

A. 总承包服务费 B. 以"项"为单位计价的措施项目

C. 安全文明施工费 D. 提供了暂估价的工程设备

E. 暂列金额

105. 固定单价合同发包人承担的风险有（　　）。

A. 通货膨胀导致施工工料成本变动

B. 工程范围变更引起的工程量变化

C. 实际完成的工程量与估计工程量的差异

D. 设计变更导致的已完成工程拆除工程量

E. 承包人赶工引发质量问题的处理费用

106. 根据《标准施工招标文件》，发包人应给予承包人工期和费用补偿，但不包括利润的情形有（　　）。

A. 施工过程中发现文物

B. 发包人提供的材料不符合合同要求

C. 异常恶劣的气候条件

D. 承包人遇到难以合理预见的不利物质条件

E. 监理人对隐蔽工程重新检查证明工程质量符合合同要求

107. 根据 2017 版 FIDIC《施工合同条件》，业主应给予承包商工期、费用和利润补偿的情形有（　　）。

A. 例外事件 B. 当地政府造成的延误

C. 业主原因暂停工程 D. 非承包商责任的修补工作

E. 因法律变化

108. 下列关于质量保证金的说法，正确的有（　　）。

A. 质量保证金预留的总额不得高于工程价款结算总额的 6%

B. 工程竣工前承包人已提供履约担保的，发包人不得同时预留工程质量保证金

C. 质量保证金原则上采用保函方式

D. 质量保证金可以在工程竣工结算时一次性扣留

E. 质量保证金可以在支付工程进度款时逐次扣留

109. 与横道计划相比，工程网络计划的优点有（　　）。

A. 能够直观表示各项工作的进度安排

B. 能够明确表达各项工作之间的逻辑关系

C. 可以明确各项工作的机动时间

D. 可以找出关键线路和关键工作

E. 可以直观表达各项工作之间的搭接关系

110. 建设工程组织流水施工时，划分施工段的原则有（　　）

A. 每个施工段需要有足够工作面

B. 施工段数要满足合理组织流水施工要求

C. 施工段界限要尽可能与结构界限相吻合

D. 同一专业工作队在不同施工段的劳动量必须相等

E. 施工段必须在同一平面内划分

111. 建设工程组织固定节拍流水施工的特点有（　　　）。

A. 专业工作队数等于施工过程数　　　　B. 施工过程数等于施工段数

C. 各施工段上的流水节拍相等　　　　　D. 有的施工段之间可能有空闲时间

E. 相邻施工过程之间的流水步距相等

112. 某工程双代号网络计划如下图所示，存在的错误有（　　　）。

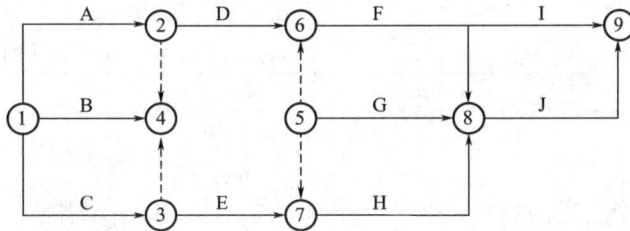

A. 多个起点节点　　B. 多个终点节点　　C. 存在循环回路　　D. 箭线上引出箭线

E. 存在无箭头的工作

113. 某工程双代号网络计划如下图所示，图中表明的正确信息有（　　　）。

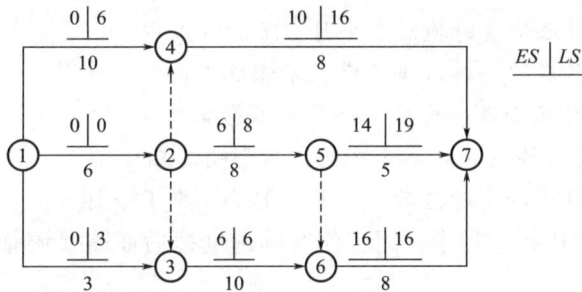

A. 工作①→③的总时差等于自由时差

B. 工作①→④的总时差等于自由时差

C. 工作②→⑤的自由时差为零

D. 工作⑤→⑦为关键工作

E. 工作⑥→⑦为关键工作

114. 双代号网络计划中，关于关键节点的说法，正确的有（　　　）。

A. 以关键节点为完成节点的工作必为关键工作

B. 两端为关键节点的工作不一定是关键工作

C. 关键节点必然处于关键线路上

D. 关键节点的最迟时间与最早时间的差值最小

E. 由关键节点组成的线路不一定是关键线路

115. 工程网络计划优化的目的有（　　　）。

A. 使计算工期满足要求工期

B. 按要求工期寻求资源需用量最小的计划安排

C. 工期不变条件下资源强度最小

D. 寻求工程总成本最低时的工期安排

E. 工期不变条件下资源需用量尽可能均衡

116. 采用 S 曲线比较工程实际进度与计划进度，可获得的信息有（　　　）。

A. 工程实际拥有的总时差　　　　B. 工程实际进展情况

C. 工程实际进度超前或拖后的时间　　D. 工程实际超额或拖欠完成的任务量

E. 后期工程进度预测值

117. 某工程进度计划执行到第 6 月底和第 9 月底绘制的实际进度前锋线如下图所示，图中表明的正确信息有（　　　）。

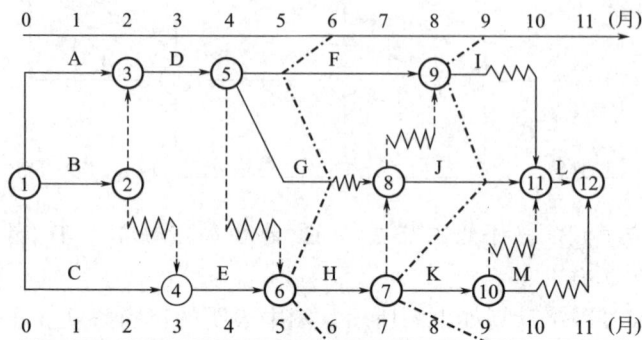

A. 工作 F 在第 6 月底检查时拖后 1 个月，不影响工期

B. 工作 G 在第 6 月底检查时进度正常，不影响工期

C. 工作 H 在第 6 月底检查时拖后 1 个月，不影响工期

D. 工作 I 在第 9 月底检查时拖后 1 个月，不影响工期

E. 工作 K 在第 9 月底检查时拖后 2 个月，影响工期 1 个月

118. 工程网络计划执行过程中，因工作实际进度拖后而需要调整工程进度计划时，可采用的调整方法有（　　　）。

A. 调整某些工作的工艺关系

B. 将某些顺序作业的工作改为平行作业

C. 将某些顺序作业的工作改为搭接作业

D. 将某些平行作业的工作改为搭接作业

E. 将某些平行作业的工作改为分段组织流水作业

119. 确定建设工程施工进度分解目标时，需要考虑的因素有（　　　）。

A. 合理安排土建与设备的综合施工　　B. 尽早提供可动用单元

C. 同类工程建设经验　　　　　　　D. 承包单位控制能力

E. 外部协作条件配合情况

120. 监理工程师审核物资供应计划的内容有（　　　）。

A. 物资生产工人是否足额配置

B. 物资库存量安排是否经济合理

C. 物资采购时间安排是否经济合理

D. 物资供应计划与施工进度计划的匹配性

E. 物资供应紧张或不足致使施工进度拖后的可能性

2021 年度全国监理工程师职业资格考试试卷答案解析

一、单项选择题

1. B;	2. C;	3. C;	4. D;	5. D;
6. B;	7. B;	8. C;	9. A;	10. D;
11. A;	12. A;	13. A;	14. D;	15. B;
16. C;	17. B;	18. B;	19. C;	20. B;
21. B;	22. D;	23. D;	24. C;	25. A;
26. C;	27. C;	28. C;	29. B;	30. B;
31. B;	32. C;	33. B;	34. A;	35. C;
36. D;	37. D;	38. B;	39. C;	40. A;
41. D;	42. A;	43. C;	44. B;	45. D;
46. B;	47. C;	48. A;	49. C;	50. D;
51. D;	52. B;	53. D;	54. A;	55. B;
56. B;	57. B;	58. A;	59. D;	60. C;
61. A;	62. D;	63. C;	64. B;	65. B;
66. C;	67. D;	68. A;	69. B;	70. C;
71. D;	72. A;	73. B;	74. C;	75. D;
76. A;	77. C;	78. B;	79. A;	80. B。

【解析】

1. B。本题考核的是建设工程质量特性。耐久性，即寿命，是指工程在规定的条件下，满足规定功能要求使用的年限，也就是工程竣工后的合理使用寿命期。

2. C。本题考核的是工程质量控制的原则。坚持以人为核心的原则，在工程质量控制中，要以人为核心，重点控制人的素质和人的行为，充分发挥人的积极性和创造性，以人的工作质量保证工程质量。

3. C。本题考核的是工程质量管理主要制度。建设工程发生质量事故，有关单位应当在 24 h 内向当地建设行政主管部门和其他有关部门报告。

4. D。本题考核的是施工单位的质量责任和义务。施工单位必须按照工程设计图纸和施工技术标准施工，不得擅自修改工程设计，不得偷工减料。在施工过程中发现设计文件和图纸有差错的，应当及时提出意见和建议。

5. D。本题考核的是 ISO 质量管理体系的质量管理原则。过程方法的基本内容包括：（1）应用 PDCA 循环。（2）过程策划。（3）明确管理的职责和权限。（4）配备过程所需资源（包括人力、设施设备、原材料、作业方法、工作环境和信息资源等）。（5）重点管理能改进组织关键活动的各种因素。（6）评估过程风险以及对顾客、供方和其他相关方可能产生的影响和后果。

6. B。本题考核的是监理单位质量管理体系运行。监理单位质量管理体系运行工作要点：（1）文件的标识与控制。（2）产品质量的追踪检查：建立两级质量管理体系，严格控制服务产品质量；坚持定期召开监理例会。（3）物资管理。

7. B。本题考核的是卓越绩效模式。"卓越绩效"模式来自市场竞争的驱动，通过质量奖及自我评价促进竞争力水平提高。

8. C。本题考核的是描述数据离散趋势的特征值。描述数据离散趋势的特征值有：极差，标准偏差，变异系数。中位数与平均数是描述数据集中趋势的特征值。

9. A。本题考核的是抽样检验风险。根据《建筑工程施工质量验收统一标准》GB 50300-2013规定，在制定检验批的抽样方案时，对生产方风险（或错判概率 α）和使用方风险（或漏判概率 β）可按下列规定采取：（1）主控项目：对应于合格质量水平的 α 和 β 均不宜超过5%。（2）一般项目：对应于合格质量水平的 α 不宜超过5%，β 不宜超过10%。

10. D。本题考核的是相关图的观察与分析。弱负相关是指散布点形成由左至右向下分布的较分散的直线带。

11. A。本题考核的是普通混凝土力学性能试验。三个试件测量值的算术平均值作为该组试件的强度值；三个测量值中的最大值最小值中如有一个与中间值的差值超过中间值的15%时，则把最大及最小值一并去除，取中间值作为该组试件的抗压强度值；如最大值和最小值的差均超过中间值的15%，则该组试件的试验结果无效。最小值与中间值比较：$(47.6-42.3)/47.6 = 11.13\%$，最大值与中间值比较：$(54.9-47.6)/47.6 = 15.34\%$，因此应把最大及最小一并去除，取中间值 47.6 MPa 为抗压强度值。

12. A。本题考核的是桩基承载力试验。单桩静承载力试验，试验数量在同一条件下，试桩数不宜少于总桩数的1%，并不应少于3根，工程总桩数50根以下不少于2根。

13. A。本题考核的是直方图的观察与分析。折齿型是由于分组组数不当或者组距确定不当出现的直方图；孤岛型是原材料发生变化，或者临时他人顶班作业造成的；双峰型，是由于用两种不同方法或两台设备或两组工人进行生产，然后把两方面数据混在一起整理产生的；绝壁型，是由于数据收集不正常，可能有意识地去掉下限以下的数据，或是在检测过程中存在某种人为因素影响所造成的。

14. D。本题考核的是工程勘察各阶段工作要求。工程勘察工作一般分三个阶段，即可行性研究勘察、初步勘察、详细勘察。详细勘察提出设计所需的工程地质条件的各项技术参数，对基础设计、地基基础处理与加固、不良地质现象的防治工程等具体方案做出岩土工程计算与评价，以满足施工图设计的要求。

15. B。本题考核的是我国工程建设项目设计阶段。有独特要求的项目，或复杂的，采用新工艺、新技术又缺乏设计经验的重大项目，或有重大技术问题的主体单项工程，在初步设计之后可增加单项技术设计阶段。

16. C。本题考核的是施工图设计协调管理工作。工程监理单位承担设计阶段相关服务的，应做好下列工作：（1）协助建设单位审查设计单位提出的新材料、新工艺、新技术、新设备（简称"四新"）在相关部门的备案情况。（2）协助建设单位建立设计过程的联席会议制度，组织设计单位各专业主要设计人员定期或不定期开展设计讨论，共同研究和探讨设计过程中出现的矛盾，集思广益，根据项目的具体特性和处于主导地位的专业要求进行综合分析，提出解决的方法。（3）协助建设单位开展深化设计管理。

17. B。本题考核的是施工方案审查。审查施工方案的基本内容是否完整，包括：（1）工程概况：分部分项工程概况、施工平面布置、施工要求和技术保证条件。（2）编制依据：

相关法律法规、标准、规范及图纸（国标图集）、施工组织设计等。（3）施工安排：包括施工顺序及施工流水段的确定、施工进度计划、材料与设备计划。（4）施工工艺技术：技术参数、工艺流程、施工方法、检验标准等。（5）施工保证措施：组织保障、技术措施、应急预案、监测监控等。（6）计算书及相关图纸。

18. B。本题考核的是实施见证取样的要求。选项 A 错误，在监理人员现场监督下，施工单位按相关规范的要求，完成材料、试块、试件等的取样过程，取样数量及方法应按相关技术标准、规范、规程的规定抽取。选项 C 错误，施工单位从事取样的人员一般应由试验室人员或专职质检人员担任。选项 D 错误，负责见证取样的监理人员要具有材料、试验等方面的专业知识，并经培训考核合格，且要取得见证人员培训合格证书。

19. C。本题考核的是平行检验。平行检验的项目、数量、频率和费用等应符合建设工程监理合同的约定。

20. B。本题考核的是混凝土工程质量控制。选项 A 错误，严禁在混凝土中加水。泵送混凝土坍落度不符合要求，泵送前要用足够的水泥浆来润滑管壁。选项 C 错误，混凝土应在初凝时间内浇筑完毕。选项 D 错误，混凝土振捣棒每次插入振捣的时间为 20~30 s 左右。

21. B。本题考核的是安全生产现场控制。对于高处作业吊篮的使用，各限位装置应齐全有效，安全锁必须在有效的标定期限内，吊篮内作业人员不应超过 2 人。

22. D。本题考核的是专项施工方案论证。对于超过一定规模的危大工程，施工单位应当组织召开专家论证会对专项施工方案进行论证。选项 A、B、C 属于危险性较大的分部分项工程范围。

23. D。本题考核的是检验批质量验收。验收前，施工单位应对施工完成的检验批进行自检，对存在的问题自行整改处理，合格后填写检验批报审、报验表及检验批质量验收记录，并将相关资料报送项目监理机构申请验收。

24. C。本题考核的是单位工程质量验收。工程竣工预验收合格后，项目监理机构应编写工程质量评估报告，并应经总监理工程师和工程监理单位技术负责人审核签字后报建设单位。

25. A。本题考核的是单位工程验收。城市轨道交通建设工程所包含的单位工程验收合格且通过相关专项验收后，方可组织项目工程验收；项目工程验收合格后，建设单位应组织不载客试运行，试运行三个月并通过全部专项验收后，方可组织竣工验收；竣工验收合格后，城市轨道交通建设工程方可履行相关试运营手续。

26. C。本题考核的是工程保修的相关规定。建设工程质量保证金是指发包人与承包人在建设工程承包合同中约定，从应付的工程款中预留，用以保证承包人在缺陷责任期内对建设工程出现的缺陷进行维修的资金。

27. C。本题考核的是建筑工程施工质量验收程序和合格规定。分项工程质量验收合格应符合下列规定：（1）所含检验批的质量均应验收合格。（2）所含检验批的质量验收记录应完整。

28. C。本题考核的是巡视与旁站。根据《建筑施工特种作业人员管理规定》，对于建筑电工、建筑架子工、建筑起重信号司索工、建筑起重机械司机、建筑起重机械安装拆卸工、高处作业吊篮安装拆卸工、焊接切割操作工以及经省级以上人民政府建设主管部门认定的其他特种作业人员，必须持施工特种作业人员操作证上岗。

29. B。本题考核的是监理通知单、工程暂停令、复工令的签发。对需要返工处理或加固补强的质量缺陷，项目监理机构应要求施工单位报送经设计等相关单位认可的处理方案，并应对质量缺陷的处理过程进行跟踪检查，同时应对处理结果进行验收。

30. B。本题考核的是工程质量事故处理。工程质量事故发生后，总监理工程师应采取的做法是征得建设单位同意后，签发工程暂停令。

31. B。本题考核的是工程质量事故处理。通常不用专门处理的情况有以下几种：（1）不影响结构安全和正常使用。（2）有些质量缺陷，经过后续工序可以弥补。（3）经法定检测单位鉴定合格。（4）出现的质量缺陷，经检测鉴定达不到设计要求，但经原设计单位核算，仍能满足结构安全和使用功能。

32. C。本题考核的是设备制造的质量控制内容。项目监理机构在设备制造过程中的监督和检验工作包括以下内容：（1）对加工作业条件的控制。（2）对工序产品的检查与控制。（3）对不合格零件的处置。（4）对设计变更的处理。（5）对零件、半成品、制成品的保护。

33. B。本题考核的是建设工程项目投资的概念。固定资产投资＝建设投资＋建设期利息＝2000＋300＝2300 万元。

34. A。本题考核的是投资控制的目标。投资估算应是建设工程设计方案选择和进行初步设计的投资控制目标。

35. C。本题考核的是按费用构成要素划分的建筑安装工程费用项目组成。企业管理费包括管理人员工资、办公费、差旅交通费、固定资产使用费、工具用具使用费、劳动保险和职工福利费、劳动保护费、检验试验费、工会经费、职工教育经费、财产保险费、财务费、税金、城市维护建设税、教育费附加、地方教育附加、其他。选项 A、B 属于规费；选项 D 属于人工费。

36. D。本题考核的是材料单价的计算。材料单价＝（原价＋运杂费）×（1＋运输损耗率）×（1＋采购保险费率）＝（2500＋80）×（1＋1%）×（1＋2%）＝2657.92 元/t。

37. D。本题考核的是增值税的计算。进口设备到岸价＝离岸价＋国外运费＋国外运输保险费＝210＋5＋0.9＝215.9 万元，进口设备增值税税额＝（到岸价＋进口关税＋消费税）×增值税＝（215.9＋215.9×10%）×13%＝30.874 万元。

38. B。本题考核的是建设期利息的计算。建设期第 1 年应计利息：1800/2×5%＝45 万元，第 2 年应计利息：（1800＋45＋1200/2）×5%＝122.25 万元，建设期利息＝45＋122.25＝167.25 万元。

39. C。本题考核的是项目资本金制度。以工业产权、非专利技术作价出资的比例不得超过投资项目资本金总额的 20%，国家对采用高新技术成果有特别规定的除外。

40. A。本题考核的是项目融资主要方式。定性评价指标包括全生命周期整合程度、风险识别与分配、绩效导向与鼓励创新、潜在竞争程度、政府机构能力、可融资性六项基本评价指标，以及根据具体情况设置的补充指标。

41. D。本题考核的是建设方案研究与比选的内容。建设方案研究与比选主要包括：（1）产品方案与建设规模。（2）工艺技术和主要设备方案。（3）厂（场）址选择。（4）主要原材料、辅助材料、燃料供应。（5）总图运输和土建方案。（6）公用工程。（7）节能、节水措施。（8）环境保护治理措施方案。（9）安全、职业卫生措施和消防设施方案。（10）项目的组织机构与人力资源配置等。（11）对政府投资项目还应包括招标方案和代建制方案等。

42. A。本题考核的是实际利率的计算。季度实际利率 $=(1+6\%/12)^3-1=1.508\%$。

43. C。本题考核的是生产能力指数的取值。若已建类似项目规模和拟建项目规模的比值为 $0.5\sim2$，x 的取值近似为 1；若已建类似项目规模与拟建项目规模的比值为 $2\sim50$，且拟建项目生产规模的扩大仅靠增大设备规模来达到时，则 x 的取值为 $0.6\sim0.7$；若是靠增加相同规格设备的数量达到时，x 的取值为 $0.8\sim0.9$。

44. B。本题考核的是总投资收益率的计算。总投资收益率 $=$ 项目达到设计生产能力后正常年份的年息税前利润或运营期内年平均息税前利润/总投资 $=(260+20)/(1200+100+90/30\%)=17.5\%$。

45. D。本题考核的是工程设计方案适用性评选内容。"经济"不能简单地理解为追求造价，不能狭隘地理解为投入少就是经济，而是追求全寿命的经济、高性价比的经济。

46. B。本题考核的是价值工程的应用。节能的投入 $=2000\times0.2=400$ 元/m^2。

47. C。本题考核的是设计概算的审查。设计概算应按编制时项目所在地的价格水平编制，总投资应完整地反映编制时建设项目的实际投资；设计概算应考虑建设项目施工条件等因素对投资的影响；还应按项目合理工期预测建设期价格水平，以及资产租赁和贷款的时间价值等动态因素对投资的影响；建设项目总投资还应包括铺底流动资金。

48. A。本题考核的是施工图预算的编制方法。分项工程的主要材料品种与预算单价或单位估价表中规定材料不一致时，不能直接套用预算单价；需要按实际使用材料价格换算预算单价。

49. C。本题考核的是工程量清单编制。采用工程量清单方式招标，招标工程量清单必须作为招标文件的组成部分，其准确性和完整性由招标人负责。

50. D。本题考核的是投标报价的审核内容。招标投标过程中，出现招标工程量清单项目特征描述与设计图纸不符时，应以招标工程量清单的项目特征描述为准，确定投标报价的综合单价。

51. D。本题考核的是合同计价方式。如果业主提供的或承包商自己编制的工程量表有漏项或计算错误，所涉及的工程价款被认为已包括在整个合同总价中，因此承包商必须认真复核工程量。

52. B。本题考核的是单价合同的计量。监理人应在收到承包人提交的工程量报告后 7 d 内完成对承包人提交的工程量报表的审核并报送发包人，以确定当月实际完成的工程量。

53. D。本题考核的是单价合同的计量。图纸法：在工程量清单中，许多项目都采取按照设计图纸所示的尺寸进行计量。如混凝土构筑物的体积、钻孔桩的桩长等。

54. A。本题考核的是法律法规变化合同价款调整。施工合同履行过程中经常出现法律法规变化引起的合同价格调整问题。招标工程以投标截止日前 28 d，非招标工程以合同签订前 28 d 为基准日，其后因国家的法律、法规、规章和政策发生变化引起工程造价增减变化，发承包双方应当按照省级或行业建设主管部门或其授权的工程造价管理机构据此发布的规定调整合同价款。

55. B。本题考核的是工程价款的计算。土方工程需调整的价款 $=1000\times(0.2+0.8\times0.5\times1.2+0.8\times0.5\times1.1-1)=120$ 万元。

56. B。本题考核的是赢得值法。投资偏差 $=$ 已完工程预算投资－已完工程实际投资 $=$ 已完成工作量×预算单价－已完成工作量×实际单价 $=1\times90-1\times95=-5$ 万元。

57. B。本题考核的是影响进度的因素分析。组织管理因素包括向有关部门提出各种申请审批手续的延误；合同签订时遗漏条款、表达失当；计划安排不周密，组织协调不力，导致停工待料、相关作业脱节；领导不力，指挥失当，使参加工程建设的各个单位、各个专业、各个施工过程之间交接、配合上发生矛盾等。选项 A 属于资金因素，选项 C 属于社会环境因素，选项 D 属于业主因素。

58. A。本题考核的是进度控制的技术措施。进度控制的技术措施主要包括：

（1）审查承包商提交的进度计划，使承包商在合理的状态下施工。

（2）编制进度控制工作细则，指导监理人员实施进度控制。

（3）采用网络计划技术及其他科学适用的计划方法，并结合电子计算机的应用，对建设工程进度实施动态控制。

59. D。本题考核的是进度控制的措施和主要任务。施工阶段进度控制的任务：（1）编制施工总进度计划，并控制其执行。（2）编制单位工程施工进度计划，并控制其执行。（3）编制工程年、季、月实施计划，并控制其执行。

60. C。本题考核的是建设单位的计划系统。工程项目进度平衡表用来明确各种设计文件交付日期、主要设备交货日期、施工单位进场日期、水电及道路接通日期等，以保证工程建设中各个环节相互衔接，确保工程项目按期投产或交付使用。

61. A。本题考核的是流水施工方式。平行施工方式具有以下特点：（1）充分地利用工作面进行施工，工期短。（2）如果每一个施工对象均按专业成立工作队，劳动力及施工机具等资源无法均衡使用。（3）如果由一个工作队完成一个施工对象的全部施工任务，则不能实现专业化施工，不利于提高劳动生产率。（4）单位时间内投入的劳动力、施工机具、材料等资源量成倍地增加，不利于资源供应的组织。（5）施工现场的组织管理比较复杂。

62. D。本题考核的是流水施工参数。空间参数是表达流水施工在空间布置上开展状态的参数，通常包括工作面和施工段（又称流水段）。施工过程和流水强度属于工艺参数。

63. C。本题考核的是流水施工工期的计算。有间歇时间的固定节拍流水施工工期 $T=(m+n-1)t+\sum G-\sum Z$。流水施工工期 $=(3+3-1)\times2+2\times2=14$ d。注意题干中是各施工过程之间存在 2 d 间歇时间。

64. B。本题考核的是网络计划时间参数的计算。工作的总时差是指在不影响总工期的前提下，本工作可以利用的机动时间。本题中，也就是不影响计划工期的前提下，所以关键工作的总时差 = 计划工期 – 计算工期 = 11 – 10 = 1 个月。

65. D。本题考核的是双代号网络计划时间参数的计算。本题的关键线路：①→②→⑤→⑦，最早开始时间 = max{(3+4)，(2+4)，(3+4)} = 7，最迟完成时间 = 15 – 3 = 12。

66. C。本题考核的是双代号网络计划时间参数的计算。关键线路是①→②→③→④→⑦→⑧→②和①→②→③→④→⑦→②，工作 G 的完成节点为关键节点，所以其自由时差 = 总时差 = 6 + 10 – 8 – 3 = 5。

67. D。本题考核的是时标网络计划中时间参数的判定。关键线路是①→④→⑦→⑧→⑨→⑫→⑬。选项 A，工作 D 的自由时差为 0 d；选项 B，工作 E 的总时差等于 1 d，自由时差等于 0 d；选项 C，工作 F 的总时差为 0 d。

68. A。本题考核的是单代号网络计划时间参数的计算。相邻两项工作之间的时间间隔是指本工作的最早完成时间与其紧后工作最早开始时间之间可能存在的差值。工作 E 和 F 之间的时间间隔 = 7 – 6 = 1。

69. B。本题考核的是时标网络计划的编制方法。双代号时标网络计划中，波形线表示工作与其紧后工作之间的时间间隔（以终点节点为完成节点的工作除外，当计划工期等于计算工期时，这些工作箭线中波形线的水平投影长度表示其自由时差）。

70. C。本题考核的是工期优化。工程网络计划工期优化的基本方法是通过压缩关键工作的持续时间来达到优化目标。

71. D。本题考核的是进度监测的系统过程。进度监测的系统过程包括：（1）进度计划执行中的跟踪检查。（2）实际进度数据的加工处理。（3）实际进度与计划进度的对比分析。选项 A、B、C 属于进度调整的系统过程内容。

72. A。本题考核的是横道图比较法。选项 B，前 3 个月未连续施工，进度拖后 5%；选项 C，第 4 个月中断施工，当月实际进度与计划进度一致均为 10%；选项 D，前 6 个月未连续施工，进度正常。

73. B。本题考核的是前锋线比较法。工作的总时差和自由时差均为 2 周，该工作实际进度拖后 1 周，未超过总时差和自由时差，所以对后续工作及总工期均无影响。

74. C。本题考核的是进度计划的调整方法。如果项目总工期不允许拖延，工程项目必须按照原计划工期完成，则只能采取缩短关键线路上后续工作持续时间的方法来达到调整计划的目的。这种方法实质上就是工期优化的方法。

75. D。本题考核的是建筑工程管理办法。CM 的基本指导思想是缩短工程项目的建设周期，它采用快速路径的生产组织方式，特别适用于那些实施周期长、工期要求紧迫的大型复杂建设工程。

76. A。本题考核的是施工进度控制工作细则。施工进度控制工作细则是对建设工程监理规划中有关进度控制内容的进一步深化和补充。如果将建设工程监理规划比作开展监理工作的"初步设计"，施工进度控制工作细则就可以看成是开展建设工程监理工作的"施工图设计"，它对监理工程师的进度控制实务工作起着具体的指导作用。

77. C。本题考核的是建设工程施工进度控制工作内容。为了保证建设工程的施工任务按期完成，监理工程师必须审核承包单位提交的施工进度计划。对于大型建设工程，由于单位工程较多、施工工期长，且采取分期分批发包又没有一个负责全部工程的总承包单位时，就需要监理工程师编制施工总进度计划；或者当建设工程由若干个承包单位平行承包时，监理工程师也有必要编制施工总进度计划。

78. B。本题考核的是工程延期的控制。当延期事件发生以后，监理工程师应根据合同规定进行妥善处理。既要尽量减少工程延期时间及其损失，又要在详细调查研究的基础上合理批准工程延期时间。

79. A。本题考核的是施工进度计划的调整。技术措施有：（1）改进施工工艺和施工技术，缩短工艺技术间歇时间。（2）采用更先进的施工方法，以减少施工过程的数量（如将现浇框架方案改为预制装配方案）。（3）采用更先进的施工机械。

80. B。本题考核的是监理工程师协助业主进行物资供应决策的主要工作。监理工程师协助业主进行物资供应决策的主要工作有：（1）根据设计图纸和进度计划确定物资供应要求。（2）提出物资供应分包方式及分包合同清单，并获得业主认可。（3）与业主协商提出对物资供应单位的要求以及在财务方面应负的责任。

二、多项选择题

81. B、C、D；　　　　82. C、D、E；　　　　83. A、B、E；

84. C、D、E；	85. B、D、E；	86. A、B、E；
87. A、D、E；	88. A、B、C、D；	89. A、B、C；
90. A、B、C、D；	91. B、C、E；	92. A、B、C、D；
93. A、B、D；	94. A、C、D；	95. A、B、D、E；
96. A、B、D、E；	97. A、B、D；	98. A、B、D、E；
99. B、D；	100. A、B、C、E；	101. B、C、E；
102. A、D、E；	103. B、E；	104. C、D、E；
105. B、C、D；	106. A、D；	107. C、D；
108. B、C、D、E；	109. B、C、D；	110. A、B、C；
111. A、C、E；	112. A、B、D；	113. A、C、E；
114. B、C、D、E；	115. A、D、E；	116. B、C、D、E；
117. A、D、E；	118. B、C；	119. A、B、C、E；
120. B、C、D、E。		

【解析】

81. B、C、D。本题考核的是工程实体质量监督管理的内容。工程实体质量监督，是对涉及工程主体结构安全、主要使用功能的工程实体质量情况实施监督。

82. C、D、E。本题考核的是不属于施工单位保修责任的质量问题。建设工程保修期内出现的质量问题，不属于施工单位保修范围：（1）因使用不当或者第三方造成的质量缺陷。（2）不可抗力造成的质量缺陷。

83. A、B、E。本题考核的是领导作用的基本内容。领导作用的基本内容包括：（1）确定质量方针、质量目标。（2）建立组织的发展前景。（3）形成内部环境。（4）确立组织结构、职责权限和相互关系。（5）提供所需资源。（6）培训教育，人才资源。（7）管理评审。

84. C、D、E。本题考核的是卓越绩效模式的特点。卓越绩效模式中，强调质量对组织绩效的增值和贡献。《卓越绩效评价准则》中的质量，是组织的一种系统运营的全面质量。它关注质量和绩效、质量管理与质量经营的系统整合，促进组织效率最大化和顾客价值最大化。

85. B、D、E。本题考核的是排列图法的应用。排列图在实际应用中，通常按累计频率划分为（0%~80%）、（80%~90%）、（90%~100%）三部分，与其对应的影响因素分别为A、B、C三类。A类为主要因素，B类为次要因素，C类为一般因素。

86. A、B、E。本题考核的是砌体结构实体质量检测。砌体结构的强度检测可分为砌筑块材强度、砌筑砂浆强度、砌体强度等项目，各项目的检测方法操作应遵守相关检测技术标准。

87. A、D、E。本题考核的是焊缝质量检测。对设计上要求全焊透的一、二级焊缝和设计上没有要求的钢材等强对焊拼接焊缝的质量，可采用超声波探伤的方法检测，其检测设备和工艺要求应符合现行国家标准《焊缝无损检测 超声检测 技术、检测等级和评定》GB/T 11345-2013的有关规定。（1）一级焊缝应100%检验，其合格等级不应低于现行国家标准《焊缝无损检测 超声检测 技术、检测等级和评定》GB/T 11345-2013 B级检验的Ⅱ级要求。（2）二级焊缝应进行抽验，抽验比例不小于20%，其合格等级不应低于现行国家标准《焊缝无损检测 超声检测 技术、检测等级和评定》GB/T 11345-2013和行业标准的相关规定。（3）三级焊缝应根据设计要求进行相关的检测，一般情况下可不进行无损检测。

88. A、B、C、D。本题考核的是初步设计质量管理。工程初步设计质量管理服务的主要工作内容如下：（1）设计单位选择。（2）起草设计任务书。（3）起草设计合同。（4）质量管理的组织：协助建设单位组织对新材料、新工艺、新技术、新设备工程应用的专项技术论证与调研；协助建设单位组织专家对设计成果进行评审；协助建设单位组织专家对设计成果进行评审；协助建设单位向政府有关部门报审有关工程设计文件，并应根据审批意见督促设计单位完善设计成果。（5）设计成果审查。

89. A、B、C。本题考核的是工程质量事故处理。可采取的工程质量事故处理方案的辅助决策方法包括：（1）试验验证。（2）定期观测。（3）专家论证。（4）方案比较。

90. A、B、C、D。本题考核的是施工组织设计的审查。施工组织设计审查应包括下列内容：（1）编审程序应符合相关规定。（2）施工组织设计的基本内容是否完整，应包括编制依据、工程概况、施工部署、施工进度计划、施工准备与资源配置计划、主要施工方法、施工现场平面布置及主要施工管理计划等。（3）工程进度、质量、安全、环境保护、造价等方面应符合施工合同要求。（4）资金、劳动力、材料、设备等资源供应计划应满足工程施工需要，施工方法及技术措施应可行与可靠。（5）施工总平面布置应科学合理。选项 E 属于现场施工准备的质量控制内容。

91. B、C、E。本题考核的是装配式建筑 PC 构件施工质量控制。预制构件型式检验报告，除工程概况、检测鉴定内容和依据外，重点审查各项检测指标与鉴定结论是否满足设计及规范要求，包括：（1）外观质量。（2）尺寸偏差。（3）钢筋保护层厚度。（4）混凝土抗压强度。（5）放射性核素限量。

92. A、B、C、D。本题考核的是现场安全管理。施工单位现场安全管理工作之一，应当将专项施工方案及审核、专家论证、交底、现场检查、验收及整改等相关资料纳入档案管理。监理单位现场安全管理工作之一，应当将监理实施细则、专项施工方案审查、专项巡视检查、验收及整改等相关资料纳入档案管理。

93. A、B、D。本题考核的是分部工程的划分。当分部工程较大或较复杂时，可按材料种类、施工特点、施工程序、专业系统及类别将分部工程划分为若干子分部工程。

94. A、C、D。本题考核的是分部工程质量验收。分部工程应由总监理工程师组织施工单位项目负责人和项目技术负责人等进行验收。设计单位项目负责人和施工单位技术、质量部门负责人应参加主体结构、节能分部工程的验收。

95. A、B、D、E。本题考核的是单位工程安全和功能检验资料核查及主要功能抽查记录。"建筑与结构"部分安全和工程功能检查项目：地基承载力检验报告，桩基承载力检验报告，混凝土强度试验报告，砂浆强度试验报告，主体结构尺寸、位置抽查记录，建筑物垂直度、标高、劝告测量记录，屋面淋水或蓄水检测记录，地下室渗漏水检测记录，有防水要求的地面蓄水试验记录，抽气（风）道检查记录，外窗气密性、水密性、耐风压检测报告，幕墙气密性、水密性、耐风压检测报告，建筑物沉降观测测量记录，节能、保温测试记录，室内环境检测报告，土壤氡气浓度检测报告。选项 C 属于给水排水与供暖安全和功能检查项目。

96. A、B、D、E。本题考核的是质量事故处理报告的内容。质量事故书面报告应包括如下内容：（1）工程及各参建单位名称。（2）质量事故发生的时间、地点、工程部位。（3）事故发生的简要经过、造成工程损伤状况、伤亡人数和直接经济损失的初步估计。

（4）事故发生原因的初步判断。（5）事故发生后采取的措施及处理方案。（6）事故处理的过程及结果。

97. A、B、D。本题考核的是我国项目监理机构在建设工程投资控制中的主要工作。处理施工单位提出的工程变更费用：（1）总监理工程师组织专业监理工程师对工程变更费用及工期影响做出评估。（2）总监理工程师组织建设单位、施工单位等共同协商确定工程变更费用及工期变化，会签工程变更单。（3）项目监理机构可在工程变更实施前与建设单位、施工单位等协商确定工程变更的计价原则、计价方法或价款。（4）建设单位与施工单位未能就工程变更费用达成协议时，项目监理机构可提出一个暂定价格并经建设单位同意，作为临时支付工程款的依据。工程变更款项最终结算时，应以建设单位与施工单位达成的协议为依据。

98. A、B、D、E。本题考核的是措施项目费的内容。措施项目费包括安全文明施工费（环境保护费、文明施工费、安全施工费、临时设施费、建筑工人实名制管理费），夜间施工增加费，二次搬运费，冬雨期施工增加费，已完工程及设备保护费，工程定位复测费，特殊地区施工增加费，大型机械进出场及安拆费，脚手架工程费。选项C属于企业管理费中的检验试验费。

99. B、D。本题考核的是引进技术及进口设备其他费用的内容。引进技术及进口设备其他费用，包括出国人员费用、国外工程技术人员来华费用、技术引进费、分期或延期付款利息、担保费以及进口设备检验鉴定费。

100. A、B、C、E。本题考核的是债券筹资的优点。债券筹资的优点：（1）筹资成本较低。（2）保障股东控制权。（3）发挥财务杠杆作用。（4）便于调整资本结构。

101. B、C、E。本题考核的是财务分析主要指标的计算。选项A错误，项目基准收益率为8%时计算的财务净现值为150万元，净现值为0时的内部收益率要大于净现值为正值时的收益率，即大于8%；选项B正确，根据各年的净现金流量，累加到第7年的净现金流量$=-1800+200+400+400+400+400=0$，所以静态投资回收期为7年。选项C正确，同一项目的动态投资回收期必然大于静态投资回收期，所以该项目的动态投资回收期>7年，同时也大于基准动态投资回收期（7年），则该项目不可行。选项D错误，计算期第5年的投资利润率$=(200+400+400)\div3\div1800\times100\%=18.52\%$。选项E正确，动态投资回收期是项目累计现值等于零时的时间，第12年时净现值已经达到150万元，说明在12年之前就已经出现了动态回收期，所以项目动态投资回收期小于12年。

102. A、D、E。本题考核的是项目财务分析和经济分析的关系。项目财务分析是站在项目或投资人立场上，从其利益出发分析项目的财务收益与成本；而项目经济分析则是从国家或地区的角度分析项目对整个国民经济乃至整个社会所产生的收益和成本。故选项B错误。两种分析的内容和方法不同。财务分析主要采用项目或投资人成本与效益的分析方法；经济分析采用费用与效益分析、成本与效益分析和多目标综合分析等方法。故选项C错误。

103. B、E。本题考核的是允许调整概算的原因。允许调整概算的原因有：（1）超出原设计范围的重大变更。（2）超出基本预备费规定范围不可抗拒的重大自然灾害引起的工程变动和费用增加。（3）超出工程造价调整预备费的国家重大政策性的调整。

104. C、D、E。本题考核的是工程量清单计价。措施项目中的安全文明施工费应按照国家或省级、行业建设主管部门的规定计算，不作为竞争性费用。故选项C正确。暂估价不得变动和更改。暂估价中的材料、工程设备必须按照暂估单价计入综合单价；专业工程暂估价必须按照招标工程量清单中列出的金额填写。故选项 D、E 正确。

105.B、C、D。本题考核的是固定单价合同。固定单价合同包括估算工程量单价合同和纯单价合同。估算工程量单价合同通常是由发包方提出工程量清单，列出分部分项工程量，由承包方以此为基础填报相应单价，累计计算后得出合同价格。但最后的工程结算价应按照实际完成的工程量来计算，即按合同中的分部分项工程单价和实际工程量，计算得出工程结算和支付的工程总价格。采用这种合同时，要求实际完成的工程量与原估计的工程量不能有实质性的变更。这种合同计价方式，避免发包或承包的任何一方承担过大的风险。采用纯单价合同时，发包方只向承包方给出发包工程的有关分部分项工程以及工程范围，不对工程量作任何规定。选项 A、E 是承包人承担的风险。

106.A、D。本题考核的是《标准施工招标文件》中承包人索赔可引用的条款。选项 A，可以索赔工期和费用；选项 B，可以索赔工期、费用和利润；选项 C，只可索赔工期；选项 D，可索赔工期和费用；选项 E，可以索赔工期、费用和利润。

107.C、D。本题考核的是索赔的主要类型。选项 A 错误，例外事件的后果只能索赔工期和费用；选项 B 错误，当局造成的延误只能索赔工期；选项 E 错误，因法律变化只索赔工期和费用。

108.B、C、D、E。本题考核的是质量保证金。选项 A 错误，质量保证金预留总额不得高于工程价款结算总额的 3%。

109.B、C、D。本题考核的是建设工程进度计划的表示方法。与横道计划相比，网络计划具有以下主要特点：（1）网络计划能够明确表达各项工作之间的逻辑关系。（2）通过网络计划时间参数的计算，可以找出关键线路和关键工作。（3）通过网络计划时间参数的计算，可以明确各项工作的机动时间。（4）网络计划可以利用电子计算机进行计算、优化和调整。

110.A、B、C。本题考核的是划分施工段的原则。为使施工段划分得合理，一般应遵循下列原则：（1）同一专业工作队在各个施工段上的劳动量应大致相等。（2）每个施工段内要有足够的工作面。（3）施工段的界限应尽可能与结构界限（如沉降缝、伸缩缝等）相吻合。（4）施工段的数目要满足合理组织流水施工的要求。（5）对于多层建筑物、构筑物或需要分层施工的工程，应既分施工段，又分施工层。

111.A、C、E。本题考核的是固定节拍流水施工的特点。固定节拍流水施工是一种最理想的流水施工方式，其特点如下：（1）所有施工过程在各个施工段上的流水节拍均相等。（2）相邻施工过程的流水步距相等，且等于流水节拍。（3）专业工作队数等于施工过程数，即每一个施工过程成立一个专业工作队，由该队完成相应施工过程所有施工段上的任务。（4）各个专业工作队在各施工段上能够连续作业，施工段之间没有空闲时间。

112.A、B、D。本题考核的是双代号网络图的绘制。节点①、⑤都是起点节点；节点④、⑨都是终点节点；箭线⑥→⑨引出了指向节点⑧的箭头。

113.A、C、E。本题考核的是双代号网络计划时间参数的计算。本题中关键线路为①→②→③→⑥→⑦，所以工作⑤→⑦为非关键工作，工作⑥→⑦为关键工作。故选项 D 错误、选项 E 正确。工作①→③的总时差=自由时差=6−3=3 d。故选项 A 正确。工作①→④的自由时差为 0 d，总时差为 6 d。故选项 B 错误。工作②→⑤的自由时差为 0 d。故选项 C 正确。

114. B、C、D、E。本题考核的是关键节点的特性。在双代号网络计划中，关键线路上的节点称为关键节点。关键工作两端的节点必为关键节点；但两端为关键节点的工作不一定是关键工作。故选项 A 错误。

115. A、D、E。本题考核的是网络优化的目的。工期优化，是指网络计划的计算工期不满足要求工期时，通过压缩关键工作的持续时间以满足要求工期目标的过程。故选项 A 正确。费用优化又称工期成本优化，是指寻求工程总成本最低时的工期安排，或按要求工期寻求最低成本的计划安排的过程。故选项 D、E 正确。网络计划的资源优化分为两种，即"资源有限，工期最短"的优化和"工期固定，资源均衡"的优化。前者是通过调整计划安排，在满足资源限制条件下，使工期延长最少的过程；而后者是通过调整计划安排，在工期保持不变的条件下，使资源需用量尽可能均衡的过程。

116. B、C、D、E。本题考核的是 S 曲线比较法。通过比较实际进度 S 曲线和计划进度 S 曲线，可以获得如下信息：（1）工程项目实际进展状况。（2）工程项目实际进度超前或拖后的时间在 S 曲线比较图中可以直接读出实际进度比计划进度超前或拖后的时间。（3）工程项目实际超额或拖欠的任务量在 S 曲线比较图中也可直接读出实际进度比计划进度超额或拖欠的任务量。（4）后期工程进度预测。

117. A、B、D、E。本题考核的是前锋线比较法。本题的关键线路为 C→E→H→J→L。6 月底检查时，工作 F 拖延 1 个月，但其总时差为 1 个月，所以不影响总工期。所以选项 A 正确。6 月底检查时，工作 G 施工正常，不影响总工期。所以选项 B 正确。6 月底检查时，工作 H 拖延 1 个月，但其总工期为 0，所以影响总工期 1 个月。所以选项 C 错误。9 月底检查时，工作 I 拖延 1 个月，但其总时差为 1 个月，所以不影响总工期。所以选项 D 正确。9月底检查时，工作 K 拖延 2 个月，但其总时差为 1 个月，所以影响总工期 1 个月。所以选项 E 正确。

118. B、C。本题考核的是进度计划的调整方法。当工程项目实施中产生的进度偏差影响到总工期，且有关工作的逻辑关系允许改变时，可以改变关键线路和超过计划工期的非关键线路上的有关工作之间的逻辑关系，达到缩短工期的目的。例如，将顺序进行的工作改为平行作业、搭接作业以及分段组织流水作业等，都可以有效地缩短工期。

119. A、B、C、E。本题考核的是施工进度控制目标的确定。在确定施工进度分解目标时，还要考虑以下各个方面：（1）对于大型建设工程项目，应根据尽早提供可动用单元的原则，集中力量分期分批建设，以便尽早投入使用，尽快发挥投资效益。（2）合理安排土建与设备的综合施工。（3）结合本工程的特点，参考同类建设工程的经验来确定施工进度目标。避免只按主观愿望盲目确定进度目标，从而在实施过程中造成进度失控。（4）做好资金供应能力、施工力量配备、物资（材料、构配件、设备）供应能力与施工进度的平衡工作，确保工程进度目标的要求而不使其落空。（5）考虑外部协作条件的配合情况。（6）考虑工程项目所在地区地形、地质、水文、气象等方面的限制条件。

120. B、C、D、E。本题考核的是物资供应计划审核内容。物资供应计划审核的主要内容包括：（1）供应计划是否能按建设工程施工进度计划的需要及时供应材料和设备。（2）物资的库存量安排是否经济、合理。（3）物资采购安排在时间上和数量上是否经济、合理。（4）由于物资供应紧张或不足而使施工进度拖延现象发生的可能性。

《建设工程目标控制》（土木建筑工程）

2020年度试卷及答案解析

2020年度全国监理工程师职业资格考试试卷

扫码听课

一、单项选择题（共80题，每题1分。每题的备选项中，只有1个最符合题意）

1. 工程建设的不同阶段，对工程项目质量的形成有不同的影响，其中直接影响项目决策质量和设计质量的阶段是（　　）。

   A. 初步设计　　　　　　　　　　　　B. 项目可行性研究
   C. 施工图设计　　　　　　　　　　　D. 方案设计

2. 工程项目质量形成是个系统过程，其中形成工程实体质量的决定性环节是（　　）。

   A. 工程勘察　　　B. 工程设计　　　C. 工程施工　　　D. 工程监理

3. 根据《建筑法》，中止施工满1年的工程恢复施工前，建设单位应当进行的工作是（　　）。

   A. 重新申请施工许可证　　　　　　　B. 报发证机关核验施工许可证
   C. 申请换发施工许可证　　　　　　　D. 报发证机关延期施工许可证

4. 根据《建设工程质量管理条例》，在建设工程开工前，应当按照国家有关规定办理工程质量监督手续，可以与工程质量监督手续合并办理的是（　　）。

   A. 施工许可证　　　B. 招标备案　　　C. 施工图审查　　　D. 委托监理

5. 根据《房屋建筑和市政基础设施工程竣工验收备案管理办法》，工程竣工验收合格后，负责向工程所在地县级以上地方人民政府建设主管部门进行工程竣工验收备案的单位是（　　）。

   A. 建设单位　　　B. 施工单位　　　C. 监理单位　　　D. 设计单位

6. 根据《建设工程质量管理条例》，未经（　　）签字，建筑材料、建筑构配件不得在工程上使用或安装。

   A. 建筑师　　　B. 监理工程师　　　C. 建造师　　　D. 建设单位项目负责人

7. 根据《卓越绩效评价准则》，卓越绩效模式的基本特征是（　　）。

   A. 强调以经营为中心　　　　　　　　B. 强调以效益为中心
   C. 强调大质量观　　　　　　　　　　D. 强调企业责任

8. 卓越绩效模式强调以系统的观点来管理整个组织及关键过程，这种系统管理的基本方法是（　　）。

   A. 反馈方法　　　B. 过程方法　　　C. 评价方法　　　D. 监督方法

9. 工程质量统计分析中，用来描述样本数据集中趋势的特征值是（　　）。

A. 算术平均数和标准偏差　　　　　　　B. 中位数和变异系数

C. 算术平均数和中位数　　　　　　　　D. 中位数和标准偏差

10. 工程质量特征值的正常波动是由（　　）引起的。

A. 单一性原因　　　B. 必然性原因　　　C. 系统性原因　　　D. 偶然性原因

11. 根据数据统计规律，进行材料强度检测随机抽样的样本容量较大时，其工程质量特性数据均值服从的分布是（　　）。

A. 二项分布　　　B. 正态分布　　　C. 泊松分布　　　D. 非正态分布

12. 某产品质量检验采用计数型二次抽样检验方案，已知：$N=1000$，$n_1=40$，$n_2=60$，$C_1=1$，$C_2=4$；经二次抽样检得：$d_1=2$，$d_2=3$，则正常的结论是（　　）。

A. 经第一次抽样检验即可判定该批产品质量合格

B. 经第一次抽样检验即可判定该批产品质量不合格

C. 经第二次抽样检验即可判定该批产品质量合格

D. 经第二次抽样检验即可判定该批产品质量不合格

13. 下列统计分析方法中，可用来了解产品质量波动情况，掌握产品质量特性分布规律的是（　　）。

A. 因果分析图法　　　B. 直方图法　　　C. 相关图法　　　D. 排列图法

14. 根据《混凝土结构工程施工质量验收规范》GB 50204-2015，钢筋运到施工现场后，应进行的主要力学性能试验是（　　）。

A. 抗拉强度和抗剪强度试验　　　　　　B. 冷弯试验和耐高温试验

C. 屈服强度和疲劳强度试验　　　　　　D. 拉力试验和弯曲性能试验

15. 对同一厂家，同一类型且未超过30 t的一批成型钢筋，检验外观质量与尺寸偏差时所采取的抽样方法和抽取数量是（　　）。

A. 随机抽取3个成型钢筋试体　　　　　B. 随机抽取2个成型钢筋试体

C. 随机抽取1个成型钢筋试体　　　　　D. 全数检查所有成型钢筋

16. 用来表征混凝土拌合物流动性的指标是（　　）。

A. 徐变量　　　B. 凝结时间　　　C. 稠度　　　D. 弹性模量

17. 根据《建设工程质量管理条例》，在正常使用条件下，建设工程屋面防水的最低保修期限为（　　）年。

A. 2　　　　　　　B. 3　　　　　　　C. 4　　　　　　　D. 5

18. 工程质量统计分析中，寻找影响质量主次因素的有效方法是（　　）。

A. 调查表法　　　B. 控制图法　　　C. 排列图法　　　D. 相关图法

19. 关于工程监理单位的说法，正确的是（　　）。

A. 工程监理单位代表政府部门对施工质量实施监督管理

B. 工程监理单位代表施工单位对施工质量实施监督管理

C. 工程监理单位可将专业性较强的业务转让给其他监理单位

D. 工程监理单位选派具备相应资格的总监理工程师进驻施工现场

20. 根据《建设工程监理规范》GB/T 50319-2013，工程竣工预验收合格后，项目监理机构应编写（　　）报建设单位。

A. 工程质量确认报告　　　　　　　　　B. 工程质量评估报告

C. 工程质量验收方案　　　　　　　　D. 工程质量验收证书

21. 在工程勘察阶段监理单位可进行的工作是（　　　　）。

A. 协助建设单位编制勘察任务书　　B. 编写《勘察方案》

C. 参与建设工程质量事故分析　　　D. 编写《勘察细则》

22. 关于设计阶段划分的说法，正确的是（　　　　）。

A. 民用建筑项目，应分为方案设计、施工图设计和施工设计三个阶段

B. 能源建设项目，按合同约定可以不做初步设计，直接进行施工图设计

C. 工业建设项目，一般分为初步设计和施工图设计两个阶段

D. 简单的民用建筑项目，初步设计之后应增加单项技术设计阶段

23. 根据《危险性较大的分部分项工程安全管理规定》，针对超过一定规模的危险性较大的分部分项工程专项施工方案，负责组织召开专家论证会的单位是（　　　　）。

A. 建设单位　　　B. 施工单位　　　C. 监理单位　　　D. 工程质量监督机构

24. 根据《城市轨道交通建设工程验收管理暂行办法》，城市轨道交通建设工程所包含合格且通过相关专项验收后，方可组织项目工程验收。项目工程验收合格后，建设单位应组织（　　　　）个月的不载客试运行。

A. 1　　　　　　B. 2　　　　　　C. 3　　　　　　D. 6

25. 关于钢筋混凝土工程施工的说法，正确的是（　　　　）。

A. 施工缝浇筑混凝土时，不应清除表面的浮浆

B. 焊接连接接头试件应从试焊试验件中截取

C. 圆形箍筋两端均应做成不大于45°的弯钩

D. 受力钢筋保护层厚度的合格点率应达到90%及以上

26. 根据《建筑工程施工质量验收统一标准》GB 50300-2013，负责组织分项工程验收的人员是（　　　　）。

A. 专业监理工程师　　　　　　　　B. 施工单位项目技术负责人

C. 建设单位现场负责人　　　　　　D. 总监理工程师

27. 根据《建设工程监理规范》GB/T 50319-2013，下列施工单位报审表中，需由总监理工程师签字并加盖执业印章的是（　　　　）。

A. 工程复工报审表　　　　　　　　B. 监理通知回复单

C. 分部工程报验表　　　　　　　　D. 施工组织设计报审表

28. 水泥安定性不合格会造成的质量缺陷是（　　　　）。

A. 混凝土蜂窝麻面　　　　　　　　B. 混凝土不密实

C. 混凝土碱骨料反应　　　　　　　D. 混凝土爆裂

29. 工程发生质量安全事故，造成2人死亡、3800万元直接经济损失，则该事故等级是（　　　　）。

A. 一般事故　　　B. 较大事故　　　C. 重大事故　　　D. 特别重大事故

30. 工程发生质量事故后，应由（　　　　）签发《工程暂停令》。

A. 建设单位项目负责人　　　　　　B. 总监理工程师

C. 施工单位项目经理　　　　　　　D. 设计负责人

31. 对涉及技术领域广泛、问题复杂、仅依据合同约定难以决策的工程质量缺陷，应选用的辅助决策方法是（　　　　）。

A. 专家论证法　　　B. 方案比较法　　　C. 试验验证法　　　D. 定期观测法

32. 设备制造前，监理单位的质量控制工作是（　　）。

A. 审查设备制造分包单位　　　　　　B. 检查工序产品质量

C. 处理不合格零件　　　　　　　　　D. 控制加工作业条件

33. 下列费用中，属于静态投资的是（　　）。

A. 建设期利息　　　　　　　　　　　B. 工程建设其他费

C. 涨价预备费　　　　　　　　　　　D. 汇率变动增加的费用

34. 某建设项目，设备工器具购置费 1000 万元，建筑安装工程费 1500 万元，工程建设其他费 700 万元，基本预备费 160 万元，涨价预备费 200 万元，则该项目的工程费用为（　　）万元。

A. 2500　　　　　　B. 3200　　　　　　C. 3360　　　　　　D. 3560

35. 下列费用中，属于建筑安装工程费中人工费的是（　　）。

A. 劳动保险费　　　B. 劳动保护费　　　C. 职工教育经费　　　D. 流动施工津贴

36. 当采用一般计税方法计算计入建筑安装工程造价的增值税销项税额时，增值税的税率为（　　）。

A. 3%　　　　　　B. 6%　　　　　　C. 9%　　　　　　D. 13%

37. 某进口设备，装运港船上交货价（FOB）10 万美元，国外运费 1 万美元，国外运输保险费 0.029 万美元，关税税率 10%，银行外汇牌价为 1 美元 = 7.10 元人民币，没有消费税。则该进口设备计算增值税时的组成计税价格为（　　）万元人民币。

A. 71.21　　　　　　B. 78.31　　　　　　C. 78.83　　　　　　D. 86.14

38. 商业银行的中期贷款是指贷款期限（　　）的贷款。

A. 1～2 年　　　　　　B. 1～3 年　　　　　　C. 2～4 年　　　　　　D. 3～5 年

39. 下列文件资料中，属于项目可行性研究依据的是（　　）

A. 经投资主管部门审批的投资概算

B. 经投资各方审定的初步设计方案

C. 建设项目环境影响评价报告书

D. 合资项目各投资方签订的协议书或意向书

40. 某项目现金流量见下表，则第 3 年初的净现金流量为（　　）万元。

时间（年）	1	2	3	4	5
现金流入（万元）		100	700	800	800
现金流出（万元）	500	500	400	300	300

A. -500　　　　　　B. -400　　　　　　C. 300　　　　　　D. 500

41. 采用设备系数法估算拟建项目投资时，建筑安装工程费应以拟建项目的设备费为基数，根据（　　）计算。

A. 已建成同类项目建筑安装工程费与拟建项目设备费的比率

B. 拟建项目建筑安装工程量与已建成同类项目建筑安装工程量的比率

C. 已建成同类项目建筑安装工程费占设备价值的百分比

D. 已建成同类项目建筑安装工程费占总投资的百分比

42. 某项目建设投资为 2000 万元（含建设期贷款利息 50 万元），其中项目资本金 1450

万元，全部流动资金为 500 万元；运营期年平均税前利润 230 万元，年平均借款利息 20 万元。则项目的总投资收益率为（　　）。

A. 9.2%　　　　　B. 10.0%　　　　　C. 11.5%　　　　　D. 12.5%

43. 某常规投资项目，在不同收益率下的项目净现值见下表。则采用线性内插法计算的项目内部收益率 IRR 为（　　）。

收益率（i）	8%	10%	11%	12%
项目净现值（万元）	220	50	-20	-68

A. 9.6%　　　　　B. 10.3%　　　　　C. 10.7%　　　　　D. 11.7%

44. 民用建筑工程设计方案适用性评价时，建筑基地内人流、车流和物流是否合理分流，属于（　　）评价的内容。

A. 场地设计　　　B. 建筑物设计　　　C. 规划控制指标　　D. 绿色设计

45. 某产品 4 个功能区的功能指数和现实成本见下表。若产品总成本保持不变，以成本改进期望值为依据，则应优先作为价值工程改进对象的是（　　）。

产品功能区	F_1	F_2	F_3	F_4
功能指数	0.35	0.25	0.30	0.10
现实成本（万元）	185	155	130	30

A. F_1　　　　　B. F_2　　　　　C. F_3　　　　　D. F_4

46. 建设项目设计概算文件采用三级概算或二级概算的区别，在于是否单独编制（　　）文件。

A. 分部工程概算
B. 单位工程概算
C. 单项工程综合概算
D. 建设项目总概算

47. 分项工程单位估价表是预算定额法编制施工图预算的重要依据，分项工程单位估价表中的单价包含完成相应分项工程所需的人工费、材料费和（　　）。

A. 企业管理费
B. 施工机具使用费
C. 规费
D. 税金

48. 根据《建设工程工程量清单计价规范》GB 50500-2013，编制招标控制价时，总承包服务费应按照（　　）计算。

A. 省级或行业建设主管部门规定或参考相关规范
B. 国家统一规定或参考相关规范
C. 工程所在地同类项目总承包服务费平均水平
D. 招标控制价编制单位咨询潜在投标人的报价

49. 工程招标投标过程中，投标人发现招标工程量清单项目特征描述与设计图纸不符，则投标人应（　　）确定投标综合单价。

A. 向设计单位提出质疑并根据设计单位的答复
B. 按有利于投标人原则选择清单项目特征描述或按设计图纸
C. 按设计图纸修正后的清单项目特征描述
D. 以招标工程量清单项目特征描述为准

50. 某实行招标的工程，招标文件与中标人投标文件中的合同价款不一致时，签订书面合同时确定合同价款应以（　　）为准。

A. 有利于招标人的约定 　　　　　B. 招标人和投标人重新谈判的结果

C. 中标人投标文件 　　　　　　　D. 招标文件

51. 根据《建设工程施工合同（示范文本）》GF—2017—0201，除专用合同条款另有约定外，承包人向监理人报送上月 20 日至当月 19 日已完成工程量报告的时间为每月（　　）日。

A. 20 　　　　　　B. 21 　　　　　　C. 25 　　　　　　D. 28

52. 某工程约定采用价格指数法调整合同价款，承包人根据约定提供的数据见下表。本期完成合同价款为 45 万元，其中已按现行价格计算的计日工价款为 5 万元。本期应调整的合同价款差额为（　　）万元。

序号	名称	变值权重	基本价格指数	现行价格指数
1	人工费	0.30	110%	120%
2	钢材	0.25	112%	123%
3	混凝土	0.20	115%	125%
4	定值权重	0.25		
	合计	1		

A. −2.85 　　　　B. −2.54 　　　　C. 2.77 　　　　D. 3.12

53. 某土方工程，合同工程量为 1 万 m^3，合同综合单价为 60 元/m^3。合同约定：当实际工程量增加 15% 以上时，超出部分的工程量综合单价应予调低。施工过程中由于发包人设计变更，实际完成工程量 1.3 万 m^3，监理人与承包人依据合同约定协商后，确定的土方工程变更单价为 56 元/m^3。该土方工程实际结算价款为（　　）万元。

A. 72.80 　　　　B. 76.80 　　　　C. 77.40 　　　　D. 78.00

54. 在施工过程中发现文物，导致费用增加和工期延误，承包人提出索赔，监理人处理该索赔的正确做法是（　　）。

A. 可批复增加的费用、延误的工期和相应利润

B. 可批复延误的工期，不批复增加的费用和利润

C. 可批复增加的费用，不批复延误的工期和利润

D. 可批复增加的费用和延误的工期，不批复利润

55. 常用的索赔费用计算方法是（　　）。

A. 实际费用法　　　B. 单价定额法　　　C. 总费用法　　　D. 修正的总费用法

56. 某工程施工至 2020 年 6 月底，经统计分析：已完工作预算投资 2500 万元，已完工作实际投资 2800 万元，计划工作预算投资 2600 万元。该工程此时的投资绩效指数为（　　）。

A. 0.89 　　　　　B. 0.96 　　　　　C. 1.04 　　　　　D. 1.12

57. 下列影响工程进度的因素中，属于业主因素的是（　　）。

A. 汇率浮动和通货膨胀 　　　　　B. 不明的水文气象条件

C. 提供的场地不能满足工程正常需要　　D. 合同签订时遗漏条款、表述失当

58. 下列进度计划中，属于建设单位计划系统的是（　　）。

A. 工程项目年度计划 　　　　　　B. 设计总进度计划

C. 施工准备工作计划　　　　　　　　D. 物资采购、加工计划

59. 下列建设工程进度计划编制工作中，属于绘制网络图阶段工作内容的是（　　）。

A. 确定进度计划目标　　　　　　　　B. 安排劳动力、原材料和施工机具

C. 确定关键线路和关键工作　　　　　D. 分析各项工作之间的逻辑关系

60. 下列建设工程进度控制措施中，属于技术措施的是（　　）。

A. 审查承包商提交的进度计划　　　　B. 及时办理工程预付款及进度款支付手续

C. 协调合同工期与进度计划之间的关系　D. 建立工程进度报告制度及信息沟通网络

61. 组织建设工程流水施工时，相邻两个施工过程相继开始施工的最小间隔时间称为（　　）。

A. 流水节拍　　　　B. 时间间隔　　　　C. 间歇时间　　　　D. 流水步距

62. 某分部工程有 8 个施工过程，分为 3 个施工段组织固定节拍流水施工。各施工过程的流水节拍均为 4 d，第三与第四施工过程之间工艺间歇为 5 d，该工程工期是（　　）d。

A. 27　　　　　　　B. 29　　　　　　　C. 40　　　　　　　D. 45

63. 某分部工程有 2 个施工过程，分为 5 个施工段组织非节奏流水施工。各施工过程的流水节拍分别为 5 d、4 d、3 d、8 d、6 d 和 4 d、6 d、7 d、2 d、5 d。第二个施工过程第三施工段的完成时间是第（　　）天。

A. 17　　　　　　　B. 19　　　　　　　C. 24　　　　　　　D. 26

64. 某工程有 A、B 两项工作，分为 3 个施工段（$A_1A_2A_3$，$B_1B_2B_3$）进行流水施工，对应的双代号网络计划如下图所示，相邻两项工作属于工艺关系的是（　　）。

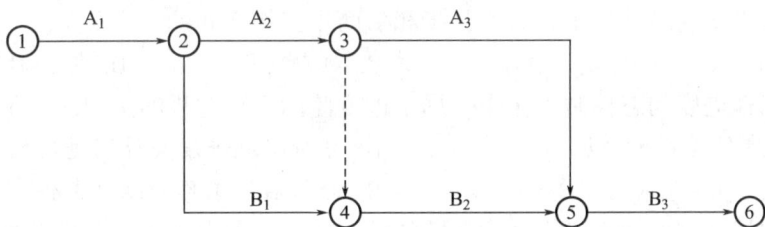

A. A_1A_2　　　　　B. A_2B_2　　　　　C. B_1B_2　　　　　D. B_1A_3

65. 某工程单代号网络计划如下图所示，图中工作 B 的总时差是指在不影响（　　）的前提下所具有的机动时间。

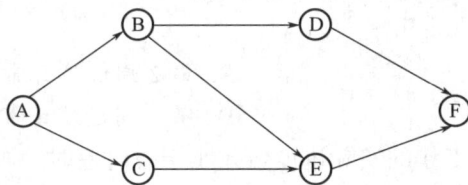

A. 工作 D 最迟开始时间　　　　　　　B. 工作 E 最早开始时间

C. 工作 D、E 最迟开始时间　　　　　D. 工作 D、E 最早开始时间

66. 工程网络计划中，工作的最迟开始时间是指在不影响（　　）的前提下，必须开始的最迟时刻。

A. 紧后工作最早开始　　　　　　　　B. 紧前工作最迟开始

C. 整个任务按期完成　　　　　　　　　D. 所有后续工作机动时间

67. 某工程双代号网络计划如下图所示（时间单位为周），图中工作 F 的最早完成时间和最迟完成时间分别是第（　　）周。

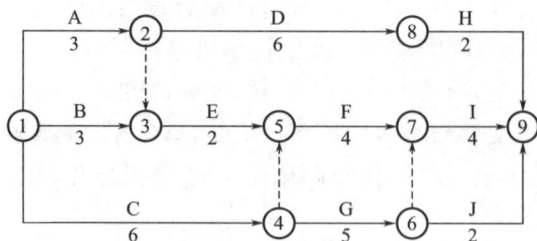

　　A. 10 和 11　　　　　　B. 9 和 11　　　　　　C. 10 和 13　　　　　　D. 9 和 13

68. 工作 A 有 B、C 两项紧后工作，A、B 之间的时间间隔为 3 d，A、C 之间的时间间隔为 2 d，则工作 A 的自由时差是（　　）d。

　　A. 1　　　　　　　　　B. 2　　　　　　　　　C. 3　　　　　　　　　D. 5

69. 工程网络计划中，关键工作是指（　　）的工作。

　　A. 自由时差为零　　　　　　　　　　B. 持续时间最长

　　C. 总时差最小　　　　　　　　　　　D. 与后续工作的时间间隔为零

70. 工程网络计划优化中的资源优化是指（　　）的优化。

　　A. 资源有限，工期最短　　　　　　　B. 资源均衡，费用最少

　　C. 资源有限，工期固定　　　　　　　D. 资源均衡，资源需用量最少

71. 单代号搭接网络计划中，时距是指相邻两项工作之间的（　　）。

　　A. 时间间隔　　　　　B. 时间差值　　　　　C. 机动时间　　　　　D. 搭接时间

72. 下列工程进度动态控制工作中，属于进度监测系统过程的是（　　）。

　　A. 分析进度偏差产生的原因　　　　　B. 分析实际进度与计划进度的偏差

　　C. 分析偏差对后续工作的影响　　　　D. 分析后续工作的限制条件

73. 某工作计划进度和实际进度横道图如下图所示，图中表明的正确信息是（　　）。

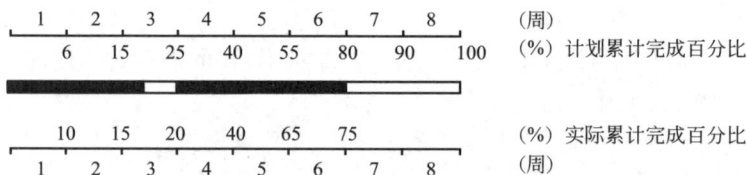

　　A. 前 6 周连续施工　　　　　　　　　B. 第 2 周进度正常

　　C. 第 4 周末进度正常　　　　　　　　D. 第 6 周进度正常

74. 工程网络计划中某工作的实际进度偏差小于总时差时，则该工作实际进度造成的后果是（　　）。

　　A. 对后续工作无影响，对工期有影响

　　B. 影响后续工作的最早开始时间，对工期有影响

　　C. 对后续工作无影响，对工期无影响

　　D. 对后续工作不一定有影响，对工期无影响

75. 工程网络计划中某工作的实际进度偏差影响总工期时，可通过压缩（　　）的工

作持续时间来进行调整。

    A. 总时差最小   B. 自由时差最小   C. 总时差最大   D. 自由时差最大

76. 可作为建设工程施工进度控制目标确定依据的是（   ）。

    A. 各专业施工进度控制时间分界点

    B. 工程施工承发包模式及其合同结构

    C. 施工进度计划的工作分解结构

    D. 工期定额、类似工程项目的实际进度

77. 关于监理人审核承包单位提交的施工进度计划的说法，正确的是（   ）。

    A. 监理人对施工进度计划的批准可以解除承包单位的部分责任

    B. 经监理人确认的施工进度计划应当视为合同文件的一部分

    C. 监理人审查施工进度计划的目的是为了确保及时向承包单位支付进度款

    D. 监理人审核发现施工进度计划中的问题，应及时向业主汇报

78. 下列施工进度计划调整措施中，属于组织措施的是（   ）。

    A. 改善外部配合条件   B. 采用更先进的施工机械

    C. 实施强有力的施工调度   D. 增加工作面

79. 当工程延期事件发生后，施工承包单位在合同约定的有效期内通知监理人的书面文件称为（   ）。

    A. 工程延期调查报告   B. 工程延期审核报告

    C. 工程延期意向通知   D. 工程延期临时决定

80. 监理单位受业主委托组织物资供应招标的工作内容是（   ）。

    A. 根据施工条件确定物资供应要求   B. 参与投标文件的技术评价

    C. 提出物资分包方式和供应商清单   D. 审核物资供应计划

二、**多项选择题**（共 40 题，每题 2 分。每题的备选项中，有 2 个或 2 个以上符合题意，至少有 1 个错项。选错，本题不得分；少选，所选的每个选项得 0.5 分）

81. 下列工程质量控制主体中，属于自控主体的有（   ）。

    A. 政府质量监督部门   B. 设计单位

    C. 施工单位   D. 监理单位

    E. 勘察单位

82. 根据《房屋建筑工程质量保修办法》，施工单位负责工程质量保修的情形有（   ）。

    A. 使用不当造成的电气管线质量缺陷   B. 施工造成的屋面防水质量缺陷

    C. 安装造成的给排水管道质量缺陷   D. 不可抗力造成的墙面质量缺陷

    E. 安装造成的供热系统质量缺陷

83. 根据《建设工程质量管理条例》，必须实行监理的工程有（   ）。

    A. 国家重点建设工程   B. 住宅区绿化工程

    C. 城市道路桥梁维护工程   D. 大中型公用事业工程

    E. 住宅小区水电设备维修工程

84. 国际标准化组织（ISO）发布的质量管理体系中确定的质量管理原则有（   ）。

    A. 以领导为关注焦点   B. 全员参与

    C. 循证决策   D. 关系管理

E. 改进

85. 项目监理机构建立工程项目质量控制系统的工作内容有（　　）。

A. 确定企业质量方针、目标　　　　B. 建立组织机构

C. 制定工作制度　　　　　　　　　D. 明确监理程序

E. 编写企业质量管理体系文件

86. 《卓越绩效评价准则》与 ISO 9000 族质量标准的不同点体现在（　　）方面。

A. 目标　　　　　B. 导向　　　　　C. 评价方式　　　　D. 基本理念

E. 基本原理

87. 下列检测方法中，属于实体混凝土构件抗压强度检测方法的有（　　）。

A. 贯入法　　　　B. 回弹法　　　　C. 钻芯法　　　　D. 后装拔出法

E. 静载试验法

88. 下列检测方法中，属于砌体结构抗压强度现场检测方法的有（　　）。

A. 回弹法　　　　B. 轴压法　　　　C. 扁顶法　　　　D. 吊坠法

E. 剪切法

89. 根据《建设工程质量管理条例》，建设工程竣工验收应当具备的条件有（　　）。

A. 完成建设工程合同约定的各项内容　　B. 有完整的技术档案和施工管理资料

C. 有建设单位签署的质量合格文件　　　D. 有监理单位提供的巡视记录文件

E. 有施工单位签署的工程保修书

90. 建设单位要求监理单位进行平行检验的，双方应在监理合同中明确的内容有（　　）。

A. 检验项目　　　B. 检验数量　　　C. 检验结果　　　D. 检验频率

E. 检验效率

91. 根据《危险性较大的分部分项工程安全管理规定》，属于超过一定规模的危险性较大的分部分项工程有（　　）。

A. 开挖深度 6 m 的深基坑工程

B. 搭设高度 30 m 的落地式钢管脚手架工程

C. 搭设跨度 20 m 的混凝土模板支撑工程

D. 开挖深度 16 m 的人工挖孔桩工程

E. 提升高度 50 m 的附着式升降平台工程

92. 总监理工程师签发《工程开工令》时，审核开工应具备的条件有（　　）。

A. 设计交底和图纸会审已完成　　　　B. 现场勘察和设计人员已到位

C. 主要工程材料已落实　　　　　　　D. 进场道路已满足开工要求

E. 现场临时办公用房已搭建完毕

93. 项目监理机构对工程勘察成果进行技术性审查时，审查的主要内容有（　　）。

A. 勘察场地的工程地质条件　　　　B. 勘察场地的基坑设计方案

C. 勘察场地存在的地质问题　　　　D. 边坡工程的设计准则

E. 岩土工程施工的指导性意见

94. 根据《建筑工程施工质量验收统一标准》GB 50300-2013，室外工程中所包括的分部工程有（　　）。

A. 挡土墙　　　　B. 广场与停车场　　　C. 边坡　　　　D. 人行道

E. 路基

95. 下列文件资料中，属于质量事故实况资料的有（   ）。

A. 有关合同文件
B. 有关设计文件
C. 施工方案与施工计划
D. 施工单位质量事故调查报告
E. 项目监理机构掌握的质量事故相关资料

96. 监理单位在设备制造前质量控制的内容有（   ）。

A. 审查设备制造工艺方案
B. 审查坯料质量证明文件
C. 控制加工作业条件
D. 检查生产人员上岗资格
E. 处理设计变更

97. 项目监理机构在施工阶段进行的投资控制工作有（   ）。

A. 施工图预算审查
B. 工程变更费用处理
C. 工程计量
D. 融资方案研究
E. 对完成工程量进行偏差分析

98. 下列费用中，属于建筑安装工程措施项目费的有（   ）。

A. 工伤保险费
B. 夜间施工增加费
C. 已完工程及设备保护费
D. 大型机械进出场及安拆费
E. 大型机械经常修理费

99. 下列费用中，属于工程建设其他费的有（   ）。

A. 建设单位临时设施费
B. 研究试验费
C. 进口设备检验鉴定费
D. 特殊设备安全监督检验费
E. 建筑材料的一般检验试验费

100. 与传统的抵押贷款方式相比，项目融资的特点有（   ）。

A. 有限追索
B. 融资成本低
C. 风险分担
D. 非公司负债型融资
E. 项目导向

101. 某企业从银行借入 1 年期流动资金 200 万元，年利率 8%，按季度复利计息，还款方式可以选择按季付息、年末还本或者按季等额还本付息。关于该笔借款的说法，正确的有（   ）。

A. 借款的年名义利率为 8%
B. 借款的季度实际利率大于 2%
C. 借款的年实际利率为 8.24%
D. 按季付息年末还本方式前期还款压力小
E. 按季等额还本付息方式支付的利息总额多

102. 某项目计算期 5 年，基准收益率为 8%，项目计算期现金流量见下表（单位：万元）。对该项目进行财务分析，可得到的正确结论有（   ）。

年份	0	1	2	3	4	5
现金流入				600	800	800
现金流出		300	200	200	300	300
净现金流量	0	−300	−200	400	500	500

A. 运营期利润总额为 1400 万元
B. 静态投资回收期为 3.2 年
C. 建设期资本金投入为 500 万元
D. 财务净现值为 576 万元

E. 动态投资回收期大于 3.2 年小于 5 年

103. 应用价值工程进行某住宅项目设计方案评价时，属于功能评价内容的有（　　）。

A. 围护结构的保温性能
B. 建造成本
C. 面积及户型的合理性
D. 年度维护费用
E. 房间通风采光情况

104. 单位建筑工程概算工程量审查的主要依据有（　　）。

A. 初步设计图纸
B. 施工图设计文件
C. 概算定额
D. 概算指标
E. 工程量计算规则

105. 采用成本加奖罚计价方式的合同实施后，若实际成本小于预期成本，承包商得到的金额由（　　）构成。

A. 报价成本和实际成本的差额
B. 实际发生的工程成本
C. 合同约定的固定金额酬金
D. 按成本节约额和合同约定计算的奖金
E. 承包商因取得收入应交的税金

106. 下列工程量中，监理人应予计量的有（　　）。

A. 由于工程量清单缺项增加的工程量
B. 由于招标文件中工程量计算偏差增加的工程量
C. 发包人工程变更增加的工作量
D. 承包人为提高施工质量超出设计图纸要求增加的工程量
E. 承包人原因造成返工的工程量

107. 根据《标准施工招标文件》，发包人应给予承包人补偿工期、费用和利润的情形有（　　）。

A. 发包人的原因造成工期延误
B. 承包人遇到不利物质条件
C. 不可抗力
D. 发包人原因引起的暂停施工
E. 发包人提供资料错误导致承包人返工

108. 根据《建设工程工程量清单计价规范》GB 50500-2013，关于合同履行期间物价变化调整合同价格的说法，正确的有（　　）。

A. 因非承包人原因导致工期延误的，计划进度日期后续工程的价格，应采用计划进度日期与实际进度日期两者的较高者

B. 因承包人原因导致工期延误的，则计划进度日期后续工程的价格，采用计划进度日期与实际进度日期两者的较低者

C. 当承包人投标报价中材料单价低于基准单价，施工期间材料单价涨幅或跌幅以基准单价为基础，超过合同约定的风险幅度值时，其超过部分按实调整

D. 当承包人投标报价中材料单价高于基准单价，施工期间材料单价涨幅以投标报价为基础，超过合同约定的风险幅度值时，其超过部分按实调整

E. 承包人应在采购材料前，将采购数量和新的材料单价报发包人核对，确定用于本合同工程时，发包人应确认采购材料的数量和单价

109. 编制建设项目总进度纲要时的主要工作内容有（　　）。

A. 编制有关工程施工组织和技术方案
B. 确定里程碑事件的计划进度目标

C. 分析进度计划系统的结构体系

D. 研究总进度目标实现的条件和应采取的措施

E. 预测各个阶段工程投资规模

110. 建设工程采用依次施工方式组织施工的特点有（   ）。

A. 没有充分利用工作面且工期较长

B. 劳动力及施工机具等资源得到均衡使用

C. 按专业成立的工作队不能连续作业

D. 单位时间内投入的劳动力、机具和材料增加

E. 施工现场的组织和管理比较复杂

111. 建设工程采用加快的成倍节拍流水施工的特点有（   ）。

A. 所有施工过程在各个施工段的流水节拍相等

B. 相邻施工过程的流水步距不尽相等

C. 施工段之间没有空闲时间

D. 专业工作队数等于施工过程数

E. 专业工作队在施工段上能够连续作业

112. 某工程双代号网络图如下图所示，其绘图错误有（   ）。

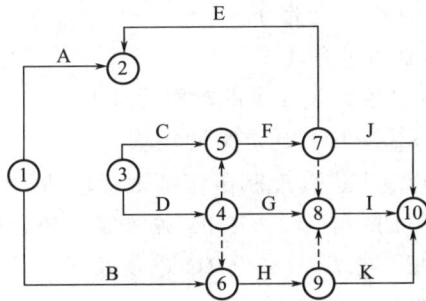

A. 多个起点节点　　　　　　　　　B. 循环回路

C. 无箭头的工作箭线　　　　　　　D. 多个终点节点

E. 工作箭线逆向

113. 某工程单代号网络计划如下图所示，时间参数正确的有（   ）。

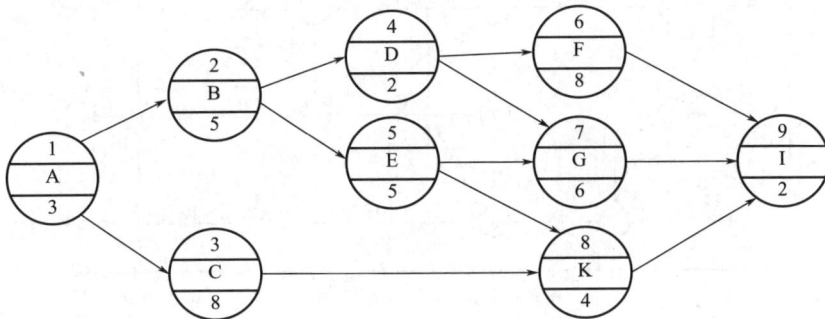

A. 工作 G 的最早开始时间为 10　　　B. 工作 G 的最迟开始时间为 13

C. 工作 E 的最早完成时间为 13　　　D. 工作 E 的最迟完成时间为 15

E. 工作 D 的总时差为 1

114. 关于工程网络计划中关键线路的说法，正确的有（   ）。

A. 关键线路是工作持续时间之和最大的线路

B. 关键线路上的节点均为关键节点

C. 相邻两项工作之间的时间间隔为零的线路为关键线路

D. 关键工作均在关键线路上

E. 关键线路可能有多条

115. 双代号时标网络计划如下图所示，关于时间参数及关键线路的说法，正确的有（   ）。

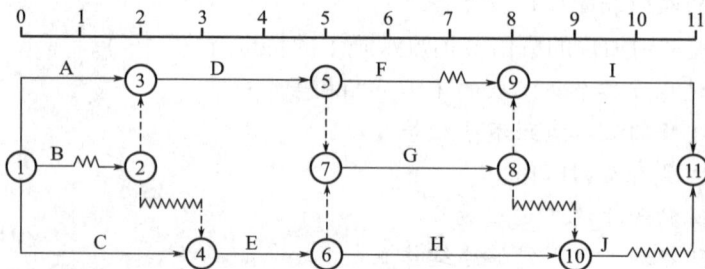

A. A 工作的总时差为 1，自由时差为 0

B. C 工作的总时差为 0，自由时差为 0

C. B 工作的总时差为 1，自由时差为 1

D. H 工作的最早完成时间为 9，最迟完成时间为 9

E. ①→②→④→⑥→⑦→⑧→⑨→⑪是关键线路

116. 项目监理机构编制的施工进度控制工作细则应包括的内容有（   ）。

A. 施工进度控制目标分解图   B. 施工顺序的合理安排

C. 主要分项工程量的复核   D. 进度控制人员的职责分工

E. 施工进度控制目标实现的风险分析

117. 某工程时标网络计划实施至第 7 周末检查绘制的实际进度前锋线如下图所示，前锋线上各项工作实际进度及其影响程度正确的有（   ）。

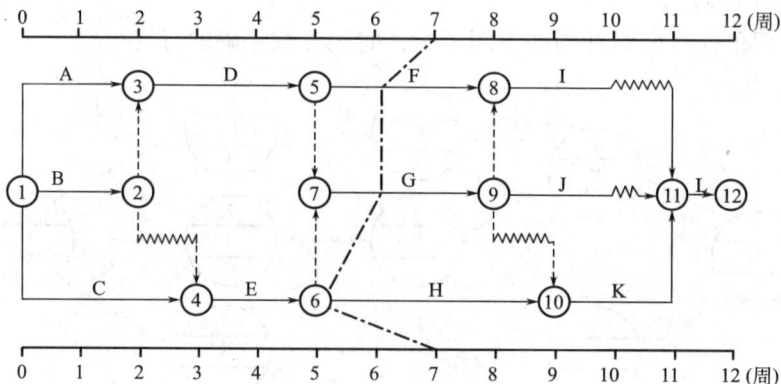

A. F 工作拖延 1 周，影响 I 工作 1 周

B. F 工作拖延 1 周，影响总工期 1 周

C. G 工作正常，不影响后续工作及总工期

D. H 工作拖延 2 周，影响 K 工作 2 周

E. H 工作拖延 2 周，影响总工期 2 周

118. 影响建设工程计划进度的因素有（　　　）。

A. 建设项目工作编码体系不全　　　　B. 工程进度计划系统结构不合理

C. 工程建设意图和要求改变　　　　　D. 设计各专业之间协调配合不畅

E. 材料代用、设备选用失误

119. 在绘制单位工程施工进度计划图前，需要完成的先导工作有（　　　）。

A. 安排资金使用量　　　　　　　　　B. 确定施工顺序

C. 编制施工平面图　　　　　　　　　D. 计算工程量

E. 划分工作项目

120. 在编制建设工程物资供应计划的准备阶段，项目监理机构必须明确的物资供应方式有（　　　）。

A. 建设单位采购供应　　　　　　　　B. 施工单位自行采购

C. 设计单位指定采购　　　　　　　　D. 专门物资采购部门供应

E. 监理单位指定采购

2020 年度全国监理工程师职业资格考试试卷答案解析

一、单项选择题

1. B;	2. C;	3. B;	4. A;	5. A;
6. B;	7. C;	8. B;	9. C;	10. D;
11. B;	12. D;	13. B;	14. D;	15. A;
16. C;	17. D;	18. C;	19. D;	20. B;
21. A;	22. C;	23. B;	24. C;	25. D;
26. A;	27. D;	28. D;	29. B;	30. B;
31. A;	32. A;	33. B;	34. A;	35. B;
36. C;	37. D;	38. B;	39. D;	40. B;
41. C;	42. B;	43. C;	44. A;	45. B;
46. C;	47. B;	48. A;	49. D;	50. C;
51. C;	52. C;	53. C;	54. D;	55. A;
56. A;	57. C;	58. A;	59. D;	60. A;
61. D;	62. D;	63. C;	64. B;	65. C;
66. C;	67. A;	68. B;	69. C;	70. A;
71. B;	72. B;	73. C;	74. D;	75. A;
76. D;	77. B;	78. D;	79. C;	80. B。

【解析】

1. B。本题考核的是工程建设阶段对质量形成的作用与影响。项目的可行性研究直接影响项目的决策质量和设计质量。

2. C。本题考核的是工程建设阶段对质量形成的作用与影响。在一定程度上，工程施工是形成实体质量的决定性环节。

3. B。本题考核的是建筑工程施工许可的相关规定。在建的建筑工程因故中止施工的，建设单位应当自中止施工之日起 1 个月内，向发证机关报告，并按照规定做好建筑工程的维护管理工作。建筑工程恢复施工时，应当向发证机关报告；中止施工满 1 年的工程恢复施工前，建设单位应当报发证机关核验施工许可证。

4. A。本题考核的是建设单位的质量责任和义务。在建设工程开工前，建设单位应当按照国家有关规定办理工程质量监督手续，工程质量监督手续可以与施工许可证或者开工报告合并办理。

5. A。本题考核的是工程竣工验收与备案的相关规定。根据《房屋建筑和市政基础设施工程竣工验收备案管理办法》(建设部令第 78 号)，建设单位应当自工程竣工验收合格之日起 15 日内，依照本办法规定，向工程所在地的县级以上地方人民政府建设主管部门备案。

6. B。本题考核的是工程监理单位的质量责任和义务。未经监理工程师签字，建筑材料、建筑构配件和设备不得在工程上使用或者安装，施工单位不得进行下一道工序的施工。

未经总监理工程师签字，建设单位不拨付工程款，不进行竣工验收。

7. C。本题考核的是卓越绩效模式的基本特征。卓越绩效模式的基本特征包括：（1）强调大质量观。（2）强调以顾客为中心和重视组织文化。（3）强调系统思考和系统整合。（4）强调可持续发展和社会责任。（5）强调质量对组织绩效的增值和贡献。

8. B。本题考核的是卓越绩效模式的基本特征和核心价值观。卓越绩效模式强调以系统的思维来管理整个组织，系统思维反映的是组织管理的整体性、一致性和协调性，也就是组织的整体、纵向和横向的关系。过程方法（PDCA）是系统管理的基本方法。

9. C。本题考核的是质量数据的特征值。描述数据分布集中趋势的特征值有算术平均数、中位数。描述数据分布离中趋势的特征值有极差、标准偏差、变异系数等。

10. D。本题考核的是质量数据波动的原因。质量特性值的变化在质量标准允许范围内波动称之为正常波动，是由偶然性原因引起的；若是超越了质量标准允许范围的波动则称之为异常波动，是由系统性原因引起的。

11. B。本题考核的是质量数据分布的规律性。概率数理统计在对大量统计数据研究中，归纳总结出许多分布类型，如一般计量值数据服从正态分布，计件值数据服从二项分布，计点值数据服从泊松分布等。如果是随机抽取的样本，无论它来自的总体是何种分布，在样本容量较大时，其样本均值也将服从或近似服从正态分布。因而，正态分布最重要、最常见，应用最广泛。

12. D。本题考核的是计数型抽样检验。当二次抽样方案设为：$N=1000$，$n_1=40$，$n_2=60$，$C_1=1$，$C_2=4$ 时，则需随机抽取第一个样本 $n_1=40$ 件产品进行检验，若所发现的不合格品数 d_1 为零，则判定该批产品合格；若 $d_1>3$，则判定该批产品不合格；若 $0<d_1\leqslant3$（即在 $n_1=40$ 件产品中发现 1 件、2 件或 3 件不合格），本题中 $d_1=2$，则需继续抽取第二个样本 $n_2=60$ 件产品进行检验，得到 n_2 中不合格品数。若 $d_1+d_2\leqslant3$，则判定该批产品合格；若 $d_1+d_2>3$，则判定该批产品不合格。本题中 $d_1+d_2=2+3=5>3$，则判定该批产品不合格。

13. B。本题考核的是直方图法的用途。通过直方图的观察与分析，可了解产品质量的波动情况，掌握质量特性的分布规律，以便对质量状况进行分析判断。同时可通过质量数据特征值的计算，估算施工生产过程总体的不合格品率，评价过程能力等。

14. D。本题考核的是钢筋材料性能检验。主要力学试验包括：拉力试验（屈服强度、抗拉强度、伸长率）；弯曲性能（冷弯试验、反复弯曲试验）。必要时，还需进行化学分析。

15. A。本题考核的是钢筋进场检验项目。成型钢筋的外观质量和尺寸偏差应符合现行国家标准《钢筋混凝土用钢》GB/T 1499.1～1499.3 等相关标准的规定。检查数量为：同一厂家、同一类型的成型钢筋，不超过 30 t 为一批，每批随机抽取 3 个成型钢筋。

16. C。本题考核的是表征混凝土拌合物流动性的指标。混凝土拌合物稠度是表征混凝土拌合物流动性的指标，可用坍落度、维勃稠度或扩展度表示。

17. D。本题考核的是普通混凝土拌合物性能试验。《建设工程质量管理条例》第四条明确规定了最低保修期限："在正常使用条件下，建设工程的最低保修期限为：（1）基础设施工程、房屋建筑的地基基础工程和主体结构工程，为设计文件规定的该工程的合理使用年限。（2）屋面防水工程、有防水要求的卫生间、房间和外墙面的防渗漏，为 5 年。（3）供热与供冷系统，为 2 个供暖期、供冷期。（4）电气管线、给水排水管道、设备安装和装修工程，为 2 年。其他项目的保修期限由发包方与承包方约定。建设工程的保修期，自竣工验收合格之日起计算。"

18. C。本题考核的是排列图法的概念。排列图法是利用排列图寻找影响质量主次因素的一种有效方法。

19. D。本题考核的是工程监理单位的质量责任和义务。选项 A、B 错误，监理单位应当依照法律、法规以及有关技术标准、设计文件和建设工程承包合同，代表建设单位对施工质量实施监理，并对施工质量承担监理责任。选项 C 错误，监理单位不得转让工程监理业务。

20. B。本题考核的是项目质量控制系统建立和运行的主要工作。工程竣工预验收合格后，项目监理机构应编写工程质量评估报告，并应经总监理工程师和工程监理单位技术负责人审核签字后报建设单位。

21. A。本题考核的是工程勘察质量管理主要工作。工程监理单位承担勘察阶段相关服务的，应做好下列工作：（1）协助建设单位编制工程勘察任务书和选择工程勘察单位，并协助签订工程勘察合同。（2）审查勘察单位提交的勘察方案，提出审查意见，并报建设单位。变更勘察方案时，应按原程序重新审查。（3）检查勘察现场及室内试验主要岗位操作人员的资格，及所使用设备、仪器计量的检定情况。（4）督促勘察单位完成勘察合同约定的工作内容，审核勘察单位提交的勘察费用支付申请表，以及签发勘察费用支付证书，并应报建设单位。（5）检查勘察单位执行勘察方案的情况，对重要点位的勘探与测试应进行现场检查。（6）审查勘察单位提交的勘察成果报告，必要时对各阶段的勘察成果报告组织专家论证或专家审查，并向建设单位提交勘察成果评估报告，同时应参与勘察成果验收。经验收合格后勘察成果报告才能正式使用。（7）做好后期服务质量保证，督促勘察单位做好施工阶段的勘察配合及验收工作，对施工过程中出现的地址问题进行跟踪。（8）检查勘察单位技术档案管理情况，要求将全部资料特别是质量审查、监督主要依据的原始资料，分类编目，归档保存。

22. C。本题考核的是我国的工程建设项目设计阶段的划分。我国的工程建设项目设计，按不同的专业工程分为 2~3 个阶段。

（1）建筑与人防专业建设项目，一般分为方案设计、初步设计和施工图设计三个阶段。对于技术要求简单的民用建筑工程，经有关主管部门同意，并在合同中有约定不做初步设计的，可在方案设计审批后直接进行施工图设计。

（2）工业、交通、能源、农林、市政等专业建设项目，一般分为初步设计和施工图设计两个阶段。

（3）有独特要求的项目，或复杂的、采用新工艺、新技术又缺乏设计经验的重大项目，或有重大技术问题的主体单项工程，在初步设计之后可增加单项技术设计阶段。

23. B。本题考核的是专项施工方案的论证审查。对于超过一定规模的危大工程，施工单位应当组织召开专家论证会对专项施工方案进行论证。实行施工总承包的，由施工总承包单位组织召开专家论证会。

24. C。本题考核的是城市轨道交通工程施工质量验收。城市轨道交通建设工程所包含的单位工程验收合格且通过相关专项验收后，方可组织项目工程验收；项目工程验收合格后，建设单位应组织不载客试运行，试运行 3 个月，并通过全部专项验收后，方可组织竣工验收；竣工验收合格后，城市轨道交通建设工程方可履行相关试运营手续。

25. D。本题考核的是钢筋混凝土工程实体质量控制。

钢筋应平直、无损伤，表面不得有裂纹、油污、颗粒状或片状老锈。施工缝浇筑混凝土，应清除浮浆、松动石子、软弱混凝土层。故选项 A 错误。

直螺纹连接、锥螺纹连接、挤压连接和电阻焊连接钢筋接头的力学性能、弯曲性能应符合有关标准的规定，焊接连接接头试件应从工程实体中截取。故选项 B 错误。

箍筋的末端应按设计要求做弯钩；对一般结构构件，箍筋弯钩的弯折角度不应小于 90°。

对有抗震设防专门要求的结构构件，箍筋弯钩的弯折角度不应小于 135°；圆形箍筋两末端均应做不小于 135°的弯钩。故选项 C 错误。

受力钢筋保护层厚度的合格点率应达到 90%及以上，构件中受力钢筋的保护层厚度不应小于钢筋的公称直径，且不小于规范规定的最小厚度。故选项 D 正确。

26. A。本题考核的是负责组织分项工程验收的人员。分项工程应由专业监理工程师组织施工单位项目专业技术负责人等进行验收。

27. D。本题考核的是施工组织设计报审表的审核。施工组织设计报审表由总监理工程师签字并加盖执业印章。工程复工报审表由总监理工程师签字。监理通知回复单由总监理工程师或专业监理工程师签字。由总监理工程师组织相关人员对分部工程进行验收，并签署验收意见。

28. D。本题考核的是使用不合格的原材料、构配件和设备的后果。钢筋物理力学性能不良导致钢筋混凝土结构破坏；骨料中碱活性物质导致碱骨料反应使混凝土产生破坏；水泥安定性不合格会造成混凝土爆裂；水泥受潮、过期、结块，砂石含泥量及有害物含量超标，外加剂掺量等不符合要求时，影响混凝土强度、和易性、密实性、抗渗性，从而导致混凝土结构强度不足、裂缝、渗漏等质量缺陷。

29. B。本题考核的是工程质量事故等级划分。工程质量事故分为 4 个等级：

（1）特别重大事故，是指造成 30 人以上死亡，或者 100 人以上重伤，或者 1 亿元以上直接经济损失的事故。

（2）重大事故，是指造成 10 人以上 30 人以下死亡，或者 50 人以上 100 人以下重伤，或者 5000 万元以上 1 亿元以下直接经济损失的事故。

（3）较大事故，是指造成 3 人以上 10 人以下死亡，或者 10 人以上 50 人以下重伤，或者 1000 万元以上 5000 万元以下直接经济损失的事故。

（4）一般事故，是指造成 3 人以下死亡，或者 10 人以下重伤，或者 100 万元以上 1000 万元以下直接经济损失的事故。

该等级划分所称的"以上"包括本数，所称的"以下"不包括本数。

本题中，造成 2 人死亡属于一般事故，3800 万元直接经济损失属于较大事故，取大则为较大事故。

30. B。本题考核的是工程质量事故的处理。工程质量事故发生后，总监理工程师征得建设单位同意后，签发工程暂停令。

31. A。本题考核的是工程质量事故处理方案的辅助方法。对于某些工程质量缺陷，可能涉及的技术领域比较广泛，或问题很复杂，有时仅根据合同规定难以决策，这时可提请专家论证。

32. A。本题考核的是设备制造前的质量控制。设备制造过程的质量控制包括：（1）熟悉图纸、合同，掌握相关的标准、规范和规程，明确质量要求。（2）明确设备制造过程的要求及质量标准。（3）审查设备制造的工艺方案。（4）对设备制造分包单位的审查。（5）对检验计划和检验要求的审查。（6）对生产人员上岗资格的检查。（7）对用料的检查。选项 B、C、D 属于设备制造过程的质量控制。

33. B。本题考核的是静态投资的构成。固定资产投资可分为静态投资部分和动态投资部分。静态投资部分由建筑安装工程费、设备及工器具购置费、工程建设其他费和基本预备费构成。动态投资部分包括涨价预备费和建设期利息。

34. A。本题考核的是工程费用的计算。工程费用包括建筑安装工程费、设备及工器具购置费用。该项目的工程费用=1000+1500=2500万元。

35. D。本题考核的是人工费的内容。人工费的内容包括：（1）计时工资或计件工资：是指按计时工资标准和工作时间或对已做工作按计件单价支付给个人的劳动报酬。（2）奖金：是指对超额劳动和增收节支支付给个人的劳动报酬。如节约奖、劳动竞赛奖等。（3）津贴补贴：是指为了补偿职工特殊或额外的劳动消耗和因其他特殊原因支付给个人的津贴，以及为了保证职工工资水平不受物价影响支付给个人的物价补贴。如流动施工津贴、特殊地区施工津贴、高温（寒）作业临时津贴、高空津贴等。（4）加班加点工资：是指按规定支付的在法定节假日工作的加班工资和在法定日工作时间外延时工作的加点工资。（5）特殊情况下支付的工资：是指根据国家法律、法规和政策规定，因病、工伤、产假、计划生育假、婚丧假、事假、探亲假、定期休假、停工学习、执行国家或社会义务等原因按计时工资标准或计时工资标准的一定比例支付的工资。

36. C。本题考核的是建筑业增值税计算办法。当采用一般计税方法时，建筑业增值税税率为9%。当采用简易计税方法时，建筑业增值税征收率为3%。

37. D。本题考核的是进口设备增值税的计算。进口产品增值税额=组成计税价格×增值税率，组成计税价格=到岸价×人民币外汇牌价+进口关税+消费税，到岸价=离岸价+国外运费+国外运输保险费，进口关税=到岸价×人民币外汇牌价×进口关税率。到岸价=10+1+0.029=11.029万美元，则该进口设备计算增值税时的组成计税价格=11.029×7.10+11.029×7.10×10%+0=86.14万元人民币。

38. B。本题考核的是商业银行贷款期限。按照贷款期限，商业银行的贷款分为短期贷款、中期贷款和长期贷款。贷款期限在1年以内的为短期贷款，超过1年至3年的为中期贷款，3年以上期限的为长期贷款。

39. D。本题考核的是项目可行性研究的依据。可行性研究的依据主要有：（1）项目建议书（初步可行性研究报告），对于政府投资项目还需要项目建议书的批复文件。（2）国家和地方的经济和社会发展规划、行业部门的发展规划，如江河流域开发治理规划、铁路公路路网规划、电力电网规划、森林开发规划，以及企业发展战略规划等。（3）有关法律、法规和政策。（4）有关机构发布的工程建设方面的标准、规范、定额。（5）拟建厂（场）址的自然、经济、社会概况等基础资料。（6）合资、合作项目各方签订的协议书或意向书。（7）与拟建项目有关的各种市场信息资料或社会公众要求等。（8）有关专题研究报告，如：市场研究、竞争力分析、厂址比选、风险分析等。

40. B。本题考核的是现金流量表。现金流量表中，与时间 t 对应的现金流量表示现金流量发生在当期期末，本题中，第3年初的净现金流量也就是第2年年末的净现金流量，计算见下表：

时间（年）	1	2	3	4	5
现金流入（万元）		100	700	800	800
现金流出（万元）	500	500	400	300	300
净现金流量（万元）	−500	−400	300	500	500

41. C。本题考核的是项目建议书阶段的投资估算。设备系数法是指以拟建项目的设备购置费为基数，根据已建成的同类项目的建筑安装费和其他工程费等与设备价值的百分比，求出拟建项目建筑安装工程费和其他工程费，进而求出项目投资额。

42. B。本题考核的是总投资收益率的计算。总投资收益率的计算公式为：

$$ROI = \frac{EBIT}{TI} \times 100\%$$

式中　　$EBIT$——项目达到设计生产能力后正常年份的年息税前利润或运营期内年平均息税前利润。

　　　　TI——项目总投资（包括建设投资、建设期贷款利息、全部流动资金）。

项目的总投资收益＝（230+20）/（2000+500）×100%＝10.0%。

43. C。本题考核的是线性内插法计算内部收益率。内插法求得 IRR 的近似值，其计算公式为：$IRR = i_1 + \dfrac{NPV_1}{NPV_1 + |NPV_2|} \times (i_2 - i_1)$，为了保证 IRR 的精度，i_1 与 i_2 之间的差距以不超过 2% 为宜，最大不要超过 5%。想要财务净现值等于零，项目内部收益率 IRR 应在 10% 与 11% 之间，由此排除了 A、D 两项。净现值与内部收益率的关系如下图所示。

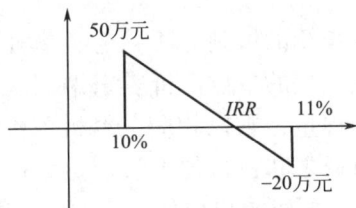

净现值与内部收益率的关系图

项目内部收益率计算如下：

$$IRR = 10\% + \frac{50}{50 + |-20|} \times (11\% - 10\%) = 10.7\%。$$

44. A。本题考核的是工程设计方案适用性的评选内容。场地设计方面评价内容包括建筑布局应使建筑基地内的人流、车流与物流合理分流，防止干扰，并应有利于消防、停车、人员集散以及无障碍设施的设置。

45. B。本题考核的是运用价值工程原理改进对象。功能指数法表达式如下：

$$第\ i\ 个评价对象的价值指数\ V_1 = \frac{第\ i\ 个评价对象的功能指数\ F_1}{第\ i\ 个评价对象的成本指数\ C_1}$$

$$第\ i\ 个评价对象的成本指数\ C_1 = \frac{第\ i\ 个评价对象的成本指数\ C_1}{全部成本}$$

成本指数的计算过程为：

成本指数 $C_1 = \dfrac{185}{(185+155+130+30)} = 0.37$

成本指数 $C_2 = \dfrac{155}{(185+155+130+30)} = 0.31$

成本指数 $C_3 = \dfrac{130}{(185+155+130+30)} = 0.26$

成本指数 $C_4 = \dfrac{30}{(185+155+130+30)} = 0.06$

价值指数的计算过程为：

价值指数 $V_1 = \dfrac{0.35}{0.37} = 0.95$

价值指数 $V_2 = \dfrac{0.25}{0.31} = 0.81$

价值指数 $V_3 = \dfrac{0.30}{0.26} = 1.15$

价值指数 $V_4 = \dfrac{0.10}{0.06} = 1.67$

优先作为价值工程改进对象的是 F_2。

46. C。本题考核的是设计概算的内容。设计概算文件的编制应视项目情况采用三级概算（总概算、综合概算、单位工程概算）或二级概算（总概算、单位工程概算）编制形式。对单一的、具有独立性的单项工程建设项目，按二级编制形式编制，在单位工程概算基础上，直接编制总概算。

47. B。本题考核的是施工图预算的编制方法。定额单价法（也称为预算单价法、定额计价法）是用事先编制好的分项工程的单位估价表来编制施工图预算的方法。按施工图及计算规则计算的各分项工程的工程量，乘以相应工料机单价，汇总相加，得到单位工程的人工费、材料费、施工机具使用费之和；再加上按规定程序计算出企业管理费、利润、措施费、其他项目费、规费、税金，便可得出单位工程的施工图预算造价。

48. A。本题考核的是招标控制价及确定方法。编制招标控制价时，总承包服务费应按照省级或行业建设主管部门的规定计算，或参考相关规范计算。

49. D。本题考核的是分部分项工程和措施项目报价的审核。在招标投标过程中，当出现招标工程量清单特征描述与设计图纸不符时，投标人应以招标工程量清单的项目特征描述为准，确定投标报价的综合单价。若在施工中施工图纸或设计变更导致项目特征与招标工程量清单项目特征描述不一致时，发承包双方应按实际施工的项目特征依据合同约定重新确定综合单价。

50. C。本题考核的是合同价款约定的一般规定。合同约定不得违背招标、投标文件中关于工期、造价、质量等方面的实质性内容。招标文件与中标人投标文件不一致的地方应以投标文件为准。

51. C。本题考核的是工程计量。承包人应于每月 25 日向监理人报送上月 20 日至当月 19 日已完成的工程量报告，并附具进度付款申请单、已完成工程量报表和有关资料。

52. C。本题考核的是合同价款调整。价格调整公式为：

$$\Delta P = P_0 \left[A + \left(B_1 \times \dfrac{F_{t1}}{F_{01}} + B_2 \times \dfrac{F_{t2}}{F_{02}} + B_3 \times \dfrac{F_{t3}}{F_{03}} + \cdots + B_n \times \dfrac{F_{tn}}{F_{0n}} \right) - 1 \right]$$

本期应调整的合同价款差额 $= (45-5) \times \left[0.25 + \left(0.3 \times \dfrac{120}{110} + 0.25 \times \dfrac{123}{112} + 0.2 \times \dfrac{125}{115} \right) - 1 \right] = 2.77$ 万元。

53. C。本题考核的是工程价款结算。实际完成工程量 1.3 万 $m^3 > 1 \times 1.15 = 1.15$ 万 m^3，

根据《建设工程工程量清单计价规范》GB 50500—2013，当工程量增加15%以上时，增加部分的工程量的综合单价应予调低。该土方工程实际结算价款＝1×1.15×60+（1.3－1.15）×56＝77.4万元。

54. D。本题考核的是《标准施工招标文件》中承包人索赔可引用的条款。施工过程发现文物、古迹以及其他遗迹、化石、钱币或物品，承包人可索赔工期和费用。

55. A。本题考核的是常用的索赔费用计算方法。索赔费用计算方法包括实际费用法、总费用法、修正的总费用法。实际费用法是最常用的一种方法。

56. A。本题考核的是投资绩效指数的计算。投资绩效指数（CPI）＝已完工作预算投资（$BCWP$）/已完工作实际投资（$ACWP$）＝2500/2800＝0.89。

57. C。本题考核的是影响工程进度的因素。业主因素：业主使用要求改变而进行设计变更；应提供的施工场地条件不能及时提供或所提供的场地不能满足工程正常需要；不能及时向施工承包单位或材料供应商付款等。选项A属于资金因素；选项B属于自然环境因素；选项D属于组织管理因素。

58. A。本题考核的是建设单位的计划系统。建设单位编制（也可委托监理单位编制）的进度计划包括工程项目前期工作计划、工程项目建设总进度计划和工程项目年度计划。选项B属于设计单位的计划系统；选项C属于施工单位的计划系统；选项D属于物资供应计划。

59. D。本题考核的是建设工程进度计划的编制程序。建设工程进度计划编制程序见下表：

编制阶段	编制步骤	编制阶段	编制步骤
Ⅰ. 设计准备阶段	1. 调查研究	Ⅲ. 计算时间参数及确定关键线路阶段	6. 计算工作持续时间
	2. 确定进度计划目标		7. 计算网络计划时间参数
Ⅱ. 绘制网络图阶段	3. 进行项目分解		8. 确定关键线路和关键工作
	4. 分析逻辑关系	Ⅳ. 网络计划优化阶段	9. 优化网络计划
	5. 绘制网络图		10. 编制优化后网络计划

60. A。本题考核的是建设工程进度控制措施。进度控制的技术措施主要包括：（1）审查承包商提交的进度计划，使承包商能在合理的状态下施工。（2）编制进度控制工作细则，指导监理人员实施进度控制。（3）采用网络计划技术及其他科学适用的计划方法，并结合电子计算机的应用，对建设工程进度实施动态控制。选项B属于经济措施；选项C属于合同措施；选项D属于组织措施。

61. D。本题考核的是流水步距的概念。流水步距是指组织流水施工时，相邻两个施工过程（或专业工作队）相继开始施工的最小间隔时间。流水节拍是指在组织流水施工时，某个专业工作队在一个施工段上的施工时间。

62. D。本题考核的是流水施工工期的计算。固定节拍流水施工工期 $T＝（m+n-1）t+\sum G+\sum Z＝（3+8-1）×4+5＝45$ d。

63. C。本题考核的是非节奏流水施工工期计算。本题的计算过程为：
（1）各施工过程流水节拍的累加数列：
施工过程1：5，9，12，20，26
施工过程2：4，10，17，19，24

（2）错位相减求得差数列：

$$
\begin{array}{rrrrrr}
5, & 9, & 12, & 20, & 26 & \\
- & 4, & 10, & 17, & 19, & 24 \\
\hline
5, & 5, & 2, & 3, & 7, & -24
\end{array}
$$

（3）取最大值求得流水步距：

施工过程1与施工过程2之间的流水步距：$K_{1,2}=\max[5, 5, 2, 3, 7, -24]=7$ d。

第二个施工过程第三施工段的完成时间 $=7+4+6+7=24$ d。

64. B。本题考核的是工艺关系与组织关系。生产性工作之间由工艺过程决定的、非生产性工作之间由工作程序决定的先后顺序关系称为工艺关系。工作之间由于组织安排需要或资源（劳动力、原材料、施工机具等）调配需要而规定的先后顺序关系称为组织关系。

65. C。本题考核的是总时差的概念。工作的总时差是指在不影响总工期的前提下，本工作可以利用的机动时间。不影响总工期，也就是不影响 D、E 工作的最迟开始时间。

66. C。本题考核的是最迟开始时间的概念。工作的最迟开始时间是指在不影响整个任务按期完成的前提下，本工作必须开始的最迟时刻。工作的最迟开始时间等于本工作的最迟完成时间与其持续时间之差。

67. A。本题考核的是最早完成时间和最迟完成时间。工作的最早完成时间等于本工作的最早开始时间与持续时间之和。以网络计划起点节点为开始节点的工作，当未规定其最早开始时间时，其最早开始时间为零；其他工作的最早开始时间应等于其紧前工作最早完成时间的最大值。本题中，工作 F 的最早开始时间 $=\max\{(3+2),(3+2),6\}=6$，则其最早完成时间 $=6+4=10$，即第 10 周。以网络计划终点节点为完成节点的工作，其最迟完成时间等于网络计划的计划工期；其他工作的最迟完成时间应等于其紧后工作最迟开始时间的最小值。工作的最迟完成时间和最迟开始时间应从网络计划的终点节点开始，逆着箭线方向依次进行。本题中关键线路为 C→G→I，工期为 $6+5+4=15$ 周，工作 I 的最迟开始时间 $=15-4=11$，工作 F 的最迟完成时间即为第 11 周。

68. B。本题考核的是自由时差的计算。网络计划终点节点所代表的工作的自由时差等于计划工期与本工作的最早完成时间之差；其他工作的自由时差等于本工作与其紧后工作之间时间间隔的最小值。工作 A 的自由时差 $=\min\{2,3\}=2$ d。

69. C。本题考核的是关键工作的确定。总时差最小的工作为关键工作。

70. A。本题考核的是资源优化。在通常情况下，网络计划的资源优化分为两种，即"资源有限，工期最短"的优化和"工期固定，资源均衡"的优化。

71. B。本题考核的是单代号搭接网络计划中时距的概念。在搭接网络计划中，工作之间的搭接关系是由相邻两项工作之间的不同时距决定的。所谓时距，就是在搭接网络计划中相邻两项工作之间的时间差值。

72. B。本题考核的是进度监测系统过程。进度监测系统过程包括：（1）进度计划执行中的跟踪检查：①定期收集进度报表资料；②现场实地检查工程进展情况；③定期召开现场会议。（2）实际进度数据的加工处理。（3）实际进度与计划进度的对比分析。选项 A、C、D 属于进度调整的系统过程。

73. C。本题考核的是横道图进度计划的比较。选项 A 错误，第 3 周未连续施工。选项 B 错误，第 2 周计划应完成 $15\%-6\%=9\%$，实际完成 $15\%-10\%=5\%$，比计划进度拖后 4%。选项 D 错误，第 6 周计划应完成 $80\%-55\%=25\%$，实际完成 $75\%-65\%=10\%$，比计划进度拖后 15%。

74. D。本题考核的是分析进度偏差对后续工作及总工期的影响。如果工作的进度偏差大于该工作的总时差，则此进度偏差必将影响其后续工作和总工期，必须采取相应的调整措施；如果工作的进度偏差未超过该工作的总时差，则此进度偏差不影响总工期。至于对后续工作的影响程度，还需要根据偏差值与其自由时差的关系做进一步分析。

75. A。本题考核的是进度计划的调整方法。当实际进度偏差影响到后续工作、总工期而需要调整进度计划时，其调整方法主要有两种：（1）改变某些工作间的逻辑关系。（2）缩短某些工作的持续时间。第二种方法是不改变工程项目中各项工作之间的逻辑关系，而通过采取增加资源投入、提高劳动效率等措施来缩短某些工作的持续时间，使工程进度加快，以保证按计划工期完成该工程项目。这些被压缩持续时间的工作是位于关键线路和超过计划工期的非关键线路上的工作。所以可以通过压缩总时差最小的工作持续时间来进行调整。

76. D。本题考核的是建设工程施工进度控制目标的确定依据。确定施工进度控制目标的主要依据有：建设工程总进度目标对施工工期的要求；工期定额、类似工程项目的实际进度；工程难易程度和工程条件的落实情况等。

77. B。本题考核的是建设工程施工进度控制工作内容。选项 A 错误，监理工程师对施工进度计划的审查或批准，并不解除承包单位对施工进度计划的任何责任和义务。选项 B 正确，施工进度计划一经监理工程师确认，即应当视为合同文件的一部分。选项 C 错误，承包单位之所以将施工进度计划提交给监理工程师审查，是为了听取监理工程师的建设性意见。选项 D 错误，如果监理工程师在审查施工进度计划的过程中发现问题，应及时向承包单位提出书面修改意见，并协助承包单位修改。其中重大问题应及时向业主汇报。

78. D。本题考核的是施工进度计划调整措施。施工进度计划调整的组织措施：（1）增加工作面，组织更多的施工队伍。（2）增加每天的施工时间（如采用三班制等）。（3）增加劳动力和施工机械的数量。选项 A、C 属于其他配套措施；选项 B 属于技术措施。

79. C。本题考核的是工程延期的审批程序。当工程延期事件发生后，承包单位应在合同规定的有效期内以书面形式通知监理工程师，即工程延期意向通知。

80. B。本题考核的是监理单位受业主委托组织物资供应招标的工作内容。监理单位受业主委托组织物资供应招标的工作内容包括：（1）组织编制物资供应招标文件。（2）受理物资供应单位的投标文件，包括对投标文件进行技术评价和对投标文件进行商务评价。（3）推荐物资供应单位及进行有关工作。

二、多项选择题

81. B、C、E；	82. B、C、E；	83. A、D；
84. B、C、D、E；	85. B、C、D；	86. A、B、C；
87. B、C、D；	88. B、C；	89. A、B、E；
90. A、B、D；	91. A、C、D；	92. A、C、D；
93. A、C、D、E；	94. A、B、D、E；	95. D、E；
96. A、B、D；	97. B、C、E；	98. B、C、D；
99. A、B、C、D；	100. A、C、D、E；	101. A、C、D；
102. B、D、E；	103. A、C、E；	104. A、C、E；

105. B、C、D；   106. A、B、C；   107. A、D、E；

108. A、B、D、E；   109. B、D；   110. A、C；

111. C、E；   112. A、D、E；   113. B、C、E；

114. A、B、E；   115. B、C；   116. A、D、E；

117. A、D、E；   118. C、D、E；   119. B、D、E；

120. A、B、D。

【解析】

81. B、C、E。本题考核的是工程质量控制主体。监控主体：政府、建设单位、监理单位。自控主体：勘察设计单位、施工单位。

82. B、C、E。本题考核的是工程质量保修。下列情况不属于工程规定的施工单位保修范围：（1）因使用不当或者第三方造成的质量缺陷。（2）不可抗力造成的质量缺陷。

83. A、D。本题考核的是必须实行监理的工程。下列建设工程必须实行监理：（1）国家重点建设工程。（2）大中型公用事业工程。（3）成片开发建设的住宅小区工程。（4）利用外国政府或者国际组织贷款、援助资金的工程。（5）国家规定必须实行监理的其他工程。

84. B、C、D、E。本题考核的是质量管理原则。ISO 9000 质量管理体系明确了七项质量管理原则：以顾客为关注焦点；领导作用；全员参与；过程方法；改进；循证决策；关系管理。

85. B、C、D。本题考核的是项目监理机构建立工程项目质量控制系统的工作内容。工程质量控制系统建立和运行的主要工作：建立组织机构；制定工作制度；明确工作程序；确定工作方法和手段；项目质量控制系统的改进。

86. A、B、C。本题考核的是《卓越绩效评价准则》与 ISO 9000 的不同点。《卓越绩效评价准则》与 ISO 9000 的不同点：导向不同、驱动力不同、评价方式不同、关注点不同、目标不同、责任人不同、对组织的要求不同。《卓越绩效评价准则》与 ISO 9000 的相同点：基本原理和原则相同；基本理念和思维方式相同；使用方法（工具）相同。

87. B、C、D。本题考核的是实体混凝土构件抗压强度检测方法。实体混凝土构件抗压强度检测方法：回弹法、超声回弹综合法、钻芯法或后装拔出法。

88. B、C。本题考核的是砌体结构抗压强度现场检测方法。砌体结构抗压强度现场检测方法包括：原位轴压法、扁顶法、切制抗压试件法和原位单剪法。

89. A、B、E。本题考核的是建设工程竣工验收应当具备的条件。《建设工程质量管理条例》规定，建设工程竣工验收应当具备下列条件：（1）完成建设工程设计和合同约定的各项内容。（2）有完整的技术档案和施工管理资料。（3）有工程使用的主要建筑材料、建筑构配件和设备的进场试验报告。（4）有勘察、设计、施工、工程监理等单位分别签署的质量合格文件。（5）有施工单位签署的工程保修书。

90. A、B、D。本题考核的是平行检验。平行检验的项目、数量、频率和费用等应符合建设工程监理合同的约定。

91. A、C、D。本题考核的是超过一定规模的危险性较大的分部分项工程的范围。选项 B 错误，搭设高度在 50m 及以上的落地式钢管脚手架工程。选项 E 错误，提升高度在 150m 及以上的附着式升降脚手架工程或附着式升降操作平台工程。

92. A、D。本题考核的是工程开工条件与开工令的签发。总监理工程师应组织专业监理工程师审查施工单位报送的工程开工报审表及相关资料，同时具备下列条件时，应由总监理工程师签署审查意见，并应报建设单位批准后，总监理工程师签发工程开工令：

（1）设计交底和图纸会审已完成。

（2）施工组织设计已由总监理工程师签认。

（3）施工单位现场质量、安全生产管理体系已建立，管理及施工人员已到位，施工机械具备使用条件，主要工程材料已落实。

（4）进场道路及水、电、通信等已满足开工要求。

93. A、C、D、E。本题考核的是工程勘察成果审查要点。技术性审查的内容包括：（1）是否提出勘察场地的工程的工程地质条件和存在的地质问题。（2）是否结合工程设计、施工条件，以及地基处理、开挖、支护、降水等工程的具体要求，进行技术论证和评价，提出岩土工程问题及解决问题的决策性具体建议。（3）是否提出基础、边坡等工程的设计准则和岩土工程施工的指导性意见，为设计、施工提供依据，服务于工程建设全过程。（4）是否满足勘察任务书和相应设计阶段的要求，即针对不同勘察阶段，对工程勘察报告的深度和内容进行检查。

94. A、B、D、E。本题考核的是室外工程的划分。室外工程的划分见下表：

单位工程	子单位工程	分部工程
室外设施	道路	路基、基层、面层、广场与停车场、人行道、人行地道、挡土墙、附属构筑物
	边坡	土石方、挡土墙、支护
附属建筑及室外环境	附属建筑	车棚、围墙、大门、挡土墙
	室外环境	建筑小品、亭台、水景、连廊、花坛、场坪绿化、景观桥

95. D、E。本题考核的是质量事故实况资料。质量事故实况的资料主要来自以下方面：施工单位的质量事故调查报告；项目监理机构所掌握的质量事故相关资料。

96. A、B、D。本题考核的是设备制造前质量控制的内容。设备制造前的质量控制内容包括：（1）熟悉图纸、合同，掌握相关的标准、规范和规程，明确质量要求。（2）明确设备制造过程的要求及质量标准。（3）审查设备制造的工艺方案。（4）对设备制造分包单位的审查。（5）对检验计划和检验要求的审查。（6）对生产人员上岗资格的检查。（7）对用料的检查。选项 B 属于对用料的检查。选项 C、E 属于设备制造过程的质量控制。

97. B、C、E。本题考核的是项目监理机构在施工阶段进行的投资控制工作。施工阶段投资控制的主要工作：（1）进行工程计量和付款签证。（2）对完成工程量进行偏差分析。（3）审核竣工结算。（4）处理施工单位提出的工程变更费用。（5）处理费用索赔。

98. B、C、D。本题考核的是建筑安装工程措施项目费的内容。建筑安装工程措施项目费的内容：安全文明施工费（环境保护费、文明施工费、安全施工费、临时设施费）；夜间施工增加费；二次搬运费；冬雨期施工增加费；已完工程及设备保护费；工程定位复测费；特殊地区施工增加费；大型机械设备进出场及安拆费；脚手架工程费。

99. A、B、C、D。本题考核的是工程建设其他费的内容。工程建设其他费用按其内容大致可分为三类：第一类为土地使用费；第二类是与项目建设有关的费用；第三类是与未来企业生产和经营活动有关的费用。选项 A、B、C、D 均属于与项目建设有关的费用。选项 E 属于企业管理费。

100. A、C、D、E。本题考核的是项目融资的特点。项目融资的特点：项目导向；有限追索；风险分担；非公司负债型融资；信用结构多样化；融资成本较高；可以利用税务优势。

101. A、C、D。本题考核的是资金时间价值的计算。对本题的分析如下：

（1）借入期为 1 年，年名义利率=年实际利率 8%，所以选项 A 正确。

（2）季度实际利率=8%/4=2%，所以选项 B 错误。

（3）年实际利率=$(1+8\%/4)^4-1=8.24\%$，所以选项 C 正确。

（4）按季付息，每季度利息=200×8%/4=4 万元，一年还本付息金额=200+4×4=216 万元；如果按季度复利计息，年实际利率=$(1+8\%/4)^4-1=8.24\%$，则一年还本付息金额=200×(1+8.24%)=216.48 万元。按季付息年末还本方式前期还款压力小，所以选项 D 正确。

（5）在等额还本付息方式下，每季度的本息和都是一致的，即每季度的本息和 $A=P(A/P, i, n)=200\times\dfrac{8\%/4+(1+8\%/4)^4}{(1+8\%/4)^4-1}=52.52$ 万元，一年还本付息金额=52.52×4=210.08 万元，利息总和为 10.08 万元，按季等额还本付息方式支付的利息总额少。所以选项 E 错误。

102. B、D、E。本题考核的是财务分析。对本题的分析如下：

（1）利润总额是指营业利润加上营业外收入，再减去营业外支出后的余额，本题中的条件不足，无法判断，所以选项 A 错误。

（2）静态投资回收期需要根据累计净现金流量计算，该项目累计净现金流量见下表：

年份	0	1	2	3	4	5
现金流入				600	800	800
现金流出		300	200	200	300	300
净现金流量	0	−300	−200	400	500	500
累计净现金流量	0	−300	−500	−100	400	900

该项目静态投资回收期=（累计净现流量出现正值的年份数−1）+ $\dfrac{\text{上一年累计净现金流量的绝对值}}{\text{出现正值年份的净现金流量}}=(4-1)+\dfrac{|-100|}{500}=3.2$ 年，所以选项 B 正确。

（3）建设期是指项目从资金正式投入开始到项目建成投产为止所需要的时间。项目资本金是指在项目总投资中由投资者认缴的出资额，本题中无法判定建设期资本金投入。所以选项 C 错误。

（4）该项目财务净现值=$-300\times(1+8\%)^{-1}-200\times(1+8\%)^{-2}+400\times(1+8\%)^{-3}+500\times(1+8\%)^{-4}+500\times(1+8\%)^{-5}=576$ 万元。

（5）动态投资回收期是将项目各年的净现金流量按基准收益率折成现值之后，再来推算投资回收期，动态投资回收期就是项目累计现值等于零时的时间（年份）。若考虑资金时间价值，用折现法计算出的动态投资回收期，要比静态投资回收期长些。所以动态投资回收期大于 3.2 年小于 5 年，所以选项 E 正确。

103. A、C、E。本题考核的是功能评价内容。价值工程中的功能是指对象能够满足某种要求的一种属性，功能就是效用。如住宅的功能是提供居住空间，建筑物基础的功能是承受荷载，施工机具的作用是有效地完成施工生产任务等。所以说对某住宅项目设计方案进行功能评价的内容包括 A、C、E 三项。

104. A、C、E。本题考核的是单位建筑工程概算工程量审查的主要依据。工程量根据初步设计图纸、概算定额、工程量计算规则的要求进行审查。

105. B、C、D。本题考核的是采用成本加奖罚计价合同方式。在合同实施后，根据工程实际成本的发生情况，承包商得到的金额分以下几种情况：

（1）实际成本＝预期成本：承包商得到实际发生的工程成本，同时获得酬金。

（2）实际成本<预期成本：承包商得到实际发生的工程成本，获得酬金，并根据成本节约额的多少，得到预先约定的奖金。

（3）实际成本>预期成本：承包方可得到实际成本和酬金，但视实际成本高出预期成本的情况，被处以一笔罚金。

106. A、B、C。本题考核的是工程计量的原则。工程量计量按照合同约定的工程量计算规则、图纸及变更指示等进行计量。对于不符合合同文件要求的工程，承包人超出施工图纸范围或因承包人原因造成返工的工程量，不予计量。若发现工程量清单中出现漏项、工程量计算偏差，以及工程变更引起工程量的增减变化，应据实调整，正确计量。

107. A、D、E。本题考核的是《标准施工招标文件》中承包人索赔可引用的条款。选项 B、C 只能索赔工期和费用，不能索赔利润。

108. A、B、D、E。本题考核的是物价变化调整合同价格的规定。选项 C 错误，当承包人投标报价中材料单价低于基准单价，施工期间材料单价涨幅以基准单价为基础超过合同约定的风险幅度值时，或材料单价跌幅以投标报价为基础超过合同约定的风险幅度值，超过部分按实调整。

109. B、D。本题考核的是建设项目总进度纲要的内容。总进度纲要的主要内容包括：（1）项目实施的总体部署。（2）总进度规划。（3）各子系统进度规划。（4）确定里程碑事件的计划进度目标。（5）总进度目标实现的条件和应采取的措施等。

110. A、C。本题考核的是依次施工方式组织施工的特点。依次施工方式具有以下特点：

（1）没有充分地利用工作面进行施工，工期长。

（2）如果按专业成立工作队，则各专业队不能连续作业，有时间间歇，劳动力及施工机具等资源无法均衡使用。

（3）如果由一个工作队完成全部施工任务，则不能实现专业化施工，不利于提高劳动生产率和工程质量。

（4）单位时间内投入的劳动力、施工机具、材料等资源量较少，有利于资源供应的组织。

（5）施工现场的组织、管理比较简单。

111. C、E。本题考核的是加快的成倍节拍流水施工的特点。加快的成倍节拍流水施工的特点如下：

（1）同一施工过程在其各个施工段上的流水节拍均相等；不同施工过程的流水节拍不等，但其值为倍数关系。

（2）相邻专业工作队的流水步距相等，且等于流水节拍的最大公约数（K）。

（3）专业工作队数大于施工过程数，即有的施工过程只成立一个专业工作队，而对于流水节拍大的施工过程，可按其倍数增加相应专业工作队数目。

（4）各个专业工作队在施工段上能够连续作业，施工段之间没有空闲时间。

112. A、D、E。本题考核的是双代号网络图的绘制。存在两个起点节点①、③。存在两个终点节点②、⑩。⑦→②箭线错误。所以本题答案为 A、D、E。

113. B、C、E。本题考核的是单代号网络计划时间参数的计算。工作的最早完成时间等于本工作的最早开始时间与其持续时间之和。起点节点的最早开始时间在未规定时取值为零,其他的最早开始时间等于其紧前工作最早完成时间的最大值。工作的最迟完成时间等于本工作的最早完成时间预期总时差之和;工作的最迟开始时间等于本工作的最早开始时间预期总时差之和。其他工作的总时差等于本工作与其各紧后工作之间的时间间隔加紧后工作的总时差所得之和的最小值。

本题的关键线路为 A→B→E→G→I。

工作 G 的紧前工作有工作 D、E,工作 G 的最早开始时间 $= \max\{(3+5+2),(3+5+5)\} = 13$,所以选项 A 错误。

工作 G 的最迟开始时间 $=13+0=13$,所以选项 B 正确。

工作 E 只有一项紧前工作,所以其最早开始时间 $=3+5=8$,最早完成时间 $=8+5=13$,所以选项 C 正确。

工作 E 的最迟完成时间 $=13+0=13$,所以选项 D 错误。

工作 D 的总时差 $= \min\{(10-10)+1,(11-10)+0\}=1$,所以选项 E 正确。

114. A、B、E。本题考核的是关键线路的确定。选项 C 错误,在单代号网络计划或搭接网络计划中,所有相邻两项工作之间的时间间隔全部为零的线路即为关键线路。对双代号网络计划不适用。选项 D 错误,关键线路上的工作为关键工作,但关键工作不是都在关键线路上。

115. B、C。本题考核的是双代号时标网络计划中时间参数的计算。本题的关键线路为:①→③→⑤→⑦→⑧→⑨→⑪(A→D→G→I)、①→④→⑥→⑦→⑧→⑨→⑪(C→E→G→I),所以选项 E 错误。工作 A 为关键工作,总时差、自由时差均为 0,所以选项 A 错误。工作 C 为关键工作,总时差、自由时差均为 0,所以选项 B 正确。B 工作的总时差 $= \min\{0+1,0+2\}=1$,自由时差 $=1$,所以选项 C 正确。H 工作的最早完成时间 $=9$,最迟完成时间 $=10$,所以选项 D 错误。

116. A、D、E。本题考核的是施工进度控制工作细则的内容。施工进度控制工作细则的内容包括:

(1)施工进度控制目标分解图。

(2)施工进度控制的主要工作内容和深度。

(3)进度控制人员的职责分工。

(4)与进度控制有关各项工作的时间安排及工作流程。

(5)进度控制的方法(包括进度检查周期、数据采集方式、进度报表格式、统计分析方法等)。

(6)进度控制的具体措施(包括组织措施、技术措施、经济措施及合同措施等)。

(7)施工进度控制目标实现的风险分析。

(8)尚待解决的有关问题。

117. A、D、E。本题考核的是前锋线比较法。第 7 周末检查时,F 工作拖延 1 周,F 工作总时差为 1 周,自由时差为 0,不影响总工期,影响后续 I 工作 1 周。所以选项 A 正确,选项 B 错误。第 7 周末检查时,G 工作拖延 1 周,G 工作总时差为 1 周,自由时差为 0,不影响总工期，影响后续 J 工作、K 工作 1 周。所以选项 C 错误。第 7 周末检查时，H 工作拖延 2 周，H 工作总时差、自由时差均为 0，影响后续 K 工作 2 周、影响总工期 2 周。所以选项 D、E 正确。

118. C、D、E。本题考核的是影响建设工程计划进度的因素。影响设计进度的因素包括：（1）建设意图及要求改变的影响。（2）设计审批时间的影响。（3）设计各专业之间协调配合的影响。（4）工程变更的影响。（5）材料代用、设备选用失误的影响。

119. B、D、E。本题考核的是单位工程施工进度计划编制程序。单位工程施工进度计划编制程序如下图所示。

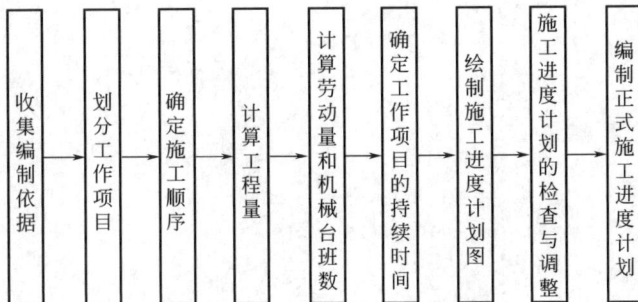

收集编制依据 → 划分工作项目 → 确定施工顺序 → 计算工程量 → 计算劳动量和机械台班数 → 确定工作项目的持续时间 → 绘制施工进度计划图 → 施工进度计划的检查与调整 → 编制正式施工进度计划

单位工程施工进度计划编制程序

120. A、B、D。本题考核的是物资供应计划的编制。在编制物资供应计划的准备阶段，监理工程师必须明确物资的供应方式。按供应单位划分，物资供应可分为：建设单位采购供应、专门物资采购部门供应、施工单位自行采购或共同协作分头采购供应。

《建设工程目标控制》（土木建筑工程）

考前最后第1套卷及答案解析

考前最后第1套卷

一、单项选择题（共80题，每题1分。每题的备选项中，只有1个最符合题意）

1. 工程不仅要求在交工验收时要达到规定的指标，而且在一定的使用时期内要保持应有的正常功能。体现了建设工程质量的（　　）。

　　A. 适用性　　　　　　B. 耐久性　　　　　　C. 安全性　　　　　　D. 可靠性

2. 工程建设的不同阶段，对工程项目质量的形成起着不同的作用和影响。需要确定工程项目的质量要求，并与投资目标相协调，直接影响项目的决策质量和设计质量的阶段是（　　）。

　　A. 可行性研究阶段　　　　　　　　B. 决策阶段

　　C. 勘察、设计阶段　　　　　　　　D. 施工阶段

3. 下列影响工程质量的因素中，属于工程管理环境因素的是（　　）。

　　A. 现场的安全防护设施　　　　　　B. 交通运输和道路条件

　　C. 组织体制及管理制度　　　　　　D. 不可抗力对工程质量的影响

4. 根据《建设工程质量管理条例》和《建设工程勘察设计管理条例》规定，设计单位的质量责任和义务是（　　）。

　　A. 按设计要求检验商品混凝土质量　　B. 在开工前办理工程质量监督手续

　　C. 向施工单位提供设计原始资料　　　D. 参与建设工程质量事故分析

5. 建立质量管理体系首先要明确企业的质量方针，质量方针是组织的最高管理者正式发布的该组织总的（　　）。

　　A. 质量要求　　　B. 质量水平　　　C. 质量宗旨和方向　D. 质量策划

6. 下列文件中，（　　）是监理单位内部质量管理的纲领性文件和行动准则。

　　A. 质量手册　　　B. 程序文件　　　C. 作业文件　　　D. 质量记录

7. 关于质量管理体系内部审核的说法中，错误的是（　　）。

　　A. 应审核质量方针和质量目标是否可行

　　B. 应审核质量记录能否起到见证作用

　　C. 应审核或认证合同中规定的标准是否按规定有效运行了管理体系

　　D. 应审核组织结构能否满足质量管理体系运行的需要

8. 在工程开工前，施工单位必须完成施工组织设计的编制及内部审批工作，填写《施

工组织设计/（专项）施工方案报审表》报送（　　　）。

A. 项目监理机构　　　B. 建设单位　　　　C. 设计单位　　　　D. 建设行政主管部门

9. 关于《卓越绩效评价准则》与 ISO 9000 质量管理体系的比较，下列说法中正确的是（　　　）。

A. ISO 9000 质量管理体系是战略导向，"卓越绩效"是标准化导向

B. ISO 9000 质量管理体系来自市场竞争的驱动，"卓越绩效"模式来自市场准入的驱动

C. ISO 9000 质量管理体系关注结果，"卓越绩效"模式更加关注过程

D. 质量管理原则同时适用于 ISO 9000 质量管理体系与"卓越绩效"模式

10. 下列造成质量波动的原因中，属于偶然性原因的是（　　　）。

A. 机械设备过度磨损　　　　　　　　B. 现场温湿度的微小变化

C. 材料质量规格显著差异　　　　　　D. 工人未遵守操作规程

11. 对工程质量状况和质量问题，按原材料供应单位、供应时间或等级分门别类地进行调查和分析，深入地发现和认识质量问题的原因。这是工程质量统计方法中（　　　）的基本思想。

A. 分层法　　　　B. 因果分析图法　　　C. 排列图法　　　D. 直方图法

12. 实际质量特性分布在质量标准要求界限中间，且实际质量特性分布的范围接近质量标准要求界限，没有余地，生产过程一旦发生小的变化，产品的质量特性值就可能超出质量标准，此时正确的做法是（　　　）。

A. 必须采取措施进行调整，使质量分布位于标准之内

B. 必须立即采取措施，以缩小质量分布范围

C. 对原材料、设备、工艺、操作等控制要求适当放宽些

D. 应迅速采取措施，使直方图移到中间来

13. 在质量控制活动中，绘制控制图的目的是（　　　）。

A. 分析质量问题产生的原因　　　　　B. 分析判断生产过程是否处于稳定状态

C. 寻找影响质量主次的因素　　　　　D. 判断质量分布状态

14. 对于有抗震设防要求的钢筋混凝土结构，其钢筋伸长率符合规定的是（　　　）。

A. 钢筋的抗拉强度实测值与屈服强度实测值的比值不应小于 1.30

B. 钢筋的屈服强度实测值与屈服强度标准值的比值不应大于 1.25

C. 钢筋的最大力下总伸长率不应小于 9%

D. 钢筋最小伸长率不应小于 5%

15. 根据《建筑地基基础设计规范》GB 50007-2011 的规定，采用高应变动测法对单桩进行试验，在地质条件相近、桩型和施工条件相同时，检测数量（　　　）。

A. 不宜少于总桩数的 1%，并不应少于 3 根

B. 不宜少于总桩数的 5%，并不应少于 3 根

C. 不宜少于总桩数 3%，且不应少于 3 根

D. 不宜少于总桩数 5%，且不应少于 5 根

16. 根据《建筑基桩检测技术规范》JGJ 106-2014，对于钢筋笼长度，基桩检测宜采用的方法是（　　　）。

A. 原型静荷载试验法　　　　　　　　B. 旁孔投射法

C. 低应变法   D. 磁测桩法

17. 对专业设计方案进行评审，应重点审核专业设计方案的（   ）。

A. 设计依据、设计规模、产品方案和工艺流程

B. 设计参数、设计标准、设备选型和结构造型

C. 可靠性、合理性、经济性、先进性和协调性

D. 设计参数、协作条件、功能和使用价值

18. 设计交底会议结束后，（   ）应将会议纪要发送有关单位。

A. 施工单位   B. 项目监理机构   C. 设计单位   D. 建设单位

19. 对已进场经检验不合格的工程材料，项目监理机构应要求施工单位将该批材料（   ）。

A. 就地封存   B. 限期撤出施工现场

C. 降低标准使用   D. 重新试验检测，合格后方可使用

20. 工程设备验收前，设备安装单位应提交设备验收方案，经（   ）审查同意后实施。

A. 总监理工程师   B. 专业监理工程师

C. 项目经理   D. 主管部门

21. 关于实施见证取样的要求，下列说法错误的是（   ）。

A. 试验室要具有相应的资质并进行备案、认可

B. 见证取样和送检的资料必须真实完整

C. 试验室出具的报告一式三份

D. 施工单位从事取样的人员一般应是试验室人员

22. 监理人员发现可能造成质量事故的重大隐患或已发生质量事故的，总监理工程师应签发（   ）。

A. 工程暂停令   B. 局部整改通知单   C. 监理通知单   D. 整改意见单

23. 危险性较大的分部分项工程应急抢险结束后，（   ）应当组织制定工程恢复方案，并应对抢险工作进行后评估。

A. 施工单位   B. 勘察设计单位   C. 监理单位   D. 建设单位

24. 根据《建筑工程施工质量验收统一标准》GB 50300-2013 的规定，单位工程划分是按（   ）确定。

A. 工程部位、专业性质和专业系统

B. 施工程序、施工工艺和施工方法

C. 主要材料、设备类别和建筑功能

D. 具备独立施工条件并能形成独立使用功能的建筑物或构筑物

25. 对于项目监理机构提出检查要求的重要工序，应经（   ）检查认可，才能进行下道工序施工。

A. 总监理工程师代表   B. 总监理工程师

C. 建设单位项目负责人   D. 专业监理工程师

26. 检验批抽样方案中合理分配生产方风险和使用方风险时，对应于一般项目合格质量水平的错判概率 α 不宜超过 5%，漏判概率 β 不宜超过（   ）。

A. 8%   B. 9%   C. 10%   D. 12%

27. 根据《建筑工程施工质量验收统一标准》GB 50300-2013，施工质量验收的最小单位是（　　）。

A. 单位工程　　　　B. 分部工程　　　　C. 分项工程　　　　D. 检验批

28. 单位工程质量竣工综合验收结论由参加验收各方共同商定，由（　　）填写。

A. 设计单位　　　　B. 施工单位　　　　C. 监理单位　　　　D. 建设单位

29. 根据《建筑工程施工质量验收统一标准》GB 50300-2013，经返修或加固处理的分项、分部工程，满足安全及使用功能要求时，应（　　）。

A. 按验收程序重新进行验收　　　　　　B. 按技术处理方案和协商文件进行验收

C. 经检测单位检测鉴定后予以验收　　　D. 经设计单位复核后予以验收

30. 某建设工程项目施工过程中，由于质量事故导致工程结构受到破坏，造成6000万元的直接经济损失，这一事故属于（　　）。

A. 特别重大事故　　B. 重大事故　　　　C. 较大事故　　　　D. 一般事故

31. 主要用于标准设备的采购方式是（　　）。

A. 向制造厂商订货　　B. 招标采购　　　C. 市场采购　　　　D. 询价采购

32. 设备采购方案要根据（　　）和相关设计文件的要求编制，使采购的设备符合设计文件要求。

A. 相关市场信息　　　　　　　　　　　B. 资源配置情况

C. 建设地区基础资料　　　　　　　　　D. 建设项目的总体计划

33. 进行技术设计和施工图设计的投资控制目标是（　　）。

A. 设计概算　　　　B. 施工图预算　　　C. 投资估算　　　　D. 承包合同价

34. 下列属于施工阶段投资控制组织措施的是（　　）。

A. 编制本阶段投资控制工作计划　　　　B. 编制资金使用计划

C. 进行工程计量　　　　　　　　　　　D. 参与处理索赔事宜

35. 根据现行《建筑安装工程费用项目组成》（建标〔2013〕44号），下列费用中，应计入分部分项工程费的是（　　）。

A. 安全文明施工费　　　　　　　　　　B. 二次搬运费

C. 施工机械使用费　　　　　　　　　　D. 大型机械设备进出场及安拆费

36. 某新建项目，建设期为3年，共向银行贷款1000万元，贷款时间为：第1年300万元，第2年400万元，第3年300万元，年利率为8%，则该项目建设期利息是（　　）万元。

A. 107.13　　　　　B. 123.14　　　　　C. 125.20　　　　　D. 114.20

37. 以工业产权作价出资的比例不得超过投资项目资本金总额的（　　），国家对采用高新技术成果有特别规定的除外。

A. 30%　　　　　　B. 60%　　　　　　C. 40%　　　　　　D. 20%

38. 下列项目资本金来源中，属于既有法人外部资金来源的是（　　）。

A. 企业增资扩股　　B. 企业银行存款　　C. 企业资产变现　　D. 企业产权转让

39. 在项目融资程序中，需要在融资结构设计阶段进行的工作是（　　）。

A. 起草融资法律文件　　　　　　　　　B. 评价项目风险因素

C. 控制与管理项目风险　　　　　　　　D. 选择项目融资方式

40. 在各类风险支出数额和概率难以进行准确测算的情况下，适用于（　　）方法。

A. 情景分析法　　　B. 专家打分法　　　C. 比例法　　　　D. 概率法

41. 一笔资金的名义年利率是 10%，按季计息。关于其利率的说法，正确的是（　　）。

A. 年实际利率是 10%

B. 年实际利率是 10.25%

C. 每个计息周期的实际利率是 10%

D. 每个计息周期的实际利率是 2.5%

42. 某企业计划自筹资金进行一项技术改造，预计 3 年后进行这项改造需要 500 万元，银行利率 10%，则从现在开始每年应等额筹款（　　）万元。

A. 151.06　　　　B. 165.50　　　　C. 133.33　　　　D. 231.63

43. 某地 2020 年拟建年产 30 万 t 化工产品项目。根据调查，某生产相同产品的已建成项目，年产量为 10 万 t，建设投资为 12000 万元。若生产能力指数为 0.6，综合调整系数为 1.2，则该拟建项目的投资额是（　　）万元。

A. 20640　　　　B. 23198.2　　　　C. 27837.8　　　　D. 26907.8

44. 某项目总投资为 2000 万元，其中债务资金为 500 万元，项目运营期内年平均净利润为 200 万元，年平均息税为 20 万元，则该项目的总投资收益率为（　　）。

A. 10.0%　　　　B. 11.0%　　　　C. 13.3%　　　　D. 14.7%

45. 关于净现值指标的优点与不足，下列说法错误的是（　　）。

A. 净现值指标不能反映项目投资中单位投资的使用效率

B. 净现值指标没有考虑资金的时间价值

C. 净现值指标全面考虑了项目在整个计算期内的经济状况

D. 净现值指标能够直接以金额表示项目的盈利水平

46. 在被研究对象彼此相差比较大以及时间紧迫的情况下比较适用的价值工程对象的选择方法是（　　）。

A. 因素分析法　　　B. ABC 分析法　　　C. 强制确定法　　　D. 价值指数法

47. 某建设项目有 4 个设计方案，其评价指标见下表，根据价值工程原理，最优的方案是（　　）。

方案名称	功能系数	成本系数
甲	0.3584	0.3751
乙	0.3465	0.3333
丙	0.2952	0.2917
丁	0.3716	0.2713

A. 甲　　　　B. 乙　　　　C. 丙　　　　D. 丁

48. 设计概算的"三级概算"是指（　　）。

A. 建筑工程概算、安装工程概算、设备及工器具购置费概算

B. 单位工程概算、单项工程综合概算、建设工程项目总概算

C. 建设投资概算、建设期利息概算、铺底流动资金概算

D. 主要工程项目概算、辅助和服务性工程项目概算、室内外工程项目概算

49. 拟建工程与在建工程采用同一施工图，但二者基础部分和现场施工条件不同。则审查拟建工程施工图预算时，为提高审查效率，对其与在建工程相同部分宜采用的方法是（　　）。

A. 全面审查法　　　　　　　　　　B. 对比审查法

C. 分组计算审查法　　　　　　　　D. 标准预算审查法

50. 根据《建设工程工程量清单计价规范》GB 50500-2013，采用工程量清单招标的工程，投标人在投标报价时不得作为竞争费用的是（　　）。

A. 工程定位复测费　　　　　　　　B. 冬雨期施工增加费

C. 总承包服务费　　　　　　　　　D. 规费

51. 下列合同计价方式中，（　　）可以促使承包方关心和降低成本，缩短工期，而且预期成本可以随着设计的进展加以调整，而且发承包双方都不会承担太大的风险。

A. 成本加固定百分比酬金计价方式　　B. 成本加固定金额酬金计价方式

C. 成本加奖罚计价方式　　　　　　　D. 最高限额成本加固定最大酬金计价方式

52. 根据《建设工程工程量清单计价规范》GB 50500-2013，在合同履行期间，由于招标工程量清单缺项，新增了分部分项工程量清单项目，关于其合同价款确定的说法，正确的是（　　）。

A. 新增清单项目的综合单价应由监理工程师提出

B. 新增清单项目导致新增措施项目的，承包人应将新增措施项目实施方案提交发包人批准

C. 新增清单项目的综合单价应由承包人提出，但相关措施项目费不能再做调整

D. 新增清单项目应按额外工作处理，承包人可选择做或者不做

53. 根据《建设工程工程量清单计价规范》GB 50500-2013，采用清单计价的某分部分项工程，最高投标限价的综合单价为 300 元，承包人投标报价的综合单价为 240 元，该工程投标报价总的下调率为 5%，结算时，该分部分项工程工程量比清单工程量增加了 16%，且合同未确定综合单价调整方法，则对该综合单价的正确处理方式是（　　）。

A. 调整为 240 元　　　　　　　　B. 调整为 242.25 元

C. 不做任何调整　　　　　　　　　D. 调整为 300 元

54. 根据《建设工程工程量清单计价规范》GB 50500-2013，工程变更引起施工方案改变并使措施项目发生变化时，承包人提出调整措施项目费用的，应事先将（　　）提交发包人确认。

A. 拟实施的施工方案　　　　　　　B. 索赔意向通知

C. 拟申请增加的费用明细　　　　　D. 工程变更的内容

55. 根据《标准施工招标文件》中通用条款的规定，承包人通常只能获得工期补偿，但不能得到费用和利润补偿的事件是（　　）。

A. 异常恶劣的气候条件　　　　　　B. 承包人遇到不利物质条件

C. 法律变化引起的价格调整　　　　D. 发包人要求承包人提前竣工

56. 某项目中的管道安装工程，9 月份计划工作预算投资 40 万元，已完工作预算投资 50 万元，已完工作实际投资 65 万元，则投资偏差为（　　）万元。

A. 10　　　　　B. -15　　　　　C. 25　　　　　D. -10

57. 下列对工程进度造成影响的因素中，属于组织管理因素的有（　　）。

A. 不能及时向施工承包单位付款　　B. 不能及时提供施工场地条件

C. 临时停水、停电、断路　　　　　D. 合同签订时遗漏条款、表达失当

58. 进度控制中加强索赔管理，公正的处理索赔属于（　　）。

A. 合同措施　　　B. 组织措施　　　C. 经济措施　　　D. 技术措施

59. 关于建设工程项目总进度目标的说法，正确的是（　　）。

A. 建设工程项目总进度目标的控制是施工总承包方项目管理的任务

B. 在进行项目总进度目标控制前，应分析和论证目标实现的可能性

C. 项目实施阶段的总进度指的就是施工进度

D. 项目总进度目标论证就是要编制项目的总进度计划

60. 在建设工程进度控制计划体系中，（　　）为筹集建设资金或与银行签订借款合同及制订分年用款计划提供依据。

A. 投资计划年度分配表 　　　　　B. 年度建设资金平衡表

C. 工程项目年度计划 　　　　　　D. 工程项目进度平衡表

61. 固定节拍流水施工与加快的成倍节拍流水施工相比较，共同的特点是（　　）。

A. 相邻专业工作队的流水步距相等 　　B. 专业工作队数等于施工过程数

C. 不同施工过程的流水节拍均相等 　　D. 专业工作队数等于施工段数

62. 某工程划分为3个施工过程、4个施工段，组织加快的成倍节拍流水施工，流水节拍分别为4 d、4 d和2 d，则应派（　　）个专业工作队参与施工。

A. 5 　　　　　　B. 4 　　　　　　C. 3 　　　　　　D. 2

63. 某分部工程有甲、乙、丙3个施工过程，流水节拍分别为4 d、6 d、2 d，施工段数为6，且甲乙间工艺间歇为1 d，乙丙间提前插入时间为2 d，现组织等步距的成倍节拍流水施工，则计算工期为（　　）d。

A. 23 　　　　　B. 22 　　　　　C. 21 　　　　　D. 19

64. 下图所示双代号网络计划的关键线路为（　　）。

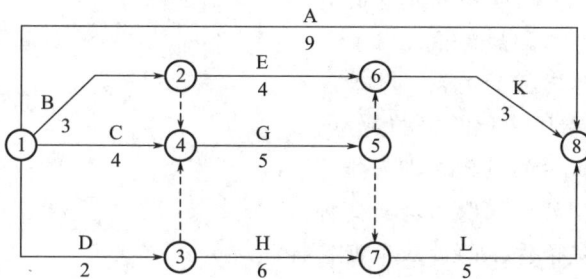

A. ①→⑧

B. ①→②→⑥→⑧

C. ①→③→⑦→⑧

D. ①→④→⑤→⑦→⑧

65. 若工作A持续4 d，最早第2天开始，有两个紧后工作：工作B持续1 d，最迟第10天开始，总时差2 d；工作C持续2 d，最早第9天完成。则工作A的自由时差是（　　）d。

A. 0 　　　　　　B. 1 　　　　　　C. 2 　　　　　　D. 3

66. 某双代号网络计划如下图所示（单位：d），则工作E的自由时差为（　　）d。

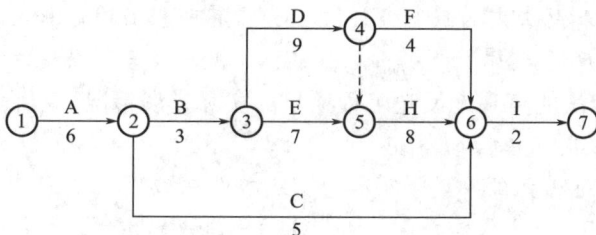

A. 0   B. 4   C. 2   D. 15

67. 某工程双代号时标网络计划如下图所示，其中工作 B 的总时差和自由时差（   ）。

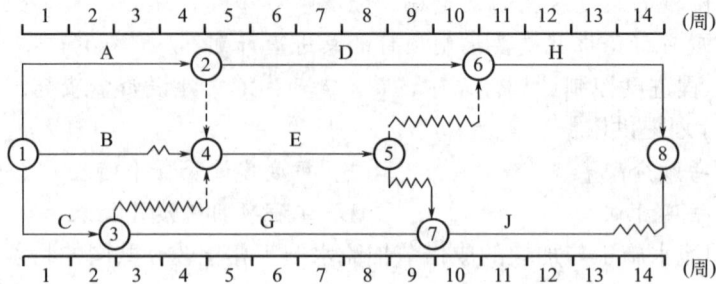

A. 均为 1 周   B. 分别为 3 周和 1 周

C. 均为 3 周   D. 分别为 4 周和 3 周

68. 在工程网络计划中，关键线路上（   ）。

A. 节点的最早时间等于最迟时间

B. 工作的持续时间总和即为计算工期

C. 工作的总时差等于计划工期与计算工期之差

D. 相邻两项工作之间的时距全部为零

69. 在网络计划中，网络计划工期成本优化的基础是（   ）。

A. 分析各项工作的直接费与持续时间的关系

B. 分析各项工作中直接费与间接费的关系

C. 分析工程费用与工期的关系

D. 分析工期与持续时间的关系

70. 工程网络计划费用优化的目的是为了寻求（   ）。

A. 工程总成本最低时的最优工期安排

B. 工期固定条件下的工程费用均衡安排

C. 工程总成本固定条件下的最短工期安排

D. 工期最短条件下的最低工程总成本安排

71. 在进行费用优化时，当只有一条关键线路时，应找出（   ）一项关键工作，作为缩短持续时间的对象。

A. 直接费用率最小的   B. 间接费用率最小的

C. 直接费用率最大的   D. 间接费用率最大的

72. 在建设工程进度调整的系统过程中，当出现的进度偏差影响到后续工作或总工期而需要采取进度调整措施时，应当首先（   ）。

A. 确定后续工作和总工期的限制条件   B. 确定可利用的资源数量

C. 确定可调整进度的范围   D. 分析比较各种措施的优劣

73. 香蕉曲线比较法能直观地反映工程项目的实际进展情况，工程项目实施进度的理想状态是任一时刻工程实际进展点应落在（   ）。

A. 香蕉曲线图的范围之外   B. 香蕉曲线图的范围之内

C. ES 曲线的左侧   D. LS 曲线的右侧

74. 在设计进度控制中，（　　）要对设计单位填写的设计图纸进度表进行核查分析，并提出自己的见解。

　　A. 建设单位代表　　　　　　　　　　B. 监理工程师

　　C. 施工单位技术负责人　　　　　　　D. 施工单位项目负责人

75. 建设工程施工阶段进度控制的最终目的是（　　）。

　　A. 使工程项目利用最少资金建成交付使用

　　B. 保证工程竣工验收

　　C. 保证工程项目按期建成交付使用

　　D. 使工程项目尽可能满足业主要求

76. 监理工程师在对竣工资料及工程实体进行全面检查、验收合格后，应签署工程竣工报验单，并向业主提出（　　）。

　　A. 进度报告　　　　　　　　　　　　B. 竣工结算清单

　　C. 质量评估报告　　　　　　　　　　D. 年度竣工投产交付使用表

77. 确定施工顺序是为了按照施工的技术规律和合理的组织关系，解决各工作项目之间在时间上的先后和搭接问题，施工顺序受（　　）和施工组织的制约。

　　A. 施工工艺　　　　　B. 施工技术　　　　　C. 施工方案　　　　　D. 施工环境

78. 对于大型建设工程，由于其单位工程较多且相互间的制约比较小，可调整的幅度比较大，所以容易采用（　　）的方法来调整施工进度计划。

　　A. 搭接作业　　　　　B. 平行作业　　　　　C. 混合作业　　　　　D. 错接作业

79. 由于承包单位自身的原因造成工期拖延，而承包单位又未按照监理工程师的指令改变延期状态时，通常采用的处理手段中不包括（　　）。

　　A. 拒绝签署付款凭证　　　　　　　　B. 误期损失赔偿

　　C. 取消承包资格　　　　　　　　　　D. 限期撤离施工现场

80. 关于物资需求计划的说法，正确的是（　　）。

　　A. 编制依据：概算文件、项目总进度计划

　　B. 组成内容：一次性需求计划和各计划期需求计划

　　C. 主要作用：确定材料的合理储备

　　D. 编制单位：各施工承包单位

二、多项选择题（共 40 题，每题 2 分。每题的备选项中，有 2 个或 2 个以上符合题意，至少有 1 个错项。错选，本题不得分；少选，所选的每个选项得 0.5 分）

81. 下列机械设备，属于施工机具设备的有（　　）。

　　A. 辅助配套的电梯、泵机　　　　　　B. 测量仪器

　　C. 计量器具　　　　　　　　　　　　D. 空调设备

　　E. 操作工具

82. 根据《建设工程质量管理条例》规定，总承包单位依法将建设工程分包给其他单位的，发生质量问题时，应（　　）。

　　A. 由总承包单位负总责

　　B. 由建设单位负总责

　　C. 由总承包单位与分包单位承担连带责任

　　D. 由总承包单位、分包单位、监理单位共同负责

E. 由分包单位按照分包合同的约定对其分包工程的质量向总承包单位负责

83. 项目监理机构应建立工程材料检验制度, 工程材料进场必须有 ( )。

A. 经营许可证　　B. 出厂合格证　　C. 质量保证书　　D. 生产许可证

E. 使用说明书

84. 描述数据分布离中趋势的特征值包括 ( )。

A. 中位数　　　　B. 极差　　　　　C. 变异系数　　　D. 标准偏差

E. 算术平均数

85. 对于房屋建筑工程, 技术性审查的内容主要包括 ( )。

A. 工程勘察资料、图表、报告等文件是否按有关规定执行各级审核、审批程序

B. 是否提出勘察场地的工程地质条件和存在的地质问题

C. 是否满足勘察任务书和相应设计阶段的要求

D. 是否结合工程设计、施工条件, 地基处理、开挖、支护、降水等工程的具体要求

E. 工程勘察成果是否满足国家有关法律法规及技术标准和合同规定要求

86. 专业监理工程师对施工试验室的检查应包括 ( )。

A. 工程试验项目及要求　　　　　　　　B. 试验室的资质等级及试验范围

C. 试验人员资格证书　　　　　　　　　D. 试验室管理制度

E. 法定计量部门对试验设备出具的计量检定证明

87. 根据《工程质量安全手册 (试行) 》, 关于钢筋工程施工的说法, 正确的有 ( )。

A. 施工缝浇筑混凝土, 应清除浮浆、松动石子、软弱混凝土层

B. 对一般结构构件, 箍筋弯钩的弯折角度不应小于 90°

C. 对有抗震设防专门要求的结构构件, 箍筋弯钩的弯折角度不应小于 135°

D. 受力钢筋保护层厚度的合格点率应达到 80% 以上

E. 预留钢筋的中心线位置允许偏差为 10 mm 内

88. 吊装方案审查的主要内容包括 ( )。

A. 起重机械设备的选型　　　　　　　　B. 模具计划

C. 灌浆设备的选择　　　　　　　　　　D. 成本保护

E. 生产工艺

89. 工程材料质量记录包括 ( )。

A. 工程质量检验制度

B. 施工方案及审批记录

C. 各种试验检验报告

D. 设备进场维修记录或设备进场运行检验记录

E. 进场工程材料、构配件、设备的质量证明资料

90. 根据《危险性较大的分部分项工程安全管理规定》, 施工单位应当对达到一定规模的危险性较大的 ( ) 编制专项施工方案。

A. 开挖深度 4 m 的基坑土方开挖工程

B. 开挖深度 2 m 的影响毗邻建筑物的降水工程

C. 搭设高度 4 m 的混凝土模板支撑工程

D. 悬挑式脚手架工程

E. 搭设高度 20 m 的落地式钢管脚手架工程

91. 分部工程质量验收应由总监理工程师组织（　　）进行。

A. 建设单位负责人　　　　　　　　B. 分包单位项目负责人

C. 施工单位项目负责人　　　　　　D. 施工单位技术负责人

E. 施工单位质量负责人

92. 在单位工程质量竣工验收时，要核查建筑与结构工程安全和功能检验资料，核查的重点包括主要功能抽查记录中的（　　）。

A. 屋面淋水试验记录　　　　　　　B. 隐蔽工程验收记录

C. 地下室防水效果检查记录　　　　D. 新材料新工艺施工记录

E. 建筑物沉降观测测量记录

93. 工程质量事故调查报告的内容应包括（　　）。

A. 质量事故发生的简要经过

B. 质量事故的处理依据

C. 质量事故发展变化的情况

D. 质量事故发生的时间、地点、工程部位

E. 造成工程损失状况、伤亡人数和直接经济损失的初步估计

94. 工程质量事故发生后，总监理工程师签发《工程暂停令》的同时，应要求（　　）。

A. 施工单位采取必要措施防止事故扩大　B. 施工单位保护好事故现场

C. 事故调查组进行调查　　　　　　D. 事故发生单位按规定要求向主管部门上报

E. 施工单位提交技术处理方案

95. 选择一个合格的供货厂商，是向生产厂家订购设备质量控制工作的首要环节。对供货厂商进行初选的内容包括（　　）。

A. 供货厂商的资质　　　　　　　　B. 专业管理人员的资格

C. 设备供货能力　　　　　　　　　D. 各种检验检测手段及试验室资质

E. 近几年供应、生产、制造类似设备的情况

96. 设备制造过程的监督和检验包括的内容有（　　）。

A. 加工作业条件的控制　　　　　　B. 工序产品的检查与控制

C. 设计变更　　　　　　　　　　　D. 不合格零件的处置

E. 用料的检查

97. 根据世界银行和国际咨询工程师联合会建设工程投资构成，项目间接建设成本包括（　　）。

A. 仪器仪表费　　B. 项目管理费　　C. 场外设施费用　　D. 开工试车费

E. 生产前费用

98. 对进口设备计算进口环节增值税时，作为计税基数的组成计税价格包括（　　）。

A. 到岸价　　B. 外贸手续费　　C. 离岸价　　D. 消费税

E. 进口关税

99. 下列费用中，应计入建设工程项目投资中"生产准备费"的有（　　）。

A. 生产职工培训费　　　　　　　　B. 购买原材料、能源的费用

C. 办公家具购置费　　　　　　　　D. 联合试运转费

E. 提前进厂人员的工资、福利等费用

100. 与传统的贷款方式相比，项目融资的优点有（　　　）。

A. 投资风险小

B. 信用结构多样化

C. 融资成本较低

D. 可利用税务优势

E. 属于资产负债表外融资

101. 与 BOT 融资方式相比，ABS 融资方式的优点有（　　　）。

A. 便于引入先进技术

B. 融资成本低

C. 适用范围广

D. 融资风险与项目未来收入无关

E. 风险分散度高

102. 确定基准收益率时，应综合考虑的因素包括（　　　）。

A. 投资风险　　　　B. 资金限制　　　　C. 资金成本　　　　D. 通货膨胀

E. 投资者意愿

103. 设计方案定量评价比较适用于（　　　）。

A. 评比和选拔

B. 对群体的状态进行综述

C. 从样本推断总体

D. 对评价对象进行观察、分析、归纳与描述

E. 对可测特征精确而客观地描述

104. 可采用扩大单价法编制建筑工程概算的前提是（　　　）。

A. 初步设计达到一定深度

B. 工程项目或者投资比较小

C. 建筑结构比较明确

D. 建筑工程比较简单

E. 工程概算指标比较多

105. 审查设计概算的编制依据主要有（　　　）。

A. 合法性审查　　　B. 全面性审查　　　C. 时效性审查　　　D. 适用范围审查

E. 针对性审查

106. 根据《建设工程工程量清单计价规范》GB 50500-2013，关于分部分项工程量清单中项目特征的说法，正确的有（　　　）。

A. 分部分项工程量清单的项目特征是确定综合单价的重要依据

B. 对采用标准图集或施工图纸能够全部或部分满足项目特征描述要求的，项目特征描述可直接采用详见××图集方式

C. 项目特征描述应结合拟建工程的实际，满足确定综合单价的需要

D. 项目特征应根据《计量规范》的项目特征进行统一描述，招标人不应根据拟建项目实际情况更改项目特征的描述

E. 项目特征是进行概算审查的依据

107. 根据《建设工程工程量清单计价规范》GB 50500-2013，关于安全文明施工费的说法，正确的有（　　　）。

A. 发包人应在开工后28 d 内预付不低于当年施工进度计划的安全文明施工费总额的 60%

B. 承包人对安全文明施工费应专款专用，不得挪作他用

C. 承包人应将安全文明施工费在财务账目中单独列项备查

D. 发包人没有按时支付安全文明施工费的，承包人可以直接停工

E. 发包人在付款期满后 7 d 内仍未支付安全文明施工费的，若发生安全事故，发包人

承担全部责任

108. 根据《建设工程工程量清单计价规范》GB 50500-2013，关于工程竣工结算的计价原则，下列说法正确的有（　　）。

A. 计日工按发包人实际签证确认的事项计算

B. 总承包服务费依据合同约定金额计算，不得调整

C. 暂列金额应减去工程价款调整金额计算，余额归发包人

D. 规费和税金应按国家或省级、行业建设主管部门的规定计算

E. 总价措施项目应依据合同约定的项目和金额计算，不得调整

109. 建设工程实施阶段进度控制的主要任务中，设计阶段进度控制的任务有（　　）。

A. 编制施工总进度计划，并控制其执行

B. 编制设计阶段工作计划，并控制其执行

C. 编制工程项目总进度计划

D. 编制详细的出图计划，并控制其执行

E. 编制工程年、季、月实施计划，并控制其执行

110. 工程项目年度计划是依据（　　）进行编制的。

A. 工程项目总进度计划　　　　　　　　B. 工程项目前期工作计划

C. 工程项目建设总进度计划　　　　　　D. 年度进度计划

E. 批准的设计文件

111. 流水节拍是表明流水施工的速度和节奏性，流水节拍小，表明（　　）。

A. 节奏感弱　　　B. 流水速度慢　　　C. 资源供应量少　　　D. 流水速度快

E. 节奏感强

112. 某分部工程双代号网络计划如下图所示，其绘图错误的有（　　）。

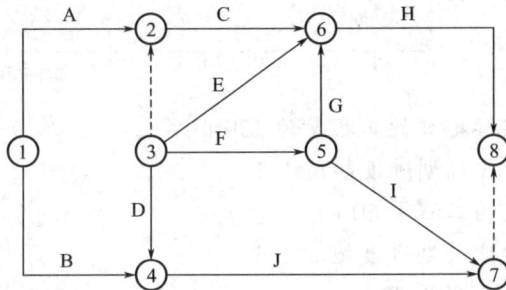

A. 有多个起点节点　　　　　　　　　　B. 有多个终点节点

C. 工作代号重复　　　　　　　　　　　D. 节点编号有误

E. 有多余虚工作

113. 网络计划中工作的自由时差是指（　　）。

A. 对于同一项工作而言，自由时差超过总时差

B. 当工作的总时差为零时，自由时差必然为零

C. 工作的自由时差是该工作可以自由使用的时间

D. 如果利用某项工作的总时差，则有可能使该后续工作的总时差减小

E. 如果利用某项工作的总时差，则有可能使该后续工作的总时差增大

114. 某工程双代号网络计划如下图所示，图中已标出各项工作的最早开始时间和最迟

开始时间，该计划表明（　　）。

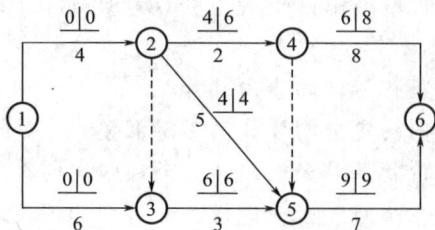

A. 工作 1—3 的自由时差为 0 d 　　　B. 工作 2—4 的自由时差为 2 d
C. 工作 2—5 为关键工作 　　　D. 工作 3—5 的总时差为 0 d
E. 工作 4—6 的总时差为 2 d

115. 网络计划的优化目标应按计划任务的需要和条件选定，具体目标包括（　　）。

A. 工期目标 　　　B. 特定目标 　　　C. 费用目标 　　　D. 资源目标

E. 效益目标

116. 某钢筋工程计划进度和实际进度 S 曲线如下图所示，从图中可以看出（　　）。

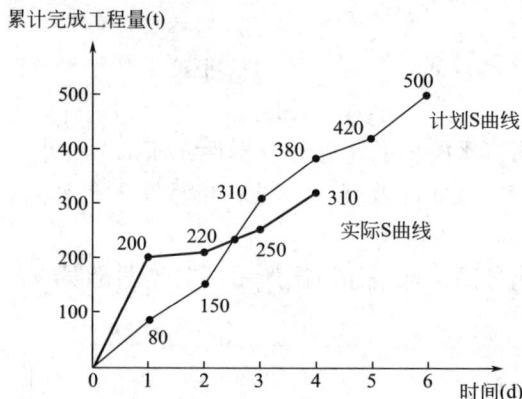

A. 第 1 天末该工程实际拖欠的工程量为 120 t

B. 第 2 天末实际进度比计划进度超前 1 d

C. 第 3 天末实际拖欠的工程量 60 t

D. 第 4 天末实际进度比计划进度拖后 1 d

E. 第 4 天末实际拖欠工程量 70 t

117. 某分部工程双代号时标网络计划执行到第 6 天结束时，检查其实际进度如下图前锋线所示，检查结果表明（　　）。

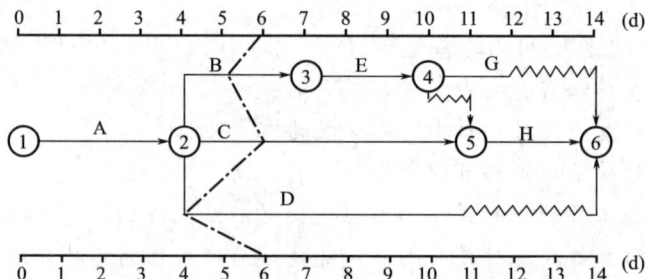

A. 工作 B 的实际进度不影响总工期 B. 工作 C 的实际进度正常

C. 工作 D 的总时差尚有 2 d D. 工作 E 的总时差尚有 1 d

E. 工作 G 的总时差尚有 1 d

118. 建设工程设计工作属于多专业协作配合的智力劳动，在工程设计过程中，影响其进度的因素包括（   ）。

A. 设计审批时间的影响 B. 工程变更的影响

C. 建设意图及要求改变的影响 D. 施工图设计变更的影响

E. 材料代用、设备选用失误的影响

119. 初步施工总进度计划编制完成后，监理工程师主要检查的是（   ）。

A. 总工期是否符合要求 B. 资源使用是否均衡

C. 资源供应是否能够得到保证 D. 施工组织是否科学

E. 总进度是否合理

120. 申请、订货计划的编制依据包括（   ）。

A. 供应计划 B. 概算定额 C. 储备计划 D. 分配指标

E. 材料规格比例

考前最后第1套卷答案解析

一、单项选择题

1. D;	2. A;	3. C;	4. D;	5. C;
6. A;	7. C;	8. A;	9. D;	10. B;
11. A;	12. B;	13. B;	14. C;	15. D;
16. D;	17. B;	18. D;	19. B;	20. B;
21. C;	22. A;	23. D;	24. D;	25. D;
26. C;	27. D;	28. B;	29. B;	30. B;
31. C;	32. D;	33. A;	34. A;	35. C;
36. C;	37. D;	38. A;	39. B;	40. C;
41. D;	42. A;	43. C;	44. B;	45. B;
46. A;	47. C;	48. B;	49. B;	50. D;
51. C;	52. B;	53. B;	54. A;	55. A;
56. B;	57. D;	58. A;	59. B;	60. C;
61. A;	62. A;	63. C;	64. D;	65. C;
66. C;	67. D;	68. B;	69. B;	70. A;
71. A;	72. C;	73. B;	74. B;	75. C;
76. C;	77. A;	78. B;	79. D;	80. B。

【解析】

1. D。本题考核的是建设工程质量的特性。节能性建设工程质量的特性表现在适用性、耐久性、安全性、可靠性、经济性、环境的协调性和节能性。其中可靠性是指工程在规定的时间和规定的条件下完成规定功能的能力。工程不仅要求在交工验收时要达到规定的指标，而且在一定的使用时期内要保持应有的正常功能。

2. A。本题考核的是在项目可行性研究过程中，需要确定工程项目的质量要求，并与投资目标相协调。因此，项目的可行性研究直接影响项目的决策质量和设计质量。

3. C。本题考核的是影响工程质量的因素。环境条件是指对工程质量特性起重要作用的环境因素，包括工程的技术环境、作业环境、管理环境和周边环境。技术环境有工程地质、水文、气象等；作业环境有施工作业面大小、防护设施、通风照明和通信条件等；管理环境涉及工程实施的合同环境与管理关系的确定、组织体制及管理制度等；周边环境有工程邻近的地下管线、建（构）筑物等。

4. D。本题考核的是设计单位的质量责任和义务。根据《建设工程质量管理条例》和《建设工程勘察设计管理条例》，设计单位的质量责任和义务包括：（1）应当依法取得相应等级的资质证书，并在其资质等级许可的范围内承揽工程。（2）必须按照工程建设强制性标准进行设计，并对其设计的质量负责。（3）应当根据勘察成果文件进行建设工程设计。（4）在设计文件中选用的建筑材料、建筑构配件和设备，应当注明规格、型号、性能等技术指标，其质量要求必须符合国家规定的标准。（5）应当就审查合格的施工图设计文件向施工单位做出详细说明。（6）应当参与建设工程质量事故分析，并对因设计造成的质量事故，提出相应的技术处理方案。选项 A 属于施工单位的质量责任和义务。选项 B、C 属于建设单位的质量责任与义务。

5. C。本题考核的是质量方针的概念。质量方针是由组织的最高管理者正式发布的该组织总的质量宗旨和方向，质量目标是组织在质量方面的追求目的，组织应确立明确的质量方针和质量目标。

6. A。本题考核的是质量手册。质量手册是监理单位内部质量管理的纲领性文件和行动准则，应阐明监理单位的质量方针和质量目标，并描述其质量管理体系的文件，它对质量管理体系做出了系统、具体而又纲领性的阐述。

7. C。本题考核的是内部审核的主要内容。内部审核的主要内容应包括：（1）质量方针和质量目标是否可行。（2）质量管理体系文件是否覆盖本企业所有主要质量活动，各文件之间接口是否清楚。（3）组织结构能否满足质量管理体系运行的需要，各部门、各岗位的质量职责是否明确。（4）质量记录能否起到见证作用。（5）日常工作中质量管理体系文件规定的执行情况。

8. A。本题考核的是施工组织设计/施工方案审核、审批制度。在工程开工前，施工单位必须完成施工组织设计的编制及内部审批工作，填写《施工组织设计/（专项）施工方案报审表》报送项目监理机构。

9. D。本题考核的是《卓越绩效评价准则》与 ISO 9000 质量管理体系的比较。《卓越绩效评价准则》与 ISO 9000 质量管理体系的相同点：（1）基本原理和原则相同。（2）基本理念和思维方式相同。（3）使用方法（工具）相同。《卓越绩效评价准则》与 ISO 9000 质量管理体系的不同点：（1）ISO 9000 质量管理体系是标准化导向，"卓越绩效"模式是战略导向。（2）ISO 9000 质量管理体系来自市场准入的驱动，组织需要满足合格评定要求。"卓越绩效"模式来自市场竞争的驱动，通过质量奖及自我评价促进竞争力水平的提高。（3）ISO 9000 质量管理体系是符合性评审，"卓越绩效"模式可以帮助企业更清晰地了解自己的当前水平，为企业的进一步发展指明方向。（4）ISO 9000 质量管理体系主要关注过程，"卓越绩效"模式更加关注结果。（5）ISO 9000 质量管理体系是有限的目标，"卓越绩效"模式是多元化的目标。（6）ISO 9000 质量管理体系强调的管理职责是以满足顾客需求，以进行与质量管理体系相适应的管理活动为主，"卓越绩效"模式强调领导责任。（7）ISO 9000 质量管理体系强调遵纪守法，"卓越绩效"模式则超越了 ISO 9000 质量管理体系的范围，以更宏观、系统的方法诊断组织的质量管理水平。

10. B。本题考核的是质量数据波动的原因。在实际生产中，影响因素的微小变化具有随机发生的特点，是不可避免、难以测量和控制的，或者是在经济上不值得消除，它们大量存在但对质量的影响很小，属于允许偏差、允许位移范畴，引起的是正常波动，一般不会因此造成废品，生产过程正常稳定。

11. A。本题考核的是分层法的应用。分层法又叫分类法，是将调查收集的原始数据，根据不同的目的和要求，按某一性质进行分组、整理的分析方法。

12. B。本题考核的是直方图的观察与分析。实际质量特性分布范围在质量标准要求界限中间，且实际质量特性分布范围接近质量标准要求界限的范围，没有余地，生产过程一旦发生小的变化，产品的质量特性值就可能超出质量标准。出现这种情况时，必须立即采取措施，以缩小质量分布范围。

13. B。本题考核的是绘制控制图的目的。绘制控制图的目的是分析判断生产过程是否处于稳定状态。这主要是通过对控制图上质量点的分布情况的观察与分析进行。因为控制图上质量点作为随机抽样的样本，可以反映出生产过程（总体）的质量分布状态。

14. C。本题考核的是钢筋进场检验的规定。抗震钢筋伸长率的检验要求：（1）钢筋的抗拉强度实测值与屈服强度实测值的比值不应小于 1.25。（2）钢筋的屈服强度实测值与屈服强度标准值的比值不应大于 1.30。（3）钢筋的最大力下总伸长率不应小于 9%。

15. D。本题考核的是桩基承载力试验。对单桩动测试验，采用高应变动测法时，在地质条件相近、桩型和施工条件相同时，不宜少于总桩数的 5%，且不应少于 5 根。

16. D。本题考核的是地基检测方法及依据。对于钢筋笼长度，基桩检测宜采用的方法是磁测桩法。

17. B。本题考核的是专业设计方案评审。专业设计方案评审，应重点审核专业设计方案的设计参数、设计标准、设备选型和结构造型、功能和使用价值等。

18. D。本题考核的是设计交底会议的程序和内容。设计交底会议结束后，建设单位应将会议纪要发送有关单位。

19. B。本题考核的是工程材料、构配件、设备的质量控制。项目监理机构收到施工单位报送的工程材料、构配件、设备报审表后，应审查施工单位报送的用于工程的材料、构配件、设备的质量证明文件，并应按有关规定，对用于工程的材料进行见证取样。对已进场经检验不合格的工程材料、构配件、设备，应要求施工单位限期将其撤出施工现场。

20. B。本题考核的是工程材料、构配件、设备质量控制的要点。工程设备验收前，设备安装单位应提交设备验收方案，经专业监理工程师审查同意后实施。

21. C。本题考核的是实施见证取样的要求。实施见证取样的要求：（1）试验室要具有相应的资质并进行备案、认可。（2）负责见证取样的监理人员要具有材料、试验等方面的专业知识，并经培训考核合格，且要取得见证人员培训合格证书。（3）施工单位从事取样的人员一般应是试验室人员，或专职质检人员担任。（4）试验室出具的报告一式两份，分别由施工单位和项目监理机构保存，并作为归档材料，是工序产品质量评定的重要依据。（5）见证取样的频率，国家或地方主管部门有规定的，执行相关规定；施工承包合同中如有明确规定的，执行施工承包合同的规定。（6）见证取样和送检的资料必须真实、完整，符合相应规定。

22. A。本题考核的是工程暂停令的签发。监理人员发现可能造成质量事故的重大隐患或已发生质量事故的，总监理工程师应签发工程暂停令。

23. D。本题考核的是危险性较大的分部分项工程应急处置。危险性较大的分部分项工程应急抢险结束后，建设单位应当组织勘察、设计、施工、监理等单位制定工程恢复方案，并对应急抢险工作进行后评估。

24. D。本题考核的是单位工程的划分。单位工程应按下列原则划分：（1）具备独立施工条件并能形成独立使用功能的建筑物或构筑物为一个单位工程。如一所学校中的一栋教学楼、办公楼、传达室，某城市的广播电视塔等。（2）对于规模较大的单位工程，可将其能形成独立使用功能的部分划分为一个子单位工程。

25. D。本题考核的是建筑工程的施工质量控制。对于项目监理机构提出检查要求的重要工序，应经专业监理工程师检查认可，才能进行下道工序施工。

26. C。本题考核的是工程施工质量验收基本规定。计量抽样的错判概率 α 和漏判概率 β 可按下列规定采取：（1）主控项目：对应于合格质量水平的 α 和 β 均不宜超过 5%。（2）一般项目：对应于合格质量水平的 α 不宜超过 5%，β 不宜超过 10%。

27. D。本题考核的是施工质量验收。检验批是施工质量验收的最小单位，是分项工程、分部工程、单位工程质量验收的基础。

28. D。本题考核的是单位工程质量竣工验收记录的填写。单位工程质量竣工验收记录由施工单位填写，验收结论由监理单位填写；综合验收结论由参加验收各方共同商定，由建设单位填写，并应对工程质量是否符合设计文件和相关标准的规定要求及总体质量水平做出评价。

29. B。本题考核的是工程施工质量验收不符合要求的处理。工程施工质量验收不符合要求的应按下列进行处理：（1）经返工或返修的检验批，应重新进行验收。（2）经有资质的检测单位检测鉴定能够达到设计要求的检验批，应予以验收。（3）经有资质的检测单位检测鉴定达不到设计要求，但经原设计单位核算认可能够满足安全和使用功能要求时，该检验批可予以验收。（4）经返修或加固处理的分项、分部工程，满足安全及使用功能要求时，可按技术处理方案和协商文件的要求予以验收。（5）经返修或加固处理仍不能满足安全或重要使用要求的分部工程及单位工程，严禁验收。

30. B。本题考核的是重大质量事故的认定。重大事故，是指造成 10 人以上 30 人以下死亡，或者 50 人以上 100 人以下重伤，或者 5000 万元以上 1 亿元以下直接经济损失的事故。

31. C。本题考核的是市场采购方式的适用范围。市场采购方式主要用于标准设备的采购。

32. D。本题考核的是设备采购方案的编制。设备采购方案要根据建设项目的总体计划和相关设计文件的要求编制，使采购的设备符合设计文件要求。

33. A。本题考核的是进行技术设计和施工图设计的投资控制目标。投资估算应是建设工程设计方案选择和进行初步设计的投资控制目标；设计概算应是进行技术设计和施工图设计的投资控制目标；施工图预算或建安工程承包合同价则应是施工阶段投资控制的目标。

34. A。本题考核的是施工阶段投资控制的组织措施。施工阶段投资控制的组织措施包括：（1）在项目监理机构中落实从投资控制角度进行施工跟踪的人员、任务分工和职能分工。（2）编制本阶段投资控制工作计划和详细的工作流程图。选项 B、C 属于经济措施；选项 D 属于合同措施。

35. C。本题考核的是分部分项工程费的组成。根据《建筑安装工程费用项目组成》（建标〔2013〕44 号），分部分项工程费是指各专业工程的分部分项工程应予列支的各项费用，包括人工费、材料费、施工机具使用费、企业管理费和利润。选项 A、B、D 均属于措施项目费。

36. C。本题考核的是建设期利息的计算。建设期利息的计算公式：各年应计利息 =（年初借款本息累计+本年借款额/2）×年利率，本题的计算过程为：

第 1 年应计利息 = 1/2×300×8% = 12 万元；

第 2 年应计利息 =（300+12+1/2×400）×8% = 40.96 万元；

第 3 年应计利息 =（300+12+400+40.96+1/2×300）×8% = 72.24 万元；

建设期利息总和 = 12+40.96+72.24 = 125.2 万元。

37. D。本题考核的是项目资本金的来源。以工业产权作价出资的比例不得超过投资项目资本金总额的20%，国家对采用高新技术成果有特别规定的除外。

38. A。本题考核的是外部资金来源。外部资金来源包括既有法人通过在资本市场发行股票和企业增资扩股，如发行优先股获取外部投资人的权益资金投入，同时也包括接受国家预算内资金为来源的融资方式。

39. B。本题考核的是项目融资程序的内容。融资结构设计阶段的内容包括：评价项目风险因素；评价项目的融资结构和资金结构。选项A是融资谈判阶段的工作；选项C属于融资执行阶段的工作；选项D属于融资决策分析阶段的工作。

40. C。本题考核的是PPP项目财政承受能力论证。比例法是在各类风险支出数额和概率难以进行准确测算的情况下，可以按照项目的全部建设成本和一定时期内的运营成本的一定比例确定风险承担支出。

41. D。本题考核的是名义利率和实际利率的计算。年实际利率$=(1+r/m)^m-1$，计息周期的实际利率$i=r/m$。本题中的年实际利率$=(1+10\%/4)^4-1=10.38\%$，每个计息周期的实际利率$=10\%/4=2.5\%$。

42. A。本题考核的是等额资金偿债基金的计算。根据公式$A=F\dfrac{i}{(1+i)^n-1}$可得：$500\times\dfrac{10\%}{(1+10\%)^3-1}=151.06$万元。

43. C。本题考核的是生产能力指数法估算拟建建设项目投资。生产能力指数法是根据已建成的类似项目生产能力和投资额，进行粗略估算拟建建设项目相关投资额的方法。计算过程为：$C_2=C_1\times\left(\dfrac{Q_2}{Q_1}\right)^x\times f=12000\times\left(\dfrac{30}{10}\right)^{0.6}\times1.2=27837.8$万元。

44. B。本题考核的是项目总投资收益率的计算。总投资收益率=息税前利润/项目总投资=（200+20）/2000=11.0%。

45. B。本题考核的是净现值指标的优点与不足。净现值指标考虑了资金的时间价值，并全面考虑了项目在整个计算期内的经济状况；经济意义明确直观，能够直接以金额表示项目的盈利水平；判断直观。净现值不能反映项目投资中单位投资的使用效率，不能直接说明在项目运营期各年的经营成果。

46. A。本题考核的是价值工程对象选择的方法。因素分析法是一种定性分析方法，依据分析人员经验做出选择，简便易行。特别是在被研究对象彼此相差比较大以及时间紧迫的情况下比较适用。

47. D。本题考核的是价值工程原理的运用。方案甲的价值系数=0.3584/0.3751=0.96；方案乙的价值系数=0.3465/0.3333=1.04；方案丙的价值系数=0.2952/0.2917=1.01；方案丁的价值系数=0.3716/0.2713=1.37；选择价值系数最高的为最优方案。

48. B。本题考核的是设计概算的"三级概算"。设计概算文件的编制形式应视项目情况采用三级概算编制或二级概算编制形式。"三级概算"是指单位工程概算、单项工程综合概算、建设工程项目总概算。

49. B。本题考核的是施工图预算审查的方法。拟建工程与已完或在建工程预算采用同一施工图，但基础部分和现场施工条件不同，则相同部分可采用对比审查法。

50. D。本题考核的是不作为竞争性的费用。措施项目中的安全文明施工费应按照国家或省级、行业建设主管部门的规定计算，不作为竞争性费用。规费和税金必须按国家或省级、行业建设主管部门的规定计算，不得作为竞争性费用。

51. C。本题考核的是合同计价方式的选择。成本加奖罚计价方式可以促使承包方关心和降低成本，缩短工期，而且预期成本可以随着设计的进展加以调整，所以发承包双方都不会承担太大的风险，这种合同计价方式应用较多。

52. B。本题考核的是工程量清单缺项的价款调整。《建设工程工程量清单计价规范》GB 50500-2013 对这部分的规定如下：（1）合同履行期间，由于招标工程量清单中缺项，新增分部分项工程量清单项目的，应按照规范中工程变更相关条款确定单价，并调整合同价款。（2）新增分部分项工程量清单项目后，引起措施项目发生变化的，应按照规范中工程变更相关规定，在承包人提交的实施方案被发包人批准后调整合同价款。（3）由于招标工程量清单中措施项目缺项，承包人应将新增措施项目实施方案提交发包人批准后，按照规范相关规定调整合同价款。

53. B。本题考核的是合同价款调整。本题的计算过程为：

240/300＝80%，偏差为20%；

根据公式：$P_2 \times (1-L) \times (1-15\%)$，可知，$300 \times (1-5\%) \times (1-15\%) = 242.25$ 元；240 元 <242.25 元，则该项目的综合单价按 242.25 元调整。

54. A。本题考核的是措施项目费的调整。工程变更引起施工方案改变并使措施项目发生变化时，承包人提出调整措施项目费的，应事先将拟实施的方案提交发包人确认，并应详细说明与原方案措施项目相比的变化情况。

55. A。本题考核的是《标准施工招标文件》中合同条款规定的可以合理补偿承包人索赔的条款。承包人只能获得工期补偿，不能得到费用和利润补偿的事件包括异常恶劣的气候条件。选项 B 错误，可获得工期和费用补偿。选项 C、D 错误，承包人只可获得费用补偿。

56. B。本题考核的是投资偏差的计算。投资偏差＝已完工作预算投资－已完工作实际投资＝50－65＝－15 万元。

57. D。本题考核的是影响进度的因素分析。组织管理因素包括向有关部门提出各种申请审批手续的延误；合同签订时遗漏条款、表达失当；计划安排不周密，组织协调不力，导致停工待料、相关作业脱节；领导不力，指挥失当，使参加工程建设的各个单位、各个专业、各个施工过程之间交接、配合上发生矛盾等。选项 A、B 属于业主因素；选项 C 属于社会环境因素。

58. A。本题考核的是进度控制的合同措施。进度控制的合同措施主要包括：（1）推行 CM 承发包模式，对建设工程实行分段设计、分段发包和分段施工。（2）加强合同管理，协调合同工期与进度计划之间的关系，保证合同中进度目标的实现。（3）严格控制合同变更，对各方提出的工程变更和设计变更，监理工程师应严格审查后再补入合同文件中。（4）加强风险管理，在合同中应充分考虑风险因素及其对进度的影响，以及相应的处理方法。（5）加强索赔管理，公正地处理索赔。

59. B。本题考核的是建设项目总进度目标的论证。选项 A 错误，建设项目总进度目标的控制是业主方项目管理的任务。选项 C 错误，在项目实施阶段，项目总进度包括：（1）设计前准备阶段的工作进度。（2）设计工作进度。（3）招标工作进度。（4）施工前准备工作进度。（5）工程施工和设备安装进度。（6）项目动用前的准备工作进度等。选项 D 错误，总进度目标论证并不是单纯的总进度规划的编制工作，它涉及许多项目实施的条件分析和项目实施策划方面的问题。

60. A。本题考核的是投资计划年度分配表。投资计划年度分配表是根据工程项目总进度计划安排各个年度的投资，以便预测各个年度的投资规模，为筹集建设资金或与银行签订借款合同及制定分年用款计划提供依据。

61. A。本题考核的是固定节拍流水施工与加快的成倍节拍流水施工的特点。固定节拍流水施工是一种最理想的流水施工方式，其特点如下：（1）所有施工过程在各个施工段上的流水节拍均相等。（2）相邻施工过程的流水步距相等，且等于流水节拍。（3）专业工作队数等于施工过程数，即每一个施工过程成立一个专业工作队，由该队完成相应施工过程所有施工段上的任务。（4）各个专业工作队在各施工段上能够连续作业，施工段之间没有空闲时间。加快的成倍节拍流水施工的特点如下：（1）同一施工过程在其各个施工段上的流水节拍均相等；不同施工过程的流水节拍不等，但其值为倍数关系。（2）相邻专业工作队的流水步距相等，且等于流水节拍的最大公约数（K）。（3）专业工作队数大于施工过程数，即有的施工过程只成立一个专业工作队，而对于流水节拍大的施工过程，可按其倍数增加相应专业工作队数目。（4）各个专业工作队在施工段上能够连续作业，施工段之间没有空闲时间。

62. A。本题考核的是专业工作队的计算。每个施工过程的专业工作队数目的计算公式为：$b_j = t_j / K$，式中，b_j 表示第 j 个施工过程的专业工作队数目；t_j 表示第 j 个施工过程的流水节拍；K 表示流水步距。本题的计算过程为：$K = \min[4, 4, 2] = 2$ d；$b_j = (4/2 + 4/2 + 2/2) = 5$ 个。

63. C。本题考核的是流水施工工期的计算。流水步距等于流水节拍的最大公约数，即：$K = \min[4, 6, 2] = 2$ d，流水施工工期 $= (6 + 4/2 + 6/2 + 2/2 - 1) \times 2 + 1 - 2 = 21$ d。

64. D。本题考核的是关键线路的确定。线路上所有工作的持续时间总和称为该线路的总持续时间。总持续时间最长的线路称为关键线路，本题中工作持续时间最长的线路是 ①→④→⑤→⑦→⑧。

65. C。本题考核的是自由时差的计算。工作的自由时差为不影响紧后工作最早开始时间的最小值，工作 A 有两项紧后工作 B、C，工作 B 的最迟开始时间为第 10 天，总时差为 2 d，故工作 B 最早开始时间为第 8 天，工作 C 最早完成时间为第 9 天（意思为第 9 天下班时刻），持续时间为 2 d，故工作 C 的最早开始时间为第 8 天，A 工作持续 4 d，最早第 2 天开始，工作 A 自由时差为 $\min\{8 - 4 - 2; 8 - 4 - 2\} = 2$ d。

66. C。本题考核的是双代号网络自由时差的计算。自由时差等于紧后工作的最早开始时间减去本工作的最早完成时间的最小值。本题的关键线路为：A→B→D→H→I（①→②→③→④→⑤→⑥→⑦）。H 工作的最早开始时间 $= 6 + 3 + 9 = 18$。E 工作的最早完成时间 $= 6 + 3 + 7 = 16$。E 工作的自由时差 $= 18 - 16 = 2$ d。

67. B。本题考核的是双代号时标网络计划中总时差和自由时差的计算。时标网络计划中，以终点节点为完成节点的工作，其总时差应等于计划工期与本工作最早完成时间之差；其他工作的总时差等于其紧后工作的总时差加本工作与该紧后工作之间的时间间隔所得之和的最小值。B 工作的总时差：$TF_{4-5} = \min\{TF_{5-6} + LAG_{4-5, 5-6}, TF_{5-7} + LAG_{4-5, 5-7}\} = \min\{2 + 0, 1 + 1\} = 2$ 周。$TF_{1-4} = 1 + 2 = 3$ 周。B 工作的自由时差等于该工作箭线中波形线的水平投影长度，故 $FF_{1-4} = 1$ 周。

68. C。本题考核的是工程网络计划中时间参数的确定。在工程网络计划中，总持续时间最长的线路称为关键线路，关键线路的长度就是网络计划的总工期。网络计划终点节点 n 所代表的工作的总时差应等于计划工期与计算工期之差，即：相邻两项工作之间的时间间隔全部为零。

69. A。本题考核的是网络计划工期成本优化的基础。由于网络计划的工期取决于关键工作的持续时间，为了进行工期成本优化，必须分析网络计划中各项工作的直接费与持续时间之间的关系，这是网络计划工期成本优化的基础。

70. A。本题考核的是费用优化的目的。费用优化的基本思路：不断地在网络计划中找出直接费用率（或组合直接费用率）最小的关键工作，缩短其持续时间，同时考虑间接费随工期缩短而减少的数值，最后求得工程总成本最低时的最优工期安排或按要求工期求得最低成本的计划安排。

71. A。本题考核的是费用优化方法。当只有一条关键线路时，应找出直接费用率最小的一项关键工作，作为缩短持续时间的对象；当有多条关键线路时，应找出组合直接费用率最小的一组关键工作，作为缩短持续时间的对象。

72. C。本题考核的是进度调整的系统过程。当出现的进度偏差影响到后续工作或总工期而需要采取进度调整措施时，应当首先确定可调整进度的范围，主要指关键节点、后续工作的限制条件以及总工期允许变化的范围。

73. B。本题考核的是香蕉曲线比较法的作用。在工程项目的实施过程中，根据每次检查收集到的实际完成任务量，绘制出实际进度 S 曲线，便可以与计划进度进行比较。工程项目实施进度的理想状态是任一时刻工程实际进展点应落在香蕉曲线图的范围之内。

74. B。本题考核的是监理单位的进度监控。在设计进度控制中，监理工程师要对设计单位填写的设计图纸进度表进行核查分析，并提出自己的见解。

75. C。本题考核的是建设工程施工阶段进度控制的最终目的。保证工程项目按期建成交付使用，是建设工程施工阶段进度控制的最终目的。

76. C。本题考核的是建设工程施工进度控制工作内容。监理工程师在对竣工资料及工程实体进行全面检查、验收合格后，签署工程竣工报验单，并向业主提出质量评估报告。

77. A。本题考核的是施工顺序的确定。确定施工顺序是为了按照施工的技术规律和合理的组织关系，解决各工作项目之间在时间上的先后和搭接问题，以达到保证质量、安全施工、充分利用空间、争取时间、实现合理安排工期的目的。一般说来，施工顺序受施工工艺和施工组织两方面的制约。

78. B。本题考核的是施工进度计划的调整。改变某些工作间的逻辑关系是不改变工作的持续时间，而只改变工作的开始时间和完成时间。对于大型建设工程，由于其单位工程较多且相互间的制约比较小，可调整的幅度比较大，所以容易采用平行作业的方法来调整施工进度计划。

79. D。本题考核的是工程延误的处理。工程延误的处理手段包括：拒绝签署付款凭证；误期损失赔偿；取消承包资格。

80. B。本题考核的是物资供应计划的编制。负责物资供应的监理人员应具有编制物资供应计划的能力。物资需求计划一般包括一次性需求计划和各计划期需求计划。它的编制依据主要有：施工图纸、预算文件、工程合同、项目总进度计划和各分包工程提交的材料需求计划等。物资需求计划的主要作用是确认需求，施工过程中所涉及的大量建筑材料、制品、机具和设备，确定其需求的品种、型号、规格、数量和时间。

二、多项选择题

81. B、C、E；	82. C、E；	83. B、C、D、E；
84. B、C、D；	85. B、C、D；	86. B、C、D、E；
87. A、B、C；	88. A、C；	89. C、D、E；
90. A、D；	91. C、D、E；	92. A、C、E；
93. A、C、D、E；	94. A、B、D；	95. A、C、D、E；
96. A、B、C、D；	97. B、D、E；	98. A、D、E；
99. A、E；	100. B、D、E；	101. B、C、E；
102. A、B、C、D；	103. A、C、E；	104. A、C；
105. A、C、D；	106. A、B、C；	107. A、B、C；
108. A、C、D；	109. A、B、C；	110. C、E；
111. D、E；	112. A、D；	113. B、C、D；
114. A、C、E；	115. A、C、D；	116. C、E；
117. A、B、E；	118. A、B、C、E；	119. A、B、C；
120. A、B、D、E。		

【解析】

81. B、C、E。本题考核的是施工机具设备。施工过程中使用的各类机具设备，包括大型垂直与横向运输设备、各类操作工具、各种施工安全设施、各类测量仪器和计量器具等，简称施工机具设备。

82. C、E。本题考核的是总承包单位与分包单位的责任承担。总承包单位依法将建设工程分包给其他单位的，分包单位应当按照分包合同的约定对其分包工程的质量向总承包单位负责，总承包单位与分包单位对分包工程的质量承担连带责任。

83. B、C、D、E。本题考核的是工程材料检验制度。材料进场必须有出厂合格证、生产许可证、质量保证书和使用说明书。

84. B、C、D。本题考核的是质量数据的特征值描述数据集中趋势的特征值。描述数据分布集中趋势的特征值包括算术平均数、中位数；描述数据分布离中趋势的特征值包括极差、标准偏差、变异系数等。

85. B、C、D。本题考核的是技术性审查。对于房屋建筑工程，技术性审查的内容主要包括：（1）是否提出勘察场地的工程地质条件和存在的地质问题。（2）是否结合工程设计、施工条件，以及地基处理、开挖、支护、降水等工程的具体要求，进行技术论证和评价，提出岩土工程问题及解决问题的决策性具体建议。（3）是否提出基础、边坡等工程的设计准则和岩土工程施工的指导性意见，为设计、施工提供依据，服务于工程建设全过程。（4）是否满足勘察任务书和相应设计阶段的要求，即针对不同勘察阶段，对工程勘察报告的深度和内容进行检查。

86. B、C、D、E。本题考核的是试验室的检查内容。试验室的检查应包括下列内容：（1）试验室的资质等级及试验范围。（2）法定计量部门对试验设备出具的计量检定证明。（3）试验室管理制度。（4）试验人员资格证书。

87. A、B、C。本题考核的是钢筋工程实体质量控制。选项 D、E 错误，受力钢筋保护层厚度的合格点率应达到90%以上，构件中受力钢筋的保护层厚度不应小于钢筋的公称直径，且不小于规范规定的最小厚度。选项 E 错误，预留钢筋的中心线位置允许偏差为 5mm 内。

88. A、C。本题考核的是构件吊装。吊装方案审查的主要内容有：（1）管理与技术人员的配置。（2）起重机械设备的选型。（3）吊装使用的吊具。（4）灌浆设备的选择。（5）现场辅材、工具的准备。（6）构件供应运输顺序与现场吊装顺序。（7）构件安装工艺流程与现场相关施工的配合。（8）质量安全控制措施与保障措施。

89. C、D、E。本题考核的是工程材料质量记录的内容。工程材料质量记录的内容主要包括进场工程材料、构配件、设备的质量证明资料；各种试验检验报告（如力学性能试验、化学成分试验、材料级配试验等）；各种合格证；设备进场维修记录或设备进场运行检验记录。

90. A、B、D。本题考核的是专项施工方案的编制。施工单位应当在危大工程施工前组织工程技术人员编制专项施工方案。选项 C 错误，搭设高度 5 m 及以上，或搭设跨度 10 m 及以上的混凝土模板支撑工程属于危险性较大的分部分项工程范围。选项 E 错误，搭设高度 24 m 及以上的落地式钢管脚手架工程（包括采光井、电梯井脚手架）需要编制专项施工方案。注意 B 选项，在开挖深度虽未超过 3 m，但地质条件、周围环境和地下管线复杂，或影响毗邻建（构）筑物安全的基坑（槽）的土方开挖、支护、降水工程，也需要编制专项施工方案。

91. C、D、E。本题考核的是分部工程质量验收。分部工程应由总监理工程师组织施工单位项目负责人和项目技术负责人等进行验收。勘察、设计单位项目负责人和施工单位技术、质量部门负责人应参加地基与基础分部工程的验收。

92. A、C、E。本题考核的是单位工程安全和功能检验资料检查及主要功能抽查记录。对建筑与结构的安全和功能检查项目包括：地基承载力检测报告；桩基承载力检测报告；混凝土强度试验报告；砂浆强度试验报告；主体结构尺寸、位置抽查记录；建筑物垂直度、标高、全高测量记录；屋面淋水蓄水试验记录；地下室渗漏水检测记录；有防水要求的地面蓄水试验记录；抽气（风）道检查记录；外窗气密性、水密性、耐风压检测报告；幕墙气密性、水密性、耐风压检测报告；建筑物沉降观测测量记录；节能、保温测试记录；室内环境检测报告；土壤氡气浓度检测报告。

93. A、C、D、E。本题考核的是施工单位质量事故调查报告的内容。施工单位质量事故调查报告的内容应包括：（1）质量事故发生的时间、地点、工程部位及工程情况。（2）质量事故发生的简要经过，造成工程损失状况、伤亡人数和直接经济损失的初步估计。（3）质量事故发展的情况（其范围是否继续扩大，程度是否已经稳定，是否已采取应急措施等）。（4）事故原因的初步判断。（5）质量事故调查中收集的有关数据和资料。（6）涉及人员和主要责任者的情况。

94. A、B、D。本题考核的是工程质量事故处理程序。工程质量事故发生后，总监理工程师应签发《工程暂停令》，要求暂停质量事故部位和与其有关联部位的施工，要求施工单位采取必要的措施，防止事故扩大并保护好现场。同时，要求质量事故发生单位迅速按类别和等级向相应的主管部门上报。

95. A、C、D、E。本题考核的是对供货厂商进行初选的内容。对供货厂商进行初选的内容可包括以下几项：（1）供货厂商的资质审查。（2）设备供货能力。（3）近几年供应、生产、制造类似设备的情况，目前正在生产的设备情况、生产制造设备情况、产品质量状况。（4）过去几年的资金平衡表和资产负债表。（5）需要另行分包采购的原材料、配套零部件及元器件的情况。（6）各种检验检测手段及试验室资质。（7）企业的各项生产、质量、技术、管理制度的执行情况。

96. A、B、C、D。本题考核的是设备制造过程的监督和检验。制造过程的监督和检验包括以下内容：（1）加工作业条件的控制。（2）工序产品的检查与控制。（3）不合格零件的处置。（4）设计变更。（5）零件、半成品、制成品的保护。

97. B、D、E。本题考核的是项目间接建设成本。项目间接建设成本包括：项目管理费；开工试车费；业主的行政性费用；生产前费用；运费和保险费；地方税。选项A、C属于直接建设成本。

98. A、D、E。本题考核的是增值税的计算公式。增值税 = 组成计税价格×增值税率 = （到岸价×人民币外汇牌价+关税+消费税）×增值税率。

99. A、E。本题考核的是生产准备费的内容。生产准备费包括：（1）生产职工培训费。自行培训、委托其他单位培训人员的工资、工资性补贴、职工福利费、差旅交通费、学习资料费、学费、劳动保护费。（2）生产单位提前进厂参加施工、设备安装、调试等以及熟悉工艺流程及设备性能等人员的工资、工资性补贴、职工福利费、差旅交通费、劳动保护费等。

100. B、D、E。本题考核的是项目融资的特点。与传统的贷款方式相比，项目融资有其自身的特点，在融资出发点、资金使用的关注点等方面均有所不同。项目融资主要具有项目导向、有限追索、风险分担、非公司负债型融资、信用结构多样化、融资成本高、可利用税务优势的特点。

101. B、C、E。本题考核的是 ABS 融资方式的优点。ABS 只涉及原始权益人、SPV、证券承销商和投资者，无须政府的许可、授权、担保等，采用民间的非政府途径，过程简单，降低了融资成本。故选项 B 正确。在 ABS 融资方式中，虽在债券存续期内资产的所有权归 SPV 所有，但是资产的运营与决策权仍然归属原始权益人，SPV 不参与运营，不必担心外商或私营机构控制，因此应用更加广泛。故选项 C 正确。ABS 由众多的投资者承担，而且债券可以在二级市场上转让，变现能力强。故选项 E 正确。

102. A、B、C、D。本题考核的是确定基准收益率考虑的因素。基准收益率的确定一般以行业的平均收益率为基础，同时综合考虑资金成本、投资风险、通货膨胀以及资金限制等影响因素。

103. A、B、C、E。本题考核的是定量评价比较的适用范围。定量评价比较的适用范围：（1）对群体的状态进行综述。（2）评比和选拔。（3）从样本推断总体。（4）对可测特征精确而客观地描述。

104. A、C。本题考核的是建筑工程概算的编制方法。当初步设计达到一定深度、建筑结构比较明确时，可采用扩大单价法编制建筑工程概算。

105. A、C、D。本题考核的是设计概算的审查。设计概算审查的内容之一是审查设计概算的编制依据，主要包括：合法性审查、时效性审查、适用范围审查。

106. A、B、C。本题考核的是分部分项工程量清单编制。项目特征是确定分部分项工程项目清单综合单价的重要依据，在编制的分部分项工程项目清单时，必须对其项目特征进行准确和全面的描述。在描述分部分项工程项目清单项目特征时应按以下原则进行：（1）

项目特征描述的内容应按现行计量规范，结合拟建工程的实际，满足确定综合单价的需要。（2）对采用标准图集或施工图纸能够全部或部分满足项目特征描述要求的，项目特征描述可直接采用详见××图集或××图号的方式。但对不能满足项目特征描述要求的部分，仍应用文字描述。

107. A、B、C。本题考核的是安全文明施工费的支付。发包人应在工程开工后的 28 d 内预付不低于当年施工进度计划的安全文明施工费总额的 60%，其余部分按照提前安排的原则进行分解，与进度款同期支付。发包人没有按时支付安全文明施工费的，承包人可催告发包人支付；发包人在付款期满后的 7 d 内仍未支付的，若发生安全事故，发包人应承担相应责任。承包人对安全文明施工费应专款专用，在财务账目中单独列项备查，不得挪作他用，否则发包人有权要求其限期改正；逾期未改正的，造成的损失和延误的工期由承包人承担。

108. A、C、D。本题考核的是工程竣工结算的计价原则。选项 B 错误，总承包服务费应依据已标价工程量清单的金额计算；发生调整的，应以发承包双方确认调整的金额计算。选项 E 错误，措施项目中的总价项目应依据已标价工程量清单的项目和金额计算；发生调整的，应以发承包双方确认调整的金额计算，其中安全文明施工费应按国家或省级、行业建设主管部门的规定计算。

109. B、D。本题考核的是设计阶段进度控制的任务。设计阶段进度控制的任务：（1）编制设计阶段工作计划，并控制其执行。（2）编制详细的出图计划，并控制其执行。

110. C、E。本题考核的是工程项目年度计划的编制依据。工程项目年度计划是依据工程项目建设总进度计划和批准的设计文件进行编制的。

111. D、E。本题考核的是流水节拍。流水节拍是流水施工的主要参数之一，它表明流水施工的速度和节奏性。流水节拍小，其流水速度快，节奏感强；反之则相反。流水节拍决定着单位时间的资源供应量，同时，流水节拍也是区别流水施工组织方式的特征参数。

112. A、D。本题考核的是双代号网络图绘制规则。图中存在①、③两个起点节点；③→②的节点编号有误，应为②→③。

113. B、C、D。本题考核的是网络计划时间的自由时差和总时差。选项 A 错误，对于同一项工作而言，自由时差不会超过总时差。选项 E 错误，如果利用某项工作的总时差，则有可能使该后续工作的总时差减小。

114. A、C、D、E。本题考核的是双代号网络计划时间参数的计算。该双代号网络计划的关键线路为①→②→⑤→⑥、①→③→⑤→⑥，关键工作为工作 1—3、工作 3—5、工作 5—6、工作 1—2、工作 2—5。故选项 C 正确。工作 1—3 的自由时差＝6-6-0＝0 d。故选项 A 正确。工作 2—4 的自由时差＝6-4-2＝0 d。故选项 B 错误。工作 4—6 的总时差＝16-14＝2 d。故选项 E 正确。工作 3—5 的总时差为 0 d。故选项 D 正确。

115. A、C、D。本题考核的是网络计划的优化目标。网络计划的优化目标应按计划任务的需要和条件选定，包括工期目标、费用目标和资源目标。

116. C、D、E。本题考核的是用 S 曲线比较实际进度与计划进度。第 1 天末该工程实际超额完成的工程量＝200-80＝120 t；第 2 天末实际进度比计划进度超前，但不能确定是 1 d；第 3 天末实际拖欠的工程量＝310-250＝60 t；第 4 天末实际进度与计划进度第 3 天的工程量相同，因此进度拖后 1 d；第 4 天末实际拖欠的工程量＝380-310＝70 t。

117. A、B、E。本题考核的是用前锋线比较法进行实际进度与计划进度的比较。第 6

天结束时，工作 B 拖后 1 d，不影响工期，因为其总时差为 1 d；工作 C 实际进度正常；工作 D 拖后 2 d，其总时差为 3 d，不影响工期；工作 B 拖后 1 d，将使工作 E 的最早开始时间推迟 1 d，其总时差为 0 d；工作 G 的总时差尚有 1 d。

118. A、B、C、E。本题考核的是影响设计进度的因素。影响设计进度的因素包括：（1）建设意图及要求改变的影响。（2）设计审批时间的影响。（3）设计各专业之间协调配合的影响。（4）工程变更的影响。（5）材料代用、设备选用失误的影响。

119. A、B、C。本题考核的是施工总进度计划的检查。初步施工总进度计划编制完成后，要对其进行检查。主要是检查总工期是否符合要求，资源使用是否均衡且其供应是否能得到保证。

120. A、B、D、E。本题考核的是申请、订货计划的编制依据。申请、订货计划的编制依据是有关材料供应政策法令、预测任务、概算定额、分配指标、材料规格比例和供应计划。

《建设工程目标控制》（土木建筑工程）

考前最后第2套卷及答案解析

考前最后第2套卷

一、单项选择题（共80题，每题1分。每题的备选项中，只有1个最符合题意）

1. 任何建筑产品在适用、耐久、安全、可靠、经济、节能与环境适应性方面都必须达到基本要求。但不同专业的工程，其环境条件、技术经济条件的差异使其质量特点有不同的（　　）。

 A. 侧重面   B. 选择范围   C. 内在界定   D. 内在关系

2. 工程质量控制应坚持以人为核心的原则，重点控制人的素质和（　　）。

 A. 人的作业能力   B. 人的管理能力

 C. 人的行为   D. 人的控制能力

3. 除国务院建设行政主管部门确定的限额以下的小型工程外，工程施工许可证应在工程（　　）向工程所在地县级以上人民政府建设行政主管部门申请领取。

 A. 开工前，由施工单位   B. 招标前，由建设单位

 C. 招标前，由施工单位   D. 开工前，由建设单位

4. ISO质量管理体系要素管理到位的关键支柱是（　　）。

 A. 管理行为标准化和执行标准的水平   B. 管理体系的识别能力

 C. 管理体系的行为到位   D. 管理体系的适中控制

5. 工程竣工预验收合格后，项目监理机构应编写工程质量评估报告，并应经（　　）审核签字后报建设单位。

 A. 总监理工程师和工程监理单位技术负责人

 B. 施工单位项目负责人和建设单位项目负责人

 C. 施工单位技术负责人和总监理工程师

 D. 专业监理工程师和施工单位技术负责人

6. 能确切说明数据分布的离散程度和波动规律的特征值是（　　）。

 A. 极差   B. 均值   C. 变异系数   D. 标准偏差

7. 下列质量数据中，可以用来描述离散趋势，适用于均值有较大差异的总体之间离散程度比较的特征值是（　　）。

 A. 总体平均数   B. 算术平均数   C. 中位数   D. 变异系数

8. 施工单位采购的某类钢材分多批次进场时，为了保证在抽样检测中样品分布均匀、

更具代表性，最合适的随机抽样方法是（　　　）。

　　A. 分层抽样　　　　B. 等距离法抽样　　C. 整群抽样　　　　D. 多阶段抽样

9. 排列图法是利用排列图（　　　）的一种有效方法。

　　A. 分析质量特性　　　　　　　　　B. 描述质量分布状态

　　C. 寻找影响质量主次因素　　　　　D. 描述产品质量波动情况

10. 对某模板工程进行抽样检查，发现在表面平整度、截面尺寸、平面水平度、垂直度和标高等方面存在质量问题。按照排列图法进行统计分析，上述质量问题累计频率依次为41%、79%、89%、98%和100%，需要进行重点管理的 B 类问题有（　　　）。

　　A. 表面平整度　　　B. 标高　　　　　C. 平面水平度　　　D. 垂直度

11. 下列直方图中，表明生产过程处于正常、稳定状态的是（　　　）。

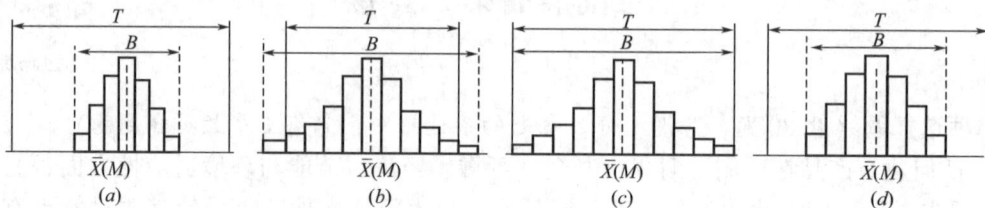

　　A.（a）　　　　　　B.（b）　　　　　　C.（c）　　　　　　D.（d）

12. 结构或构件混凝土抗压强度的检测，不可采用的方法是（　　　）。

　　A. 超声波对测法　　B. 回弹法　　　　C. 后装拔出法　　　D. 钻芯法

13. 项目监理机构对（　　　）的审查是勘察阶段质量控制最重要的工作。

　　A. 勘察成果　　　　B. 勘察单位　　　C. 勘察方案　　　　D. 勘察任务书

14. 下列关于初步设计深度要求的说法，正确的是（　　　）。

　　A. 满足经备案的可行性研究报告所确定的主要设计原则和方案

　　B. 项目单项工程齐全，有详尽的主要工程量清单，工程量误差应在允许范围以内

　　C. 主要设备和材料明细表，要满足设计要求

　　D. 项目总概算应控制在可行性研究报告估算投资额的±12%以内

15. 施工图设计文件审查合格后，（　　　）应及时主持召开图纸会审会议，与会各方会签会议纪要。

　　A. 设计单位　　　　B. 施工单位　　　C. 项目监理机构　　D. 建设单位

16. 项目监理机构收到施工单位报送的试验室报审表及有关资料后，应由（　　　）对施工试验室审查。

　　A. 专业监理工程师　　　　　　　　B. 总监理工程师

　　C. 监理员　　　　　　　　　　　　D. 总监理工程师代表

17. 工程开工前，施工单位应报送（　　　）及相关资料，由监理单位审查。

　　A. 工程开工报审表　　　　　　　　B. 主要材料性能检测报告

　　C. 工程材料报审表　　　　　　　　D. 质量报审、报验表

18. 项目监理机构对施工现场进行的定期或不定期的检查活动，称为（　　　）。

　　A. 旁站　　　　　　B. 巡视　　　　　C. 驻厂检查　　　　D. 平行检验

19. 对进场材料、试块、试件、钢筋接头的取样过程应该在（　　　）现场监督下完成。

　　A. 施工项目技术负责人　　　　　　B. 施工企业质量管理人员

C. 专业监理工程师　　　　　　　　　D. 建设单位法定代表人

20. 对于施工单位提出的工程变更，下列关于项目监理机构处理要求的说法，错误的是（　　）。

A. 总监理工程师组织专业监理工程师审查施工单位提出的工程变更申请，提出审查意见

B. 对涉及工程设计文件修改的工程变更，应由勘察单位转交原设计单位修改工程设计文件

C. 总监理工程师组织专业监理工程师对工程变更费用及工期影响做出评估

D. 总监理工程师组织建设单位、施工单位等共同协商确定工程变更费用及工期变化，会签工程变更单

21. 下列属于施工现场质量管理检查记录资料的是（　　）。

A. 各种试验检验报告　　　　　　　　B. 质量自检资料

C. 工程质量检验制度　　　　　　　　D. 监理工程师的验收资料

22. 在钢筋混凝土工程的施工质量验收中，规定"钢筋连接接头末端至钢筋弯起点的距离不应小于钢筋直径的10倍"，这属于检验批质量的（　　）项目。

A. 主控　　　　　B. 一般　　　　　C. 辅助　　　　　D. 基本

23. 根据《建筑工程施工质量验收统一标准》GB 50300-2013，分项工程质量验收的组织者是（　　）。

A. 项目技术负责人　　　　　　　　　B. 项目经理

C. 专业监理工程师　　　　　　　　　D. 总监理工程师

24. 关于单位工程质量验收的说法，正确的是（　　）。

A. 由监理单位向建设单位提交工程竣工报告，申请工程竣工验收

B. 对验收中提出的整改问题，项目监理机构应督促施工单位及时整改

C. 工程质量符合要求的，总监理工程代表应在工程竣工验收报告中签署验收意见

D. 建设单位组织单位工程质量验收时，分包单位负责人不应参加验收

25. 经返修或加固处理仍不能满足安全或重要使用要求的分部工程及单位工程，应（　　）。

A. 严禁验收　　　　　　　　　　　　B. 重新验收

C. 允许通过验收　　　　　　　　　　D. 按技术处理方案和协商文件进行验收

26. 工程施工过程中，对已发生的质量缺陷，项目监理机构首先应（　　）。

A. 签发监理通知单　　　　　　　　　B. 签发工程暂停令

C. 提出质量缺陷处理方案　　　　　　D. 调查质量缺陷成因

27. 城市轨道交通建设工程竣工验收合格后，建设单位应在竣工验收合格之日起（　　）内，将竣工验收报告和相关文件，报城市建设主管部门备案。

A. 7 日　　　　　B. 7 个工作日　　　　　C. 15 日　　　　　D. 15 个工作日

28. 工程质量事故处理的原则是（　　）。

A. 确保技术先进、经济合理　　　　　B. 消除造成事故的原因，防止事故再次发生

C. 正确确定事故性质和处理范围　　　D. 满足建设单位的要求

29. 项目监理机构向建设单位提交的质量事故书面报告的内容不包括（　　）。

A. 事故责任者的认定　　　　　　　　B. 工程及各参建单位名称

C. 事故处理的过程及结果　　　　　　　D. 事故发生原因的初步判断

30. 某批混凝土试块经检测发现其强度值低于规范要求，后经法定检测单位对混凝土实体强度进行检测后，其实际强度达到规范允许和设计要求。这一质量事故宜采取的处理方法是（　　　）。

A. 加固处理　　　B. 修补处理　　　C. 不作处理　　　D. 返工处理

31. 对于特别重要的设备，监理单位可以采取（　　　）的质量控制方式。

A. 驻厂监造　　　B. 巡回监控　　　C. 定点监控　　　D. 旁站监控

32. 对设备制造过程中的分包单位，（　　　）应严格审查分包单位的资质情况，分包的范围和内容，分包单位的实际生产能力和质量管理体系，试验、检验手段等内容。

A. 分包单位技术负责人　　　　　　　B. 施工总承包单位项目负责人

C. 专业监理工程师　　　　　　　　　D. 总监理工程师

33. 根据现行《建筑安装工程费用项目组成》规定，为了保证职工工资水平不受物价影响，支付给个人的物价补贴应计入建筑安装工程费用中的（　　　）。

A. 人工费　　　B. 劳动保护费　　　C. 职工福利费　　　D. 规费

34. 根据《建设工程工程量清单计价规范》GB 50500-2013，关于暂列金额的说法，正确的是（　　　）。

A. 由承包单位依据项目情况，按计价规定估算

B. 由建设单位掌握使用，若有余额，则归建设单位

C. 在施工过程中，由承包单位使用，监理单位监管

D. 由建设单位估算金额，承包单位负责使用，余额双方协商处理

35. 某采用装运港船上交货价的进口设备，货价为1000万元人民币。国外运费为90万元人民币，国外运输保险费为10万元人民币，进口关税为150万元人民币，则该设备的到岸价为（　　　）万元人民币。

A. 1250　　　B. 1150　　　C. 1100　　　D. 1090

36. 某建设项目建筑安装工程费为5000万元，设备购置费为1000万元，工程建设其他费用为1500万元，建设期利息为400万元。若基本预备费费率为5%，则该建设项目的基本预备费为（　　　）万元。

A. 355　　　B. 300　　　C. 395　　　D. 375

37. 根据《国务院关于调整和完善固定资产投资项目资本金制度的通知》(国发〔2015〕51号)，对于保障性住房和普通商品住房项目，项目资本金占项目总投资的最低比例是（　　　）。

A. 20%　　　B. 25%　　　C. 30%　　　D. 35%

38. 项目公司为了扩大项目规模，往往需要追加筹集资金，用来比较选择各个追加筹资方案的重要依据是（　　　）。

A. 个别资金成本　　B. 筹集资金成本　　C. 综合资金成本　　D. 边际资金成本

39. 下列项目可行性研究主要内容中，属于市场竞争力分析内容的是（　　　）。

A. 产品用途分析　　　　　　　　　　B. 市场选择与结构分析

C. 市场供需平衡分析　　　　　　　　D. 市场需求现状及预测

40. 某单位投资一项资金，规模为200万元，年利率为4%，期限为3年，则该单位到期能收回的资金约为（　　　）万元。

A. 220　　　　　　B. 225　　　　　　C. 210　　　　　　D. 250

41. 下列方案经济评价指标体系中，属于盈利能力评价指标的是（　　）。

A. 净现金流量　　B. 利息备付率　　C. 累计盈余资金　　D. 净现值

42. 某项目投资现金流量的数据见下表，则该项目的静态投资回收期为（　　）。

计算期（年）	0	1	2	3	4	5	6	7	8
现金流入（万元）				800	1200	1200	1200	1200	1200
现金流出（万元）		600	900	500	700	700	700	700	700

A. 5.4　　　　　　B. 5.0　　　　　　C. 5.2　　　　　　D. 6.0

43. 某项目前 3 年累计净现值为 80 万元，第 4、5 年年末净现金流量分别为 40 万元、36 万元，若基准收益率为 10%，则该项目 5 年内累计净现值为（　　）万元。

A. 129.67　　　　B. 143.52　　　　C. 163.60　　　　D. 184.20

44. 与项目财务分析不同，工程项目经济分析采用的评价标准和参数是（　　）。

A. 净利润和财务净现值　　　　　　　B. 净收益和社会折现率

C. 市场利率和社会折现率　　　　　　D. 市场利率和经济净现值

45. 价值工程对象选择的正确与否，主要决定于价值工程活动人员的经验及工作态度的对象选择方法是（　　）。

A. ABC 分析法　　　　　　　　　　　B. 百分比分析法

C. 强制确定法　　　　　　　　　　　D. 因素分析法

46. 下列投资概算中，属于单位建筑工程概算的是（　　）。

A. 机械设备及安装工程概算　　　　　B. 电气设备及安装工程概算

C. 工器具及生产家具购置费用概算　　D. 通风工程概算

47. 定额单价法编制施工图预算的过程包括：①计算工程量；②套单价（计算定额基价）；③计算主材费；④编制工料分析表；⑤准备资料，熟悉施工图纸。正确的排列顺序是（　　）。

A. ④⑤②①③　　B. ④⑤①②③　　C. ⑤①②④③　　D. ⑤②①③④

48. 由招标人针对招标工程项目具体编制的工程量清单项目名称顺序码属于项目编码分级的（　　）。

A. 第一级　　　　B. 第三级　　　　C. 第四级　　　　D. 第五级

49. 关于最高投标限价编制及应用的说法，正确的是（　　）。

A. 招标人应在招标文件中如实公布最高投标限价，对所编制的最高投标限价可以进行上浮但不能进行下调

B. 招标文件提供了暂估单价的材料，其材料费用应计入其他项目清单费

C. 措施项目费包括规费、税金在内

D. 规费和税金必须按有关部门的规定计算，不得作为竞争性费用

50. 某工程按月编制的成本计划如下图所示，若 6 月、7 月实际完成的成本为 700 万元和 1000 万元，其余月份的实际成本与计划相同，则关于成本偏差的说法，正确的是（　　）。

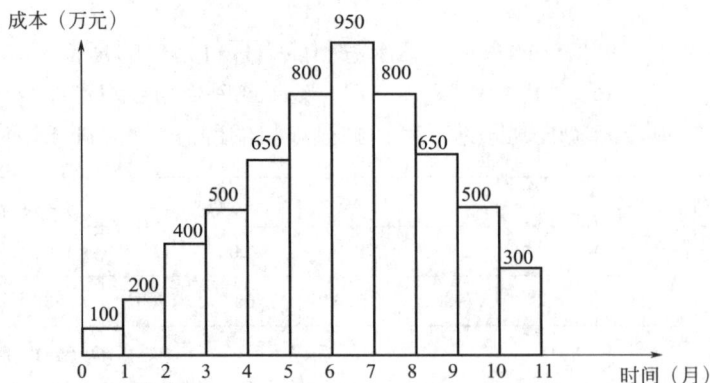

A. 第 6 个月末的计划成本累计值为 2550 万元

B. 第 6 个月末的实际成本累计值为 2650 万元

C. 第 7 个月末的计划成本累计值为 3500 万元

D. 第 7 个月末的实际成本累计值为 3550 万元

51. 在不影响建设工程总进度的前提下，对节约建设单位的建设资金贷款利息有利的工作时间安排是（   ）。

A. 前期工作按最早时间安排，后期工作按最迟时间安排

B. 前期工作按最迟时间安排，后期工作按最早时间安排

C. 所有工作都按最早开始时间开始

D. 所有工作都按最迟开始时间开始

52. 工程计量的依据不包括（   ）。

A. 质量合格证书　　　　　　　　　　B. 施工组织设计文件

C. 设计图纸　　　　　　　　　　　　D. 工程量计算规范

53. 某土方工程，招标文件中估计工程量为 150 万 m^3，合同中规定：土方工程单价为 8 元/m^3，当实际工程量超过估计工程量 15% 时，调整单价，单价调为 6 元/m^3。工程结束时实际完成土方工程量为 180 万 m^3，则土方工程款为（   ）万元。

A. 1080　　　　　　B. 1335　　　　　　C. 1380　　　　　　D. 1425

54. 根据《建设工程工程量清单计价规范》GB 50500-2013，由于承包人原因未在约定的工期内竣工的，则对原约定竣工日期后继续施工的工程，在使用价格调整公式时，应采用（   ）作为现行价格指数。

A. 原约定竣工日期价格指数

B. 实际竣工日期价格指数

C. 原约定竣工日期与实际竣工日期的两个价格指数中较低的一个

D. 原约定竣工日期与实际竣工日期的两个价格指数中较高的一个

55. 根据《建设工程工程量清单计价规范》GB 50500-2013，下列因不可抗力事件导致的损失或增加的费用中，应由承包人承担的是（   ）。

A. 承包人的人员伤亡和财产损失

B. 合同工程本身的损坏

C. 工程所需清理、修复费用

D. 停工期间，承包人应发包人要求留在施工场地的必要管理人员

56. 某工程合同总额500万元，工程预付款为合同总额的20%，主要材料、构件占合同总额的60%，则工程预付款的起扣点为（   ）万元。

　　A. 333. 33　　　　　　B. 300　　　　　　　C. 166. 67　　　　　　D. 100

57. 关于赢得值法及相关评价指标的说法，正确的是（   ）。

　　A. 进度偏差为负值时，表示实际进度快于计划进度

　　B. 赢得值法可定量判断进度、费用的执行效果

　　C. 投资（进度）偏差适于同一项目和不同项目比较时采用

　　D. 进度偏差是相对值指标，相对值越大的项目，表明偏离程度越严重

58. 下列建设工程进度影响因素中，属于业主因素的是（   ）。

　　A. 地下埋藏文物的保护、处理　　　　　　B. 合同签订时遗漏条款、表达失当

　　C. 施工场地条件不能及时提供　　　　　　D. 特殊材料及新材料的不合理使用

59. 下列建设单位计划文件中，属于工程项目建设总进度计划内容的是（   ）。

　　A. 年度建设资金平衡表　　　　　　　　　B. 年度设备平衡表

　　C. 工程项目进度平衡表　　　　　　　　　D. 竣工投产交付使用表

60. 某建设工程流水施工的横道图如下所示，则关于该工程施工组织的说法，正确的是（   ）。

施工过程名称	施工进度(d)									
	3	6	9	12	15	18	21	24	27	30
支模板	Ⅰ-1	Ⅰ-2	Ⅰ-3	Ⅰ-4	Ⅱ-1	Ⅱ-2	Ⅱ-3	Ⅱ-4		
绑扎钢筋		Ⅰ-1	Ⅰ-2	Ⅰ-3	Ⅰ-4	Ⅱ-1	Ⅱ-2	Ⅱ-3	Ⅱ-4	
浇筑混凝土			Ⅰ-1	Ⅰ-2	Ⅰ-3	Ⅰ-4	Ⅱ-1	Ⅱ-2	Ⅱ-3	Ⅱ-4

注：Ⅰ、Ⅱ表示楼层；1、2、3、4表示施工段。

　　A. 各层内施工过程间不存在技术间歇和组织间歇

　　B. 所有施工过程由于施工楼层的影响，均可能造成施工不连续

　　C. 由于存在两个施工楼层，每一施工过程均可安排2个施工队伍

　　D. 在施工高峰期（第9日~第24日期间），所有施工段上均有工人在施工

61. 在组织流水施工时，某个专业工作队在一个施工段上的施工时间，称为（   ）。

　　A. 施工过程　　　B. 流水节拍　　　C. 流水强度　　　D. 流水步距

62. 某分部工程流水施工计划中，施工过程数目 $n=3$；施工段数目 $m=6$；流水步距 $K=1$；组织间歇 $Z=0$；工艺间歇 $G=0$；提前插入时间 $C=0$；流水施工工期 $T=11$ d，因此其所需专业工作队数目 $n'=$（   ）。

　　A. 6　　　　　　B. 8　　　　　　C. 9　　　　　　D. 12

63. 某分部工程有2个施工过程，各分为4个施工段组织流水施工，流水节拍分别为3 d、4 d、3 d、3 d和2 d、5 d、4 d、3 d，则流水步距和流水施工工期分别为（   ）d。

　　A. 3和16　　　B. 3和17　　　C. 5和18　　　D. 5和19

64. 工作 A 有四项紧后工作 B、C、D、E，其持续时间分别为：B = 3 d、C = 4 d、D = 8 d、E = 8 d、$LF_B = 10$、$LF_C = 12$、$LF_D = 13$、$LF_E = 15$，则 LF_A 为（　　）。

A. 4　　　　　　　B. 5　　　　　　　C. 7　　　　　　　D. 8

65. 某工作有两个紧前工作，最早完成时间分别是第 2 天和第 4 天，该工作持续时间是 5 d，则其最早完成时间是第（　　）天。

A. 7　　　　　　　B. 11　　　　　　　C. 6　　　　　　　D. 9

66. 在工程网络计划中，关键工作是指（　　）的工作。

A. 时间间隔为零　　B. 自由时差最小　　C. 总时差最小　　D. 流水步距为零

67. 某分部工程双代号网络图计划如下图所示，其中工作 F 的总时差和自由时差（　　）d。

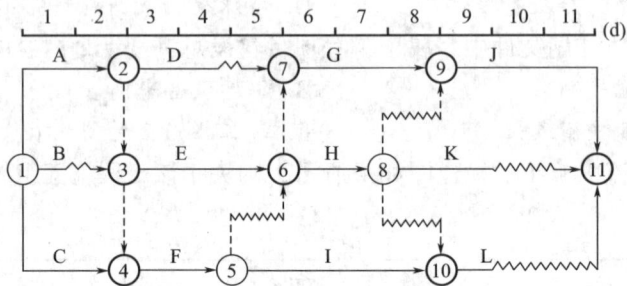

A. 均为 0　　　　　B. 均为 1　　　　　C. 分别为 2 和 0　　　D. 分别为 1 和 0

68. 在双代号网络计划中，当计划工期等于计算工期时，关于关键节点特性的说法，错误的是（　　）。

A. 开始节点和完成节点均为关键节点的工作，一定是关键工作

B. 以关键节点为完成节点的工作，其总时差和自由时差必然相等

C. 当两个关键节点间有多项工作，且工作间的非关键节点无其他内向箭线和外向箭线时，则两个关键节点间各项工作的总时差均相等

D. 当两个关键节点间有多项工作，且工作间的非关键节点有外向箭线而无其他内向箭线时，则两个关键节点间各项工作的总时差不一定相等

69. 工程网络计划工期优化的目的是使（　　）。

A. 计划工期满足合同工期　　　　　　B. 要求工期满足合同工期

C. 计算工期满足计划工期　　　　　　D. 计算工期满足要求工期

70. 能够说明工作的持续时间缩短一个时间单位，所需增加的直接费增多的是工作的（　　）。

A. 直接费用率增大　　　　　　　　　B. 直接费用率减小

C. 工程间接费用率增大　　　　　　　D. 工程间接费用率减小

71. 单代号搭接网络的时间参数计算时，若某项中间工作的最早开始时间为负值，则应当（　　）。

A. 增大该工作的时间间隔　　　　　　B. 将该工作与最后一项工作联系起来

C. 调整其紧前工作的持续时间　　　　D. 在该工作与起点节点之间添加虚箭线

72. 在进度监测的系统过程中，监理工程师可以了解工程实际进度状况，同时也可以协调有关方面的进度关系的过程是（　　）。

A. 定期收集进度报表资料　　　　　　B. 现场实地检查工程进展情况

C. 定期召开现场会议　　　　　　　　D. 实际进度数据的加工处理

73. 下列属于监理单位设计进度监控内容的是（　　　）。

A. 编制切实可靠的设计总进度计划　　B. 落实设计工作技术经济责任制

C. 按照设计技术经济定额进行考核　　D. 审查设计进度计划的合理性和可行性

74. 对于大型建设工程，采取分期分批发包又没有一个负责全部工程的总承包单位时，需要监理工程师编制（　　　）。

A. 专项施工方案　　　　　　　　　　B. 单位工程进度计划

C. 施工总进度计划　　　　　　　　　D. 工程项目年度计划

75. 如果监理工程师在审查施工进度计划的过程中发现问题，应及时向（　　　）提出书面修改意见，协助其修改。

A. 承包单位　　　B. 监理单位　　　C. 建设单位　　　　D. 设计单位

76. 在建设工程施工过程中，因施工单位原因造成实际进度拖延，监理工程师确认施工单位修改后的施工进度计划，表明（　　　）。

A. 解除施工单位应负的责任　　　　　B. 批准合同工期延长

C. 施工进度计划满足合同工期要求　　D. 同意施工单位在合理状态下施工

77. 某工作是由三个性质相同的分项工程合并而成的。各分项工程的工程量和时间定额分别是：$Q_1 = 2500 \, m^3$，$Q_2 = 3500 \, m^3$，$Q_3 = 2800 \, m^3$，$H_1 = 0.15$ 工日/m^3，$H_2 = 0.20$ 工日/m^3，$H_3 = 0.40$ 工日/m^3。则该工作的综合时间定额是（　　　）工日/m^3。

A. 0. 21　　　　　　　B. 0. 25　　　　　　　C. 0. 33　　　　　　　D. 0. 35

78. 在调整施工进度计划时，应利用费用优化的原理选择（　　　）的关键工作作为压缩对象。

A. 直接费用率最低　　　　　　　　　B. 间接费用率最低

C. 组合费用率最高　　　　　　　　　D. 费用增加量最小

79. 关于工程延期审批原则的说法，正确的是（　　　）。

A. 导致工期拖延确实属于承包单位的原因

B. 工程延期事件必须位于施工进度计划的关键线路上

C. 承包单位应在合同规定的有效期内以书面形式提出意向通知

D. 批准的工程延期必须符合实际情况

80. 监理工程师在控制物资供应计划实施时的工作内容不包括（　　　）。

A. 协调各有关单位的关系

B. 采取有效措施保证急需物资的供应

C. 审查和签署物资供应情况分析报告

D. 监督、检查物资订货情况

二、**多项选择题**（共40题，每题2分。每题的备选项中，有2个或2个以上符合题意，至少有1个错项。错选，本题不得分；少选，所选的每个选项得0.5分）

81. 建筑工程项目申请领取施工许可证应当具备的条件包括（　　　）。

A. 已经办理了建设工程用地批准手续　B. 已经办理了招标投标核准手续

C. 已经确定建筑施工企业　　　　　　D. 有满足施工需要的资金安排

E. 应当办理建设工程规划许可证的，已经取得建设工程规划许可证

82. 建设工程承包单位向建设单位提交工程竣工验收报告时，应向建设单位出具工程质量保修书，质量保修书中应明确的内容包括（　　）。

　　A. 质量保证金返还方式　　　　　　　　B. 保修范围

　　C. 保修期限　　　　　　　　　　　　　D. 保修责任

　　E. 保修承诺

83. 在正常使用条件下，最低保修期限不低于 2 年的工程有（　　）。

　　A. 装修工程　　　B. 外墙防渗漏　　　C. 设备安装　　　D. 防水工程

　　E. 给水排水管道

84. 关于工程质量检测单位的质量责任和义务，下列说法正确的是（　　）。

　　A. 提供质量检测试样的单位，应当对试样的真实性负责

　　B. 检测报告经施工单位确认后，由建设单位归档

　　C. 个人不得篡改检测报告

　　D. 检测人员可以同时受聘于 2 个检测机构

　　E. 应当单独建立检测结果不合格项目台账

85. ISO 质量管理体系的质量管理原则中，关系管理的基本内容包括（　　）。

　　A. 权衡短期利益与长期效益，确立相关方的关系

　　B. 识别和建设好关键相关方关系

　　C. 与关键相关方共享专有技术和资源

　　D. 明确管理的职责和权限

　　E. 建立清晰与开放的沟通渠道

86. 下列记录中，属于质量管理体系有关记录的有（　　）。

　　A. 合同评审记录　　　　　　　　　　　B. 内部审核记录

　　C. 监理旁站记录　　　　　　　　　　　D. 文件控制记录

　　E. 材料设备验收记录

87. 勘察成果评估报告的内容包括（　　）。

　　A. 勘察工作概况　　　　　　　　　　　B. 勘察报告编制深度

　　C. 与勘察标准的符合情况　　　　　　　D. 勘察任务书的完成情况

　　E. 勘察进度要求

88. 施工设计图重点应审查（　　）。

　　A. 设计图纸是否符合现场和施工的实际条件

　　B. 施工图是否符合现行标准、规程、规范、规定的要求

　　C. 选型、选材、造型、尺寸、节点等设计图纸是否满足质量要求

　　D. 采用设计依据、参数、标准是否满足质量要求

　　E. 选用设备、材料等是否先进、合理

89. 项目监理机构审查施工单位报送的施工控制测量成果检验表及相关资料时，应重点审查（　　）是否符合标准及规范的要求。

　　A. 测量依据　　　B. 测量管理制度　　　C. 测量人员资格　　　D. 测量手段

　　E. 测量成果

90. 旁站监理人员的主要职责包括（　　）。

　　A. 做好旁站记录，保存旁站原始资料

B. 检查施工机械、建筑材料准备情况

C. 检查施工单位现场质检人员到岗、特殊工种人员持证上岗情况

D. 核查现场监督关键部位、关键工序的施工执行施工方案情况

E. 查验施工单位的施工测量定位放线情况

91. 根据《建筑工程施工质量验收统一标准》GB 50300-2013，当分部工程较大或较复杂时，可按（　　）划分为若干子分部工程。

A. 材料种类　　　　　　B. 施工特点　　　　　　C. 施工程序　　　　　　D. 主要工种

E. 专业系统及类别

92. 工程质量验收时，设计单位项目负责人应参加验收的分部工程有（　　）。

A. 地基与基础　　　　B. 装饰装修　　　　C. 主体结构　　　　D. 环境保护

E. 节能工程

93. 在单位工程质量竣工验收时，要核查给水排水与供暖工程安全和功能检验资料，核查的重点包括主要功能抽查记录中的（　　）。

A. 给水管道通水试验记录　　　　　　　B. 地下室防水效果检查记录

C. 卫生器具满水试验记录　　　　　　　D. 消防管道压力试验记录

E. 燃气管道压力试验记录

94. 在工程项目施工中，影响工程质量问题的成因有很多，其中属于违反法规行为的是（　　）。

A. 无图施工　　　　　　　　　　　　　B. 无证设计

C. 超常的低价中标　　　　　　　　　　D. 擅自修改设计

E. 技术交底不清

95. 下列工程质量事故情形中，属于规定的特别重大事故的有（　　）。

A. 死亡 30 人　　　　　　　　　　　　B. 死亡 20 人

C. 直接经济损失 1 亿元　　　　　　　　D. 重伤 80 人

E. 直接经济损失 8000 万元

96. 关于市场采购设备质量控制的说法，正确的有（　　）。

A. 负责设备采购质量控制的监理人员应熟悉和掌握设计文件中设备的各项要求、技术说明和规范标准

B. 应了解和把握总承包单位或设备安装单位负责设备采购人员的技术能力情况

C. 总承包单位或安装单位负责采购的设备，采购前应向项目监理机构提交设备采购方案，按程序审查同意后方可实施

D. 设备由建设单位直接采购的，由项目监理机构编制设备采购方案

E. 设备采购方案经监理单位的批准后方可实施

97. 对施工阶段的投资控制仅仅靠控制工程款的支付是不够的，应从组织、经济、技术、合同等多方面采取措施，下列措施中属于合同措施的有（　　）。

A. 参与合同修改、补充工作，着重考虑它对投资控制的影响

B. 参与处理索赔事宜

C. 审核承包商编制的施工组织设计

D. 对工程施工过程中的投资支出做好分析与预测

E. 经常或定期向建设单位提交项目投资控制及其存在问题的报告

98. 根据现行《建筑安装工程费用项目组成》，下列费用中，属于企业管理费的有（   ）。

A. 检验试验费
B. 固定资产使用费
C. 仪器仪表使用费
D. 劳动保护费
E. 劳动保险和职工福利费

99. 国产非标准设备原价的计算方法有（   ）。

A. 成本计算估价法
B. 系列设备插入估价法
C. 定额估价法
D. 生产费用估价法
E. 分部组合估价法

100. 关于设备运杂费的构成及计算的说法中，正确的有（   ）。

A. 运费和装卸费是由设备制造厂交货地点至施工安装作业面所发生的费用
B. 进口设备运杂费是由离岸港口或边境车站至工地仓库所发生的费用
C. 原价中没有包含的、为运输而进行包装所支出的各种费用应计入包装费
D. 采购与仓库保管费不含采购人员和管理人员的工资
E. 设备运杂费为设备原价与设备运杂费率的乘积

101. 下列项目融资工作中，属于融资决策分析阶段的有（   ）。

A. 选择项目的融资方式
B. 组织贷款银团
C. 融资谈判
D. 任命项目融资顾问
E. 项目可行性研究

102. 与未来企业生产经营有关的其他费用包括（   ）。

A. 生产职工培训费
B. 办公和生活家具购置费
C. 无负荷联动试运转费用
D. 工程保险费
E. 试转运所需的原料、燃料、油料和动力的费用

103. 关于投资回收期指标优缺点的说法，正确的有（   ）。

A. 投资回收期指标计算简便，但其包含的经济意义不明确
B. 投资回收期指标不能全面反映项目整个计算期内的现金流量
C. 投资回收期指标在一定程度上显示了资本的周转速度
D. 投资回收期指标可以独立用于项目的选择
E. 投资回收期指标在一定程度上反映了投资效果的优劣，适用于各种投资规模

104. 设备及安装工程概算审查的重点有（   ）。

A. 审查单价
B. 安装费用的计算
C. 设备清单
D. 审查材料预算价格
E. 审查工程量

105. 固定总价合同适用于（   ）的工程。

A. 工期短
B. 工程结构、技术简单
C. 工期长
D. 规模大
E. 施工强度大

106. 按照酬金的计算方式不同，成本加酬金合同的形式主要有（   ）。

A. 最大成本加税金合同
B. 最高限额成本加固定最大酬金
C. 成本加奖罚
D. 成本加固定金额酬金

E. 成本加固定百分比酬金

107. 人工费的索赔包括（　　）。

A. 法定人工费增长

B. 由于承包人责任导致工程延误的人员窝工费

C. 超过法定工作时间加班增加的费用

D. 由于非承包人责任的工效降低所增加的人工费用

E. 完成合同之外的额外工作所花费的人工费用

108. 根据《建设工程施工合同（示范文本）》GF—2017—0201，关于工程保修期和保修费用的说法，正确的有（　　）。

A. 工程保修期从工程竣工验收之日起计算

B. 保修期内发包人发现已接收的工程存在任何缺陷应书面通知承包人修复，承包人接到通知后应在 3 h 内到工程现场修复缺陷

C. 工程保修期可以根据具体情况适当低于法定最低保修年限

D. 发包人未经竣工验收擅自使用工程的，保修期自转移占有之日起算

E. 因不可抗力造成的工程损坏，承包人应负责修复，并承担相应的修复费用

109. 为了确保建设工程进度控制目标的实现，可采取的经济措施包括（　　）。

A. 对工期延误收取误期损失赔偿金

B. 对工期提前给予奖励

C. 加强索赔管理，公正地处理索赔

D. 对应急赶工给予优厚的赶工费用

E. 加强风险管理，在合同中应充分考虑风险因素及其对进度的影响

110. 监理总进度分解计划，按工程进展阶段分解包括（　　）。

A. 设计准备阶段进度计划　　　　　　B. 动用前准备阶段进度计划

C. 设计阶段进度计划　　　　　　　　D. 竣工阶段进度计划

E. 施工阶段进度计划

111. 确定流水步距时，一般应满足的基本要求包括（　　）。

A. 各施工过程按各自流水速度施工，始终保持工艺先后顺序

B. 相邻施工过程的流水步距必须相等

C. 各施工过程的专业工作队投入施工后尽可能保持连续作业

D. 相邻两个施工过程在满足连续施工的条件下，能最大限度地实现合理搭接

E. 相邻两个专业工作队在满足连续施工的条件下，尽可能少搭接

112. 某分部工程双代号网络计划如下图所示，其绘图错误的有（　　）。

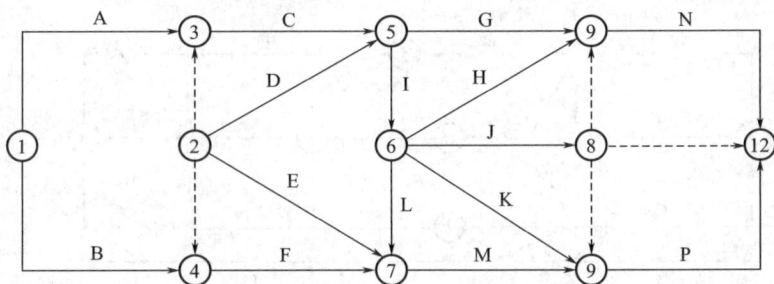

A. 多个起点节点　　B. 多个终点节点　　C. 节点编号重复　　D. 存在循环回路

E. 工作代号重复

113. 某工程项目时标网络图如下图所示，图中表明的正确信息有（　　）。

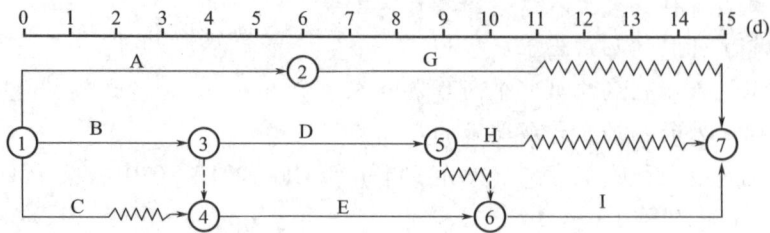

A. 工作 I 的最早开始时间为第 10 天　　B. 工作 D 的总时差为 3 d

C. 工作 C 的自由时差为 2 d　　D. 工作 C 的最迟开始时间为第 2 天

E. 工作 D 的最迟完成时间为第 12 天

114. 在网络计划的费用优化方法中，当需要缩短关键工作的持续时间时，其缩短值的确定必须符合的原则有（　　）。

A. 缩短后工作的持续时间不能小于其最短持续时间

B. 缩短后工作的持续时间小于最短持续时间

C. 缩短持续时间的工作不能变成非关键工作

D. 缩短持续时间的工作要变成关键工作

E. 缩短后工作的直接费用率小于间接费用率

115. 某工作计划进度与实际进度如下图所示，从图中可获得的正确信息有（　　）。

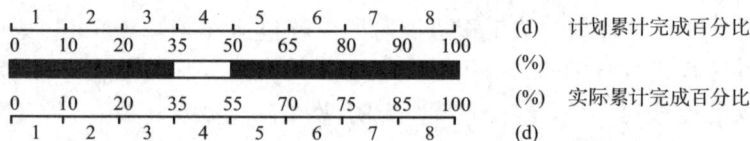

A. 第 4 天至第 5 天的实际进度为匀速进展　B. 第 3 天至第 6 天的计划进度为匀速进展

C. 实施过程中实际停工累计 0.5 d　　D. 前 4 d 实际工作量与计划工作量相同

E. 第 8 天结束时该工作已按计划完成

116. 某工程项目时标网络计划如下图所示，该计划执行到第 6 周检查实际进度时，发现 A 和 B 已经全部完成，工作 D、E 分别完成计划任务量的 20% 和 50%，工作 C 尚需 3 周完成，则用前锋线法比较，表述正确的是（　　）。

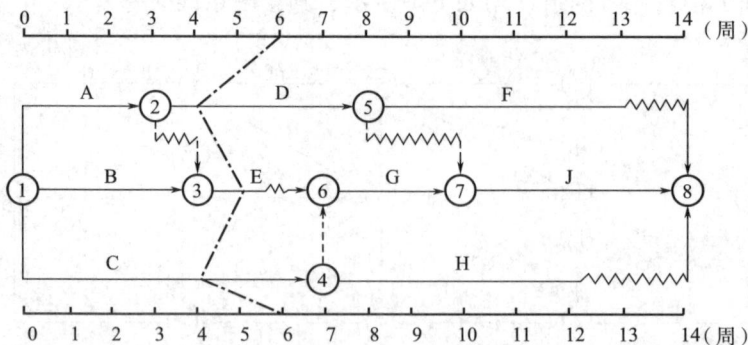

A. 工作 D 实际进度拖后 2 周，使总工期延长 1 周

B. 工作 E 实际进度拖后 1 周，不影响总工期

C. 工作 C 实际进度拖后 2 周，不影响总工期

D. 后续工作 G、H、J 的最早开始时间推迟 2 周

E. 该工程项目的总工期将延长 3 周

117. 编制施工总进度计划的工作内容有（　　）。

A. 确定施工作业场地范围　　　　　　　B. 计算工程量

C. 确定各单位工程的施工期限　　　　　D. 计算劳动量和机械台班数

E. 确定各分部分项工程的相互搭接关系

118. 由于某些原因承包单位有权提出延长工期的申请，监理工程师应按合同规定批准工程延期时间，其中合同所涉及的任何可能造成工程延期的原因有（　　）等。

A. 延期交图　　　　　　　　　　　　　B. 工程暂停

C. 异常恶劣的气候条件　　　　　　　　D. 业主未及时付款

E. 对合格工程的剥离检查

119. 为减少或避免工程延期事件的发生，监理工程师应（　　）。

A. 根据合同规定处理工程延期事件

B. 在详细调查研究的基础上合理批准工程延期时间

C. 尽量多干预、多协调

D. 提醒业主履行施工承包合同中所规定的职责

E. 选择合适的时机下达工程开工令

120. 监理工程师进行物资供应进度控制的主要工作内容包括（　　）。

A. 审核物资供应计划　　　　　　　　　B. 签署物资供应合同

C. 监督检查物资订货情况　　　　　　　D. 协调各有关单位间的关系

E. 审查物资供应情况的分析报告

考前最后第2套卷答案解析

一、单项选择题

1. A;	2. C;	3. D;	4. A;	5. A;
6. D;	7. D;	8. D;	9. C;	10. C;
11. D;	12. A;	13. A;	14. B;	15. D;
16. A;	17. A;	18. B;	19. C;	20. B;
21. C;	22. B;	23. C;	24. B;	25. A;
26. A;	27. D;	28. C;	29. A;	30. C;
31. A;	32. D;	33. A;	34. B;	35. C;
36. D;	37. A;	38. D;	39. B;	40. B;
41. D;	42. A;	43. D;	44. B;	45. D;
46. D;	47. C;	48. D;	49. D;	50. D;
51. D;	52. B;	53. D;	54. C;	55. A;
56. A;	57. B;	58. C;	59. C;	60. A;
61. B;	62. A;	63. D;	64. B;	65. D;
66. C;	67. D;	68. A;	69. D;	70. A;
71. D;	72. C;	73. D;	74. C;	75. A;
76. D;	77. B;	78. D;	79. D;	80. D。

【解析】

1. A。本题考核的是建设工程质量的特性。适用、耐久、安全、可靠、经济、节能与环境适应性，都是必须达到的基本要求，缺一不可。但是对于不同门类、不同专业的工程，如工业建筑、民用建筑、公共建筑、住宅建筑、道路建筑，可根据其所处的特定地域环境条件、技术经济条件的差异，有不同的侧重面。

2. C。本题考核的是工程质量控制的原则。在工程质量控制中，要以人为核心，重点控制人的素质和人的行为，充分发挥人的积极性和创造性，以人的工作质量保证工程质量。

3. D。本题考核的是建筑工程施工许可的申领。建筑工程开工前，建设单位应当按照国家有关规定向工程所在地县级以上人民政府建设行政主管部门申请领取施工许可证；但是，国务院建设行政主管部门确定的限额以下的小型工程除外。

4. A。本题考核的是质量管理体系运行要求。质量管理体系的有效运行可以概括为全面贯彻、行为到位、适时管理、适中控制、有效识别、不断完善。所谓适中控制就是管理行为要适中，掌握好度，做到恰到好处，既不应过火，也不应不足。质量管理体系要素管理到位的关键支柱是管理行为标准化和执行标准的水平。

5. A。本题考核的是工程质量验收制度。施工单位完工，自检合格提交单位工程竣工验收报审表及竣工资料后，项目监理机构应组织审查资料和组织工程竣工预验收。工程竣工预验收合格后，项目监理机构应编写工程质量评估报告，并应经总监理工程师和工程监理单位技术负责人审核签字后报建设单位。

6. D。本题考核的是描述数据离散趋势的特征值。标准偏差简称标准差或均方差，标准差的平方是方差，有鲜明的数理统计特征，能确切说明数据分布的离散程度和波动规律，是最常用的反映数据变异程度的特征值。

7. D。本题考核的是质量数据的特征值。描述数据离散趋势的特征值包括极差、标准偏差、变异系数。变异系数适用于均值有较大差异的总体之间离散程度的比较。

8. D。本题考核的是抽样检验方法。当总体很大时，很难一次抽样完成预定的目标。多阶段抽样是将各种单阶段抽样方法结合使用，通过多次随机抽样来实现的抽样方法。如检验钢材、水泥等。

9. C。本题考核的是排列图法的概念。排列图法是利用排列图寻找影响质量主次因素的一种有效方法。因果分析图法是利用因果分析图来系统整理分析某个质量问题（结果）与其产生原因之间关系的有效工具。直方图法即频数分布直方图法，它是将收集到的质量数据进行分组整理，绘制成频数分布直方图，用以描述质量分布状态的一种分析方法。

10. C。本题考核的是利用 ABC 分析法确定主次因素。ABC 分类管理法，A 类问题累计频率为 0~80%；B 类问题累计频率为 80%~90%；C 类问题累计频率为 90%~100%。

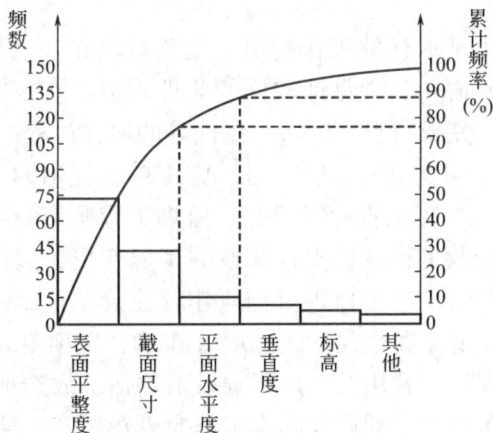

11. D。本题考核的是直方图的观察与分析。正常型直方图中，B 在 T 中间，质量分布中心 $\overline{X}$ 与质量标准中心 M 重合，实际数据分布与质量标准相比较两边还有一定余地。图 (a) 虽与图 (d) 相似，但其两边余地太大，说明加工过于精细，不经济。

12. A。本题考核的是混凝土结构实体检测方法。结构或构件混凝土抗压强度的检测，可采用回弹法、超声回弹综合法、钻芯法或后装拔出法等方法。现浇混凝土板厚度检测常用超声波对测法。

13. A。本题考核的是工程勘察成果的审查要点。项目监理机构勘察成果的审查是勘察阶段质量控制最重要的工作。包括程序性审查和技术性审查。

14. B。本题考核的是初步设计深度应满足的基本要求。初步设计的深度应满足下列基本要求：（1）通过多方案比较：在充分论证经济效益、社会效益、环境效益的基础上，择优推荐设计方案。（2）项目单项工程齐全，有详尽的主要工程量清单，工程量误差应在允许范围以内。故选项 A 错误。（3）主要设备和材料明细表，要满足订货要求。故选项 C 错误。（4）项目总概算应控制在可行性研究报告估算投资额的±10%以内。故选项 D 错误。

（5）满足施工图设计的要求。（6）满足土地征用、工程总承包招标、建设准备和生产准备等工作的要求。（7）满足经核准的可行性研究报告所确定的主要设计原则和方案。故选项B正确。

15. D。本题考核的是图纸会审。建设单位应及时主持召开图纸会审会议，组织项目监理机构、施工单位等相关人员进行图纸会审，并整理成会审问题清单，由建设单位在设计交底前约定的时间内提交设计单位。

16. A。本题考核的是施工试验室的检查。项目监理机构收到施工单位报送的试验室报审表及有关资料后，总监理工程师应组织专业监理工程师对施工试验室审查。

17. A。本题考核的是工程开工条件审查。总监理工程师应组织专业监理工程师审查施工单位报送的开工报审表及相关资料，并对开工应具备的条件进行逐项审查，全部符合要求时签署审查意见，报建设单位得到批准后，再由总监理工程师签发工程开工令。

18. B。本题考核的是巡视的定义。巡视是项目监理机构对施工现场进行的定期或不定期的检查活动，是项目监理机构对工程实施建设监理的方式之一。旁站是指项目监理机构对工程的关键部位或关键工序的施工质量进行的监督活动。平行检验是指项目监理机构在施工单位自检的同时，按有关规定、建设工程监理合同约定对同一检验项目进行的检测试验活动。

19. C。本题考核的是见证取样的工作程序。施工单位在对进场材料、试块、试件、钢筋接头等实施见证取样前要通知负责见证取样的监理人员，在该监理人员现场监督下，施工单位按相关规范的要求，完成材料、试块、试件等的取样过程。

20. B。本题考核的是工程变更的控制。对于施工单位提出的工程变更，项目监理机构可按下列程序处理：（1）总监理工程师组织专业监理工程师审查施工单位提出的工程变更申请，提出审查意见。对涉及工程设计文件修改的工程变更，应由建设单位转交原设计单位修改工程设计文件。必要时，项目监理机构应建议建设单位组织设计、施工等单位召开论证工程设计文件修改方案的专题会议。故选项A正确，选项B错误。（2）总监理工程师组织专业监理工程师对工程变更费用及工期影响做出评估。故选项C正确。（3）总监理工程师组织建设单位、施工单位等共同协商确定工程变更费用及工期变化，会签工程变更单。故选项D正确。（4）项目监理机构根据批准的工程变更文件监督施工单位实施工程变更。

21. C。本题考核的是施工现场质量管理检查记录资料。施工现场质量管理检查记录资料主要包括施工单位现场质量管理制度，质量责任制；主要专业工种操作上岗证书；分包单位资质及总承包施工单位对分包单位的管理制度；施工图审查核对资料（记录），地质勘查资料；施工组织设计、施工方案及审批记录；施工技术标准；工程质量检验制度；混凝土搅拌站（级配填料拌合站）及计量设置；现场材料、设备存放与管理等。

22. B。本题考核的是检验批质量验收。检验批质量验收过程中，一般项目是指除主控项目以外的检验项目。为了使检验批的质量满足工程安全和使用功能的基本要求，保证工程质量，各专业工程质量验收规范对各检验批一般项目的合格质量给予了明确的规定。如钢筋连接的一般项目为：钢筋的接头宜设置在受力较小处；同一纵向受力钢筋不宜设置两个或两个以上接头；接头末端至钢筋弯起点的距离不应小于钢筋直径的10倍。

23. C。本题考核的是分项工程质量验收。分项工程应由专业监理工程师组织施工单位项目专业技术负责人等进行验收。

24. B。本题考核的是单位工程质量验收。选项A错误，由施工单位向建设单位提交工程竣工报告和完整的质量控制资料，申请建设单位组织工程竣工验收。选项B正确，对验收中提出的整改问题，项目监理机构应督促施工单位及时整改。选项C错误，工程质量符合要求的，总监理工程师应在工程竣工验收报告中签署意见。选项D错误，建设单位组织单位工程质量验收时，分包单位负责人应参加验收。

25. A。本题考核的是工程施工质量不符合要求时的处理。工程施工质量验收不符合要求的处理规定包括：（1）经返工或返修的检验批，应重新进行验收。（2）经有资质的检测单位检测鉴定能够达到设计要求的检验批，应予以验收。（3）经有资质的检测单位检测鉴定达不到设计要求，但经原设计单位核算认可能够满足安全和使用功能要求时，该检验批可予以验收。（4）经返修或加固处理的分项、分部工程，满足安全及使用功能要求时，可按技术处理方案和协商文件的要求予以验收。（5）经返修或加固处理仍不能满足安全或重要使用要求的分部工程及单位工程，严禁验收。（6）工程质量控制资料应齐全完整。

26. A。本题考核的是工程质量缺陷的处理。对已发生的质量缺陷，项目监理机构应按下列程序进行处理：（1）发生工程质量缺陷，工程监理单位安排监理人员进行检查和记录，并签发监理通知单，责成施工单位进行处理。（2）施工单位进行质量缺陷调查，分析质量缺陷产生的原因，并提出经设计等相关单位认可的处理方案。（3）工程监理单位审查施工单位报送的质量缺陷处理方案，并签署意见。（4）施工单位按审查认可的处理方案实施修复处理，并对处理过程进行跟踪检查，对处理结果进行验收。（5）对非施工单位原因造成的工程质量缺陷，工程监理单位核实施工单位申报的修复工程费用，签认工程款支付证书，并报建设单位。（6）处理记录，整理归档。

27. D。本题考核的是城市轨道交通建设工程竣工验收。建设单位应在竣工验收合格之日起15个工作日内，将竣工验收报告和相关文件，报城市建设主管部门备案。

28. C。本题考核的是工程质量事故处理的原则。选项C正确，工程质量事故处理原则是：正确确定事故性质、是表面性还是实质性、是结构性还是一般性、是迫切性还是可缓性；正确确定处理范围，除直接发生部位，还应检查处理事故相邻影响作用范围的结构部位或构件。其处理基本要求是：安全可靠，不留隐患；满足建筑物的功能和使用要求；技术可行，经济合理。

29. A。本题考核的是质量事故书面报告的内容。质量事故书面报告应包括如下内容：（1）工程及各参建单位名称。（2）质量事故发生的时间、地点、工程部位。（3）事故发生的简要经过、造成工程损伤状况、伤亡人数和直接经济损失的初步估计。（4）事故发生原因的初步判断。（5）事故发生后采取的措施及处理方案。（6）事故处理的过程及结果。

30. C。本题考核的是不作处理的规定。通常不用专门处理的情况有以下几种：（1）不影响结构安全和正常使用。（2）有些质量缺陷，经过后续工序可以弥补。（3）经法定检测单位鉴定合格。（4）出现的质量缺陷，经检测鉴定达不到设计要求，但经原设计单位核算，仍能满足结构安全和使用功能。

31. A。本题考核的是设备制造的质量控制方式。对于特别重要的设备，监理单位可以采取驻厂方式进行监造。采取这种方式实施设备监造时，项目监理机构应成立相应的监造小组，编制监造规划，监造人员直接进驻设备制造厂的制造现场，实施设备制造全过程的质量监控。

32. D。本题考核的是对设备制造分包单位的审查。对设备制造过程中的分包单位，总监理工程师应严格审查分包单位的资质情况，分包的范围和内容，分包单位的实际生产能力和质量管理体系，试验、检验手段等内容，符合要求的应予以确认。

33. A。本题考核的是人工费的组成。人工费内容包括：计时工资或计件工资、奖金、津贴补贴、加班加点工资、特殊情况下支付的工资。津贴补贴：是指为了补偿职工特殊或额外的劳动消耗和因其他特殊原因支付给个人的津贴，以及为了保证职工工资水平不受物价影响支付给个人的物价补贴。如流动施工津贴、特殊地区施工津贴、高温（寒）作业临时津贴、高空津贴等。

34. B。本题考核的是暂列金额的相关规定。暂列金额由建设单位根据工程特点，按有关计价规定估算。施工过程中由建设单位掌握使用、扣除合同价款调整后如有余额，归建设单位。

35. C。本题考核的是进口设备到岸价的计算。进口设备的到岸价＝离岸价＋国外运费＋国外运输保险费，进口设备的货价＝离岸价×人民币外汇牌价，则该设备的到岸价＝1000＋90＋10＝1100万元。

36. D。本题考核的是基本预备费的计算。基本预备费＝（建筑安装工程费＋设备及工器具购置费＋工程建设其他费用）×基本预备费费率＝（5000＋1000＋1500）×5%＝375万元。

37. A。本题的考点为项目资本金占项目总投资的最低比例。根据《国务院关于调整和完善固定资产投资项目资本金制度的通知》，对于保障性住房和普通商品住房项目，项目资本金占项目总投资的最低比例维持20%不变。

38. D。本题的考点为边际资金成本。边际资金成本是追加筹资决策的重要依据。项目公司为了扩大项目规模，增加所需资产或投资，往往需要追加筹集资金。在这种情况下，边际资金成本就成为比较选择各个追加筹资方案的重要依据。

39. B。本题考核的是项目可行性研究中市场竞争力分析的内容。市场竞争力分析内容包括：（1）目标市场分析。包括目标市场选择与结构分析及主要用户分析。（2）产品竞争力优劣势分析。

40. B。本题考核的是一次支付终值的计算。一次支付终值公式：$F = P(1+i)^n$，则该单位到期能收回的资金＝200×$(1+4\%)^3$＝225万元。

41. D。本题考核的是经济评价指标体系。盈利能力评价指标包括：投资收益率、净现值。选项B属于偿债能力评价指标。

42. A。本题考核的是静态投资回收期的计算。项目建成投产后各年的净收益不相同时，静态投资回收期可根据累计净现金流量求得，其计算公式为：

$$P_t = （累计净现金流量出现正值的年份数-1）+ \frac{|上一年累计净现金流量|}{出现正值年份的净现金流量}$$

现金流量见下表：

计算期（年）	0	1	2	3	4	5	6	7	8
现金流入（万元）	—	—	—	800	1200	1200	1200	1200	1200
现金流出（万元）	—	600	900	500	700	700	700	700	700
净现金流量（万元）	—	−600	−900	300	500	500	500	500	500
累计净现金流量（万元）	—	−600	−1500	−1200	−700	−200	300	800	1300

由此可得，$P_t = (6-1) + |-200|/500 = 5.4$年。

43. A。本题考核的是净现值的计算。该项目5年内累计净现值＝80＋40×$(1+10\%)^{-4}$＋

$36×(1+10\%)^{-5}=129.67$ 万元。

44. B。本题考核的是经济分析和财务分析在评价标准和参数方面的区别。项目财务分析的主要评价标准和参数是净利润、财务净现值、市场利率等；经济分析的主要标准和参数是净收益、经济净现值、社会折现率等。

45. D。本题考核的是对象选择的方法。因素分析法的缺点是缺乏定量依据、准确性较差，对象选择的正确与否，主要决定于价值工程活动人员的经验及工作态度。

46. D。本题考核的是单位建筑工程概算的内容。单位建筑工程概算包括：一般土建工程概算、给水排水工程概算、采暖工程概算、通风工程概算、电气照明工程概算、特殊构筑物工程概算。

47. C。本题考核的是定额单价法编制施工图预算的基本步骤。定额单价法编制施工图预算的基本步骤：（1）编制前的准备工作。（2）熟悉图纸和预算定额以及单位估价表。（3）了解施工组织设计和施工现场情况。（4）划分工程项目和计算工程量。（5）套单价（计算定额基价）。（6）工料分析。（7）计算主材费（未计价材料费）。（8）按费用定额取费。（9）计算汇总工程造价。（10）复核。（11）编制说明、填写封面。

48. D。本题考核的是分部分项工程量清单项目编码。项目编码是分部分项工程量清单项目名称的数字标识。现行计量规范项目编码由十二位数字构成。一至二位（第一级）为专业工程码；三至四位（第二级）为附录分类顺序码；五至六位（第三级）为分部工程顺序码；七、八、九位（第四级）为分项工程项目名称顺序码；十至十二位（第五级）为清单项目名称顺序码。

49. D。本题考核的是最高投标限价的编制。选项 A 错误，招标人应在招标文件中如实公布最高投标限价，不得对所编制的最高投标限价进行上浮或下调。选项 B 错误，如招标文件提供了暂估单价材料的，按暂估的单价计入综合单价。选项 C 错误，措施项目应按招标文件中提供的措施项目清单确定，措施项目采用分部分项工程综合单价形式进行计价的工程量，应按措施项目清单中的工程量确定综合单价；以"项"为单位的方式计价的，价格包括除规费、税金以外的全部费用。

50. D。本题考核的是施工成本计划。第 6 个月末的计划成本累计值 = 100＋200＋400＋500＋650＋800＝2650 万元，第 6 个月末的实际成本累计值 = 100＋200＋400＋500＋650＋700＝2550 万元，故选项 A、B 错误；第 7 个月末的计划成本累计值 = 100＋200＋400＋500＋650＋800＋950＝3600 万元，故选项 C 错误；第 7 个月末的实际成本累计值 = 100＋200＋400＋500＋650＋700＋1000＝3550 万元，故选项 D 正确。

51. D。本题考核的是对节约建设单位的建设资金贷款利息有利的时间安排。一般而言，所有工作都按最迟开始时间开始，对节约发包人的建设资金贷款利息是有利的，但同时也降低了项目按期竣工的保证率。因此，监理工程师必须合理地确定投资支出计划，达到既节约投资支出，又能控制项目工期的目的。

52. B。本题考核的是工程计量的依据。工程计量的依据包括：质量合格证书、工程量计算规范、设计图纸。

53. D。本题考核的是工程价款的计算。本题的计算过程如下：

合同约定范围内（15%以内）的工程款为：$150×(1+15\%)×8=1380$ 万元；

超过 15%之后部分工程量的工程款为：$[180-150×(1+15\%)]×6=45$ 万元；

则土方工程款合计 = 1380＋45＝1425 万元。

54. C。本题考核的是合同履行期的确定。由于承包人原因未在约定的工期内竣工的，则对原约定竣工日期后继续施工的工程。在使用价格调整公式时，应采用原约定竣工日期与实际竣工日期的两个价格指数中较低的一个作为现行价格指数。

55. A。本题考核的是不可抗力事件造成损失的承担原则。按照《建设工程工程量清单计价规范》GB 50500-2013 的规定，因不可抗力事件导致的人员伤亡、财产损失及其费用增加，发承包双方应按以下原则分别承担并调整合同价款和工期：（1）合同工程本身的损害、因工程损害导致第三方人员伤亡和财产损失以及运至施工场地用于施工的材料和待安装的设备的损害，由发包人承担。（2）发包人、承包人人员伤亡由其所在单位负责，并承担相应费用。（3）承包人的施工机械设备损坏及停工损失，应由承包人承担。（4）停工期间，承包人应发包人要求留在施工场地的必要的管理人员及保卫人员的费用应由发包人承担。（5）工程所需清理、修复费用，应由发包人承担。

56. A。本题考核的是起扣点的计算。起扣点的计算公式：$T=P-M/N$，式中，T 为起扣点，即工程预付款开始扣回的累计已完工程价值；P 为承包工程合同总额；M 为工程预付款数额；N 为主要材料及构件所占比重。由此可知，工程预付款的起扣点 $=500-500×20\%/60\%=333.33$ 万元。

57. B。本题考核的是赢得值法及相关评价指标的内容。选项 A 错误，进度偏差为负值表示进度延误，实际进度落后于计划进度。选项 B 正确，引入赢得值法即可定量地判断进度、投资的执行效果。选项 C 错误，投资（进度）偏差仅适合于对同一项目做偏差分析。选项 D 错误，投资（进度）偏差反映的是绝对偏差。

58. C。本题考核的是建设工程进度的业主影响因素。业主因素包括业主使用要求改变而进行设计变更；应提供的施工场地条件不能及时提供或所提供的场地不能满足工程正常需要；不能及时向施工承包单位或材料供应商付款等。

59. C。本题考核的是建设单位的计划系统。工程项目建设总进度计划的主要内容包括文字和表格两部分，表格部分包括工程项目一览表、工程项目总进度计划、投资计划年度分配表、工程项目进度平衡表。

60. A。本题考核的是流水施工的横道图表示法。选项 A 正确，从横道图中可以看出，楼层 I 内、楼层 II 内都没有体现出技术间歇与组织间歇。注意关键点是"各层内"。选项 B 错误，不会导致施工不连续。选项 C 错误，不止可以安排 2 个施工队伍。在第 9 日~第 24 日期间每天仅有三个施工段上有工人施工，而施工组织中设置的是四个施工段，故选项 D 错误。

61. B。本题考核的是流水节拍的定义。流水节拍是指在组织流水施工时，某个专业工作队在一个施工段上的施工时间。

62. A。本题考核的是专业工作队数的计算。根据公式：$T=(m+n'-1)K+\sum G+\sum Z-\sum C$ $=(6+6-1)×1+0+0-0=11$ d，可得：$11=(6+n'-1)×1$，$n'=6$。

63. D。本题考核的是流水步距和流水施工工期的计算。根据错位相减求得差数列：

```
    3, 7, 10, 13
 -)    2, 7, 11, 14
 ─────────────────────
    3, 5, 3,  2, -14
```

流水步距 $=\max[3, 5, 3, 2, -14]=5$ d；
流水施工工期 $=5+2+5+4+3=19$ d。

64. B。本题考核的是最迟完成时间的计算。工作 A 的 $LF=\min\{(10-3)，(12-4)，(13-8)，(15-8)\}=5$。

65. D。本题考核的是双代号网络计划时间参数计算。最早开始时间等于各紧前工作的最早完成时间的最大值。最早完成时间等于最早开始时间加上其持续时间。最早开始时间 $=\max\{2，4\}=4$，最早完成时间 $=4+5=9$。

66. C。本题考核的是关键工作的确定。在网络计划中，总时差最小的工作为关键工作。

67. D。本题考核的是双代号网络计划中时间参数的计算。本题可以根据本工作及其各条后续线路上各箭线的波形线长度，按线路分别累加之和的最小值计算总时差。计算为：工作 F 的总时差 $=\min\{1，(1+1)，(1+2)，(1+1+2)，2\}=1$ d；自由时差就是该工作箭线中波形线的水平投影长度，即为 0 d。

68. A。本题考核的是关键节点的特性。关键节点的特性：（1）开始节点和完成节点均为关键节点的工作，不一定是关键工作。（2）以关键节点为完成节点的工作，其总时差和自由时差必然相等。（3）当两个关键节点间有多项工作，且工作间的非关键节点无其他内向箭线和外向箭线时，则两个关键节点间各项工作的总时差均相等。（4）当两个关键节点间有多项工作，且工作间的非关键节点有外向箭线而无其他内向箭线时，则两个关键节点间各项工作的总时差不一定相等。

69. D。本题考核的是工期优化的目的。工期优化，是指网络计划的计算工期不满足要求工期时，通过压缩关键工作的持续时间以满足要求工期目标的过程。

70. A。本题考核的是费用优化。工作的直接费用率越大，说明将该工作的持续时间缩短一个时间单位，所需增加的直接费就越多；反之，将该工作的持续时间缩短一个时间单位，所需增加的直接费就越少。

71. D。本题考核的是代号搭接网络的时间参数计算。其他工作的最早开始时间和最早完成时间应根据时距进行计算。当某项工作的最早开始时间出现负值时，应将该工作与起点节点用虚箭线相连后，重新计算该工作的最早开始时间和最早完成时间。

72. C。本题考核的是进度计划执行中的跟踪检查。为了全面、准确地掌握进度计划的执行情况，监理工程师应认真做好以下三方面的工作：（1）定期收集进度报表资料。（2）现场实地检查工程进展情况。（3）定期召开现场会议。定期召开现场会议，监理工程师通过与进度计划执行单位的有关人员面对面的交谈，既可以了解工程实际进度状况，同时也可以协调有关方面的进度关系。

73. D。本题考核的是监理单位对设计进度的监控。对于设计进度的监控应实施动态控制。在设计工作开始之前，首先应由监理工程师审查设计单位所编制的进度计划的合理性和可行性。在进度计划实施过程中，监理工程师应定期检查设计工作的实际完成情况，并与计划进度进行比较分析。一旦发现偏差，就应在分析原因的基础上提出纠偏措施，以加快设计工作进度。必要时，应对原进度计划进行调整或修订。

74. C。本题考核的是施工进度计划的编制。对于大型建设工程，由于单位工程较多、施工工期长，且采取分期分批发包又没有一个负责全部工程的总承包单位时，就需要监理工程师编制施工总进度计划。

75. A。本题考核的是施工进度计划审核。如果监理工程师在审查施工进度计划的过程中发现问题，应及时向承包单位提出书面修改意见（也称整改通知书），并协助承包单位修改。

76. D。本题考核的是建设工程施工进度控制工作内容。监理工程师对修改后的施工进度计划的确认，并不是对工程延期的批准，他只是要求承包单位在合理的状态下施工。因此，监理工程师对进度计划的确认，并不能解除承包单位应负的一切责任，承包单位需要承担赶工的全部额外开支和误期损失赔偿。

77. B。本题考核的是综合时间定额的计算。综合时间定额 $H = \dfrac{Q_1H_1+Q_2H_2+\cdots+Q_iH_i+\cdots+Q_nH_n}{Q_1+Q_2+\cdots+Q_i+\cdots+Q_n}$ = (2500×0.15+3500×0.20+2800×0.40)/(2500+3500+2800) = 0.25 工日/m³。

78. D。本题考核的是施工进度计划的调整。在调整施工进度计划时，应利用费用优化的原理选择费用增加量最小的关键工作作为压缩对象。

79. D。本题考核的是为工程延期的审批原则。监理工程师在审批工程延期时应遵循下列原则：（1）监理工程师批准的工程延期必须符合合同条件。（2）发生延期事件的工程部位，无论其是否处在施工进度计划的关键线路上，只有当所延长的时间超过其相应的总时差而影响到工期时，才能批准工程延期。（3）批准的工程延期必须符合实际情况。

80. D。本题考核的是控制物资供应计划的实施。控制物资供应计划的实施措施包括：（1）掌握物资供应全过程的情况。（2）采取有效措施保证急需物资的供应。（3）审查和签署物资供应情况分析报告。（4）协调各有关单位的关系。

二、多项选择题

81. A、C、D、E；	82. B、C、D；	83. A、C、E；
84. A、C、E；	85. A、B、C、E；	86. A、B、D；
87. A、B、C、D；	88. A、B、C；	89. A、C、E；
90. A、C、E；	91. A、B、D；	92. A、C、E；
93. A、C、D、E；	94. B、C、D；	95. A、C；
96. A、B、C；	97. A、B；	98. A、B、C、E；
99. A、B、C、E；	100. C、E；	101. A、D；
102. A、B、E；	103. A、B、C；	104. B、C；
105. A、B；	106. B、C、D、E；	107. A、C、D、E；
108. A、D；	109. A、B、D；	110. A、C、D、E；
111. A、C、D；	112. A、C；	113. A、C、D；
114. A、C；	115. A、C；	116. A、C、E；
117. B、C；	118. A、B、E；	119. A、B、D、E；
120. A、C、D、E。		

【解析】

81. A、C、D、E。本题考核的是申请领取施工许可证应满足的条件。申请领取施工许可证应满足的条件是：（1）已经办理该建筑工程用地批准手续。（2）依法应当办理建设工程规划许可证的，已经取得建设工程规划许可证。（3）需要拆迁的，其拆迁进度符合施工要求。（4）已经确定建筑施工企业。（5）有满足施工需要的资金安排、施工图纸及技术资料。（6）有保证工程质量和安全的具体措施。

82. B、C、D。本题考核的是质量保修书中应明确的内容。建设工程承包单位在向建设单位提交工程竣工验收报告时，应向建设单位出具工程质量保修书，质量保修书中应明确建设工程的保修范围、保修期限和保修责任等。

83. A、C、E。本题考核的是工程质量保修年限。在正常使用条件下，建设工程的最低保修期限为：（1）基础设施工程、房屋建筑工程的地基基础和主体结构工程，为设计文件规定的该工程的合理使用年限。（2）屋面防水工程、有防水要求的卫生间、房间和外墙面的防渗漏，为5年。（3）供热与供冷系统，为2个采暖期、供冷期。（4）电气管线、给水排水管道、设备安装和装修工程，为2年。

84. A、C、E。本题考核的是工程质量检测单位的质量责任和义务。选项B错误，检测报告经建设单位或工程监理单位确认后，由施工单位归档。选项D错误，检测人员不得同时受聘于两个或者两个以上的检测机构。

85. A、B、C、E。本题考核的是关系管理的基本内容。关系管理的基本内容包括：（1）权衡短期利益与长期效益，确立相关方的关系。（2）识别和建设好关键相关方关系。（3）与关键相关方共享专有技术和资源。（4）建立清晰与开放的沟通渠道。（5）开展与相关方的联合改进活动。

86. A、B、D。本题考核的是质量管理体系文件。质量记录是产品满足质量要求的程度和监理单位质量管理体系中各项质量活动结果的客观反映。监理单位在编写程序文件的过程中，应同时编制质量管理体系贯彻实施所需的各种质量记录表格。包括：一类是与质量管理体系有关的记录，如合同评审记录、内部审核记录、管理评审记录、培训记录、文件控制记录等；另一类是与监理服务"产品"有关的质量记录，如监理旁站记录、材料设备验收记录、纠正预防措施记录、不合格品处理记录等。

87. A、B、C、D。本题考核的是勘察成果评估报告的内容。勘察成果评估报告应包括下列内容：勘察工作概况；勘察报告编制深度，与勘察标准的符合情况；勘察任务书的完成情况；存在问题及建议；评估结论。

88. A、B、C。本题考核的是施工设计图审查的重点。施工设计图重点审查施工图是否符合现行标准、规程、规范、规定的要求；设计图纸是否符合现场和施工的实际条件，深度是否达到施工和安装的要求，是否达到工程质量的标准；选型、选材、造型、尺寸、节点等设计图纸是否满足质量要求。

89. A、C、E。本题考核的是项目监理机构对施工控制测量成果检验表及相关资料的审查。项目监理机构收到施工单位报送的施工控制测量成果报验表后，由专业监理工程师审查。专业监理工程师应审查施工单位的测量依据、测量人员资格和测量成果是否符合规范及标准要求，符合要求的，予以签认。

90. A、B、C、D。本题考核的是旁站人员的主要职责。旁站人员的主要职责是：（1）检查施工单位现场质检人员到岗、特殊工种人员持证上岗及施工机械、建筑材料准备情况。（2）在现场监督关键部位、关键工序的施工执行施工方案以及工程建设强制性标准情况。（3）核查进场建筑材料、构配件、设备和商品混凝土的质量检验报告等，并可在现场监督施工单位进行检验或者委托具有资格的第三方进行复验。（4）做好旁站记录，保存旁站原始资料。

91. A、B、C、E。本题考核的是分部工程的划分。当分部工程较大或较复杂时，可按材料种类、施工特点、施工程序、专业系统及类别将分部工程划分为若干子分部工程。

92. A、C、E。本题考核的是分部工程质量验收。勘察、设计单位项目负责人和施工单位技术、质量部门负责人应参加地基与基础分部工程验收；设计单位项目负责人和施工单位技术、质量部门负责人应参加主体结构、节能分部工程验收。

93. A、C、D、E。本题考核的是单位工程安全和功能检查项目。给水排水与供暖工程安全功能检查项目包括给水管道通水试验记录；暖气管道、散热器压力试验记录；卫生器具满水试验记录；消防管道、燃气管道压力试验记录；排水干管通球试验记录；锅炉试运行、安全阀及报警联动测试记录。

94. B、C、D。本题考核的是工程质量缺陷的成因。违反法律法规行为包括：无证设计；无证施工；越级设计；越级施工；转包、挂靠；工程招标投标中的不公平竞争；超常的低价中标；非法分包；擅自修改设计等。

95. A、C。本题考核的是特别重大质量事故的认定。特别重大质量事故，是指造成 30 人以上死亡，或者 100 人以上重伤，或者 1 亿元以上直接经济损失的事故。选项 B、D、E 属于重大事故。

96. A、B、C。本题考核的是市场采购设备质量控制。选项 D 错误，设备由建设单位直接采购的，项目监理机构应协助建设单位编制设备采购方案。选项 E 错误，设备采购方案经建设单位的批准后方可实施。

97. A、B。本题考核的是施工阶段投资控制的合同措施。施工阶段投资控制的合同措施：（1）做好工程施工记录，保存各种文件图纸，特别是注有实际施工变更情况的图纸，注意积累素材，为正确处理可能发生的索赔提供依据，参与处理索赔事宜。（2）参与合同修改、补充工作，着重考虑它对投资控制的影响。选项 C 属于技术措施；选项 D、E 属于经济措施。

98. A、B、D、E。本题考核的是企业管理费的组成。企业管理费的内容包括：管理人员工资、办公费、差旅交通费、固定资产使用费、工具用具使用费、劳动保险和职工福利费、劳动保护费、检验试验费、工会经费、职工教育经费、财产保险费、财务费、税金、城市维护建设税、教育费附加、地方教育附加、其他（包括技术转让费、技术开发费、投标费、业务招待费、绿化费、广告费、公证费、法律顾问费、审计费、咨询费、保险费等）。选项 C 属于施工机具使用费。

99. A、B、C、E。本题考核的是国产非标准设备原价的计算方法。国产非标准设备原价的计算方法有：成本计算估价法、系列设备插入估价法、分部组合估价法、定额估价法等。

100. C、E。本题考核的是设备运杂费的构成及计算。选项 A 错误，国产标准设备由设备制造厂交货地点起至工地仓库（或施工组织设计指定的需要安装设备的堆放地点）止所发生的运费和装卸费。选项 B 错误，进口设备运杂费包括由我国到岸港口、边境车站起至工地仓库（或施工组织设计指定的需要安装设备的堆放地点）止所发生的运费和装卸费。选项 D 错误，包括设备采购、保管和管理人员工资、工资附加费、办公费、差旅交通费、设备供应部门办公和仓库所占固定资产使用费、工具用具使用费、劳动保护费、检验试验费等。

101. A、D。本题考核的是项目融资程序。融资决策分析阶段包括：选择项目的融资方式，决定是否采用项目融资；任命项目融资顾问，明确融资任务和具体目标要求。

102. A、B、E。本题考核的是与未来企业生产经营有关的其他费用。与未来企业生产经营有关的其他费用包括联合试运转费、生产准备费、办公和生活家具购置费。工程保险费属于与项目建设有关的其他费用。联合试运转费中不包括应由设备安装工程费开支的单台设备调试费及无负荷联动试运转费用。

103. B、C。本题考核的是投资回收期指标的优点和不足。投资回收期指标容易理解，计算也比较简便；项目投资回收期在一定程度上显示了资本的周转速度。显然，资本周转速度越快，回收期越短，风险就越小。这对于那些技术上更新迅速的项目或资金相对短缺的项目或未来情况很难预测而投资者又特别关心资金补偿速度的项目是有吸引力的。投资回收期指标的不足是没有全面考虑项目整个计算期内的现金流量，只间接考虑投资回收之前的效果，不能反映投资回收之后的情况，即无法准确衡量项目在整个计算期内的经济效果。

104. B、C。本题考核的是设备及安装工程概算审查的重点。设备及安装工程概算审查的重点是设备清单与安装费用的计算。

105. A、B。本题考核的是固定总价合同的适用范围。固定总价合同的适用范围有：（1）工程范围清楚明确，工程图纸完整、详细、清楚，报价的工程量应准确而不是估计数字。（2）工程量小、工期短，在工程过程中环境因素（特别是物价）变化小，工程条件稳定。（3）工程结构、技术简单，风险小，报价估算方便。（4）投标期相对宽裕，承包商可以详细做现场调查，复核工程量，分析招标文件，拟定计划。（5）合同条件完备，双方的权利和义务关系十分清楚。

106. B、C、D、E。本题考核的是成本加酬金合同的形式。成本加酬金合同的形式主要有：成本加固定百分比酬金、成本加固定金额酬金、成本加奖罚、最高限额成本加固定最大酬金。

107. A、C、D、E。本题考核的是人工费的索赔。人工费的索赔包括：（1）完成合同之外的额外工作所花费的人工费用。（2）由于非承包人责任的工效降低所增加的人工费用。（3）超过法定工作时间加班增加的费用。（4）法定人工费增长以及非承包人责任工程延误导致的人员窝工费和工资上涨费等。

108. A、D。本题考核的是保修期与保修费用的规定。工程保修期从工程竣工验收合格之日起算。具体分部分项工程的保修期由合同当事人在专用合同条款中约定。但不得低于法定最低保修年限。在工程保修期内，承包人应当根据有关法律规定以及合同约定承担保修责任。因其他原因造成工程的缺陷、损坏，可以委托承包人修复，发包人应承担修复的费用，并支付承包人合理的利润，因工程的缺陷、损坏造成的人身伤害和财产损失由责任方承担。在保修期内，发包人在使用过程中，发现已接收的工程存在缺陷或损坏的，应书面通知承包人予以修复，但情况紧急必须立即修复缺陷或损坏的，发包人可以口头通知承包人并在口头通知后48 h内书面确认，承包人应在专用合同条款约定的合理期限内到达工程现场并修复缺陷或损坏。

109. A、B、D。本题考核的是进度控制的经济措施。进度控制的经济措施主要包括：（1）及时办理工程预付款及工程进度款支付手续。（2）对应急赶工给予优厚的赶工费用。（3）对工期提前给予奖励。（4）对工程延误收取误期损失赔偿金。

110. A、B、C、E。本题考核的是监理总进度分解计划。按工程进展阶段分解包括：（1）设计准备阶段进度计划。（2）设计阶段进度计划。（3）施工阶段进度计划；（4）动用前准备阶段进度计划。

111. A、C、D。本题考核的是流水步距的确定。确定流水步距时，一般应满足以下基本要求：（1）各施工过程按各自流水速度施工，始终保持工艺先后顺序。（2）各施工过程的专业工作队投入施工后尽可能保持连续作业。（3）相邻两个施工过程（或专业工作队）在满足连续施工的条件下，能最大限度地实现合理搭接。

112. A、C。本题考核的是双代号网络图的绘制规则。图中存在①、②两个起点节点；存在两个节点⑨。

113. A、C、D。本题考核的是时标网络计划时间参数的计算。工作 I 的最早开始时间为第 10 天，故选项 A 正确。工作 D 的总时差＝min｛(0+1)，(4+0)｝＝1 d，故选项 B 错误。工作 C 的自由时差为 2 d，故选项 C 正确。工作 C 的自由时差为 2 d，最迟开始时间为第 2 天，故选项 D 正确。最迟完成时间等于本工作的最早完成时间与其总时差之和，则工作 D 的最迟完成时间＝9+1＝10，即第 10 天，故选项 E 错误。

114. A、C。本题考核的是费用优化。当需要缩短关键工作的持续时间时，其缩短值的确定必须符合下列两条原则：（1）缩短后工作的持续时间不能小于其最短持续时间。（2）缩短持续时间的工作不能变成非关键工作。

115. B、E。本题考核的是用横道图比较法进行实际进度与计划进度的比较。第 4 天没有进行本工作，停工 1 d，第 5 天的实际进度为 70%-35%＝35%，所以选项 A、C 错误。第 3 天的计划进度为 35%-20%＝15%，第 4 天的计划进度为 50%-35%＝15%，第 5 天的计划进度为 65%-50%＝15%，第 6 天的计划进度为 80%-65%＝15%，匀速进展，所以选项 B 正确。前 4 d 的实际工作量为 35%，计划工作量为 50%，所以选项 D 错误。第 8 天结束时，该工作已按计划完成，所以选项 E 正确。

116. A、B、D。本题考核的是用前锋线比较法进行实际进度与计划进度的比较。第 6 周末检查时，工作 D 实际进度拖后 2 周，其总时差为 1 周，预计影响工期 1 周；工作 E 实际进度拖后 1 周，其总时差为 1 周，不影响工期；工作 C 实际进度拖后 2 周，其为关键工作，将影响工期 2 周，使后续工作 G、H、J 的最早开始时间推迟 2 周。

117. B、C。本题考核的是施工总进度计划的编制内容。施工总进度计划的编制步骤：（1）计算工程量。（2）确定各单位工程的施工期限。（3）确定各单位工程的开竣工时间和相互搭接关系。（4）编制初步施工总进度计划。（5）编制正式施工总进度计划。

118. A、B、E。本题考核的是申报工程延期的条件。申报工程延期的条件：（1）监理工程师发出工程变更指令而导致工程量增加。（2）合同所涉及的任何可能造成工程延期的原因，如延期交图、工程暂停、对合格工程的剥离检查及不利的外界条件等。（3）异常恶劣的气候条件。（4）由业主造成的任何延误、干扰或障碍，如未及时提供施工场地、未及时付款等。（5）除承包单位自身以外的其他任何原因。

119. A、B、D、E。本题考核的是工程延期的控制。为减少或避免工程延期事件的发生，监理工程师应：（1）选择合适的时机下达工程开工令。（2）提醒业主履行施工承包合同中所规定的职责。（3）当延期事件发生以后，监理工程师应根据合同规定进行妥善处理。既要尽量减少工程延期时间及其损失，又要在详细调查研究的基础上合理批准工程延期时间。业主在施工过程中应尽量减少干预、多协调，以避免由于业主的干扰和阻碍而导致延期事件的发生。

120. A、C、D、E。本题考核的是物资供应进度控制的主要工作内容。物资供应进度控制的主要工作内容包括：协助业主进行物资供应的决策，组织物资供应招标工作，编制、审核和控制物资供应计划。编制物资供应计划、监督检查订货情况、审查和签署物资供应情况分析报告、协调各有关单位的关系。

《建设工程目标控制》（土木建筑工程）

考前最后第3套卷及答案解析

考前最后第3套卷

扫码听课

一、单项选择题（共80题，每题1分。每题的备选项中，只有1个最符合题意）

1. 工程建成后在使用过程中保证人身和环境免受危害的程度，体现了建设工程质量的（　　）。

A. 安全性 B. 可靠性 C. 适用性 D. 耐久性

2. 在工程建设中自始至终把（　　）作为对工程质量控制的基本原则。

A. 以人为核心 B. 坚持质量标准 C. 质量第一 D. 坚持预防为主

3. 工程质量控制按其实施主体不同，分为自控主体和监控主体，下列属于监控主体的是（　　）。

A. 设计单位 B. 施工单位 C. 政府 D. 分包单位

4. 根据《建设工程质量管理条例》规定，下列关于建设单位质量责任和义务的说法中，错误的是（　　）。

A. 建设单位不得将建设工程肢解发包

B. 建设工程发包方不得迫使承包方以低于成本的价格竞标

C. 建设单位不得任意压缩合同工期

D. 涉及承重结构变动的装修工程施工前，只能委托原设计单位提交设计方案

5. 关于卓越绩效管理模式的实质，下列说法错误的是（　　）。

A. 强调大质量观 B. 强调可持续发展和社会责任

C. 强调系统思考和系统整合 D. 强调聚焦于结果

6. 对总体中的全部个体进行编号，然后抽签、摇号、确定中选号码，相应的个体即样品。这种抽样方法称为（　　）。

A. 完全随机抽样 B. 分层抽样 C. 等距抽样 D. 整群抽样

7. 采用计数值标准型二次抽样检验方案，在第一次抽检 n_1 后，检出不合格品数为 d_1 满足（　　）时，判定该批产品不合格。

A. $d_1 \leqslant C_1$ B. $d_1 > C_1$ C. $d_1 > C_2$ D. $C_1 < d_1 < C_2$

8. 在质量管理排列图中，对应于累计频率曲线 80%~90% 部分的，属于（　　）影响因素。

A. 一般 B. 主要 C. 次要 D. 其他

9. 某建设工程项目在施工过程中出现混凝土强度不足的质量问题，采用系统整理分析某个质量问题（结果）与其产生原因之间的关系。这种方法是（　　）。

A. 直方图法　　　B. 排列图法　　　C. 控制图法　　　D. 因果分析图法

10. 在非正常型直方图中，由于数据收集不正常，可能有意识地去掉下限以下的数据的是（　　）。

A. 折齿型　　　B. 孤岛型　　　C. 绝壁型　　　D. 双峰型

11. 对基桩进行检测时，适用于检测桩身完整性的检测方法是（　　）。

A. 原位静荷载试验法　　　　　　　B. 静载荷试验法

C. 低应变法　　　　　　　　　　　D. 旁孔投射法

12. 按照单位工程施工总进度计划，施工单位已完成施工合同所约定的所有工程量，并完成自检工作，工程验收资料已整理完毕，应填报（　　），报送项目监理机构竣工验收。

A. 施工组织设计报审　　　　　　　B. 施工方案报审表

C. 单位工程竣工验收报审表　　　　D. 工程质量验收证明文件

13. 关于施工组织设计的报审应遵循的程序及要求，下列说法正确的是（　　）。

A. 施工单位编制的施工组织设计应经施工单位技术负责人审核签认

B. 施工组织设计需要修改的，由专业监理工程师签发书面意见退回修改

C. 已签认的施工组织设计由施工单位报送建设单位

D. 施工组织设计在实施过程中，施工单位做较大的变更时，应经专业监理工程师审查同意

14. 项目监理机构在审批施工方案时，应重点（　　）。

A. 检查签章是否齐全　　　　　　　B. 核对审批人是否为施工单位技术负责人

C. 核对编制人是否为项目技术负责人　　D. 检查施工单位的内部审批程序是否完善

15. 对于进口材料、构配件和设备，专业监理工程师应要求施工单位报送进口商检证明文件，并由（　　）按合同约定主持联合检查。

A. 建设单位　　　B. 施工单位　　　C. 项目监理机构　　　D. 设计单位

16. 装配式混凝土建筑预制构件出厂时应有（　　）。

A. 生产记录　　　B. 质量证明文件　　　C. 套筒灌浆记录　　　D. 机械连接报告

17. 如果变更涉及项目功能、结构主体安全，该工程变更要按有关规定报送（　　）审查与审批。

A. 当地建设行政主管部门　　　　　B. 质量监督机构

C. 施工图原审查机构及管理部门　　　D. 建设单位主管部门

18. 关于质量记录资料管理的说法，错误的是（　　）。

A. 质量记录资料包括工程材料质量记录资料

B. 质量记录资料不包括不合格项的报告、通知以及处理及检查验收资料

C. 施工质量记录资料应有相关各方人员的签字，与施工过程的进展同步

D. 质量资料是施工单位进行工程施工或安装期间，实施质量控制活动的记录

19. 根据住房和城乡建设部发布的《工程质量安全手册（试行）》，项目监理机构对脚手架工程进行现场控制时，下列说法错误的是（　　）。

A. 扣件应按规定进行抽样复试

B. 脚手架上严禁集中荷载

C. 对于操作平台的使用，移动式、落地式、悬挑式操作平台的设置均应符合行业惯例要求

D. 对于高处作业吊篮的使用，各限位装置应齐全有效，安全锁必须在有效的标定期限内，吊篮内作业人员不应超过 2 人

20. 根据《建筑工程施工质量验收统一标准》GB 50300-2013，下列工程中，属于分项工程的是（　　）。

A. 屋面工程　　　　B. 桩基工程　　　　C. 电气工程　　　　D. 钢筋工程

21. 对涉及结构安全、节能、环境保护和使用功能的重要分部工程，应在验收前按规定进行（　　）。

A. 见证取样检验　　B. 抽样检验　　　　C. 剥离试验　　　　D. 破坏性试验

22. 对检验批的基本质量起决定性影响的检验项目是（　　）。

A. 允许偏差项目　　B. 一般项目　　　　C. 不允许偏差项目　D. 主控项目

23. 检验批质量验收原始记录应由（　　）和施工单位专业质量检查员、专业工长共同签署，并在单位工程竣工验收前存档备查，保证该记录的可追溯性。

A. 专业监理工程师　　　　　　　　　　B. 总监理工程师

C. 总监理工程师代表　　　　　　　　　D. 建设单位代表

24. 建设工程施工过程中对分部工程质量验收时，应该给出综合质量评价的检查项目是（　　）。

A. 观感质量验收　　　　　　　　　　　B. 分项工程质量验收

C. 质量控制资料验收　　　　　　　　　D. 主体结构功能检测

25. 城市轨道交通建设工程验收不包括（　　）。

A. 单位工程验收　　B. 分部工程验收　　C. 项目工程验收　　D. 竣工验收

26. 工程保修阶段工程监理单位应完成的工作不包括（　　）。

A. 定期回访　　　　B. 界定责任　　　　C. 检查验收　　　　D. 资料归档

27. 下列可能导致工程出现质量问题的情况中，属于施工管理不到位的是（　　）。

A. 选用了不恰当的标准图集

B. 采用不正确的结构方案，荷载取值过小

C. 将铰接做成刚接，将简支梁做成连续梁

D. 悬挑结构未进行抗倾覆验算

28. 下列文件，不能作为工程质量事故处理依据的是（　　）。

A. 有关合同文件　　　　　　　　　　　B. 相关法律法规

C. 有关工程设计文件　　　　　　　　　D. 质量事故实况资料

29. 某工程的质量事故，造成人员死亡 4 人、直接经济损失 20 万元。则该事故属于（　　）。

A. 特别重大质量事故　　　　　　　　　B. 重大质量事故

C. 较大质量事故　　　　　　　　　　　D. 一般质量事故

30. 某混凝土结构工程施工完成 2 个月后，发现表面有宽度 0.25 mm 的裂缝，经鉴定其不影响结构安全和使用，对此质量问题，恰当的处理方式是（　　）。

A. 不作处理　　　　B. 返工处理　　　　C. 加固处理　　　　D. 修补处理

31. 在设备招标采购阶段，监理单位应该当好建设单位的参谋和助手，把好设备订货合

同中技术标准、质量标准等内容的审查关，具体内容不包括（　　）。

    A. 协助建设单位或设备招标代理单位起草招标文件

    B. 参加对设备供货制造厂商或投标单位的考察

    C. 协助建设单位进行综合比较

    D. 向中标单位移交技术文件

32. 在设备制造过程中，监造人员定期及不定期到制造现场，检查了解设备制造过程的质量状况，做好相应记录，发现问题及时处理。这种质量监控方式称为（　　）。

    A. 驻厂监造　　　　B. 巡回监控　　　　C. 跟踪监控　　　　D. 设置质量控制点监控

33. 项目监理机构进行施工阶段投资控制的经济措施包括（　　）。

    A. 进行工程计量　　　　　　　　　　B. 对设计变更进行技术经济比较

    C. 编制详细的工作流程图　　　　　　D. 做好工程施工记录，保存各种文件图纸

34. 下列费用中，属于世界银行和国际咨询工程师联合会建设工程项目直接建设成本的是（　　）。

    A. 土地征购费　　　B. 项目管理费　　　C. 生产前费用　　　D. 开工试车费

35. 社会保险费属于建筑安装工程造价的（　　）。

    A. 规费　　　　　B. 分部分项工程费　C. 措施项目费　　D. 其他项目费

36. 根据现行《建筑安装工程费用项目组成》的规定，工程施工过程中进行全部施工测量放线和复测工作的费用应计入（　　）。

    A. 分部分项工程费　B. 措施项目费　　　C. 其他项目费　　　D. 规费

37. 国际建筑安装工程费用中，属于间接费的是（　　）。

    A. 总部管理费、保险费及利润

    B. 材料设备费、管理费、利润及风险费

    C. 现场管理费、临时设施施工费及保函手续费

    D. 风险费、现场管理费及措施费

38. 对外贸易货物运输保险费的计算公式是（　　）。

    A. 运输保险费＝（离岸价+国外运费）／（1-国外保险费率）×国外保险费率

    B. 运输保险费＝离岸价×国外保险费率

    C. 运输保险费＝到岸价×国外保险费率

    D. 运输保险费＝（运费在内价+国外运费）×国外保险费率

39. 某进口设备一批，到岸价为 450 万元，离岸价为 410 万元，银行手续费为 5 万元，消费税为 27 万元，进口关税税率为 9%，增值税税率为 13%，则增值税税额为（　　）万元。

    A. 87.98　　　　　　B. 67.28　　　　　　C. 81.41　　　　　　D. 48.20

40. 某建设项目建筑安装工程费 3000 万元，设备购置费 2000 万元，工程建设其他费用 1500 万元。基本预备费率为 6%，年均投资价格上涨率 5%，项目建设前期年限为 1 年，建设期为 2 年，计划每年完成投资 50%，则该项目建设期第 2 年涨价预备费应为（　　）万元。

    A. 185.33　　　　　B. 261.58　　　　　C. 446.91　　　　　D. 708.49

41. 根据《国务院关于决定调整固定资产投资项目资本金比例的通知》（国发〔2015〕51 号）规定，项目资本金占项目总投资最低比例要求为 35% 的是（　　）。

A. 钢铁、电解铝项目　　　　　　　　B. 铁路、公路项目

C. 水泥项目　　　　　　　　　　　　D. 玉米深加工项目

42. 在公司融资和项目融资中，所占比重最大的债务融资方式是（　　　）。

A. 融资租赁　　　B. 发行债券　　　C. 发行股票　　　D. 信贷融资

43. 关于资金成本的说法，错误的有（　　　）。

A. 资金成本是资金使用者向资金所有者和中介机构支付的占用费和筹资费

B. 资金成本与资金的时间价值既有联系，又有区别

C. 资金成本是资金的使用者由于使用他人的资金而付出的代价

D. 资金成本表现为时间的函数

44. PPP 项目财政承受能力论证中，确定年度折现率时应考虑财政补贴支出年份，并参照（　　　）。

A. 行业基准收益率　　　　　　　　　B. 同期国债利率

C. 同期地方政府债券收益率　　　　　D. 同期当地社会平均利润率

45. 某企业向银行借款，甲银行年利率12%，每月计算一次；乙银行年利率8%，每季度计息一次，则（　　　）。

A. 甲银行实际利率低于乙银行实际利率　B. 甲银行实际利率高于乙银行实际利率

C. 甲、乙两银行的实际利率不可比　　　D. 甲、乙两银行的实际利率相同

46. 某公司计划 2 年以后购买 1 台 100 万元的机械设备，拟从银行存款中提取，银行存款年利率为 3%，现应存入银行的资金为（　　　）万元。

A. 94.26　　　　　B. 95.64　　　　　C. 106.09　　　　　D. 103.03

47. 某投资方案的净现金流量见下表，该投资方案的基准收益率为 10%，则其净现值为（　　　）万元。

年份	1	2	3	4	5	6	7	8	9	10
净现金流量（万元）	−100	100	100	100	100	100	100	100	100	100

A. 476.01　　　　　B. 432.64　　　　　C. 485.09　　　　　D. 394.17

48. 应用价值工程进行功能评价时，如果评价对象的价值指数 $V_1<1$，则正确的策略是（　　　）。

A. 不将评价对象作为改进对象　　　　B. 剔除评价对象的过剩功能

C. 降低评价对象的现实成本　　　　　D. 降低评价对象的功能

49. 编制设备及安装工程概算时，当初步设计的设备清单不完备，或安装预算单价及扩大综合单价不全时，适宜采用的概算编制方法是（　　　）。

A. 概算定额法　　　B. 扩大单价法　　　C. 类似工程预算法　D. 概算指标法

50. 下列施工图预算审查方法中，审查质量高、效果好，但工作量大、时间较长的方法是（　　　）。

A. 逐项审查法　　　B. 重点审查法　　　C. 对比审查法　　　D. 筛选审查法

51. 合同总价是一个相对固定的价格，在合同执行过程中，由于（　　　）原因，可对合同总价进行相应的调整。

A. 通货膨胀而使所用的工料成本增加

B. 工程变更

C. 实际完成的工程量超过报价表中工程量的 3%

D. 施工过程中，工人要求增加工资

52. 不能鼓励承包商关心和降低成本，但从尽快获得全部酬金以减少管理投入出发，有利于缩短工期的合同形式是（　　）。

A. 成本加固定百分率酬金

B. 成本加固定金额酬金

C. 成本加奖罚

D. 最高限额成本加固定最大酬金

53. 在编制投资支出计划时，要在项目总的方面考虑总的预备费，也要在（　　）中安排适当的不可预见费。

A. 前期工作　　　B. 企业管理费　　　C. 主要分项工程　　　D. 所有的分项工程

54. 在某高速公路施工监理中，灌注桩的计量支付条款中规定按照设计图纸以延米计量，根据规定，承包商做了 35 m，而桩的设计长度为 30 m，则（　　）。

A. 计量 35 m，业主按 35 m 付款

B. 计量 30 m，业主按 30 m 付款

C. 计量 30 m，业主按 30 m 付款

D. 承包商多做了 5 m 灌注桩另行计量

55. 根据《建设工程施工合同（示范文本）》GF—2017—0201，单价合同在履行过程中，出现工程变更引起工程量增加，则该合同工程量应按（　　）计量。

A. 原招标工程量清单中的工程量

B. 招标文件中所附的施工图纸的工程量

C. 承包人在履行合同义务中完成的工程量

D. 承包人提交的已完工程量报告中的数量

56. 因修改设计导致现场停工而引起施工索赔时，承包商自有施工机械的索赔费用宜按机械（　　）计算。

A. 租赁费　　　B. 折旧费　　　C. 台班费　　　D. 大修理费

57. 在投资偏差的原因中，"建设手续不全"属于（　　）。

A. 业主原因　　　B. 施工原因　　　C. 客观原因　　　D. 设计原因

58. 下列建设工程项目总进度目标论证的工作中，属于项目结构分析的是（　　）。

A. 将项目进行逐层分解

B. 了解和调查项目的总体部署

C. 对每一个工作项进行编码

D. 调查项目实施的主客观条件

59. 为保证工程建设中各个环节相互衔接，工程项目进度平衡表中不需明确的内容是（　　）。

A. 各种设计文件交付日期

B. 主要设备交货日期

C. 施工单位进场日期

D. 工程材料进场日期

60. 下列流水施工参数中，属于工艺参数的是（　　）。

A. 流水节拍　　　B. 施工过程　　　C. 流水步距　　　D. 施工段

61. 某分部工程有 3 个施工过程，各分为 4 个流水节拍相等的施工段，各施工过程的流水节拍分别为 6 d、4 d、4 d。如果组织加快的成倍节拍流水施工，则专业工作队数和流水施工工期分别为（　　）。

A. 3 个、20 d　　　B. 4 个、25 d　　　C. 5 个、24 d　　　D. 7 个、20 d

62. 某工程由 4 个施工过程组成，分为 4 个施工段进行流水施工，其流水节拍（单位：d）见下表，则施工过程 A 与 B、B 与 C、C 与 D 之间的流水步距分别为（　　）。

施工过程	施工段				施工过程	施工段			
	①	②	③	④		①	②	③	④
A	2	3	2	1	C	4	2	4	2
B	3	2	4	3	D	3	3	2	2

A. 2 d、3 d、4 d　　B. 3 d、2 d、4 d　　C. 3 d、4 d、1 d　　D. 1 d、3 d、5 d

63. 在如下图所示双代号网络图中，不存在错误的是（　　）。

A. 节点编号重复　　　　　　　　　　B. 虚工作多余

C. 循环回路　　　　　　　　　　　　D. 箭尾节点号大于箭头节点号

64. 某工作有 2 个紧后工作，紧后工作的总时差分别是 3 d 和 5 d，对应的间隔时间分别是 4 d 和 3 d，则该工作的总时差是（　　）d。

A. 6　　　　　　　　B. 8　　　　　　　　C. 9　　　　　　　　D. 7

65. 某分部工程双代号网络计划（单位：d）如下图所示，则工作 C 的自由时差为（　　）d。

A. 0　　　　　　　　B. 1　　　　　　　　C. 2　　　　　　　　D. 3

66. 在工程网络计划中，关键工作是指（　　）的工作。

A. 最迟完成时间与最早完成时间的差值最小

B. 双代号网络计划中开始节点和完成节点均为关键节点

C. 双代号时标网络计划中无波形线

D. 单代号网络计划中时间间隔为零

67. 在双代号网络计划中，工作的最早开始时间应为其所有紧前工作（　　）。

A. 最早完成时间的最大值　　　　　　B. 最早完成时间的最小值

C. 最迟完成时间的最大值　　　　　　D. 最迟完成时间的最小值

68. 在某工程网络计划中，工作 M 的最早开始时间和最迟开始时间分别为第 15 天和第 18 天，其持续时间为 7 d。工作 M 有 2 项紧后工作，它们的最早开始时间分别为第 24 天和第 26 天，则工作 M 的总时差和自由时差（　　）。

A. 分别为 4 d 和 3 d　　　　　　　　B. 均为 3 d

C. 分别为 3 d 和 2 d　　　　　　　　D. 均为 2 d

69. 某单代号网络计划如下图（时间单位：d）所示，工作 H 的最早完成时间为第（   ）天。

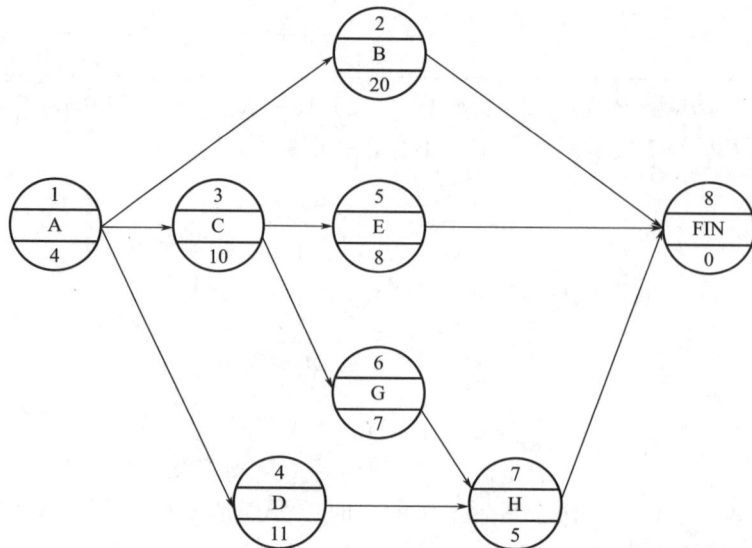

A. 20　　　　　　　B. 21　　　　　　　C. 24　　　　　　　D. 26

70. 网络计划工期优化的基本方法是在不改变网络计划中各项工作之间逻辑关系的前提下，通过（   ）来达到优化目标。

A. 压缩关键工作的持续时间

B. 有限的资源压缩工期的有效时间

C. 找出组合直接费用率最小的关键工作，缩短其持续时间

D. 减少非关键工作的自由时差

71. 根据《工程网络计划技术规程》JGJ/T 121-2015，直接法绘制时标网络计划的第一步工作是（   ）。

A. 确定各节点的位置号

B. 绘制时标网络计划

C. 计算各工作的最早时间

D. 将起点节点定位在时标计划表的起始刻度线上

72. 当工作在不同单位时间里的进展速度不相等时，累计完成的任务量与时间的关系就不可能是线性关系，此时应采用（   ）进行工作实际进度与计划进度的比较。

A. 非匀速进展横道图比较法　　　　　　B. 匀速进展横道图比较法

C. S 曲线比较法　　　　　　　　　　　D. 前锋线比较法

73. 既适用于工作实际进度与计划进度之间的局部比较，又可用来分析和预测工程项目整体进度状况的比较方法是（   ）。

A. 横道图比较法　　B. 列表比较法　　　C. S 曲线比较法　　　D. 前锋线比较法

74. 在工程网络计划的执行过程中，监理工程师检查实际进度时，只发现工作 P 的总时差由原计划的 6 d 变为 -2 d，说明工作 P 的实际进度（   ）。

A. 拖后 8 d，影响工期 2 d　　　　　　B. 拖后 6 d，影响工期 8 d

C. 拖后 8 d，影响工期 6 d　　　　　　D. 拖后 2 d，影响工期 1 d

75. 为了确保工程建设进度总目标的实现，并保证工程设计质量，确定出合理的初步设计和技术设计周期。该时间目标中，需要考虑设计分析评审的工作时间安排的进度计划是（　　）。

A. 各专业详细的出图计划　　　　　B. 施工图设计工作进度计划

C. 初步设计工作进度计划　　　　　D. 设计作业进度计划

76. 当工程延期事件具有持续性时，根据工程延期的审批程序，监理工程师应在调查核实阶段性报告的基础上完成的工作是（　　）。

A. 尽快做出延长工期的临时决定　　B. 及时向政府有关部门报告

C. 要求承包单位提出工程延期意向申请　D. 重新审核施工合同条件

77. 下列内容中，应列入施工进度控制工作细则的是（　　）。

A. 进度控制的方法和措施　　　　　B. 进度计划协调性分析

C. 工程材料的进场安排　　　　　　D. 保证工期的技术组织措施

78. 编制单位工程施工进度计划的工作有：①划分工作项目；②确定工作项目的持续时间；③计算工程量；④确定施工顺序；⑤计算劳动量和机械台班数。正确的步骤是（　　）。

A. ④—①—②—③—⑤　　　　　　B. ①—⑤—④—②—③

C. ①—④—③—⑤—②　　　　　　D. ③—①—②—④—⑤

79. 项目监理机构对施工进度计划审查的内容是（　　）。

A. 施工总工期目标是否留有余地

B. 主要工程项目能否保持连续施工

C. 施工资源供应计划是否满足施工进度需要

D. 施工顺序是否与建设单位提供的资金、施工图纸等条件相吻合

80. 物资供应单位或施工承包单位编制的物资供应计划必须经监理工程师审核，并得到认可后才能执行，物资供应计划审核的主要内容不包括（　　）。

A. 物资的库存量安排是否经济、合理

B. 由于物资供应不足而使施工进度拖延现象发生的可能性

C. 协调各有关单位的关系

D. 物资采购安排在时间上和数量上是否经济、合理

二、多项选择题（共40题，每题2分。每题的备选项中，有2个或2个以上符合题意，至少有1个错项。错选，本题不得分；少选，所选的每个选项得0.5分）

81. 工程材料是工程建设的物质条件，是工程质量的基础。工程材料包括（　　）。

A. 建筑材料　　　　B. 构配件　　　　C. 施工机具设备　　D. 半成品

E. 各类测量仪器

82. 工程质量影响因素主要有"4M1E"，其中"4M"是指（　　）。

A. 人　　　　　　B. 材料　　　　　C. 方法　　　　　D. 机械

E. 环境

83. 政府监督管理职能包括（　　）。

A. 工程承发包管理　　　　　　　　B. 建立和落实工程质量责任制

C. 建设活动主体资格的管理　　　　D. 工程质量验收管理

E. 建立和完善工程质量管理法规

84. 建设单位办理工程竣工验收备案应当提交的文件有（　　　）。

A. 使用说明书
B. 工程竣工验收报告
C. 工程竣工验收备案表
D. 规划、环保等部门出具的认可文件
E. 施工单位签署的工程质量保修书

85. 根据质量管理体系标准的要求，工程监理单位的质量管理体系文件包括（　　　）。

A. 质量手册
B. 质量策划
C. 质量计划
D. 程序文件
E. 作业文件

86. 质量管理体系内部审核的主要目的有（　　　）。

A. 评价对国家有关法律法规及行业标准要求的符合性
B. 确定受审核方质量管理体系与审核准则的符合程度
C. 验证质量管理体系是否持续满足规定目标的要求且保持有效运行
D. 为受审核方提供质量改进的机会
E. 确定现行的质量管理体系的有效性

87. 下列造成质量数据波动的原因中，属于系统性原因的有（　　　）。

A. 工人未遵守操作规程
B. 机械设备过度磨损
C. 机械设备发生故障
D. 原材料质量规格有很大差异
E. 大量存在对质量影响很小因素

88. 在质量控制活动中，利用统计调查表收集数据的优点是（　　　）。

A. 成本较低
B. 简便灵活
C. 便于整理
D. 实用有效
E. 准确度高

89. 工程监理单位勘察质量管理的主要工作包括（　　　）。

A. 编制工程勘察任务书
B. 协助建设单位选择工程勘察单位
C. 审查勘察单位提交的勘察方案
D. 审查勘察单位提交的勘察成果报告
E. 检查勘察单位执行勘察方案的情况

90. 关于工程开工条件审查与开工令的签发，同时具备（　　　）条件，应由总监理工程师签署审查意见，并应报建设单位批准后，总监理工程师签发工程开工令。

A. 施工单位现场质量、安全生产管理体系已建立
B. 设计交底和图纸会审已完成
C. 施工组织设计已由专业监理工程师签认
D. 施工机械具备使用条件
E. 进场道路及水、电、通信等已满足开工要求

91. 项目监理机构应根据工程特点和施工单位报送的施工组织设计，将（　　　）部位作为旁站的关键部位、关键工序，安排监理人员进行旁站，并应及时记录旁站情况。

A. 影响工程主体结构安全的
B. 返工会造成较大损失的
C. 施工技术先进的
D. 完工后无法检测其质量的
E. 劳动强度大的

92. 建设工程施工质量验收中，安装工程一般按一个（　　　）划分为一个检验批。

A. 设计系统
B. 专业性质
C. 建筑部位
D. 设备组别
E. 主要工种

93. 质量控制资料的完整性是检验批质量合格的前提，这是因为它反映了检验批从原材

料到验收的各施工工序的（　　　）。

A. 施工操作依据　　　　　　　　B. 质量保证所必需的管理制度

C. 过程控制　　　　　　　　　　D. 质量检查情况

E. 质量特性指标

94. 施工过程的工程质量验收中，分项工程质量验收合格的条件有（　　　）。

A. 所含检验批的质量均已验收合格　　B. 观感质量验收符合要求

C. 所含检验批质量验收记录完整　　　D. 有关安全和功能的检测资料完整

E. 主要功能性项目的抽查结果符合相关专业验收规范的规定

95. 工程质量事故按造成的人员伤亡或者直接经济损失进行分类，可分为（　　　）。

A. 特别重大事故　　B. 重大事故　　　C. 较大事故　　　D. 一般事故

E. 微小事故

96. 对设备采购方案应重点审查（　　　）。

A. 质量文件要求　　　　　　　　B. 采购的基本原则

C. 质量标准　　　　　　　　　　D. 保证设备质量的具体措施

E. 设备的技术要求

97. 投资控制贯穿于项目建设的全过程，项目投资控制的重点在于施工以前的（　　　）。

A. 投资决策阶段　　B. 招标阶段　　　C. 设计阶段　　　D. 准备阶段

E. 建设前期阶段

98. 下列费用中，属于"与项目建设有关的其他费用"的有（　　　）。

A. 建设单位管理费　　　　　　　B. 建设工程监理费

C. 施工单位临时设施费　　　　　D. 联合试运转费

E. 市政公用设施费

99. 关于 BOT 方式与 ABS 方式的比较，下列说法正确的有（　　　）。

A. BOT 由众多的投资者承担

B. 对于关系国家经济命脉或包括国防项目在内的敏感项目，采用 ABS 融资方式是不可行的

C. ABS 较少出现外汇风险

D. ABS 过程复杂，牵涉面广、融资成本因中间环节多而增加

E. BOT 融资方式中，在特许期经营结束之后，所有权及与经营权将会移交给政府

100. 关于现金流量图绘制规则的说法，正确的有（　　　）。

A. 横轴为时间轴，整个横轴表示经济系统寿命期

B. 横轴的起点表示时间序列第一期期末

C. 横轴上每一间隔代表一个计息周期

D. 与横轴相连的垂直箭线代表净现金流量

E. 垂直箭线的长短应适当体现各时点现金流量的大小

101. 确定基准收益率的基础是（　　　）。

A. 短缺成本　　　B. 管理成本　　　C. 资金成本　　　D. 机会成本

E. 取得成本

102. 民用建筑工程设计方案适用性评价时，建筑与人文环境关系处理应满足的要求包括（　　　）。

A. 建筑应与基地所处人文环境相协调

B. 建筑基地应进行绿化，创造优美的环境

C. 建筑基地应选择在地质环境条件安全地段

D. 对建筑使用过程中产生的垃圾、废气、废水等废弃物应妥善处理

E. 建筑周围环境的空气、土壤、水体等不应构成对人体的危害

103. 开展价值工程活动一般分为 4 个阶段，在方案实施与评价阶段的主要步骤包括（　　）。

A. 方案评价　　　　B. 方案审批　　　　C. 功能评价　　　　D. 方案实施

E. 成果评价

104. 关于定额单价法编制施工图预算的说法，正确的有（　　）。

A. 当分项工程的名称、规格、计量单位与预算单价中所列内容完全一致时，可直接套用预算单价

B. 当分项工程施工工艺条件与预算单价不一致造成人工、机械的数量增减时，应调价不换量

C. 当分项工程的主要材料的品种与预算单价中规定材料不一致时，应该按实际使用材料价格换算预算单价

D. 当分项工程不能直接套用定额、不能换算和调整时，应编制补充单位估价表

E. 当本地区的定额单价表中没有与本项目分项工程相应的内容时，可套用临近地区的单位估价表

105. 关于投标人投标报价的说法，正确的有（　　）。

A. 招标工程量清单中提供了暂估单价的材料、工程设备，按暂估的单价进入综合单价

B. 未填写单价和合价的项目，视为此项费用已包含在已标价工程量清单中其他项目的单价和合价之中

C. 措施项目中的安全文明施工费应按照国家或省级、行业建设主管部门的规定计算，不作为竞争性费用

D. 招标工程量清单与计价表中列明的所有需要填写单价和合价的项目，投标人均应填写且只允许有一个报价

E. 投标人在进行工程量清单招标的投标报价时，可以适当进行总价优惠

106. 施工过程中，导致工程量清单缺项的原因主要有（　　）。

A. 设计变更　　　　　　　　　　　B. 施工条件改变

C. 施工工艺改变　　　　　　　　　D. 工程量清单编制错误

E. 项目特征不符

107. 承包人向发包人提出的索赔类型包括（　　）。

A. 地质条件变化引起的索赔　　　　B. 工程中人为障碍引起的索赔

C. 工程变更引起的索赔　　　　　　D. 质量不满足合同要求的索赔

E. 法律、货币及汇率变化引起的索赔

108. 某土方工程，月计划工程量 2500 m^3，预算单价 25 元/m^3；到月末时已完成工程量 2800 m^3，实际单价 26 元/m^3。对该项工作采用赢得值法进行偏差分析的说法，正确的有（　　）。

A. 已完工作实际投资为 70000 元

B. 已完工作预算投资为 72800 元

C. 投资偏差为-2800 元，表明项目运行超出预算费用

D. 投资绩效指数>1，表明项目运行超出预算费用

E. 进度绩效指数>1，表明实际进度比计划进度快

109. 关于横道图进度计划的说法，正确的有（　　）。

A. 横道图形象、直观，易于编制和理解

B. 横道图能明确地表示出工作的开始时间和完成时间

C. 横道图中的时间参数无法计算

D. 横道图能明确地反映出关键线路

E. 横道图中的工作均无机动时间

110. 关于平行施工方式特点的说法，错误的有（　　）。

A. 没有充分地利用工作面进行施工，工期长

B. 施工现场的组织、管理比较简单

C. 为施工现场的文明施工和科学管理创造了有利条件

D. 如果每一个施工对象均按专业成立工作队，劳动力及施工机具等资源无法均衡使用

E. 单位时间内投入的劳动力、施工机具、材料等资源量成倍地增加，不利于资源供应的组织

111. 为使施工段划分得合理，一般应遵循的原则包括（　　）。

A. 每个施工段内要有足够的工作面

B. 同一专业工作队在各个施工段上的劳动量应大致相等，相差幅度在5%以内

C. 施工段的界限应尽可能与结构界限相吻合，或设在对建筑结构整体性影响小的部位，以保证建筑结构的整体性

D. 施工段的数目要满足合理组织流水施工的要求

E. 确保相应专业队在施工段与施工层之间，组织连续、均衡、有节奏地流水施工

112. 等节奏流水施工与非节奏流水施工的共同特点是（　　）。

A. 相邻施工过程的流水步距相等

B. 施工段之间可能有空闲时间

C. 专业工作队数等于施工过程数

D. 各施工过程在各施工段的流水节拍相等

E. 各个专业工作队在各施工段上能够连续作业

113. 某工程双代号网络计划如下图所示，图中已标出各项工作的最早开始时间和最迟开始时间，该计划表明（　　）。

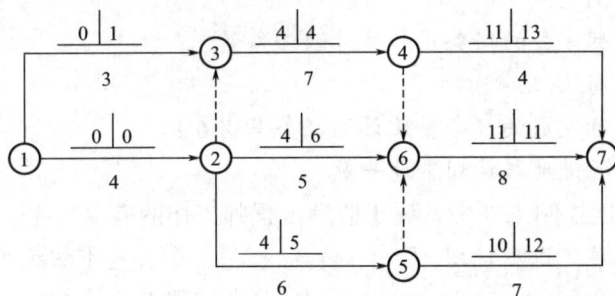

A. 工作 1—3 的总时差为 1 d   B. 工作 2—5 的自由时差为 1 d

C. 工作 2—6 的总时差为 2 d   D. 工作 4—7 的总时差为 4 d

E. 工作 5—7 为关键工作

114. 关于双代号时标网络计划的表述，正确的有（　　　　）。

A. 以水平时间坐标为尺度表示工作的起止时间

B. 用实箭线表示工作

C. 用虚箭线表示虚工作

D. 虚工作必须以水平方向的虚箭线表示

E. 用波形线表示总时差

115. 某分部工程双代号时标网络计划执行到第 2 周末及第 8 周末时，检查实际进度后绘制的前锋线如下图所示，图中表明（　　　　）。

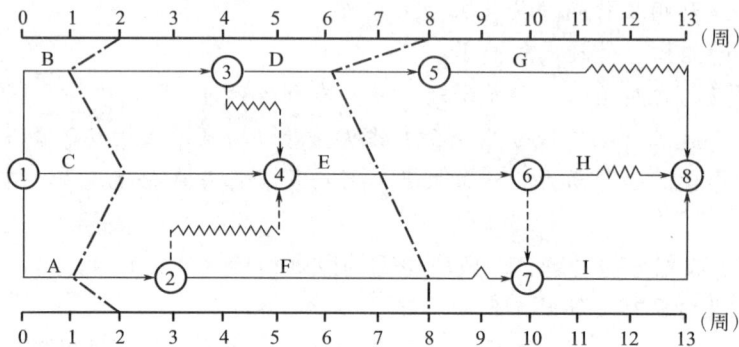

A. 第 2 周末检查时，A 工作拖后 1 周，不影响工期

B. 第 2 周末检查时，B 工作拖后 1 周，并影响工期 1 周

C. 第 2 周末检查时，C 工作按匀速进展，完成其任务量的 20%

D. 第 8 周末检查时，D 工作拖后 2 周，并影响工期 1 周

E. 第 8 周末检查时，E 工作拖后 1 周，并影响工期 1 周

116. 某工作实际施工进度与计划进度如下图所示，该图表明（　　　　）。

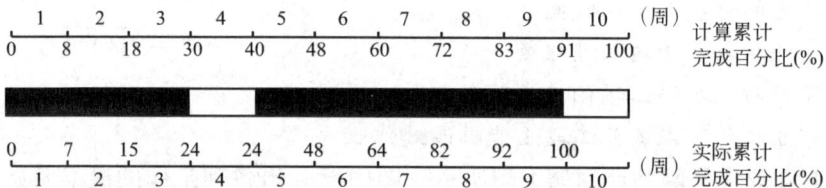

A. 该工作提前 1 周完成

B. 在第 7 周内实际完成的任务量超过计划任务量

C. 第 4 周停工 1 周

D. 在第 3 周内实际完成的任务量比计划任务量少 6%

E. 在第 5 周内实际进度与计划进度一致

117. 下列施工进度控制工作中，属于监理工程师工作的有（　　　　）。

A. 编制单位工程施工进度计划   B. 按年、季、月审核施工总进度计划

C. 组织现场协调会   D. 审批工期延误事宜

E. 下达工程开工令

118. 确定各单位工程的开竣工时间和相互搭接关系主要应考虑的内容包括（　　）。

A. 同一时期施工的项目不宜过多

B. 尽量做到均衡施工，以使劳动力、施工机械和主要材料的供应在整个工期范围内达到均衡

C. 急需和关键的工程先施工

D. 可供工程施工使用的永久性工程在工程后期建设

E. 安排一部分附属工程或零星项目作为后备项目

119. 下列关于编制单位工程施工进度计划的说法中，正确的有（　　）。

A. 最小工作面限定了每班安排人数的上限

B. 每天的工作班数应根据安排的工人数和机械数确定

C. 最小劳动组合限定了每班安排人数的下限

D. 施工顺序通常受施工工艺和施工组织两方面的制约

E. 应根据施工图和工程量计算规则计算每项工作的工程量

120. 监理工程师在下达工程开工令之前，要特别考虑的问题有（　　）等，以避免由于上述问题缺乏准备而造成工程延期。

A. 征地、拆迁问题是否已解决　　　　B. 设计图纸能否及时提供

C. 设备、材料供应是否充足　　　　　D. 付款方面有无问题

E. 施工进度是否安排合理

考前最后第3套卷答案解析

一、单项选择题

1. A；	2. C；	3. C；	4. D；	5. D；
6. A；	7. C；	8. C；	9. D；	10. C；
11. C；	12. C；	13. A；	14. B；	15. A；
16. B；	17. C；	18. B；	19. C；	20. D；
21. B；	22. D；	23. A；	24. A；	25. C；
26. D；	27. C；	28. C；	29. C；	30. D；
31. D；	32. B；	33. A；	34. A；	35. A；
36. B；	37. C；	38. A；	39. B；	40. C；
41. C；	42. D；	43. D；	44. C；	45. B；
46. A；	47. B；	48. C；	49. D；	50. A；
51. A；	52. B；	53. C；	54. C；	55. C；
56. B；	57. A；	58. A；	59. D；	60. B；
61. D；	62. A；	63. B；	64. D；	65. A；
66. A；	67. A；	68. C；	69. D；	70. A；
71. D；	72. A；	73. D；	74. A；	75. C；
76. A；	77. A；	78. C；	79. C；	80. C。

【解析】

1. A。本题考核的是建设工程质量的特性。安全性是指工程建成后在使用过程中保证结构安全、保证人身和环境免受危害的程度。耐久性即寿命，是指工程在规定的条件下，满足规定功能要求使用的年限。适用性即功能，是指工程满足使用目的的各种性能。可靠性是指工程在规定的时间和规定的条件下完成规定功能的能力。

2. C。本题考核的是工程质量控制原则。项目监理机构在进行投资、进度、质量三大目标控制时，在处理三者关系时，应坚持"百年大计，质量第一"，在工程建设中自始至终把"质量第一"作为对工程质量控制的基本原则。

3. C。本题考核的是工程质量控制主体。工程质量控制的自控主体包括施工单位、勘察设计单位；工程质量控制的监控主体包括政府、建设单位和工程监理单位。

4. D。本题考核的是建设单位的质量责任和义务。选项 D 错误，涉及建筑主体和承重结构变动的装修工程，建设单位应当在施工前委托原设计单位或者具有相应资质条件的设计单位提出设计方案；没有设计方案的，不得施工。房屋建筑使用者在装修过程中，不得擅自变动房屋建筑主体和承重结构。

5. D。本题考核的是卓越绩效模式的基本特征。选项 D 符合题意，卓越绩效模式的基本特征有：（1）强调大质量观。（2）强调以顾客为中心和重视组织文化。（3）强调系统思考和系统整合。（4）强调可持续发展和社会责任。（5）强调质量对组织绩效的增值和贡献。

6. A。本题考核的是抽样检验方法。简单随机抽样又称纯随机抽样、完全随机抽样，是指排除人的主观因素，直接从包含 N 个抽样单元的总体中按不放回抽样抽取 N 个单元，使包含 N 个个体的所有可能的组合被抽出的概率都相等的一种抽样方法。实践中，常借助于随机数骰子或随机数表进行随机抽样。

7. C。本题考核的是二次抽样检验。二次抽样检验包括五个参数，即：（N，n_1，n_2，C_1，C_2）。其中：n_1 为第一次抽取的样本数；n_2 为第二次抽取的样本数；C_1 为第一次抽取样本时的不合格判定数；C_2 为第二次抽取样本时的不合格判定数。二次抽样的操作程序：在检验批量为 N 的一批产品中，随机抽取 n_1 件产品进行检验。发现 n_1 中的不合格数为 d_1，则：（1）若 $d_1 \leqslant C_1$，判定该批产品合格。（2）若 $d_1 > C_2$，判定该批产品不合格。（3）若 $C_1 < d_1 \leqslant C_2$，不能判断是否合格，则在同批产品中继续随机抽取 n_2 件产品进行检验。若发现 n_2 中有 d_2 件不合格品，则将（$d_1 + d_2$）与 C_2 比较进行判断：若 $d_1 + d_2 \leqslant C_2$，判定该批产品合格；若 $d_1 + d_2 > C_2$，判定该批产品不合格。

8. C。本题考核的是排列图法。利用 ABC 分类法，确定主次因素。将累计频率曲线按（0~80%）、（80%~90%）、（90%~100%）分为三部分，各曲线下面所对应的影响因素分别为 A、B、C 三类因素。A 类即主要因素，B 类即次要因素，C 类即一般因素。

9. D。本题考核的是因果分析图法。因果分析图法是利用因果分析图来系统整理分析某个质量问题（结果）与其产生原因之间关系的有效工具。因果分析图也称特性要因图，又因其形状常被称为树枝图或鱼刺图。

10. C。本题考核的是非正常型直方图的类型。绝壁型，是由于数据收集不正常，可能有意识地去掉下限以下的数据，或是在检测过程中存在某种人为因素所造成的。折齿型，是由于分组组数不当或者组距确定不当出现的直方图。孤岛型，是原材料发生变化，或者临时他人顶班作业造成的。双峰型，是由于用两种不同方法或两台设备或两组工人进行生产，然后把两方面数据混在一起整理产生的。

11. C。本题考核的是地基检测方法及依据。适用于检测桩身完整性的检测方法是低应变法和钻芯法。

12. C。本题考核的是工程施工质量控制的工作程序。按照单位工程施工总进度计划，施工单位已完成施工合同所约定的所有工程量，并完成自检工作，工程验收资料已整理完毕，应填报单位工程竣工验收报审表，报送项目监理机构竣工验收。

13. A。本题考核的是施工组织设计审查的程序要求。施工组织设计的报审应遵循下列程序及要求：（1）施工单位编制的施工组织设计经施工单位技术负责人审核签认后，与施工组织设计报审表一并报送项目监理机构。（2）总监理工程师应及时组织专业监理工程师进行审查，需要修改的，由总监理工程师签发书面意见退回修改；符合要求的，由总监理工程师签认。（3）已签认的施工组织设计由项目监理机构报送建设单位。（4）施工组织设计在实施过程中，施工单位如需做较大的变更，项目监理机构按程序重新审查。

14. B。本题考核的是施工方案审查。项目监理机构在审批施工方案时，应检查施工单位的内部审批程序是否完善、签章是否齐全，重点核对审批人是否为施工单位技术负责人。

15. A。本题考核的是工程材料、构配件、设备质量控制的要点。对于进口材料、构配件和设备，专业监理工程师应要求施工单位报送进口商检证明文件，并会同建设单位、施工单位、供货单位等相关单位有关人员按合同约定进行联合检查验收。联合检查由施工单位提出申请，项目监理机构组织，建设单位主持。

16. B。本题考核的是装配式混凝土工程质量控制。预制构件的质量、标识符合设计和规范要求。预制构件的混凝土强度应达到设计的要求，结构性能检验应符合现行标准规定；预制构件和部品经检查合格后，应在构件上设置表面标识；预制构件和部品出厂时应有质量证明文件。

17. C。本题考核的是施工承包单位提出工程变更的处理。如果变更涉及项目功能、结构主体安全，该工程变更还要按有关规定报送施工图原审查机构及管理部门进行审查与批准。

18. B。本题考核的是质量记录资料的管理。质量记录资料包括：施工现场质量管理检查记录资料；工程材料质量记录；施工过程作业活动质量记录资料；不合格项的报告、通知以及处理及检查验收资料等。故选项 A 正确、选项 B 错误。施工质量记录资料应真实、齐全、完整，相关各方人员的签字齐备、字迹清楚、结论明确，与施工过程的进展同步。故选项 C 正确。质量资料是施工单位进行工程施工或安装期间，实施质量控制活动的记录。故选项 D 正确。

19. C。本题考核的是安全生产现场控制。选项 C 符合题意，扣件应按规定进行抽样复试；脚手架上严禁集中荷载。对于高处作业吊篮的使用，各限位装置应齐全有效，安全锁必须在有效的标定期限内，吊篮内作业人员不应超过 2 人。对于操作平台的使用，移动式、落地式、悬挑式操作平台的设置均应符合规范及专项施工方案要求。

20. D。本题考核的是分项工程的划分。分项工程，是分部工程的组成部分，可按主要工种、材料、施工工艺、设备类别进行划分。如建筑工程主体结构分部工程中，混凝土结构子分部工程划分为模板、钢筋、混凝土预应力、现浇结构、装配式结构等分项工程。

21. B。本题考核的是建筑工程施工质量验收要求。对涉及结构安全、节能、环境保护和主要使用功能的试块、试件及材料，应在进场时或施工中按规定进行见证检验。对涉及结构安全、节能、环境保护和使用功能的重要分部工程，应在验收前按规定进行抽样检验。

22. D。本题考核的是检验批质量验收。主控项目是对检验批的基本质量起决定性影响的检验项目，是保证工程安全和使用功能的重要检验项目，必须从严要求，因此要求主控项目全部符合有关专业工程验收规范的规定。

23. A。本题考核的是检验批质量验收记录填写。检验批质量验收记录填写时应具有现场验收检查原始记录，该原始记录应由专业监理工程师和施工单位专业质量检查员、专业工长共同签署，并在单位工程竣工验收前存档备查，保证该记录的可追溯性。

25. A。本题考核的是分部工程质量验收规定。观感质量验收这类检查往往难以定量，只能以观察、触摸或简单量测的方式进行观感质量验收，并结合验收人的主观判断，检查结果并不给出"合格"或"不合格"的结论，而是由各方协商确定，综合给出"好""一般""差"的质量评价结果。

25. B。本题考核的是城市轨道交通建设工程验收。城市轨道交通建设工程验收分为单位工程验收、项目工程验收、竣工验收三个阶段。

26. D。本题考核的是工程保修阶段监理单位的工作。工程保修阶段工程监理单位应完成的工作有：定期回访、协调联系、界定责任、督促维修、检查验收。

27. C。本题考核的是工程质量问题的成因中，施工与管理不到位的具体情况。施工与管理不到位的具体情况包括：将铰接做成刚接，将简支梁做成连续梁，导致结构破坏；挡土墙不按图设滤水层、排水孔，导致压力增大，墙体破坏或倾覆；不按有关的施工规范和操作规程施工，浇筑混凝土时振捣不良，造成薄弱部位；砖砌体砌筑上下通缝、灰浆不饱满等均能导致砖墙破坏。施工组织管理紊乱，不熟悉图纸，盲目施工；施工方案考虑不周，施工顺序颠倒；图纸未经会审，仓促施工；技术交底不清，违章作业；疏于检查、验收等。

28. C。本题考核的是工程质量事故处理的主要依据。进行工程质量事故处理的主要依据有四个方面：一是相关的法律法规；二是具有法律效力的工程承包合同、设计委托合同、材料或设备购销合同以及监理合同或分包合同等合同文件；三是质量事故的实况资料；四是有关的工程技术文件、资料、档案。

29. C。本题考核的是工程质量事故等级划分。较大事故，是指造成 3 人以上 10 人以下死亡，或者 10 人以上 50 人以下重伤，或者 1000 万元以上 5000 万元以下直接经济损失的事故。

30. D。本题考核的是工程质量事故处理方案。修补处理是最常用的一类处理方案。通常当工程的某个检验批、分项或分部工程的质量虽未达到规定的规范、标准或设计要求，存在一定缺陷，但通过修补或更换构配件、设备后还可达到要求的标准，又不影响使用功能和外观要求，在此情况下，可以进行修补处理。

31. D。本题考核的是招标采购设备的质量控制。在设备招标采购阶段，项目监理机构应该当好建设单位的参谋和助手，把好设备订货合同中技术标准、质量标准等内容的审查关，具体内容包括：（1）协助建设单位或设备招标代理单位起草招标文件，审查投标单位的资质情况和投标单位的设备供货能力，做好资格预审工作。（2）参加对设备供货制造厂商或投标单位的考察，提出建议，与建设单位和相关单位一起做出考察结论。（3）协助建设单位进行综合比较，对设备的制造质量、设备的使用寿命和成本、维修的难易及备件的供应、安装调试组织，以及投标单位的生产管理、技术管理、质量管理和企业的信誉等几个方面做出评价。（4）协助建设单位向中标单位或设备供货厂商移交必要的技术文件。（5）协助建设单位向中标单位或设备供货厂商移交必要的技术文件。

32. B。本题考核的是巡回监控。巡回监控是在设备制造过程中，监造人员应定期及不定期的到制造现场，检查了解设备制造过程中的质量状况，做好相应记录，发现问题及时处理。

33. A。本题考核的是施工阶段投资控制的经济措施。施工阶段投资控制的经济措施：（1）编制资金使用计划，确定、分解投资控制目标。对工程项目造价目标进行风险分析，并制定防范性对策。（2）进行工程计量。（3）复核工程付款账单，签发付款证书。（4）在施工过程中进行投资跟踪控制，定期地进行投资实际支出值与计划目标值的比较；发现偏差，分析产生偏差的原因，采取纠偏措施。（5）协商确定工程变更的价款，审核竣工结算。（6）对工程施工过程中的投资支出做好分析与预测，经常或定期向建设单位提交项目投资控制及其存在问题的报告。选项 B 属于技术措施；选项 C 属于组织措施；选项 D 属于合同措施。

34. A。本题考核的是项目直接建设成本的组成。项目直接建设成本包括以下内容：土地征购费；场外设施费用；场地费用；工艺设备费；设备安装费；管理系统费用；电气设备费；电气安装费；仪器仪表费；机械的绝缘和油漆费；工艺建筑费；服务性建筑费用；工厂普通公共设施费；其他当地费用。

35. A。本题考核的是规费的内容。规费是指按国家法律、法规规定，由省级政府和省级有关权力部门规定必须缴纳的费用，包括社会保险费、住房公积金。

36. B。本题考核的是措施项目费的组成。工程定位复测费指工程施工过程中进行全部施工测量放线和复测工作的费用。措施项目费包括安全文明施工费（环境保护费、文明施工费、安全施工费、临时设施费）；夜间施工增加费；二次搬运费；冬雨期施工增加费；已完工程及设备保护费；工程定位复测费；特殊地区施工增加费；大型机械设备进出场及安拆费；脚手架工程费。

37. C。本题考核的是国际工程的间接费组成。国际工程的间接费包括：现场管理费、临时设施工程费、保函手续费、保险费、贷款利息、税金、业务费。

38. A。本题考核的是国外运输保险费的计算公式。国外运输保险费的计算公式为：

$$国外运输保险费 = \frac{(离岸价 + 国外运费)}{1 - 国外保险费率} \times 国外保险费率$$

39. B。本题考核的是进口设备增值税的计算。进口产品增值税额 =（到岸价 × 人民币外汇牌价 + 到岸价 × 人民币外汇牌价 × 进口关税率 + 消费税）× 增值税率 =（450 + 450 × 9% + 27）× 13% = 67.28 万元。

40. C。本题考核的是涨价预备费的计算。涨价预备费的计算公式如下：

$$P = \sum_{t=1}^{n} I_t \left[(1+f)^m (1+f)^{0.5} (1+f)^{t-1} - 1 \right]$$

式中　P——涨价预备费；

　　　　n——建设期年份数；

　　　　I_t——建设期第 t 年的投资计划额，包括工程费用、工程建设其他费用及基本预备费，即第 t 年的静态投资计划额；

　　　　f——投资价格指数；

　　　　t——建设期第 t 年；

　　　　m——建设前期年限（从编制估算到开工建设年数）。

本题的计算过程为：

基本预备费 =（3000 + 2000 + 1500）× 6% = 390 万元；

静态投资 = 3000 + 2000 + 1500 + 390 = 6890 万元；

建设期第 2 年完成投资 = 6890 × 50% = 3445 万元；

第 2 年涨价预备费 = 3445 ×[（1+5%）×（1+5%）$^{0.5}$×（1+5%）$^{2-1}$-1] = 446.91 万元。

41. C。本题的考点为项目资本金占项目总投资最低比例。钢铁、电解铝项目的资本金占项目总投资最低比例 40%。铁路、公路项目资本金占项目总投资最低比例 20%。水泥项目资本金占项目总投资最低比例 35%。玉米深加工项目资本金占项目总投资最低比例由 30% 调整为 20%。

42. D。本题考核的是信贷方式融资。信贷方式融资是项目负债融资的重要组成部分，是公司融资和项目融资中最基本和最简单，也是比重最大的债务融资形式。

43. D。本题考核的是资金成本的性质。资金成本表现为资金占用额的函数。故选项 D 说法错误。

44. C。本题考核的是 PPP 项目财政承受能力论证。PPP 项目财政承受能力论证中，年度折现率应考虑财政补贴支出发生年份，并参照同期地方政府债券收益率合理确定。

45. B。本题考核的是实际利率的计算。实际利率的计算公式为：$i = (1 + r/m)^m - 1$，甲银

行的实际利率 $=(1+12\%/12)^{12}-1=12.68\%$，乙银行的实际利率 $=(1+8\%/4)^4-1=8.24\%$，甲银行的实际利率高于乙银行的实际利率。

46. A。本题考核的是一次支付现值的计算。根据一次支付现值公式：$P=F(1+i)^{-n}$ 可得，应存入银行的资金 $=100\times(1+3\%)^{-2}=94.26$ 万元。

47. B。本题考核的是净现值的计算。本题的计算过程为：$NPV=-100(P/A,10\%,1)+100(P/A,10\%,9)\times(P/F,10\%,1)=-100\times[(1+10\%)^1-1]/[10\%\times(1+10\%)^1]+100\times[(1+10\%)^9-1]/[10\%\times(1+10\%)^9]\times(1+10\%)^{-1}=432.64$ 万元。

48. C。本题考核的是功能评价。如果价值 $V_1<1$，评价对象的成本比重大于其功能比重，表明相对于系统内的其他对象而言，目前所占的成本偏高，从而会导致该对象的功能过剩。应将评价对象列为改进对象，改善方向主要是降低成本。

49. D。本题考核的是设备及安装工程概算的编制方法。当初步设计的设备清单不完备，或安装预算单价及扩大综合单价不全，无法采用预算单价法和扩大单价法时，可采用概算指标编制概算。

50. A。本题考核的是施工图预算审查方法。逐项审查法又称全面审查法，即按定额顺序或施工顺序，对各项工程细目逐项全面详细审查的一种方法。其优点是全面、细致，审查质量高、效果好。缺点是工作量大、时间较长。这种方法适合于一些工程量较小、工艺比较简单的工程。

51. A。本题考核的是合同总价的调整。可调总价合同的总价一般是以设计图纸及规定、现行规范为基础，在报价及签约时，按招标文件的要求和当时的物价计算合同总价。但合同总价是一个相对固定的价格，在合同执行过程中，由于通货膨胀而使所用的工料成本增加，可对合同总价进行相应的调整。

52. B。本题考核的是成本加酬金合同形式。成本加固定金额酬金计价方式的合同虽然也不能鼓励承包商关心和降低成本，但从尽快获得全部酬金减少管理投入出发，会有利于缩短工期。

53. C。本题考核的是投资支出计划的编制。在完成工程项目投资目标分解之后，接下来就要具体地分配投资，编制工程分项的投资支出计划，从而得到详细的资金使用计划表。在编制投资支出计划时，要在项目总的方面考虑总的预备费，也要在主要的工程分项中安排适当的不可预见费，避免在具体编制资金使用计划时，可能发现个别单位工程或工程量表中某项内容的工程量计算有较大出入，使原来的投资预算失实，并在项目实施过程中对其尽可能地采取一些措施。

54. C。本题考核的是工程计量。工程计量的依据：质量合格证书、工程量计算规范、设计图纸。承包人超出施工图纸范围或者因承包人原因造成返工的工程量不予计量。

55. C。本题考核的是单价合同的计量。施工中进行工程量计量时，当发现招标工程量清单中出现缺项、工程量偏差，或因工程变更引起工程量增减时，应按承包人在履行合同义务中完成的工程量计量。

56. B。本题考核的是施工机具使用费的索赔。由于发包人或监理工程师原因导致机械、仪器仪表停工的窝工费。窝工费的计算，如系租赁设备，一般按实际租金和调进调出费的分摊计算；如系承包人自有设备，一般按台班折旧费计算，而不能按台班费计算，因台班费中包括了设备使用费。

57. A。本题考核的是投资偏差原因分析。产生投资偏差的原因如下图所示。

投资偏差原因

物价上涨：人工涨价 / 材料涨价 / 设备涨价 / 利率、汇率变化

设计原因：设计错误 / 设计漏项 / 设计标准变化 / 图纸提供不及时 / 其他

业主原因：增加内容 / 投资规划不当 / 组织不落实 / 建设手续不全 / 协调不佳 / 未及时提供场地 / 其他

施工原因：施工方案不当 / 材料代用 / 施工质量有问题 / 赶进度 / 工期拖延 / 其他

客观原因：自然因素 / 基础处理 / 社会原因 / 法规变化 / 其他

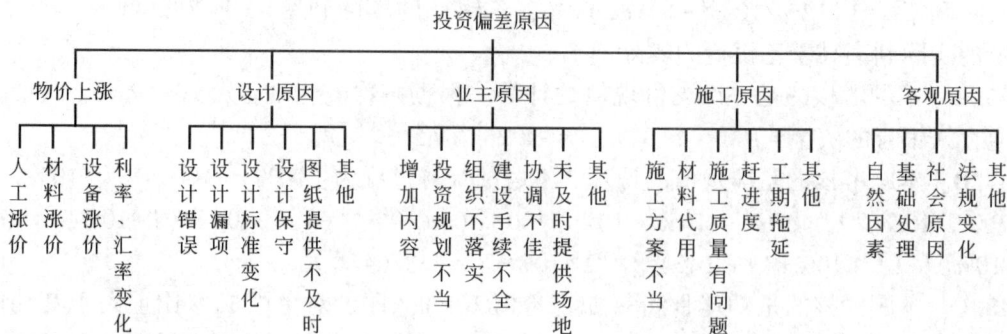

58. A。本题考核的是建设工程项目的结构分析。大型建设工程项目的结构分析是根据编制总进度纲要的需要，将整个项目进行逐层分解，并确立相应的工作目录。

59. D。本题考核的是工程项目进度平衡表的内容。工程项目进度平衡表用来明确各种设计文件交付日期、主要设备交货日期、施工单位进场日期、水电及道路接通日期等，以保证工程建设中各个环节相互衔接，确保工程项目按期投产或交付使用。

60. B。本题考核的是流水施工参数。工艺参数主要是用以表达流水施工在施工工艺方面进展状态的参数，通常包括施工过程和流水强度两个参数。选项 A、C 属于时间参数；选项 D 属于空间参数。

61. D。本题考核的是专业工作队数及流水施工工期的计算。每个施工过程成立的专业工作队数目可按 $b_j = t_j / K$ 计算。流水步距 $K = \min [6, 4, 4] = 2$ d，则专业工作队数目 $= 6/2 + 4/2 + 4/2 = 7$ 个；流水施工工期 $= (4+7-1) \times 2 = 20$ d。

62. A。本题考核的是流水步距的计算。本题的计算过程为：

A 与 B：

```
    2,  5,  7,   8
 -)     3,  5,   9,  12
    2,  2,  2,  -1, -12
```

施工过程 A 与 B 之间的流水步距：$K_{A,B} = \max[2, 2, 2, -1, -12] = 2$ d

B 与 C：

```
    3,  5,  9,  12
 -)     4,  6,  10,  12
    3,  1,  3,  2, -12
```

施工过程 B 与 C 之间的流水步距：$K_{B,C} = \max[3, 1, 3, 2, -12] = 3$ d

C 与 D：

```
    4,  6,  10, 12
 -)     3,  6,  8,  10
    4,  3,  4,  4, -10
```

施工过程 C 与 D 之间的流水步距：$K_{C,D} = \max[4, 3, 4, 4, -10] = 4$ d

63. B。本题考核的是双代号网络图的绘制。本题中存在两个节点编号②，存在循环回路，箭尾节点编号大于箭头结尾编号。

64. D。本题考核的是总时差的计算。计划工期等于计算工期，网络计划终点节点的总

时差为零。其他工作的总时差等于该工作的各个紧后工作的总时差加该工作与其紧后工作之间的时间间隔之和的最小值。则该工作的总时差＝$\min\{(3+4), (5+3)\}=7$ d。

65. A。本题考核的是自由时差的计算。有紧后工作的工作，其自由时差等于本工作之紧后工作最早开始时间减去本工作最早完成时间所得之差的最小值。工作 C 的自由时差＝$\min\{7-6, 6-6\}=0$ d。

66. A。本题考核的是关键工作的确定。在网络计划中，总时差最小的工作为关键工作。特别地，当网络计划的计划工期等于计算工期时，总时差为零的工作就是关键工作。在双代号网络计划中，关键线路上的节点称为关键节点。关键工作两端的节点必为关键节点，但两端为关键节点的工作不一定是关键工作。单代号网络计划中，关键工作相邻两项工作之间的时间间隔全部为零。

67. A。本题考核的是双代号网络计划时间参数的计算。以网络计划起点节点为开始节点的工作，当未规定其最早开始时间时，其最早开始时间为零。其他工作的最早开始时间应等于其紧前工作最早完成时间的最大值。

68. C。本题考核的是总时差和自由时差的计算。工作 M 的最早完成时间为 22 d，最迟完成时间为第 25 天，工作 M 的总时差＝$25-22=3$ d，工作 M 的自由时差＝$\min\{(24-15-7), (26-15-7)\}=2$ d。

69. D。本题考核的是单代号网络计划时间参数的计算。除起点节点所代表的工作外，其他工作的最早开始时间应等于其紧前工作最早完成时间的最大值。工作的最早完成时间应等于本工作的最早开始时间与其持续时间之和。工作 H 的紧前工作为工作 D 和工作 G。

工作 A：最早开始时间＝0，最早完成时间＝$0+4=4$

工作 C：最早开始时间＝4，最早完成时间＝$4+10=14$

工作 D：最早开始时间＝4，最早完成时间＝$4+11=15$

工作 G：最早开始时间＝14，最早完成时间＝$14+7=21$

工作 H 最早开始时间＝$\max\{15, 21\}=21$，最早完成时间＝$21+5=26$

70. A。本题考核的是工期优化。网络计划工期优化的基本方法是在不改变网络计划中各项工作之间逻辑关系的前提下，通过压缩关键工作的持续时间来达到优化目标。

71. D。本题考核的是时标网络计划的绘制方法。直接绘制法，是指不计算时间参数而直接按无时标的网络计划草图绘制时标网络计划。步骤为：（1）将网络计划的起点节点定位在时标网络计划表的起始刻度线上。（2）按工作的持续时间绘制以网络计划起点节点为开始节点的工作箭线。（3）除网络计划的起点节点外，其他节点必须在所有以该节点为完成节点的工作箭线均绘出后，定位在这些工作箭线中最迟的箭线末端。（4）当某个节点的位置确定之后，即可绘制以该节点为开始节点的工作箭线。（5）利用上述方法从左至右依次确定其他各个节点的位置，直至绘出网络计划的终点节点。

72. A。本题考核的是非匀速进展横道图比较法的应用。当工作在不同单位时间里的进展速度不相等时，累计完成的任务量与时间的关系就不可能是线性关系。此时，应采用非匀速进展横道图比较法进行工作实际进度与计划进度的比较。

73. D。本题考核的是前锋线比较法的应用。前锋线比较法既适用于工作实际进度与计划进度之间的局部比较，又可用来分析和预测工程项目整体进度状况。

74. A。本题考核的是分析进度偏差对后续工作及总工期的影响。如果工作的进度偏差大于该工作的总时差，则此进度偏差必将影响其后续工作和总工期，如果工作的进度偏差大于该工作的自由时差，则此进度偏差将对其后续工作产生影响。工作 P 的实际进度拖后 8 d，影响工期 2 d。

75. C。本题考核的是设计准备工作时间目标。为了确保工程建设进度总目标的实现，并保证工程设计质量，应根据建设工程的具体情况，确定出合理的初步设计和技术设计周期。该时间目标中，除了要考虑设计工作本身及进行设计分析和评审所花的时间外，还应考虑设计文件的报批时间。

76. A。本题考核的是工程延期的审批程序。监理工程师应在调查核实阶段性报告的基础上，尽快做出延长工期的临时决定。

77. A。本题考核的是施工进度控制工作细则的主要内容。施工进度控制工作细则的主要内容：（1）施工进度控制目标分解图。（2）施工进度控制的主要工作内容和深度。（3）进度控制人员的职责分工。（4）与进度控制有关各项工作的时间安排及工作流程。（5）进度控制的方法（包括进度检查周期、数据采集方式、进度报表格式、统计分析方法等）。（6）进度控制的具体措施（包括组织措施、技术措施、经济措施及合同措施等）。（7）施工进度控制目标实现的风险分析。（8）尚待解决的有关问题。

78. C。本题考核的是单位工程施工进度计划的编制程序。单位工程施工进度计划的编制程序：收集编制依据→划分工作项目→确定施工顺序→计算工程量→计算劳动量和机械台班数→确定工作项目的持续时间→绘制施工进度计划图→施工进度计划的检查与调整→编制正式施工进度计划。

79. C。本题考核的是施工进度计划审查的基本内容。施工进度计划审查应包括下列基本内容：

（1）施工进度计划应符合施工合同中工期的约定。施工单位编制的施工总进度计划必须符合施工合同约定的工期要求，满足施工总工期的目标要求，阶段性进度计划必须与总进度计划目标相一致。将施工总进度计划分解成阶段性施工进度计划是为了确保总进度计划的完成。因此，阶段性进度计划更应具有可操作性。

（2）施工进度计划中主要工程项目无遗漏，应满足分批投入试运、分批动用的需要，阶段性施工进度计划应满足总进度控制目标的要求。

（3）施工顺序的安排应符合施工工艺要求。

（4）施工人员、工程材料、施工机械等资源供应计划应满足施工进度计划的需要。

（5）施工进度计划应符合建设单位提供的资金、施工图纸、施工场地、物资等施工条件。

80. C。本题考核的是物资供应计划审核的内容。物资供应计划审核的主要内容包括：（1）供应计划是否能按建设工程施工进度计划的需要及时供应材料和设备。（2）物资的库存量安排是否经济、合理。（3）物资采购安排在时间上和数量上是否经济、合理。（4）由于物资供应紧张或不足而使施工进度拖延现象发生的可能性。

二、多项选择题

81. A、B、D；　　82. A、B、C、D；　　83. A、B、C、E；

84. B、C、D、E；　　85. A、D、E；　　86. A、B、C；

87. A、B、C、D；　　88. B、C、D；　　89. B、C、D、E；

90. A、B、D、E；　　91. A、B、D；　　92. A、D；

93. A、B、C、D;   94. A、C;   95. A、B、C、D;

96. A、B、C、D;   97. A、C;   98. A、B、E;

99. C、E;   100. A、C、E;   101. C、D;

102. A、B、D;   103. B、D、E;   104. A、C、D;

105. A、B、C、D;   106. A、B、D;   107. A、B、C、E;

108. C、E;   109. A、B;   110. A、B、C;

111. A、C、D、E;   112. C、E;   113. A、C、D;

114. A、B、C;   115. A、E;   116. B、C;

117. C、E;   118. A、B、C、E;   119. A、C、D、E;

120. A、B、D。

【解析】

81. A、B、D。本题考核的是工程材料的内容。工程材料泛指构成工程实体的各类建筑材料、构配件、半成品等，它是工程建设的物质条件，是工程质量的基础。

82. A、B、C、D。本题考核的是影响工程质量的因素。影响工程的因素很多，但归纳起来主要有五个方面，即人（Man）、材料（Material）、机械（Machine）、方法（Method）和环境（Environment），简称4M1E。

83. A、B、C、E。本题考核的是政府监督管理职能。政府监督管理职能包括：（1）建立和完善工程质量管理法规。（2）建立和落实工程质量责任制。（3）建设活动主体资格的管理。（4）工程承发包管理。（5）工程建设程序管理。（6）工程质量监督管理。

84. B、C、D、E。本题考核的是办理工程竣工验收备案应提交的文件。建设单位办理工程竣工验收备案应当提交下列文件：（1）工程竣工验收备案表。（2）工程竣工验收报告。（3）法律、行政法规规定应当由规划、环保等部门出具的认可文件或者准许使用文件。（4）法律规定应当由消防部门出具的对大型的人员密集场所和其他特殊建设工程验收合格的证明文件。（5）施工单位签署的工程质量保修书。（6）法规、规章规定必须提供的其他文件。

85. A、D、E。本题考核的是质量管理体系文件的构成。编制或者修改质量管理体系文件，一般形成3个层次文件的信息。第一层次：质量手册；第二层次：程序文件；第三层次：作业文件。

86. A、B、C。本题考核的是内部审核的目的。内部审核的主要目的有：（1）确定受审核方质量管理体系或其一部分与审核准则的符合程度。（2）验证质量管理体系是否持续满足规定目标的要求且保持有效运行。（3）评价对国家有关法律法规及行业标准要求的符合性。（4）作为一种重要的管理手段和自我改进机制，及时发现问题，采取纠正措施或预防措施，使体系不断改进。（5）在外部审核前做好准备。选项D、E属于外部审核的目的。

87. A、B、C、D。本题考核的是质量数据波动的原因。质量数据波动的原因包括偶然性原因及系统性原因。当影响质量的人、机、料、法、环等因素发生了较大变化，如工人未遵守操作规程、机械设备发生故障或过度磨损、原材料质量规格有显著差异等情况发生时，没有及时排除，生产过程则不正常，产品质量数据就会离散过大或与质量标准有较大偏离，表现为异常波动，次品、废品产生。这就是产生质量问题的系统性原因或异常原因。

88. B、C、D。本题考核的是统计调查表收集数据的优点。在质量控制活动中，利用统计调查表收集数据，简便灵活、便于整理、实用有效。它没有固定格式，可根据需要和具体情况，设计出不同统计调查表。

89. B、C、D、E。本题考核的是工程监理单位勘察质量管理的主要工作。工程监理单位勘察质量管理的主要工作包括：（1）协助建设单位编制工程勘察任务书和选择工程勘察单位，并协助签订工程勘察合同。（2）审查勘察单位提交的勘察方案，提出审查意见，并报建设单位，变更勘察方案时，应按原程序重新审查。（3）检查勘察现场及室内试验主要岗位操作人员的资格、所使用设备、仪器计量的检定情况。（4）检查勘察单位执行勘察方案的情况，对重要点位的勘探与测试应进行现场检查。（5）审查勘察单位提交的勘察成果报告，必要时对于各阶段的勘察成果报告组织专家论证或专家审查，并向建设单位提交勘察成果评估报告，同时应参与勘察成果验收。经验收合格后勘察成果报告才能正式使用。

90. A、B、D、E。本题考核的是工程开工条件审查与开工令的签发。总监理工程师应组织专业监理工程师审查施工单位报送的工程开工报审表及相关资料，同时具备下列条件时，应由总监理工程师签署审查意见，并应报建设单位批准后，总监理工程师签发工程开工令：（1）设计交底和图纸会审已完成。（2）施工组织设计已由总监理工程师签认。（3）施工单位现场质量、安全生产管理体系已建立，管理及施工人员已到位，施工机械具备使用条件，主要工程材料已落实。（4）进场道路及水、电、通信等已满足开工要求。

91. A、B、D。本题考核的是旁站的相关规定。项目监理机构应根据工程特点和施工单位报送的施工组织设计，将影响工程主体结构安全的、完工后无法检测其质量的或返工会造成较大损失的部位及其施工过程作为旁站的关键部位、关键工序，安排监理人员进行旁站，并应及时记录旁站情况。

92. A、D。本题考核的是检验批的划分。对于工程量较少的分项工程可划分为一个检验批；安装工程一般按一个设计系统或设备组别划分为一个检验批；室外工程一般划分为一个检验批；散水、台阶、明沟等含在地面检验批中。

93. A、B、C、D。本题考核的是质量控制资料。质量控制资料反映了检验批从原材料到最终验收的各施工工序的施工操作依据，检查情况以及保证质量所必需的管理制度等。对其完整性的检查，实际是对过程控制的确认，这是检验批合格的前提。

94. A、C。本题考核的是分项工程质量验收合格规定。分项工程质量验收合格应符合下列规定：（1）所含检验批的质量均应验收合格。（2）所含检验批的质量验收记录应完整。

95. A、B、C、D。本题考核的是工程质量事故等级划分。根据工程质量事故造成的人员伤亡或者直接经济损失，工程质量事故分为：特别重大事故、重大事故、较大事故、一般事故。

96. A、B、C、D。本题考核的是设备采购方案的审查。对设备采购方案的审查，重点应包括以下内容：采购的基本原则、范围和内容，依据的图纸、规范和标准，质量标准，检查及验收程序，质量文件要求，以及保证设备质量的具体措施等。

97. A、C。本题考核的是投资控制的重点。项目投资控制的重点在于施工以前的投资决策和设计阶段，而在项目做出投资决策后，控制项目投资的关键就在于设计。

98. A、B、E。本题考核的是与项目建设有关的其他费用。与项目建设有关的其他费用有：建设单位管理费、可行性研究费、研究试验费、勘察设计费、临时设施费、建设工程监理费、工程保险费、引进技术和进口设备其他费、特殊设备安全监督检验费、市政公用设施费、专项评价费。

99. C、E。本题考核的是 BOT 方式与 ABS 方式的比较。选项 A 错误，ABS 由众多的投资者承担；选项 B 错误，对于关系国家经济命脉或包括国防项目在内的敏感项目，采用 BOT 融资方式是不可行的；选项 D 错误，BOT 过程复杂，牵涉面广、融资成本因中间环节多而增加。

100. A、C、E。本题考核的是现金流量图的绘制。现金流量图的绘制规则如下：（1）横轴为时间轴，0 表示时间序列的起点，n 表示时间序列的终点。轴上每一相等的时间间隔表示一个时间单位（计息周期），一般可取年、半年、季或月等。整个横轴表示的是所考察的经济系统的计算期。（2）与横轴相连的垂直箭线代表不同时点的现金流入或现金流出。在横轴上方的箭线表示现金流入；在横轴下方的箭线表示现金流出。（3）垂直箭线的长度要能适当体现各时点现金流量的大小，并在各箭线上方（或下方）注明其现金流量的数值。（4）垂直箭线与时间轴的交点为现金流量发生的时点（作用点）。

101. C、D。本题考核的是确定基准收益率的基础。资金成本和机会成本是确定基准收益率的基础，投资风险和通货膨胀是确定基准收益率必须考虑的影响因素。

102. A、B、D。本题考核的是民用建筑工程设计方案适用性评价。建筑与人文环境关系处理应满足的要求有：（1）建筑应与基地所处人文环境相协调。（2）建筑基地应进行绿化，创造优美的环境。（3）对建筑使用过程中产生的垃圾、废气、废水等废弃物应妥善处理，并应有效控制噪声、眩光等的污染，防止对周边环境的侵害。

103. B、D、E。本题考核的是价值工程的工作程序。在方案实施与评价阶段的主要步骤包括：方案审批、方案实施、成果评价。

104. A、C、D。本题考核的是定额单价法编制施工图预算。套用定额单价时的注意事项有：（1）分项工程的名称、规格、计量单位与预算单价或单位估价表中所列内容完全一致时，可以直接套用预算单价。（2）分项工程的主要材料品种与预算单价或单位估价表中规定材料不一致时，不能直接套用预算单价；需要按实际使用材料价格换算预算单价。（3）分项工程施工工艺条件与预算单价或单位估价表不一致而造成人工、机械的数量增减时，一般调量不换价。（4）分项工程不能直接套用定额，不能换算和调整时，应编制补充单位估价表。（5）由于预算定额的时效性，在编制施工图预算时，应动态调整相应的人工、材料费用价差。

105. A、B、C、D。本题考核的是投标人投标报价审核。选项 E 错误，投标人在进行工程量清单招标的投标报价时，不能进行投标总价优惠（或降价、让利），投标人对投标报价的任何优惠（如降价、让利）均应反映在相应清单项目的综合单价中。

106. A、B、D。本题考核的是工程量清单缺项的原因。施工过程中，工程量清单项目的增减变化必然带来合同价款的增减变化。而导致工程量清单缺项的原因，一是设计变更，二是施工条件改变，三是工程量清单编制错误。

107. A、B、C、E。本题考核的是承包人向发包人提出的索赔类型。承包人向发包人提出的索赔类型包括：不利的自然条件与人为障碍引起的索赔，包括地质条件变化引起的索赔，工程中人为障碍引起的索赔，工程变更引起的索赔，工期延期的费用索赔，加速施工费用的索赔，发包人不正当地终止工程而引起的索赔，法律、货币及汇率变化引起的索赔，拖延支付工程款的索赔，特别事件。

108. C、E。本题考核的是赢得值法。已完工作实际投资 = 已完成工作量×实际单价 = 2800×26 = 72800 元，故选项 A 错误；已完工作预算投资 = 已完成工作量×预算单价 = 2800×25 = 70000 元，故选项 B 错误；计划工作预算投资 = 计划工程量×预算单价 = 2500×25 = 62500 元，投资偏差=已完工作预算投资－已完工作实际投资＝70000－72800＝－2800 元，表示项目运行超出预算投资。投资绩效指数=已完工作预算投资/已完工作实际投资＝70000/72800＝0.96＜1，表示投资超支，即实际投资高于预算投资。进度绩效指数=已完工作预算投资/计划工作预算投资＝70000/62500＝1.12＞1，表明进度提前，即实际进度比计划进度快。

109. A、B。本题考核的是横道图进度计划的优缺点。横道图计划的优点包括：（1）形象、直观，易于编制和理解。（2）能明确地表示出各项工作的划分、工作的开始时间和完成时间、工作的持续时间、工作之间的相互搭接关系，以及整个工程项目的开工时间、完工时间和总工期。横道图计划的缺点包括：（1）不能明确地反映出各项工作之间错综复杂的相互关系。（2）不能明确地反映出影响工期的关键工作和关键线路。（3）不能反映出工作所具有的机动时间，看不到计划的潜力所在，无法进行最合理的组织和指挥。（4）不能反映工程费用与工期之间的关系，因而不便于缩短工期和降低工程成本。

110. A、B、C。本题考核的是平行施工方式的特点。平行施工方式具有以下特点：（1）充分地利用工作面进行施工，工期短。（2）如果每一个施工对象均按专业成立工作队，劳动力及施工机具等资源无法均衡使用。（3）如果由一个工作队完成一个施工对象的全部施工任务，则不能实现专业化施工，不利于提高劳动生产率。（4）单位时间内投入的劳动力、施工机具、材料等资源量成倍地增加，不利于资源供应的组织。（5）施工现场的组织、管理比较复杂。

111. A、C、D、E。本题考核的是划分施工段的原则。为使施工段划分得合理，一般应遵循下列原则：（1）同一专业工作队在各个施工段上的劳动量应大致相等，相差幅度不宜超过 10%～15%。（2）每个施工段内要有足够的工作面，以保证相应数量的工人、主要施工机械的生产效率，满足合理劳动组织的要求。（3）施工段的界限应尽可能与结构界限（如沉降缝、伸缩缝等）相吻合，或设在对建筑结构整体性影响小的部位，以保证建筑结构的整体性。（4）施工段的数目要满足合理组织流水施工的要求。施工段数目过多，会降低施工速度，延长工期；施工段过少，不利于充分利用工作面，可能造成窝工。（5）对于多层建筑物、构筑物或需要分层施工的工程，应既分施工段，又分施工层，各专业工作队依次完成第一施工层中各施工段任务后，再转入第二施工层的施工段上作业，依此类推。

112. C、E。本题考核的是等节奏流水施工和非节奏流水施工的特点。等节奏流水施工又称固定节拍流水施工，其特点包括：（1）所有施工过程在各个施工段上的流水节拍均相等。（2）相邻施工过程的流水步距相等，且等于流水节拍。（3）专业工作队数等于施工过程数，即每一个施工过程成立一个专业工作队，由该队完成相应施工过程所有施工段上的任务。（4）各个专业工作队在各施工段上能够连续作业，施工段之间没有空闲时间。非节奏流水施工具有以下特点：（1）各施工过程在各施工段的流水节拍不全相等。（2）相邻施工过程的流水步距不尽相等。（3）专业工作队数等于施工过程数。（4）各专业工作队能够在施工段上连续作业，但有的施工段之间可能有空闲时间。

113. A、C、D。本题考核的是双代号网络计划时间参数的计算。本题的关键线路为①→②→③→④→⑥→⑦，工作 5—7 不是关键工作，故选项 E 错误。工作 1—3 的总时差＝4－3－0＝1 d，故选项 A 正确。工作 2—5 的自由时差＝0 d，故选项 B 错误。工作 2—6 的总时差＝11－4－5＝2 d，故选项 C 正确。工作 4—7 的总时差＝19－11－4＝4 d，故选项 D 正确。

114. A、B、C。本题考核的是双代号时标网络计划。在时标网络计划中，以实箭线表示工作，实箭线的水平投影长度表示该工作的持续时间；以虚箭线表示虚工作；由于虚工作的持续时间为零，故虚箭线只能垂直画；以波形线表示工作与其紧后工作之间的时间间隔（以终点节点为完成节点的工作除外，当计划工期等于计算工期时，这些工作箭线中波形线的水平投影长度表示其自由时差）。

115. A、E。本题考核的是前锋线法进行实际进度与计划进度的比较。第2周末检查时，工作A拖后1周，其有1周的总时差，不影响工期，工作B拖后1周，其总时差为1周，不影响工期，工作C实际进度正常，完成任务量的40%；故选项A正确，选项B、C错误。第8周末检查时，工作D拖后2周，其总时差为2周，不影响工期，工作E拖后1周，为关键工作，将影响工期1周；故选项D错误，选项E正确。

116. A、B、C。本题考核的是横道图法进行实际进度与计划进度的比较。第9周末，工作全部完成，提前1周；第7周内实际完成工作量为82%-64%=18%，计划完成工作量为72%-60%=12%，实际完成的任务量超过计划任务量；第4周停工1周；第3周内实际完成工作量为24%-15%=9%，计划完成工作量为30%-18%=12%，少完成3%的任务量；第5周内实际完成工作量=48%-24%=24%，计划完成工作量=48%-40%=8%。

117. C、E。本题考核的是建设工程施工进度控制中监理工程师的工作。建设工程施工进度控制中监理工程师的工作包括：（1）编制施工进度控制工作细则。（2）编制或审核施工进度计划；对于单位工程施工进度计划，监理工程师只负责审核而不需要编制。（3）按年、季、月编制工程综合计划。（4）下达工程开工令。（5）协助承包单位实施进度计划。（6）监督施工进度计划的实施。（7）组织现场协调会。（8）签发工程进度款支付凭证。（9）审批工程延期。（10）向业主提供进度报告。（11）督促承包单位整理技术资料。（12）签署工程竣工报验单，提交质量评估报告。（13）整理工程进度资料。（14）工程移交。

118. A、B、C、E。本题考核的是确定各单位工程的开竣工时间和相互搭接关系主要应考虑的内容。确定各单位工程的开竣工时间和相互搭接关系主要应考虑以下几点：（1）同一时期施工的项目不宜过多，以避免人力、物力过于分散。（2）尽量做到均衡施工，以使劳动力、施工机械和主要材料的供应在整个工期范围内达到均衡。（3）尽量提前建设可供工程施工使用的永久性工程，以节省临时工程费用。（4）急需和关键的工程先施工，以保证工程项目如期交工。对于某些技术复杂、施工周期较长、施工困难较多的工程，应安排提前施工，以利于整个工程项目按期交付使用。（5）施工顺序必须与主要生产系统投入生产的先后次序相吻合。同时还要安排好配套工程的施工时间，以保证建成的工程能迅速投入生产或交付使用。（6）应注意季节对施工顺序的影响，使施工季节不导致工期拖延，不影响工程质量。（7）安排一部分附属工程或零星项目作为后备项目，用以调整主要项目的施工进度。（8）注意主要工种和主要施工机械能连续施工。

119. A、C、D、E。本题考核的是单位工程施工进度计划的编制。在安排每班工人数和机械台数时，应综合考虑以下问题：（1）最小工作面限定了每班安排人数的上限，而最小劳动组合限定了每班安排人数的下限。对于施工机械台数的确定也是如此。（2）每天的工作班数应根据工作项目施工的技术要求和组织要求来确定。故选项A、C正确，选项B错误。一般来说，施工顺序受施工工艺和施工组织两方面的制约。故选项D正确。工程量的计算应根据施工图和工程量计算规则，针对所划分的每一个工作项目进行。故选项E正确。

120. A、B、D。本题考核的是工程延期的控制。监理工程师在下达工程开工令之前，应充分考虑业主的前期准备工作是否充分。特别是征地、拆迁问题是否已解决，设计图纸能否及时提供，以及付款方面有无问题等，以避免由于上述问题缺乏准备而造成工程延期。

《建设工程监理案例分析》（土木建筑工程）

2022 年度试卷及答案解析

2022 年度全国监理工程师职业资格考试试卷

本试卷均为案例分析题（共 6 题，每题 20 分），要求分析合理、结论正确；有计算要求的，应简要写出计算过程。

试题一

某工程，实施过程中发生如下事件：

事件 1：开工前，总监理工程师将下列工作委托总监理工程师代表负责：①组织召开监理例会；②组织编制监理实施细则；③组织审核竣工结算；④调解建设单位与施工单位的合同争议；⑤处理工程索赔。

事件 2：监理人员在巡视时，发现施工单位存在下列问题：①未按施工方案施工；②使用不合格配件；③施工不当出现严重的安全事故隐患；④未按设计文件施工；⑤未经批准擅自施工；⑥实际施工进度严重滞后于计划进度且影响总工期；⑦违反强制性标准。针对上述问题，项目监理机构分别签发了《监理通知单》或《工程暂停令》，要求施工单位整改或停工。

事件 3：因工程实际情况发生变化，总监理工程师委托总监理工程师代表组织编制了监理规划。调整后的监理规划经总监理工程师审核确认后即报送建设单位。

事件 4：基坑开挖过程中发现实际地质情况与勘察设计文件不符，施工单位向项目监理机构提出设计变更申请，项目监理机构收到申请后进行了下列工作：①审查设计变更申请；②建议建设单位组织设计、施工等单位召开论证会；③提请建设单位联系设计单位修改设计；④评估设计变更对工程费用的影响。

问题：

1. 依据《建设工程监理规范》，逐项指出事件 1 中总监理工程师委托的工作是否妥当？

2. 针对事件 2 中施工单位存在的问题，逐项指出项目监理机构应签发《监理通知单》，还是应签发《工程暂停令》？

3. 指出事件 3 中的不妥之处，写出正确做法。

4. 针对事件 4，依据《建设工程监理规范》，项目监理机构收到申请后还应进行哪些工作？

某工程，实施过程中发生如下事件：

事件1：项目监理机构收到施工单位报送的施工控制测量成果报验表后，安排监理员检查、复核报验表所附的测量设备检定证书、高程控制网和临时水准点的测量成果等内容并签署意见。

事件2：建设单位对施工单位正在使用的保温材料质量提出质疑，立刻指令施工单位暂停施工。经复检，保温材料的质量符合要求。为此，施工单位向项目监理机构提交了暂停施工造成的人员窝工及机械闲置的费用索赔申请。

事件3：项目监理机构审查施工单位提交的混凝土预制板厚度检测数据报告时，发现施工单位绘制的2、5、7、11四个月的混凝土预制板厚度直方图属非正常型，如图1所示。

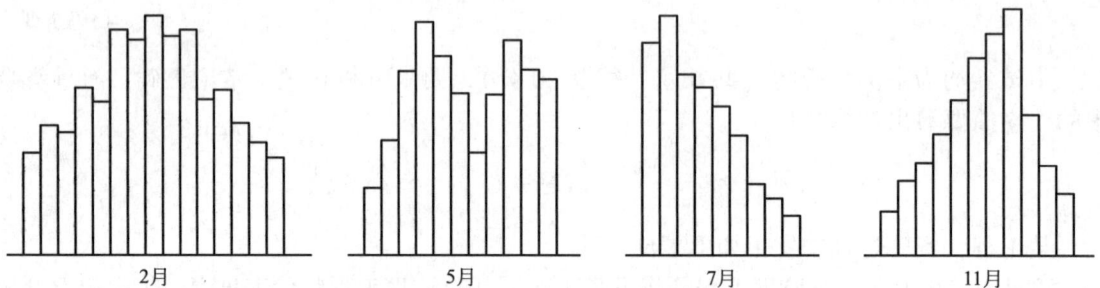

图1 混凝土预制板厚度直方图

事件4：总监理工程师检查项目监理机构整理的危险性较大分部分项工程安全管理档案时，发现只有监理实施细则、专项巡视检查的相关资料。为此，总监理工程师要求依据《危险性较大的分部分项工程安全管理规定》，补充完善安全管理档案所需资料。

问题：

1. 针对事件1，指出项目监理机构的不妥之处，并写出正确做法。项目监理机构对施工控制测量成果的检查、复测还应包括哪些内容？

2. 事件2中，建设单位的做法是否妥当？项目监理机构是否批准施工单位的索赔申请？分别说明理由。

3. 事件3中，2、5、7、11四个月的直方图分别属于哪种非正常型？分别说明其形成原因。

4. 针对事件4，项目监理机构应补充哪些资料？

试题三

某工程，建设单位委托工程监理单位实施勘察设计管理和施工监理，工程实施过程中发生如下事件：

事件1：建设单位要求项目监理机构在勘察设计阶段完成下列工作：①编制工程勘察方案并报建设单位审批；②签署工程勘察费支付证书；③组织编制各阶段、各专业设计进度计划；④依据设计成果评估报告的意见优化设计。

事件2：开工前，项目监理机构审查施工单位提交的施工总进度计划和阶段性施工进度计划时提出：①施工进度计划中主要工程项目没有遗漏，可以满足分批投入试运行、分批动用的需要；②施工进度计划符合建设单位提供的资金、施工图纸、施工场地、物资等条件。

事件3：监理员巡视时发现，现浇钢筋混凝土柱拆模后有蜂窝、麻面等质量缺陷，随即下达《监理通知单》，并报告了专业监理工程师。专业监理工程师提出了质量缺陷处理方案，并要求施工单位整改。

事件4：工程施工过程中发生不可抗力事件，导致建设单位采购待安装的设备损失30万元，施工单位支付受伤工人医疗费6万元，已完工程修复费用25万元，照管工程费用4万元；同时造成工程停工15天。施工单位在合同约定期限内向项目监理机构提交了费用补偿和工程延期申请。

问题：

1. 针对事件1，指出建设单位要求的不妥之处，并说明理由。

2. 针对事件2，依据《建设工程监理规范》，针对施工进度计划，项目监理机构还应审查哪些内容？

3. 针对事件3，指出监理人员做法的不妥之处，并写出正确做法。

4. 针对事件4，依据《建设工程施工合同（示范文本）》，指出建设单位和施工单位各应承担哪些费用？项目监理机构应批准的费用补偿和工程延期各为多少？

试题四

某外商独资工程，实施过程中发生如下事件：

事件1：建设单位与工程参建单位分别签订了项目管理服务合同、勘察设计合同、施工合同和工程监理合同。

事件2：建设单位对设备采购和安装一并进行招标，招标文件中规定：①接受联合体投标；②最高投标限价为1850万元；③评标基准价为有效投标人报价算数平均值的95%；④评标委员会向建设单位推荐3名中标候选人，由建设单位从中确定中标人。开标后，各投标人的报价及出现的状况见表1。

开标情况表 表1

投标人	投标报价(万元)	投标人出现的状况
A	1540	联合体签章不全
B	1850	
C	1800	投标截止时间前递交的修正报价为1450万元
D	1550	未在规定的时间内递交投标保证金
E	1500	—
F	1620	联合体中有一方的安全生产许可证过期
G	1600	—
H	1880	—

事件3：主体工程施工需搭设高度7.5m的模板支撑体系，施工单位按技术负责人批准的专项施工方案组织施工，并委派质量管理员兼任安全生产管理员。后因设计变更，模板支撑体系搭设高度需增至8.2m，施工单位调整专项施工方案后继续施工。

事件4：为满足钢结构吊装工程施工要求，施工单位向租赁公司租用了一台大型塔式起重机，并委托一家有相应塔式起重机安装资质的安装单位安装。安装完成后，施工单位和安装单位对该塔式起重机进行了验收。验收合格后，施工单位将塔式起重机交由钢结构吊装工程分包单位使用，并到有关部门办理了登记。

问题：

1. 针对事件1，依据《中华人民共和国民法典合同编》中典型合同分类，指出建设单位与工程参建单位签订的四个合同分别属于哪类合同。

2. 事件2中，评标委员会应否决的投标人有哪些？评标基准价是多少万元？招标文件中的规定④是否妥当？说明理由。

3. 事件3中，指出施工单位做法的不妥之处，写出正确做法。

4. 针对事件4，指出施工单位做法的不妥之处，写出正确做法。

某工程，建设单位与施工单位依据《建设工程施工合同（示范文本）》签订了施工合同。经总监理工程师审核确认的施工总进度计划如图 2 所示（时间单位：月），各项工作均按最早开始时间安排且匀速施工；各项工作费用按持续时间均匀分布。

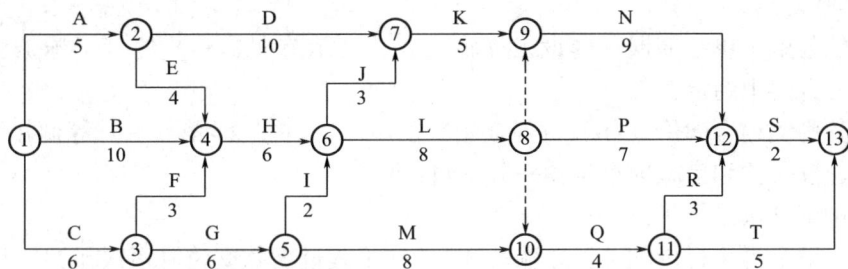

图 2　施工总进度计划

工程实施过程中发生如下事件：

事件 1：项目监理机构在第 3 个月末统计的 1~3 月份已完工程计划费用（BCWP）和已完工程实际费用（ACWP）见表 2。工作 A、B、C 的计划费用分别为 200 万元、500 万元、240 万元。

1~3 月份费用统计表（单位：万元）　　　　　　　　　　　　　表 2

费用＼月份	1	2	3
已完工程计划费用（BCWP）	120	150	140
已完工程实际费用（ACWP）	140	160	130

事件 2：施工过程中，建设单位提出一项设计变更，该变更导致工作 J 推迟施工 1 个月，增加工程费用 20 万元，造成施工单位人员窝工损失 9 万元。为此，施工单位通过项目监理机构向建设单位提出工程延期 1 个月、费用补偿 29 万元的申请。

事件 3：因施工机械设备调配原因，施工单位计划将工作 Q 推迟 3 个月开始施工，且后续工作相应顺延，遂向项目监理机构报送了调整后的施工进度计划，并提出延期申请。

问题：

1. 依据图 2，确定施工总进度计划的总工期及关键工作，工作 J 的总时差和自由时差分别为多少个月？

2. 事件 1 中，截至第 3 个月末，拟完工程计划费用累计额为多少万元？费用偏差和进度偏差（以费用额表示）分别为多少万元？并判断费用是否超支和进度是否拖后？

3. 事件 2 中，项目监理机构是否应批准工程延期？说明理由。批准的费用补偿为多少万元？说明理由。

4. 针对事件 3，项目监理机构是否应批准施工单位提出的工程延期申请？说明理由。

试题六

某工程由 A、B、C 三个子项工程组成，采用工程量清单计价，工程量清单中 A、B 两个子项工程的工程量分别为 2000 m²、1500 m²。C 子项工程暂估价 90 万元、暂列金额 100 万元。中标施工单位投标文件中 A、B 子项工程的综合单价分别为 1000 元/m²、3000 元/m²，措施项目费 40 万元。

建设单位与施工单位依据《建设工程施工合同（示范文本）》签订了施工合同，合同工期 4 个月，合同中约定：

①预付款为签约合同价（扣除暂列金额）的 10%，在第 2~第 3 个月等额扣回；

②开工前预付款和措施项目价款一并支付；

③工程进度款按月结算；

④质量保证金为工程价款结算总额的 3%，在工程进度款支付时逐次扣留，计算基数不包括预付款支付或扣回的金额；

⑤子项工程累计实际完成工程量超过计划完成工程量 15%，超出部分的工程量综合单价调整系数为 0.90；

⑥计日工单价为人工 150 元/工日，施工机械 2000 元/台班。规费综合费率 8%（以分部分项工程费、措施项目费、其他项目费之和为基数），增值税税率 9%（上述费用均不含进项税额）。

C 子项工程的工程量确定为 1000 m² 后，建设单位与施工单位协商后确定的综合单价为 850 元/m²。

A、B、C 子项工程月计划完成工程量见表 3。

A、B、C 子项工程月计划完成工程量（单位：m²） 　　　表 3

子项工程 ＼ 月份	1	2	3	4
A	2000	—	—	—
B	—	750	750	—
C	—	—	500	500

工程开工后第 1 个月，施工单位为清除未探明的地下障碍物，增加人工 100 个工日、施工机械 10 个台班。第 3 个月，由于设计变更导致 B 子项工程的工程量增加 150 m²。

问题：

1. 分别计算签约合同价、开工前建设单位支付的预付款和措施项目工程款。

2. 设计变更导致 B 子项工程增加工程量，其综合单价是否调整？说明理由。

3. 分别计算 1~3 月建设单位应支付的工程进度款。

4. 分别计算实际应支付的竣工结算款金额和工程竣工结算价款总额。

（单位：万元，计算结果保留 2 位小数）

2022 年度全国监理工程师职业资格考试试卷答案与解析

试题一

1. 事件 1 中总监理工程师委托的工作是否妥当的判断：

①组织召开监理例会妥当。（1 分）

②组织编制监理实施细则不妥。（1 分）

③组织审核竣工结算不妥。（1 分）

④调解建设单位与施工单位的合同争议不妥。（1 分）

⑤处理工程索赔不妥。（1 分）

> 第 1 个问题：从问题的表述就可直观地判断出需要用《建设工程监理规范》的内容来解答。这个内容是每年必考的采分点。③④⑤不能委托总监理工程师代表履行。②组织编制监理实施细则属于专业监理工程师的职责。

2. 事件 2 中施工单位存在的问题，应签发《监理通知单》还是《工程暂停令》的判断：

①未按施工方案施工应签发《监理通知单》。（1 分）

②使用不合格配件应签发《监理通知单》。（1 分）

③施工不当出现严重的安全事故隐患应签发《工程暂停令》。（1 分）

④未按设计文件施工应签发《工程暂停令》。（1 分）

⑤未经批准擅自施工应签发《工程暂停令》。（1 分）

⑥实际施工进度严重滞后于计划进度且影响总工期应签发《监理通知单》。（1 分）

⑦违反强制性标准应签发《工程暂停令》。（1 分）

> 第 2 个问题：考核是签发《监理通知单》，还是签发《工程暂停令》？也是一个经常考核的采分点，我们一定要搞清楚，最好是做一个对比表，这样就方便理解，不需要去记忆。

3. 事件 3 中的不妥之处及正确做法：

（1）不妥之处：因工程实际情况发生变化，总监理工程师委托总监理工程师代表组织编制了监理规划。（1 分）

正确做法：应由总监理工程师组织专业监理工程师编制监理规划。（1 分）

（2）不妥之处：调整后的监理规划经总监理工程师审核确认后即报送建设单位。（1 分）

正确做法：应经工程监理单位技术负责人批准后将监理规划报送建设单位。（1 分）

第 3 个问题：事件 3 中是总监理工程师委托总监理工程师代表去干活，这就涉及是否可以委托的情形了，要依据《建设工程监理规范》的第 3.2.2 条来解答。"监理人员的职责"对于考试来说，确实是一个重要的，不能再重要的采分点了。另外，还有一个采分点是：监理规划审核确认与报送的流程，需要依据《建设工程监理规范》的第 4.2.4 条来解答，考核的仍是《建设工程监理规范》的内容，第 4.2.4 条是这样规定的：在实施建设工程监理过程中，实际情况或条件发生变化而需要调整监理规划时，应由总监理工程师组织专业监理工程师修改，并应经工程监理单位技术负责人批准后报建设单位。

4. 事件 4，项目监理机构收到申请后还应进行的工作：

（1）提出工程变更申请的审查意见。（1 分）

（2）评估设计变更对工程工期的影响。（1 分）

（3）总监理工程师组织建设单位、施工单位等共同协商确定工程变更费用及工期变化，会签工程变更单。（1 分）

（4）项目监理机构根据批准的工程变更文件督促承包人实施工程变更。（1 分）

第 4 个问题：也是从问题的表达就可以知道，还需要依据《建设工程监理规范》的内容来解答。这是第一题的最后一问，总共是 4 个问题，都需要依据《建设工程监理规范》来解答，我们应该明白其重要性。这个题目考核了《建设工程监理规范》内容共计 20 分。

试题二

1. 针对事件 1，项目监理机构的不妥之处与正确做法：

（1）不妥之处：项目监理机构安排监理员检查、复核施工控制测量成果报验表。（1 分）

正确做法：应安排专业监理工程师进行检查、复核。（1 分）

（2）不妥之处：监理员签署意见。（1 分）

正确做法：应由专业监理工程师签署意见。（1 分）

项目监理机构对施工控制测量成果的检查、复测还应包括的内容有：施工单位测量人员的资格证书（1 分）、施工平面控制网的测量成果（1 分）及控制桩的保护措施（1 分）。

第 1 个问题：这个问题看上去是考核《建设工程质量控制》的内容，但我们也可以依据《建设工程监理规范》的第 5.2.5 条的内容来作答。考核的是查验施工控制测量成果流程和内容。解答本题的知识点涉及：专业监理工程师应检查、复核施工单位报送的施工控制测量成果及保护措施，签署意见；并应对施工单位在施工过程中报送的施工测量放线成果进行查验。施工控制测量成果及保护措施的检查、复核，包括：①施工单位测量人员的资格证书及测量设备检定证书；②施工平面控制网、高程控制网和临时水准点的测量成果及控制桩的保护措施。

项目监理机构收到施工单位报送的施工控制测量成果报验表后，由专业监理工程师审查。专业监理工程师应审查施工单位的测量依据、测量人员资格和测量成果是否符合规范及标准要求，符合要求的，予以签认。

2. 事件 2 中，建设单位的做法妥当。（0.5 分）理由：根据相关规定，建设单位有权对施工单位正在使用的材料质量提出重新检测。（1 分）

项目监理机构应该批准索赔申请。（0.5 分）理由：质量检测合格，暂停施工的责任是建设单位，因此索赔成立。（1 分）

> 第 2 个问题：考核的是《建设工程合同管理》中有关"材料、设备和工程的重新检验和试验"内容，解题依据是：监理人对承包人的试验和检验结果有疑问，或为查清承包人试验和检验成果的可靠性要求承包人重新试验和检验时，由监理人与承包人共同进行。重新试验和检验的结果证明该项材料、工程设备或工程的质量不符合合同要求，由此增加的费用和（或）工期延误由承包人承担；重新试验和检验结果证明符合合同要求，由发包人承担由此增加的费用和（或）工期延误，并支付承包人合理利润。
>
> 《标准施工合同文件》里规定了对材料提出重新检测的规定。

3. 2 月的直方图属于折齿型。（1 分）形成原因：由于分组组数不当或者组距确定不当出现的直方图。（1 分）

5 月的直方图属于双峰型。（1 分）形成原因：由于用两种不同方法或两台设备或两组工人进行生产，然后把两方面数据混在一起整理产生的。（1 分）

7 月的直方图属于绝壁型。（1 分）形成原因：由于数据收集不正常，可能有意识地去掉下限以下的数据，或是在检测过程中存在某种人为因素影响所造成的。（1 分）

11 月的直方图属于左缓坡型。（1 分）形成原因：主要是由于操作中对上限（或下限）控制太严造成的。（1 分）

> 第 3 个问题：考核的是《建设工程质量控制》中的有关"直方图的观察与分析"的内容。正常型直方图就是中间高，两侧低，左右接近对称的图形。非正常型直方图归纳起来一般有五种类型：
>
> 1）折齿型：是由于分组组数不当或者组距确定不当出现的直方图。
> 2）左（或右）缓坡型：主要是由于操作中对上限（或下限）控制太严造成的。
> 3）孤岛型：是原材料发生变化或者临时他人顶班作业造成的。
> 4）双峰型：是由于用两种不同方法或两台设备或两组工人进行生产，然后把两方面数据混在一起整理产生的。
> 5）绝壁型：是由于数据收集不正常，可能有意识地去掉下限以下的数据，或是在检测过程中存在某种人为因素影响所造成的。
>
> 从问题的表达就可以确定这 4 个直方图都是非正常型的。

4. 针对事件 4，项目监理机构还应补充的资料有：专项施工方案审查（1 分）、验收及整改（1 分）等相关资料。

> 第 4 个问题：考核的是《危险性较大的分部分项工程安全管理规定》，这个内容在《建设工程质量控制》科目中讲到了。《危险性较大的分部分项工程安全管理规定》是这样规定的：
>
> 第二十四条　施工、监理单位应当建立危大工程安全管理档案。

施工单位应当将专项施工方案及审核、专家论证、交底、现场检查、验收及整改等相关资料纳入档案管理。

　　监理单位应当将监理实施细则、专项施工方案审查、专项巡视检查、验收及整改等相关资料纳入档案管理。

试题三

1. 针对事件1，建设单位要求的不妥之处及理由：

（1）不妥之处：编制工程勘察方案并报建设单位审批。（1分）

理由：工程监理单位的职责是审查勘察单位提交的工程勘察方案。（1分）

（2）不妥之处：组织编制各阶段、各专业设计进度计划。（1分）

理由：工程监理单位的职责是审查各阶段、各专业设计进度计划。（1分）

（3）不妥之处：依据设计成果评估报告的意见优化设计。（1分）

理由：工程监理单位应审查设计单位提交的设计成果，并提出评估报告。（1分）

　　第1个问题：考核《建设工程监理规范》中"9.2　工程勘察设计阶段服务"的内容，这个内容不是经常考，但是，这是《建设工程监理规范》中规定的，就很有可能会考核到。具体考核的是第9.2.2、9.2.4、9.2.8、9.2.10条的内容。

2. 项目监理机构还应审查的内容：

（1）施工进度计划是否符合施工合同中工期的约定。（1分）

（2）阶段性施工进度计划应满足总进度控制目标的要求。（1分）

（3）施工顺序的安排是否符合施工工艺要求。（1分）

（4）施工人员、工程材料、施工机械等资源供应计划是否满足施工进度计划的需要。（1分）

　　第2个问题：考核《建设工程监理规范》中"5.4　工程进度控制"的内容，具体考核的是施工进度计划审查的内容。施工进度计划审查应包括下列基本内容：

　　（1）施工进度计划应符合施工合同中工期的约定。

　　（2）施工进度计划中主要工程项目无遗漏，应满足分批投入试运、分批动用的需要，阶段性施工进度计划应满足总进度控制目标的要求。

　　（3）施工顺序的安排应符合施工工艺要求。

　　（4）施工人员、工程材料、施工机械等资源供应计划应满足施工进度计划的需要。

　　（5）施工进度计划应符合建设单位提供的资金、施工图纸、施工场地、物资等施工条件。

3. 事件3，监理人员做法的不妥之处及正确做法：

（1）不妥之处：监理员下达《监理通知单》。（1分）

正确做法：应该由专业监理工程师或总监理工程师签发《监理通知单》。（1分）

（2）不妥之处：专业监理工程师提出了质量缺陷处理方案。（1分）

正确做法：质量缺陷处理方案应由施工单位提出，监理机构进行审批。（1分）

第 3 个问题：从背景资料中的表达我们很容易看出是考核《建设工程质量控制》的内容。但是还有一个更容易解答这个问题的依据，就是《建设工程监理规范》，依据第 5.2.15、5.2.16 条，以及表 A.0.3 就可以解决。

5.2.15 项目监理机构发现施工存在质量问题的，或施工单位采用不适当的施工工艺，或施工不当，造成工程质量不合格的，应及时签发监理通知单，要求施工单位整改。整改完毕后，项目监理机构应根据施工单位报送的监理通知回复单对整改情况进行复查，提出复查意见。

监理通知单应按《建设工程监理规范》表 A.0.3 的要求填写，监理通知回复单应按《建设工程监理规范》表 B.0.9 的要求填写。

5.2.16 对需要返工处理或加固补强的质量缺陷，项目监理机构应要求施工单位报送经设计等相关单位认可的处理方案，并应对质量缺陷的处理过程进行跟踪检查，同时应对处理结果进行验收。

由表 A.0.3 的右下角可以得到由谁来签发《监理通知单》。

4. 建设单位承担的费用：建设单位采购待安装的设备损失 30 万元（1 分）、已完工程修复费用 25 万元（1 分）、照管工程费用 4 万元（1 分）。

施工单位承担的费用：施工单位支付受伤工人医疗费 6 万元。（1 分）

项目监理机构应批准的费用补偿为 25+4＝29 万元。（1 分）应批准的工程延期为 15 天。（1 分）

第 4 个问题：考核的是"不可抗力发生后损失的承担原则"，这是每年必考的内容。一定要掌握。

按照《建设工程工程量清单计价规范》GB 50500-2013 的规定，因不可抗力事件导致的人员伤亡、财产损失及其费用增加，发承包双方应按以下原则分别承担并调整合同价款和工期：

（1）合同工程本身的损害、因工程损害导致第三方人员伤亡和财产损失以及运至施工场地用于施工的材料和待安装的设备的损害，由发包人承担；

（2）发包人、承包人人员伤亡由其所在单位负责，并承担相应费用；

（3）承包人的施工机械设备损坏及停工损失，应由承包人承担；

（4）停工期间，承包人应发包人要求留在施工场地的必要的管理人员及保卫人员的费用应由发包人承担；

（5）工程所需清理、修复费用，应由发包人承担。

不可抗力解除后复工的，若不能按期竣工，应合理延长工期。发包人要求赶工的，赶工费用应由发包人承担。

这里需要注意一点：按分析建设单位应承担的费用包括建设单位采购待安装的设备损失 30 万元、已完工程修复费用 25 万元、照管工程费用 4 万元，也就是承担 20+25+4＝49 万元，但我们的问题是："项目监理机构应批准的费用补偿和工程延期各为多少？"那"建设单位采购待安装的设备损失 30 万元"就不给施工单位补偿了，建设单位后续再采购就可以。有些考生可能稍留神就计算出要补偿 49 万元，这是一个小陷阱。

试题四

1. 建设单位与工程参建单位签订的四个合同的类型：

（1）项目管理服务合同属于委托合同。（0.5分）

（2）勘察设计合同属于建设工程合同。（0.5分）

（3）施工合同属于建设工程合同。（0.5分）

（4）工程监理合同属于委托合同。（0.5分）

第1个问题：是考核《中华人民共和国民法典合同编》中典型合同分类，从这个问题的考核我们可以看出：如果有新的法律法规、规范发布，那就有考核的可能，这个需要考生注意一下。《中华人民共和国民法典合同编》第二分编典型合同中明确了19类合同，即：买卖合同，供用电、水、气、热力合同，赠与合同，借款合同，保证合同，租赁合同，融资租赁合同，保理合同，承揽合同，建设工程合同，运输合同，技术合同，保管合同，仓储合同，委托合同，物业服务合同，行纪合同，中介合同，合伙合同。其中：建设工程合同包括工程勘察、设计、施工合同，在《中华人民共和国民法典合同编》第七百八十八条中规定的；建设工程监理合同、项目管理服务合同则属于委托合同。

2. 事件2中，评标委员会应否决的投标人包括：

（1）评标委员会应否决投标人A。（1分）理由：联合体协议必须所有成员签章。（1分）

（2）评标委员会应否决投标人D。（1分）理由：投标人不按招标文件要求在开标前以有效形式提交投标保证金的，该投标文件将被否决。（1分）

（3）评标委员会应否决投标人F。（1分）理由：根据《中华人民共和国招标投标法实施条例》第三十一条，联合体各方均应具备承担招标项目的相应能力。（1分）

（4）评标委员会应否决投标人H。（1分）理由：投标报价高于最高投标限价。（1分）

评标基准价是（1850+1450+1500+1600）/4×95%=1520万元。（1分）

招标文件中的规定④不妥。（0.5分）理由：评标委员会应根据其评价值高低进行排序，综合评价最优者为排名第一的中标候选人。（0.5分）

第2个问题：是考核招标投标的相关内容。

《中华人民共和国招标投标法》第二十九条 投标人在招标文件要求提交投标文件的截止时间前，可以补充、修改或者撤回已提交的投标文件，并书面通知招标人。补充、修改的内容为投标文件的组成部分。

《中华人民共和国招标投标法》第三十一条 两个以上法人或者其他组织可以组成一个联合体，以一个投标人的身份共同投标。

联合体各方均应当具备承担招标项目的相应能力；国家有关规定或者招标文件对投标人资格条件有规定的，联合体各方均应当具备规定的相应资格条件。由同一专业的单位组成的联合体，按照资质等级较低的单位确定资质等级。

联合体各方应当签订共同投标协议，明确约定各方拟承担的工作和责任，并将共同投标协议连同投标文件一并提交招标人。联合体中标的，联合体各方应当共同与招标人签订合同，就中标项目向招标人承担连带责任。

招标人不得强制投标人组成联合体共同投标，不得限制投标人之间的竞争。

《中华人民共和国招标投标法实施条例》第五十一条　有下列情形之一的，评标委员会应当否决其投标：

（一）投标文件未经投标单位盖章和单位负责人签字；

（二）投标联合体没有提交共同投标协议；

（三）投标人不符合国家或者招标文件规定的资格条件；

（四）同一投标人提交两个以上不同的投标文件或者投标报价，但招标文件要求提交备选投标的除外；

（五）投标报价低于成本或者高于招标文件设定的最高投标限价；

（六）投标文件没有对招标文件的实质性要求和条件作出响应；

（七）投标人有串通投标、弄虚作假、行贿等违法行为。

计算评标基准价就按事件2中的第3条规定："③评标基准价为有效投标人报价算数平均值的95%"，有效投标人就包括B、C、E、G。这里还要注意一点：投标人C的投标报价修正为1450万元，千万不要用1800万元计算。

我们看一下这个问题："招标文件中的规定④是否妥当？说明理由"。针对这个问题，在背景资料的事件2中对招标文件的规定提出4点，唯独让我们回答规定④是否妥当。这样的问题直接就回答不妥，不要多研究背景资料。

3. 事件3中，施工单位做法的不妥之处及正确做法：

（1）不妥之处：施工单位按技术负责人批准的专项施工方案组织施工。（1分）

正确做法：专项施工方案应当由施工单位技术负责人审核签字、加盖单位公章，并由总监理工程师审查签字、加盖执业印章后方可实施。（1分）

（2）不妥之处：委派质量管理员兼任安全生产管理员。（1分）

正确做法：应安排项目专职安全生产管理人员对专项施工方案实施情况进行现场监督。（1分）

（3）不妥之处：设计变更后，施工单位调整专项施工方案后继续施工。（1分）

正确做法：对于超过一定规模的危大工程，施工单位应当组织召开专家论证会对专项施工方案进行论证。（1分）

第3个问题：高度7.5 m的模板支撑体系属于危险性较大的分部分项工程范围，模板支撑体系搭设高度需增至8.2 m就属于超过一定规模的危险性较大的分部分项工程范围。

《建设工程监理规范》第5.5.3规定：项目监理机构应审查施工单位报审的专项施工方案，符合要求的，应由总监理工程师签认后报建设单位。超过一定规模的危险性较大的分部分项工程的专项施工方案，应检查施工单位组织专家进行论证、审查的情况，以及是否附具安全验算结果。项目监理机构应要求施工单位按已批准的专项施工方案组织施工。专项施工方案需要调整时，施工单位应按程序重新提交项目监理机构审查。

《危险性较大的分部分项工程安全管理规定》规定：

第十条　施工单位应当在危大工程施工前组织工程技术人员编制专项施工方案。

实行施工总承包的，专项施工方案应当由施工总承包单位组织编制。危大工程实行分包的，专项施工方案可以由相关专业分包单位组织编制。

第十一条　专项施工方案应当由施工单位技术负责人审核签字、加盖单位公章，并由总监理工程师审查签字、加盖执业印章后方可实施。

危大工程实行分包并由分包单位编制专项施工方案的，专项施工方案应当由总承包单位技术负责人及分包单位技术负责人共同审核签字并加盖单位公章。

第十二条　对于超过一定规模的危大工程，施工单位应当组织召开专家论证会对专项施工方案进行论证。实行施工总承包的，由施工总承包单位组织召开专家论证会。专家论证前专项施工方案应当通过施工单位审核和总监理工程师审查。

专家应当从地方人民政府住房城乡建设主管部门建立的专家库中选取，符合专业要求且人数不得少于5名。与本工程有利害关系的人员不得以专家身份参加专家论证会。

第十三条　专家论证会后，应当形成论证报告，对专项施工方案提出通过、修改后通过或者不通过的一致意见。专家对论证报告负责并签字确认。

专项施工方案经论证需修改后通过的，施工单位应当根据论证报告修改完善后，重新履行本规定第十一条的程序。

专项施工方案经论证不通过的，施工单位修改后应当按照本规定的要求重新组织专家论证。

第十六条　施工单位应当严格按照专项施工方案组织施工，不得擅自修改专项施工方案。

因规划调整、设计变更等原因确需调整的，修改后的专项施工方案应当按照本规定重新审核和论证。涉及资金或者工期调整的，建设单位应当按照约定予以调整。

第十七条　施工单位应当对危大工程施工作业人员进行登记，项目负责人应当在施工现场履职。

项目专职安全生产管理人员应当对专项施工方案实施情况进行现场监督，对未按照专项施工方案施工的，应当要求立即整改，并及时报告项目负责人，项目负责人应当及时组织限期整改。

施工单位应当按照规定对危大工程进行施工监测和安全巡视，发现危及人身安全的紧急情况，应当立即组织作业人员撤离危险区域。

4. 事件4中，施工单位做法的不妥之处及正确做法：

（1）不妥之处：施工单位和安装单位对该塔式起重机进行了验收。（1分）

正确做法：应由施工单位、分包单位、出租单位和安装单位共同进行验收，验收合格的方可使用。（1分）

（2）不妥之处：施工单位将塔式起重机交由钢结构吊装工程分包单位使用，并到有关部门办理了登记。（1分）

正确做法：施工单位办理登记后，再交由钢结构吊装工程分包单位使用。（1分）

第4个问题：考核的《建设工程安全生产管理条例》的相关规定，在《建设工程监理概论》教材中也可以找到相应的知识点。

《建设工程安全生产管理条例》规定：

第三十五条　施工单位在使用施工起重机械和整体提升脚手架、模板等自升式架设设施前，应当组织有关单位进行验收，也可以委托具有相应资质的检验检测机构进行验收；使用承租的机械设备和施工机具及配件的，由施工总承包单位、分包单位、出租单位和安装单位共同进行验收。验收合格的方可使用。

《特种设备安全监察条例》规定的施工起重机械，在验收前应当经有相应资质的检验检测机构监督检验合格。

施工单位应当自施工起重机械和整体提升脚手架、模板等自升式架设设施验收合格之日起 30 日内，向建设行政主管部门或者其他有关部门登记。登记标志应当置于或者附着于该设备的显著位置。

试题五

1. 施工总进度计划的总工期：10+6+8+9+2＝35 个月。（2分）
施工总进度计划的关键工作：B、H、L、N、S。（2分）
工作 J 的总时差：1 个月。（1分）
工作 J 的自由时差：0。（1分）

第 1 个问题：每年考试的第五题就是考核利用双代号网络图或双代号时标网络图来解决施工过程中发生的事件，是每年必考的内容，需要考生确定关键线路、计算总工期，还需要计算工作的总时差和自由时差，另外通过网络图来分析事件发生后是否可以提出工期和费用的索赔，并计算可以索赔的工期天数和费用金额。这个题目实际上不是很难，考生一定要把这个题拿下。对于第五题和第六题来说，每一步的计算结果在后续的计算中会用到这些数据，所以，一定要保证每步的计算准确无误。

计算工作 J 的总时差的方法之一：从工作 J 的完成节点开始沿箭线方向找到最近的一个关键节点，再从该关键节点逆着箭线的方向找到经过工作 J 的持续时间之和最长的一条线路（K→J→H→B），计算出该线路的持续时间之和（10+6+2+5＝23 个月），再计算从节点①到节点⑨关键线路（B→H→L）的持续时间之和（10+6+8＝24 个月）。工作 J 的总时差＝（10+6+8）－（10+6+2+5）＝1 个月。计算过程中最容易出错的就是没有把经过工作 J 的线路找全，找不全就有可能会出错。在这个网络图中，经过工作 J 的线路有 AEHJK、BHJK、CFHJK、CGIJK 这四条线路。

计算工作 J 的自由时差的方法之一：我们看工作 J 的完成节点⑦，以节点⑦为完成节点的工作有 D 和 J，工作 D 的最早完成时间＝10+5＝15 个月，工作 J 的最早完成时间＝10+6+2＝18 个月，由于工作 J 的最早完成时间大于工作 D 的最早完成时间，所以工作 J 的自由时差为 0。在这里再说一下：假设计算的工作 J 的最早完成时间为 13 个月，那么工作 J 的自由时差＝15－13＝2 个月，这是计算自由时差的一个方法。计算自由时差也需要把经过工作 J 的线路找全，才可以正确计算出工作 J 的最早完成时间，找线路同计算总时差。

2. 截至第 3 个月末：
拟完工程计划费用累计额（BCWS）＝（200/5+500/10+240/6）×3＝390 万元。（2分）
已完工程计划费用累计额（BCWP）＝120+150+140＝410 万元。（1分）
已完工程实际费用累计额（ACWP）＝140+160+130＝430 万元。（1分）
截至第 3 个月末费用偏差＝BCWP－ACWP＝410－430＝－20 万元，（1分）费用超支 20 万元，费用是超支（1分）。

截至第 3 个月末进度偏差 = BCWP − BCWS = 410 − 390 = 20 万元，（1分）进度提前 20 万元，进度没有拖后（1分）。

第 2 个问题：考核赢得值法，要搞清楚三个基本参数、四个评价指标的计算。本题相对简单一些，最难的就是计算拟完工程计划费用累计额。截至第 3 个月末，只有工作 A、B、C 在进行，背景资料中告诉了我们："工作 A、B、C 的计划费用分别为 200 万元、500 万元、260 万元"，这里要注意：这个数据是完成各工作全部的费用，不是一个月的费用。因此，我们需要计算一个月的费用，背景资料中还告诉了我们："各项工作费用按持续时间均匀分布。"所以，工作 A 每月的计划费用 = 200 ÷ 5 = 40 万元；工作 B 每月的计划费用 = 500 ÷ 10 = 50 万元；工作 C 每月的计划费用 = 240 ÷ 6 = 40 万元。

"拟完工程计划费用（BCWS）"与《建设工程投资控制》教材中讲到的"计划工作预算投资"是相同的概念。

"已完工程计划费用（BCWP）"与《建设工程投资控制》教材中讲到的"已完工作预算投资"是相同的概念。

"已完工程实际费用（ACWP）"与《建设工程投资控制》教材中讲到的"已完工作实际投资"是相同的概念。

---

3. 项目监理机构不应批准工程延期。（1分）理由：因工作 J 有总时差 1 个月，延期 1 个月不影响总工期，故工期索赔不应批准。（1分）

项目监理机构批准的费用补偿为 29 万元。（1分）理由：因设计变更属于建设单位应承担的责任。（1分）

第 3 个问题：结合网络图来分析事件发生后是否可以得到索赔的问题。解答这个题目有一个技巧：如果你不能正确做出答案时，我们可以这样想：第 3 个问题是让我们分析工作 J 拖延的时间是否可以得到补偿，但在第 1 个问题时就先让我们计算了工作 J 的总时差，基本上可以判断该工期索赔是成立的，接下来再分析可以补偿多少的问题。

---

4. 项目监理机构不应批准施工单位提出的工程延期申请。（1分）理由：施工机械设备调配属于施工单位应承担的责任。（1分）

第 4 个问题：同样是结合网络图来分析事件发生后是否可以得到索赔的问题。而这个问题是让我们分析工作 Q 拖延的时间是否可以得到补偿，在前面的计算中并没有让我们计算工作 Q 的总时差，基本可以判定该工期索赔不成立。

试题六

1. 签约合同价 = [(2000×1000 + 1500×3000)/10000 + 40 + 90 + 100]×(1 + 8%)×(1 + 9%) = 1035.94 万元。（2分）

开工前建设单位支付的预付款 = [1035.94 − 100×(1 + 8%)×(1 + 9%) − 40×(1 + 8%)×(1 + 9%)]×10% = 87.11 万元。（2分）

措施项目工程款 = 40×(1 + 8%)×(1 + 9%) = 47.09 万元。（1分）

开工前建设单位支付的措施项目工程款＝47.09×（1－3%）＝45.68万元。（1分）

第1个问题：这个题目的4个问题都是考核工程价款支付和结算的内容。

签约合同价包括分部分项工程费、措施项目费、其他项目费、规费和税金。其他项目费包括暂列金额、暂估价、计日工和总承包服务费。

背景资料中有这样一句话："预付款为签约合同价（扣除暂列金额）的10%"，我们在计算预付款的基数时，一定要扣除暂列金额（100×（1+8%）×（1+9%））。即使背景资料中没有告诉我们要扣除，我们在计算时也要扣除。切记！因为这个问题还涉及"措施项目费在开工前要支付"，因此在计算预付款时的基数还要把措施项目费扣除（40×（1+8%）×（1+9%）），我们这样来理解：既然措施项目费在开工前要全部支付，这就不会涉及预付的问题了，所以在计算预付款时要扣除措施项目费。

计算支付的措施项目工程款需要注意：（1）在开工前支付；（2）按工程进度款的支付方式支付（按月结算、扣留3%的质量保证金）；（3）要计取规费和税金。

2. B子项工程的综合单价不调整。（1分）
理由：（150/1500）×100%＝10%<15%，故不调整。（1分）

第2个问题：根据背景资料中的"⑤子项工程累计实际完成工程量超过计划完成工程量15%，超出部分的工程量综合单价调整系数为0.90"来确定是否调整单价。这个问题的解答除了参考答案给的计算步骤外，还可以这样计算：［（1500+150）/1500］×100%＝110%<115%，故不调整。

3. 1月份施工单位完成的工程款＝［2000×1000+（100×150+10×2000）］/10000×（1+8%）×（1+9%）＝239.56万元。（2分）

1月份建设单位应支付的工程进度款＝239.56×（1－3%）＝232.37万元。（1分）

2月份施工单位完成的工程款＝750×3000/10000×（1+8%）×（1+9%）＝264.87万元。（1分）

2月份建设单位应支付的工程进度款＝264.87×（1－3%）－87.11/2＝213.37万元。（1分）

3月份施工单位完成的工程款＝［（750+150）×3000+500×850］/10000×（1+8%）×（1+9%）＝367.88万元。（1分）

3月份建设单位应支付的工程进度款＝367.88×（1－3%）－87.11/2＝313.29万元。（1分）

第3个问题：我们在计算的时候要注意背景资料最后一段话，在计算1月份应支付工程款时要加上因清除未探明的地下障碍物所产生的人工费和施工机械使用费；在计算3月份应支付工程款时要加上因设计变更导致B子项工程的工程量增加的费用。

还有一个背景资料需要注意："①预付款在第2～第3个月等额扣回"，在计算2月份、3月份应支付工程款时，一定要扣回预付款，每月扣回预付款的50%。

背景资料中的"④质量保证金为工程价款结算总额的3%，在工程进度款支付时逐次扣留，计算基数不包括预付款支付或扣回的金额"，前两句话的意思是：在每月支付工程进度款时要扣留3%的质量保证金，第3句话"计算基数不包括预付款支付或扣回的金额"的意思是：计算基数就是每月实际完成的工程款，这个每月实际的工程款没有包括"预付款支付或扣回的金额"，换句话说：就是先扣留质量保证金，然后再扣回预付款。

4. 施工单位4月份完成的工程款 = 500×850/10000×（1+8%）×（1+9%） = 50.03万元。（2分）

实际应支付的竣工结算款 = 50.03×（1-3%） = 48.53万元。（1分）

工程竣工结算价款总额 = 47.09+239.56+264.87+367.88+50.03 = 969.43万元。（2分）

第4个问题：实际应支付的竣工结算款金额是指第4个月建设单位应该支付的工程进度款。计算过程同第3个问题。千万要注意：这个月不存在扣回预付款的情形了，但质量保证金还是需要继续扣留。

工程竣工结算价款总额是指施工单位完成的工程价款，包括A、B、C三个子项的分部分项工程费、措施项目费、清除未探明的地下障碍物增加的费用、设计变更导致B子项工程的工程量增加的费用。在计算工程竣工结算价款总额时，我们把已经计算过的施工单位完成的工程款加起来就可以。注意：在计算工程竣工结算价款总额时千万不要考虑预付款的预付和扣回，也不要考虑质量保证金的扣留。预付款是先付了一部分，在后续的结算中都扣回去了，就相当于没有发生。质量保证金的扣留是在施工单位完成的工程款中扣留3%作为保修期的保证。工程竣工结算价款总额就是实实在在施工单位完成的工程款。

题目做完后，我们有一个检查的方法：就是看看背景资料中给定的条件是否还有没有用过的？如果有，说明我们计算肯定有错误，需要分析一下没有用到的条件应该在哪一步的计算中用到；如果没有，那我们就检查代入的数据是否正确，计算过程是否正确，如果数据和计算过程没有问题，那这个题目就没有问题了。

《建设工程监理案例分析》（土木建筑工程）

2021年度试卷及答案解析

2021年度全国监理工程师职业资格考试试卷

扫码听课

本试卷均为案例分析题（共6题，每题20分），要求分析合理、结论正确；有计算要求的，应简要写出计算过程。

案例一

某工程，实施过程中发生如下事件：

事件1：为保证总监理工程师统一指挥，同时又能发挥职能部门业务指导作用，监理单位根据工程特点和服务内容等因素，在组建的项目监理机构中设置了若干子项目监理组，此外，还设有目标控制、合同管理等部门作为总监理工程师的工作参谋。

事件2：为有效控制项目目标，项目监理机构拟采取下列措施：（1）明确各级目标控制人员职责；（2）审查施工组织设计；（3）处理工程索赔；（4）按月编制已完工程量统计表。

事件3：工程开工前，建设单位主持召开了第一次工地会议。会后，项目监理机构将整理的会议纪要和总监理工程师签字认可的监理规划直接报送建设单位。

事件4：总监理工程师要求下列监理工作用表须经总监理工程师本人签字并加盖执业印章：（1）《施工组织设计/（专项）施工方案报审表》；（2）《工程开工报审表》；（3）《监理报告》；（4）《工程材料、构配件、设备报审表》；（5）《工程开工令》；（6）《工程暂停令》。

问题：

1. 针对事件1，指出项目监理机构采用的是什么组织形式？该组织形式有哪些优缺点？

2. 针对事件2，逐项指出项目监理机构拟采取的措施属于组织、技术、经济、合同措施中的哪一种？

3. 指出事件3中的不妥之处，写出正确做法。

4. 针对事件4，依据《建设工程监理规范》，逐项指出总监理工程师的要求是否正确。

案例二

某工程，建设单位与甲施工单位签订了施工承包合同，甲施工单位依据合同约定，将基坑围护桩和土方开挖工程分包给乙施工单位，工程实施过程中发生如下事件：

事件1：在基坑围护桩施工过程中，监理人员巡视时，发现部分围护桩由丙施工单位施工，经查实，乙施工单位为加快施工进度，将部分围护桩的施工任务分包给丙施工单位。监理人员将此事报告了总监理工程师。

事件2：土方开挖施工过程中，监理人员巡视时，发现乙施工单位未按经批准的施工方案施工，存在工程质量事故隐患，项目监理机构立即向甲施工单位签发《监理通知单》，要求整改。甲施工单位未作回复。项目监理机构随即向乙施工单位签发《监理通知单》，乙施工单位回复称，施工是按已调整的施工方案进行的，且调整方案已征得甲施工单位同意，故继续按调整方案施工。

事件3：用于钢结构安装的支撑体系搭设完成后，甲施工单位项目经理组织施工质量管理人员进行了验收，合格后即指令开始钢结构安装施工。

问题：

1. 针对事件1，写出项目监理机构的后续处理程序和方式。

2. 事件2中，分别指出项目监理机构向甲、乙施工单位签发《监理通知单》要求整改是否正确，说明理由。针对甲施工单位不作回复，乙施工单位继续施工的情形，项目监理机构应如何处置？说明理由。

3. 针对事件3，依据《危险性较大的分部分项工程安全管理规定》，指出甲施工单位项目经理做法的不妥之处，写出正确做法。

案例三

某工程，实施过程中发生如下事件：

事件1：为控制工程质量，项目监理机构确定的巡视工作内容有：（1）施工单位现场管理人员到位情况；（2）特种作业人员持证上岗情况；（3）按批准施工组织设计施工情况。

事件2：监理人员巡视时发现：（1）施工单位项目技术负责人兼任安全生产管理员；（2）本工程已完工的地下一层有工人居住；（3）正在使用的脚手架连墙件被拆除。

事件3：施工过程中，施工单位对现场拟用于承重结构的一批钢筋完成取样后，报请项目监理机构确认，监理人员确认后，通知施工单位将试件送到检测机构检验。

事件4：项目监理机构收到施工单位提交的节能分部工程验收申请后，总监理工程师组织施工单位项目负责人和项目技术负责人进行验收，并核查下列内容：（1）所含分项工程质量是否验收合格；（2）有关安全、节能、环保和主要使用功能抽样检验结果是否符合规定。

问题：

1. 针对事件1，依据《建设工程监理规范》，项目监理机构对工程质量巡视工作还应包括哪些内容？

2. 针对事件2，指出施工单位的不妥之处，说明理由。

3. 指出事件3中的不妥之处，写出正确做法。

4. 针对事件4，依据《建设工程施工质量验收统一标准》，还有哪些人员应参加验收？项目监理机构还应核查哪些内容？

案例四

某工程，建筑面积 12 万 m²，计划工期 26 个月，工程估算价 4 亿元，建设单位委托工程监理单位进行施工招标和施工监理。实施过程中发生如下事件：

事件 1：监理单位起草施工招标文件时，建设单位提出下列要求：（1）投标单位必须有近 5 年建设面积 10 万 m² 以上的同类工程业绩；（2）投标单位须在本工程所在地具有同类工程业绩；（3）施工项目经理必须常驻现场，未经建设单位同意不得更换项目经理；（4）设置最高投标限价和最低投标限价；（5）投标单位的投标保证金为 1000 万元；（6）联合体中标的，由联合体代表与建设单位签订合同。

事件 2：开工前，施工单位向项目监理机构报送了施工组织设计，项目监理机构审查部分内容后认为：（1）资金、劳动力、材料、设备等资源供应计划满足工程施工需要；（2）工程质量保证措施符合施工合同要求；（3）安全技术措施符合工程建设强制性标准。

事件 3：监理员巡视时发现，现浇钢筋混凝土柱拆模后有蜂窝、麻面等质量缺陷，即下达了《监理通知单》，并报告了专业监理工程师。专业监理工程师提出了质量缺陷处理方案，并要求施工单位整改。

事件 4：工程完工后，总监理工程师代表组织了工程竣工预验收，预验收合格后，总监理工程师组织编写《工程质量评估报告》并签字后，即报送建设单位。

问题：

1. 指出事件 1 中建设单位要求的不妥之处，说明理由。

2. 针对事件 2，依据《建设工程监理规范》，项目监理机构对施工组织设计还应审查哪些内容？

3. 针对事件 3，指出项目监理机构的不妥之处，写出正确做法？

4. 指出事件 4 中的不妥之处，写出正确做法。

案例五

某工程，建设单位与施工单位依据《建设工程施工合同（示范文本）》签订了施工合同，经总监理工程师审核确认的施工总进度计划如图1所示，各项工作均按最早开始时间安排且匀速施工。

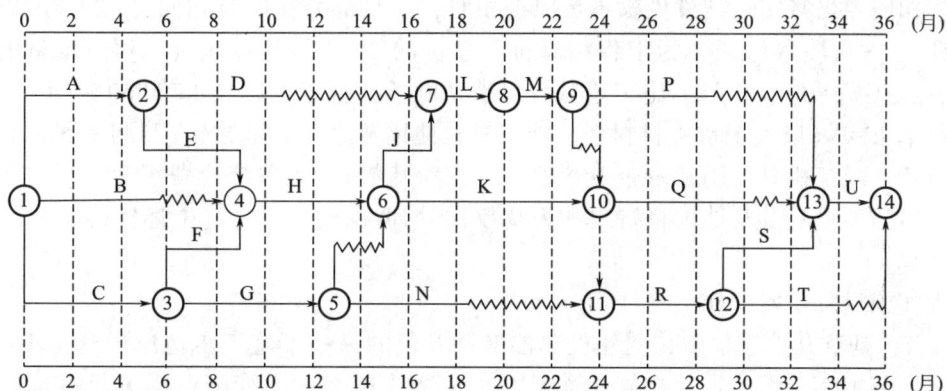

图1　施工总进度计划

工程实施过程中发生如下事件：

事件1：工程施工至第2个月，发现工程地质实际情况与勘察报告不符，需要补充勘察并修改设计，由此导致工作A暂停施工1个月，工作B暂停施工2.5个月，造成施工单位支出施工机械设备闲置费用15万元，施工人员窝工费用12万元。为此，施工单位提出工期延期2.5个月、费用补偿27万元的索赔。

事件2：工程施工至第19个月末，经检查：工作L拖后3个月，工作K正常，工作N拖后4个月。

事件3：建设单位在第20个月初提出工程必须按原合同工期完成。为此，施工单位提出赶工方案，将顺序施工的工作R和S分为3个施工段组织流水施工，流水节拍见表1。

工作R、S的施工段流水节拍（单位：月）　　　　　表1

工作	施工段		
	①	②	③
R	2	2	1
S	1	1	2

问题：

1. 针对事件1，项目监理机构是否应批准工程延期？说明理由。应批准费用补偿多少万元？说明理由。

2. 指出事件1发生后施工总进度计划中的关键线路及工作D、G的总时差和自由时差。

3. 针对事件2，分别说明各项工作实际进度偏差对总工期的影响。

4. 针对事件3，工作R与S之间的流水步距为多少个月？流水施工工期为多少个月？工作R和S组织流水施工后，工程总工期为多少个月？

案例六

某工程，建设单位和施工单位依据《建设工程施工合同（示范文本）》签订了施工合同。签约合同价 8100 万元，其中暂列金额 100 万元（含税费），合同工期 10 个月。施工合同约定：（1）预付款为签约合同价（扣除暂列金额）的 20%，开工后从第 3 个月开始分 4 个月等额扣回，当月实际结算价款不足以抵扣时，不足部分在次月扣回；（2）工程进度款按月结算；（3）质量保证金为工程结算价款总额的 3%，每月按应付工程进度款的 3% 扣留；（4）人工费 80 元/工日，施工机械台班费 2000 元/台班，计日工单价 150 元；（5）企业管理费率 12%（以人工费、材料费、施工机具使用费之和为基数），利润率 5%（以人工费、材料费、施工机具使用费及企业管理费之和为基数），规费综合费率 8%（以分部分项工程费、措施项目费及其他项目费之和为基数），增值税税率 9%。（上述费用均不含增值税进项税额）。

工程实施过程中发生如下事件：

事件 1：基坑开挖过程中，受建设单位平行发包的另一家施工承包单位施工不当影响，造成基坑局部坍塌，因此发生修复基坑围护工程费用 30 万元、变配电用房费用 5 万元，工程停工 5 天，施工单位提出索赔，要求补偿费用 35 万元，工程延期 5 天，建设单位同意补偿基坑围护工程费用 30 万元，但不同意顺延工期。

事件 2：结构工程施工阶段，建设单位提出工程变更，由此增加用工 150 工日，施工机械 30 台班及计日工 160 工日。施工单位在合同约定期限内向项目监理机构提出费用补偿申请。

事件 3：装修工程施工中发生不可抗力，造成下列后果：（1）装修材料损失 3 万元；（2）施工机械损失 12 万元；（3）施工单位应建设单位要求，照管、清理和修复工程发生费用 15 万元；（4）施工人员医疗费 1.8 万元。为保证合同工期，建设单位要求施工单位赶工，施工单位为此提出增加赶工费要求。

事件 4：施工单位 1~10 月实际完成的合同价款（含各项索赔费用）见表 2。

施工单位 1~10 月实际完成的合同价款（含各项索赔费用） 表 2

时间(月)	1	2	3	4	5	6	7	8	9	10
实际完成合同价款(万元)	800	900	814	400	900	920	800	900	900	734

问题：

1. 工程预付款总额和第 3 个月应扣回的工程预付款分别是多少万元？

2. 针对事件 1，指出建设单位做法的不妥之处，写出正确做法。

3. 针对事件 2，项目监理机构应批准费用补偿多少万元？

4. 针对事件 3，指出建设单位应承担哪些费用？

5. 针对事件 4，分别计算第 2、4、5 个月实际支付的工程价款为多少万元？工程实际造价和质量保证金分别是多少万元？

2021 年度全国监理工程师职业资格考试试卷答案与解析

案例一

1. 采用的是直线职能制组织形式。（1分）

该组织形式的优点：实行直线领导（统一指挥）（1分）、职责分明（职责分工明确）（1分）、目标管理专业化（1分）。

该组织形式的缺点：职能部门与指挥部门易产生矛盾，信息传递路线长（1分），不利于互通信息（1分）。

> 第1个问题：主要考核了项目监理机构组织形式，属于高频考点。考生要注意掌握直线制、直线职能制、矩阵制这三种监理机构组织形式的特点、图例、优点、缺点等内容。

2. 项目监理机构拟采取措施的判断：

（1）组织措施：明确各级目标控制人员职责；（1分）

（2）技术措施：审查施工组织设计；（1分）

（3）经济措施：按月编制已完工程量统计表；（1分）

（4）合同措施：处理工程索赔。（1分）

> 第2个问题：主要考核建设工程质量、造价、进度三大目标控制的措施。本题考查的是分析判断题型，考生根据复习记住的三大目标控制措施的内容去分析判断背景中采用的措施各自归属，做对此题不难。

3. 事件3中的不妥之处及正确做法：

（1）不妥之处：第一次工地会议后，项目监理机构将监理规划报送建设单位。（1分）

正确做法：应在召开第一次工地会议7天前报建设单位。（1分）

（2）不妥之处：只有总监理工程师签字认可的监理规划直接报送建设单位。（1分）

正确做法：监理规划在报送前，经总监理工程师签字后，还应由监理单位技术负责人审批。（1分）

> 第3个问题：主要考核监理规划报审。在监理规划报审程序中，时间节点安排、负责人往往是出题点，考生要注意区别记忆。

4. 总监理工程师的要求是否正确的判断：

（1）总监理工程师的要求正确。（1分）《施工组织设计/（专项）施工方案报审表》需总监理工程师签字并加盖执业印章。

（2）总监理工程师的要求正确。（1分）《工程开工报审表》需总监理工程师签字并加盖执业印章。

（3）总监理工程师的要求不正确。（1分）《监理报告》仅需总监理工程师签字。

（4）总监理工程师的要求不正确。（1分）《工程材料、构配件、设备报审表》仅需专业监理工程师签字。

（5）总监理工程师的要求正确。（1分）《工程暂停令》需总监理工程师签字并加盖执业印章。

（6）总监理工程师的要求正确。（1分）《工程开工令》需总监理工程师签字并加盖执业印章。

> 第4个问题：主要考核《建设工程监理规范》的规定。对于该考点的考查，考生需要熟悉并记忆项目监理机构及其设施，监理规划及监理实施细则，工程质量、造价、进度控制及安全生产管理的监理工作，工程变更，索赔及施工合同争议处理的规定，这些规定是重点考查内容。

案例二

1. 事件1 监理工程师的后续处理程序和方式：

（1）向甲施工单位签发《工程暂停令》，（2分）要求丙施工单位退场，（1分）并要求对丙施工单位已施工部分的工程质量进行检测（检验）。（1分）

（2）若检测（检验）结果合格，向甲施工单位签发《工程复工令》；（2分）若检测（检验）结果不合格，指令甲施工单位返工整改。（2分）

> 第1个问题：主要考核违法分包后的处理。这里一定要分清是签发《监理通知单》，还是签发《工程暂停令》。

2. 事件2中：

（1）项目监理机构向甲施工单位签发《监理通知单》正确；（1分）

理由：甲施工单位与建设单位有合同关系。（1分）

（2）项目监理机构向乙施工单位签发《监理通知单》不正确；（1分）

理由：乙施工单位与建设单位没有合同关系。（1分）

（3）项目监理机构向甲施工单位签发《工程暂停令》；（1分）

理由：甲、乙施工单位拒绝项目监理机构管理。（1分）

> 第2个问题：主要考核安全生产管理的监理工作。项目监理机构在实施监理过程中，发现工程存在安全事故隐患时，应签发监理通知单，要求施工单位整改；情况严重时，应签发工程暂停令，并应及时报告建设单位。施工单位拒不整改或不停止施工时，项目监理机构应及时向有关主管部门报送监理报告。项目监理机构发现施工单位未经批准擅自施工或拒绝项目监理机构管理的时，总监理工程师应及时签发工程暂停令。

3. 不妥之处：组织施工质量管理人员验收合格后指令开始钢结构安装施工。（3分）

正确做法：组织相关人员验收合格后，经施工单位项目技术负责人及总监理工程师签

字后，方可开始施工。（3分）

> 第3个问题：主要考核危大工程的验收。对于按照规定需要验收的危大工程，施工单位、监理单位应当组织相关人员进行验收。验收合格的，经施工单位项目技术负责人及总监理工程师签字确认后，方可进入下一道工序。危大工程验收合格后，施工单位应当在施工现场明显位置设置验收标识牌，公示验收时间及责任人员。

案例三

1. 项目监理机构对工程质量巡视工作还应包括的内容：
（1）按工程设计文件施工情况。（1分）
（2）按工程建设标准施工情况。（1分）
（3）按批准的（专项）施工方案施工情况。（1分）
（4）使用的工程材料、构配件和设备是否合格情况。（1分）
（5）施工质量管理人员到位情况。（1分）

> 第1个问题：主要考核施工过程质量控制的巡视。本题以补充题的形式考核了巡视的内容，考生只要写出背景资料中缺少的内容即可。根据《建设工程监理规范》第5.2.12条规定，项目监理机构应安排监理人员对工程施工质量进行巡视。巡视应包括下列主要内容：（1）施工单位是否按工程设计文件、工程建设标准和批准的施工组织设计、（专项）施工方案施工。（2）使用的工程材料、构配件和设备是否合格。（3）施工现场管理人员，特别是施工质量管理人员是否到位。（4）特种作业人员是否持证上岗。

2. 针对事件2，施工单位的不妥之处及理由：
（1）不妥之处：施工单位项目技术负责人兼任安全生产管理员；（1分）
理由：相关法规规定，施工单位应配备专职安全生产管理人员。（1分）
（2）不妥之处：本工程已完工的地下一层有工人居住；（1分）
理由：相关法规规定，施工单位不得在尚未竣工验收的建筑物内设置员工集体宿舍。（1分）
（3）不妥之处：正在使用的脚手架连墙件被拆除。（1分）
理由：存在施工安全事故隐患。（1分）

> 第2个问题：主要考核施工单位的安全责任。本题要求针对事件2发生的情况逐一说明不妥之处及理由，考生要按问题的要求答题，先判断再写理由。
> （1）《建设工程安全生产管理条例》第二十三条规定，施工单位应当设立安全生产管理机构，配备专职安全生产管理人员。因此监理人员巡视时发现的第（1）种情况，不妥。
> （2）《建设工程安全生产管理条例》第二十九条规定，施工单位应当将施工现场的办公、生活区与作业区分开设置，并保持安全距离；办公、生活区的选址应当符合安全性要求。职工的膳食、饮水、休息场所等应当符合卫生标准。施工单位不得在尚未竣工的建筑物内设置员工集体宿舍。因此监理人员巡视时发现的第（2）种情况，不妥。

（3）《建筑施工脚手架安全技术统一标准》GB 51210—2016第9.0.8条规定，脚手架的拆除作业必须符合下列规定：①架体的拆除应从上而下逐层进行，严禁上下同时作业；②同层杆件和构配件必须按先外后内的顺序拆除；剪刀撑、斜撑杆等加固杆件必须在拆卸至该杆件所在部位时再拆除；③作业脚手架连墙件必须随架体逐层拆除，严禁先将连墙件整层或数层拆除后再拆架体。拆除作业过程中，当架体的自由端高度超过2个步距时，必须采取临时拉结措施。因此监理人员巡视时发现的第（3）种情况，不妥。

3. 事件3中的不妥之处与正确做法：

（1）不妥之处：施工单位对现场拟用承重结构的钢筋自行取样，报请项目监理机构确认。（1分）

正确做法：应该通知监理人员见证取样。（1分）

（2）不妥之处：监理人员通知施工单位将试件报送检测机构。（1分）

正确做法：由监理人员见证，封样、送样。（1分）

第3个问题：主要考核施工过程质量控制的见证取样。施工单位在对进场材料、试块、试件、钢筋接头等实施见证取样前要通知负责见证取样的监理人员，在该监理人员现场监督下，施工单位按相关规范的要求，完成材料、试块、试件等的取样过程。

完成取样后，施工单位取样人员应在试样或其包装上做出标识、封志。标识和封志应标明工程名称、取样部位、取样日期、样品名称和样品数量等信息，并由见证取样的监理人员和施工单位取样人员签字。如钢筋样品、钢筋接头，则贴上专用加封标志。然后送往试验室。

4. 节能分部工程验收还应参加的人员：设计单位项目负责人（1分）和施工单位技术（1分）、施工单位质量部门负责人（1分）。

项目监理机构还应核查的内容包括：（1）质量控制资料是否完整；（1分）（2）观感质量是否符合要求。（1分）

第4个问题：主要考核建筑工程施工质量验收合格规定。本题考查两个小问，一个是要求补充节能分部工程验收的参加人员，还有一个是要求补充分部工程质量验收合格的规定。

（1）分部工程应由总监理工程师组织施工单位项目负责人和项目技术负责人等进行验收。设计单位项目负责人和施工单位技术、质量部门负责人应参加主体结构、节能分部工程的验收。因此节能分部工程验收还应参加的人员：设计单位项目负责人和施工单位技术、质量部门负责人。

（2）分部工程质量验收合格应符合下列规定：（1）所含分项工程的质量均应验收合格。（2）质量控制资料应完整。（3）有关安全、节能、环境保护和主要使用功能的抽样检验结果应符合相应规定。（4）观感质量应符合要求。背景资料中告知第（1）、（3）项内容，考生只需补充第（2）、（4）项内容即可。

案例四

1. 事件 1 中建设单位要求的不妥之处及理由：
（1）不妥之处：投标单位必须在本工程所在地具有同类工程业绩。（1 分）
理由：不得以同类工程业绩的地域要求限制潜在投标人。（1 分）
（2）不妥之处：设置最低投标限价。（1 分）
理由：相关法律规定，招标人不得规定最低投标限价。（1 分）
（3）不妥之处：投标单位的投标保证金为 1000 万元。（1 分）
理由：投标保证金不得超过招标项目估算价的 2%（800 万元）。（1 分）
（4）不妥之处：联合体中标的，由联合体代表与建设单位签订合同。（1 分）
理由：联合体中标的，联合体各方应当共同与招标人签订合同。（1 分）

> 第 1 个问题：主要考核招标文件对潜在投标人的要求。回答该问题的依据是《招标投标法》第 31 条与《招标投标法实施条例》第 26、27、32 条。

2. 项目监理机构对施工组织设计还应审查的内容：
（1）编审程序是否符合相关规定；（1 分）
（2）施工进度、施工方案是否符合施工合同要求；（2 分）
（3）施工总平面布置是否科学合理。（1 分）

> 第 2 个问题：主要考核《建设工程监理规范》对工程质量、造价、进度控制及安全生产管理的监理工作的规定。具体答题依据是《建设工程监理规范》第 5.1.6 条。

3. 针对事件 3，项目监理机构的不妥之处与正确做法：
（1）不妥之处：监理员下达《监理通知单》；（1 分）
正确做法：报告专业监理工程师，由专业监理工程师下达《监理通知单》。（1 分）
（2）不妥之处：专业监理工程师提出质量缺陷处理方案；（1 分）
正确做法：项目监理机构要求施工单位报送质量缺陷处理方案。（1 分）

> 第 3 个问题：主要考核质量缺陷的处理。项目监理机构发现施工存在质量问题的，或施工单位采用不适当的施工工艺，或施工不当，造成工程质量不合格的，应及时签发监理通知单，要求施工单位整改。整改完毕后，项目监理机构应根据施工单位报送的监理通知回复对整改情况进行复查，提出复查意见。对需要返工处理加固补强的质量缺陷，项目监理机构应要求施工单位报送经设计等相关单位认可的处理方案，并应对质量缺陷的处理过程进行跟踪检查，同时应对处理结果进行验收。

4. 事件 4 中的不妥之处及正确做法：
（1）不妥之处：总监理工程师代表组织工程竣工预验收；（1 分）
正确做法：总监理工程师组织工程竣工预验收。（1 分）
（2）不妥之处：《工程质量评估报告》经总监理工程师签字后即报送建设单位；（1 分）
正确做法：《工程质量评估报告》经总监理工程师签字后，应报经监理单位技术负责人

审核签字后再报送建设单位。(1分)

> 第4个问题：主要考核工程竣工预验收。项目监理机构应审查施工单位提交的单位工程竣工验收报审表及竣工资料，组织工程竣工预验收。存在问题的，应要求施工单位及时整改；合格的，总监理工程师应签认单位工程竣工验收报审表。工程竣工预验收合格后，项目监理机构应编写工程质量评估报告，并应经总监理工程师和工程监理单位技术负责人审核签字后报建设单位。项目监理机构应参加由建设单位组织的竣工验收，对验收中提出的整改问题，应督促施工单位及时整改。工程质量符合要求的，总监理工程师应在工程竣工验收报告中签署意见。

案例五

1. 监理机构不应批准工程延期。(1分)

理由：工作 A 暂停施工 1 个月，不影响工期；(1分) 工作 B 暂停施工 2.5 个月，不影响工期。(1分)

应批准费用补偿 27 万元。(1分)

理由：施工中遇到勘察报告未提及的地下障碍物属于建设单位应承担的责任，损失应由建设单位承担（补充勘查并修改设计造成的损失不属于施工单位的责任）。(1分)

> 第1个问题：主要考核工期索赔和费用索赔。工作 A 有 1 个月总时差，暂停施工 1 个月未超过其总时差，不影响工期；工作 B 有 3 个月总时差，暂停施工 2.5 个月，未超过其总时差，不影响工期。

2. 事件 1 发生后，关键线路有两条 A-E-H-K-R-S-U（①→②→④→⑥→⑩→⑪→⑫→⑬→⑭）；C-F-H-K-R-S-U（①→③→④→⑥→⑩→⑪→⑫→⑬→⑭）。(4分)

工作 D：总时差为 6 个月（1分），自由时差为 5 个月（1分）。

工作 G：总时差为 2 个月（1分），自由时差为 0（1分）。

> 第2个问题：主要考核关键线路确定、总时差和自由时差计算，该部分内容一般会结合索赔管理进行考核，属于每年必考内容。

3. 工作 L、K、N 拖后对总工期影响的判断：

工作 L：拖后 3 个月，将延长总工期 2 个月。(1分)

工作 K：进度正常，对总工期没有影响。(1分)

工作 N：拖后 4 个月，不影响总工期。(1分)

> 第3个问题：主要考核实际进度与计划进度的比较，重点掌握前锋线法。
> 工作 L：总时差 1 个月，拖后 3 个月，超过总时差 2 个月，将延长总工期 2 个月。
> 工作 N：总时差 5 个月，拖后 4 个月，未超出其总时差，不影响总工期。

4. 工作 R 与 S 的流水步距 3 个月。(1分)

流水施工工期＝3＋（1+1+2）＝7（个月）。（1分）

工作R和S组织流水施工后，工程总工期为36个月。（2分）

第4个问题：主要考核流水步距、流水工期、最终工期的计算。

采用错位相减取大差法计算工作R与S的流水步距：

```
  2,  4,  5
－    1,  2,  4
─────────────
  2   3   3  －4
```

工作R与S的流水步距3个月。

考虑事件2时延误的2个月工期，工作R、S，原计划工期9个月，现在组织流水施工后调整为7个月，缩短2个月，工作U可以早开始2个月，综合考虑工作P、Q和T的总时差，工期可以缩短2个月，再考虑前期延误的2个月工期，最终完工时间仍为36个月。

案例六

1. 预付款总额＝（8100−100）×20%＝1600万元。（1分）

第3个月应扣回的预付款为1600÷4＝400万元。（1分）

第1个问题：主要考核预付款总额及扣回的计算。这个问题相对简单一些，但一定要减去暂列金额。

---

2. 建设单位的不妥之处：只同意补偿基坑围护工程费用30万元，不同意顺延工期。（1分）

正确做法：应同意补偿费用35万元（1分）、工程延期5天（1分）。

第2个问题：主要考核索赔管理，这是每年必考考点。造成此次施工不当影响的另一家施工承包单位是建设单位平行发包的，对于建设单位和受影响的施工单位合同关系来说，这次影响的责任由建设单位承担。

---

3. 监理机构应批准的费用补偿：

增加用工人工费：150×80÷10000＝1.2万元。（1分）

1.2×（1+12%）×（1+5%）×（1+8%）×（1+9%）＝1.66万元。（1分）

施工机械费：30×2000÷10000＝6万元。（1分）

6×（1+12%）×（1+5%）×（1+8%）×（1+9%）＝8.31万元。（1分）

计日工费：160×150÷10000＝2.4万元。（1分）

2.4×（1+8%）×（1+9%）＝2.83万元（1分）

监理机构应批准费用补偿为：1.66+8.31+2.83＝12.80万元。（1分）

第3个问题：主要考核索赔管理，这是每年必考考点。建设单位提出的工程变更，施工单位一定可以获得索赔的，而且得到的补偿应该是全费用的。这里要注意一点：人工费80元/工日、施工机械台班费2000元/台班和计日工单价150元属于工料单价，所以，在计算补偿款时就应该计取企业管理费、利润、规费和税金。

---

4. 建设单位应承担的费用：（1）装修材料损失 3 万元；（1 分）（2）照管、清理修复工程费用 15 万元；（1 分）（3）赶工费。（1 分）

> 第 4 个问题：主要考核不可抗力的责任承担。不可抗力是非常重要的考点，要特别关注。不可抗力的责任承担划分：
>
> （1）工程本身的损害、因工程损害导致第三方人员伤亡和财产损失以及运至施工场地用于施工的材料和待安装的设备的损害，由发包人承担；
>
> （2）发包人、承包人人员伤亡由其所在单位负责，并承担相应费用；
>
> （3）承包人的施工机械设备损坏及停工损失，由承包人承担；
>
> （4）发包人要求赶工的，由此增加的赶工费用由发包人承担；
>
> （5）停工期间，承包人应发包人要求留在施工场地的必要的管理人员及保卫人员的费用由发包人承担；
>
> （6）工程所需清理、修复费用，由发包人承担。

5. 第 2 个月：实际支付的工程价款 $= 900 \times (1-3\%) = 873$ 万元。（1 分）

第 4 个月：$400 \times (1-3\%) - 400 = -12$ 万元，本月不支付。（1 分）

第 5 个月：实际支付的工程价款为 $= 900 \times (1-3\%) - 400 - 12 = 461$ 万元。（1 分）

工程实际造价 $= 800 + 900 + 814 + 400 + 900 + 920 + 800 + 900 + 900 + 734 = 8068$ 万元。（1 分）

质量保证金 $= 8068 \times 3\% = 242.04$ 万元。（1 分）

> 第 5 个问题：主要考核工程价款、实际总造价及质量保证金的计算。需要注意的是：质量保证金的计算应根据实际总造价，而不是背景资料中的"签约合同价 8100 万元"。
>
> 第 2 个月工程实际造价 900 万元，扣回质量保证金为 $900 \times 3\% = 27.00$ 万元，实际支付的工程价款为 $900 - 27 = 873$ 万元。
>
> 第 4 个月工程实际造价 400 万元，扣回质量保证金为 $400 \times 3\% = 12.00$ 万元，扣回的预付款为 400 万元，由于不足以扣完，故第 4 个月实际支付的价款为 0 万元，不足以扣回的金额 12 万元，将在第 5 个月扣回。
>
> 第 5 个月工程实际造价 900 万元，扣回质量保证金为 $900 \times 3\% = 27.00$ 万元，扣回的预付款为 400 万元。实际支付的工程价款为 $900 - 27 - 400 - 12 = 461.00$ 万元。
>
> 工程实际造价 = 事件 4 表中各月实际完成合同价款的和。
>
> 质量保证金 = 工程实际造价 × 3%。

《建设工程监理案例分析》（土木建筑工程）

2020 年度试卷及答案解析

2020 年度全国监理工程师职业资格考试试卷

扫码听课

本试卷均为案例分析题（共 6 题，每题 20 分），要求分析合理、结论正确；有计算要求的，应简要写出计算过程。

案例一

某工程，施工合同价款 30000 万元，工期 36 个月。实施过程中发生如下事件：

事件 1：在监理招标文件中，建设单位提出部分评审内容如下：①企业资质；②工程所在地类似工程业绩；③监理人员配备；④监理规划；⑤施工设备检测能力；⑥监理服务报价。

事件 2：监理招标文件规定，项目监理机构在配备专业监理工程师、监理员和行政文秘人员时，需综合考虑施工合同价款和工期因素。已知：上述人员配备定额分别为 0.5、0.4 和 0.1（人·年/千万元）。

事件 3：工程开工前，项目监理机构预测分析工程实施过程中可能出现的风险因素，并提出风险应对建议：

（1）拟订货的某品牌设备故障率较高，建议更换生产厂家。

（2）工程紧邻学校，建议采取降噪措施减小噪声对学生的影响。

（3）施工单位拟选择的分包单位无类似工程施工经验，建议更换分包单位。

（4）某专业工程施工难度大、技术要求高，建议选择有经验的专业分包单位。

（5）恶劣气候条件可能会严重影响工程，建议购买工程保险。

（6）由于工期紧、质量要求高，建议要求施工单位提供履约担保。

事件 4：某危险性较大的分项工程施工前，监理员编写了监理实施细则，报专业监理工程师审查后实施。

问题：

1. 指出事件 1 中监理招标评审内容的不妥之处，并写出相应正确的评审内容。

2. 针对事件 2，按施工合同价款计算的工程建设强度是多少（千万元/年）？需配备的专业监理工程师、监理员和行政文秘人员的数量分别是多少？

3. 事件 3 中的风险应对建议，分别属于风险回避、损失控制、风险转移和风险自留应对策略中的哪一种？

4. 指出事件 4 中的不妥之处，写出正确做法。

案例二

某工程，实施过程中发生如下事件：

事件1：工程开工前，施工单位向项目监理机构报送工程开工报审表及相关资料。专业监理工程师组织审查施工单位报送的工程开工报审表及相关资料后，签署了审核意见。总监理工程师根据专业监理工程师的审核意见，签发了工程开工令。

事件2：因工程中采用新技术，施工单位拟采用新工艺进行施工。为了论证新工艺的可行性，施工单位组织召开专题论证会后，向项目监理机构提交了相关报审资料。

事件3：项目监理机构收到施工单位报送的试验室报审资料，内容包括：试验室报审表、试验室的资质等级及试验范围证明资料。项目监理机构审查后认为试验室证明资料不全，要求施工单位补报。

事件4：某隐蔽工程完工后，建设单位对已验收隐蔽部位的质量有疑问，要求进行剥离检查。事后，施工单位提出费用索赔。

事件5：在塔式起重机拆除过程中发生了生产安全事故，造成4人死亡、5人重伤，直接经济损失1200万元。事故发生后，施工单位立即报告了建设单位和有关主管部门，总监理工程师立即签发了工程暂停令，并指挥施工单位开展应急抢险工作。事故发生2小时后，总监理工程师向监理单位负责人报告了事故情况。

问题：

1. 指出事件1中的不妥之处，写出正确做法。

2. 针对事件2，写出项目监理机构对相关报审资料的处理程序。

3. 针对事件3，施工单位应补报哪些证明资料？

4. 针对事件4，建设单位的要求是否合理？项目监理机构是否应同意建设单位的要求？项目监理机构应如何处理施工单位提出的费用索赔？

5. 针对事件5，判别生产安全事故等级。指出总监理工程师做法的不妥之处，说明理由。

案例三

某工程，甲施工单位按合同约定将开挖深度为 5 m 的深基坑工程分包给乙施工单位。工程实施过程中发生如下事件：

事件 1：乙施工单位编制的深基坑工程专项施工方案经项目经理审核签字后报甲施工单位审批，甲施工单位认为该深基坑工程已超过一定规模，要求乙施工单位组织召开专项施工方案专家论证会，并派甲施工单位技术负责人以论证专家身份参加专家论证会。

事件 2：深基坑工程专项施工方案经专家论证，需要进行修改。乙施工单位项目经理根据专家论证报告中的意见对专项施工方案进行修改完善后立即组织实施。

事件 3：监理人员在巡视中发现，主体混凝土结构表面存在严重蜂窝、麻面。经检测，混凝土强度未达到设计要求。总监理工程师向甲施工单位签发了《工程暂停令》，要求报送质量事故调查报告。

问题：

1. 根据《危险性较大的分部分项工程安全管理规定》，指出事件 1 中的不妥之处，写出正确做法。

2. 根据《危险性较大的分部分项工程安全管理规定》，指出事件 2 中的不妥之处，写出正确做法。

3. 针对事件 3，根据《建设工程监理规范》，写出项目监理机构的后续处理程序。

案例四

某依法必须招标的工程，建设单位采用公开招标方式选定施工单位，有 A、B、C、D、E、F、G 7 家施工单位通过了资格预审。实施过程中发生如下事件：

事件 1：在设计评标委员会组成方案时，建设单位提出：评标委员会由 7 人组成；建设单位主要负责人作为评标委员会主任委员；另指定建设单位的 2 位专家作为评标委员会成员，其余 4 位评标专家从依法建立的专家库中随机抽取。

事件 2：施工招标文件规定，9 月 17 日上午 9：00 开标，投标保证金为 75 万元。开标时经核查发现：①D 单位的投标保证金分两次交纳，分别是 9 月 16 日交纳 70 万元，9 月 17 日 9：05 交纳 5 万元；②F 单位投标文件的密封破损；③G 单位委托代理人的授权委托书未经法定代表人签章。

事件 3：开标后，B 单位向招标人递交了投标报价修正函，将原投标报价降低 265.32 万元。招标人接收后要求评标委员会据此评标。

事件 4：开工前，施工单位向建设单位报送了工程开工报审表及相关资料。项目监理机构审查后认为：征地拆迁工作满足工程进度需要；施工单位现场管理及施工人员已到位；现场质量、安全生产管理体系已建立；施工机械具备使用条件；主要工程材料已落实。但因其他开工条件尚不具备，总监理工程师未签发工程开工令。

问题：

1. 针对事件 1，指出建设单位所提要求的不妥之处，说明理由。

2. 事件 2 中，分别指出 D 单位、F 单位和 G 单位的投标文件是否有效？说明理由。

3. 指出事件 3 中的不妥之处，说明理由。

4. 指出事件 4 中的不妥之处，写出正确做法。

5. 针对事件 4，根据《建设工程监理规范》，该工程还应具备哪些条件，总监理工程师方可签发工程开工令？

案例五

某工程，建设单位与施工单位按照《建设工程施工合同（示范文本）》签订了施工合同。经总监理工程师审核确认的施工总进度计划如图1所示，各项工作均按最早开始时间安排且匀速施工。

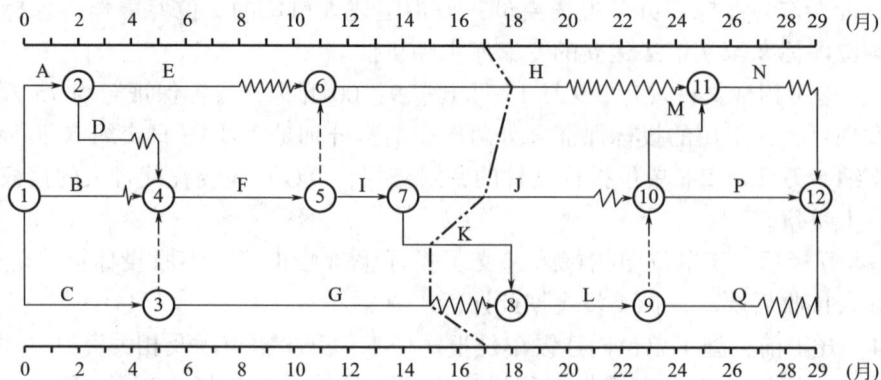

图1　施工总进度计划

工程施工过程中发生如下事件：

事件1：工程施工至第3个月，受百年一遇洪水灾害影响，工作B暂停施工1个月，工作E暂停施工2个月，造成施工现场的工程设备损失30万元、施工机械损失50万元，施工人员受伤医疗费用5万元。施工单位通过项目监理机构向建设单位提出工程延期3个月、费用补偿85万元的申请。

事件2：因用于工作F的施工机械未能及时进场，致使工作F推迟1个月开始。建设单位要求施工单位按期完成工作F，施工单位为此产生赶工费25万元。随后，施工单位通过项目监理机构向建设单位提出工程延期1个月、费用补偿25万元的申请。

事件3：工程施工至第17个月末，项目监理机构检查进度后绘制的实际进度前锋线如图1所示。施工单位为确保工程按原计划工期完成，采取了赶工措施，相关工作赶工费率及可缩短时间见表1。

工作赶工费率及可缩短时间　　　　　　　　　　　　　　　　　　　表1

工作名称	H	J	K	L	M	N	P	Q
赶工费率(万元/月)	25	8	30	28	12	15	15	13
可缩短时间(月)	0.5	2.0	0.5	1.0	1.0	1.0	2.0	2.0

【问题】

1. 针对事件1，项目监理机构应批准工程延期和费用补偿各为多少？说明理由。

2. 针对事件2，项目监理机构应批准工程延期和费用补偿各为多少？说明理由。

3. 针对事件3，根据图1判断实际进度前锋线上各项工作的进度偏差，分别说明各项工作进度偏差对总工期的影响程度。

4. 针对事件3，为达到赶工目的，应首先选择哪几项工作作为压缩对象？为使赶工费最少，应压缩哪几项工作的持续时间？各压缩多少个月？至少需要增加赶工费多少万元？

案例六

某工程，建设单位与施工单位按《建设工程施工合同（示范文本）》签订了施工合同。合同约定：签约合同价为 1000 万元，合同工期 10 个月；企业管理费费率为 12%（以人工费、材料费、施工机具使用费之和为基数），利润率为 7%（以人工费、材料费、施工机具使用费及企业管理费之和为基数），措施项目费按分部分项工程费的 5% 计，规费综合费率为 8%（以分部分项工程费、措施项目费及其他项目费之和为基数），税率为 9%（以分部分项工程费、措施项目费、其他项目费及规费之和为基数），人工费为 80 元/工日，机械台班费为 2000 元/台班；由于建设单位责任造成的人工窝工、机械台班闲置，窝工和闲置费用按原人工费和机械台班费 70% 计取；发生工期延误，逾期竣工违约金每天按签约合同价的 0.5‰ 计取，最高为签约合同价的 5%；工程每提前一天竣工，奖励金额按签约合同价的 1‰ 计取；实际工程量与暂估工程量偏差超出 15% 以上时，超出部分可以调整综合单价。实施过程中发生如下事件：

事件 1：因建设单位需求变化发生设计变更，导致工程停工 15 天，并造成某分部分项工程费增加 34 万元，施工人员窝工 200 个工日、施工机械闲置 10 个台班。为此，施工单位提出了索赔。

事件 2：该工程实际施工工期为 15 个月，其中：①由于设计变更造成工期延长 1 个月；②工程实施过程中遇不可抗力造成工期延长 2 个月；③施工单位准备不足导致试车失败造成工期延长 1 个月；④因施工原因造成质量事故返工导致工期延长 1 个月。施工单位提出了 5 个月的工期索赔（每月按 30 天计算）。

事件 3：某分项工程在招标工程量清单中的暂估工程量为 1250 m³，投标综合单价为 800 元/m³。施工完成后，经项目监理机构验收符合质量要求，确认计量的工程量为 1500 m³。经协商，对原暂估工程量 115% 以上部分工程量的综合单价调整为 750 元/m³。另发生现场签证计日工 4 万元。为此，施工单位提出工程款结算如下：

①分部分项工程费：1500×800÷10000＝120 万元。

②管理费：120×12%＝14.40 万元。

③计日工：4 万元。

④工程结算价款：120＋14.40＋4＝138.40 万元。

问题：

1. 针对事件 1，项目监理机构应批准的费用索赔和工期索赔各是多少？

2. 针对事件 2，逐项指出施工单位的工期索赔是否成立。

3. 针对事件 2，项目监理机构应确认的工期奖惩金额是多少？

4. 针对事件 3，分别指出施工单位提出工程款结算①～④的内容是否妥当，并说明理由。项目监理机构应批准的工程结算价款是多少万元？

2020 年度全国监理工程师职业资格考试试卷答案与解析

案例一

1. 事件 1 中监理招标评审内容的不妥之处及正确的评审内容：
（1）不妥之处一："②工程所在地类似工程业绩"。（1分）
正确的评审内容：类似工程监理业绩。（1分）
（2）不妥之处二："④监理规划"。（1分）
正确的评审内容：建设工程监理大纲。（1分）
（3）不妥之处三："⑤施工设备检测能力"。（1分）
正确的评审内容：试验检测仪器设备及其应用能力。（1分）

第 1 个问题：考核的是建设工程监理评标内容。工程监理评标办法中，通常会将下列要素作为评标内容：（1）工程监理单位的基本素质。（2）工程监理人员配备。（3）建设工程监理大纲。（4）试验检测仪器设备及其应用能力。（5）建设工程监理费用报价。

2. 针对事件 2，按施工合同价款计算的工程建设强度是：（30000/1000）/（36/12）= 10 千万元/年。（1分）
需要配备的人员数量分别是：
专业监理工程师：0.5×10＝5 人；（1分）
监理员：0.4×10＝4 人；（1分）
行政文秘人员：0.1×10＝1 人。（1分）

第 2 个问题：考核的是项目监理机构监理人员数量的确定。
（1）工程建设强度：是指单位时间内投入的建设工程资金的数量，即工程建设强度＝投资/工期。
（2）根据工程复杂程度和工程建设强度套用监理人员需要量定额。

3. 事件 3 中：
（1）属于风险回避；（1分）
（2）属于损失控制；（1分）
（3）属于风险回避；（1分）
（4）属于风险转移；（1分）
（5）属于风险转移；（1分）
（6）属于风险转移。（1分）

第 3 个问题：考核的是建设工程风险对策。建设工程风险对策包括风险回避、损失控制、风险转移和风险自留。

（1）风险回避。风险回避是指在完成建设工程风险分析与评价后，如果发现风险发生的概率很高，而且可能的损失也很大，又没有其他有效的对策来降低风险时，应采取放弃项目、放弃原有计划或改变目标等方法，使其不发生或不再发展，从而避免可能产生的潜在损失。

（2）损失控制。损失控制是一种主动、积极的风险对策。损失控制可分为预防损失和减少损失两个方面。预防损失措施的主要作用在于降低或消除（通常只能做到降低）损失发生的概率，而减少损失措施的作用在于降低损失的严重性或遏制损失的进一步发展，使损失最小化。一般来说，损失控制方案都应当是预防损失措施和减少损失措施的有机结合。

（3）风险转移。风险转移是建设工程风险管理中十分重要且广泛应用的一项对策。当有些风险无法回避、必须直接面对，而以自身的承受能力又无法有效地承担时，风险转移就是一种十分有效的选择。风险转移可分为非保险转移和保险转移两大类。

（4）风险自留。风险自留是指将建设工程风险保留在风险管理主体内部，通过采取内部控制措施等来化解风险。风险自留可分为非计划性风险自留和计划性风险自留两种。

本题可根据背景资料中给出的风险应对建议去选择相对应的风险对策。

4. 事件4中：

（1）不妥之处一："监理员编写了监理实施细则"。（1分）

正确做法：应由专业监理工程师编制监理实施细则。（1分）

（2）不妥之处二："报专业监理工程师审查后实施"。（1分）

正确做法：监理实施细则应报总监理工程师审批后实施。（1分）

第4个问题：考核的是监理实施细则报审。《建设工程监理规范》GB/T 50319—2013第4.3.2条规定，监理实施细则应在相应工程施工开始前由专业监理工程师编制，并应报总监理工程师审批。

案例二

1.

（1）不妥之处一：专业监理工程师组织审查工程开工报审表及相关资料。（1分）

正确做法：由总监理工程师组织审查。（1分）

（2）不妥之处二：专业监理工程师签署审核意见。（1分）

正确做法：由总监理工程师签署审核意见。（1分）

（3）不妥之处三：总监理工程师根据专业监理工程师意见签发工程开工令。（1分）

正确做法：经建设单位同意后签发工程开工令。（1分）

第1个问题：考核的是工程开工报审表及相关资料审核程序。单位工程具备开工条件时，施工单位需要向项目监理机构报送《工程开工报审表》。同时具备下列条件时，由总监理工程师签署审查意见，并报建设单位批准后，总监理工程师方可签发《工程开工令》：

（1）设计交底和图纸会审已完成。

（2）施工组织设计已由总监理工程师签认。

（3）施工单位现场质量、安全生产管理体系已建立，管理及施工人员已到位，施工机械具备使用条件，主要工程材料已落实。

（4）进场道路及水、电、通信等已满足开工要求。

2. 项目监理机构对相关报审资料的处理程序：专业监理工程师审查新工艺的质量认证材料和相关验收标准的适用性；审查合格后，由总监理工程师签认报审资料。（3分）

第2个问题：考核的是在工程中采用新材料、新工艺、新技术、新设备等情况下，对相应审查工作内容和工作程序。《建设工程监理规范》GB/T 50319—2013：

6.2.3 专业监理工程师应审查施工单位报送的新材料、新工艺、新技术、新设备的质量认证材料和相关验收标准的适用性，必要时，应要求施工单位组织专题论证，审查合格后报总监理工程师签认。

3. 施工单位还应补报的证明资料有：

（1）法定计量部门对试验设备出具的计量检定证明。（1分）

（2）试验室管理制度文件。（1分）

（3）试验人员资格证书。（1分）

第3个问题：考核的是工程试验室检查内容。采分点是《建设工程监理规范》GB/T 50319—2013 第6.2.5条。

专业监理工程师应检查施工单位为本工程提供服务的试验室（包括施工单位自有试验室或委托的试验室）。试验室的检查应包括下列内容：①试验室的资质等级及试验范围；②法定计量部门对试验设备出具的计量检定证明；③试验室管理制度；④试验人员资格证书。

项目监理机构收到施工单位报送的试验室报审表及有关资料后，总监理工程师应组织专业监理工程师对施工试验室审查。专业监理工程师在熟悉本工程的试验项目及其要求后对施工试验室进行审查。

4. 建设单位对已验收的隐蔽工程质量进行重新剥离检查的要求合理。（1分）

项目监理机构应同意建设单位的要求。（1分）

剥离检查合格的，项目监理机构应批准索赔；不合格的，不批准索赔。（1分）

第4个问题：本题考核的是隐蔽工程检查。《建设工程施工合同（示范文本）》（GF—2017—0201）第5.3.3条：重新检查。

承包人覆盖工程隐蔽部位后，发包人或监理人对质量有疑问的，可要求承包人对已覆盖的部位进行钻孔探测或揭开重新检查，承包人应遵照执行，并在检查后重新覆盖恢复原状。

经检查证明工程质量符合合同要求的，由发包人承担由此增加的费用和（或）延误的工期，并支付承包人合理的利润；经检查证明工程质量不符合合同要求的，由此增加的费用和（或）延误的工期由承包人承担。

5. 本案例中，在塔式起重机拆除过程中发生了生产安全事故，造成4人死亡、5人重伤，直接经济损失1200万元。因此发生的生产安全事故等级为较大事故。（1分）

总监理工程师做法的不妥之处及理由：

（1）不妥之处：由总监理工程师指挥施工单位开展应急抢险工作。（1分）

理由：因应急抢险工作属于施工单位的工作职责。（1分）

（2）不妥之处：总监理工程师在事故发生2小时后向监理单位负责人报告。（1分）

理由：根据有关规定，总监理工程师应在事故发生后立即向监理单位负责人报告。（1分）

第5个问题：考核的是生产安全事故等级判断、事故报告。

《生产安全事故报告和调查处理条例》规定：

第三条　根据生产安全事故（以下简称事故）造成的人员伤亡或者直接经济损失，事故一般分为以下等级：

（一）特别重大事故，是指造成30人以上死亡，或者100人以上重伤（包括急性工业中毒，下同），或者1亿元以上直接经济损失的事故；

（二）重大事故，是指造成10人以上30人以下死亡，或者50人以上100人以下重伤，或者5000万元以上1亿元以下直接经济损失的事故；

（三）较大事故，是指造成3人以上10人以下死亡，或者10人以上50人以下重伤，或者1000万元以上5000万元以下直接经济损失的事故；

（四）一般事故，是指造成3人以下死亡，或者10人以下重伤，或者1000万元以下直接经济损失的事故。

第九条　事故发生后，事故现场有关人员应当立即向本单位负责人报告；单位负责人接到报告后，应当于1小时内向事故发生地县级以上人民政府安全生产监督管理部门和负有安全生产监督管理职责的有关部门报告。

情况紧急时，事故现场有关人员可以直接向事故发生地县级以上人民政府安全生产监督管理部门和负有安全生产监督管理职责的有关部门报告。

第十一条　安全生产监督管理部门和负有安全生产监督管理职责的有关部门逐级上报事故情况，每级上报的时间不得超过2小时。

《危险性较大的分部分项工程安全管理规定》：

第二十二条　危大工程发生险情或者事故时，施工单位应当立即采取应急处置措施，并报告工程所在地住房城乡建设主管部门。建设、勘察、设计、监理等单位应当配合施工单位开展应急抢险工作。

案例三

1. 事件1中的不妥之处及正确做法：

（1）不妥之处一："乙施工单位编制深基坑专项施工方案经项目经理审核签字后，报甲施工单位审批。"（2分）

正确做法：专项施工方案编制完成后，应由乙施工单位的技术负责人审核签字并加盖单位公章后，再报甲施工单位审批。（2分）

（2）不妥之处二："甲施工单位要求乙施工单位组织召开专家论证会。"（1分）

正确做法：由甲施工单位组织召开专家论证会。（1分）

（3）不妥之处三："甲施工单位技术负责人以论证专家身份参加专家论证会。"（1分）

正确做法：参建各方的人员可以参加专家论证会，但不得以专家的身份参加。（1分）

第1个问题：考核的是专项施工方案的编制及专家论证。《危险性较大的分部分项工程安全管理规定》第十条规定，施工单位应当在危大工程施工前组织工程技术人员编制专项施工方案。实行施工总承包的，专项施工方案应当由施工总承包单位组织编制。危大工程实行分包的，专项施工方案可以由相关专业分包单位组织编制。

第十一条规定，专项施工方案应当由施工单位技术负责人审核签字、加盖单位公章，并由总监理工程师审查签字、加盖执业印章后方可实施。危大工程实行分包并由分包单位编制专项施工方案的，专项施工方案应当由总承包单位技术负责人及分包单位技术负责人共同审核签字并加盖单位公章。

第十二条规定，对于超过一定规模的危大工程，施工单位应当组织召开专家论证会对专项施工方案进行论证。实行施工总承包的，由施工总承包单位组织召开专家论证会。专家论证前专项施工方案应当通过施工单位审核和总监理工程师审查。专家应当从地方人民政府住房城乡建设主管部门建立的专家库中选取，符合专业要求且人数不得少于5名。与本工程有利害关系的人员不得以专家身份参加专家论证会。

---

2. 事件2中的不妥之处及正确做法：

不妥之处：乙施工单位项目经理根据专家论证报告中的意见对专项施工方案进行修改完善后立即组织实施。（3分）

正确做法：修改完善后的专项施工方案应由乙施工单位技术负责人和甲施工单位技术负责人审核签字、加盖公章，并由总监理工程师审查签字、加盖公章后方可实施。（4分）

第2个问题：考核的是专项施工方案的实施。《危险性较大的分部分项工程安全管理规定》第十一条规定，专项施工方案应当由施工单位技术负责人审核签字、加盖单位公章，并由总监理工程师审查签字、加盖执业印章后方可实施。

危大工程实行分包并由分包单位编制专项施工方案的，专项施工方案应当由总承包单位技术负责人及分包单位技术负责人共同审核签字并加盖单位公章。

第十二条规定，对于超过一定规模的危大工程，施工单位应当组织召开专家论证会对专项施工方案进行论证。实行施工总承包的，由施工总承包单位组织召开专家论证会。专家论证前专项施工方案应当通过施工单位审核和总监理工程师审查。

专家应当从地方人民政府住房城乡建设主管部门建立的专家库中选取，符合专业要求且人数不得少于5名。与本工程有利害关系的人员不得以专家身份参加专家论证会。

---

3. 项目监理机构的后续处理程序：

（1）要求施工单位报送经设计等相关单位认可的处理方案；（1分）

（2）审查施工单位报送的处理方案，认可后签字确认；（1分）

（3）对事故的处理过程和处理结果进行跟踪检查和验收；（1分）

（4）验收合格后，征得建设单位同意，由总监理工程师签发工程复工令；（1分）

（5）向建设单位提交质量事故的书面报告，并将事故处理记录整理归档。（1分）

> 第3个问题：考核的是工程质量事故处理程序。《建设工程监理规范》GB/T 50319—2013：
>
> 5.2.17 对需要返工处理或加固补强的质量事故，项目监理机构应要求施工单位报送质量事故调查报告和经设计等相关单位认可的处理方案，并应对质量事故的处理过程进行跟踪检查，同时应对处理结果进行验收。项目监理机构应及时向建设单位提交质量事故书面报告，并应将完整的质量事故处理记录整理归档。

案例四

1. 针对事件1，指出建设单位所提要求的不妥之处及理由：

（1）不妥之处一：建设单位主要负责人作为评标委员会主任委员。（1分）

理由：根据《中华人民共和国招标投标法》（2017修正），评标委员会主任委员应由评标委员会专家选举产生，不应由建设单位指定。（1分）

（2）不妥之处二：另指定两位建设单位专家参加评标委员会。（1分）

理由：根据《中华人民共和国招标投标法》（2017修正），从评标专家库中随机抽取的专家人数不足评标委员总数的2/3，即建设单位专家人数超过评标委员总数的1/3。（1分）

> 第1个问题：考核的是评标委员会组成。《中华人民共和国招标投标法》（2017修正）：
>
> 第三十七条 评标由招标人依法组建的评标委员会负责。
>
> 依法必须进行招标的项目，其评标委员会由招标人的代表和有关技术、经济等方面的专家组成，成员人数为五人以上单数，其中技术、经济等方面的专家不得少于成员总数的三分之二。
>
> 前款专家应当从事相关领域工作满八年并具有高级职称或者具有同等专业水平，由招标人从国务院有关部门或者省、自治区、直辖市人民政府有关部门提供的专家名册或者招标代理机构的专家库内的相关专业的专家名单中确定；一般招标项目可以采取随机抽取方式，特殊招标项目可以由招标人直接确定。
>
> 与投标人有利害关系的人不得进入相关项目的评标委员会；已经进入的应当更换。评标委员会成员的名单在中标结果确定前应当保密。

2. 事件2中：

（1）①D单位投标文件无效。理由：投标截止时间前未足额交纳投标保证金。（2分）

（2）②F单位投标文件无效。理由：投标文件应密封完整，不得破损。（2分）

（3）③G单位投标文件无效。理由：委托代理人的授权委托书应由法定代表人签章。（2分）

> 第2个问题：考核的是投标文件有效性的判断。《中华人民共和国招标投标法实施条例》（2019修正）：
>
> 第三十六条 未通过资格预审的申请人提交的投标文件，以及逾期送达或者不按照招标文件要求密封的投标文件，招标人应当拒收。

招标人应当如实记载投标文件的送达时间和密封情况，并存档备查。

第五十一条　有下列情形之一的，评标委员会应当否决其投标：

（一）投标文件未经投标单位盖章和单位负责人签字；

（二）投标联合体没有提交共同投标协议；

（三）投标人不符合国家或者招标文件规定的资格条件；

（四）同一投标人提交两个以上不同的投标文件或者投标报价，但招标文件要求提交备选投标的除外；

（五）投标报价低于成本或者高于招标文件设定的最高投标限价；

（六）投标文件没有对招标文件的实质性要求和条件作出响应；

（七）投标人有串通投标、弄虚作假、行贿等违法行为。

《评标委员会和评标方法暂行规定》（2013修正）：

第二十三条　评标委员会应当审查每一投标文件是否对招标文件提出的所有实质性要求和条件作出响应。未能在实质上响应的投标，应当予以否决。

第二十五条　下列情况属于重大偏差：

（一）没有按照招标文件要求提供投标担保或者所提供的投标担保有瑕疵；

（二）投标文件没有投标人授权代表签字和加盖公章；

（三）投标文件载明的招标项目完成期限超过招标文件规定的期限；

（四）明显不符合技术规格、技术标准的要求；

（五）投标文件载明的货物包装方式、检验标准和方法等不符合招标文件的要求；

（六）投标文件附有招标人不能接受的条件；

（七）不符合招标文件中规定的其他实质性要求。

投标文件有上述情形之一的，为未能对招标文件作出实质性响应，并按本规定第二十三条规定作否决投标处理。招标文件对重大偏差另有规定的，从其规定。

3. 事件3中：

（1）开标后投标人递交（招标人接收）报价修正函不妥。（1分）

理由：开标后招标人不应接收投标人的报价修正函。（1分）

（2）招标人要求根据开标后递交的报价修正函评标不妥。（1分）

理由：开标后递交的报价修正函无效，不应作为评标依据。（1分）

第3个问题：考核的是《中华人民共和国招标投标法》《中华人民共和国招标投标法实施条例》相关内容。

《中华人民共和国招标投标法》（2017修正）：

第三十九条　评标委员会可以要求投标人对投标文件中含义不明确的内容作必要的澄清或者说明，但是澄清或者说明不得超出投标文件的范围或者改变投标文件的实质性内容。

第四十条　评标委员会应当按照招标文件确定的评标标准和方法，对投标文件进行评审和比较；设有标底的，应当参考标底。评标委员会完成评标后，应当向招标人提出书面评标报告，并推荐合格的中标候选人。

招标人根据评标委员会提出的书面评标报告和推荐的中标候选人确定中标人。招标人也可以授权评标委员会直接确定中标人。

国务院对特定招标项目的评标有特别规定的，从其规定。

《中华人民共和国招标投标法实施条例》（2019修正）：

第五十二条　投标文件中有含义不明确的内容、明显文字或者计算错误，评标委员会认为需要投标人作出必要澄清、说明的，应当书面通知该投标人。投标人的澄清、说明应当采用书面形式，并不得超出投标文件的范围或者改变投标文件的实质性内容。评标委员会不得暗示或者诱导投标人作出澄清、说明，不得接受投标人主动提出的澄清、说明。

4. 事件4中：

不妥之处：施工单位向建设单位报送工程开工报审表及相关资料。（1分）

正确做法：施工单位应向项目监理机构报送开工报审表及相关资料。（1分）

第4个问题：考核的是《建设工程监理规范》GB/T 50319—2013 开工报审程序内容。

《建设工程监理规范》GB/T 50319—2013：

5.1.8 总监理工程师应组织专业监理工程师审查施工单位报送的工程开工报审表及相关资料；同时具备下列条件时，应由总监理工程师签署审核意见，并应报建设单位批准后，总监理工程师签发工程开工令：

（1）设计交底和图纸会审已完成。

（2）施工组织设计已由总监理工程师签认。

（3）施工单位现场质量、安全生产管理体系已建立，管理及施工人员已到位，施工机械具备使用条件，主要工程材料已落实。

（4）进场道路及水、电、通信等已满足开工要求。

5. 工程开工还应具备的条件有：

（1）设计交底和图纸会审已完成。（1分）

（2）施工组织设计已由总监理工程师签认。（1分）

（3）进场道路及水、电、通信等已满足开工要求。（1分）

（4）建设单位已在工程开工报审表中签署同意开工意见。（1分）

第5个问题：考核的是《建设工程监理规范》GB/T 50319—2013 开工报审程序内容。

《建设工程监理规范》GB/T 50319—2013 第5.1.8条。

案例五

1. 事件1中：

（1）项目监理机构不应批准工程延期。（1分）

理由：工作B暂停施工1个月不影响总工期；工作E暂停施工2个月不影响总工期。

（2分）

（2）项目监理机构应批准费用补偿30万元。（1分）

理由：因不可抗力造成的工程设备损失30万元应由建设单位承担，即因不可抗力造成的施工机械损失50万元、施工人员受伤医疗费用5万元应由施工单位承担。（2分）

第1个问题：考核的是工程延期的判断、不可抗力后果的承担。

根据施工总进度计划，双代号时标网络计划关键线路的判定原则：关键线路可从网络计划的终点节点开始，逆着箭线方向进行判定。凡自始至终不出现波形线的线路即为关键线路。即：线路 C→F→I→K→L→P 为关键线路，总工期为 5+6+3+4+5+6＝29 d。

工作 B 不在关键线路上，且有 1 个月的总时差，因此工作 B 暂停施工 1 个月不影响总工期。

工作 E 不在关键线路上，且有 3 个月的总时差，因此工作 E 暂停施工 2 个月不影响总工期。

《建设工程施工合同（示范文本）》GF—2017—0201 中 17.3 不可抗力后果的承担：

17.3.1　不可抗力引起的后果及造成的损失由合同当事人按照法律规定及合同约定各自承担。不可抗力发生前已完成的工程应当按照合同约定进行计量支付。

17.3.2　不可抗力导致的人员伤亡、财产损失、费用增加和（或）工期延误等后果，由合同当事人按以下原则承担：

（1）永久工程、已运至施工现场的材料和工程设备的损坏，以及因工程损坏造成的第三人人员伤亡和财产损失由发包人承担；

（2）承包人施工设备的损坏由承包人承担；

（3）发包人和承包人承担各自人员伤亡和财产的损失；

（4）因不可抗力影响承包人履行合同约定的义务，已经引起或将引起工期延误的，应当顺延工期，由此导致承包人停工的费用损失由发包人和承包人合理分担，停工期间必须支付的工人工资由发包人承担；

（5）因不可抗力引起或将引起工期延误，发包人要求赶工的，由此增加的赶工费用由发包人承担；

（6）承包人在停工期间按照发包人要求照管、清理和修复工程的费用由发包人承担。

不可抗力发生后，合同当事人均应采取措施尽量避免和减少损失的扩大，任何一方当事人没有采取有效措施导致损失扩大的，应对扩大的损失承担责任。

因合同一方迟延履行合同义务，在迟延履行期间遭遇不可抗力的，不免除其违约责任。

因此，因不可抗力造成的工程设备损失30万元应由建设单位承担，即因不可抗力造成的施工机械损失50万元、施工人员受伤医疗费用5万元应由施工单位承担。

故项目监理机构应批准30万元的费用补偿。

---

2. 事件2中：

项目监理机构不应批准工程延期和费用补偿。（2分）

理由：施工机械未能及时进场的责任应由施工单位承担。（2分）

第 2 个问题：考核的是工期索赔相关内容。本案例事件 2 中，施工机械未能及时进场的责任是施工单位的责任，因此由此造成的 1 个月工程延期、25 万元的赶工费，由施工单位自己承担。故，项目监理机构不应批准工程延期和费用补偿。

3. 事件 3 中，根据施工总进度计划，可以看出：
（1）工作 H 提前 1 个月，不影响总工期。（1 分）
（2）工作 J 进度正常，不影响总工期。（1 分）
（3）工作 K 拖后 2 个月，影响总工期 2 个月。（1 分）
（4）工作 G 已完成，不影响总工期。（1 分）

第 3 个问题：考核的是前锋线比较法。前锋线可以直观地反映出检查日期有关工作实际进度与计划进度之间的关系。对某项工作来说，其实际进度与计划进度之间的关系可能存在以下三种情况：
（1）工作实际进展位置点落在检查日期的左侧，表明该工作实际进度拖后，拖后的时间为二者之差。
（2）工作实际进展位置点与检查日期重合，表明该工作实际进度与计划进度一致。
（3）工作实际进展位置点落在检查日期的右侧，表明该工作实际进度超前，超前的时间为二者之差。
因此，根据施工总进度计划，可以看出：
（1）工作 H 提前 1 个月，不影响总工期。
（2）工作 J 进度正常，不影响总工期。
（3）工作 K 拖后 2 个月，影响总工期 2 个月。
（4）工作 G 已完成，不影响总工期。

4. 针对事件 3，为达到赶工目的，应首先选择工作 K、L、P 作为压缩对象。（2 分）
为使赶工费最少，应压缩工作 P 的持续时间和工作 M 的持续时间；工作 P 压缩 2 个月；工作 M 压缩 1 个月。（2 分）
至少需要增加赶工费 42 万元。（2 分）

第 4 个问题：考核的是工期优化。工期优化方法：（1）通过压缩关键工作的持续时间以压缩计算工期，使之满足要求工期。（2）当有多条关键线路时，必须将各条关键线路压缩相同的时间。（3）选择压缩对象考虑因素：满足质量和安全，因压缩而增加的费用少，有充足备用资源。
【注意：若题目给出优选系数，应选择优选系数（或优选系数之和）最小的关键工作为压缩对象】
因此应首先选择工作 K、L、P 作为压缩对象。
计算压缩的时间：4+（6+1）+3+（4+2）+5+6-29＝3 d。
为使赶工费最少，应压缩工作 P 的持续时间和工作 M 的持续时间；工作 P 压缩 2 个月；工作 M 压缩 1 个月。
此时至少需要增加赶工费 15×2+12＝42 万元。

1. 分部分项工程增加的工程造价：$34×(1+5\%)×(1+8\%)×(1+9\%)=42.03$ 万元。（2分）

窝工损失：$[(80×200+10×2000)×70\%×(1+8\%)×(1+9\%)]÷10000=2.97$ 万元。（2分）

应批准的费用索赔合计：$42.03+2.97=45.00$ 万元。（1分）

应批准的工期赔：15 d。（1分）

第1个问题：考核的是发生设计变更处理工程索赔。分部分项工程费34万元包括人材机管理，还需要计取规费和税金。背景资料中的"由于建设单位责任造成的人工窝工、机械台班闲置，窝工和闲置费用按原人工费和机械台班费70%计取"，这个70%就是对降低效率的折算，一定不要忘记计取规费和税金。

---

2. 施工单位的工期索赔是否成立的判断：

（1）①工期索赔成立。（1分）

（2）②工期索赔成立。（1分）

（3）③工期索赔不成立。（1分）

（4）④工期索赔不成立。（1分）

第2个问题：考核的是处理工期索赔的内容。这个问题相对简单一些，只考虑责任由谁来承担，不需要考虑造成延误的工作是否在关键线路上。

---

3. 实际工期15个月，合同工期10个月，可索赔工期3个月，超过 $15-10-3=2$ 个月，违约金：$2×30×0.5‰×1000=30$ 万元 $<1000×5\%=50$ 万元，监理机构批准罚款30万元。（2分）

第3个问题：考核的是依据合同约定对正确确定和处理工期奖惩金额。通过第2个问题的分析，我们可以得出"可索赔工期3个月"，再加上合同工期10个月，是13个月，施工单位承担2个月工期的逾期竣工违约金，按照背景资料给定的条件来计算，但不要超过签约合同价的5%，也就是 $1000×5\%=50$ 万元，计算结果没有超过50万元时，按计算结果金额罚款；超过50万元时，按50万元罚款。

4.

（1）施工单位提出工程款结算①~④的内容：

①不妥。（0.5分）理由：$(1500-1250)/1250=20\%≥15\%$，超过15%部分（$1500-1250×1.15=62.5$ m³）综合单价应调整为750元/m³。（0.5分）

②不妥。（0.5分）理由：综合单价包含人工费、材料费、施工机具使用费、管理费、利润；管理费已包含在分部分项工程费，不应重复计取。（0.5分）

③妥当。（0.5分）理由：计日工属于其他项目，应计入结算款。（0.5分）

④不妥。（0.5分）理由：未计算措施费、规费和税金。（0.5分）

（2）项目监理机构应批准的结算价款：

①调价后的分部分项工程费：

$\{1250×(1+15\%)×800+[1500-1250×(1+15\%)]×750\}÷10000=119.69$ 万元。（1分）

②措施费：$119.69×5\%=5.98$ 万元。（1分）

③其他项目费：4万元。（1分）

④应批准的结算价款：$(119.69+5.98+4)×(1+8\%)×(1+9\%)=152.65$ 万元。（1分）

第4个问题：考核的是工程结算的内容。这是本案例的最后一个问题，我们一定要找一下背景资料中的哪些资料还没有用到，没有用到的，在这个问题中肯定会用到。如果在这个问题的解答中还没有用到，那就说明前3个问题的解答过程有误。

《建设工程监理案例分析》（土木建筑工程）

考前最后第1套卷及答案解析

考前最后第1套卷

扫码听课

本试卷均为案例分析题（共6题，每题20分），要求分析合理、结论正确；有计算要求的，应简要写出计算过程。

试题一

某工程，实施过程中发生如下事件：

事件1：建设单位对监理单位提出以下要求：（1）总监理工程师必须具有高级职称；（2）总监理工程师代表必须具有中级职称；（3）专业监理工程师必须具有中级职称；（4）监理员必须具有初级职称。

事件2：专业监理工程师在审查施工单位报送的工程开工报审表及相关资料时认为：现场质量、安全生产管理体系已建立，管理及施工人员已到位，进场道路及水、电、通信满足开工要求，但其他开工条件尚不具备。

事件3：施工过程中，总监理工程师安排专业监理工程师审批监理实施细则，并委托总监理工程师代表负责调配监理人员、检查监理人员工作和参与工程质量事故的调查。

事件4：专业监理工程师巡视施工现场时，发现正在施工的部位存在安全事故隐患，立即签发监理通知单，要求施工单位整改，施工单位拒不整改，总监理工程师拟签发工程暂停令，要求施工单位停止施工，建设单位以工期紧为由不同意停工，总监理工程师没有签发工程暂停令，也没有及时向有关主管部门报告。最终因该事故隐患未能及时排除而导致严重的生产安全事故。

问题：

1. 事件1中，建设单位提出的要求是否合理？说明理由。

2. 指出事件2中工程开工还应具备哪些条件？

3. 指出事件3中总监理工程师的做法有哪些不妥？分别写出正确做法。

4. 分别指出事件4中建设单位、施工单位和总监理工程师对该生产安全事故是否承担责任？并说明理由。

试题二

某依法必须公开招标的国有资金投资建设项目，采用工程量清单计价方式进行施工招标，业主委托具有相应资质的某咨询企业编制了招标文件和最高投标限价。

招标文件部分规定或内容如下：

（1）投标有效期自投标人递交投标文件时开始计算。

（2）评标方法采用经评审的最低投标价法：招标人将在开标后公布可接受的项目最低投标报价或最低投标报价测算方法。

（3）投标人应当对招标人提供的工程量清单进行复核。

在施工公开招标中，有 A、B、C、D、E、F、G、H 等施工单位报名投标，经监理单位资格预审均符合要求，但建设单位以 A 施工单位是外地企业为由不同意其参加投标，而监理单位坚持认为 A 施工单位有资格参加投标。

评标委员会由 5 人组成，其中当地建设行政管理部门的招标投标管理办公室主任 1 人、建设单位代表 1 人、政府提供的专家库中抽取的技术、经济专家 3 人。

在投标和评标过程中，投标人 C 发现分部分项工程量清单中某分项工程特征描述和图纸不符。

经评标，建设单位最终确定 G 施工单位中标，并按照《建设工程施工合同（示范文本）》与该施工单位签订了施工合同。

问题：

1. 分别指出招标文件中（1）～（3）项的规定或内容是否妥当？并说明理由。

2. 在施工招标资格预审中，监理单位认为 A 施工单位有资格参加投标是否正确？说明理由。

3. 指出施工招标评标委员会组成的不妥之处，说明理由，并写出正确做法。

4. 投标人 C 应如何处理？

试题三

某工程，建设单位委托监理单位承担施工监理任务，在实施过程中发生如下事件：

事件1：在编制监理规划前，总监理工程师要求：监理规划的编制应符合监理实施细则的要求，体现其可指导性。该监理规划主要明确和确定的内容包括：明确项目监理机构的工作目标，确定具体的监理工作制度、确定具体的监理工作流程、确定具体的监理工作程序和确定具体的监理工作措施。

事件2：建设单位采购的一批材料进场后，施工单位未向项目监理机构报验即准备用于工程，项目监理机构发现后立即给予制止并要求报验。检验结果表明这批材料质量不合格。施工单位要求建设单位支付该批材料检验费用，建设单位拒绝支付。

事件3：施工过程中某工程部位发生一起质量事故，需加固补强。施工单位编写了质量事故调查报告和相关处理方案，征得建设单位同意后即开始加固补强。

事件4：工程竣工验收阶段，施工单位完成自检工作后，填写了工程竣工验收报审表，并将全部竣工资料报送项目监理机构申请竣工验收。总监理工程师认为施工过程中均按要求进行了验收，即签署了工程竣工验收报审表，并向建设单位提交了工程质量评估报告。建设单位收到工程质量评估报告后，即将该工程正式投入使用。

问题：

1. 事件1中，总监理工程师的要求是否妥当？说明理由。监理规划主要明确的内容是否妥当？说明理由。

2. 分别指出事件2中施工单位和建设单位做法的不妥之处，并说明理由。项目监理机构应如何处置这批材料？

3. 分别指出事件3中施工单位和建设单位做法的不妥之处。写出项目监理机构处理该事件的正确做法。

4. 事件4中，指出总监理工程师做法的不妥之处，写出正确做法。建设单位的做法是否正确？说明理由。

试题四

某工程，实施过程中发生如下事件：

事件1：在施工招标时，建设单位选择采用邀请招标的方式来选择施工单位，对符合条件的5家法人发出邀请函。

事件2：施工合同约定，空调机组由建设单位采购，由施工单位选择专业分包单位安装。空调机组订货时，生产厂商提出由其安装更能保证质量，且安装资格也符合国家要求。于是，建设单位要求施工单位与该生产厂商签订安装工程分包合同，但施工单位提出已与甲安装单位签订了安装工程分包合同。经协商，甲安装单位将部分安装工程分包给空调机组生产厂商。

事件3：建设单位与施工单位按照《建设工程施工合同（示范文本）》进行工程价款结算时，双方对下列5项工作的费用发生争议：①办理施工场地交通、施工噪声有关手续；②项目监理机构现场临时办公用房搭建；③施工单位采购的材料在使用前的检验或试验；④项目监理机构影响到正常施工的检查检验；⑤设备单机无负荷试车。

事件4：工程完工时，施工单位提出主体结构工程的保修期限为30年，并待工程竣工验收合格后向建设单位出具工程质量保修书。

问题：

1. 事件1中，在哪些情况下可以选择邀请招标？邀请招标是否需要发布招标公告和设置资格预审程序？

2. 分别指出事件2中建设单位和甲安装单位做法的不妥之处，说明理由。

3. 事件3中，各项工作所发生的费用分别应由谁承担？

4. 根据《建设工程质量管理条例》，事件4中施工单位的说法有哪些不妥之处？说明理由。

某工程项目，业主通过招标方式确定了承包商，双方采用工程量清单计价方式签订了施工合同。该工程共有 10 个分项工程，工期 150 d，施工期为 3 月 3 日至 7 月 30 日。合同规定，工期每提前 1 d，承包商可获得提前工期奖 1.2 万元；工期每拖后 1 d，承包商承担逾期违约 1.5 万元。开工前承包商提交并经审批的施工进度计划，如图 1 所示。

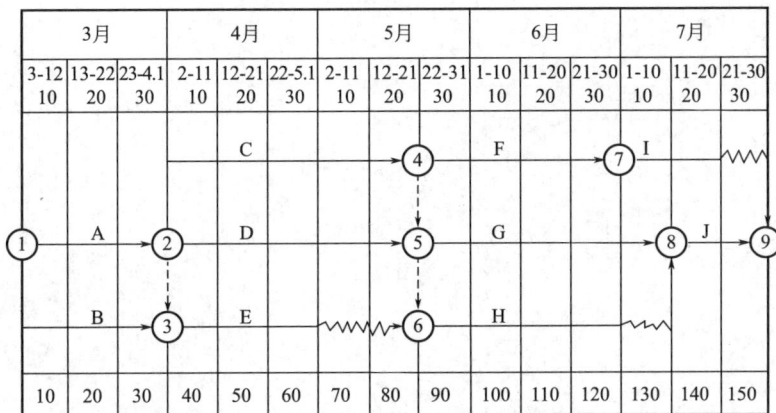

	3月			4月			5月			6月			7月		
	3-12 10	13-22 20	23-4.1 30	2-11 10	12-21 20	22-5.1 30	2-11 10	12-21 20	22-31 30	1-10 10	11-20 20	21-30 30	1-10 10	11-20 20	21-30 30

图 1　施工进度计划

该工程如期开工后，在施工过程中发生了经监理工程师核准的如下事件：

事件 1：3 月 6 日，由于业主提供的部分施工场地条件不充分，致使工作 B 作业时间拖延 4 d，工人窝工 20 个工日，施工机械 B 闲置 5 d（台班费：800 元/台班）。

事件 2：4 月 25～26 日，当地供电中断，导致工作 C 停工 2 d，工人窝工 40 个工日，施工机械 C 闲置 2 d（台班费：1000 元/台班）；工作 D 没有停工，但因停电改用手动机具替代原配动力机械 D 使工效降低，导致作业时间拖延 1 d，增加用工 18 个工日，原配动力机械 D 闲置 2 d（台班费：800 元/台班），增加手动机具使用 2 d（台班费：500 元/台班）。

事件 3：按合同规定由业主负责采购且应于 5 月 22 日到场的材料，直到 5 月 26 日清晨才到场；5 月 24 日发生了脚手架倾倒事故，因处于停工待料状态，承包商未及时重新搭设；5 月 26 日上午承包商安排 10 名架子工重新搭设脚手架；5 月 27 日恢复正常作业，由此导致工作 F 持续停工 5 d，该工作班组 20 名工人持续窝工 5 d，施工机械 F 闲置 5 d（台班费：1200 元/台班）。

截至 5 月末，其他工程内容的作业持续时间和费用均与原计划相符。承包商分别于 5 月 5 日（针对事件 1、2）和 6 月 10 日（针对事件 3）向监理人提出索赔。

机械台班均按每天一个台班计。

问题：

1. 分别指出承包商针对三个事件提出的工期和费用索赔是否合理，并说明理由。

2. 对于能被受理的工期索赔事件，分别说明每项事件应被批准的工期索赔为多少天。如果该工程最终按原计划工期（150 d）完成，承包商是可获得提前工期奖还是需承担逾期违约金？相应的数额是多少？

3. 该工程架子工日工资为 180 元/工日，其他工种工人日工资为 150 元/工日，人工窝工补偿标准为日工资的50%；机械闲置补偿标准为台班费的60%；管理费和利润的计算费率为人材机费用之和的10%；规费和税金的计算费率为人材机费用、管理费与利润之和的9%，计算应被批准的费用索赔为多少元。

4. 按照初始安排的施工进度计划，如果该工程进行到第6个月末时检查进度情况为：工作F完成50%的工作量；工作G完成80%的工作量；工作H完成75%的工作量；绘制实际进度前锋线，分析这三项工作进度有无偏差，并分别说明对工期的影响。

试题六

某工程项目由 A、B、C、D 四个分项工程组成，采用工程量清单招标确定中标人，合同工期 5 个月。承包费用部分数据，见表 1。

承包费用部分数据表   表 1

分项工程名称	计量单位	数量	综合单价
A	m³	5000	50 元/m³
B	m³	750	400 元/m³
C	t	100	5000 元/t
D	m²	1500	350 元/m²
措施项目费用	元	100000	
其中:总价措施项目费用	元	60000	
单价措施项目费用	元	40000	
暂列金额	元	120000	

合同中有关工程款支付条款如下：

1. 开工前发包方向承包方支付合同价（扣除措施项目费用和暂列金额）的 15% 作为材料预付款。预付款从工程开工后的第 2 个月开始分 3 个月均摊抵扣。

2. 工程进度款按月结算，发包方按每次承包方应得工程款的 90% 支付。

3. 总价措施项目工程款在开工前与材料预付款同期支付；单价措施项目在开工后前 4 个月平均支付。

4. 分项工程累计实际程量增加（或减少）超过计划工程量的 15% 时，其综合单价调整系数为 0.95（或 1.05）。

5. 承包商报价管理费率取 10%（以人工费、材料费、机械费之和为基数），利润率取 7%（以人工费、材料费、机械费和管理费之和为基数）。

6. 规费率和增值税率合计（简称规税率）为 16%（以不含规费、税金的人工、材料、机械费、管理费和利润为基数）。

7. 竣工结算时，业主按总造价的 3% 扣留工程质量保证金。

各月计划和实际完成工程量，见表 2。

各月计划和实际完成工程量   表 2

名称	进度	第1月	第2月	第3月	第4月	第5月
A(m³)	计划	2500	2500			
	实际	2800	2500			
B(m³)	计划		375	375		
	实际		430	450		
C(t)	计划			50	50	
	实际			50	60	

名称 \ 进度 \ 月度		第1月	第2月	第3月	第4月	第5月
D(m²)	计划				750	750
	实际				750	750

施工过程中，4月份发生了如下事件：

1. 业主确认某临时工程需人工50工日，综合单价90元/工日；某种材料120 m²，综合单价100元/m²。

2. 由于设计变更，业主确认的人工费、材料费、机械费共计30000元。

问题：

1. 工程签约同价为多少元？

2. 开工前业主应拨付的材料预付款和总价措施项目工程款为多少元？

3. 1~4月业主应拨付的工程进度款分别为多少元？

4. 5月份办理竣工结算工程实际总造价和竣工结算款分别为多少元？

考前最后第1套卷答案解析

试题一

1. 事件 1 中，建设单位提出的要求是否合理的判断及理由：

（1）不合理。理由：只要具备注册监理工程师注册执业证书，并由工程监理单位法定代表人书面任命即可。

（2）不合理。理由：总监理工程师代表是具有工程类注册执业资格或具有中级及以上专业技术职称、3 年及以上工程实践经验并经监理业务培训的人员。

（3）不合理。理由：专业监理工程师是具有工程类注册执业资格或具有中级及以上专业技术职称、2 年及以上工程实践经验并经监理业务培训的人员。

（4）不合理。理由：监理员是具有中专及以上学历并经过监理业务培训的人员。

2. 事件 2 中，根据《建设工程监理规范》GB/T 50319—2013 的规定，工程开工还应具备的条件：

（1）设计交底和图纸会审已完成；

（2）施工组织设计已由总监理工程师签认；

（3）施工机械具备使用条件；

（4）主要工程材料已落实。

3. 事件 3 中，总监理工程师做法的不妥之处及正确做法如下：

（1）不妥之处一：安排专业监理工程师审批监理实施细则。

正确做法：应由总监理工程师审批。

（2）不妥之处二：委托总监理工程师代表调配监理人员。

正确做法：应由总监理工程师调配。

（3）不妥之处三：委托总监理工程师代表参与工程质量事故调查。

正确做法：应由总监理工程师参与。

4. 事件 4 中，建设单位、施工单位和总监理工程师对生产安全事故的责任承担及理由如下：

（1）建设单位有责任，因建设单位不同意总监理工程师签发工程暂停令。

（2）施工单位有责任，因施工单位收到监理通知单后拒不整改。

（3）总监理工程师有责任，因没有签发工程暂停令，也没有向有关主管部门报告。

试题二

1. 招标文件中（1）～（3）项的规定或内容是否妥当的判断及理由如下：

（1）招标文件中第（1）项内容，不妥。

理由：《中华人民共和国招标投标法实施条例》规定，招标人应当在招标文件中载明投标有效期。投标有效期从提交投标文件的截止之日起算。

（2）招标文件中第（2）项内容，不妥。

理由：《中华人民共和国招标投标法实施条例》规定，招标人设有最高投标限价的，应当在招标文件中明确最高投标限价或者最高投标限价的计算方法。招标人不得规定最低投标限价。

（3）招标文件中第（3）项内容，妥当。

理由：工程量清单作为招标文件的组成部分，是由招标人提供的。工程量的大小是投标报价最直接的依据。复核工程量的准确程度，将影响承包商的经营行为。

2. 在施工招标资格预审中，监理单位认为 A 施工单位有资格参加投标是正确的。

理由：以所处地区作为确定投标资格的依据是一种歧视性的依据，这是《中华人民共和国招标投标法实施条例》明确禁止的行为。

3. 施工招标评标委员会组成的不妥之处、理由及其正确做法如下：

（1）不妥之处：评标委员会的组成中，有建设行政管理部门的招标投标管理办公室主任参加。

理由：评标委员会由招标人的代表和有关技术、经济方面的专家组成。

正确做法：投标管理办公室主任不能成为评标委员会成员。

（2）不妥之处：政府提供的专家库中抽取的技术经济专家 3 人。

理由：评标委员会中的技术、经济等方面的专家不得少于成员总数的 2/3。

正确做法：至少应有 4 人是技术、经济专家。

4. 在招标投标过程中，当出现招标工程量清单特征描述与设计图纸不符时，投标人 C 的处理如下：

（1）投标人 C 可以以招标工程量清单的项目特征描述为准，确定投标报价的综合单价。

（2）投标人 C 可以向招标人书面提出质疑，要求招标人澄清。

试题三

1. 总监理工程师的要求不妥。理由：监理实施细则的编制应符合监理规划的要求。

监理规划主要明确的内容不妥。理由：（1）确定具体的监理工作流程不是监理规范应该确定的，而是监理实施细则应该明确的；（2）还应该确定具体的监理工作内容、确定具体的监理工作方法。

2.（1）事件 2 中施工单位和建设单位做法的不妥之处及理由：

①施工单位做法的不妥之处：未报验建设单位采购的进场材料即开始使用。

理由：建设单位供应的材料使用前，由施工单位负责检验。

②建设单位做法的不妥之处：拒绝支付材料检验费用。

理由：检验费用由建设单位承担。

（2）项目监理机构的处置：应要求将这批材料撤出施工现场。

3.（1）事件 3 中，施工单位和建设单位做法的不妥之处：

①施工单位做法的不妥之处：未向项目监理机构报送质量事故调查报告。

②建设单位做法的不妥之处：未经相关单位认可就同意加固补强处理方案。

（2）项目监理机构正确做法：

审查施工单位报送的质量事故调查报告和经设计等单位认可的处理方案，并对质量事故的处理过程跟踪检查，对处理结果进行验收。

4.（1）事件 4 中总监理工程师做法的不妥之处及正确做法：

不妥之处：总监理工程师未组织工程竣工预验收。

正确做法：总监理工程师应组织工程竣工预验收，并签认单位工程竣工验收报审表。

（2）建设单位的做法不正确。

理由：建设单位收到工程质量评估报告后，应组织工程验收。验收合格并备案后方可使用该工程。

试题四

1. 可以选择邀请招标的情况：

（1）技术复杂、有特殊要求或者受自然环境限制，只有少量潜在投标人可供选择；

（2）采用公开招标方式的费用占项目合同金额的比例过大。

邀请招标不需要发布招标公告和设置资格预审程序。

2. 事件 2 中：

（1）建设单位做法的不妥之处：建设单位要求施工单位与该生产厂商签订安装工程分包合同。

理由：建设单位不得直接为施工总承包单位指定分包单位。

（2）甲安装单位做法的不妥之处：甲安装单位将部分安装工程分包给空调机组生产厂商。

理由：《建筑法》规定，禁止分包单位将其承包的工程再分包。

3. 事件 3 中：

第①项工作所发生的费用应由建设单位承担。理由：承包人应遵守有关部门对施工场地交通、施工噪声以及环境保护和安全生产等的管理规定，按管理规定办理有关手续，并以书面形式通知发包人，发包人承担由此发生的费用。

第②项工作所发生的费用应由建设单位承担。理由：承包人应按专用条款约定的数量和要求，向发包人提供在施工现场办公和生活的房屋及设施，发生的费用由发包人承担。

第③项工作所发生的费用应由施工单位承担。理由：承包人采购的材料和设备，在使用前，承包人应按工程师的要求进行检验或试验，不合格的不得使用，检验或试验费用由承包人承担。

第④项工作所发生的费用视情况而定，如检查检验合格，由建设单位承担；如检查检验不合格，由施工单位承担。理由：工程师的检查检验原则上不应影响施工正常进行。如果实际影响了施工的正常进行，其后果责任由检验结果的质量是否合格来区分合同责任。检查检验不合格时，影响正常施工的费用由承包人承担。除此之外，影响正常施工的追加合同价款由发包人承担，相应顺延工期。

第⑤项工作所发生的费用应由施工单位承担。理由：设备单机无负荷试车应由承包人组织，费用包括在安装工程费中。

4. 根据《建设工程质量管理条例》，事件 4 中施工单位说法的不妥之处及理由：

（1）不妥之处：施工单位提出主体结构工程的保修期限为 30 年。

理由：《建设工程质量管理条例》规定，在正常使用条件下，基础设施工程、房屋建筑的地基基础工程和主体工程的最低保修期限为设计文件规定的该工程的合理使用年限。

（2）不妥之处：施工单位提出待工程竣工验收合格后向建设单位出具工程质量保修书。

理由：《建设工程质量管理条例》规定，建设工程承包单位在向建设单位提交工程竣工验收报告时，应当向建设单位出具质量保修书。

1. 承包商针对事件 1 提出的工期和费用索赔不合理。

理由：《建设工程工程量清单计价规范》规定，承包人应在索赔事件发生后 28 d 内，向发包人提交索赔意向通知书，说明发生索赔事件的事由。承包人逾期未发出索赔意向通知书的，丧失索赔的权利。本事件发生在 3 月 6 日，承包商 5 月 5 日才向监理人提出索赔。

承包商针对事件 2 提出的工期和费用索赔合理。

理由：停电是业主承担的风险，且超过了 8 小时，工作 C 和工作 D 属于关键工作，并造成了损失。

事件 3：5 月 22~5 月 25 日的工期不合理，费用索赔合理。

理由：5 月 22~5 月 25 日是业主采购材料未按时入场导致的延误，业主应承担风险；F 工作不是关键工作，且 F 工作有 10 d 的总时差，停工 4 d 未超出其总时差。

5 月 26 日的工期和费用索赔不合理。

理由：5 月 26 日的停工，是由于承包商未及时进行脚手架的搭设导致的，承包商自己承担由此造成的工期和费用的损失。

2. 工期索赔：事件 1：不能获得工期索赔，因为 B 拖延 4 d 小于总时差 30 d；

事件 2：工作 C、D 都是关键工作，且两者是平行工作，工期索赔 2 d；

事件 3：不能获得工期索赔，因为 F 的总时差 10 d，大于延误的时间。

工期索赔 = 2 d。

承包商可获得工期提前奖励。

提前奖励 = (150 + 2 − 150) × 1.2 万元 = 2.4 万元。

3. 事件 1：窝工费用索赔：(20 × 150 × 50% + 5 × 800 × 60%) × (1 + 9%) = 4251.00 元。

超过索赔期限，费用索赔不能被监理工程师批准。

事件 2：窝工费用索赔：(40 × 150 × 50% + 2 × 1000 × 60%) × (1 + 9%) = 4578.00 元。

新增工作索赔：(18 × 150 + 2 × 500) × (1 + 10%) × (1 + 9%) + (2 × 800 × 60%) × (1 + 9%) = 5482.70 元。

事件 3：(4 × 20 × 150 × 50% + 4 × 1200 × 60%) × (1 + 9%) = 9679.20 元。

应被批准的为：4578 + 5482.7 + 9679.2 = 19739.9 元。

4. 实际进度前锋线图如图 2 所示。

3月			4月			5月			6月			7月		
3-12	13-22	23-4.1	2-11	12-21	22-5.1	2-11	12-21	22-31	1-10	11-20	21-30	1-10	11-20	21-30
10	20	30	10	20	30	10	20	30	10	20	30	10	20	30

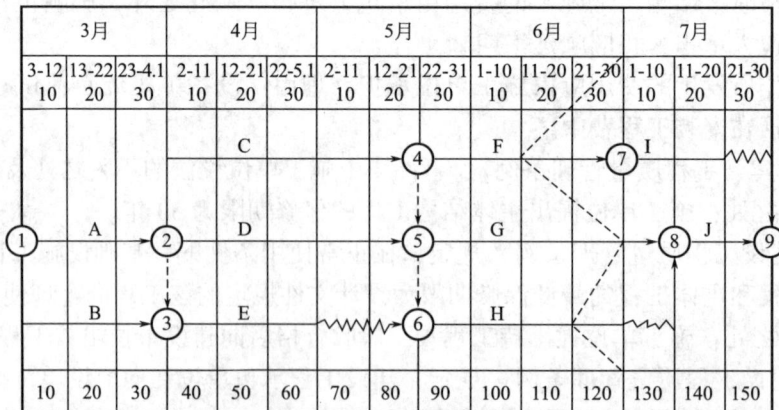

| 10 | 20 | 30 | 40 | 50 | 60 | 70 | 80 | 90 | 100 | 110 | 120 | 130 | 140 | 150 |

图 2　实际进度前锋线图

工作 F 拖后 20 d，可能使工期延误 10 d。

工作 G 进度无偏差，不影响工期。

工作 H 拖后 10 d，不影响工期。

试题六

1. 分项工程费用：5000×50+750×400+100×5000+1500×350＝1575000 元。

签约合同价：（1575000+100000+120000）×（1+16%）＝2082200 元。

2. 应拨付材料预付款：1575000×（1+16%）×15%＝274050 元。

应拨付措施项目工程款：60000×（1+16%）×90%＝62640 元。

3. 第 1 月：

承包商完成工程款：（2800×50+10000）×（1+16%）＝174000 元。业主应拨付工程款：174000×90%＝156600 元。

第 2 月：

A 分项工程累计完成工程量：2800+2500＝5300 m³。

超过计划完成工程量百分比：（5300-5000）÷5000＝6%<15%。

承包商完成工程款：（2500×50+430×400+10000）×（1+16%）＝356120 元。

业主应拨付工程款：56120×90%-274050÷3＝229158 元。

第 3 月：

B 分项工程累计完成工程量：430+450＝880 m³。

超过计划完成工程量百分比：（880-750）/750＝17.33%>15%。

超过 15%以上部分工程量：880-750(1+15%)＝17.5 m³。

超过 15%以上部分工程量的结算综合单价：400×0.95＝380 元/m³。

B 分项工程款：[17.5×380+（450-17.5）×400]×（1+16%）＝208394 元。

C 分项工程款：50×5000×（1+16%）＝290000 元。

单价措施项目工程款：10000×（1+16%）＝11600 元。

承包商完成工程款：208394+290000+11600＝509994 元。

业主应拨付工程款：509994×90%-274050÷3＝367645 元。

第 4 月：

C 分项工程累计完成工程量：50+60＝110 t。

超过计划完成工程量百分比：（110-100）÷100＝10%<15%。

C 分项工程款：（60×5000+750×350）×（1+16%）＝652500 元。

单价措施项目工程款：11600 元。

计日工工程款：（50×90+120×100）×（1+16%）＝19140 元。

设计变更工程款：30000×（1+10%）×（1+7%）×（1+16%）＝40960 元。

承包商完成工程款：652500+11600+19140+40960＝724200 元。

业主应拨付工程款：724200×90%-274050÷3＝560430 元。

4. 第 5 月承包商完成工程款：

350×750×（1+16%）＝304500 元。

工程实际总造价：

62640/90%+174000+356120+509994+724200+304500＝2138414 元。

竣工结算款：

2138414×（1−3%）−（274050+62640+156600+229158+367645+560430）= 423739 元。

《建设工程监理案例分析》（土木建筑工程）

考前最后第 2 套卷及答案解析

考前最后第 2 套卷

本试卷均为案例分析题（共 6 题，每题 20 分），要求分析合理、结论正确；有计算要求的，应简要写出计算过程。

试题一

某工程，实施过程中发生以下事件：

事件 1：建设单位与施工单位在安全生产管理方面约定如下：

（1）施工单位负责办理临时占用规划批准范围以外场地的申请批准手续；

（2）建设单位负责为职工参加工伤保险缴纳工伤保险费；

（3）建设单位负责施工现场的安全；

（4）建设单位负责办理需要临时停水、停电、中断道路交通的申请批准手续。

事件 2：建设单位提出要求：总监理工程师应主持召开第一次工地会议、每周一次的工地例会，负责编制各专业监理实施细则，负责工程计量，主持整理监理资料。

事件 3：项目监理机构履行安全生产管理的监理职责，审查了施工单位报送的安全生产相关资料。

事件 4：专业监理工程师发现，施工单位使用的起重机械没有现场安装后的验收合格证明，随即向施工单位发出监理通知单。

问题：

1. 针对事件 1 中的约定，根据《中华人民共和国建筑法》，逐条判断建设单位与施工单位的约定是否妥当？如不妥，请改正。

2. 指出事件 2 中建设单位所提要求的不妥之处，写出正确做法。

3. 事件 3 中，根据《建设工程安全生产管理条例》，项目监理机构应审查施工单位报送资料中的哪些内容？

4. 事件 4 中，监理通知单应对施工单位提出哪些要求？

试题二

某监理单位承担了一工业项目的施工监理工作。经过招标，建设单位选择了甲、乙施工单位分别承担 A、B 标段工程的施工，并按照《建设工程施工合同（示范文本）》分别和甲、乙施工单位签订了施工合同。建设单位与乙施工单位在合同中约定，B 标段所需的部分设备由建设单位负责采购。乙施工单位按照正常的程序将 B 标段的安装工程分包给丙施工单位。在施工过程中，发生了如下事件：

事件 1：A 标段工程需采用非常规起重设备，且单件起吊重量在 130 kN 及以上的起重吊装工程。在专项施工方案实施前，专业监理工程师向施工现场管理人员进行了方案交底，监理员向作业人员进行了安全技术交底。施工过程中，施工项目技术负责人对专项施工方案实施情况进行现场监督。

事件 2：总监理工程师根据现场反馈信息及质量记录分析，对 A 标段某部位隐蔽工程的质量有怀疑，随即指令甲施工单位暂停施工，并要求剥离检验。甲施工单位称：该部位隐蔽工程已经专业监理工程师验收，若剥离检验，监理单位需赔偿由此造成的损失并相应延长工期。

事件 3：专业监理工程师对 B 标段进场的配电设备进行检验时，发现由建设单位采购的某设备不合格，建设单位对该设备进行了更换，从而导致丙施工单位停工。因此，丙施工单位致函监理单位，要求补偿其被迫停工所遭受的损失并延长工期。

问题：

1. 请画出建设单位开始设备采购之前该项目各主体之间的合同关系图。

2. 判断事件 1 中的做法是否妥当？如不妥，请写出正确做法。

3. 事件 2 中，总监理工程师的做法是否正确？为什么？试分析剥离检验的可能结果及总监理工程师相应的处理方法。

4. 事件 3 中，丙施工单位的索赔要求是否应该向监理单位提出？为什么？对该索赔事件应如何处理。

试题三

某工程，甲施工单位选择乙施工单位分包基坑支护及土方开挖工程。实施过程中发生如下事件：

事件1：施工单位通过认真的分析和计算，自行修改了附着式升降脚手架专项施工方案。监理单位在对附着式升降脚手架施工实施专项巡视检查前，要求施工单位结合危大工程专项施工方案编制监理实施细则。监理单位在巡视时发现施工单位未按照附着式升降脚手架专项施工方案施工，及时报告了建设单位，要求建设单位发出整改通知。

事件2：为赶工期，甲施工单位调整了土方开挖方案，并按约定程序进行了报批。总监理工程师在现场发现乙施工单位未按调整后的土方开挖方案施工并造成围护结构变形超限，立即向甲施工单位签发工程暂停令，同时报告了建设单位。乙施工单位未执行指令仍继续施工，总监理工程师及时报告了有关主管部门。后因围护结构变形过大引发了基坑局部坍塌事故。

事件3：某危大工程，建设单位在勘察文件中说明地质条件可能造成的工程风险。设计单位在设计文件中注明了涉及危大工程的重点部位和环节。施工单位在申请办理安全监督手续时，提交了危大工程清单及其安全管理措施等资料。施工单位在投标时列出了危大工程清单。

事件4：甲施工单位为便于管理，将施工人员的集体宿舍安排在本工程尚未竣工验收的地下车库内。

问题：

1. 判断事件1的做法是否妥当？并说明理由。

2. 根据《建设工程安全生产管理条例》，分析事件2中甲、乙施工单位和监理单位对基坑局部坍塌事故应承担的责任，说明理由。

3. 根据《危险性较大的分部分项工程安全管理规定》，判断事件3中各单位的做法是否妥当？不妥当的写出正确做法。

4. 指出事件4中甲施工单位的做法是否妥当，说明理由。

试题四

某实施监理的工程，实施过程中发生如下事件：

事件1：工程开工前，总监理工程师应建设单位的要求，主持了图纸会审会议，会后，该工程项目经理对会议纪要进行了签认。

事件2：总监理工程师根据监理实施细则对巡视工作进行交底，其中对施工质量巡视提出的要求包括：①检查施工单位是否按批准的施工组织设计、专项施工方案进行施工；②检查施工现场管理人员，特别是施工质量管理人员是否到位。

事件3：由于施工工艺方面的限制，施工单位准备工程变更。向监理单位提交了工程变更单，工程变更单写明工程变更的原因、工程变更的内容，并附必要的附件。项目监理机构收到工程变更单后按如下程序做了处理：

（1）专业监理工程师组织审查施工单位提出的工程变更申请，提出审查意见。

（2）专业监理工程师组织对工程变更费用及工期影响作出评估。

（3）总监理工程师组织建设单位、施工单位等共同协商确定工程变更费用及工期变化，会签工程变更单。

事件4：工程竣工验收前，总监理工程师要求：①总监理工程师代表组织工程竣工预验收；②专业监理工程师组织编写工程质量评估报告，该报告经总监理工程师审核签字后方可直接报送建设单位。

问题：

1. 指出事件1的不妥之处，写出正确做法。

2. 事件2中，总监理工程师对现场施工质量巡视要求还应包括哪些内容？

3. 事件3中，工程变更单的附件主要包括哪些内容？项目监理机构对工程变更的处理有哪些不妥？并写出正确做法。

4. 指出事件4中总监理工程师要求的不妥之处，写出正确做法。

试题五

某工程项目,发包人和承包人按工程量清单计价方式和《建设工程施工合同(示范文本)》GF—2017—0201签订了施工合同,合同工期180 d。合同约定:措施费按分部分项工程费的25%计取;管理费和利润为人材机费用之和的16%,规费和税金为人材机费用、管理费与利润之和的13%。

开工前,承包人编制并经项目监理机构批准的施工网络进度计划如图1所示。

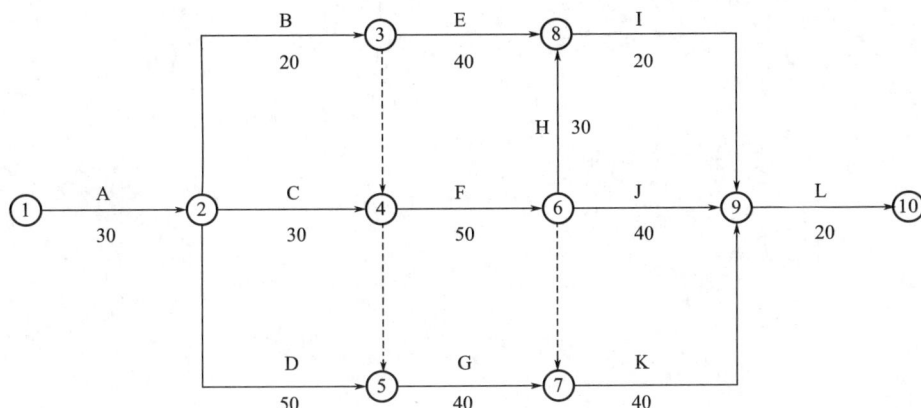

图1 施工网络进度计划(单位:d)

过程中发生了如下事件:

事件1:基坑开挖(工作A)施工过程中,承包人发现基坑开挖部位有一处地勘资料中未标出的地下砖砌废井构筑物,经发包人与有关单位确认,该井内没有任何杂物,已经废弃。发包人、承包人和监理单位共同确认,废井外围尺寸为:长×宽×深 = 3 m×2.1 m×12 m,井壁厚度为0.49 m,无底、无盖,井口简易覆盖(不计覆盖物工程量)。该构筑物位于基底标高以上部位,拆除不会对地基构成影响,三方签署了《现场签证单》。基坑开挖工期延长5 d。

事件2:发包人负责采购的部分装配式混凝土构件提前一个月运抵合同约定的施工现场,承包人会同监理单位共同清点验收后存放施工现场。为了节约施工场地,承包人将上述构件集中堆放,由于堆放层数过多,致使下层部分构件产生裂缝。两个月后,发包人在承包人准备安装该批构件时知悉此事,遂要求承包人对构件进行检测并赔偿构件损坏的损失。承包人提出,部分构件损坏是由于发包人提前运抵现场占用施工场地所致,不同意进行检测和承担损失,而要求发包人额外增加支付两个月的构件保管费用。发包人仅同意额外增加支付一个月的保管费用。

事件3:原设计工作J分项估算工程量为400 m³,由于发包人提出新的使用功能要求,进行了设计变更。该变更增加了该分项工程量200 m³。已知J工作人料机费用为360元/m³,合同约定超过原估算工程量15%以上部分综合单价调整系数为0.9;变更前后工作J的施工方法和施工效率保持不变。

问题:

1. 事件1中,若基坑开挖土方的综合单价为28 元/m³,砖砌废井拆除人材机单价169

元/m³（包括拆除、控制现场扬尘、清理、弃渣场内外运输），其他计价原则按原合同约定执行。计算承包人可向发包人主张的工程索赔款。

2. 事件2中，分别指出承包人不同意进行检测和承担损失的做法是否正确，并说明理由。发包人仅同意额外增加支付一个月的构件保管费是否正确？并说明理由。

3. 事件3中，计算承包人可以索赔的工程款为多少元？

4. 承包人可以得到的工期索赔合计为多少天（写出分析过程）？

（计算结果保留两位小数）

试题六

某工程施工合同约定：

(1) 签约合同价为 3000 万元，工期 6 个月。

(2) 工程预付款为签约合同价的 15%，工程预付款分别在开工后第 3、4、5 月等额扣回。

(3) 工程进度款按月结算，每月实际付款金额按承包人实际结算款的 90% 支付。

(4) 当工程量偏差超过 15%，且对应项目的投标综合单价与招标控制价偏差超过 15% 时，按《建设工程工程量清单计价规范》中"工程量偏差"调价方法，结合承包人报价浮动率确定是否调价。

(5) 竣工结算时，发包人按结算总价的 3% 扣留质量保证金。

施工过程中发生如下事件：

事件 1：基础工程施工中，遇未探明的地下障碍物。施工单位按变更的施工方案处理该障碍物既增加了已有措施项目的费用，又新增了措施项目，并造成工程延期。

事件 2：事件 1 发生后，为确保工程按原合同工期竣工，建设单位要求施工单位加快施工。为此，施工单位向项目监理机构提出补偿赶工费的要求。

事件 3：施工中由于设计变更，导致土方工程量由 1520 m^3 变更为 1824 m^3。已知土方工程招标控制价的综合单价为 60 元/m^3，施工单位投标报价的综合单价为 50 元/m^3，承包人的报价浮动率为 6%。

事件 4：经项目监理机构审定的 1~6 月实际结算款（含设计变更和索赔费用）见表 1。

1~6 月实际结算款　　　　　　　　　　　　　　　　　　　　　　　表 1

月份	1	2	3	4	5	6
实际结算款(万元)	400	550	500	450	400	460

问题：

1. 事件 1 中，处理地下障碍物对已有措施项目增加的措施费应如何调整？新增措施项目的措施费应如何调整？

2. 事件 2 中，项目监理机构是否应批准施工单位的费用补偿要求？说明理由。

3. 事件 3 中，分析土方工程综合单价是否可以调整。

4. 工程预付款及第 3、4、5 月应扣回的工程款各是多少？依据表 1，项目监理机构 1~5 月应签发的实际付款金额分别是多少？6 月份办理的竣工结算款是多少？

考前最后第 2 套卷答案解析

试题一

1. 逐条判断建设单位与施工单位的约定的妥当与否：

（1）不妥。正确做法：建设单位负责办理临时占用规划批准范围以外场地的申请批准手续。

（2）不妥。正确做法：施工单位负责为职工参加工伤保险缴纳工伤保险费。

（3）不妥。正确做法：施工单位负责施工现场的安全。

（4）妥当。

2. 事件 2 中的不妥之处及正确做法：

（1）不妥之处：总监理工程师应主持召开第一次工地会议。

正确做法：第一次工地会议应由建设单位主持召开。

（2）不妥之处：总监理工程师负责编制各专业监理实施细则。

正确做法：监理实施细则由专业监理工程师编写，经总监理工程师批准。

（3）不妥之处：总监理工程师负责工程计量。

正确做法：由专业监理工程师负责本专业的工程计量工作。

3. 根据《建设工程安全生产管理条例》，项目监理机构应审查施工单位报送的施工组织设计中的安全技术措施或者专项施工方案是否符合工程建设强制性标准要求。

4. 监理通知单应对施工单位提出下列要求：

（1）指令施工单位停止使用该起重机械。

（2）由施工单位组织相关单位共同验收。

试题二

1. 建设单位开始设备采购之前该项目各主体之间的合同关系图，如图 2 所示。

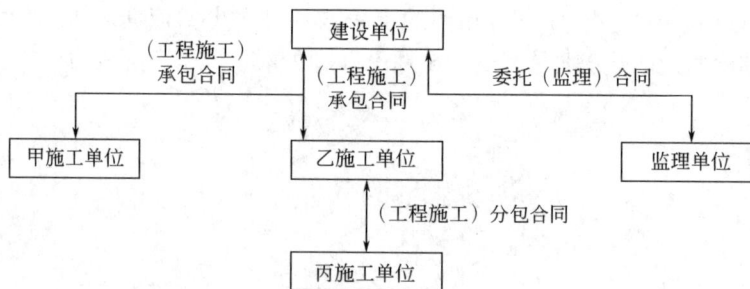

图 2 设备采购之前该项目各主体之间的合同关系图

2. 事件 1 中的做法是否妥当的判断：

（1）专业监理工程师向施工现场管理人员进行了方案交底不妥。正确做法：应由编制人员或者项目技术负责人向施工现场管理人员进行方案交底。

（2）监理员向作业人员进行了安全技术交底不妥。正确做法：应由施工现场管理人员向作业人员进行安全技术交底。

施工项目技术负责人对专项施工方案实施情况进行现场监督不妥。正确做法：应由项目专职安全生产管理人员对专项施工方案实施情况进行现场监督。

3. 在事件2中，总监理工程师的做法是正确的。

理由：无论监理工程师是否参加了验收，当监理工程师对某部分的工程质量有怀疑，均可要求施工单位对已经隐蔽的工程进行重新检验。

剥离检验的可能结果及总监理工程师相应的处理方法：重新检验质量合格，建设单位承担由此发生的全部追加合同价款，赔偿施工单位的损失，并相应顺延工期；检验不合格，施工单位承担发生的全部费用，工期不予顺延。

4. 对事件3中丙施工单位的判断和对该索赔事件的处理如下：

（1）在事件3中，丙施工单位的索赔要求不应该向监理单位提出，因为建设单位和丙施工单位没有合同关系。

（2）该索赔事件的处理方法：

①丙向乙提出索赔，乙向监理单位提出索赔意向书；

②监理单位收集与索赔有关的资料；

③监理单位受理乙单位提交的索赔意向书；

④总监理工程师对索赔申请进行审查，初步确定费用额度和工程延期时间，与乙施工单位和建设单位协商；

⑤总监理工程师对索赔费用和工程延期作出决定；

⑥按时通知乙施工单位复工。

试题三

1. 事件1中的做法是否妥当的判断及理由：

（1）施工单位自行修改附着式升降脚手架专项施工方案的做法不妥。理由：施工单位不得擅自修改专项施工方案。

（2）监理单位要求施工单位编制监理实施细则的做法不妥。理由：应由监理单位结合危大工程专项施工方案编制监理实施细则。

（3）监理单位要求建设单位发出整改通知的做法不妥。理由：监理单位发现施工单位未按照专项施工方案施工的，应当要求其进行整改，不需要建设单位发出整改通知。

2. 根据《建设工程安全生产管理条例》，事件2中甲、乙施工单位和监理单位对基坑局部坍塌事故应承担的责任及理由如下：

（1）甲施工单位和乙施工单位对事故承担连带责任，由乙施工单位承担主要责任。

理由：甲施工单位属于总承包单位，乙施工单位属于分包单位，他们对分包工程的安全生产承担连带责任；分包单位不服从管理导致的生产安全事故的，由分包单位承担主要责任。

（2）监理单位对本次安全生产事故不承担责任。

理由：监理单位在现场对乙施工单位未按调整后的土方开挖方案施工的行为及时向甲施工单位签发工程暂停令，同时报告了建设单位，已履行了应尽的职责。按照《建设工程安全生产管理条例》和合同约定，对本次安全生产事故不承担责任。

3. 事件3中各单位的做法是否妥当的判断：

建设单位在勘察文件中说明地质条件可能造成的工程风险不妥。正确做法：勘察单位在勘察文件中说明地质条件可能造成的工程风险。

设计单位在设计文件中注明了涉及危大工程的重点部位和环节妥当。

施工单位在申请办理安全监督手续时，提交危大工程清单及其安全管理措施等资料不妥。正确做法：应由建设单位在申请办理安全监督手续时提交。

施工单位在投标时列出危大工程清单不妥。正确做法：施工单位在投标时补充完善危大工程清单并明确相应的安全管理措施。

4. 事件4中甲施工单位的做法不妥。

理由：《建设工程安全生产管理条例》明确规定，施工单位不得在尚未竣工的建筑物内设置员工集体宿舍。

试题四

1. 事件1的不妥之处及正确做法：

（1）不妥之处：总监理工程师组织了图纸会审会议。

正确做法：图纸会审会议应该由建设单位主持。

（2）不妥之处：项目经理对会议纪要进行了签认。

正确做法：图纸会审会议纪要应由总监理工程师签认。

2. 事件2中，总监理工程师对现场施工质量巡视要求还应包括的内容：

（1）施工单位是否按工程设计文件及工程建设标准施工。

（2）使用的工程材料、构配件和设备是否合格。

（3）特种作业人员是否持证上岗。

3. 事件3中，工程变更单的附件主要包括的内容：工程变更的依据、详细内容、图纸；对工程造价、工期的影响程度分析，以及对功能、安全影响的分析报告。

项目监理机构对工程变更处理的不妥之处与正确做法：

（1）不妥之处：专业监理工程师组织审查施工单位提出的工程变更申请，提出审查意见。

正确做法：总监理工程师组织专业监理工程师审查施工单位提出的工程变更申请，提出审查意见。

（2）不妥之处：专业监理工程师组织对工程变更费用及工期影响作出评估。

正确做法：总监理工程师组织专业监理工程师对工程变更费用及工期影响作出评估。

4. 事件4中总监理工程师要求的不妥之处及正确做法：

（1）不妥之处：要求总监理工程师代表组织工程竣工预验收。

正确做法：总监理工程师应组织竣工预验收。

（2）不妥之处：要求专业监理工程师组织编写工程质量评估报告。

正确做法：工程竣工预验收合格后，由总监理工程师组织专业监理工程师编制工程质量评估报告。

（3）不妥之处：要求工程质量评估报告经总监理工程师审核签字后直接报建设单位。

正确做法：工程质量评估报告编制完成后，由项目总监理工程师及监理单位技术负责人审核签认并加盖监理单位公章后报建设单位。

试题五

1. 承包人可向发包人主张的工程索赔款计算如下：

（1）因废井减少开挖土方体积 = 3 m×2.1 m×12 m = 75.6 m³。

（2）废井拆除体积 = 75.6 m³ − (3−0.49×2) m×(2.1−0.49×2) m×12m = 48.45 m³

（3）工程索赔 = 169 元/m³×48.45 m³×(1+16%)×(1+13%)×(1+25%) − 28 元/m³× 75.6 m³×(1+13%)×(1+25%) = 10426.14 元。

2. 事件 2 中，承包人不同意进行检测和承担损失的做法是否正确的判断及理由如下：

（1）承包人不同意进行检测的做法是不正确的。

理由：承包人会同监理单位共同清点验收后存放施工现场。为了节约施工场地，承包人将上述构件集中堆放，由于堆放层数过多，致使下层部分构件产生裂缝。施工场地下层部分构件产生裂缝是由于承包人存储不当造成的，并且双方签订的合同价中包括了检验试验费，因此承包人应当同意进行检测。

（2）承包人不同意承担损失的做法是不正确的。

理由：由于承包人存储不当造成施工场地下层部分构件产生裂缝，是承包人原因导致的构件破损，因此承包人承担对应的损失。

事件 2 中，发包人仅同意额外增加支付一个月的构件保管费是否正确的判断及理由如下：

发包人仅同意额外增加支付一个月的构件保管费是正确的。

理由：发包人负责采购的混凝土构件提前一个月运抵施工现场，承包人多承担了一个月的保管费用，因此仅支付一个月的保管费即可。

3. 工作 J 增加了该分项工程量 200 m³，工程量变动率 = 200/400×100% = 50%>15%，超出部分的综合单价应进行调整。

可以索赔的工程款 = [400×15%×360 + (200−400×15%)×360×0.9]元×(1+16%)×(1+13%)×(1+25%) = 109713.96 元。

4. 承包人可以得到的工期索赔合计为 15 d。

事件 1：基坑开挖（工作 A）在关键线路，且承包人发现的废井是在基坑开挖部位，地勘资料并未未标明的构筑物，属于发包人原因造成的，是发包人应承担的责任，因此工期延长 5 d，索赔成立。

事件 3 中：原关键线路是 A→D→G→K→L，工作 J 有 10 d 的总时差。按原合同，工作 J 工程量 400 m³，工期是 40 d；变更前后工作 J 的施工方法和施工效率保持不变。则工作 J 增加工程量 200 m³，所需的工期是 20 d[200 m³/(400 m³/40 d)]，超过了工作 J 的总时差 10 d，则工作 J 可索赔的工期 = (20−10) d = 10 d。

故承包人可以得到的工期索赔合计：(10+5) d = 15 d。

试题六

1. 事件 1 中，已有措施项目增加的措施费，按原有措施费的组价方法调整；新增措施项目的费用，由施工单位提出，经建设单位确认。

2. 事件 2 中，项目监理机构应批准施工单位的费用补偿要求。

理由：造成工程延期的原因不是施工单位责任。

3. 事件3中，由于(60-50)÷60×100%＝16.67%>15%。

(1824-1520)÷1520×100%＝20%>15%。

60×(1-6%)×(1-15%)＝47.94元/m³。

投标报价50元/m³>47.94元/m³，所以，变更后土方工程综合单价可不予调整。

4. 预付款＝3000×15%＝450万元。

第3、4、5月每月应扣除的工程款＝450÷3＝150万元。

依据表1，1~5月应签发的实际付款金额如下：

1月份：400×0.9＝360万元。

2月份：550×0.9＝495万元。

3月份：500×0.9-150＝300万元。

4月份：450×0.9-150＝255万元。

5月份：400×0.9-150＝210万元。

6月份累计完成合同价＝400+550+500+450+400+460＝2760万元。

6月份办理的竣工结算款：2760×(1-3%)-(450+360+495+300+255+210)＝2677.2-2070＝607.2万元。

《建设工程监理案例分析》（土木建筑工程）

考前最后第3套卷及答案解析

考前最后第3套卷

本试卷均为案例分析题（共6题，每题20分），要求分析合理、结论正确；有计算要求的，应简要写出计算过程。

试题一

某实施监理的工程，建设单位委托监理单位承担施工阶段和工程质量保修期的监理工作，建设单位与施工单位按《建设工程施工合同（示范文本）》签订了施工合同。

基坑支护施工中，项目监理机构发现施工单位采用了一项新技术，未按已批准的施工技术方案施工。项目监理机构认为本工程使用该项新技术存在安全隐患，总监理工程师下达了工程暂停令，同时报告了建设单位。施工单位认为该项新技术通过了有关部门的鉴定，不会发生安全问题，仍继续施工。于是项目监理机构报告了建设行政主管部门。施工单位在建设行政主管部门干预下才暂停了施工。

施工单位复工后，就此事引起的损失向项目监理机构提出索赔。建设单位也认为项目监理机构"小题大做"，致使工程延期，要求监理单位对此事承担相应责任。

该工程施工完成后，施工单位按竣工验收有关规定，向建设单位提交了竣工验收报告。建设单位未及时验收，到施工单位提交竣工验收报告后第45 d时发生台风，致使工程已安装的门窗玻璃部分损坏。建设单位要求施工单位对损坏的门窗玻璃进行无偿修复，施工单位不同意无偿修复。

问题：

1. 在施工阶段施工单位的哪些做法不妥？说明理由。
2. 建设单位的哪些做法不妥？
3. 对施工单位采用新的基坑支护施工方案，项目监理机构还应做哪些工作？
4. 施工单位不同意无偿修复门窗玻璃是否正确？说明理由。工程修复时监理工程师的主要工作内容有哪些？

试题二

某工程分 A、B 两个监理标段同时进行招标，建设单位规定参与投标的监理单位只能选择 A 或 B 标段进行投标。工程实施过程中，发生如下事件：

事件1：在监理招标时，建设单位提出：

（1）投标人必须具有工程所在地域类似工程监理业绩；

（2）应组织外地投标人考察施工现场；

（3）投标有效期自投标人送达投标文件之日起算；

（4）委托监理单位有偿负责外部协调工作。

事件2：拟投标的某监理单位在进行投标决策时，组织专家及相关人员对 A、B 两个标段进行了比较分析，确定的主要评价指标、相应权重及相对于 A、B 两个标段的竞争力分值见表1。

评价指标、权重及竞争力分值   表1

序号	评价指标	权重	标段的竞争力分值	
			A	B
1	总监理工程师能力	0.25	100	80
2	监理人员配置	0.20	85	100
3	技术管理服务能力	0.20	100	80
4	项目效益	0.15	60	100
5	类似工程监理业绩	0.10	100	70
6	其他条件	0.10	80	60
合计		1.00		

事件3：A 标段承重支撑体系采用钢结构安装满堂支撑体系，且承受单点集中荷载 10 kN。施工单位应当在施工现场显著位置公告危大工程名称和具体责任人员。

事件4：建设单位与施工单位按《建设工程施工合同（示范文本）》签订了施工合同，施工单位按合同约定将土方开挖工程分包，分包单位在土方开挖工程开工前编制了开挖深度 6.5 m 的深基坑危大工程专项施工方案，经分包单位技术负责人审核签字后，即报送项目监理机构。

问题：

1. 逐条指出事件1中建设单位的要求是否妥当，并对不妥之处说明理由。

2. 事件2中，根据表1，分别计算 A、B 两个标段各项评价指标的加权得分及综合竞争力得分，并指出监理单位应优先选择哪个标段投标。

3. 事件3中，施工单位还应当在施工现场显著位置公告哪些事项？还需要在危险区域设置什么？

4. 指出事件4中有哪些不妥，分别写出正确做法。

试题三

某实施监理的工程，实施过程中发生如下事件：

事件1：在某次建设单位组织的监理例会上，施工单位整理了会议纪要，与工程监理单位进行了会签。

事件2：施工单位向项目监理机构提交了分包单位资格报审材料，包括：营业执照、安全生产许可证、类似工程业绩。项目监理机构审核时发现，分包单位资格报审材料不全，要求施工单位补充提交相应材料。

事件3：项目监理机构由于监理人员的调整，拟对以下工作做出安排：（1）参与审核分包单位资格；（2）进行见证取样；（3）检查施工单位投入工程的人力、主要设备的使用及运行状况；（4）收集、汇总、参与整理监理文件资料；（5）检查工序施工结果；（6）参与工程变更的审查和处理；（7）参与编制监理规划；（8）处置发现的质量问题和安全事故隐患。

事件4：项目监理机构在整理归档监理文件资料时，总监理工程师要求将需要归档的监理文件直接移交本监理单位和城建档案管理机构保存。

问题：

1. 指出事件1中的不妥之处，并改正。
2. 事件2中，施工单位还应补充提交哪些材料？
3. 请划分事件3中的工作哪些是专业监理工程师的工作？哪些是监理员的工作？
4. 事件4中，指出总监理工程师对监理文件归档要求的不妥之处，写出正确做法。

试题四

某实行监理的工程，建设单位与总承包单位按《建设工程施工合同（示范文本）》签订了施工合同，总承包单位按合同约定将一专业工程分包。

施工过程中发生下列事件：

事件1：工程开工前，总监理工程师在熟悉设计文件时发现部分设计图纸有误，即向建设单位进行了口头汇报。建设单位要求总监理工程师组织召开设计交底会，并向设计单位指出设计图纸中的错误，在会后整理会议纪要。在工程定位放线期间，总监理工程师指派专业监理工程师审查《分包单位资格报审表》及相关资料。

事件2：某工作开始后，施工单位向项目监理机构提交了工程变更申请，项目监理机构按程序实施了变更。变更实施后，项目监理机构与建设单位、施工单位等协商确定工程变更的计价原则、计价方法或价款。

事件3：某工作在实施过程中发生事故，该事故被判定为较大事故，在事故发生后，成立了事故调查组，该事故调查组的组长由建设单位法定代表人承担。

事件4：在工程进行过程中，某分部工程出现质量缺陷，工程监理单位进行了调查，调查结束后，与建设单位确定了责任的归属。该工程质量缺陷不是施工单位原因造成的，工程监理单位核实了施工单位申报的修复工程费用，并签认工程款支付证书后直接付款。

问题：

1. 分别指出事件1中建设单位、总监理工程师的不妥之处，写出正确做法。

2. 请指出事件2中的不妥之处，并改正。如果建设单位与施工单位未能就工程变更费用达成协议时，项目监理机构应该怎么办？工程变更款项最终结算应以什么为依据？

3. 针对事件3，根据《生产安全事故报告和调查处理条例》的规定，该事故调查组组长的选定是否不妥？如不妥，请改正。事故调查组一般由哪些人员组成？

4. 指出事件4的不妥之处，并改正。

试题五

某建筑工程项目，业主和施工单位按工程量清单计价方式和《建设工程施工合同（示范文本）》（GF—2017—0201）签订了施工合同，合同工期为 15 个月。合同约定：管理费按人材机费用之和的 10% 计取，利润按人材机费用和管理费之和的 6% 计取，规费按人材机费用、管理费和利润之和的 4% 计取，增值税率为 9%；施工机械台班单价为 1500 元/台班，施工机械闲置补偿按施工机械台班单价的 60% 计取，人员窝工补偿为 50 元/工日，人工窝工补偿、施工待用材料损失补偿、机械闲置补偿不计取管理费和利润；措施费按分部分项工程费的 25% 计取。（各费用项目价格均不包含增值税可抵扣进项税额）

施工前，施工单位向项目监理机构提交并经确认的施工网络进度计划，如图 1 所示（每月按 30 d 计）。

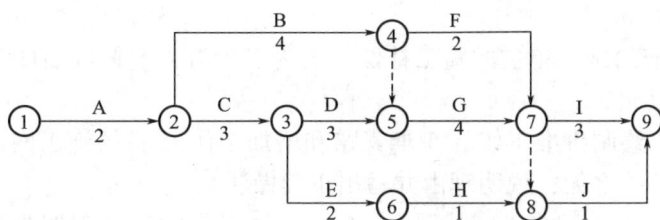

图 1　施工网络进度计划（单位：月）

该工程施工过程中发生如下事件：

事件 1：基坑开挖工作（工作 A）施工过程中，遇到了持续 10 d 的季节性大雨，在第 11 d，大雨引发了附近的山体滑坡和泥石流。受此影响，施工现场的施工机械、施工材料、已开挖的基坑及围护支撑结构、施工办公设施等受损，部分施工人员受伤。

经施工单位和项目监理机构共同核实，该事件中，季节性大雨造成施工单位人员窝工 180 工日，机械闲置 60 个台班，山体滑坡和泥石流事件使工作 A 停工 30 d，造成施工机械损失 8 万元，施工待用材料损失 24 万元，基坑及围护支撑结构损失 30 万元，施工办公设施损失 3 万元，施工人员受伤损失 2 万元。修复工作发生人材机费用共 21 万元。灾后，施工单位及时向项目监理机构提出费用索赔和工期延期 40 d 的要求。

事件 2：基坑开挖工作（工作 A）完成后验槽时，发现基坑底部部分土质与地质勘察报告不符。地勘复查后，设计单位修改了基础工程设计，由此造成施工单位人员窝工 150 工日，机械闲置 20 个台班，修改后的基础分部工程增加人材机费用 25 万元。监理工程师批准工作 A 增加工期 30 d。

事件 3：工作 E 施工前，业主变更设计增加了一项工作 K，工作 K 持续时间为 2 个月。根据施工工艺关系，工作 K 为工作 E 的紧后工作，为工作 I、J 的紧前工作。因工作 K 与原工程工作的内容和性质均不同，在已标价的工程量清单中没有适用也没有类似的项目，监理工程师编制了工作 K 的结算综合单价，经业主确认后，提交给施工单位作为结算的依据。

事件 4：考虑到上述 1~3 项事件对工期的影响，业主与施工单位约定，工程项目仍按原合同工期 15 个月完成，实际工期比原合同工期每提前 1 个月，奖励施工单位 30 万元。施工单位对进度计划进行了调整，将工作 D、G、I 的顺序施工组织方式改变为流水作业组织方式以缩短施工工期。组织流水作业的流水节拍，见表2。

流水节拍（单位：月）　　　　　　　　　　　　　　表2

施工过程	流水段		
	①	②	③
D	1	1	1
G	1	2	1
I	1	1	1

【问题】

1. 针对事件1，确定施工单位和业主在山体滑坡和泥石流事件中各自应承担损失的内容；列式计算施工单位可以获得的费用补偿数额；确定项目监理机构应批准的工期延期天数，并说明理由。

2. 事件2中，应给施工单位的窝工补偿费用为多少万元？修改后的基础分部工程增加的工程造价为多少万元。

3. 针对事件3，绘制批准工作A工期索赔和增加工作K后的施工网络进度计划；指出监理工程师做法的不妥之处，说明理由并写出正确做法。

4. 事件4中，在施工网络进度计划中，D、G、I工作的流水工期为多少个月？施工单位可获得的工期提前奖励金额为多少万元？

（计算结果保留两位小数）

试题六

某工程项目发承包双方签订了建设工程施工合同，工期 5 个月，有关背景资料如下：

1. 工程价款方面：

（1）分项工程项目费用合计 824000 元，包括分项工程 A、B、C 三项，清单工程量分别为 800 m³、1000 m³、1100 m²，综合单价分别为 280 元/m³、380 元/m³、200 元/m²，当分项工程项目工程量增加（或减少）幅度超过 15% 时，综合单价调整系数为 0.9（或 1.1）。

（2）单价措施项目费用合计 90000 元，其中与分项工程 B 配套的单价措施项目费用为 36000 元，该费用根据分项工程 B 的工程量变化同比例变化，并在第 5 个月统一调整支付，其他单价措施项目费用不予调整。

（3）总价措施项目费用合计 130000 元，其中安全文明施工费按分项工程和单价措施项目费用之和的 5% 计取，该费用根据计取基数变化在第 5 个月统一调整支付，其余总价措施项目费用不予调整。

（4）其他项目费用合计 206000 元，包括暂列金额 80000 元和需分包的专业工程暂估价 120000 元（另计总承包服务费 5%）。

（5）上述工程费用均不包含增值税可抵扣进项税额。

（6）管理费和利润按人材机费用之和的 20% 计取，规费按人材机费、管理费、利润之和的 6% 计取，增值税税率为 9%。

2. 工程款支付方面：

（1）开工前，发包人按签约合同价（扣除暂列金额和安全文明施工费）的 20% 支付给承包人作为预付款（在施工期间的第 2~4 个月的工程款中平均扣回），同时将安全文明施工费按工程款支付方式提前支付给承包人。

（2）分项工程项目工程款逐月结算。

（3）除安全文明施工费之外的措施项目工程款在施工期间的第 1~4 个月平均支付。

（4）其他项目工程款在发生当月结算。

（5）发包人按每次承包人应得工程款的 90% 支付。

（6）发包人在承包人提交竣工结算报告后的 30 d 内完成审查工作，承包人向发包人提供所在开户银行出具的工程质量保函（保函额为竣工结算价的 3%），并完成结清支付。

施工期间各月分项工程计划和实际完成工程量见表 3。

施工期间各月分项工程计划和实际完成工程量   表 3

分项工程		施工周期（月）					合计
		1	2	3	4	5	
A	计划工程量（m³）	400	400				800
	实际工程量（m³）	300	300	200			800
B	计划工程量（m³）	300	400	300			1000
	实际工程量（m³）		400	400	400		1200
C	计划工程量（m²）			300	400	400	1100
	实际工程量（m²）			300	450	350	1100

施工期间第 3 个月，经发承包双方共同确认：分包专业工程费用为 105000 元（不含可

抵扣进项税），专业分包人获得的增值税可抵扣进项税额合计为 7600 元。

问题：

1. 该工程签约合同价为多少元？安全文明施工费工程款为多少元？开工前发包人应支付给承包人的预付款和安全文明施工费工程款分别为多少元？

2. 施工至第 2 个月末，承包人累计完成分项工程合同价款为多少元？发包人累计应支付承包人的工程款（不包括开工前支付的工程款）为多少元？分项工程 A 的进度偏差为多少元？

3. 该工程的分项工程项目、措施项目、分包专业工程项目合同额（含总承包服务费）分别增减多少元？

4. 该工程的竣工结算价为多少元？如果在开工前和施工期间发包人均已按合同约定支付了承包人预付款和各项工程款，则竣工结算时，发包人完成结清支付时，应支付给承包人的结算款为多少元？

（注：计算结果四舍五入取整数）

考前最后第 3 套卷答案解析

试题一

1. 在施工阶段施工单位做法的不妥之处及其理由如下。

（1）不妥之处：未按已批准的施工技术方案施工。

理由：施工单位应执行已批准的施工技术方案；若采用新技术时，相应的施工技术方案应经项目监理机构审批。

（2）不妥之处：总监理工程师下达工程暂停令后，施工单位仍继续施工。

理由：施工单位应当执行总监理工程师下达的工程暂停令。

（3）不妥之处：采用的新技术未经项目监理机构审定。

理由：施工单位采用新材料、新工艺、新设备时应经项目监理机构审定后才能采用。

（4）不妥之处：向项目监理机构提出索赔。

理由：工程暂停施工的原因是施工中存在有严重的安全隐患，总监理工程师依据法规有权下达工程暂停令，便于消除安全隐患。

2. 建设单位做法的不妥之处：

（1）要求监理单位对工程延期承担相应的责任不妥。

（2）不及时组织竣工验收不妥。

（3）要求施工单位对门窗玻璃进行无偿修复不妥。

3. 对施工单位采用新的基坑支护施工方案，项目监理机构还应做如下工作：

（1）要求施工单位报送审查新技术的质量认证材料和相关验收标准；

（2）组织专题论证；

（3）若施工方案可行，总监理工程师签认后执行；

（4）若施工方案不可行，要求施工单位仍按原批准的施工方案执行。

4. 施工单位不同意无偿修复正确。

理由：按照合同约定，建设单位已认可施工单位的竣工验收报告，承担起工程保管的责任，门窗玻璃的损坏是在建设单位的保管期内。

工程修复时监理工程师的主要工作内容：

（1）在门窗玻璃修复中进行监督检查，验收合格后予以签认；

（2）核实工程费用和签署工程款支付证书，并报建设单位。

试题二

1. 事件 1 中，建设单位的要求是否妥当的判断，不妥之处说明理由：

（1）不妥；理由：不得以特定行政区域的监理业绩限制潜在投标人。

（2）不妥；理由：没有组织所有投标人考察施工现场。

（3）不妥；理由：投标有效期应自投标截止之日起算。

（4）妥当。

2. 事件 2 中：

（1）相对于 A 标段的加权得分：25、17、20、9、10、8；综合评价得分：89。

（2）相对于 B 标段的加权得分：20、20、16、15、7、6；综合评价得分：84。

（3）应优先投标 A 标段。

3. 事件 3 中，施工单位还应当在施工现场显著位置公告施工时间，还需要在危险区域设置安全警示标志。

4. 事件 4 中的不妥之处及正确做法如下：

（1）不妥之处：深基坑工程专项施工方案由分包单位技术负责人审核签字后即报送项目监理机构。

正确做法：专项施工方案应经施工单位技术负责人和分包单位技术负责人共同审核签字并加盖单位公章。

（2）不妥之处：专项施工方案未经专家论证审查。

正确做法：开挖深度 6.5 m 的深基坑属于超过一定规模的危大工程，其专项施工方案必须经专家论证审查。

（3）不妥之处：分包单位向项目监理机构报送专项施工方案。

正确做法：应由施工单位报送项目监理机构。

试题三

1. 事件 1 中的不妥之处及正确做法：

（1）不妥之处：建设单位组织了监理例会。

正确做法：应该由项目监理机构组织监理例会。

（2）不妥之处：施工单位整理了会议纪要。

正确做法：应该由项目监理机构整理会议纪要。

（3）不妥之处：施工单位与工程监理单位会签了会议纪要。

正确做法：监理例会的会议纪要应由与会各方代表会签。

2. 事件 2 中，施工单位还应补充提交的材料：

（1）企业资质等级证书；

（2）专职管理人员和特种作业人员的资格证。

3. 事件 3 中，专业监理工程师的工作：参与审核分包单位资格；收集、汇总、参与整理监理文件资料；参与工程变更的审查和处理；参与编制监理规划；处置发现的质量问题和安全事故隐患。

监理员的工作：进行见证取样；检查施工单位投入工程的人力、主要设备的使用及运行状况；检查工序施工结果。

4. 事件 4 中，总监理工程师对监理文件归档要求的不妥之处及正确做法：

不妥之处：将需要归档的监理文件直接移交城建档案管理机构保存。

正确做法：项目监理机构向监理单位移交归档，监理单位将归档的监理文件移交建设单位，由建设单位收集和汇总后，移交城建档案管理机构保存。

试题四

1. （1）事件1中建设单位的不妥之处及正确做法如下：

① 不妥之处：建设单位要求总监理工程师组织召开设计交底会。

正确做法：应由建设单位组织召开设计交底会。

② 不妥之处：建设单位要求总监理工程师向设计单位提出设计图纸中的错误，在会后整理会议纪要。

正确做法：总监理工程师对设计图纸中存在的问题通过建设单位向设计单位提出书面意见和建议；会议纪要应由设计单位负责整理。

（2）事件1中总监理工程师的不妥之处及正确做法如下：

①不妥之处：总监理工程师对发现的设计图纸的错误口头向建设单位汇报。

正确做法：总监理工程师应以书面形式向建设单位汇报发现的图纸错误。

②不妥之处：在工程定位放线期间指派专业监理工程师审查《分包单位资质报审表》及相关资料。

正确做法：《分包单位资质报审表》及相关资料应在分包工程开工前进行审查。

2. 事件2中的不妥之处：变更实施后协商确定工程变更的计价原则、计价方法或价款。

正确做法：应该在变更实施前协商确定。

如果建设单位与施工单位未能就工程变更费用达成协议时，项目监理机构应该提出一个暂定价格并经建设单位同意，作为临时支付工程款的依据。

工程变更款项最终结算时，应以建设单位与施工单位达成的协议为依据。

3. 事件3中，该事故调查组组长的选定不妥。正确做法：由负责事故调查的人民政府指定。事故调查组一般由有关人民政府、安全生产监督管理部门、负有安全生产监督管理职责的有关部门、监察机关、公安机关以及工会派人组成，并应当邀请人民检察院派人参加。事故调查组可以聘请有关专家参与调查。

4. 事件4的不妥之处及正确做法：

（1）不妥之处：工程监理单位与建设单位确定了责任的归属。

正确做法：应与建设单位、施工单位协商确定责任归属。

（2）不妥之处：工程监理单位签认工程款支付证书后直接付款。

正确做法：工程监理单位应签认工程款支付证书的同时报建设单位。

试题五

1. （1）针对事件1，确定施工单位和业主在山体滑坡和泥石流事件中各自应承担损失的内容如下：

①施工单位在山体滑坡和泥石流事件中应承担损失的内容：施工机械损失8万元；施工办公设施损失3万元；施工人员受伤损失2万元。

②业主在山体滑坡和泥石流事件中应承担损失的内容：施工待用材料损失24万元；基坑及围护支撑结构损失30万元；修复工作发生人材机费用共21万元。

（2）施工单位可以获得的费用补偿 = [24+30+21×（1+10%）×（1+6%）]万元×（1+4%）×（1+9%）= 88.97 万元。

（3）项目监理机构应批准的工期延期天数为30 d。

理由：遇到了持续 10 d 的季节性大雨属于有经验的承包商事前能够合理预见的，不可索赔。山体滑坡和泥石流事件属于不可抗力事件，且工作 A 是关键工作，工期损失 30 d 应当顺延。

2. 事件 2 中，应给施工单位的窝工补偿费用 =（150×50+20×1500×60%）元×（1+4%）×（1+9%）= 28906.80 元 = 2.89 万元。

修改后的基础分部工程增加的工程造价 =［25×（1+10%）×（1+6%）］万元×（1+25%）×（1+4%）×（1+9%）= 41.31 万元。

3.（1）针对事件 3，批准工作 A 工期索赔和增加工作 K 后的施工网络进度计划，如图 2 所示。

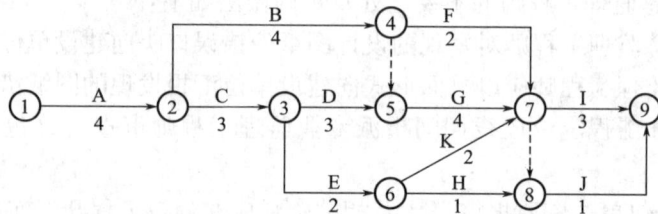

图 2　批准后的施工网络进度计划（单位：月）

（2）监理工程师做法的不妥之处、理由及正确做法：

不妥之处：监理工程师编制了工作 K 的结算综合单价。

理由：《建设工程施工合同》GF—2017—0201 规定，新增工作综合单价的确定，应由发承包双方协商确定。

正确做法：已标价工程量清单中没有适用也没有类似于变更工程项目的，应根据变更工程资料、计量规则、计价办法、工程造价管理机构发布的信息价格和承包人报价浮动率，或通过市场调查等取得有合法依据的市场价格，由承包人提出变更工程项目的单价，报监理人审核，审核通过后报发包人确认调整。涉及措施费变化的也应相应调整。

4.（1）确定流水步距：大差法（累加斜减法）

```
      1  2  3                    1  3  4
  -)     1  3  4            -)      1  2  3
   ─────────────────         ──────────────────
      1  1  0  -4                1  2  2  -3
```

施工过程 D、G 流水步距 $K_{D,G}$ = max {1，1，0，-4} 个月 = 1 个月。

施工过程 G、I 流水步距 $K_{G,I}$ = max {1，2，2，-3} 个月 = 2 个月。

由施工网络进度计划和流水步距可知，工作 I 为工作 D、G 的紧后工作，其步距共计（1+2）个月 = 3 个月。又根据施工工艺关系，工作 I 也是工作 E、K 的紧后工作，其步距共计（2+2）个月 = 4 个月。因工作 D、E 同时施工，因此工作 I 与工作 D、E 的步距取最大值 4 个月，即工作 G、I 有技术间隙 Z = 1 个月。

流水工期 T =［（1+2）+（1+1+1）+1+0-0］个月 = 7 个月。

（2）工作 D、G、I 改成流水作业组织方式后，进度计划的关键线路是 A→C→E→K→I。实际工期 =［（4+3+2+2+3）×30+10］d = 430 d，而合同工期为 15 个月，所以实际施工工期提前的天数 =（15×30-430）d = 20 d。工期提前奖励标准为 30 万元/月，即 1 万元/天，施工单位共获奖励 = 1 万元/d×20 d = 20 万元。

试题六

1.

（1）该工程签约合同价=（824000+90000+130000+206000）元×（1+6%）×（1+9%）=1444250元。

（2）安全文明施工费工程款=（824000+90000）元×5%×（1+6%）×（1+9%）=45700元×（1+6%）×（1+9%）=52801.78元=52802元。

（3）开工前发包人应支付给承包人的预付款=[1444250-52802-80000×（1+6%）×（1+9%）]×20%元=259803.244=259803元。

（4）开工前发包人应支付给承包人的安全文明施工费工程款=52802×90%元=47521.8元=47522元。

2.

（1）施工至第2个月末，承包人累计完成分项工程合同价款=[（300+300）×280+400×380]×（1+6%）×（1+9%）元=369728元。

（2）发包人累计应支付承包人的工程款（不包括开工前支付的工程款）计算：

①1~4月每月支付的措施费工程款=[（90000+130000）×（1+6%）×（1+9%）-52802]/4元=50346.5元。

②2~4月每月扣回的预付款=259803/3元=86601元。

③2月末累计应支付的工程款=[（369728+50346.5×2）×90%-86601]元=336777.9元=336778元。

【或发包人累计应支付承包人的工程款（不包括开工前支付的工程款）=369728×90%元+[（90000+130000）×（1+6%）×（1+9%）-52802]元×90%/4×2-259803/3元=336777.9元=336778元】。

（3）分项工程A的进度偏差计算：

①已完工程预算投资=（300+300）×280×（1+6%）×（1+9%）元=194107.2元。

②计划工程预算投资=（400+400）×280×（1+6%）×（1+9%）元=258809.6元。

③分项工程A的进度偏差=（194107.2-258809.6）元=-64702.4元=-64702元。

【或A工作的进度偏差=[（300+300）-（400+400）]×280×（1+6%）×（1+9%）元=-64702.4元=-64702元】。

分项工程A的进度拖后64702元。

3.

（1）该工程的分项工程增减额计算：

①分项工程中，只有B分项工程的工程量发生改变，增加幅度=（1200-1000）/1000×100%=20%>15%，因此超过部分的综合单价应调低。

②B分项工程中超出15%以上的部分综合单价调整为=380×0.9=342元/m³。

③原价量=1000×15% m³=150 m³。

④新价量=（1200-1000）m³-150 m³=50 m³。

⑤B分项工程增价合同额=（150×380+50×342）×（1+6%）×（1+9%）元=85615.14元=85615元。

【或B分项工程增加合同额=｛1000×15%×380+[（1200-1000）-150]×380×0.9｝×（1+

6%)×(1+9%)元=74100×(1+6%)×(1+9%)元=85615.14元=85615元】。

⑥即该工程的分项工程合同额增加85615元。

（2）该工程的措施项目增减额计算：

①B项目的单价措施费增加额=36000×(1200-1000)/1000×(1+6%)×(1+9%)=8318.88元=8319元。

②安全文明施工费增加额=(85615+8319)×5%=4696.7=4697元。

③措施费增加额=(8319+4697)元=13016元。

④即措施项目合同额增加13016元。

（3）分包专业工程项目增减额计算：

①分包专业工程项目(含总承包服务费)减少额=[(105000-120000)×(1+5%)]×(1+6%)×(1+9%)元=−18197.55元=−18198元。

②即分包专业工程项目（含总承包服务费）合同额减少18198元。

4.

（1）竣工结算价=[1444250+85615+13016−18198−80000×(1+6%)×(1+9%)]元=1432251元。

（2）应支付给承包人的结算款=1432251元×(1−90%)=143225.1元=143225元。